TRAITÉ

DE

MÉCANIQUE CÉLESTE

PAR

F. TISSERAND,

MEMBRE DE L'INSTITUT ET DU BUREAU DES LONGITUDES,
PROFESSEUR A LA FACULTÉ DES SCIENCES,
DIRECTEUR DE L'OBSERVATOIRE.

TOME IV.

THÉORIES DES SATELLITES DE JUPITER ET DE SATURNE.
PERTURBATIONS DES PETITES PLANÈTES.

PARIS,

GAUTHIER-VILLARS ET FILS, IMPRIMEURS-LIBRAIRES
DU BUREAU DES LONGITUDES, DE L'ÉCOLE POLYTECHNIQUE,
Quai des Grands-Augustins, 55.

1896

TRAITÉ

DE

MÉCANIQUE CÉLESTE.

TOME IV.

21493 PARIS. — IMPRIMERIE GAUTHIER-VILLARS ET FILS,
Quai des Grands-Augustins, 55.

TRAITÉ

DE

MÉCANIQUE CÉLESTE

PAR

F. TISSERAND,

MEMBRE DE L'INSTITUT ET DU BUREAU DES LONGITUDES,
PROFESSEUR A LA FACULTÉ DES SCIENCES,
DIRECTEUR DE L'OBSERVATOIRE.

TOME IV.

**THÉORIES DES SATELLITES DE JUPITER ET DE SATURNE.
PERTURBATIONS DES PETITES PLANÈTES.**

PARIS,

GAUTHIER-VILLARS ET FILS, IMPRIMEURS-LIBRAIRES
DU BUREAU DES LONGITUDES, DE L'ÉCOLE POLYTECHNIQUE,
Quai des Grands-Augustins, 55.

1896

PRÉFACE.

Ce Volume termine le Traité auquel j'ai consacré dix années de travail. Il se compose de trois parties principales :

La théorie des mouvements des satellites de Jupiter et de Saturne;

Le calcul des perturbations des comètes, et l'étude de la figure de ces astres étranges;

Enfin, l'ensemble des travaux de Mécanique céleste suscités par la découverte des petites planètes.

La théorie des satellites de Jupiter a pris, entre les mains de Laplace, une perfection qui n'a pas été surpassée. Toutefois, les calculs n'avaient pas été poussés assez loin pour donner aux Tables toute la précision compatible avec les observations. M. Souillart a eu le mérite d'y apporter les compléments nécessaires.

Mais, si la *Mécanique céleste* présentait toute l'ampleur voulue pour la théorie des satellites de Jupiter, il n'en était pas de même pour les satellites de Saturne, par la raison qu'à l'époque de Laplace on n'avait presque pas d'observations. Le plus faible des satellites, et le dernier découvert, Hypérion, a présenté une difficulté singulière dont M. Newcomb a rendu compte par la théorie, en découvrant une libration analogue à celles des satellites de Jupiter. Des librations semblables existent pour d'autres satellites : c'est là un champ de travaux intéressants et nouveaux.

Nous savons peu de chose sur les perturbations des satellites des autres planètes; cependant, une anomalie constatée dans le mouvement du satellite de Neptune a reçu, il y a quelques années, une explication plausible, que nous avons reproduite.

Laplace avait consacré un Chapitre au calcul des perturbations des comètes quand elles approchent très près des planètes. Nous avons donné une certaine extension à sa théorie; mais les additions portent surtout sur la figure des comètes : nous avons exposé les beaux travaux de Roche, Bessel, Schiaparelli, etc.

La découverte des petites planètes a donné une vive impulsion à la théorie générale des perturbations; de là sont nés les travaux remarquables de Cauchy, Hansen, Gyldén, etc.; nous avons fait une place d'honneur à la méthode de Cauchy, inventée en quelques semaines par l'illustre géomètre, pour vérifier de longs calculs de Le Verrier.

Nous avons jugé utile d'exposer aussi une méthode élégante de Jacobi, pour la détermination de la grande inégalité de Jupiter et de Saturne.

Il était impossible de rédiger un Traité aussi étendu sans parler des belles recherches de M. Poincaré sur le problème des trois corps. Nous leur avons consacré un Chapitre.

Dans un dernier Chapitre, nous avons fait connaître les résultats de la grande enquête faite par Le Verrier, continuée par M. Newcomb, pour confronter la loi de Newton avec l'ensemble des observations des planètes : tout marche avec un accord admirable, sauf une ou deux petites difficultés dont nos successeurs triompheront sans doute.

On peut juger, par cet aperçu sommaire, de l'étendue des progrès de la Science depuis Laplace, et de l'utilité qu'il y avait à les exposer dans un Ouvrage spécial.

Qu'il nous soit permis, en terminant, de présenter tous nos remerciments à M. O. Callandreau et à M. R. Radau, qui ont bien voulu nous prêter encore le concours de leurs conseils; il nous a été très précieux.

Je remplis enfin un devoir agréable en remerciant MM. Gauthier-Villars des soins minutieux qu'ils n'ont cessé d'apporter dans l'impression de cet Ouvrage qui leur fera honneur.

F. Tisserand.

Paris, janvier 1896.

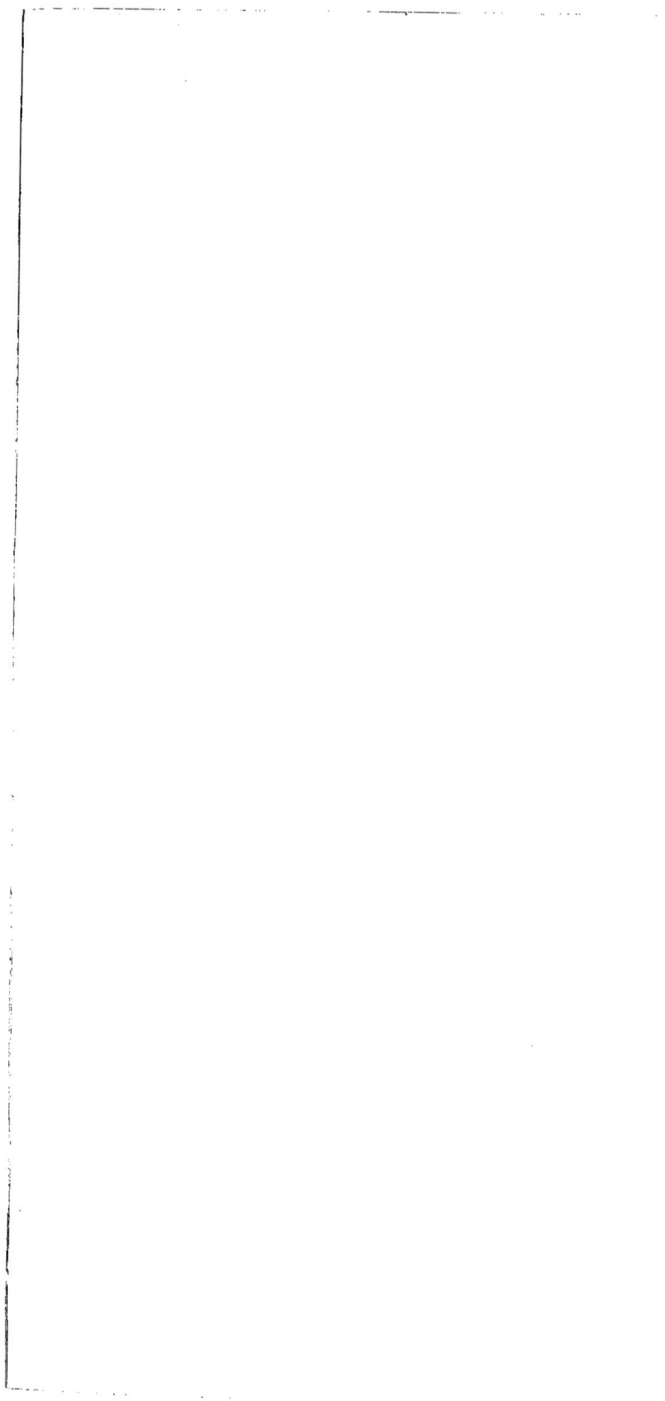

TABLE DES MATIÈRES

DU TOME IV.

CHAPITRE VII.

CHAPITRE VIII.

CHAPITRE IX.

CHAPITRE X.

CHAPITRE XI.

CHAPITRE XII.

CHAPITRE XIII.

CHAPITRE XIV.

CHAPITRE XV.

CHAPITRE XVI.

CHAPITRE XVII.

CHAPITRE XVIII.

CHAPITRE XIX.

CHAPITRE XX.

CHAPITRE XXI.

CHAPITRE XXII.

CHAPITRE XXIII.

CHAPITRE XXIV.

CHAPITRE XXV.

CHAPITRE XXVI.

CHAPITRE XXVII.

CHAPITRE XXVIII.

CHAPITRE XXIX.

FIN DE LA TABLE DES MATIÈRES DU TOME IV.

TRAITÉ

DE

MÉCANIQUE CÉLESTE.

TOME IV.

CHAPITRE I.

THÉORIE DES SATELLITES DE JUPITER. — ÉQUATIONS DIFFÉRENTIELLES ET FONCTIONS PERTURBATRICES.

1. Considérations générales. — Jupiter possède cinq satellites. Les quatre premiers, visibles avec la plus faible lunette, ont été découverts par Galilée les 7 et 8 janvier 1610. M. Barnard, de l'observatoire Lick, a trouvé le cinquième, le 9 septembre 1892; il n'y a guère que trois instruments de très grande puissance avec lesquels on ait pu jusqu'ici suivre son mouvement. Au point de vue de la Mécanique céleste, il y a lieu de le mettre à part; sa masse est trop faible pour qu'il exerce une influence sensible sur les quatre anciens qui, de leur côté, ne le troubleront pas sensiblement parce qu'il en est éloigné, et très voisin de la planète, dont l'attraction sera absolument prépondérante. Le cinquième satellite pourra cependant éprouver quelques dérangements au sujet desquels nous renvoyons le lecteur à deux Notes des *Comptes rendus* (t. CXVII, p. 1024, et CXIX, p. 5). On peut donc considérer à part les quatre gros satellites; la détermination de leurs mouvements constitue l'un des plus beaux problèmes de la Mécanique céleste. Le mouvement de chacun d'eux est incessamment dévié de l'ellipse invariable de Képler :

1° Par la force perturbatrice du Soleil, dont l'attraction n'est pas la même que sur la planète;

2° Par le renflement équatorial de la planète, qui fait que son attraction ne se compose pas seulement du terme en $\frac{1}{r^2}$;

3° Par les attractions des trois autres satellites.

Avant d'aborder la théorie, il est bon de donner quelques indications générales sur les mouvements des satellites. Ils se meuvent à peu près dans le plan de l'équateur de Jupiter. Les excentricités sont insensibles pour les satellites I et II (les plus voisins de la planète), de 0,001 et de 0,007 pour III et IV. Les moyens mouvements diurnes sidéraux ont pour valeurs

$$n = 203°,488\,955\,28, \qquad n' = 101°,374\,723\,96,$$
$$n'' = 50°,317\,608\,33, \qquad n''' = 21°,571\,071\,33.$$

On en conclut

$$n - 2n' = 0°,739\,507\,36,$$
$$n' - 2n'' = 0°,739\,507\,30.$$

On voit donc que le moyen mouvement du premier satellite est à fort peu près le double de celui du second, lequel est de même sensiblement le double de celui du troisième. Mais ce qui frappe le plus, c'est l'égalité presque absolue des différences $n - 2n'$ et $n' - 2n''$, de sorte que la relation

$$n - 3n' + 2n'' = 0$$

est vérifiée presque rigoureusement. Ce sont ces relations de commensurabilité qui font tout l'intérêt et toute la difficulté du problème; bien que les masses des satellites soient très faibles vis-à-vis de celle de Jupiter, les perturbations sont néanmoins considérables. Voici les rapports des masses à celle de Jupiter :

$$m = 0,000\,017; \qquad m' = 0,000\,023; \qquad m'' = 0,000\,088; \qquad m''' = 0,000\,042.$$

Les coefficients des plus grandes inégalités périodiques des longitudes jovicentriques des satellites atteignent cependant 26′, 62′, 8′ et 50′.

Voici enfin les distances moyennes des satellites à la planète, exprimées en rayons de son équateur :

$$5,93; \quad 9,44; \quad 15,06; \quad 26,49.$$

Le quatrième satellite a une théorie à part, analogue à celle de la Lune, présentant en miniature toutes les inégalités de notre satellite; les trois premiers forment un groupe dans lequel ils sont étroitement unis par les relations de commensurabilité approchée.

Ces satellites présentent aux observateurs les phénomènes les plus variés. A chacune de leurs révolutions, les trois premiers s'éclipsent en disparaissant dans le cône d'ombre de Jupiter, ou bien ils sont cachés par le disque même de la planète. D'autres fois, ils passent sur ce disque qui peut aussi être traversé par leurs ombres. C'est l'observation de ces éclipses qui a conduit Rœmer à la première détermination de la vitesse de la lumière; c'est elle encore qui a permis aux géographes de faire les premières mesures un peu exactes des longitudes terrestres, et, en particulier, de poser sous Louis XIV les bases de la première Carte officielle de la France. On comprend donc l'intérêt qui s'attache à une théorie précise des satellites de Jupiter.

Nous allons exposer la théorie en prenant pour base la méthode de la variation des constantes arbitraires, comme l'a fait M. Souillart (*Memoirs of the Royal Astronomical Society*, t. XLV), en lui apportant quelques modifications. Au fond, cette méthode est adoptée par Laplace, à partir du troisième Chapitre du Tome IV de la *Mécanique céleste;* nous croyons préférable de l'employer dès le début.

2. Équations différentielles des mouvements des satellites. — Soient

$$\begin{gathered} m,\ x,\ y,\ z,\ r=\sqrt{x^2+y^2+z^2}, \\ m',\ x',\ y',\ z',\ r', \\ m'',\ x'',\ y'',\ z'',\ r'', \\ m''',\ x''',\ y''',\ z''',\ r''', \\ m_1,\ x_1,\ y_1,\ z_1,\ r_1 \end{gathered}$$

les masses et les coordonnées rectangulaires des quatre satellites et du Soleil; ces coordonnées sont rapportées à des axes rectangulaires qui se coupent au centre de gravité de Jupiter, le plan des xy étant celui de l'orbite de Jupiter à une époque donnée, 1850,0 par exemple. Désignons, en outre, par m_0 la masse de Jupiter, et par f la constante de l'attraction universelle. Les équations différentielles du mouvement du premier satellite seront

$$(1)\qquad \left\{ \begin{aligned} \frac{d^2x}{dt^2}+f(m_0+m)\frac{x}{r^3}&=\frac{\partial \mathrm{R}}{\partial x}, \\ \frac{d^2y}{dt^2}+f(m_0+m)\frac{y}{r^3}&=\frac{\partial \mathrm{R}}{\partial y}, \\ \frac{d^2z}{dt^2}+f(m_0+m)\frac{z}{r^3}&=\frac{\partial \mathrm{R}}{\partial z}, \end{aligned} \right.$$

où R représente la fonction perturbatrice; elle est la somme de plusieurs autres,

$$\mathrm{R}=\mathcal{R}_{0,1}+\mathcal{R}_{0,2}+\mathcal{R}_{0,3}+\mathcal{R}+\mathcal{R}_1;$$

$\mathcal{R}_{0,1}$, $\mathcal{R}_{0,2}$, $\mathcal{R}_{0,3}$ correspondent aux satellites II, III et IV; $\mathcal{R}$ au Soleil, et $\mathcal{R}_1$ à l'aplatissement de Jupiter. On a, comme on sait,

$$\mathcal{R}_{0,1} = fm' \left[\frac{1}{\sqrt{(x'-x)^2+(y'-y)^2+(z'-z)^2}} - \frac{xx'+yy'+zz'}{r'^3} \right],$$

$$\mathcal{R} = fm_1 \left[\frac{1}{\sqrt{(x_1-x)^2+(y_1-y)^2+(z_1-z)^2}} - \frac{xx_1+yy_1+zz_1}{r_1^3} \right],$$

$$\mathcal{R}_1 = fm_0 \mathrm{J} \frac{b^2}{r^3}\left(\frac{1}{3} - \sin^2 d\right).$$

L'expression de $\mathcal{R}_1$ résulte de la formule (43) (t. II, p. 210); elle suppose que la planète est de révolution; b est le rayon équatorial, d la déclinaison du satellite au-dessus de l'équateur de Jupiter, et J la constante

$$\mathrm{J} = \varkappa - \frac{1}{2}\varkappa_1,$$

$\varkappa$ désignant l'aplatissement de la surface de la planète, et $\varkappa_1$ le rapport de la force centrifuge à l'attraction pour un point de l'équateur. Nous prendrons désormais b pour unité de longueur. La fonction des forces correspondant à l'attraction complète de Jupiter sera

$$\frac{fm_0}{r} + \mathcal{R}_1.$$

Si l'on néglige la fonction perturbatrice R, les équations (1) deviennent celles du mouvement elliptique. Vu la petitesse des excentricités, on peut prendre

$$(2)\qquad \begin{cases} \dfrac{r}{a} = 1 - e\cos(l-\varpi), \\ v = l + 2e\sin(l-\varpi), \\ l = \rho + \varepsilon, \qquad \rho = \int n\,dt, \\ \qquad n^2a^3 = f(m_0+m); \end{cases}$$

$$(3)\qquad \begin{cases} \dfrac{x}{r} = \cos v + \dfrac{1}{2}\varphi^2\sin\theta\sin(l-\theta), \\ \dfrac{y}{r} = \sin v - \dfrac{1}{2}\varphi^2\cos\theta\sin(l-\theta), \\ \dfrac{z}{r} = \varphi\sin(l-\theta); \end{cases}$$

nous remplacerons même souvent $m_0 + m$ par m_0.

$a, e, \varphi, \theta, v, l, \varepsilon$ représentent, suivant l'usage, le demi grand axe, l'excentricité, l'inclinaison, la longitude du nœud ascendant, la longitude vraie, la longitude moyenne et la longitude moyenne de l'époque. Les inclinaisons φ, φ', φ'' et φ''' sont petites.

Quand on voudra tenir compte de R, il faudra regarder les éléments elliptiques comme des variables qui seront déterminées par les équations (h) (t. I, p. 169); on peut simplifier un peu ces équations et les écrire ainsi

$$(4)\quad \begin{cases} \dfrac{de}{dt} = -\dfrac{1}{na^2e}\dfrac{\partial R}{\partial \varpi}, & \dfrac{d\varpi}{dt} = +\dfrac{1}{na^2e}\dfrac{\partial R}{\partial e}, \\ \dfrac{d\varphi}{dt} = -\dfrac{1}{na^2\varphi}\dfrac{\partial R}{\partial \theta}, & \dfrac{d\theta}{dt} = +\dfrac{1}{na^2\varphi}\dfrac{\partial R}{\partial \varphi}, \\ \dfrac{d\varepsilon}{dt} = -\dfrac{2}{na}\dfrac{\partial R}{\partial a} + \dfrac{e}{2na^2}\dfrac{\partial R}{\partial e} + \dfrac{\varphi}{2na^2}\dfrac{\partial R}{\partial \varphi}, & \\ \dfrac{da}{dt} = \dfrac{2}{na}\dfrac{\partial R}{\partial \varepsilon}, & \dfrac{d^2\rho}{dt^2} = -\dfrac{3}{a^2}\dfrac{\partial R}{\partial \varepsilon}. \end{cases}$$

3. Développement des fonctions perturbatrices. — Commençons par $\mathfrak{R}$ et développons cette fonction suivant les puissances de $\frac{r}{r_1}$, quantité petite qui, même pour le quatrième satellite, comme pour la Lune, ne dépasse pas $\frac{1}{400}$. Le même calcul que nous avons fait à plusieurs reprises dans le Tome III nous donnera avec une précision suffisante

$$(5)\qquad \mathfrak{R} = fm_1\frac{r^2}{r_1^3}\left[\frac{3}{2}\left(\frac{xx_1+yy_1+zz_1}{rr_1}\right)^2 - \frac{1}{2}\right].$$

On peut remplacer fm_1 par $n_1^2a_1^3$, en désignant par n_1 et a_1 le moyen mouvement et le demi grand axe de l'orbite de Jupiter. On développe $\mathfrak{R}$ suivant les puissances de e et e_1, de φ et de φ_1.

Nous désignerons par e_1, φ_1, ϖ_1 et θ_1 l'excentricité, l'inclinaison, les longitudes du périhélie et du nœud de l'orbite de Jupiter autour du Soleil; il vient finalement

$$(6)\quad \begin{aligned} \mathfrak{R} = {} & n_1^2a^2\Big[\frac{1}{4} + \frac{3}{8}(e^2+e_1^2) + \frac{3}{4}\cos(2l-2l_1) - \frac{1}{2}e\cos(l-\varpi) \\ & \qquad + \frac{3}{4}e_1\cos(l_1-\varpi_1) + \frac{3}{4}e\cos(2l_1-3l+\varpi) \\ & \qquad - \frac{9}{4}e\cos(2l_1-l-2\varpi) + \frac{15}{8}e^2\cos(2l_1-2\varpi)\Big] \\ & + n_1^2a^2\Big[-\frac{3}{8}(\varphi^2+\varphi_1^2) + \frac{3}{4}\varphi\varphi_1\cos(\theta-\theta_1) + \frac{3}{8}\varphi^2\cos(2l_1-2\theta) \\ & \qquad + \frac{3}{8}\varphi_1^2\cos(2l_1-2\theta_1) - \frac{3}{4}\varphi\varphi_1\cos(2l_1-\theta-\theta_1)\Big]. \end{aligned}$$

La première partie de cette expression provient de la formule (15) (t. III, p. 189); nous n'avons gardé, d'ailleurs, que les termes qui sont appelés à jouer un rôle dans la question actuelle. La seconde partie s'obtient en négligeant les excentricités dans la formule (5), et tenant compte des inclinaisons par les expressions (3) de x, y, z et les expressions analogues de x_1, y_1 et z_1, ce qui donne (t. I, p. 315)

$$\frac{xx_1 + yy_1 + zz_1}{aa_1} = \cos(l - l_1) - \frac{1}{2}\varphi^2 \sin(l - \theta)\sin(l_1 - \theta)$$
$$- \frac{1}{2}\varphi_1^2 \sin(l - \theta_1)\sin(l_1 - \theta_1) + \varphi\varphi_1 \sin(l - \theta)\sin(l_1 - \theta_1);$$

en élevant au carré, portant dans $\mathcal{R}$, et conservant les termes de la forme voulue, on trouve bien la seconde ligne de l'expression (6).

Passons maintenant au développement de $\mathcal{R}_1$. L'orbite du satellite et l'équateur de Jupiter font des angles petits avec le plan fixe des xy. On en conclut que l'on peut prendre

$$d = s - s_1,$$

s désignant la latitude du satellite au-dessus du plan fixe, et s_1 celle du point de l'équateur ayant la même longitude que le satellite, relativement au même plan fixe. Or on a, en négligeant l'excentricité,

$$s = \varphi \sin(l - \theta),$$
$$s_1 = \omega \sin[l - (180^\circ - \psi)] = -\omega \sin(l + \psi),$$

en désignant par $180^\circ - \psi$ et ω la longitude du *nœud ascendant* de l'équateur de Jupiter sur le plan fixe, et son inclinaison sur ce plan. Il vient donc

$$d = \varphi \sin(l - \theta) + \omega \sin(l + \psi),$$
$$\mathcal{R}_1 = \frac{fm_0 \mathrm{J}}{3r^3} - \frac{fm_0 \mathrm{J}}{a^3}[\varphi \sin(l - \theta) + \omega \sin(l + \psi)]^2;$$

on a d'ailleurs

$$\frac{r}{a} = 1 - e\cos(l - \varpi) + \frac{1}{2}e^2 - \frac{1}{2}e^2\cos(2l - 2\varpi),$$

d'où

$$\frac{a^3}{r^3} = 1 + 3e\cos(l - \varpi) + \frac{3}{2}e^2 + \frac{9}{2}e^2\cos(2l - 2\varpi),$$

et il en résulte, en remplaçant fm_0 par n^2a^3,

$$(7)\quad \left\{ \begin{aligned} \mathcal{R}_1 = \mathrm{J}n^2 \Big[& \frac{1}{3} + e\cos(l - \varpi) + \frac{1}{2}e^2 + \frac{3}{2}e^2\cos(2l - 2\varpi) - \frac{1}{2}\varphi^2 - \frac{1}{2}\omega^2 \\ & + \frac{1}{2}\varphi^2\cos(2l - 2\theta) + \frac{1}{2}\omega^2\cos(2l + 2\psi) \\ & - \varphi\omega\cos(\psi + \theta) + \varphi\omega\cos(2l - \theta + \psi)\Big]. \end{aligned} \right.$$

Il reste enfin à passer au développement de $\mathcal{R}_{0,1}$.

Les formules (37) et (41) du Tome I, p. 309 et 310, donnent, en changeant

λ et ω en l et ϖ, ce qui peut se faire à cause de la petitesse des inclinaisons mutuelles des orbites des satellites,

$$(8)\quad \left\{\begin{aligned}
\frac{1}{fm'}\mathcal{R}_{0,1} = {} & \frac{1}{2}\mathrm{A}^0 + \frac{1}{2}\sum \mathrm{A}^{(i)}\cos(il' - il) - \frac{a}{a'^2}\cos(l' - l) \\
& + \frac{1}{2}\sum (2i\mathrm{A}^{(i)} + \mathrm{A}_1^{(i)})e\cos[il' - (i-1)l - \varpi] \\
& + \frac{3}{2}\frac{a}{a'^2}e\cos(l' - \varpi) - \frac{1}{2}\frac{a}{a'^2}e\cos(2l - l' - \varpi) \\
& + \frac{1}{2}\eta^2\mathrm{B}^{(1)} + \frac{e^2 + e'^2}{4}(\mathrm{A}_1^{(0)} + \mathrm{A}_2^{(0)}) \\
& - \frac{1}{2}(4\mathrm{A}^{(2)} + \mathrm{A}_1^{(2)})e\cos(2l' - l - \varpi) + \frac{1}{2}\left(3\mathrm{A}^{(1)} + \mathrm{A}_1^{(1)} - \frac{4a}{a'^2}\right)e'\cos(2l' - l - \varpi') \\
& + \frac{1}{4}(22\mathrm{A}^{(4)} + 7\mathrm{A}_1^{(4)} + \mathrm{A}_2^{(4)})e^2\cos(4l' - 2l - 2\varpi) \\
& + \frac{1}{2}(\mathrm{A}^{(1)} - \mathrm{A}_1^{(1)} - \mathrm{A}_2^{(1)})ee'\cos(\varpi - \varpi') \\
& - \frac{1}{2}(21\mathrm{A}^{(3)} + 7\mathrm{A}_1^{(3)} + \mathrm{A}_2^{(3)})ee'\cos(4l' - 2l - \varpi - \varpi') \\
& + \frac{1}{4}(19\mathrm{A}^{(2)} + 7\mathrm{A}_1^{(2)} + \mathrm{A}_2^{(2)})e'^2\cos(4l' - 2l - 2\varpi') \\
& + \frac{1}{2}\eta^2\mathrm{B}^{(3)}\cos(4l' - 2l - 2\tau').
\end{aligned}\right.$$

Dans les signes $\sum$, i doit prendre toutes les valeurs entières positives et négatives, excepté zéro. Toutefois, dans le second $\sum$, i ne doit pas recevoir la valeur $+2$, car le terme correspondant a été écrit plus loin explicitement, en raison du rôle important qu'il est appelé à jouer. Dans les termes du second ordre, relativement à e, e' et η, nous n'avons conservé que les termes séculaires en e^2, e'^2, $ee'\cos(\varpi - \varpi')$, η^2, et les termes en $4l' - 2l$, qui donneront naissance à des inégalités à longues périodes, en raison de la petitesse de la quantité

$$4n' - 2n = 2(2n' - n).$$

Les deux dernières formules (4) du Tome I, p. 293, donnent

$$2\eta\sin\tau' = \varphi\sin\theta - \varphi'\sin\theta',$$
$$2\eta\cos\tau' = \varphi\cos\theta - \varphi'\cos\theta';$$

on en tire aisément

$$4\eta^2 = \varphi^2 + \varphi'^2 - 2\varphi\varphi'\cos(\theta - \theta'),$$
$$4\eta^2\sin2\tau' = \varphi^2\sin2\theta + \varphi'^2\sin2\theta' - 2\varphi\varphi'\sin(\theta + \theta'),$$
$$4\eta^2\cos2\tau' = \varphi^2\cos2\theta + \varphi'^2\cos2\theta' - 2\varphi\varphi'\cos(\theta + \theta'),$$
$$\begin{aligned}4\eta^2\cos(4l' - 2l - 2\tau') = {} & \varphi^2\cos(4l' - 2l - 2\theta) + \varphi'^2\cos(4l' - 2l - 2\theta') \\ & - 2\varphi\varphi'\cos(4l' - 2l - \theta - \theta').\end{aligned}$$

En tenant compte de ces relations, et introduisant une transformation des coefficients de $e^2+e'^2$ et de $ee'\cos(\varpi-\varpi')$ donnés dans le Tome I, p. 406, il vient, pour expression de $\mathcal{R}_{0,1}$,

$$(9)\quad \left\{\begin{aligned}
\frac{1}{fm'}\mathcal{R}_{0,1} = {} & \frac{1}{2}A^{(0)} + \frac{1}{2}\sum A^{(i)}\cos(il'-il) - \frac{a}{a'^2}\cos(l'-l) \\
& - \frac{1}{2}\sum\left(2iA^{(i)} + a\frac{\partial A^{(i)}}{\partial a}\right)e\cos[il'-(i-1)l-\varpi] \\
& + \frac{3}{2}\frac{a}{a'^2}e\cos(l'-\varpi) - \frac{1}{2}\frac{a}{a'^2}e\cos(2l-l'-\varpi) \\
& - \frac{1}{2}\left(4A^{(2)} + a\frac{\partial A^{(2)}}{\partial a}\right)e\cos(2l'-l-\varpi) \\
& + \frac{1}{2}\left(3A^{(1)} + a\frac{\partial A^{(1)}}{\partial a} - \frac{4a}{a'^2}\right)e'\cos(2l'-l-\varpi') \\
& + \frac{1}{8}B^{(1)}(e^2+e'^2) - \frac{1}{4}B^{(2)}ee'\cos(\varpi-\varpi') \\
& + \frac{1}{4}\left(22A^{(4)} + 7a\frac{\partial A^{(4)}}{\partial a} + \frac{1}{2}a^2\frac{\partial^2 A^{(4)}}{\partial a^2}\right)e^2\cos(4l'-2l-2\varpi) \\
& - \frac{1}{2}\left(21A^{(3)} + 7a\frac{\partial A^{(3)}}{\partial a} + \frac{1}{2}a^2\frac{\partial^2 A^{(3)}}{\partial a^2}\right)ee'\cos(4l'-2l-\varpi-\varpi') \\
& + \frac{1}{4}\left(19A^{(2)} + 7a\frac{\partial A^{(2)}}{\partial a} + \frac{1}{2}a^2\frac{\partial^2 A^{(2)}}{\partial a^2}\right)e'^2\cos(4l'-2l-2\varpi') \\
& - \frac{1}{8}B^{(1)}[\varphi^2+\varphi'^2-2\varphi\varphi'\cos(\theta-\theta')] \\
& + \frac{1}{8}B^{(3)}[\varphi^2\cos(4l'-2l-2\theta) \\
& \qquad + \varphi'^2\cos(4l'-2l-2\theta') - 2\varphi\varphi'\cos(4l'-2l-\theta-\theta')].
\end{aligned}\right.$$

Nous remplacerons fm' par $n^2a^3\frac{m'}{m_0}$, et nous écrirons simplement m' au lieu de $\frac{m'}{m_0}$.

Il y a lieu d'introduire quelques notations pour simplifier; posons

$$(10)\quad \left\{\begin{aligned}
&(0) = \frac{Jn}{a^2}, \qquad [0] = \frac{3}{4}\frac{n_1^2}{n}, \\
&(0,1) = \frac{1}{4}m'naB^{(1)}, \qquad [0,1] = \frac{1}{4}m'naB^{(2)}, \\
&\{0,1\} = \frac{1}{4}m'naB^{(3)}.
\end{aligned}\right.$$

On remarquera que ces quantités (0), [0], ... sont du degré zéro relativement aux longueurs a, a', et du degré 1 relativement aux moyens mouvements. Le sens des notations (0,2), (0,3), [0,2], [0,3] résulte clairement des formules (10).

Si maintenant on réunit les expressions (6), (7) et (9) des fonctions perturbatrices, on trouvera, en groupant convenablement les termes, que la fonction perturbatrice totale, pour le premier satellite, est égale à

$$R = R_0 + R_1 + \ldots + R_6; \tag{11}$$

$$(12)\left\{\begin{aligned} R_0 = m'n^2a^3 \Big\{ & \frac{1}{2}\sum A^{(i)}\cos(il' - il) - \frac{a}{a'^2}\cos(l' - l) \\ & - \frac{1}{2}\sum\left(2iA^{(i)} + a\frac{\partial A^{(i)}}{\partial a}\right)e\cos[il' - (i-1)l - \varpi] \\ & + \frac{3}{2}\frac{a}{a'^2}e\cos(l' - \varpi) - \frac{1}{2}\frac{a}{a'^2}e\cos(2l - l' - \varpi)\Big\} \\ & + \frac{3}{4}n_1^2a^2[\cos(2l - 2l_1) + e\cos(2l_1 - 3l + \varpi) - 3e\cos(2l_1 - l - \varpi)] \\ & + \left(Jn^2 - \frac{1}{2}n_1^2a^2\right)e\cos(l - \varpi); \end{aligned}\right.$$

$$\begin{aligned} R_1 = m'n^2a^3\Big[& -\frac{1}{2}\left(4A^{(2)} + a\frac{\partial A^{(2)}}{\partial a}\right)e\cos(2l' - l - \varpi) \\ & + \frac{1}{2}\left(3A^{(1)} + a\frac{\partial A^{(1)}}{\partial a} - \frac{4a}{a'^2}\right)e'\cos(2l' - l - \varpi')\Big]; \end{aligned}$$

$$(13)\left\{\begin{aligned} R_2 = {} & \frac{1}{2}na^2\{(0) + [0] + (0,1) + (0,2) + (0,3)\}e^2 \\ & - na^2\{[0,1]ee'\cos(\varpi - \varpi') + [0,2]ee''\cos(\varpi - \varpi'') + [0,3]ee'''\cos(\varpi - \varpi''')\}; \end{aligned}\right.$$

$$R_3 = \frac{1}{2}na^2\{[0](e_1^2 - \varphi_1^2) - (0)\omega^2 + 2[0]e_1\cos(l_1 - \varpi_1) + 5[0]e^2\cos(2l_1 - 2\varpi)\}; \tag{14}$$

$$R_4 = \frac{1}{4}m'n^2a^3\left\{\begin{aligned} & \left(22A^{(4)} + 7a\frac{\partial A^{(4)}}{\partial a} + \frac{1}{2}a^2\frac{\partial^2 A^{(4)}}{\partial a^2}\right)e^2\cos(4l' - 2l - 2\varpi) \\ - 2 & \left(21A^{(3)} + 7a\frac{\partial A^{(3)}}{\partial a} + \frac{1}{2}a^2\frac{\partial^2 A^{(3)}}{\partial a^2}\right)ee'\cos(4l' - 2l - \varpi - \varpi') \\ + & \left(19A^{(2)} + 7a\frac{\partial A^{(2)}}{\partial a} + \frac{1}{2}a^2\frac{\partial^2 A^{(2)}}{\partial a^2}\right)e'^2\cos(4l' - 2l - 2\varpi'); \end{aligned}\right\}$$

$$(15)\left\{\begin{aligned} R_5 = {} & -\frac{1}{2}na^2\{(0) + [0] + (0,1) + (0,2) + (0,3)\}\varphi^2 \\ & + na^2[(0,1)\varphi\varphi'\cos(\theta - \theta') + (0,2)\varphi\varphi''\cos(\theta - \theta'') + (0,3)\varphi\varphi'''\cos(\theta - \theta''')] \\ & - na^2(0)\varphi\omega\cos(\theta + \psi) + na^2[0]\varphi\varphi_1\cos(\theta - \theta_1); \end{aligned}\right.$$

$$(16)\left\{\begin{aligned} R_6 = {} & \frac{1}{2}na^2\{0,1\}[\varphi^2\cos(4l' - 2l - 2\theta) - 2\varphi\varphi'\cos(4l' - 2l - \theta - \theta')] \\ & + \frac{1}{2}na^2[0][\varphi^2\cos(2l_1 - 2\theta) - 2\varphi\varphi_1\cos(2l_1 - \theta - \theta_1)] \\ & + \frac{1}{2}na^2(0)[\varphi^2\cos(2l - 2\theta) + 2\varphi\omega\cos(2l - \theta + \psi)]. \end{aligned}\right.$$

Il faut entendre que l'expression de R_0 doit être étendue aux combinaisons du premier satellite avec le deuxième et le troisième; il y a donc deux parties ayant pour coefficients

$$m''n^2a^3 \quad \text{et} \quad m'''n^2a^3,$$

qui n'ont pas été écrites.

La fonction R_0 donnera les inégalités à courtes périodes des rayons vecteurs et des longitudes, et une inégalité solaire (*la variation*);

» R_1 » les inégalités à longues périodes;

» R_4 » les compléments apportés par M. Souillart aux inégalités précédentes;

» R_2 » les inégalités séculaires des excentricités et des périjoves;

» R_5 » les inégalités séculaires des nœuds et des inclinaisons;

» R_3 » l'accélération séculaire et deux inégalités solaires importantes (*l'équation annuelle* et *l'évection*);

» R_6 » les inégalités périodiques des latitudes.

4. Il faut montrer maintenant comment on passera de la fonction perturbatrice R du premier satellite à celles, R', R'' et R''' des trois autres. On aura à introduire les quantités

$$(1),\ (2),\ (3);\quad [1],\ [2],\ [3];\quad (1,0),\ (1,2),\ (1,3);\quad [1,0],\ [1,2],\ [1,3];\ \{1,0\},\ \ldots,$$

qui sont suffisamment définies par les formules (10). On voit immédiatement que l'on aura les relations

$$(17)\quad m\sqrt{a}(0,1) = m'\sqrt{a'}(1,0),\quad m\sqrt{a}[0,1] = m'\sqrt{a'}[1,0],\quad m\sqrt{a}\{0,1\} = m'\sqrt{a'}\{1,0\},\quad \ldots.$$

Les expressions de R_2, R_3, R_5 et R_6 seront étendues immédiatement à $R'_2, \ldots, R''_2, \ldots, R'''_2, \ldots$.

Mais il nous faut entrer dans quelques détails au sujet de R_1 et de R_4 qui donnent les inégalités à longues périodes.

En se rapportant aux formules (37) à (41) du Tome I, p. 309 et 310, on verra que R'_1 se compose de deux parties :

La première provenant du satellite I, et contenant $2l' - l$;

La seconde provenant du satellite III, et contenant $2l'' - l'$.

On trouvera sans peine

$$\begin{aligned}
R'_1 = \quad & mn'^2a'^3\Big[-\frac{1}{2}\Big(4A^{(2)} + a\frac{\partial A^{(2)}}{\partial a}\Big)e\cos(2l' - l - \varpi) \\
& \qquad + \frac{1}{2}\Big(3A^{(1)} + a\frac{\partial A^{(1)}}{\partial a} - \frac{4a}{a'^2}\Big)e'\cos(2l' - l - \varpi')\Big] \\
& + m''n'^2a'^3\Big[-\frac{1}{2}\Big(4A'^{(2)} + a'\frac{\partial A'^{(2)}}{\partial a'}\Big)e'\cos(2l'' - l' - \varpi') \\
& \qquad + \frac{1}{2}\Big(3A'^{(1)} + a'\frac{\partial A'^{(1)}}{\partial a'} - \frac{4a'}{a''^2}\Big)e''\cos(2l'' - l' - \varpi'')\Big];
\end{aligned}$$

$$R''_1 = m' n''^2 a''^3 \left[-\frac{1}{2}\left(4A'^{(2)} + a' \frac{\partial A'^{(2)}}{\partial a'}\right) e' \cos(2l'' - l' - \varpi') \right.$$
$$\left. + \frac{1}{2}\left(3A'^{(1)} + a' \frac{\partial A'^{(1)}}{\partial a'} - \frac{a''}{a'^2}\right) e'' \cos(2l'' - l' - \varpi'') \right].$$

Les fonctions $A'^{(1)}$ et $A'^{(2)}$ sont définies par l'équation

$$(18) \qquad \frac{1}{\sqrt{a'^2 + a''^2 - 2a'a'' \cos(l'' - l')}} = \frac{1}{2} \sum_{-\infty}^{+\infty} A'^{(i)} \cos(il'' - il').$$

Cela fait, nous poserons

$$(19) \qquad \begin{cases} F = 4aA^{(2)} + a^2 \dfrac{\partial A^{(2)}}{\partial a}, & G = \dfrac{a'^2}{a^2} - 3a'A^{(1)} - aa' \dfrac{\partial A^{(1)}}{\partial a}, \\ F' = 4a'A'^{(2)} + a'^2 \dfrac{\partial A'^{(2)}}{\partial a'}; & G' = \dfrac{a''^2}{a'^2} - 3a''A'^{(1)} - a'a'' \dfrac{\partial A'^{(1)}}{\partial a'}. \end{cases}$$

On en tire aisément

$$-a\left(3A^{(1)} + a \frac{\partial A^{(1)}}{\partial a} - \frac{4a}{a'^2}\right) = \frac{a}{a'} G + \frac{4a^3 - a'^3}{aa'^2} = \frac{a}{a'} G + \frac{4n'^2 - n^2}{n^2} \frac{a'}{a} = \frac{a}{a'} G,$$

$$-a'\left(3A'^{(1)} + a' \frac{\partial A'^{(1)}}{\partial a'} - \frac{4a'}{a''^2}\right) = \frac{a'}{a''} G' + \frac{4a'^3 - a''^3}{a'a''^2} = \frac{a'}{a''} G' + \frac{4n''^2 - n'^2}{n'^2} \frac{a''}{a'} = \frac{a'}{a''} G';$$

$$a'\left(4A^{(2)} + a \frac{\partial A^{(2)}}{\partial a}\right) = \frac{a'}{a} F,$$

$$a''\left(4A'^{(2)} + a' \frac{\partial A'^{(2)}}{\partial a'}\right) = \frac{a''}{a'} F'.$$

Nous avons pu, dans ces termes relativement peu importants, supposer $n = 2n'$, $n' = 2n''$.

Il viendra ainsi

$$(20) \qquad \begin{cases} R_1 = -\dfrac{1}{2} m' n^2 a^2 \left[F e \cos(2l' - l - \varpi) + \dfrac{a}{a'} G e' \cos(2l' - l - \varpi')\right], \\ R'_1 = -\dfrac{1}{2} m n'^2 a'^2 \left[G e' \cos(2l' - l - \varpi') + \dfrac{a'}{a} F e \cos(2l' - l - \varpi)\right] \\ \qquad - \dfrac{1}{2} m'' n'^2 a'^2 \left[F' e' \cos(2l'' - l' - \varpi') + \dfrac{a'}{a''} G' e'' \cos(2l'' - l' - \varpi'')\right], \\ R''_1 = -\dfrac{1}{2} m' n''^2 a''^2 \left[G' e'' \cos(2l'' - l' - \varpi'') + \dfrac{a''}{a'} F' e' \cos(2l'' - l' - \varpi')\right]. \end{cases}$$

Si l'on pose pour un moment

$$\frac{a}{a'} = \alpha, \qquad \frac{a'}{a''} = \alpha',$$

les formules (19) donneront (*voir* t. I, p. 288),

$$F = 4\alpha\, b^{(2)} + \alpha^2 \frac{db^{(2)}}{d\alpha}, \qquad G = \frac{1}{\alpha^2} - 3\, b^{(1)} - \alpha \frac{db^{(1)}}{d\alpha},$$

$$F' = 4\alpha' b'^{(2)} + \alpha'^2 \frac{db'^{(2)}}{d\alpha'}, \qquad G' = \frac{1}{\alpha'^2} - 3\, b'^{(1)} - \alpha' \frac{db'^{(1)}}{d\alpha'}.$$

Or on a

$$\frac{\alpha^3}{\alpha'^3} = \frac{a^3 a''^3}{a'^6} = \frac{n'^4}{n^2 n''^2},$$

ce qui se réduit sensiblement à 1, à cause des relations approchées

$$n' = \frac{n}{2}, \qquad n' = 2n''.$$

α diffère donc peu de α', et, par suite, les différences $F' - F$ et $G' - G$ sont très petites, de sorte que l'on pourra prendre souvent

$$F' = F, \qquad G' = G. \tag{21}$$

Passons maintenant aux fonctions R_4, R'_4 et R''_4. Nous ferons

$$(22) \quad \left\{ \begin{aligned} &\frac{1}{2} m' n \left(22\, a\, A^{(4)} + 7 a^2 \frac{\partial A^{(4)}}{\partial a} + \frac{1}{2} a^3 \frac{\partial^2 A^{(4)}}{\partial a^2} \right) = a_{0,1}, \\ &\frac{1}{2} m' n \left(21\, a\, A^{(3)} + 7 a^2 \frac{\partial A^{(3)}}{\partial a} + \frac{1}{2} a^3 \frac{\partial^2 A^{(3)}}{\partial a^2} \right) = b_{0,1}, \\ &\frac{1}{2} m n' \left(19 a' A^{(2)} + 7 a' a \frac{\partial A^{(2)}}{\partial a} + \frac{1}{2} a' a^2 \frac{\partial^2 A^{(2)}}{\partial a^2} \right) = a_{1,0}, \\ &\frac{1}{2} m n' \left(21\, a' A^{(3)} + 7 a' a \frac{\partial A^{(3)}}{\partial a} + \frac{1}{2} a' a^2 \frac{\partial^2 A^{(3)}}{\partial a^2} \right) = b_{1,0}; \end{aligned} \right.$$

$$(23) \quad \left\{ \begin{aligned} &\frac{1}{2} m'' n' \left(22\, a' A'^{(4)} + 7 a'^2 \frac{\partial A'^{(4)}}{\partial a'} + \frac{1}{2} a'^3 \frac{\partial^2 A'^{(4)}}{\partial a'^2} \right) = a_{1,2}, \\ &\frac{1}{2} m'' n' \left(21\, a' A'^{(3)} + 7 a'^2 \frac{\partial A'^{(3)}}{\partial a'} + \frac{1}{2} a'^3 \frac{\partial^2 A'^{(3)}}{\partial a'^2} \right) = b_{1,2}, \\ &\frac{1}{2} m' n'' \left(19 a'' A'^{(2)} + 7 a'' a' \frac{\partial A'^{(2)}}{\partial a'} + \frac{1}{2} a'' a'^2 \frac{\partial^2 A'^{(2)}}{\partial a'^2} \right) = a_{2,1}, \\ &\frac{1}{2} m' n'' \left(21\, a'' A'^{(3)} + 7 a'' a' \frac{\partial A'^{(3)}}{\partial a'} + \frac{1}{2} a'' a'^2 \frac{\partial^2 A'^{(3)}}{\partial a'^2} \right) = b_{2,1}. \end{aligned} \right.$$

On aura

$$m\sqrt{a}\, b_{0,1} = m'\sqrt{a'}\, b_{1,0}, \qquad m'\sqrt{a'}\, b_{1,2} = m''\sqrt{a''}\, b_{2,1}. \tag{24}$$

La quantité $A'^{(4)}$ est définie par la relation (18); on trouvera ensuite aisément

$$(25)\quad \left\{\begin{aligned}
\frac{2}{na^2}R_4 &= a_{0,1}e^2\cos(4l'-2l-2\varpi)\\
&\quad -2b_{0,1}ee'\cos(4l'-2l-\varpi-\varpi')+\frac{m'\sqrt{a'}}{m\sqrt{a}}a_{1,0}e'^2\cos(4l'-2l-2\varpi'),\\
\frac{2}{n'a'^2}R'_4 &= a_{1,0}e'^2\cos(4l'-2l-2\varpi')\\
&\quad -2b_{1,0}ee'\cos(4l'-2l-\varpi-\varpi')+\frac{m\sqrt{a}}{m'\sqrt{a'}}a_{0,1}e^2\cos(4l'-2l'-2\varpi)\\
&\quad +a_{1,2}e'^2\cos(4l''-2l'-2\varpi')\\
&\quad -2b_{1,2}e'e''\cos(4l''-2l'-\varpi'-\varpi'')+\frac{m''\sqrt{a''}}{m'\sqrt{a'}}a_{2,1}e''^2\cos(4l''-2l'-2\varpi''),\\
\frac{2}{n''a''^2}R''_4 &= a_{2,1}e''^2\cos(4l''-2l'-2\varpi'')\\
&\quad -2b_{2,1}e'e''\cos(4l''-2l'-\varpi'-\varpi'')+\frac{m'\sqrt{a'}}{m''\sqrt{a''}}a_{1,2}e'^2\cos(4l''-2l'-2\varpi').
\end{aligned}\right.$$

CHAPITRE II.

THÉORIE DES SATELLITES DE JUPITER. — INÉGALITÉS PRINCIPALES DES LONGITUDES ET DES RAYONS VECTEURS.

5. **Calcul de la variation.** — Nous allons calculer les perturbations qui émanent de R_0; considérons d'abord la portion

$$(1) \qquad R_0 = \frac{3}{4} n_1^2 a^2 [\cos(2l - 2l_1) + e\cos(2l_1 - 3l + \varpi) - 3e\cos(2l_1 - l - \varpi)].$$

Nous appliquerons les équations (4) du Chapitre I, et nous trouverons sans peine

$$\frac{da}{dt} = -\frac{3n_1^2}{n} a \sin(2l - 2l_1), \qquad \frac{d^2\rho}{dt^2} = +\frac{9}{2} n_1^2 \sin(2l - 2l_1),$$

$$\frac{d\varepsilon}{dt} = -\frac{3n_1^2}{n}\cos(2l - 2l_1),$$

$$\frac{de}{dt} = \frac{3n_1^2}{4n}[\sin(2l_1 - 3l + \varpi) + 3\sin(2l_1 - l - \varpi)],$$

$$e\frac{d\varpi}{dt} = \frac{3n_1^2}{4n}[\cos(2l_1 - 3l + \varpi) - 3\cos(2l_1 - l - \varpi)];$$

en faisant le changement de variables

$$e\sin\varpi = h, \qquad e\cos\varpi = k,$$

que nous emploierons très souvent, il vient

$$\frac{dh}{dt} = +\frac{1}{na^2}\frac{\partial R}{\partial k}\frac{3n_1^2}{4n}[\cos(2l_1 - 3l) - 3\cos(2l_1 - l)],$$

$$\frac{dk}{dt} = -\frac{1}{na^2}\frac{\partial R}{\partial h}\frac{3n_1^2}{4n}[\sin(2l_1 - 3l) + 3\sin(2l_1 - l)].$$

Des quadratures donnent immédiatement les perturbations δa, $\delta\rho$, $\delta\varepsilon$, δh et δk, causées par la fonction perturbatrice (1). On trouve aisément

$$\delta a = \frac{3n_1^2}{2n(n-n_1)}\,a\cos(2l-2l_1), \qquad \delta\rho = -\frac{9}{8}\,\frac{n_1^2}{(n-n_1)^2}\sin(2l-2l_1),$$

$$\delta\varepsilon = -\frac{3n_1^2}{2n(n-n_1)}\sin(2l-2l_1);$$

$$\delta h = \frac{3n_1^2}{4n}\left[\frac{\sin(3l-2l_1)}{3n-2n_1} - \frac{3\sin(l-2l_1)}{n-2n_1}\right],$$

$$\delta k = \frac{3n_1^2}{4n}\left[\frac{\cos(3l-2l_1)}{3n-2n_1} + \frac{3\cos(l-2l_1)}{n-2n_1}\right].$$

Il suffit de porter ces expressions dans les formules (2) du Chapitre I, ou mieux dans celles-ci, qui s'en déduisent,

$$(2)\qquad \begin{cases} \delta r = \delta a - a(\delta h\sin l + \delta k\cos l), \\ \delta v = \delta\rho + \delta\varepsilon + 2(\delta k\sin l - \delta h\cos l). \end{cases}$$

On trouve ainsi

$$\frac{\delta r}{a} = \left[\frac{3n_1^2}{2n(n-n_1)} - \frac{3n_1^2}{4n(3n-2n_1)} - \frac{9n_1^2}{4n(n-2n_1)}\right]\cos(2l-2l_1),$$

$$\delta v = \left[-\frac{3n_1^2}{2n(n-n_1)} - \frac{9n_1^2}{8(n-n_1)^2} - \frac{3n_1^2}{2n(3n-2n_1)} + \frac{9n_1^2}{2n(n-2n_1)}\right]\sin(2l-2l_1).$$

On peut développer les coefficients suivant les puissances de la quantité $\frac{n_1}{n}$, qui est égale à $\frac{1}{2450}$ pour le satellite I et à $\frac{1}{260}$ pour le satellite IV.

On trouve ainsi, en ne conservant que les termes en $\left(\frac{n_1}{n}\right)^2$,

$$(3)\qquad \frac{\delta r}{a} = -\frac{n_1^2}{n^2}\cos(2l-2l_1), \qquad \delta v = +\frac{11}{8}\,\frac{n_1^2}{n^2}\sin(2l-2l_1).$$

C'est l'inégalité qui, dans la théorie de la Lune, a reçu le nom de *variation*, et les coefficients de $\cos(2l-2l_1)$ et de $\sin(2l-2l_1)$ sont les parties principales des coefficients correspondants de la théorie de la Lune.

6. **Inégalités à courtes périodes.** — Considérons maintenant le reste de l'expression de R_0 [formule (12) du Chapitre I]

$$(4)\qquad \begin{aligned} R_0 = m'n^2a^3\Big\{&\frac{1}{2}\sum A^{(i)}\cos(il'-il) - \frac{1}{2}e\sum \mathfrak{B}^{(i)}\cos[il'-(i-1)l-\varpi] \\ &- \frac{a}{a'^2}\cos(l'-l) + \frac{3}{2}\,\frac{a}{a'^2}\,e\cos(l'-\varpi) - \frac{1}{2}\,\frac{a}{a'^2}\,e\cos(2l-l'-\varpi)\Big\} \\ &+ n^2a^2\left(\frac{J}{a^2} - \frac{1}{2}\,\frac{n_1^2}{n^2} - \frac{1}{2}m'a^2\frac{\partial A^{(0)}}{\partial a}\right)e\cos(l-\varpi), \end{aligned}$$

où nous avons posé, pour abréger,

(5) $$\mathcal{B}^{(i)} = 2iA^{(i)} + a\frac{\partial A^{(i)}}{\partial a}.$$

Nous avons mis en évidence le terme

$$-\frac{1}{2}m'n^2a^3\mathcal{B}^{(0)}e\cos(l-\varpi) = -\frac{1}{2}m'n^2a^4\frac{\partial A^{(0)}}{\partial a}e\cos(l-\varpi),$$

de façon que $i=0$ soit excepté des deux signes $\sum$. En opérant comme précédemment, prenant les seuls termes périodiques et dirigeant le calcul de façon à négliger l'excentricité e dans le résultat final, on trouve

$$\frac{d^2\rho}{dt^2} = -\frac{3}{2}m'n^2a\left[\sum iA^{(i)}\sin(il'-il) - \frac{2a}{a'^2}\sin(l'-l)\right],$$

$$\frac{da}{dt} = m'na^2\left[\sum iA^{(i)}\sin(il'-il) - \frac{2a}{a'^2}\sin(l'-l)\right],$$

$$\frac{d\varepsilon}{dt} = -m'na\left[\sum a\frac{\partial A^{(i)}}{\partial a}\cos(il'-il) - \frac{2a}{a'^2}\cos(l'-l)\right];$$

pour former $\frac{\partial R_0}{\partial a}$ qui donne $\frac{d\varepsilon}{dt}$, on n'a pas fait varier a dans le coefficient n^2a^3 de la formule (4), car ce coefficient a été mis à la place de fm_0; on a ensuite (t. I, p. 171),

$$\begin{aligned}\frac{dh}{dt} &= m'na\left\{-\frac{1}{2}\sum\mathcal{B}^{(i)}\cos[il'-(i-1)l] + \frac{3}{2}\frac{a}{a'^2}\cos l' - \frac{1}{2}\frac{a}{a'^2}\cos(2l-l')\right\}\\ &\quad + n\left(\frac{J}{a^2} - \frac{n_1^2}{2n^2} - \frac{1}{2}m'a^2\frac{\partial A^{(0)}}{\partial a}\right)\cos l,\end{aligned}$$

$$\begin{aligned}\frac{dk}{dt} &= m'na\left[+\frac{1}{2}\sum\mathcal{B}^{(i)}\sin[il'-(i-1)l] - \frac{3}{2}\frac{a}{a'^2}\sin l' + \frac{1}{2}\frac{a}{a'^2}\sin(2l-l')\right]\\ &\quad - n\left(\frac{J}{a^2} - \frac{n_1^2}{2n^2} - \frac{1}{2}m'a^2\frac{\partial A^{(0)}}{\partial a}\right)\sin l.\end{aligned}$$

On en conclut, par des quadratures faciles,

$$\frac{\delta a}{a} = m'\left[\sum\frac{n}{n-n'}aA^{(i)}\cos(il'-il) - \frac{2n}{n-n'}\frac{a^2}{a'^2}\cos(l'-l)\right],$$

$$\delta\rho = m'\left[\frac{3}{2}\sum\left(\frac{n}{n-n'}\right)^2\frac{aA^{(i)}}{i}\sin(il'-il) - 3\left(\frac{n}{n-n'}\right)^2\frac{a^2}{a'^2}\sin(l'-l)\right],$$

$$\delta\varepsilon = m'\left[\sum\frac{n}{i(n-n')}a^2\frac{\partial A^{(i)}}{\partial a}\sin(il'-il) - \frac{2n}{n-n'}\frac{a^2}{a'^2}\sin(l'-l)\right],$$

$$\begin{aligned}\delta h = m'\Big\{ & -\frac{1}{2}\sum \frac{n}{in'-(i-1)n}\, a\,\mathfrak{B}^{(i)} \sin[il'-(i-1)l] \\ & + \frac{3}{2}\frac{n}{n'}\frac{a^2}{a'^2}\sin l' - \frac{1}{2}\frac{n}{2n-n'}\frac{a^2}{a'^2}\sin(2l-l')\Big\} \\ & + \left(\frac{J}{a^2} - \frac{n_1^2}{2n^2} - \frac{1}{2}m'a^2\frac{\partial A^{(0)}}{\partial a}\right)\sin l,\end{aligned}$$

$$\begin{aligned}\delta k = m'\Big\{ & -\frac{1}{2}\sum \frac{n}{in'-(i-1)n}\, a\,\mathfrak{B}^{(i)} \cos[il'-(i-1)l] \\ & + \frac{3}{2}\frac{n}{n'}\frac{a^2}{a'^2}\cos l' - \frac{1}{2}\frac{n}{2n-n'}\frac{a^2}{a'^2}\cos(2l-l')\Big\} \\ & + \left(\frac{J}{a^2} - \frac{n_1^2}{2n^2} - \frac{1}{2}m'a^2\frac{\partial A^{(0)}}{\partial a}\right)\cos l.\end{aligned}$$

En portant ensuite dans les formules (2) et remettant pour $\mathfrak{B}^{(i)}$ sa valeur (5), on trouve, sans trop de peine,

$$(6)\quad \left\{\begin{aligned}\frac{\delta r}{a} = m'\sum\Big\{ & \left[\frac{in}{in'-(i-1)n} + \frac{n}{n-n'}\right] a A^{(i)} \\ & + \frac{1}{2}\frac{n}{in'-(i-1)n} a^2 \frac{\partial A^{(i)}}{\partial a}\Big\}\cos(il'-il) \\ & - m'\frac{a^2}{a'^2}\left(\frac{2n}{n-n'} + \frac{3}{2}\frac{n}{n'} - \frac{1}{2}\frac{n}{2n-n'}\right)\cos(l'-l) \\ & + \frac{n_1^2}{2n^2} - \frac{J}{a^2} + \frac{1}{2}m'a^2\frac{\partial A^{(0)}}{\partial a};\end{aligned}\right.$$

$$(7)\quad \left\{\begin{aligned}\delta v = m'\sum\Big\{ & \left[\frac{2in}{in'-(i-1)n} + \frac{3}{2i}\left(\frac{n}{n-n'}\right)^2\right] a A^{(i)} \\ & + \left[\frac{n}{in'-(i-1)n} + \frac{1}{i}\frac{n}{n-n'}\right] a^2 \frac{\partial A^{(i)}}{\partial a}\Big\}\sin(il'-il) \\ & - m'\frac{a^2}{a'^2}\left[3\frac{n}{n'} + \frac{n}{2n-n'} + 3\left(\frac{n}{n-n'}\right)^2 + \frac{2n}{n-n'}\right]\sin(l'-l).\end{aligned}\right.$$

La partie constante de δr, dans la formule (6), appelle une réflexion.

La partie non périodique de R est, d'après les formules (6), (7) et (9) du n° 3,

$$R = \frac{1}{4}n_1^2 a^2 + \frac{1}{3}J n^2 + \frac{1}{2}f m' A^{(0)};$$

on en conclut, pour le terme constant de $\frac{d\varepsilon}{dt}$,

$$\frac{d\varepsilon}{dt} = -\frac{2}{na}\frac{\partial R}{\partial a} = -\frac{n_1^2}{n} + \frac{2Jn}{a^2} - m'na^2\frac{\partial A^{(0)}}{\partial a} = \sigma n,$$

en faisant

$$\sigma = \frac{2J}{a^2} - \frac{n_1^2}{n^2} - m'a^2\frac{\partial A^{(0)}}{\partial a}.$$

On aura

$$\varepsilon = \sigma n t + \ldots, \qquad l = (1 + \sigma) n t + \ldots.$$

Or, ce que donne l'observation, c'est

$$(1 + \sigma) n = n_0.$$

Si de la valeur n_0 ainsi trouvée on conclut une valeur approchée de a, a_0, par la formule

$$a_0 = \sqrt[3]{\frac{f m_0}{n_0^2}},$$

ce ne sera pas la vraie valeur; on aurait dû prendre

$$a = \sqrt[3]{\frac{f m_0}{n^2}}.$$

Il en résulte

$$a = a_0 \left(\frac{n_0}{n}\right)^{\frac{2}{3}} = a_0 \left(1 + \frac{2}{3}\sigma\right);$$

la partie constante de r sera donc, en ayant égard à la formule (6),

$$a = a_0\left(1 + \frac{2}{3}\sigma\right) + a_0\left(\frac{n_1^2}{2n^2} - \frac{J}{a^2} + \frac{1}{2} m' a^2 \frac{\partial A^{(0)}}{\partial a}\right) = a_0\left(1 + \frac{2}{3}\sigma - \frac{1}{2}\sigma\right) = a_0\left(1 + \frac{1}{6}\sigma\right);$$

on aura donc finalement

$$a = a_0\left(1 + \frac{J}{3a^2} - \frac{n_1^2}{6n^2} - \frac{1}{6} m' a_0^2 \frac{\partial A^{(0)}}{\partial a_0}\right).$$

On peut supprimer les indices o et dire que, a étant déduit des observations, les perturbations produisent dans le rayon vecteur une partie constante

$$(8) \qquad \delta r = a\left(\frac{J}{3a^2} - \frac{n_1^2}{6n^2} - \frac{1}{6} m' a^2 \frac{\partial A^{(0)}}{\partial a}\right).$$

Il faudra ajouter deux termes en m'' et m''', pour tenir compte des actions des satellites III et IV.

Remarque. — Les calculs que nous venons de faire pour obtenir les formules (6) et (7) sont identiques à ceux du Chapitre XXII du Tome I, et nous aurions pu abréger un peu en nous reportant à ce Chapitre.

Dans les formules (6) et (7), il faut ajouter des termes en m'' et m''' pour avoir égard aux attractions des deux derniers satellites; enfin, par de simples changements de lettres, on déduira de ces formules les expressions de $\delta r'$, $\delta v'$, $\delta r''$, $\delta v''$, $\delta r'''$ et $\delta v'''$.

7. **Influence des fonctions** R_1 **et** R_2. — Si l'on porte dans les équations

différentielles

$$-na^2 e\frac{de}{dt}=\frac{\partial(R_1+R_2)}{\partial\varpi},\qquad na^2 e\frac{d\varpi}{dt}=\frac{\partial(R_1+R_2)}{\partial e}$$

les expressions (13) et (20) données dans le Chapitre précédent pour R_1 et R_2, on trouve

$$(9)\quad\left\{\begin{aligned}\frac{de}{dt}&=-[0,1]e'\sin(\varpi-\varpi')-[0,2]e''\sin(\varpi-\varpi'')-[0,3]e'''\sin(\varpi-\varpi''')\\&\quad+\frac{1}{2}m'nF\sin(2l'-l-\varpi),\\e\frac{d\varpi}{dt}&=[(0)+[0]+(0,1)+(0,2)+(0,3)]e\\&\quad-[0,1]e'\cos(\varpi-\varpi')-[0,2]e''\cos(\varpi-\varpi'')-[0,3]e'''\cos(\varpi-\varpi''')\\&\quad-\frac{1}{2}m'nF\cos(2l'-l-\varpi).\end{aligned}\right.$$

Il convient de poser

$$(10)\quad\left\{\begin{aligned}\boxed{0}&=(0)+[0]+(0,1)+(0,2)+(0,3),\\\boxed{1}&=(1)+[1]+(1,0)+(1,2)+(1,3),\\&\ldots\ldots\ldots\ldots\ldots\ldots\ldots\ldots\end{aligned}\right.$$

et, comme on l'a déjà fait,

$$(11)\quad\left\{\begin{aligned}h&=e\sin\varpi,&h'&=e'\sin\varpi',&h''&=e''\sin\varpi'',&h'''&=e'''\sin\varpi''',\\k&=e\cos\varpi,&k'&=e'\cos\varpi',&k''&=e''\cos\varpi'',&k'''&=e'''\cos\varpi'''.\end{aligned}\right.$$

On trouve aisément que les équations (9), et les équations analogues pour les autres satellites deviennent

$$(A)\quad\left\{\begin{aligned}&\frac{dh}{dt}-\boxed{0}\,k+[0,1]k'+[0,2]k''+[0,3]k'''=-\frac{1}{2}m'nF\cos u,\\&\frac{dk}{dt}+\boxed{0}\,h-[0,1]h'-[0,2]h''-[0,3]h'''=+\frac{1}{2}m'nF\sin u,\\&\frac{dh'}{dt}-\boxed{1}\,k'+[1,0]k+[1,2]k''+[1,3]k'''=-\frac{1}{2}mn'G\cos u-\frac{1}{2}m''n'F'\cos u',\\&\frac{dk'}{dt}+\boxed{1}\,h'-[1,0]h-[1,2]h''-[1,3]h'''=+\frac{1}{2}mn'G\sin u+\frac{1}{2}m''n'F'\sin u',\\&\frac{dh''}{dt}-\boxed{2}\,k''+[2,0]k+[2,1]k'+[2,3]k'''=-\frac{1}{2}m'n''G'\cos u',\\&\frac{dk''}{dt}+\boxed{2}\,h''-[2,0]h-[2,1]h'-[2,3]h'''=+\frac{1}{2}m'n''G'\sin u',\\&\frac{dh'''}{dt}-\boxed{3}\,k'''+[3,0]k+[3,1]k'+[3,2]k''=0,\\&\frac{dk'''}{dt}+\boxed{3}\,h'''-[3,0]h-[3,1]h'-[3,2]h''=0,\end{aligned}\right.$$

en faisant

$$u = 2l' - l, \qquad u' = 2l'' - l'. \tag{12}$$

On a ensuite

$$\frac{d^2\rho}{dt^2} = -\frac{3}{a^2}\frac{\partial R_1}{\partial \varepsilon}, \qquad \frac{d^2\rho'}{dt^2} = -\frac{3}{a'^2}\frac{\partial R'_1}{\partial \varepsilon'}, \qquad \ldots,$$

et ces équations deviennent

$$\text{(B)} \quad \left\{ \begin{aligned} \frac{d^2\rho}{dt^2} &= \frac{3}{2} m' n^2 \left[F(k \sin u - h \cos u) + \frac{a}{a'} G(k' \sin u - h' \cos u) \right], \\ \frac{d^2\rho'}{dt^2} &= -3 m n'^2 \left[G(k' \sin u - h' \cos u) + \frac{a'}{a} F(k \sin u - h \cos u) \right] \\ &\quad + \frac{3}{2} m'' n'^2 \left[F'(k' \sin u' - h' \cos u') + \frac{a'}{a''} G'(k'' \sin u' - h'' \cos u') \right], \\ \frac{d^2\rho''}{dt^2} &= -3 m' n''^2 \left[G'(k'' \sin u' - h'' \cos u') + \frac{a''}{a'} F'(k' \sin u' - h' \cos u') \right]. \end{aligned} \right.$$

Nous allons intégrer les équations (A), en faisant d'abord abstraction des perturbations de u et u', en admettant donc que l'on ait

$$(13) \quad \left\{ \begin{aligned} u &= (2n' - n)t + 2\varepsilon' - \varepsilon, & u' &= (2n'' - n')t + 2\varepsilon'' - \varepsilon', \\ \frac{du}{dt} &= 2n' - n, & \frac{du'}{dt} &= 2n'' - n'. \end{aligned} \right.$$

8. **Intégration des équations** (A). — C'est un ensemble de huit équations linéaires du premier ordre, à coefficients constants, et avec seconds membres.

Nous intégrerons d'abord les équations sans seconds membres.

$$\text{(A')} \quad \left\{ \begin{aligned} &\frac{dh}{dt} - \boxed{0}\, k + [0,1] k' + [0,2] k'' + [0,3] k''' = 0, \\ &\frac{dk}{dt} + \boxed{0}\, h - [0,1] h' - [0,2] h'' - [0,3] h''' = 0, \\ &\ldots\ldots\ldots\ldots\ldots\ldots\ldots\ldots\ldots\ldots, \\ &\frac{dk'''}{dt} + \boxed{3}\, h''' - [3,0] h - [3,1] h' - [3,2] h'' = 0, \end{aligned} \right.$$

Les intégrales générales de ces équations sont faciles à obtenir, d'après ce que l'on a dit au Chapitre XXVI du Tome I sur les équations analogues relatives aux inégalités séculaires des planètes. Elles seront de la forme

$$(14)\quad \begin{cases} h = M \sin(gt+\beta) + M_1 \sin(g_1 t+\beta_1) + M_2 \sin(g_2 t+\beta_2) + M_3 \sin(g_3 t+\beta_3), \\ k = M \cos(gt+\beta) + M_1 \cos(g_1 t+\beta_1) + M_2 \cos(g_2 t+\beta_2) + M_3 \cos(g_3 t+\beta_3), \\ h' = M' \sin(gt+\beta) + M'_1 \sin(g_1 t+\beta_1) + \ldots\ldots\ldots\ldots, \\ \ldots\ldots\ldots\ldots\ldots\ldots\ldots\ldots\ldots\ldots\ldots\ldots, \\ k''' = M''' \cos(gt+\beta) + M'''_1 \cos(g_1 t+\beta_1) + \ldots\ldots\ldots\ldots \end{cases}$$

g, g_1, g_2 et g_3 sont les racines, toujours réelles, de l'équation du quatrième degré

$$(15)\quad \begin{vmatrix} g - \boxed{0} & [0,1] & [0,2] & [0,3] \\ [1,0] & g - \boxed{1} & [1,2] & [1,3] \\ [2,0] & [2,1] & g - \boxed{2} & [2,3] \\ [3,0] & [3,1] & [3,2] & g - \boxed{3} \end{vmatrix} = 0.$$

Les rapports des quantités M, M', M'', M''' à l'une d'elles, M par exemple, sont déterminés par les équations

$$(16)\quad \begin{cases} (g - \boxed{0})\,M + [0,1]\,M' + [0,2]\,M'' + [0,3]\,M''' = 0, \\ [1,0]\,M + (g - \boxed{1})\,M' + [1,2]\,M'' + [1,3]\,M''' = 0, \\ [2,0]\,M + [2,1]\,M' + (g - \boxed{2})\,M'' + [2,3]\,M''' = 0, \\ [3,0]\,M + [3,1]\,M' + [3,2]\,M'' + (g - \boxed{3})\,M''' = 0. \end{cases}$$

Les rapports $\frac{M'_1}{M_1}, \frac{M''_1}{M_1}, \ldots, \frac{M'_2}{M_2}, \frac{M''_2}{M_2}, \ldots, \frac{M'_3}{M_3}, \frac{M''_3}{M_3}, \ldots$ seront déterminés par des équations analogues que l'on déduit de (16) en mettant aux lettres g, M, ... les indices 1, 2 et 3; il y aura huit constantes arbitraires, savoir β, β_1, β_2, β_3, M, M_1, M_2 et M_3. Il reste maintenant à trouver une solution particulière des équations (A); on la cherchera sous la forme

$$\begin{aligned} h &= B \sin u + B_1 \sin u', & h' &= B' \sin u + B'_1 \sin u', & h'' &= B'' \sin u + B''_1 \sin u', \\ k &= B \cos u + B_1 \cos u', & k' &= B' \cos u + B'_1 \cos u', & k'' &= B'' \cos u + B''_1 \cos u'; \end{aligned}$$

en substituant dans les équations (A), égalant dans les deux membres les coefficients de $\sin u$, $\cos u$, $\sin u'$ et $\cos u'$, après avoir tenu compte des valeurs (13) de $\frac{du}{dt}$ et de $\frac{du'}{dt}$, on trouvera

$$(17)\quad \begin{cases} \left(n - 2n' + \boxed{0}\right)B - [0,1]B' - [0,2]B'' = \frac{1}{2}\, m' n F, \\ \left(n - 2n' + \boxed{1}\right)B' - [1,0]B - [1,2]B'' = \frac{1}{2}\, m n' G, \\ \left(n - 2n' + \boxed{2}\right)B'' - [2,0]B - [2,1]B' = 0; \end{cases}$$

$$(18)\quad \begin{cases} \left(n' - 2n'' + \boxed{0}\right)B_1 - [0,1]B'_1 - [0,2]B''_1 = 0, \\ \left(n' - 2n'' + \boxed{1}\right)B'_1 - [1,0]B_1 - [1,2]B''_1 = \frac{1}{2}\, m'' n' F', \\ \left(n' - 2n'' + \boxed{2}\right)B''_1 - [2,0]B_1 - [2,1]B'_1 = \frac{1}{2}\, m' n'' G'. \end{cases}$$

Le calcul montre que les quantités $[0,1]$, $[0,2]$, ..., qui contiennent toutes en facteur la masse d'un satellite, sont petites par rapport aux quantités

$$n - 2n' + \boxed{0}, \quad \ldots, \quad n' - 2n'' + \boxed{0}, \quad \ldots,$$

et l'on a ces solutions très approchées

$$B = \frac{1}{2}\,\frac{m' n F}{n - 2n' + \boxed{0}}, \qquad B' = \frac{1}{2}\,\frac{m n' G}{n - 2n' + \boxed{1}}, \qquad B'' = 0,$$

$$B'_1 = \frac{1}{2}\,\frac{m'' n' F'}{n' - 2n'' + \boxed{1}}, \qquad B''_1 = \frac{1}{2}\,\frac{m' n'' G'}{n' - 2n'' + \boxed{2}}, \qquad B_1 = 0.$$

On pourra, du reste, si l'on veut, obtenir très facilement les petites corrections de B, B', ... en remontant aux équations (17) et (18).

On aura donc ainsi l'intégrale particulière cherchée, et en l'ajoutant à l'intégrale générale (14), on obtiendra, pour les intégrales des équations (A) :

$$(C)\quad \begin{cases} h = \frac{1}{2}\,\frac{m' n F}{n - 2n' + \boxed{0}} \sin u + M \sin(gt + \beta) + \ldots, \\ k = \frac{1}{2}\,\frac{m' n F}{n - 2n' + \boxed{0}} \cos u + M \cos(gt + \beta) + \ldots, \\ h' = \frac{1}{2}\,\frac{m n' G}{n - 2n' + \boxed{1}} \sin u + \frac{1}{2}\,\frac{m'' n' F'}{n' - 2n'' + \boxed{1}} \sin u' + M' \sin(gt + \beta) + \ldots, \\ k' = \frac{1}{2}\,\frac{m n' G}{n - 2n' + \boxed{1}} \cos u + \frac{1}{2}\,\frac{m'' n' F'}{n' - 2n'' + \boxed{1}} \cos u' + M' \cos(gt + \beta) + \ldots, \\ h'' = \frac{1}{2}\,\frac{m' n'' G'}{n' - 2n'' + \boxed{2}} \sin u' + M'' \sin(gt + \beta) + \ldots, \\ k'' = \frac{1}{2}\,\frac{m' n'' G'}{n' - 2n'' + \boxed{2}} \cos u' + M'' \cos(gt + \beta) + \ldots, \\ h''' = M''' \sin(gt + \beta) + \ldots, \\ k''' = M''' \cos(gt + \beta) + \ldots. \end{cases}$$

En portant ces expressions dans les formules (2), on aura les inégalités correspondantes des rayons vecteurs et des longitudes, savoir,

$$
(19)\quad \left\{
\begin{aligned}
\frac{\delta r}{a} &= -\frac{1}{2}\,\frac{m'nF}{n-2n'+\boxed{0}}\cos(2l'-2l) - M\cos(l-gt-\beta) - \ldots,\\
\delta v &= -\frac{m'nF}{n-2n'+\boxed{0}}\sin(2l'-2l) + 2M\sin(l-gt-\beta) + \ldots,\\
\frac{\delta r'}{a'} &= -\frac{1}{2}\,\frac{mn'G}{n-2n'+\boxed{1}}\cos(l'-l)\\
&\quad -\frac{1}{2}\,\frac{m''n'F'}{n'-2n''+\boxed{1}}\cos(2l''-2l') - M'\cos(l'-gt-\beta) - \ldots,\\
\delta v' &= -\frac{mn'G}{n-2n'+\boxed{1}}\sin(l'-l)\\
&\quad -\frac{m''n'F'}{n'-2n''+\boxed{1}}\sin(2l''-2l') + 2M'\sin(l'-gt-\beta) + \ldots,\\
\frac{\delta r''}{a''} &= -\frac{1}{2}\,\frac{m'n''G'}{n'-2n''+\boxed{2}}\cos(l''-l') - M''\cos(l''-gt-\beta) - \ldots,\\
\delta v'' &= -\frac{m'n''G'}{n'-2n''+\boxed{2}}\sin(l''-l') + 2M''\sin(l''-gt-\beta) + \ldots,\\
\frac{\delta r'''}{a'''} &= -M'''\cos(l'''-gt-\beta) - \ldots,\\
\delta v''' &= 2M'''\sin(l'''-gt-\beta) + \ldots.
\end{aligned}\right.
$$

Les termes qui contiennent en facteur l'une des quantités F, G, F', G' sont les inégalités à longues périodes, qui ont des valeurs considérables, à cause de la petitesse des diviseurs $n-2n'+\boxed{0}$, ...

9. **Grandes inégalités des longitudes moyennes.** — Nous allons porter les expressions (C) de h, k, ... dans les formules (B); nous trouverons d'abord

$$
\begin{aligned}
k\sin u - h\cos u &= M\sin(2l'-l-gt-\beta) - \ldots,\\
k'\sin u - h'\cos u &= -\frac{1}{2}\,\frac{m''n'F'}{n'-2n''+\boxed{1}}\sin(u'-u) + M'\sin(2l'-l-gt-\beta) + \ldots,\\
k'\sin u' - h'\cos u' &= +\frac{1}{2}\,\frac{mn'G}{n-2n'+\boxed{1}}\sin(u'-u) + M'\sin(2l''-l'-gt-\beta) + \ldots,\\
k''\sin u' - h''\cos u' &= M''\sin(2l''-l'-gt-\beta).
\end{aligned}
$$

Il viendra ensuite

$$
(20)\quad\left\{
\begin{aligned}
\frac{d^2\rho}{dt^2} = {} & \frac{3}{2} m' n^2 \left[\left(\mathrm{FM} + \frac{a}{a'}\,\mathrm{GM}'\right)\sin(2l' - l - gt - \beta) + \ldots\right] \\
& - \frac{3}{4} m' m'' n^2 \frac{a}{a'}\,\frac{n'}{n' - 2n'' + \boxed{1}}\,\mathrm{F}'\mathrm{G}\sin(u' - u), \\
\frac{d^2\rho'}{dt^2} = {} & -3 m n'^2 \left[\left(\mathrm{GM}' + \frac{a'}{a}\,\mathrm{FM}\right)\sin(2l' - l - gt - \beta) + \ldots\right] \\
& + \frac{3}{2} m'' n'^2 \left[\left(\mathrm{F}'\mathrm{M}' + \frac{a'}{a''}\,\mathrm{G}'\mathrm{M}''\right)\sin(2l'' - l' - gt - \beta) + \ldots\right] \\
& + \frac{3}{4} m m'' n'^2 \left(\frac{2n'}{n' - 2n'' + \boxed{1}} + \frac{n'}{n - 2n' + \boxed{1}}\right)\mathrm{F}'\mathrm{G}\sin(u' - u), \\
\frac{d^2\rho''}{dt^2} = {} & -3 m' n''^2 \left[\left(\mathrm{G}'\mathrm{M}'' + \frac{a''}{a'}\,\mathrm{F}'\mathrm{M}'\right)\sin(2l'' - l' - gt - \beta) + \ldots\right] \\
& - \frac{3}{2} m m' n''^2 \frac{a''}{a'}\,\frac{n'}{n - 2n' + \boxed{1}}\,\mathrm{F}'\mathrm{G}\sin(u' - u).
\end{aligned}\right.
$$

En ne considérant que les premières parties de ces expressions et intégrant deux fois, il vient, pour les grandes inégalités des longitudes moyennes,

$$
(21)\quad\left\{
\begin{aligned}
\delta v = {} & -\frac{3}{2} m' \left[\left(\frac{n}{2n' - n - g}\right)^2 \left(\mathrm{FM} + \frac{a}{a'}\,\mathrm{GM}'\right)\sin(2l' - l - gt - \beta) + \ldots\right], \\
\delta v' = {} & 3m \left[\left(\frac{n'}{2n' - n - g}\right)^2 \left(\mathrm{GM}' + \frac{a'}{a}\,\mathrm{FM}\right)\sin(2l' - l - gt - \beta) + \ldots\right] \\
& - \frac{3}{2} m'' \left[\left(\frac{n'}{2n'' - n' - g}\right)^2 \left(\mathrm{F}'\mathrm{M}' + \frac{a'}{a''}\,\mathrm{G}'\mathrm{M}''\right)\sin(2l'' - l' - gt - \beta) + \ldots\right], \\
\delta v'' = {} & 3m' \left[\left(\frac{n''}{2n'' - n' - g}\right)^2 \left(\mathrm{G}'\mathrm{M}'' + \frac{a''}{a'}\,\mathrm{F}'\mathrm{M}'\right)\sin(2l'' - l' - gt - \beta) + \ldots\right].
\end{aligned}\right.
$$

Mais il nous reste à considérer, dans les équations (20), des termes qui, tout en étant de l'ordre du produit de deux masses, jouent un rôle important; dans ces termes qui contiennent $\sin(u' - u)$, nous prendrons $n - 2n' = n' - 2n''$ dans les diviseurs, et $n = 2n'$, $n' = 2n''$ dans les coefficients. Nous trouverons ainsi

$$
(22)\quad\left\{
\begin{aligned}
\frac{d^2 l}{dt^2} &= -\frac{3}{8}\frac{a}{a'} n^2 m' m'' \frac{n}{n - 2n' + \boxed{1}}\,\mathrm{F}'\mathrm{G}\sin\vartheta = \frac{m' m''}{a^2}\,\mathrm{K}\sin\vartheta, \\
\frac{d^2 l'}{dt^2} &= +\frac{9}{32} n^2 m m'' \frac{n}{n - 2n' + \boxed{1}}\,\mathrm{F}'\mathrm{G}\sin\vartheta = -\frac{3m'' m}{a'^2}\,\mathrm{K}\sin\vartheta, \\
\frac{d^2 l''}{dt^2} &= -\frac{3}{64}\frac{a''}{a'} n^2 m m' \frac{n}{n - 2n' + \boxed{1}}\,\mathrm{F}'\mathrm{G}\sin\vartheta = \frac{2mm'}{a''^2}\,\mathrm{K}\sin\vartheta, \\
& \vartheta = u' - u = l - 3l' + 2l'', \\
& \mathrm{K} = -\frac{3}{32} a'^2 n^2 \frac{n}{n - 2n' + \boxed{1}}\,\mathrm{F}'\mathrm{G}.
\end{aligned}\right.
$$

10. De la libration. Théorèmes de Laplace. — On tire aisément des équations (22)

$$\frac{d^2\vartheta}{dt^2} = K\left(\frac{m'm''}{a^2} + \frac{9m''m}{a'^2} + \frac{4mm'}{a''^2}\right)\sin\vartheta.$$

On trouve par le calcul numérique, $F' > 0$, $G < 0$; d'ailleurs $n - 2n'$ est positif; donc l'expression (22) de K est > 0; en posant

$$(23) \qquad 6^2 = K\left(\frac{m'm''}{a^2} + \frac{9m''m}{a'^2} + \frac{4mm'}{a''^2}\right),$$

6 sera réel; il viendra

$$\frac{d^2\vartheta}{dt^2} = 6^2\sin\vartheta.$$

On en déduit, en désignant par C une constante arbitraire,

$$(24) \qquad dt = \frac{d\vartheta}{\sqrt{C - 26^2\cos\vartheta}};$$

on est ainsi conduit à une intégrale elliptique. Dans la discussion, il y a deux cas à considérer :

1° $C > 26^2$; ϑ varie toujours dans le même sens, passe par les valeurs $\pm\pi$, $\pm 2\pi$, ...

2° $-26^2 < C < 26^2$; on peut faire

$$C = 26^2\cos\vartheta', \qquad dt = \frac{1}{\sqrt{26^2}}\,\frac{d\vartheta}{\sqrt{\cos\vartheta' - \cos\vartheta}};$$

ϑ oscille entre les limites ϑ' et $2\pi - \vartheta'$; on ne peut jamais avoir $\vartheta = 0$, $\vartheta = 2\pi$, ...; la valeur moyenne de ϑ est π.

Le premier cas doit être exclu; soit en effet $C = 26^2 + \tau^2$, on aurait, pour le temps T que mettrait l'angle ϑ pour croître de π à $3\frac{\pi}{2}$,

$$T = \int_{\pi}^{\frac{3\pi}{2}} \frac{d\vartheta}{\sqrt{\tau^2 + 26^2 - 26^2\cos\vartheta}} = \int_0^{\frac{\pi}{2}} \frac{dx}{\sqrt{\tau^2 + 26^2 + 26^2\cos x}},$$

$$T < \frac{\pi}{2\sqrt{\tau^2 + 26^2}} < \frac{1}{2\sqrt{26^2}};$$

avec la valeur numérique connue de 6^2, on trouve

$$T < 401 \text{ jours}.$$

Or, les observations ont montré que l'on a, à fort peu près,

$$\vartheta = l - 3l' + 2l'' = 180°$$

et que les variations de ϑ, si elles sont sensibles, sont très restreintes; ϑ ne peut donc pas augmenter de 90° en 401 jours. Le second cas est ainsi le seul possible, et ϑ oscille autour de 180°, sa valeur moyenne; on aura

$$(25)\qquad l - 3l' + 2l'' = 180° + \vartheta' = (n - 3n' + 2n'')t + \varepsilon - 3\varepsilon' + 2\varepsilon'';$$

ϑ' étant périodique, ou du moins toujours compris entre deux limites que les observations montrent devoir être extrêmement petites, on doit avoir

$$(26)\qquad n - 3n' + 2n'' = 0,$$

et cette équation est rigoureuse si l'on emploie pour n, n' et n'' les valeurs constantes des moyens mouvements; avec les moyens mouvements osculateurs, il y aurait une oscillation autour de zéro.

L'équation (25) donne ensuite

$$(27)\qquad \varepsilon - 3\varepsilon' + 2\varepsilon'' = 180°.$$

Les équations (26) et (27) expriment deux beaux théorèmes auxquels le nom de Laplace doit rester attaché, car c'est lui qui les a démontrés le premier.

En faisant $\vartheta = \pi - x$ dans l'équation (24) et remarquant que x est très petit, d'après les observations, on peut écrire

$$dt = -\frac{dx}{\sqrt{C + 2\beta^2\cos x}} = \frac{dx}{\sqrt{C + 2\beta^2 - \beta^2 x^2}},$$

d'où

$$x = D\sin(\beta t + E),$$

en faisant

$$D = \sqrt{\frac{C + 2\beta^2}{\beta^2}}$$

et désignant par E une constante arbitraire. On aura ensuite

$$(28)\qquad \vartheta = l - 3l' + 2l'' = 180° - D\sin(\beta t + E),$$

en se bornant à considérer dans ϑ l'inégalité qui provient des termes du second ordre par rapport aux masses. La période $\frac{2\pi}{\beta}$ de cette inégalité est de 2270 jours, soit un peu plus de six ans.

Revenons maintenant aux équations (22), qui sembleraient devoir donner des inégalités très considérables, si elles renfermaient réellement le diviseur $(n - 3n' + 2n'')^2$. Mais la relation (28) donne, D étant très petit,

$$\sin\vartheta = D\sin(\beta t + E)$$

il en résulte

$$\frac{d^2 l}{dt^2} = -\frac{m'm''}{a^2}\,\mathrm{KD}\sin(\beta t + \mathrm{E}), \qquad \frac{d^2 l'}{dt^2} = \ldots,$$

(29)
$$\left\{\begin{aligned} \delta l &= -\frac{m'm''}{a^2}\,\frac{\mathrm{KD}}{\beta^2}\sin(\beta t + \mathrm{E}),\\ \delta l' &= +\frac{3m''m}{a'^2}\,\frac{\mathrm{KD}}{\beta^2}\sin(\beta t + \mathrm{E}),\\ \delta l'' &= -\frac{2mm'}{a''^2}\,\frac{\mathrm{KD}}{\beta^2}\sin(\beta t + \mathrm{E}). \end{aligned}\right.$$

Laplace désigne sous le nom de *libration* l'inégalité $\frac{\mathrm{KD}}{\beta^2}\sin(\beta t + \mathrm{E})$, qui se répartit ainsi entre les longitudes des trois premiers satellites, suivant un rapport dépendant à la fois de leurs masses et de leurs distances moyennes à Jupiter. Cette inégalité est très probablement insensible, car toutes les recherches de Delambre, pour la mettre en évidence d'après les observations, ont été infructueuses.

Les trois premiers satellites ne peuvent jamais être éclipsés à la fois.

En effet, la relation

(30)
$$l - 3l' + 2l'' = 180^\circ$$

s'applique aussi aux longitudes moyennes synodiques

$$\mathrm{L} = l - l_1, \qquad \mathrm{L}' = l' - l_1, \qquad \mathrm{L}'' = l'' - l_1,$$

car l_1 disparaît de cette relation. On a donc

$$\mathrm{L} - 3\mathrm{L}' + 2\mathrm{L}'' = 180^\circ.$$

Or, dans les éclipses simultanées des satellites I et II, on a

$$\mathrm{L} = 180^\circ, \qquad \mathrm{L}' = 180^\circ, \qquad \text{d'où} \qquad \mathrm{L}'' = 270^\circ;$$

dans les éclipses simultanées de I et III, on a

$$\mathrm{L} = 180^\circ, \qquad \mathrm{L}'' = 180^\circ, \qquad \text{d'où} \qquad \mathrm{L}' = 120^\circ;$$

enfin, dans les éclipses simultanées de II et III, on a

$$\mathrm{L}' = 180^\circ, \qquad \mathrm{L}'' = 180^\circ, \qquad \text{d'où} \qquad \mathrm{L} = 360^\circ,$$

de sorte que le premier satellite, au lieu d'être éclipsé, peut produire sur Jupiter une éclipse de Soleil.

11. Réduction des inégalités périodiques des trois premiers satellites. — Les relations (26) et (30) permettent de simplifier les expressions (19) des inégalités provenant de R_1 et R_2. On en tire, en effet,

$$n - 2n' = n' - 2n'', \qquad 2l'' - 2l' = 180^\circ + l' - l,$$

$$(\mathrm{D})\quad \begin{cases} \dfrac{\delta r}{a} = -\dfrac{1}{2} m' \dfrac{n}{n - 2n' + \boxed{0}} F\cos(2l' - 2l), \\[2ex] \delta v = -m' \dfrac{n}{n - 2n' + \boxed{0}} F\sin(2l' - 2l) = (\mathrm{I})\sin(2l - 2l'); \\[2ex] \dfrac{\delta r'}{a'} = -\dfrac{1}{2}(mG - m''F') \dfrac{n'}{n - 2n' + \boxed{1}} \cos(l' - l), \\[2ex] \delta v' = -(mG - m''F') \dfrac{n'}{n - 2n' + \boxed{1}} \sin(l' - l) = -(\mathrm{II})\sin(l - l'); \\[2ex] \dfrac{\delta r''}{a''} = -\dfrac{1}{2} m' \dfrac{n''}{n - 2n' + \boxed{2}} G'\cos(l'' - l'), \\[2ex] \delta v'' = -m' \dfrac{n''}{n - 2n' + \boxed{2}} G'\sin(l'' - l') = -(\mathrm{III})\sin(l' - l''). \end{cases}$$

Considérons les expressions précédentes de δv, $\delta v'$ et $\delta v''$ dans le cas des éclipses; nous pouvons rapporter les longitudes à un axe animé d'un mouvement de rotation uniforme, car son mouvement disparaîtra dans les différences $l - l'$ et $l' - l''$. Choisissons pour cet axe le rayon vecteur mené de Jupiter au Soleil, en faisant abstraction de l'excentricité de la planète. Soient ν, ν' et ν'' les moyens mouvements synodiques des trois premiers satellites; nous aurons

$$\begin{aligned} \delta v &= (\mathrm{I})\sin(2\nu t - 2\nu' t + 2\varepsilon - 2\varepsilon'), \\ \delta v' &= -(\mathrm{II})\sin(\nu t - \nu' t + \varepsilon - \varepsilon'), \\ \delta v'' &= -(\mathrm{III})\sin(\nu' t - \nu'' t + \varepsilon' - \varepsilon''). \end{aligned}$$

Concevons que ε et ε' soient nuls, ce qui revient à admettre que les deux premiers satellites aient été en conjonction à l'origine du temps; en ayant égard à la relation (27), on aura

$$\nu - 2\nu' = \nu' - 2\nu'' = \omega, \qquad \varepsilon'' = 90^\circ,$$

et les formules précédentes deviendront

$$\begin{aligned} \delta v &= (\mathrm{I})\sin(\omega t + \nu t), \\ \delta v' &= -(\mathrm{II})\sin(\omega t + \nu' t), \\ \delta v'' &= -(\mathrm{III})\sin(\omega t + \nu'' t - 90^\circ). \end{aligned}$$

Or, dans les éclipses des satellites, νt, $\nu' t$ et $\nu'' t + 90^\circ$ sont des multiples de la circonférence; on a donc alors

$$\delta v = (\mathrm{I}) \sin \omega t, \qquad \delta v' = -(\mathrm{II}) \sin \omega t, \qquad \delta v'' = (\mathrm{III}) \sin \omega t.$$

Donc, dans les éclipses, δv, $\delta v'$ et $\delta v''$ dépendent du même argument ωt, et la période commune T de ces éclipses est

$$\mathrm{T} = \frac{2\pi}{\omega} = \frac{2\pi}{\nu - 2\nu'} = 437^{\mathrm{j}},659.$$

Ces résultats sont conformes aux observations qui avaient fait reconnaître les inégalités précédentes avant qu'elles aient été indiquées par la théorie.

Les inégalités (D) ont pour valeurs numériques

$$\begin{aligned} \delta v &= +25',9 \sin(2l - 2l'), \\ \delta v' &= -\ 61,5 \sin(l - l'), \\ \delta v'' &= -\ \ 3,8 \sin(l' - l''). \end{aligned}$$

Si l'on réfléchit à la petitesse des masses des satellites, on voit que, pour obtenir des inégalités aussi importantes, il faut des conditions de commensurabilité aussi remarquables que celles que présente le système de Jupiter.

12. Calcul de l'équation annuelle et de l'évection. — Ces inégalités répondent aux deux dernières parties de l'expression (14) de R_3. Prenons d'abord

$$\mathrm{R}_3 = \frac{3}{4} n_1^2 a^2 e_1 \cos(l_1 - \varpi_1);$$

la formule

$$\frac{d\varepsilon}{dt} = -\frac{2}{na}\frac{\partial \mathrm{R}}{\partial a},$$

déduite des formules (4) du Chapitre I, nous donnera

$$\frac{d\varepsilon}{dt} = -\frac{3n_1^2}{n} e_1 \cos(l_1 - \varpi_1),$$

d'où, en intégrant,

$$(31) \qquad \delta v = -\frac{3n_1}{n} e_1 \sin(l_1 - \varpi_1).$$

Cette inégalité, qui est l'analogue de l'équation annuelle dans la théorie de la Lune, est sensible, parce que le petit diviseur n a agrandi le coefficient et aussi parce que l'excentricité e_1 de l'orbite de Jupiter est notable.

Prenons, en second lieu,

$$\mathrm{R}_3 = \frac{15}{8} n_1^2 a^2 e^2 \cos(2l_1 - 2\varpi).$$

Les formules (4) du Chapitre I donnent

$$\frac{de}{dt} = -\frac{15}{4}\frac{n_1^2}{n} e \sin(2l_1 - 2\varpi),$$

$$e\frac{d\varpi}{dt} = +\frac{15}{4}\frac{n_1^2}{n} e \cos(2l_1 - 2\varpi),$$

d'où

$$\frac{dh}{dt} = \frac{15}{4}\frac{n_1^2}{n} e \cos(2l_1 - \varpi) = \frac{15}{4}\frac{n_1^2}{n}(k \cos 2l_1 + h \sin 2l_1).$$

$$\frac{dk}{dt} = -\frac{15}{4}\frac{n_1^2}{n} e \sin(2l_1 - \varpi) = -\frac{15}{4}\frac{n_1^2}{n}(k \sin 2l_1 - h \cos 2l_1).$$

Il convient de tenir compte des parties principales de R_1 et de R_2, et, dans ce but, de remplacer h et k par leurs expressions (14) et d'intégrer en introduisant les termes importants $-\boxed{0}k$ et $+\boxed{0}h$ des deux premières des équations (A). On trouvera ainsi les équations différentielles

$$\frac{dh}{dt} - \boxed{0}k = \frac{15}{4}\frac{n_1^2}{n} M \cos(2l_1 - gt - \beta) + \ldots,$$

$$\frac{dk}{dt} + \boxed{0}h = -\frac{15}{4}\frac{n_1^2}{n} M \sin(2l_1 - gt - \beta) - \ldots.$$

Il y a trois autres termes analogues, dans lesquels les lettres M, g et β reçoivent les indices 1, 2 et 3. En cherchant une solution particulière de ces équations sous la forme

$$h = A \sin(2l_1 - gt - \beta), \qquad k = A \cos(2l_1 - gt - \beta),$$

on trouve immédiatement

$$A = \frac{15}{4}\frac{n_1^2}{n}\frac{M}{2n_1 - g - \boxed{0}},$$

après quoi les formules (2) de la page 4 donnent

$$(32)\quad \begin{cases} \dfrac{\delta r}{a} = -\dfrac{15}{4}\dfrac{n_1^2}{n(2n_1 - g - \boxed{0})} M \cos(2l_1 - l - gt - \beta) - \ldots, \\[2ex] \delta v = -\dfrac{15}{2}\dfrac{n_1^2}{n(2n_1 - g - \boxed{0})} M \sin(2l_1 - l - gt - \beta) - \ldots. \end{cases}$$

Ces inégalités répondent à l'évection dans la théorie de la Lune; mais il y en a quatre au lieu d'une seule. La valeur (32) de δv est beaucoup moins forte que la valeur (31), parce que M est beaucoup plus petit que e_1.

13. Réaction de la libration sur les inégalités à longues périodes. — Les relations qui lient les moyens mouvements et les longitudes moyennes des trois premiers satellites résultent uniquement des attractions mutuelles de ces astres; il importe donc de s'assurer que les actions étrangères ne viendront pas en troubler l'exactitude. Considérons en effet une inégalité à longue période qui affecte les longitudes moyennes et qui soit due à une cause quelconque, comme les déplacements séculaires de l'orbite et de l'équateur de Jupiter, ou la résistance d'un milieu très rare. Soient

$$\lambda \sin(it+o), \qquad \lambda' \sin(it+o), \qquad \lambda'' \sin(it+o),$$

les termes qui en résultent directement dans les longitudes moyennes; la valeur correspondante de $\frac{d^2 l}{dt^2}$ sera $-i^2\lambda \sin(it+o)$, de sorte que, au lieu des équations (22), nous devrons prendre les suivantes

$$(33)\qquad \begin{cases} \dfrac{d^2 l}{dt^2} = \dfrac{m'm''}{a^2} \mathrm{K} \sin\vartheta - i^2\lambda \sin(it+o), \\ \dfrac{d^2 l'}{dt^2} = -3\dfrac{m''m}{a'^2} \mathrm{K} \sin\vartheta - i^2\lambda' \sin(it+o), \\ \dfrac{d^2 l''}{dt^2} = 2\dfrac{mm'}{a''^2} \mathrm{K} \sin\vartheta - i^2\lambda'' \sin(it+o). \end{cases}$$

On en tire

$$\frac{d^2\vartheta}{dt^2} = 6^2 \sin\vartheta - i^2(\lambda - 3\lambda' + 2\lambda'') \sin(it+o);$$

soit posé, comme plus haut,

$$\vartheta = 180^\circ - x,$$

il viendra, en confondant $\sin x$ avec x,

$$\frac{d^2 x}{dt^2} + 6^2 x = i^2(\lambda - 3\lambda' + 2\lambda'') \sin(it+o);$$

l'intégrale générale est

$$(34)\qquad x = \mathrm{D} \sin(6t + \mathrm{E}) + \frac{i^2}{6^2 - i^2}(\lambda - 3\lambda' + 2\lambda'') \sin(it+o).$$

En portant cette valeur de x dans les équations (33) où l'on fera $\sin\vartheta = x$, et intégrant deux fois, on aura les expressions suivantes, qui devront être ajoutées aux expressions (19) :

$$(35)\qquad \begin{cases} \delta_1 l = \left(\lambda + \dfrac{m'm''}{a^2} \mathrm{K} \dfrac{\lambda - 3\lambda' + 2\lambda''}{i^2 - 6^2}\right) \sin(it+o), \\ \delta_1 l' = \left(\lambda' - \dfrac{3m''m}{a'^2} \mathrm{K} \dfrac{\lambda - 3\lambda' + 2\lambda''}{i^2 - 6^2}\right) \sin(it+o), \\ \delta_1 l'' = \left(\lambda'' + \dfrac{2mm'}{a''^2} \mathrm{K} \dfrac{\lambda - 3\lambda' + 2\lambda''}{i^2 - 6^2}\right) \sin(it+o). \end{cases}$$

La formule (34) donne d'ailleurs

$$\delta_1 l - 3\delta_1 l' + 2\delta_1 l'' = \frac{i^2}{i^2 - 6^2}(\lambda - 3\lambda' + 2\lambda'')\sin(it + o).$$

Le facteur $\frac{i^2}{i^2 - 6^2}$ se réduit à zéro si l'on peut négliger i^2 à côté de 6^2; donc, *par le fait des attractions mutuelles des trois premiers satellites, les inégalités à longues périodes de leurs longitudes moyennes se coordonnent de façon à satisfaire aussi à l'équation* (30) *et cela avec une exactitude d'autant plus grande que la période est plus longue.* Il faut que la période $\frac{2\pi}{i}$ de l'inégalité $\sin(it + o)$ soit notablement plus grande que $\frac{2\pi}{6}$, laquelle est voisine de six ans, comme nous l'avons dit plus haut.

L'équation annuelle est à peine dans cette condition, puisqu'elle a pour période une année de Jupiter, soit près de douze années solaires. Nous avons trouvé dans ce cas, d'après la formule (31),

$$\delta l = -\frac{3n_1}{n} e_1 \sin(l_1 - \varpi_1).$$

On a donc

$$\lambda = -\frac{3n_1}{n} e_1, \qquad \lambda' = -\frac{3n_1}{n'} e_1, \qquad \lambda'' = -\frac{3n_1}{n''} e_1, \qquad i = n_1;$$

de sorte que les formules (35) donnent

$$\lambda - 3\lambda' + 2\lambda'' = -3e_1 n_1\left(\frac{1}{n} - \frac{3}{n'} + \frac{2}{n''}\right),$$

$$\delta_1 l = -3n_1 e_1\left(\frac{1}{n} + \frac{m'm''}{a^2} K \frac{\frac{1}{n} - \frac{3}{n'} + \frac{2}{n''}}{n_1^2 - 6^2}\right)\sin(l_1 - \varpi_1),$$

$$\delta_1 l' = -3n_1 e_1\left(\frac{1}{n'} - \frac{3m''m}{a'^2} K \frac{\frac{1}{n} - \frac{3}{n'} + \frac{2}{n''}}{n_1^2 - 6^2}\right)\sin(l_1 - \varpi_1).$$

$$\delta_1 l'' = -3n_1 e_1\left(\frac{1}{n''} + \frac{2mm'}{a''^2} K \frac{\frac{1}{n} - \frac{3}{n'} + \frac{2}{n''}}{n_1^2 - 6^2}\right)\sin(l_1 - \varpi_1),$$

en supposant $n = 2n' = 4n''$; ces formules se simplifient et deviennent

$$(36)\quad \begin{cases} \delta_1 l = -\frac{3n_1}{n} e_1\left(1 + \frac{m'm''}{a^2}\,\frac{3K}{n_1^2 - 6^2}\right)\sin(l_1 - \varpi_1), \\ \delta_1 l' = -\frac{3n_1}{n'} e_1\left(1 - \frac{3m''m}{2a'^2}\,\frac{3K}{n_1^2 - 6^2}\right)\sin(l_1 - \varpi_1), \\ \delta_1 l'' = -\frac{3n_1}{n''} e_1\left(1 + \frac{mm'}{2a''^2}\,\frac{3K}{n_1^2 - 6^2}\right)\sin(l_1 - \varpi_1). \end{cases}$$

Dans les autres cas, lorsque i^2 est beaucoup plus petit que $\mathfrak{G}^2$, on peut appliquer les formules (35), en y remplaçant $i^2 - \mathfrak{G}^2$ par $-\mathfrak{G}^2$; il est inutile de récrire les formules.

14. Compléments des équations (A). — Dans les seconds membres de ces équations, nous attribuerons aux arguments u et u' les accroissements

$$\delta u = 2\,\delta\rho' - \delta\rho, \qquad \delta u' = 2\,\delta\rho'' - \delta\rho',$$

$\delta\rho$, $\delta\rho'$ et $\delta\rho''$ étant déterminés par les équations (21) de façon à tenir compte des grandes inégalités des longitudes moyennes. Nous trouverons aisément, en remplaçant u' par $u + 180°$, dans les seconds membres,

$$\delta\rho = -\frac{3}{2} m' \left(\frac{n}{2n' - n - g}\right)^2 \left(\mathrm{FM} + \frac{a}{a'}\mathrm{GM}'\right) \sin(u - gt - \beta) - \ldots,$$

$$\delta\rho' = 3\left(\frac{n'}{2n' - n - g}\right)^2 \left[m\left(\mathrm{GM}' + \frac{a'}{a}\mathrm{FM}\right)\right.$$
$$\left. + \frac{1}{2} m''\left(\mathrm{F'M'} + \frac{a'}{a''}\mathrm{G'M''}\right)\right] \sin(u - gt - \beta) + \ldots,$$

$$\delta\rho'' = 3\, m' \left(\frac{n''}{2n' - n - g}\right)^2 \left(\mathrm{G'M''} + \frac{a''}{a'}\mathrm{F'M'}\right) \sin(u - gt - \beta) - \ldots.$$

$$(37)\quad \begin{cases} \delta u = \dfrac{\mathcal{A}\mathrm{M} + \mathcal{B}\mathrm{M}' + \mathcal{C}\mathrm{M}''}{(2n' - n - g)^2} \sin(u - gt - \beta) + \ldots, \\[2ex] \delta u' = -\dfrac{\mathcal{A}'\mathrm{M} + \mathcal{B}'\mathrm{M}' + \mathcal{C}'\mathrm{M}''}{(2n' - n - g)^2} \sin(u - gt - \beta) + \ldots, \end{cases}$$

où l'on a fait

$$(38)\quad \begin{cases} \mathcal{A} = \dfrac{3}{2}\left(m'n^2 + 4\dfrac{a'}{a} mn'^2\right)\mathrm{F}, \\[2ex] \mathcal{B} = 3m''n'^2\mathrm{F}' + \dfrac{3}{2}\dfrac{a}{a'}\left(m'n^2 + 4\dfrac{a'}{a} mn'^2\right)\mathrm{G}, \\[2ex] \mathcal{C} = 3\dfrac{a'}{a''} m''n'^2\mathrm{G}'; \\[2ex] \mathcal{A}' = +3\dfrac{a'}{a} mn'^2\mathrm{F}, \\[2ex] \mathcal{B}' = +3mn'^2\mathrm{G} + \dfrac{3}{2}\left(m''n'^2 - 4\dfrac{a''}{a'} m'n''^2\right)\mathrm{F}', \\[2ex] \mathcal{C}' = +\dfrac{3}{2}\dfrac{a'}{a''}\left(m''n'^2 - 4\dfrac{a''}{a'} m'n''^2\right)\mathrm{G}'. \end{cases}$$

Il faudra ensuite remplacer $\sin u$, $\cos u$, $\sin u'$ et $\cos u'$ respectivement par

$$\sin u + \cos u\,\delta u, \qquad \cos u - \sin u\,\delta u,$$
$$-\sin u - \cos u\,\delta u', \qquad -\cos u + \sin u\,\delta u'.$$

Les produits tels que $\cos u\, \delta u$ contiennent l'expression

$$\cos u \sin(u - gt - \beta) = -\frac{1}{2}\sin(gt + \beta) + \frac{1}{2}\sin(2u - gt - \beta).$$

Nous conserverons les termes en $gt + \beta$; nous trouverons finalement que les équations (A) deviennent

$$
(\mathrm{A}')\quad
\left\{
\begin{aligned}
&\frac{dh}{dt} - \boxed{0}\, k + [0, 1]k' + [0, 2]k'' + [0, 3]k''' \\
&\quad = \frac{1}{4} m' n \mathrm{F} \frac{\mathcal{A}\mathrm{M} + \mathcal{B}\mathrm{M}' + \mathcal{C}\mathrm{M}''}{(2n' - n - g)^2}\cos(gt + \beta) + \ldots, \\
&\frac{dh'}{dt} - \boxed{1}\, k' + [1, 0]k + [1, 2]k'' + [1, 3]k''' \\
&\quad = \left[\frac{1}{4} m \mathrm{G}(\mathcal{A}\mathrm{M} + \mathcal{B}\mathrm{M}' + \mathcal{C}\mathrm{M}'') \right. \\
&\qquad \left. + \frac{1}{4} m'' \mathrm{F}'(\mathcal{A}'\mathrm{M} + \mathcal{B}'\mathrm{M}' + \mathcal{C}'\mathrm{M}'')\right] n' \frac{\cos(gt + \beta)}{(2n' - n - g)^2} + \ldots, \\
&\frac{dh''}{dt} - \boxed{2}\, k'' + [2, 0]k + [2, 1]k' + [2, 3]k''' \\
&\quad = \frac{1}{4} m' n'' \mathrm{G}' \frac{\mathcal{A}'\mathrm{M} + \mathcal{B}'\mathrm{M}' + \mathcal{C}'\mathrm{M}''}{(2n' - n - g)^2}\cos(gt + \beta), \\
&\frac{dh'''}{dt} - \boxed{3}\, k''' + [3, 0]k + [3, 1]k' + [3, 2]k'' = 0.
\end{aligned}
\right.
$$

Nous n'avons pas écrit les équations en $\frac{dk}{dt}, \frac{dk'}{dt}, \ldots$, parce qu'elles nous conduiraient au même résultat, celui que nous allons obtenir. Pour intégrer les équations (A′), nous faisons comme précédemment

$$
\begin{aligned}
h &= \mathrm{M}\sin(gt + \beta), & h' &= \mathrm{M}'\sin(gt + \beta), & &\ldots, \\
k &= \mathrm{M}\cos(gt + \beta), & k' &= \mathrm{M}'\cos(gt + \beta), & &\ldots .
\end{aligned}
$$

En substituant et égalant, dans les deux membres de chaque équation, les coefficients de $\cos(gt + \beta)$, nous trouverons les équations

$$
(39)\quad
\left\{
\begin{aligned}
&\left(g - \boxed{0} - \frac{\mathrm{A}_{0,0}}{x^2}\right)\mathrm{M} + \left([0, 1] - \frac{\mathrm{A}_{0,1}}{x^2}\right)\mathrm{M}' + \left([0, 2] - \frac{\mathrm{A}_{0,2}}{x^2}\right)\mathrm{M}'' + [0, 3]\mathrm{M}''' = 0, \\
&\left(g - \boxed{1} - \frac{\mathrm{A}_{1,1}}{x^2}\right)\mathrm{M}' + \left([1, 0] - \frac{\mathrm{A}_{1,0}}{x^2}\right)\mathrm{M} + \left([1, 2] - \frac{\mathrm{A}_{1,2}}{x^2}\right)\mathrm{M}'' + [1, 3]\mathrm{M}''' = 0, \\
&\left(g - \boxed{2} - \frac{\mathrm{A}_{2,2}}{x^2}\right)\mathrm{M}'' + \left([2, 0] - \frac{\mathrm{A}_{2,0}}{x^2}\right)\mathrm{M} + \left([2, 1] - \frac{\mathrm{A}_{2,1}}{x^2}\right)\mathrm{M}' + [2, 3]\mathrm{M}''' = 0, \\
&\left(g - \boxed{3}\right)\mathrm{M}''' + [3, 0]\mathrm{M} + [3, 1]\mathrm{M}' + [3, 2]\mathrm{M}'' = 0,
\end{aligned}
\right.
$$

où nous avons fait, pour abréger,

$$x = 2n' - n - g,$$

$$4A_{0,0} = m'nF\mathcal{A}, \qquad 4A_{0,1} = m'nF\mathcal{B}, \qquad 4A_{0,2} = m'nF\mathcal{C},$$

$$4A_{2,0} = m'n''G'\mathcal{A}', \qquad 4A_{2,1} = m'n''G'\mathcal{B}', \qquad 4A_{2,2} = m'n''G'\mathcal{C}',$$

$$4A_{1,0} = (mG\mathcal{A} + m''F'\mathcal{A}')n',$$

$$4A_{1,1} = (mG\mathcal{B} + m''F'\mathcal{B}')n',$$

$$4A_{1,2} = (mG\mathcal{C} + m''F'\mathcal{C}')n'.$$

L'équation en g que l'on déduirait des équations (39), par l'élimination de M, M', M'' et M''', serait d'un degré élevé; on la résoudra par des approximations successives qui seront faciles parce que les quantités complémentaires $A_{i,j}$ contiennent deux masses dans chacune de leurs parties, et parce que g diffère sensiblement de $2n' - n$, de sorte que le diviseur x^2 n'est pas trop petit.

15. Compléments de M. Souillart. — M. Souillart a apporté aux formules données par Laplace, pour représenter les longitudes des satellites, des compléments notables portant principalement sur les grandes inégalités en $2l' - 2l$, $l' - l$ et $l'' - l'$; ces corrections sont $-91''$, $+186''$ et $-36''$ pour les trois premiers satellites, en laissant de côté d'autres corrections moins importantes; on voit donc qu'elles sont très sensibles et qu'il est indispensable d'y avoir égard.

Sans reprendre tous les calculs, nécessairement longs et délicats, de M. Souillart, je me propose d'en exposer les principaux résultats par une méthode qui me paraît assez simple, et qui apportera un contrôle utile dans une question importante. Disons d'abord que M. Souillart a considéré les termes des fonctions perturbatrices qui dépendent des arguments

$$4l' - 2l - 2\varpi, \qquad 4l' - 2l - \varpi - \varpi', \qquad 4l' - 2l - 2\varpi',$$

$$4l'' - 2l' - 2\varpi', \qquad 4l'' - 2l' - \varpi' - \varpi'', \qquad 4l'' - 2l' - 2\varpi''$$

que Laplace avait laissés de côté. Nous avons donné à la page 13 les expressions des fonctions perturbatrices R_4, R'_4, R''_4 qui contiennent les arguments précédents. Nous en déduisons immédiatement, par l'application des formules (4) du Chapitre précédent,

$$\frac{de}{dt} = -a_{0,1}e\sin(4l' - 2l - 2\varpi) + b_{0,1}e'\sin(4l' - 2l - \varpi - \varpi'),$$

$$e\frac{d\varpi}{dt} = a_{0,1}e\cos(4l' - 2l - 2\varpi) - b_{0,1}e'\cos(4l' - 2l - \varpi - \varpi');$$

d'où

$$\frac{dh}{dt} = a_{0,1}e\cos(4l' - 2l - \varpi) - b_{0,1}e'\cos(4l' - 2l - \varpi'),$$

$$\frac{dk}{dt} = -a_{0,1}e\sin(4l' - 2l - \varpi) + b_{0,1}e'\sin(4l' - 2l - \varpi'),$$

on bien, en remplaçant $4l' - 2l$ par $2u$,

$$\frac{dh}{dt} = a_{0,1}(k\cos 2u + h\sin 2u) - b_{0,1}(k'\cos 2u + h'\sin 2u),$$

$$\frac{dk}{dt} = a_{0,1}(h\cos 2u - k\sin 2u) - b_{0,1}(h'\cos 2u - k'\sin 2u).$$

On introduira, de même, dans $\frac{dh'}{dt}$, $\frac{dk'}{dt}$, $\frac{dh''}{dt}$ et $\frac{dk''}{dt}$ des termes en

$$e' \frac{\sin}{\cos}(4l'' - 2l' - \varpi'), \qquad e'' \frac{\sin}{\cos}(4l'' - 2l' - \varpi'');$$

on pourra remplacer $4l'' - 2l'$, ou $2u'$ par $2(u + 180^\circ) = 2u$. On trouvera ainsi que les équations (A) de la page 19 doivent être remplacées par les suivantes :

$$(a)\quad\left\{\begin{aligned}
&\frac{dh}{dt} - \boxed{0}\, k + [0,1]k' + [0,2]k'' + [0,3]k''' \\
&\quad = -\frac{1}{2} m'n\mathrm{F}\cos u + a_{0,1}(k\cos 2u + h\sin 2u) - b_{0,1}(k'\cos 2u + h'\sin 2u), \\
&\frac{dk}{dt} + \boxed{0}\, h - [0,1]h' - [0,2]h'' - [0,3]h''' \\
&\quad = +\frac{1}{2} m'n\mathrm{F}\sin u + a_{0,1}(h\cos 2u - k\sin 2u) - b_{0,1}(h'\cos 2u - k'\sin 2u), \\
&\frac{dh'}{dt} - \boxed{1}\, k' + [1,0]k + [1,2]k'' + [1,3]k''' \\
&\quad = -\frac{1}{2} n'(m\mathrm{G} - m''\mathrm{F}')\cos u + (a_{1,0} + a_{1,2})(k'\cos 2u + h'\sin 2u) \\
&\qquad - b_{1,0}(k\cos 2u + h\sin 2u) - b_{1,2}(k''\cos 2u + h''\sin 2u), \\
&\frac{dk'}{dt} + \boxed{1}\, h' - [1,0]h - [1,2]h'' - [1,3]h''' \\
&\quad = +\frac{1}{2} n'(m\mathrm{G} - m''\mathrm{F}')\sin u + (a_{1,0} + a_{1,2})(h'\cos 2u - k'\sin 2u) \\
&\qquad - b_{1,0}(h\cos 2u - k\sin 2u) - b_{1,2}(h''\cos 2u - k''\sin 2u), \\
&\frac{dh''}{dt} - \boxed{3}\, k'' + [2,0]k + [2,1]k' + [2,3]k''' \\
&\quad = \frac{1}{2} m'n''\mathrm{G}'\cos u + a_{2,1}(k''\cos 2u + h''\sin 2u) - b_{2,1}(k'\cos 2u + h'\sin 2u), \\
&\frac{dk''}{dt} + \boxed{2}\, h'' - [2,0]h - [2,1]h' - [2,3]h''' \\
&\quad = -\frac{1}{2} m'n''\mathrm{G}'\sin u + a_{2,1}(h''\cos 2u - k''\sin 2u) - b_{2,1}(h'\cos 2u - k'\sin 2u), \\
&\frac{dh'''}{dt} - \boxed{3}\, k''' + [3,0]k + [3,1]k' + [3,2]k'' = 0, \\
&\frac{dk'''}{dt} + \boxed{3}\, h''' - [3,0]h - [3,1]h' - [3,2]h'' = 0,
\end{aligned}\right.$$

Voyons maintenant ce qu'il faut ajouter aux équations donnant $\frac{d^2\rho}{dt^2}, \ldots$. Nous trouverons sans peine

$$(b) \quad \begin{cases} \dfrac{d^2\rho}{dt^2} = \ldots - 3n\left[a_{0,1}e^2\sin(4l' - 2l - 2\varpi) - 2b_{0,1}ee'\sin(4l' - 2l - \varpi - \varpi') \right. \\ \qquad\qquad \left. + \dfrac{m'\sqrt{a'}}{m\sqrt{a}}a_{1,0}e'^2\sin(4l' - 2l - 2\varpi')\right], \\ \dfrac{d^2\rho'}{dt^2} = \ldots, \\ \dfrac{d^2\rho''}{dt^2} = \ldots. \end{cases}$$

Cela posé, nous allons chercher une solution particulière des équations (a), sous la forme

$$(40) \quad \begin{cases} h = B_2 \sin u, & k = B_2 \cos u, \\ h' = B'_2 \sin u, & k' = B'_2 \cos u, \\ h'' = B''_2 \sin u, & k'' = B''_2 \cos u, \\ h''' = 0, & k''' = 0. \end{cases}$$

Cette forme est possible parce que l'on aura

$$k\cos 2u + h\sin 2u = B_2\cos u,$$
$$h\cos 2u - k\sin 2u = -B_2\sin u,$$

de sorte qu'en substituant les expressions (40) dans les équations (a), on aura, dans tous les termes de chacune d'elles, $\sin u$ ou $\cos u$ en facteur. On trouvera, en égalant à zéro ces coefficients de $\sin u$ et de $\cos u$, et tenant compte de la valeur $2n' - n$ de $\frac{du}{dt}$,

$$(41) \quad \begin{cases} \left(n - 2n' + \boxed{0} + a_{0,1}\right)B_2 - ([0,1] + b_{0,1})B'_2 - [0,2]\,B''_2 = \dfrac{1}{2}m'nF, \\ \left(n - 2n' + \boxed{1} + a_{1,0} + a_{1,2}\right)B'_2 - ([1,0] + b_{1,0})B_2 \\ \qquad\qquad - ([1,2] + b_{1,2})B''_2 = \dfrac{1}{2}n'(mG - m''F'), \\ \left(n - 2n' + \boxed{2} + a_{2,1}\right)B''_2 - [2,0]B_2 - ([2,1] + b_{2,1})B'_2 = -\dfrac{1}{2}m'n''G'. \end{cases}$$

Les valeurs de B_2, B'_2 et B''_2 différeront peu des suivantes

$$(42) \quad \begin{cases} B_2 = \dfrac{1}{2}\dfrac{m'nF}{n - 2n' + \boxed{0} + a_{0,1}}, \\ B'_2 = \dfrac{1}{2}\dfrac{n'(mG - m''F')}{n - 2n' + \boxed{1} + a_{1,0} + a_{1,2}}, \\ B''_2 = -\dfrac{1}{2}\dfrac{m'n''G'}{n - 2n' + \boxed{2} + a_{2,1}}; \end{cases}$$

les petites corrections à apporter aux valeurs (42) de B_2, B'_2 et B''_2 se déduiront aisément des formules (41) par la méthode des approximations successives.

Arrivons maintenant au calcul du complément de ρ d'après l'équation (b). Nous avons, d'après ce qui précède,

$$\begin{aligned}
h &= e\ \sin\varpi = B_2\ \sin(2l'-l) + M\ \sin(gt+\beta) + M_1 \sin(g_1 t+\beta_1)+\ldots,\\
k &= e\ \cos\varpi = B_2\ \cos(2l'-l) + M\ \cos(gt+\beta)+\ldots,\\
h' &= e'\ \sin\varpi' = B'_2\ \sin(2l'-l) + M' \sin(gt+\beta)+\ldots,\\
k' &= e'\ \cos\varpi' = B'_2\ \cos(2l'-l) + M' \cos(gt+\beta)+\ldots.
\end{aligned}$$

On en déduit sans peine, en négligeant les carrés et les produits des quantités $M, M_1, \ldots M', \ldots,$

$$\begin{aligned}
e\ \sin(2l'-l-\varpi) &= M\ \sin(2l'-l-gt-\beta)+\ldots,\\
e'\sin(2l'-l-\varpi') &= M'\sin(2l'-l-gt-\beta)+\ldots,\\
e^2\sin(4l'-2l-2\varpi) &= 2B_2M\sin(2l'-l-gt-\beta)+\ldots,\\
ee'\sin(4l'-2l-\varpi-\varpi') &= (B_2M'+B'_2M)\sin(2l'-l-gt-\beta)+\ldots,\\
e'^2\sin(4l'-2l-2\varpi') &= 2B'_2M'\sin(2l'-l-gt-\beta)\ldots,
\end{aligned}$$

et, en substituant dans l'équation (b), il viendra

$$\frac{d^2\rho}{dt^2} = \ldots - 6n\left[a_{0,1}B_2M - b_{0,1}(B_2M'+B'_2M) + \frac{m'\sqrt{a'}}{m\sqrt{a}}a_{1,0}B'_2M'\right]\sin(2l'-l-gt-\beta)-\ldots;$$

d'où

$$(43)\quad \Delta\rho = \frac{6n}{(2n'-n-g)^2}\left[a_{0,1}B_2M - b_{0,1}(B_2M'+B'_2M) + \frac{m'\sqrt{a'}}{m\sqrt{a}}a_{1,0}B'_2M'\right]\sin(2l'-l-gt-\beta)-\ldots.$$

Les termes non écrits se rapportent aux racines g_1, g_2, g_3, autres que g.

On trouvera de même $\Delta\rho'$ et $\Delta\rho''$; mais nous n'insisterons pas sur ce point qui ne présente plus de difficulté.

M. Souillart, à qui j'avais communiqué la solution précédente, m'a fait observer que la même méthode permettrait de tenir compte des termes des fonctions perturbatrices qui ont pour arguments

$$6l'-3l-3\varpi,\quad \ldots,\quad 6l''-3l'-3\varpi',\quad \ldots.$$

On trouve, en effet, que, pour avoir égard à ces nouveaux termes, il faut compléter les équations (a) comme il suit,

$$\begin{aligned}
\frac{dh}{dt} &- \boxed{0}\,k + [0,1]k' + [0,2]k'' \\
&= -[3\mathcal{E}(k^2 - h^2) - 2\mathcal{F}(kk' - hh') + \mathcal{G}(k'^2 - h'^2)]\cos 3u \\
&\quad - [6\mathcal{E}kh - 2\mathcal{F}(kh' + hk') + 2\mathcal{G}k'h']\sin 3u,
\end{aligned}$$

$$\begin{aligned}
\frac{dh'}{dt} &- \boxed{1}\,k' + [1,0]k + [1,2]k'' \\
&= +[3\mathcal{E}'(k'^2 - h'^2) - 2\mathcal{F}'(k'k'' - h'h'') + \mathcal{G}'(k''^2 - h''^2)]\cos 3u \\
&\quad + [6\mathcal{E}'k'h' - 2\mathcal{F}'(k'h'' + h'k'') + 2\mathcal{G}'k''h'']\sin 3u \\
&\quad + \frac{m\sqrt{a}}{m'\sqrt{a'}}\left\{ [\mathcal{F}(k^2 - h^2) - 2\mathcal{G}(kk' - hh') + 3\mathfrak{H}(k'^2 - h'^2)]\cos 3u \right. \\
&\qquad \left. + [2\mathcal{F}kh - 2\mathcal{G}(kh' + hk') + 6\mathfrak{H}k'h']\sin 3u \right\},
\end{aligned}$$

$$\begin{aligned}
\frac{dh''}{dt} &- \boxed{2}\,k'' + [2,0]k + [2,1]k' \\
&= -\frac{m'\sqrt{a'}}{m''\sqrt{a''}}\left\{ [\mathcal{F}'(k'^2 - h'^2) - 2\mathcal{G}'(k'k'' - h'h'') + 3\mathfrak{H}'(k''^2 - h''^2)]\cos 3u \right. \\
&\qquad \left. + [2\mathcal{F}'k'h' - 2\mathcal{G}'(k'h'' + h'k'') + 6\mathfrak{H}'k''h'']\sin 3u \right\};
\end{aligned}$$

les quantités $\mathcal{E}$, $\mathcal{F}$, ... sont des fonctions des masses et des grands axes, que nous n'écrivons pas pour abréger.

En cherchant la solution particulière des équations (a) complétées ainsi, sous la forme (40), on trouve que les quantités B_2, B'_2 et B''_2 seront déterminées par les équations suivantes

$$\begin{aligned}
0 &= \left(n - 2n' + \boxed{0} + a_{0,1}\right)B_2 - ([0,1] + b_{0,1})B'_2 - [0,2]\,B''_2 - \frac{1}{2}m'n\mathrm{F} \\
&\quad - (3\mathcal{E}B_2^2 - 2\mathcal{F}B_2B'_2 + \mathcal{G}B'^2_2), \\
0 &= \left(n - 2n' + \boxed{1} + a_{1,0} + a_{1,2}\right)B'_2 - ([1,0] + b_{1,0})B_2 \\
&\quad - ([1,2] + b_{1,2})B''_2 + \frac{1}{2}n'(m''\mathrm{F}' - m\mathrm{G}) \\
&\quad + \frac{m\sqrt{a}}{m'\sqrt{a'}}(\mathcal{F}B_2^2 - 2\mathcal{G}B_2B'_2 + 3\mathfrak{H}B'^2_2) + 3\mathcal{E}'B'^2_2 - 2\mathcal{F}'B'_2B''_2 + \mathcal{G}'B''^2_2, \\
0 &= \left(n - 2n' + \boxed{2} + a_{2,1}\right)B''_2 - [2,0]\,B_2 - ([2,1] + b_{2,1})B'_2 + \frac{1}{2}m'n''\mathrm{G}' \\
&\quad - \frac{m'\sqrt{a'}}{m''\sqrt{a''}}(\mathcal{F}'B'^2_2 - 2\mathcal{G}'B'_2B''_2 + 3\mathfrak{H}'B''^2_2).
\end{aligned}$$

Résolvant la première de ces équations par rapport à B_2, la seconde par rapport à B'_2, la troisième par rapport à B''_2, et posant

$$\mathcal{B}_2 = \frac{1}{2} \frac{m' n F}{n - 2n' + \boxed{0} + a_{0,1}},$$

$$\mathcal{B}'_2 = -\frac{1}{2} \frac{n'(m'' F' - m G)}{n - 2n' + \boxed{1} + a_{1,0} + a_{1,2}},$$

$$\mathcal{B}''_2 = -\frac{1}{2} \frac{m' n'' G'}{n - 2n' + \boxed{2} + a_{2,1}},$$

puis réduisant en nombres, M. Souillart a trouvé

$$(44) \quad \left\{ \begin{aligned} B_2 = \mathcal{B}_2 &+ (\bar{2},26784) B'_2 + (\bar{4},78850) B''_2 \\ &+ (\bar{2},46623) B_2^2 - (\bar{2},93619) B_2 B'_2 + (\bar{2},80228) B'^2_2, \end{aligned} \right.$$

$$(45) \quad \left\{ \begin{aligned} B'_2 = \mathcal{B}'_2 &+ (\bar{2},06801) B_2 + (\bar{2},57998) B'_2 \\ &- (\bar{2},44032) B_2^2 + (\bar{2},90247) B_2 B'_2 - (\bar{1},07714) B'^2_2 \\ &+ (\bar{1},25115) B'_2 B''_2 - (\bar{1},11835) B''^2_2, \end{aligned} \right.$$

$$(46) \quad \left\{ \begin{aligned} B''_2 = \mathcal{B}''_2 &+ (\bar{5},93857) B_2 + (\bar{3},92484) B'_2 \\ &+ (\bar{2},29503) B'^2_2 - (\bar{2},76429) B'_2 B''_2 + (\bar{2},62898) B''^2_2. \end{aligned} \right.$$

On a d'ailleurs

$$\mathcal{B}_2 = (\bar{3},59620), \qquad \mathcal{B}'_2 = -(\bar{3},95926), \qquad \mathcal{B}''_2 = (\bar{4},79357).$$

Les équations (44), (45) et (46) se prêtent parfaitement aux approximations successives. Si, dans leurs seconds membres, on fait

$$B_2 = \mathcal{B}_2, \qquad B'_2 = \mathcal{B}'_2, \qquad B''_2 = \mathcal{B}''_2,$$

on trouve ces nouvelles valeurs

$$B_2 = (\bar{3},57750), \qquad B'_2 = -(\bar{3},95592), \qquad B''_2 = (\bar{4},73674).$$

En substituant ces dernières valeurs, on obtient

$$B_2 = (\bar{3},57862), \qquad B'_2 = -(\bar{3},95682), \qquad B''_2 = (\bar{4},73872),$$

d'où résultent les inégalités suivantes dans les longitudes des trois premiers satellites,

$$1563'' \sin(2l - 2l'), \qquad -3735'' \sin(l - l'), \qquad 226'' \sin(l'' - l')$$

M. Souillart avait trouvé d'abord par sa théorie complète, en considérant les termes auxquels nous avons eu égard autrement, les coefficients

$$1561'', \quad -3737'', \quad 226'';$$

l'accord est donc très satisfaisant; les nombres de Laplace, pour les mêmes coefficients, étaient

$$1634'', \quad -3860'', \quad 262'';$$

ces valeurs de Laplace supposaient

$$B_2 = \frac{1}{2}\,\frac{m'nF}{n-2n'+\boxed{0}}, \qquad B'_2 = -\frac{1}{2}\,\frac{n'(m''F'-mG)}{n-2n'+\boxed{1}}, \qquad B''_2 = -\frac{1}{2}\,\frac{m'n''G'}{n-2n'+\boxed{2}}.$$

Les termes considérés par M. Souillart ajoutent de légers compléments aux équations (39); mais nous ne pouvons pas insister sur ce point.

En terminant, nous ferons une remarque sur le calcul des inégalités périodiques, tel que nous l'avons présenté au commencement de ce Chapitre. Considérons, pour fixer les idées, la portion suivante de la fonction R_0,

$$R_0 = \frac{3}{2}\,m'n^2\,\frac{a^4}{a'^2}\,e\cos(l'-\varpi);$$

on en tire

$$\frac{de}{dt} = -\frac{3}{2}\,m'n\,\frac{a^2}{a'^2}\sin(l'-\varpi),$$

$$e\,\frac{d\varpi}{dt} = +\frac{3}{2}\,m'n\,\frac{a^2}{a'^2}\cos(l'-\varpi).$$

Si nous voulons en déduire δe et $e\,\delta\varpi$, il convient d'avoir égard à la variation de ϖ, comme on l'a fait pour la méthode de Poisson dans le cas de la Lune. Or, d'après la formule (9) de la page 19, la partie principale de $\frac{d\varpi}{dt}$ est égale à $\boxed{0}$; il viendra donc

$$\delta e = \frac{3}{2}\,m'n\,\frac{a^2}{a'^2}\,\frac{\cos(l'-\varpi)}{n'-\boxed{0}},$$

$$e\,\delta\varpi = \frac{3}{2}\,m'n\,\frac{a^2}{a'^2}\,\frac{\sin(l'-\varpi)}{n'-\boxed{0}}.$$

On en déduit

$$(47) \qquad \delta h = \frac{3}{2}\,m'n\,\frac{a^2}{a'^2}\,\frac{\sin l'}{n'-\boxed{0}}, \qquad \delta k = \frac{3}{2}\,m'n\,\frac{a^2}{a'^2}\,\frac{\cos l'}{n'-\boxed{0}},$$

tandis que nous avions trouvé (p. 17),

$$(48) \qquad \delta h = \frac{3}{2}\,m'n\,\frac{a^2}{a'^2}\,\frac{\sin l'}{n'}, \qquad \delta k = \frac{3}{2}\,m'n\,\frac{a^2}{a'^2}\,\frac{\cos l'}{n'}.$$

Ces deux systèmes de formules sont en désaccord. Auquel doit-on donner la préférence? C'est au groupe (47); en effet, nous avons trouvé les formules (48) en partant des équations

$$\frac{dh}{dt} = \frac{3}{2} m'n \frac{a^2}{a'^2} \cos l', \qquad \frac{dk}{dt} = -\frac{3}{2} m'n \frac{a^2}{a'^2} \cos l';$$

or, il sera plus exact de tenir compte du terme séculaire le plus important en prenant

$$\frac{dh}{dt} - \boxed{0}\, k = \frac{3}{2} m'n \frac{a^2}{a'^2} \cos l',$$

$$\frac{dk}{dt} + \boxed{0}\, h = -\frac{3}{2} m'n \frac{a^2}{a'^2} \sin l'.$$

Ces deux équations sont vérifiées identiquement par les expressions (47); ainsi, les deux procédés s'accordent maintenant. Nous avons omis la correction précédente dans les inégalités à courtes périodes parce qu'elle serait très faible; on pourra du reste en tenir compte facilement si on le juge à propos.

CHAPITRE III.

THÉORIE DES SATELLITES DE JUPITER. — INÉGALITÉS SÉCULAIRES DES NŒUDS ET DES INCLINAISONS.

16. **Formation des équations différentielles.** — Nous partons de l'expression (15) du Chapitre I, pour la fonction perturbatrice R_5. Les équations

$$na^2\varphi\frac{d\varphi}{dt}=-\frac{\partial R_5}{\partial\theta},\qquad na^2\varphi\frac{d\theta}{dt}=\frac{\partial R_5}{\partial\varphi}$$

donnent sans peine ([1])

$$(1)\quad \left\{\begin{aligned}\frac{d\varphi}{dt}&=(0,1)\varphi'\sin(\theta-\theta')+(0,2)\varphi''\sin(\theta-\theta'')+(0,3)\varphi'''\sin(\theta-\theta''')\\&\quad+[0]\varphi_1\sin(\theta-\theta_1)-(0)\omega\sin(\theta+\psi),\end{aligned}\right.$$

$$(2)\quad \left\{\begin{aligned}\varphi\frac{d\theta}{dt}&=-\boxed{0}\,\varphi+(0,1)\varphi'\cos(\theta-\theta_1)+(0,2)\varphi''\cos(\theta-\theta'')\\&\quad+(0,3)\varphi'''\cos(\theta-\theta''')+[0]\varphi_1\cos(\theta-\theta_1)-(0)\omega\cos(\theta+\psi).\end{aligned}\right.$$

On aurait des formules analogues en $\frac{d\varphi'}{dt}$, …, $\frac{d\theta'}{dt}$, ….

Il nous reste à calculer la position de l'équateur de Jupiter à une époque quel-

---

([1]) La formule (2) montre que la moyenne de $\frac{d\theta}{dt}$ est égale à $-\boxed{0}$; d'après la formule (9) du Chapitre II, la valeur moyenne de $\frac{d\varpi}{dt}$ est égale à $+\boxed{0}$; de sorte que ces deux quantités sont égales et de signes contraires, ce qui est un résultat intéressant. Je profite de l'occasion pour réparer un oubli commis dans mon Tome III, à la page 147. Préoccupé de retrouver les inégalités périodiques causées par l'aplatissement de la Terre dans le mouvement de la Lune, j'ai omis de parler des inégalités séculaires correspondantes de ϖ et de θ. Elles ont été remarquées pour la première fois par Hansen, qui les a calculées. M. G. Hill a confirmé ses résultats et trouvé $+6'',8201$ et $-6'',4128$ pour les mouvements annuels du périgée et du nœud.

conque, en tenant compte de l'attraction du Soleil et de celles des satellites. Les formules (1) (t. II, p. 427) nous donnent, en n'ayant égard qu'aux termes séculaires,

$$(3) \qquad \frac{d\omega}{dt} = \frac{1}{i\mathrm{C}\sin\omega}\,\frac{\partial \mathrm{U}}{\partial\psi}, \qquad \frac{d\psi}{dt} = -\frac{1}{i\mathrm{C}\sin\omega}\,\frac{\partial \mathrm{U}}{\partial\omega},$$

où i et C désignent la vitesse angulaire de rotation de Jupiter et son moment d'inertie polaire. Ces formules, établies pour la Terre troublée par la Lune, supposent que la longitude du nœud descendant de l'équateur est égale à $-\psi$; c'est bien ce que nous avons admis pour Jupiter (p. 6). D'autre part, les formules (1) (t. II, p. 405), donnent, en désignant par A et B les deux autres moments d'inertie principaux, et par z la distance du satellite au plan de l'équateur,

$$\mathrm{U} = -\frac{3}{4} fm(2\mathrm{C} - \mathrm{A} - \mathrm{B})\frac{z^2}{r^5},$$

d'où, en remplaçant f par n^2a^3, et $\frac{z}{a}$ (p. 6) par

$$s - s_1 = \varphi \sin(l - \theta) + \omega \sin(l + \psi),$$

et ne conservant que les termes indépendants de l,

$$(4) \qquad \mathrm{U} = -\frac{3}{8}(2\mathrm{C} - \mathrm{A} - \mathrm{B})mn^2[\varphi^2 + \omega^2 + 2\varphi\omega\cos(\theta + \psi)].$$

Il faut aussi tenir compte de l'action du Soleil, ce qui donnera

$$\mathrm{U} = -\frac{3}{4} n_1^2 a_1^3 (2\mathrm{C} - \mathrm{A} - \mathrm{B})\frac{z_1^2}{a_1^5},$$

où l'on aura

$$\frac{z_1}{a_1} = \varphi_1 \sin(l_1 - \theta_1) + \omega \sin(l_1 + \psi).$$

Il viendra donc

$$(5) \qquad \mathrm{U} = -\frac{3}{8} n_1^2 (2\mathrm{C} - \mathrm{A} - \mathrm{B})[\varphi_1^2 + \omega^2 + 2\varphi_1\omega\cos(\theta_1 + \psi)].$$

En faisant la somme des expressions (4) et (5), et la portant dans les formules (3), on trouve

$$\frac{d\omega}{dt} = 3\,\frac{2\mathrm{C} - \mathrm{A} - \mathrm{B}}{4i\mathrm{C}}[n_1^2\varphi_1\sin(\theta_1 + \psi) + mn^2\varphi\sin(\theta + \psi) + \ldots],$$

$$\omega\frac{d\psi}{dt} = 3\,\frac{2\mathrm{C} - \mathrm{A} - \mathrm{B}}{4i\mathrm{C}}[n_1^2\omega + n_1^2\varphi_1\cos(\theta_1 + \psi) + mn^2\omega + mn^2\varphi\cos(\theta + \psi) + \ldots],$$

où les points représentent les termes provenant des autres satellites.

Posons maintenant

$$(6)\quad \left\{\begin{aligned} &\textcircled{0} = 3\,\frac{2C - A - B}{4iC}\,mn^2, && \textcircled{1} = 3\,\frac{2C - A - B}{4iC}\,m'n'^2 + \ldots, \\ &\textcircled{s} = 3\,\frac{2C - A - B}{4iC}\,n_1^2. && \bigcirc = \textcircled{0} + \textcircled{1} + \textcircled{2} + \textcircled{3} + \textcircled{s}, \end{aligned}\right.$$

et nous pourrons écrire

$$(7)\quad \left\{\begin{aligned} &\frac{d\omega}{dt} = \textcircled{s}\,\varphi_1 \sin(\theta_1 + \psi) + \textcircled{0}\,\varphi \sin(\theta + \psi) + \textcircled{1}\,\varphi' \sin(\theta' + \psi) + \ldots, \\ &\omega\,\frac{d\psi}{dt} = \textcircled{s}\,\varphi_1 \cos(\theta_1 + \psi) + \bigcirc\,\omega + \textcircled{0}\,\varphi \cos(\theta + \psi) + \textcircled{1}\,\varphi' \cos(\theta' + \psi) + \ldots. \end{aligned}\right.$$

Nous avons donc maintenant, pour déterminer les dix inconnues

$$\varphi,\ \varphi',\ \varphi'',\ \varphi''',\ \omega;\quad \theta,\ \theta',\ \theta'',\ \theta''',\ \psi,$$

les deux équations (1) et (2) et les six équations analogues, enfin les deux équations (7).

17. Changement de variables. — Adoptons les variables employées par Lagrange dans le cas des planètes (t. I, p. 171),

$$(8)\quad \left\{\begin{aligned} &p = \varphi \sin\theta, && p' = \varphi' \sin\theta', && \ldots, && p^{\text{IV}} = \omega \sin\psi, && \mathfrak{P} = \varphi_1 \sin\theta_1, \\ &q = \varphi \cos\theta, && q' = \varphi' \cos\theta', && \ldots, && q^{\text{IV}} = -\omega \cos\psi, && \mathfrak{Q} = \varphi_1 \cos\theta_1; \end{aligned}\right.$$

et nous trouverons sans peine les équations

$$(9)\quad \left\{\begin{aligned} &\frac{dp}{dt} + \boxed{\,0\,}\,q - (0,1)q' - (0,2)q'' - (0,3)q''' - (0)q^{\text{IV}} = +[0]\mathfrak{Q}, \\ &\frac{dq}{dt} - \boxed{\,0\,}\,p + (0,1)p' + (0,2)p'' + (0,3)p''' + (0)q^{\text{IV}} = -[0]\mathfrak{P}, \\ &\frac{dp'}{dt} + \boxed{\,1\,}\,q' - (1,0)q - (1,2)q'' - (1,3)q''' - (1)p^{\text{IV}} = +[1]\mathfrak{Q}, \\ &\frac{dq'}{dt} - \boxed{\,1\,}\,p' + (1,0)p + (1,2)p'' + (1,3)p''' + (1)p^{\text{IV}} = -[1]\mathfrak{P}, \\ &\ldots\ldots\ldots\ldots\ldots\ldots\ldots\ldots\ldots\ldots\ldots\ldots\ldots\ldots, \\ &\frac{dp^{\text{IV}}}{dt} - \textcircled{0}\,q - \textcircled{1}\,q' - \textcircled{2}\,q'' - \textcircled{3}\,q''' + \bigcirc\,p^{\text{IV}} = +\textcircled{s}\,\mathfrak{Q}, \\ &\frac{dq^{\text{IV}}}{dt} + \textcircled{0}\,p + \textcircled{1}\,p' + \textcircled{2}\,p'' + \textcircled{3}\,p''' - \bigcirc\,p^{\text{IV}} = -\textcircled{s}\,\mathfrak{P}, \end{aligned}\right.$$

Les quantités $\mathfrak{P}$ et $\mathfrak{Q}$ qui fixent la position de l'orbite de Jupiter par rapport au plan fixe, à l'époque t, sont des fonctions du temps qui restent très petites pendant plusieurs siècles, et dont nous donnerons les expressions plus loin.

Nous allons intégrer d'abord les équations (9) en faisant abstraction des seconds membres; nous aurons alors un système de dix équations linéaires simultanées, à coefficients constants. Leurs intégrales générales seront de la forme

$$(10)\quad \left\{\begin{aligned} p\ &= \mathrm{N}\ \sin(bt+\gamma)+\mathrm{N}_1\sin(b_1t+\gamma_1)+\ldots+\mathrm{N}_4\ \sin(b_4t+\gamma_4),\\ p'\ &= \mathrm{N}'\ \sin(bt+\gamma)+\mathrm{N}'_1\sin(b_1t+\gamma_1)+\ldots+\mathrm{N}'_4\ \sin(b_4t+\gamma_4),\\ &\ldots\ldots\ldots\ldots\ldots\ldots\ldots\ldots\ldots\ldots\ldots\ldots,\\ p^{\mathrm{IV}} &= \mathrm{N}^{\mathrm{IV}}\sin(bt+\gamma)+\mathrm{N}_1^{\mathrm{IV}}\sin(b_1t+\gamma_1)+\ldots+\mathrm{N}_4^{\mathrm{IV}}\sin(b_4t+\gamma_4);\\ q\ &= \mathrm{N}\ \cos(bt+\gamma)+\mathrm{N}_1\cos(b_1t+\gamma_1)+\ldots+\mathrm{N}_4\cos(b_4t+\gamma_4),\\ q'\ &= \mathrm{N}'\ \cos(bt+\gamma)+\mathrm{N}'_1\cos(b_1t+\gamma_1)+\ldots+\mathrm{N}'_4\cos(b_4t+\gamma_4),\\ &\ldots\ldots\ldots\ldots\ldots\ldots\ldots\ldots\ldots\ldots\ldots\ldots,\\ q^{\mathrm{IV}} &= \mathrm{N}^{\mathrm{IV}}\cos(bt+\gamma)+\mathrm{N}_1^{\mathrm{IV}}\cos(b_1t+\gamma_1)+\ldots+\mathrm{N}_4^{\mathrm{IV}}\cos(b_4t+\gamma_4)\end{aligned}\right.$$

où les N, γ et b sont des constantes. En écrivant que ces expressions vérifient les équations (9) privées de leurs seconds membres, et égalant à zéro les termes d'argument $bt+\gamma$, on trouve les relations

$$(11)\quad \left\{\begin{aligned} -\left(b+\boxed{\,0\,}\right)\mathrm{N}+(0,1)\mathrm{N}'+(0,2)\mathrm{N}''+(0,3)\mathrm{N}'''+(0)\mathrm{N}^{\mathrm{IV}}&=0,\\ (1,0)\mathrm{N}-\left(b+\boxed{\,1\,}\right)\mathrm{N}'+(1,2)\mathrm{N}''+(1,3)\mathrm{N}'''+(1)\mathrm{N}^{\mathrm{IV}}&=0,\\ \ldots\ldots\ldots\ldots\ldots\ldots\ldots\ldots\ldots\ldots\ldots&,\\ \textcircled{0}\,\mathrm{N}+\textcircled{1}\,\mathrm{N}'+\textcircled{2}\,\mathrm{N}''+\textcircled{3}\,\mathrm{N}'''-\left(b+\bigcirc\right)\mathrm{N}^{\mathrm{IV}}&=0;\end{aligned}\right.$$

si l'on élimine entre ces cinq équations homogènes les cinq quantités N, N′, N″, N‴ et N^{IV}, on obtient l'équation

$$(12)\quad \begin{vmatrix} -\left(b+\boxed{\,0\,}\right) & (0,1) & (0,2) & (0,3) & (0)\\ (1,0) & -\left(b+\boxed{\,1\,}\right) & (1,2) & (1,3) & (1)\\ (2,0) & (2,1) & -\left(b+\boxed{\,2\,}\right) & (2,3) & (2)\\ (3,0) & (3,1) & (3,2) & -\left(b+\boxed{\,3\,}\right) & (3)\\ \textcircled{0} & \textcircled{1} & \textcircled{2} & \textcircled{3} & -\left(b+\bigcirc\right)\end{vmatrix}=0,$$

qui est du cinquième degré, et qui a pour racines b, b_1, b_2, b_3 et b_4. Les rapports

$$(13)\qquad \frac{\mathrm{N}'}{\mathrm{N}}=\sigma',\qquad \frac{\mathrm{N}''}{\mathrm{N}}=\sigma'',\qquad \frac{\mathrm{N}'''}{\mathrm{N}}=\sigma''',\qquad \frac{\mathrm{N}^{\mathrm{IV}}}{\mathrm{N}}=\sigma^{\mathrm{IV}}$$

seront déterminés par quatre des équations (11) qui seront des équations du premier degré relativement aux inconnues σ', ..., σ^{IV}. On aura de même

$$(11_1)\quad \left\{\begin{array}{l} -(b_1+\boxed{\;0\;})N_1+(0,1)N'_1+(0,2)N''_1+(0,3)N'''_1+(0)N^{\text{IV}}_1=0,\\ \dots\dots\dots\dots\dots\dots\dots\dots\dots\dots\dots\dots\dots\dots,\\ \textcircled{0}N_1+\textcircled{1}N'_1+\textcircled{2}N''_1+\textcircled{3}N'''_1-(b_1+\bigcirc)N^{\text{IV}}_1=0, \end{array}\right.$$

ce qui déterminera les rapports

$$\frac{N'_1}{N_1}=\sigma'_1,\qquad \frac{N''_1}{N_1}=\sigma''_1,\qquad \frac{N'''_1}{N_1}=\sigma'''_1,\qquad \frac{N^{\text{IV}}_1}{N_1}=\sigma^{\text{IV}}_1;$$

on arrivera ainsi jusqu'au calcul de

$$\frac{N'_4}{N_4}=\sigma'_4,\qquad \frac{N''_4}{N_4}=\sigma''_4,\qquad \frac{N'''_4}{N_4}=\sigma'''_4,\qquad \frac{N^{\text{IV}}_4}{N_4}=\sigma^{\text{IV}}_4.$$

Finalement, il restera les *dix* constantes arbitraires

$$(14)\qquad N,\ N_1,\ N_2,\ N_3,\ N_4;\quad \gamma,\ \gamma_1,\ \gamma_2,\ \gamma_3,\ \gamma_4.$$

Les équations (10) donneront donc bien les intégrales générales cherchées. On démontrera, comme on l'a fait pour les inégalités séculaires des planètes (t. I, p. 411), que l'équation (12) a ses racines réelles et inégales.

18. Intégration des équations (9) avec leurs seconds membres. — Nous ferons, pour plus de symétrie,

$$(15)\quad \left\{\begin{array}{lll} P=\ \ [0]\mathfrak{Q}, & P'=\ \ [1]\mathfrak{Q}, & P^{\text{IV}}=\ \ \textcircled{s}\mathfrak{Q},\\ Q=-[0]\mathfrak{P}, & Q'=-[1]\mathfrak{P}, & Q^{\text{IV}}=-\textcircled{s}\mathfrak{P}. \end{array}\right.$$

La première chose à faire est de connaître les expressions de $\mathfrak{P}$ et de $\mathfrak{Q}$ en fonction du temps. Nous choisirons pour plan fixe le plan de l'orbite de Jupiter à l'époque zéro. La théorie des inégalités séculaires des planètes donne, relativement à l'écliptique de 1850, les valeurs de $\mathfrak{P}$ et de $\mathfrak{Q}$, que nous désignerons pour plus de clarté par $\mathfrak{P}_t$ et $\mathfrak{Q}_t$, sous la forme

$$\mathfrak{P}_t=\sum S\sin(st+\varsigma),\qquad \mathfrak{Q}_t=\sum S\cos(st+\varsigma),$$

où les signes $\sum$ comprennent autant de termes qu'il y a de planètes, soit huit; les S et ς sont des constantes, et l'on sait que les valeurs des s sont très petites. Relativement à l'écliptique de 1850, la position de l'orbite de Jupiter à l'époque zéro sera déterminée par les formules

$$\mathfrak{P}_0 = \sum S \sin \varsigma, \qquad \mathfrak{Q}_0 = \sum S \cos \varsigma;$$

la position de l'orbite de Jupiter à l'époque t, rapportée à la position qu'elle occupe à l'époque zéro, sera déterminée par les formules approchées (t. I, p. 345),

$$\mathfrak{P} = \mathfrak{P}_t - \mathfrak{P}_0, \qquad \mathfrak{Q} = \mathfrak{Q}_t - \mathfrak{Q}_0.$$

On aura donc

$$(16) \qquad \begin{cases} \mathfrak{P} = \sum S[\sin(st + \varsigma) - \sin \varsigma], \\ \mathfrak{Q} = \sum S[\cos(st + \varsigma) - \cos \varsigma]. \end{cases}$$

Les formules (15) et (16) déterminent P, P', ..., Q, Q', ... en fonction de t.

Nous conserverons les expressions analytiques (10) pour exprimer les intégrales générales des équations (9) avec seconds membres, mais en y regardant comme variables les dix constantes arbitraires (14). La nouvelle expression de $\frac{dp}{dt}$ sera égale à l'ancienne, augmentée de

$$u + u_1 + u_2 + u_3 + u_4,$$

en posant, d'une manière générale,

$$(17) \qquad u_i = \frac{dN_i}{dt} \sin(b_i t + \gamma_i) + N_i \frac{d\gamma_i}{dt} \cos(b_i t + \gamma_i).$$

Mais l'ancienne expression de $\frac{dp}{dt}$, ajoutée à

$$\boxed{\;0\;}\, q - (0,1)q' - \ldots - (0)q^{\text{IV}},$$

donnait et donnera encore un résultat nul identiquement. Il viendra donc

$$u + u_1 + u_2 + u_3 + u_4 = P.$$

La troisième des équations (9) donnera de même, en ayant égard aux relations (13),

$$\sigma' u + \sigma'_1 u_1 + \ldots + \sigma'_4 u_4 = P'.$$

On aura, d'autre part, des résultats analogues, relatifs aux quantités q, en faisant

$$(18) \qquad v_i = \frac{dN_i}{dt} \cos(b_i t + \gamma_i) - N_i \frac{d\gamma_i}{dt} \sin(b_i t + \gamma_i),$$

de sorte que l'on obtiendra cet ensemble d'équations :

$$(19)\quad \left\{\begin{array}{ll} u + u_1 + u_2 + u_3 + u_4 = \mathrm{P}; & v + v_1 + v_2 + v_3 + v_4 = \mathrm{Q}, \\ \sigma' u + \sigma'_1 u_1 + \sigma'_2 u_2 + \sigma'_3 u_3 + \sigma'_4 u_4 = \mathrm{P}'; & \sigma' v + \sigma'_1 v_1 + \sigma'_2 v_2 + \sigma'_3 v_3 + \sigma'_4 v_4 = \mathrm{Q}', \\ \dots\dots\dots\dots\dots\dots ; & \dots\dots\dots\dots\dots\dots \end{array}\right.$$

Pour résoudre ces équations, il est nécessaire d'établir quelques relations préliminaires.

19. Formules préliminaires. — Posons pour plus de clarté

$$(20)\quad c = \frac{m}{na}, \quad c' = \frac{m'}{n'a'}, \quad c'' = \frac{m''}{n''a''}, \quad c''' = \frac{m'''}{n'''a'''}, \quad c^{\mathrm{IV}} = \frac{\varkappa - \frac{1}{2}\varkappa_1}{n^3 a^3}\,\frac{4i\mathrm{C}}{3(2\mathrm{C} - \mathrm{A} - \mathrm{B})},$$

et nous trouvons aisément les relations suivantes, en nous reportant aux formules (2) et (10) du Chapitre Ier, et (6) du Chapitre actuel,

$$(21)\quad \left\{\begin{array}{llll} (0,1)c = (1,0)c'; & (0,2)c = (2,0)c''; & \dots, & (0)c = \textcircled{0}c^{\mathrm{IV}}, \\ & (1,2)c' = (2,1)c''; & \dots, & (1)c' = \textcircled{1}c^{\mathrm{IV}}, \\ & \dots\dots\dots\dots ; & \dots, & \dots\dots\dots\dots , \end{array}\right.$$

En admettant pour les constantes $\frac{2\mathrm{C} - \mathrm{A} - \mathrm{B}}{\mathrm{C}}$ et i les valeurs de Laplace, on peut calculer les constantes c, c', c'', c''' et c^{IV}.

Cela posé, si l'on élimine $\boxed{0}$ entre les premières des équations (11) et (11₁), puis entre les secondes de ces mêmes équations, puis entre les troisièmes, etc., on trouve

$$\begin{aligned}
(b - b_1)\mathrm{N}\mathrm{N}_1 &= (0,1)(\mathrm{N}'\mathrm{N}_1 - \mathrm{N}'_1\mathrm{N}) + (0,2)(\mathrm{N}''\mathrm{N}_1 - \mathrm{N}''_1\mathrm{N}) \\
&\quad + (0,3)(\mathrm{N}'''\mathrm{N}_1 - \mathrm{N}'''_1\mathrm{N}) + (0)(\mathrm{N}^{\mathrm{IV}}\mathrm{N}_1 - \mathrm{N}^{\mathrm{IV}}_1\mathrm{N}), \\
(b - b_1)\mathrm{N}'\mathrm{N}'_1 &= (1,0)(\mathrm{N}'_1\mathrm{N} - \mathrm{N}'\mathrm{N}_1) + (1,2)(\mathrm{N}'_1\mathrm{N}'' - \mathrm{N}'\mathrm{N}''_1) \\
&\quad + (1,3)(\mathrm{N}'_1\mathrm{N}''' - \mathrm{N}'\mathrm{N}'''_1) + (1)(\mathrm{N}'_1\mathrm{N}^{\mathrm{IV}} - \mathrm{N}'\mathrm{N}^{\mathrm{IV}}_1), \\
(b - b_1)\mathrm{N}''\mathrm{N}''_1 &= (2,0)(\mathrm{N}\mathrm{N}''_1 - \mathrm{N}''\mathrm{N}_1) + (2,1)(\mathrm{N}'\mathrm{N}''_1 - \mathrm{N}''\mathrm{N}'_1) \\
&\quad + (2,3)(\mathrm{N}'''\mathrm{N}''_1 - \mathrm{N}''\mathrm{N}'''_1) + (2)(\mathrm{N}^{\mathrm{IV}}\mathrm{N}''_1 - \mathrm{N}''\mathrm{N}^{\mathrm{IV}}_1), \\
(b - b_1)\mathrm{N}'''\mathrm{N}'''_1 &= (3,0)(\mathrm{N}\mathrm{N}'''_1 - \mathrm{N}_1\mathrm{N}''') + (3,1)(\mathrm{N}'\mathrm{N}'''_1 - \mathrm{N}'''\mathrm{N}'_1) \\
&\quad + (3,2)(\mathrm{N}''\mathrm{N}'''_1 - \mathrm{N}'''\mathrm{N}''_1) + (3)(\mathrm{N}^{\mathrm{IV}}\mathrm{N}'''_1 - \mathrm{N}'''\mathrm{N}^{\mathrm{IV}}_1), \\
(b - b_1)\mathrm{N}^{\mathrm{IV}}\mathrm{N}^{\mathrm{IV}}_1 &= \textcircled{0}(\mathrm{N}\mathrm{N}^{\mathrm{IV}}_1 - \mathrm{N}^{\mathrm{IV}}\mathrm{N}_1) + \textcircled{1}(\mathrm{N}'\mathrm{N}^{\mathrm{IV}}_1 - \mathrm{N}^{\mathrm{IV}}\mathrm{N}'_1) \\
&\quad + \textcircled{2}(\mathrm{N}''\mathrm{N}^{\mathrm{IV}}_1 - \mathrm{N}^{\mathrm{IV}}\mathrm{N}''_1) + \textcircled{3}(\mathrm{N}'''\mathrm{N}^{\mathrm{IV}} - \mathrm{N}^{\mathrm{IV}}\mathrm{N}'''_1).
\end{aligned}$$

En multipliant ces cinq équations, respectivement par c, c', c'', c''', c^{IV}, ajoutant, et tenant compte des relations (21), on trouve que les seconds membres donnent une somme identiquement nulle et il vient

$$(b-b_1)(cNN_1+c'N'N'_1+c''N''N''_1+c'''N'''N'''_1+c^{\text{IV}}N^{\text{IV}}N^{\text{IV}}_1)=0.$$

On peut supprimer le facteur $b-b_1$ différent de zéro, et l'on obtient l'une des relations contenues dans le type général

$$cN_rN_s+c'N'_rN'_s+c''N''_rN''_s+c'''N'''_rN'''_s+c^{\text{IV}}N^{\text{IV}}_rN^{\text{IV}}_s=0,$$

où les indices r et s peuvent recevoir les valeurs 0, 1, 2, 3, 4 sous la condition $r \gtrless s$. En divisant par N_rN_s, et introduisant les quantités $\sigma_j^{(i)}$, il vient

$$c+c'\sigma'_r\sigma'_s+c''\sigma''_r\sigma''_s+c'''\sigma'''_r\sigma'''_s+c^{\text{IV}}\sigma^{\text{IV}}_r\sigma^{\text{IV}}_s=0. \tag{22}$$

La résolution des équations (19) est maintenant facile : en les multipliant par des facteurs convenables, et tenant compte de la relation générale (22), il vient

$$(23)\quad \left\{\begin{array}{ll} u=fP+f'P'+f''P''+f'''P'''+f^{\text{IV}}P^{\text{IV}}, & v=fQ+f'Q'+f''Q''+f'''Q'''+f^{\text{IV}}Q^{\text{IV}},\\ u_1=f_1P+f'_1P'+f''_1P''+f'''_1P'''+f^{\text{IV}}_1P^{\text{IV}}, & v_1=f_1Q+f'_1Q'+f''_1Q''+f'''_1Q'''+f^{\text{IV}}_1Q^{\text{IV}},\\ \dots\dots\dots\dots, & \dots\dots\dots\dots,\\ u_4=f_4P+f'_4P'+f''_4P''+f'''_4P'''+f^{\text{IV}}_4P^{\text{IV}}, & v_4=f_4Q+f'_4Q'+f''_4Q''+f'''_4Q'''+f^{\text{IV}}_4Q^{\text{IV}}, \end{array}\right.$$

où l'on a posé

$$(24)\quad \left\{\begin{array}{llll} f=\dfrac{c}{c+c'\sigma'^2+c''\sigma''^2+c'''\sigma'''^2+c^{\text{IV}}\sigma^{\text{IV}2}}, & f'=\dfrac{c'\sigma'}{c}f, & f''=\dfrac{c''\sigma''}{c}f, & \dots,\\ f_1=\dfrac{c}{c+c'\sigma'^2_1+c''\sigma''^2_1+c'''\sigma'''^2_1+c^{\text{IV}}\sigma^{\text{IV}2}_1}, & f'_1=\dfrac{c'\sigma'_1}{c}f_1, & f''_1=\dfrac{c''\sigma''_1}{c}f_1, & \dots,\\ \dots\dots\dots\dots, & \dots\dots, & \dots\dots, & \dots. \end{array}\right.$$

On a maintenant, d'après les formules (17) et (18),

$$\frac{dN_i\sin\gamma_i}{dt}=u_i\cos b_it-v_i\sin b_it,$$

$$\frac{dN_i\cos\gamma_i}{dt}=u_i\sin b_it+v_i\cos b_it,$$

de sorte que l'on tirera des équations (23),

$$\begin{aligned}\frac{dN\sin\gamma}{dt}= {} & (fP+f'P'+f''P''+f'''P'''+f^{\text{IV}}P^{\text{IV}})\cos bt\\ & -(fQ+f'Q'+f''Q''+f'''Q'''+f^{\text{IV}}Q^{\text{IV}})\sin bt,\end{aligned}$$

$$\frac{d\mathrm{N}\cos\gamma}{dt} = (f\mathrm{P} + f'\mathrm{P}' + f''\mathrm{P}'' + f'''\mathrm{P}''' + f^{\mathrm{iv}}\mathrm{P}^{\mathrm{iv}})\sin bt + (f\mathrm{Q} + f'\mathrm{Q}' + f''\mathrm{Q}'' + f'''\mathrm{Q}''' + f^{\mathrm{iv}}\mathrm{Q}^{\mathrm{iv}})\cos bt,$$

$$\frac{d\mathrm{N}_1\sin\gamma_1}{dt} = (f_1\mathrm{P} + f_1'\mathrm{P}' + \ldots + f_1^{\mathrm{iv}}\mathrm{P}^{\mathrm{iv}})\cos b_1 t - (f_1\mathrm{Q} + f_1'\mathrm{Q}' + \ldots + f_1^{\mathrm{iv}}\mathrm{Q}^{\mathrm{iv}})\sin b_1 t.$$

. . . .

En remplaçant P, P′, ..., Q, ... par leurs valeurs (15) et (16), f, f', ... par leurs expressions (24), on trouve

$$(25)\quad\begin{cases}\dfrac{d\mathrm{N}\sin\gamma}{dt} = \mathfrak{N}\sum \mathrm{S}[\cos(st+\varsigma-bt) - \cos(\varsigma-bt)],\\[2mm] \dfrac{d\mathrm{N}\cos\gamma}{dt} = -\mathfrak{N}\sum \mathrm{S}[\sin(st+\varsigma-bt) - \sin(\varsigma-bt)],\\[2mm] \dfrac{d\mathrm{N}_1\sin\gamma_1}{dt} = \mathfrak{N}_1\sum \mathrm{S}[\cos(st+\varsigma-b_1t) - \cos(\varsigma-b_1t)],\\ \ldots\ldots\ldots\ldots\ldots\ldots\ldots\ldots\ldots,\end{cases}$$

où l'on a posé

$$(26)\quad\begin{cases}\mathfrak{N} = \dfrac{[0]c + [1]c'\sigma' + [2]c''\sigma'' + [3]c'''\sigma''' + (s)\,c^{\mathrm{iv}}\sigma^{\mathrm{iv}}}{c + c'\sigma'^2 + c''\sigma''^2 + c'''\sigma'''^2 + c^{\mathrm{iv}}\sigma^{\mathrm{iv}2}},\\[2mm] \mathfrak{N}_1 = \dfrac{[0]c + [1]c'\sigma_1' + \ldots + (s)\,c^{\mathrm{iv}}\sigma_1^{\mathrm{iv}}}{c + c'\sigma_1'^2 + \ldots + c^{\mathrm{iv}}\sigma_1^{\mathrm{iv}2}},\\ \ldots\ldots\ldots\ldots\ldots\ldots\ldots\end{cases}$$

20. Résolution des équations (19). — On peut effectuer immédiatement les intégrations dans les formules (25), et il vient, pour les variations $\delta\mathrm{N}\sin\gamma$, ... de $\mathrm{N}\sin\gamma$, ...,

$$(27)\quad\begin{cases}\delta\mathrm{N}\sin\gamma = \mathfrak{N}\sum \mathrm{S}\left[\dfrac{\sin(st+\varsigma-bt)}{s-b} + \dfrac{\sin(\varsigma-bt)}{b}\right],\\[2mm] \delta\mathrm{N}\cos\gamma = \mathfrak{N}\sum \mathrm{S}\left[\dfrac{\cos(st+\varsigma-bt)}{s-b} + \dfrac{\cos(\varsigma-bt)}{b}\right],\\[2mm] \delta\mathrm{N}_1\sin\gamma_1 = \mathfrak{N}_1\sum \mathrm{S}\left[\dfrac{\sin(st+\varsigma-b_1t)}{s-b_1} + \dfrac{\sin(\varsigma-b_1t)}{b_1}\right],\\ \ldots\ldots\ldots\ldots\ldots\ldots\ldots\ldots\ldots\end{cases}$$

On aura ensuite, d'après les formules (10),

$$\delta p = \sin bt\,\delta\mathrm{N}\cos\gamma + \cos bt\,\delta\mathrm{N}\sin\gamma + \sin b_1t\,\delta\mathrm{N}_1\cos\gamma_1 + \ldots,$$
$$\delta q = \cos bt\,\delta\mathrm{N}\cos\gamma - \sin bt\,\delta\mathrm{N}\sin\gamma + \cos b_1t\,\delta\mathrm{N}_1\cos\gamma_1 - \ldots,$$

. . . . , et il en résulte

$$(28)\quad \left\{\begin{aligned}
\delta p = &\sum \mathrm{S}\left(\frac{\mathfrak{M}}{s-b}+\frac{\mathfrak{M}_1}{s-b_1}+\frac{\mathfrak{M}_2}{s-b_2}+\frac{\mathfrak{M}_3}{s-b_3}+\frac{\mathfrak{M}_4}{s-b_4}\right)\sin(st+\varsigma)\\
&+\sum \mathrm{S}\left(\frac{\mathfrak{M}}{b}+\frac{\mathfrak{M}_1}{b_1}+\frac{\mathfrak{M}_2}{b_2}+\frac{\mathfrak{M}_3}{b_3}+\frac{\mathfrak{M}_4}{b_4}\right)\sin\varsigma;\\
\delta p' = &\sum \mathrm{S}\left(\frac{\sigma'\mathfrak{M}}{s-b}+\frac{\sigma'_1\mathfrak{M}_1}{s-b_1}+\frac{\sigma'_2\mathfrak{M}_2}{s-b_2}+\frac{\sigma'_3\mathfrak{M}_3}{s-b_3}+\frac{\sigma'_4\mathfrak{M}_4}{s-b_4}\right)\sin(st+\varsigma)\\
&+\sum \mathrm{S}\left(\frac{\sigma'\mathfrak{M}}{b}+\frac{\sigma'_1\mathfrak{M}_1}{b_1}+\frac{\sigma'_2\mathfrak{M}_2}{b_2}+\frac{\sigma'_3\mathfrak{M}_3}{b_3}+\frac{\sigma'_4\mathfrak{M}_4}{b_4}\right)\sin\varsigma;\\
&\cdots\cdots\cdots\cdots\cdots\cdots\cdots\cdots
\end{aligned}\right.$$

Les δq, $\delta q'$, ... s'obtiennent en changeant les sinus en cosinus. Les expressions précédentes peuvent se simplifier un peu; on doit avoir

$$(29)\quad \left\{\begin{aligned}
&\frac{\mathfrak{M}}{b}+\frac{\mathfrak{M}_1}{b_1}+\frac{\mathfrak{M}_2}{b_2}+\frac{\mathfrak{M}_3}{b_3}+\frac{\mathfrak{M}_4}{b_4}=-1,\\
&\frac{\sigma'\mathfrak{M}}{b}+\frac{\sigma'_1\mathfrak{M}_1}{b_1}+\frac{\sigma'_2\mathfrak{M}_2}{b_2}+\frac{\sigma'_3\mathfrak{M}_3}{b_3}+\frac{\sigma'_4\mathfrak{M}_4}{b_4}=-1,\\
&\cdots\cdots\cdots\cdots\cdots\cdots\cdots\cdots
\end{aligned}\right.$$

En effet, dans les expressions (28), les termes en $\sin\varsigma$ et $\cos\varsigma$ constituent une solution des équations (1) dans lesquelles les seconds membres sont réduits à

$$-[0]\sum \mathrm{S}\cos\varsigma,\quad +[0]\sum \mathrm{S}\sin\varsigma,\quad -[1]\sum \mathrm{S}\cos\varsigma,\quad +[1]\sum \mathrm{S}\sin\varsigma,\quad \cdots.$$

Or, cette solution se trouve immédiatement sous la forme

$$p=-\sum \mathrm{S}\sin\varsigma=p'=p''=\ldots,$$

$$q=-\sum \mathrm{S}\cos\varsigma=q'=q''=\ldots;$$

car, en substituant dans les équations (9), il vient

$$\big\{[0]+(0)+(0,1)+(0,2)+(0,3)-\boxed{0}\big\}\sum \mathrm{S}\cos\varsigma=0,$$

$$\big\{[1]+(1)+(1,0)+(1,2)+(1,3)-\boxed{1}\big\}\sum \mathrm{S}\cos\varsigma=0,$$

$$\cdots\cdots\cdots\cdots\cdots\cdots\cdots\cdots$$

Or, ces conditions sont vérifiées d'après les formules (10) du Chapitre II. En comparant la solution précédente, qui doit être unique, à la partie constante de la solution (28), on obtient les relations (29).

Il est facile d'exprimer maintenant les latitudes λ, λ', λ'', λ''' des satellites au-dessus du plan fixe. On a, en négligeant l'excentricité et les perturbations de la longitude,

$$\lambda = \sin\varphi \sin(l-\theta) = q \sin l - p \cos l.$$

Il en résulte, avec les expressions précédentes de p et de q,

$$(30)\quad \begin{cases} \lambda = \sum \mathrm{N} \sin(l - bt - \gamma) + \sum \mathrm{S}\left(\dfrac{\mathfrak{M}}{s-b} + \ldots + \dfrac{\mathfrak{M}_4}{s-b_4}\right) \sin(l - st - \varsigma) \\ \qquad - \sum \mathrm{S} \sin(l-\varsigma), \\ \lambda' = \sum \mathrm{N}' \sin(l' - bt - \gamma) + \sum \mathrm{S}\left(\dfrac{\sigma_1' \mathfrak{M}}{s-b} + \ldots + \dfrac{\sigma_4' \mathfrak{M}_4}{s-b_4}\right) \sin(l' - st - \varsigma) \\ \qquad - \sum \mathrm{S} \sin(l'-\varsigma), \\ \ldots\ldots\ldots\ldots\ldots\ldots\ldots\ldots \end{cases}$$

Soient $\Lambda, \Lambda', \Lambda'', \Lambda'''$ les latitudes des satellites, rapportées à l'orbite de Jupiter pour l'époque t. On aura

$$\Lambda - \lambda = \mathfrak{P} \cos l - \mathfrak{Q} \sin l = \sum \mathrm{S} \sin(l - \varsigma) - \sum \mathrm{S} \sin(l - st - \varsigma),$$

d'où

$$(31)\quad \begin{cases} \Lambda = \sum \mathrm{N} \sin(l - bt - \gamma) + \sum \mathrm{S}\left(\dfrac{\mathfrak{M}}{s-b} + \ldots + \dfrac{\mathfrak{M}_4}{s-b_4} - 1\right) \sin(l - st - \varsigma), \\ \Lambda' = \sum \mathrm{N}' \sin(l' - bt - \gamma) + \sum \mathrm{S}\left(\dfrac{\sigma' \mathfrak{M}}{s-b} + \ldots + \dfrac{\sigma_4' \mathfrak{M}_4}{s-b_4} - 1\right) \sin(l' - st - \varsigma), \\ \Lambda'' = \sum \mathrm{N}'' \sin(l'' - bt - \gamma) + \sum \mathrm{S}\left(\dfrac{\sigma'' \mathfrak{M}}{s-b} + \ldots + \dfrac{\sigma_4'' \mathfrak{M}_4}{s-b_4} - 1\right) \sin(l'' - st - \varsigma), \\ \Lambda''' = \sum \mathrm{N}''' \sin(l''' - bt - \gamma) + \sum \mathrm{S}\left(\dfrac{\sigma''' \mathfrak{M}}{s-b} + \ldots + \dfrac{\sigma_4''' \mathfrak{M}_4}{s-b_4} - 1\right) \sin(l''' - st - \varsigma). \end{cases}$$

21. Détermination des constantes arbitraires. — Soient

$$\varphi_0,\quad \varphi_0',\quad \varphi_0'',\quad \varphi_0''',\quad \omega_0,$$
$$\theta_0,\quad \theta_0',\quad \theta_0'',\quad \theta_0''',\quad \psi_0$$

les valeurs des inclinaisons et des longitudes des nœuds à l'époque o, rapportées à la position correspondante de l'orbite de Jupiter;

$$p_0,\quad p_0',\quad \ldots,\quad p_0^{\text{IV}};\qquad q_0,\quad q_0',\quad \ldots,\quad q_0^{\text{IV}}$$

les valeurs que l'on en déduit par les formules (8). Les expressions générales de $p, q, \ldots, p^{\text{IV}}$ et q^{IV} s'obtiennent en faisant les sommes des expressions (10) et (28). Faisons-y $t = 0$ et

$$N \sin\gamma = x, \quad N_1 \sin\gamma_1 = x_1, \quad \ldots; \quad N\cos\gamma = y, \quad N_1 \cos\gamma_1 = y_1, \quad \ldots;$$

$$X = p_0 + \sum S\left(\frac{\mathfrak{N}}{b-s} + \ldots + \frac{\mathfrak{N}_4}{b_4 - s} + 1\right)\sin\varsigma,$$

$$X' = p'_0 + \sum S\left(\frac{\sigma'\mathfrak{N}}{b-s} + \ldots + \frac{\sigma'_4\mathfrak{N}_4}{b_4 - s} + 1\right)\sin\varsigma,$$

$$\ldots\ldots\ldots\ldots\ldots\ldots,$$

$$Y = q_0 + \sum S\left(\frac{\mathfrak{N}}{b-s} + \ldots + \frac{\mathfrak{N}_4}{b_4 - s} + 1\right)\cos\varsigma,$$

$$Y' = q'_0 + \sum S\left(\frac{\sigma'\mathfrak{N}}{b-s} + \ldots + \frac{\sigma'_4\mathfrak{N}_4}{b_4 - s} + 1\right)\cos\varsigma,$$

$$\ldots\ldots\ldots\ldots\ldots\ldots,$$

et nous trouverons les équations

$$(32)\quad \begin{cases} x + x_1 + \ldots + x_4 = X, & y + y_1 + \ldots + y_4 = Y, \\ \sigma' x + \sigma'_1 x_1 + \ldots + \sigma'_4 x_4 = X', & \sigma' y + \sigma'_1 y_1 + \ldots + \sigma'_4 y_4 = Y', \\ \ldots\ldots\ldots\ldots\ldots\ldots, \\ \sigma^{\text{iv}} x + \sigma_1^{\text{iv}} x_1 + \ldots + \sigma_4^{\text{iv}} x_4 = X^{\text{iv}}, & \sigma^{\text{iv}} y + \sigma_1^{\text{iv}} y_1 + \ldots + \sigma_4^{\text{iv}} y_4 = Y^{\text{iv}}. \end{cases}$$

Ces équations sont de la même forme que les équations (19), et se résoudront de même. On aura donc

$$x = N\sin\gamma = fX + f'X' + \ldots + f^{\text{iv}}X^{\text{iv}},$$
$$x_1 = N_1\sin\gamma_1 = f_1X + f'_1X' + \ldots + f_1^{\text{iv}}X^{\text{iv}},$$
$$\ldots\ldots\ldots\ldots\ldots\ldots,$$
$$y = N\cos\gamma = fY + f'Y' + \ldots + f^{\text{iv}}Y^{\text{iv}},$$
$$y_1 = N_1\cos\gamma_1 = f_1Y + f'_1Y' + \ldots + f_1^{\text{iv}}Y^{\text{iv}},$$
$$\ldots\ldots\ldots\ldots\ldots\ldots$$

22. Remarques relatives à l'ordre de petitesse de divers coefficients. — Il convient de donner une indication sur le calcul numérique des racines b, b_1, ... b_4. On voit *a priori* que l'influence du déplacement de l'équateur de Jupiter sur les déplacements des orbites des satellites est faible, de sorte qu'au lieu de l'équation (12), qui est du cinquième degré, on peut considérer cette équation du quatrième degré :

$$\begin{vmatrix} -(b + \boxed{0}), & (0,1), & (0,2), & (0,3) \\ \ldots\ldots & \ldots & \ldots & \ldots\ldots \\ (3,0), & (3,1), & (3,2), & -(b + \boxed{3}) \end{vmatrix} = 0.$$

L'inspection des valeurs numériques des quantités $\boxed{i}$ et (i, j) montre que les premières sont beaucoup plus grandes que les secondes, de sorte que, dans un premier calcul d'approximation, l'équation précédente se réduit sensiblement à

$$(b+\boxed{0})(b+\boxed{1})(b+\boxed{2})(b+\boxed{3})=0.$$

On a donc ces valeurs approchées

$$b=-\boxed{0}, \quad b_1=-\boxed{1}, \quad b_2=-\boxed{2}, \quad b_3=-\boxed{3}.$$

La suite du calcul montre que l'approximation est déjà au moins de $\frac{1}{200}$ pour les trois premières racines et de $\frac{1}{20}$ pour la quatrième. En partant de là, par des tâtonnements successifs, on trouve aisément des valeurs précises des cinq racines et des vingt quantités $\sigma_j^{(1)}$. Voici les valeurs obtenues par M. Souillart pour les racines :

$$b = -0°,141\,0919, \qquad b_2 = -0°,007\,021\,549,$$
$$b_1 = -0°,033\,0119, \qquad b_3 = -0°,001\,900\,639,$$
$$b_4 = -0°,000\,002\,185.$$

Ces valeurs sont exprimées en degrés sexagésimaux et rapportées au jour solaire moyen pris comme unité de temps. Voici, d'autre part, les valeurs de S, s et ς empruntées à Stockwell ; l'unité de temps est la même que pour les b ; les coefficients S sont exprimés en secondes sexagésimales, et nous donnons leurs logarithmes :

Indices.	log S.	s.	ς.
		°	° ′ ″
0......	0,715 31 n	— 0,000 003 898	21. 6.27
1......	0,293 06	— 0,000 005 013	132.40.58
2......	$\bar{1}$,714 10 n	— 0,000 013 228	292.49.53
3......	$\bar{2}$,171 76 n	— 0,000 014 000	251.45. 9
4......	3,757 56	0	106.14.18
5......	2,393 39	— 0,000 000 503	20.31.25
6......	2,258 61	— 0,000 002 218	133.56.11
7......	3,113 80	— 0,000 019 724	306.19.21

On observera que le coefficient S_4, le plus grand de tous, disparaît des expressions (16) de $\mathfrak{P}$ et de $\mathfrak{Q}$, parce qu'il répond à la racine nulle s_4. Je me contenterai de donner la valeur numérique de Λ, à laquelle parvient M. Souillart, en me bornant aux dixièmes de seconde d'arc,

$$\begin{aligned}\Lambda = &\quad 5'',5 \sin(l - bt - \gamma) + 33'',0 \sin(l - b_1 t - \gamma_1) + 3'',9 \sin(l - b_2 t - \gamma_2)\\ &- \quad 1'',4 \sin(l - b_3 t - \gamma_3) + 308'',3 \sin(l - b_4 t - \gamma_4)\\ &+ \quad 11'',8 \sin(l - st - \varsigma) - 3'',5 \sin(l - s_1 t - \varsigma_1) + 74'',0 \sin(l - s_5 t - \varsigma_5)\\ &- 12159'',2 \sin(l - s_6 t - \varsigma_6) - 1461'',4 \sin(l - s_7 t - \varsigma_7).\end{aligned}$$

Le coefficient énorme de l'avant-dernière inégalité vient de ce que le diviseur $s_6 - b_4$, qui figure dans les formules (31), est très petit. On a, en effet,

$$s_6 - b_4 = -0^\circ,000\,000\,033.$$

Les calculs précédents, depuis le n° 17, sont empruntés, sauf des différences insignifiantes dans la forme, à un Mémoire de M. Souillart (*Bulletin astronomique*, t. XI, p. 145).

23. Transformation des formules. — La période du terme en

$$\frac{\sin}{\cos}(s_6 t + \varsigma_6 - b_4 t),$$

qui figure dans les expressions (25) et (27) de $dN_4 \sin\gamma_4$ et $\delta N_4 \sin\gamma_4$, est d'environ 30 millions d'années. On ne peut avoir la prétention d'étendre la théorie des satellites de Jupiter à des époques aussi éloignées. Les formules trigonométriques qui donnent, dans $\mathfrak{P}$ et $\mathfrak{Q}$, les inégalités séculaires du nœud et de l'inclinaison de l'orbite de Jupiter, cesseraient d'être exactes au point de vue numérique parce que les racines s_i dépendent des masses des planètes qui ne sont pas encore connues avec assez de précision; et aussi au point de vue analytique, parce que, dans ces conditions, il faudrait tenir compte des carrés des masses des planètes. Il faut se borner aux besoins de la pratique, pendant trois ou quatre siècles par exemple, et tenir compte du déplacement de l'orbite de Jupiter en ajoutant aux quantités $p^{(i)}$ et $q^{(i)}$ des corrections de la forme

$$\alpha_0 + \alpha_1 t + \alpha_2 t^2 + \ldots;$$

on pourra, en toute sécurité, laisser de côté les termes en t^2. On aurait plus vite fait de déterminer directement les $\delta p^{(i)}$ et $\delta q^{(i)}$ sous la forme indiquée; mais je préfère me servir des calculs de M. Souillart, comme je l'ai fait déjà (*Bulletin astronomique*, t. XI, p. 159).

Je pars des expressions (25),

$$\frac{dN_4 \sin\gamma_4}{dt} = \mathfrak{M}_4 \sum S\,[\cos(st + \varsigma - b_4 t) - \cos(\varsigma - b_4 t)].$$

Je développe le second membre suivant les puissances de t, en négligeant t^2; il vient

$$\frac{dN_4 \sin\gamma_4}{dt} = -\mathfrak{M}_4\, t \sum S s \sin\varsigma;$$

de même

$$\frac{dN_4 \cos\gamma_4}{dt} = -\mathfrak{M}_4\, t \sum S s \cos\varsigma.$$

Or, si l'on développe les expressions (16) suivant les puissances de t, on trouve

$$(33)\quad \begin{cases} \mathfrak{P} = \varphi_1 \sin\theta_1 = \mathrm{A}t + \ldots, & \mathfrak{Q} = \varphi_1 \cos\theta_1 = \mathrm{B}t + \ldots; \\ \mathrm{A} = \sum \mathrm{S}s\cos\varsigma, & \mathrm{B} = -\sum \mathrm{S}s\sin\varsigma. \end{cases}$$

Il vient ainsi

$$\frac{d\mathrm{N}_4 \sin\gamma_4}{dt} = \mathfrak{M}_4 \mathrm{B}t, \qquad \frac{d\mathrm{N}_4 \cos\gamma_4}{dt} = -\mathfrak{M}_4 \mathrm{A}t.$$

D'où

$$\delta\mathrm{N}_4 \sin\gamma_4 = \frac{1}{2}\mathfrak{M}_4 \mathrm{B}t^2; \qquad \delta\mathrm{N}_4 \cos\gamma_4 = -\frac{1}{2}\mathfrak{M}_4 \mathrm{A}t^2.$$

Or, on a, en prenant encore le jour pour unité de temps,

$$\mathrm{A} = -\frac{0'',09557}{365,25}, \qquad \mathrm{B} = -\frac{0'',12949}{365,25}, \qquad \mathfrak{M}_4 = 0^\circ,000\,0022 = -b_4, \text{ sensiblement},$$

où il faut encore multiplier $\mathfrak{M}_4$ par $\sin 1^\circ$. En faisant $t = 365\,250$, ce qui correspond à dix siècles, on trouve seulement

$$\delta\mathrm{N}_4 \sin\gamma_4 = -0'',9.$$

Nous pouvons donc supposer

$$(34)\qquad \delta\mathrm{N}_4 \sin\gamma_4 = 0, \qquad \delta\mathrm{N}_4 \cos\gamma_4 = 0.$$

Les expressions (25) donnent ensuite, en développant suivant les puissances de st et conservant bt sous les signes sinus et cosinus, parce que b, b_1, b_2 et b_3 sont beaucoup plus grands que les s_i,

$$\frac{d\mathrm{N}\sin\gamma}{dt} = -\mathfrak{M}t\sum \mathrm{S}s\sin(\varsigma - bt) = \mathfrak{M}t(\quad \mathrm{B}\cos bt + \mathrm{A}\sin bt),$$

$$\frac{d\mathrm{N}\cos\gamma}{dt} = -\mathfrak{M}t\sum \mathrm{S}s\cos(\varsigma - bt) = \mathfrak{M}t(-\mathrm{A}\cos bt + \mathrm{B}\sin bt),$$

d'où, en intégrant sans ajouter de constante,

$$\delta\mathrm{N}\sin\gamma = \frac{\mathfrak{M}}{b}\left(\quad \mathrm{B}t\sin bt - \mathrm{A}t\cos bt + \frac{\mathrm{A}\sin bt + \mathrm{B}\cos bt}{b}\right),$$

$$\delta\mathrm{N}\cos\gamma = \frac{\mathfrak{M}}{b}\left(-\mathrm{A}t\sin bt - \mathrm{B}t\cos bt + \frac{\mathrm{B}\sin bt - \mathrm{A}\cos bt}{b}\right).$$

On en tire deux des équations suivantes, celles qui répondent à $i = 0$,

$$(35)\quad \begin{cases} \delta\mathrm{N}_i \sin(b_i t + \gamma_i) = \quad \dfrac{\mathfrak{M}_i}{b_i^2}\mathrm{B} - \dfrac{\mathfrak{M}_i}{b_i}\mathrm{A}t \\ \delta\mathrm{N}_i \cos(b_i t + \gamma_i) = -\dfrac{\mathfrak{M}_i}{b_i^2}\mathrm{A} - \dfrac{\mathfrak{M}_i}{b_i}\mathrm{B}t \end{cases} \qquad (i = 0, 1, 2, 3).$$

On a, du reste, d'après les formules (34),

$$\delta N_4 \sin(b_4 t + \gamma_4) = 0, \qquad \delta N_4 \cos(b_4 t + \gamma_4) = 0. \tag{36}$$

On aura ensuite, en ayant égard aux relations (10),

$$\left\{\begin{aligned}
p &= \sum_0^4 N_i \sin(b_i t + \gamma_i) + B\sum_0^3 \frac{\mathfrak{M}_i}{b_i^2} - A t\sum_0^3 \frac{\mathfrak{M}_i}{b_i},\\
q &= \sum_0^4 N_i \cos(b_i t + \gamma_i) - A\sum_0^3 \frac{\mathfrak{M}_i}{b_i^2} - B t\sum_0^3 \frac{\mathfrak{M}_i}{b_i},\\
p' &= \sum_0^4 \sigma_i' N_i \sin(b_i t + \gamma_i) + B\sum_0^3 \frac{\sigma_i'\mathfrak{M}_i}{b_i^2} - A t\sum_0^3 \frac{\sigma_i'\mathfrak{M}_i}{b_i},\\
&\ldots\ldots\ldots\ldots\ldots\ldots\ldots\ldots\ldots\ldots,\\
p^{\text{IV}} &= \sum_0^4 \sigma_i^{\text{IV}} N_i \sin(b_i t + \gamma_i) + B\sum_0^3 \frac{\sigma_i^{\text{IV}}\mathfrak{M}_i}{b_i^2} - A t\sum_0^3 \frac{\sigma_i^{\text{IV}}\mathfrak{M}_i}{b_i},\\
q^{\text{IV}} &= \sum_0^4 \sigma_i^{\text{IV}} N_i \cos(b_i t + \gamma_i) - A\sum_0^3 \frac{\sigma_i^{\text{IV}}\mathfrak{M}_i}{b_i^2} - B t\sum_0^3 \frac{\sigma_i^{\text{IV}}\mathfrak{M}_i}{b_i}.
\end{aligned}\right. \tag{37}$$

Or, avec les valeurs données par M. Souillart pour $\mathfrak{M}$, $\mathfrak{M}_1$, $\mathfrak{M}_2$, $\mathfrak{M}_3$, $\mathfrak{M}_4$ (*Bulletin astronomique*, t. XI, p. 153), et de $\sigma_j^{(i)}$ (deuxième Partie, p. 158), on trouve

$$\begin{aligned}
\sum_0^3 \frac{\mathfrak{M}_i}{b_i} &= -\,0{,}00001, & \sum_0^3 \frac{\mathfrak{M}_i}{b_i^2} &= -\quad 0{,}7,\\
\sum_0^3 \frac{\sigma_i'\mathfrak{M}_i}{b_i} &= -\,0{,}00519, & \sum_0^3 \frac{\sigma_i'\mathfrak{M}_i}{b_i^2} &= +\quad 10{,}3,\\
\sum_0^3 \frac{\sigma_i''\mathfrak{M}_i}{b_i} &= -\,0{,}02615, & \sum_0^3 \frac{\sigma_i''\mathfrak{M}_i}{b_i^2} &= +\quad 62{,}6,\\
\sum_0^3 \frac{\sigma_i'''\mathfrak{M}_i}{b_i} &= -\,0{,}13061, & \sum_0^3 \frac{\sigma_i'''\mathfrak{M}_i}{b_i^2} &= +443{,}1,\\
\sum_0^3 \frac{\sigma_i^{\text{IV}}\mathfrak{M}_i}{b_i} &= +\,0{,}00053, & \sum_0^3 \frac{\sigma_i^{\text{IV}}\mathfrak{M}_i}{b_i^2} &= -\quad 1{,}7.
\end{aligned}$$

Les valeurs de $\frac{\mathfrak{M}_i}{b_i^2}$ sont calculées avec l'année pour unité de temps; on doit donc prendre maintenant $A = -\,0'',09557$; $B = -\,0'',12949$, et il en résulte que, dans les formules (37), les termes complémentaires ont pour valeurs

$$\begin{array}{ll} \delta p = +0'',1; & \delta q = -0'',1, \\ \delta p' = -1'',3; & \delta q' = +1'',0, \\ \delta p'' = -\ 8'',1 - 0'',002\,t; & \delta q'' = +\ 6'',0 - 0'',003\,t, \\ \delta p''' = -57'',4 - 0'',013\,t; & \delta q''' = +42'',4 - 0'',017\,t, \\ \delta p^{\text{IV}} = +0'',2; & \delta q^{\text{IV}} = -0'',2. \end{array}$$

On voit que les termes en t sont négligeables pour les trois premiers satellites et pour l'équateur; ils sont sensibles, bien que faibles, pour le quatrième satellite. Enfin, les parties constantes sont appréciables pour le troisième et le quatrième; il y aurait lieu d'en tenir compte dans la détermination des constantes N_i et γ_i, en modifiant légèrement les valeurs de p''_0, p'''_0, q''_0, q'''_0. C'est à cela que se borne l'effet direct du déplacement de l'orbite de Jupiter.

On aura ensuite

$$\lambda = (q + \delta q)\sin l - (p + \delta p)\cos l,$$
$$\Lambda - \lambda = \mathfrak{P}\cos l - \mathfrak{Q}\sin l = t(\mathrm{A}\cos l - \mathrm{B}\sin l),$$

d'où

$$(38)\quad \left\{ \begin{aligned} \Lambda &= \sum_0^4 \mathrm{N}\ \sin(l - bt - \gamma) + t(0'',129\sin l - 0'',096\cos l), \\ \Lambda' &= \sum_0^4 \mathrm{N}'\sin(l' - bt - \gamma) + t(0'',129\sin l' - 0'',096\cos l') \\ &\qquad + 1'',0\sin l' + 1'',3\cos l', \\ \Lambda'' &= \sum_0^4 \mathrm{N}''\sin(l'' - bt - \gamma) + t(0'',126\sin l'' - 0'',094\cos l'') \\ &\qquad + 6'',0\sin l'' + 8'',1\cos l'', \\ \Lambda''' &= \sum_0^4 \mathrm{N}'''\sin(l''' - bt - \gamma) + t(0'',112\sin l''' - 0'',083\cos l''') \\ &\qquad + 42'',4\sin l''' + 57'',4\cos l'''. \end{aligned} \right.$$

24. **Position de l'équateur de Jupiter.** — On a, par les formules (10),

$$p^{\text{IV}} = \quad \omega\sin\psi = \mathrm{N}^{\text{IV}}_4\sin(b_4 t + \gamma_4) + \mathrm{N}^{\text{IV}}_3\sin(b_3 t + \gamma_3) + \ldots + \mathrm{N}^{\text{IV}}\sin(bt + \gamma),$$
$$q^{\text{IV}} = -\omega\cos\psi = \mathrm{N}^{\text{IV}}_4\cos(b_4 t + \gamma_4) + \mathrm{N}^{\text{IV}}_3\cos(b_3 t + \gamma_3) + \ldots + \mathrm{N}^{\text{IV}}\cos(bt + \gamma).$$

L'inspection des valeurs numériques des coefficients N^{IV}_4, ..., N^{IV} montre que le premier, N^{IV}_4 est au moins mille fois plus grand que la somme des valeurs absolues de tous les autres. On en déduit que $b_4 t + \gamma_4$ est la partie moyenne de $180° - \psi$, car on a

$$\begin{aligned} \omega\sin(\psi + b_4 t + \gamma_4) &= \mathrm{N}^{\text{IV}}_3\ \sin(b_3 t + \gamma_3 - b_4 t - \gamma_4) + \ldots \\ &\quad + \mathrm{N}^{\text{IV}}\sin(bt + \gamma - b_4 t - \gamma_4), \\ -\omega\cos(\psi + b_4 t + \gamma_4) &= \mathrm{N}^{\text{IV}}_4 + \mathrm{N}^{\text{IV}}_3\cos(b_3 t + \gamma_3 - b_4 t - \gamma_4) + \ldots \\ &\quad + \mathrm{N}^{\text{IV}}\cos(bt + \gamma - b_4 t - \gamma_4), \end{aligned}$$

et l'on voit que $\cos(\psi + b_4 t + \gamma_4)$ ne peut jamais s'annuler, ce qui prouve que l'argument doit toujours rester compris entre $\pm \frac{\pi}{2}$. Posons

$$\psi = 180^\circ - b_4 t - \gamma_4 - \zeta, \qquad N_4'' = \omega_1, \qquad \frac{N_i''}{N_4''} = \theta_i,$$

et les formules précédentes donneront

$$\begin{aligned}
\omega \sin\zeta &= \omega_1[\quad \theta_3 \sin(b_3 t + \gamma_3 - b_4 t - \gamma_4) + \ldots + \theta_1 \sin(b_1 t + \gamma_1 - b_4 t - \gamma_4)],\\
\omega \cos\zeta &= \omega_1[1 + \theta_3 \cos(b_3 t + \gamma_3 - b_4 t - \gamma_4) + \ldots + \theta_1 \cos(b_1 t + \gamma_1 - b_4 t - \gamma_4)].
\end{aligned}$$

On n'a pas écrit les deux termes multipliés par θ parce qu'ils sont négligeables. On en tire avec une précision suffisante

$$\begin{aligned}
\zeta &= \theta_3 \sin(b_3 t + \gamma_3 - b_4 t - \gamma_4) + \ldots,\\
\omega &= \omega_1[1 + \theta_3 \cos(b_3 t + \gamma_3 - b_4 t - \gamma_4) + \ldots].
\end{aligned}$$

Avec les valeurs numériques (Souillart, deuxième Partie, p. 169)

$$\log\theta_3 = \bar{4},42637; \qquad \log\theta_2 = \bar{4},45143_n; \qquad \log\theta_1 = \bar{4},16063_n; \qquad \omega_1 = 3^\circ 4' 7'',$$

il vient

$$(39)\quad \left\{\begin{aligned}
180^\circ - \psi &= b_4 t + \gamma_4 - 29'',9 \sin(b_1 t + \gamma_1 - b_4 t - \gamma_4)\\
&\quad - 58'',3 \sin(b_2 t + \gamma_2 - b_4 t - \gamma_4) + 55'',1 \sin(b_3 t + \gamma_3 - b_4 t - \gamma_4),\\
\omega &= \omega_1 - 1'',6 \cos(b_1 t + \gamma_1 - b_4 t - \gamma_4)\\
&\quad - 3'',1 \cos(b_2 t + \gamma_2 - b_4 t - \gamma_4) + 3'',0 \cos(b_3 t + \gamma_3 - b_4 t - \gamma_4).
\end{aligned}\right.$$

Ces formules montrent que le nœud de l'équateur de Jupiter sur le plan fixe est animé d'un mouvement uniforme de précession, dans le sens rétrograde, de $2'',873$ par an (la quantité dont croît l'arc $b_4 t$ en une année julienne); il y a en outre trois termes pour exprimer la nutation; les périodes de ces termes sont respectivement d'environ 30 ans, 140 ans et 520 ans. L'inclinaison de l'équateur n'a pas de terme séculaire, et les trois termes qui expriment la nutation sont faibles.

Calculons maintenant la position de l'équateur de Jupiter par rapport à l'orbite actuelle de cette planète. Soient ω' et ψ' les quantités analogues à ω et ψ. En faisant

$$\omega' \sin\psi' = (p'), \qquad -\omega' \cos\psi' = (q'),$$

on aura

$$(p') = p - \mathfrak{P}, \qquad (q') = q - \mathfrak{Q},$$

d'où

$$(40)\quad \left\{\begin{aligned}
\omega' \sin\psi' &= \omega \sin\psi - A t,\\
-\omega' \cos\psi' &= -\omega \cos\psi - B t.
\end{aligned}\right.$$

Il est facile d'en tirer ω' et ψ', en faisant

$$\omega' = \omega + \Delta\omega, \qquad \psi' = \psi + \Delta\psi$$

il vient, en effet,

$$\begin{aligned} \omega \cos\psi\,\Delta\psi + \sin\psi\,\Delta\omega &= -\mathrm{A}t, \\ \omega \sin\psi\,\Delta\psi - \cos\psi\,\Delta\omega &= -\mathrm{B}t, \\ \omega\,\Delta\psi &= -t(\mathrm{A}\cos\psi + \mathrm{B}\sin\psi), \\ \Delta\omega &= -t(\mathrm{A}\sin\psi - \mathrm{B}\cos\psi). \end{aligned}$$

Il en résulte

$$(41) \qquad \left\{ \begin{aligned} \psi' &= 180^\circ - b_4 t - \gamma_4 - t\,\frac{\mathrm{A}\cos\psi_0 + \mathrm{B}\sin\psi_0}{\omega} + \text{nutation}, \\ \omega' &= \omega_1 + t(-\mathrm{A}\sin\psi_0 + \mathrm{B}\cos\psi_0) + \text{nutation}. \end{aligned} \right.$$

Nous avons mis, dans les petits termes en t, au lieu de ψ, la valeur $\psi_0 = -134^\circ 45'$ qui répond à 1850,0. Avec les valeurs

$$\mathrm{A} = -0'',09557, \qquad \mathrm{B} = -0'',12949,$$

on trouve, en une année,

$$\begin{aligned} -\frac{\mathrm{A}\cos\psi_0 + \mathrm{B}\sin\psi_0}{\omega} &= -2'',973, \\ \mathrm{B}\cos\psi_0 - \mathrm{A}\sin\psi_0 &= +0'',0233, \\ -b_4 &= +2'',873, \end{aligned}$$

d'où

$$\begin{aligned} \psi' &= 180^\circ - \gamma_4 - 0'',100\,t + \text{nutation}, \\ \omega' &= \omega_1 \qquad\quad + 0'',0233\,t + \text{nutation}. \end{aligned}$$

Le coefficient de t, qui était positif dans ψ, est négatif dans ψ'. Donc le nœud de l'équateur de Jupiter sur l'orbite actuelle de la planète est animé d'un mouvement direct très faible, il est vrai. Laplace avait trouvé un mouvement rétrograde très petit aussi. C'est M. Souillart qui a donné le sens direct; il a montré que la conclusion de Laplace était fondée sur une valeur de b_4 légèrement incorrecte.

Les valeurs numériques des expressions (38) sont, d'après M. Souillart, en négligeant les petites corrections introduites en dernier lieu,

$$\begin{aligned} \mathrm{A} = {} & 4'',8\sin(l - bt - \gamma) + 33'',0\sin(l - b_1 t - \gamma_1) + 3'',9\sin(l - b_2 t - \gamma_2) \\ & - 1'',4(l - b_3 t - \gamma_3) + 11037'',5\sin(l - b_4 t - \gamma_4), \\ \mathrm{A}' = {} & 1689'',0\sin(l' - b_1 t - \gamma_1) + 102'',3\sin(l' - b_2 t - \gamma_2) + 15'',7\sin(l' - b_3 t - \gamma_3) \\ & + 10980'',4\sin(l' - b_4 t - \gamma_4), \end{aligned}$$

$$\Lambda'' = -57'',4\sin(l''-b_1t-\gamma_1)+644'',2\sin(l''-b_2t-\gamma_2)+97'',3\sin(l''-b_3t-\gamma_3)$$
$$+10749'',7\sin(l''-b_4t-\gamma_4),$$

$$\Lambda''' = -1'',5\sin(l'''-b_1t-\gamma_1)-125'',3\sin(l'''-b_2t-\gamma_2)+811'',4\sin(l'''-b_3t-\gamma_3)$$
$$+9595'',4\sin(l'''-b_4t-\gamma_4).$$

Remarque. — Les derniers termes de ces formules sont de beaucoup les plus importants; considérons les seuls pour un moment, et remarquons que nous pouvons, d'après l'expression (41) de ψ', remplacer $b_4t+\gamma_4$ par $180^\circ-\psi'$; observons encore que $\omega'=3^\circ 4' 7'',3$ diffère peu des coefficients des termes considérés, dans Λ, Λ', ..., et nous aurons

$$\Lambda_0 = -\mu\omega' \sin(l+\psi'), \qquad \Lambda'_0 = -\mu'\omega'\sin(l'+\psi'),$$
$$\Lambda''_0 = -\mu''\omega'\sin(l''+\psi'), \qquad \Lambda'''_0 = -\mu'''\omega'\sin(l'''+\psi'),$$

en désignant par μ, μ', μ'' et μ''' des facteurs peu différents de 1. On en conclut

$$\sin\varphi\sin\theta = \mu\omega'\sin\psi', \qquad \sin\varphi\cos\theta = -\mu\omega'\cos\psi',$$
$$\theta = \theta' = \theta'' = \theta''' = 180^\circ - \psi',$$
$$\varphi = \mu\omega', \qquad \varphi' = \mu'\omega', \qquad \varphi'' = \mu''\omega', \qquad \varphi''' = \mu'''\omega'.$$

Donc les plans des orbites des satellites couperaient l'orbite de Jupiter suivant la même droite que le plan de l'équateur de la planète. Ces plans, dont les orbites réelles s'éloignent peu, sont les *plans fixes* considérés par Laplace; les coefficients de $\sin(l^{(i)}-b_4t-\gamma_4)$ sont peu différents de l'inclinaison ω', de sorte que les plans fixes font avec l'équateur de Jupiter les angles $\varphi^{(i)}-\omega'$:

$$10''; \quad 1'7''; \quad 4'38''; \quad 24'12''.$$

CHAPITRE IV.

THÉORIE DES SATELLITES DE JUPITER. — INÉGALITÉS PÉRIODIQUES DES LATITUDES. — ÉQUATIONS SÉCULAIRES DES LONGITUDES.

25. **Inégalités périodiques des latitudes.** — Nous prenons comme point de départ la formule (16) du Chapitre I, en utilisant d'abord la première ligne.

Les équations

$$(1) \qquad na^2\varphi\frac{d\varphi}{dt} = -\frac{\partial R_6}{\partial\theta}, \qquad na^2\varphi\frac{d\theta}{dt} = \frac{\partial R_6}{\partial\varphi}$$

nous donneront

$$\frac{d\varphi}{dt} = -\{0,1\}[\varphi\sin(4l'-2l-2\theta) - \varphi'\sin(4l'-2l-\theta-\theta')],$$

$$\varphi\frac{d\theta}{dt} = +\{0,1\}[\varphi\cos(4l'-2l-2\theta) - \varphi'\cos(4l'-2l-\theta-\theta')],$$

ce qui peut s'écrire

$$(2) \quad \begin{cases} \dfrac{d\varphi}{dt} = -\{0,1\}[(\varphi\cos\theta - \varphi'\cos\theta')\sin(4l'-2l-\theta) - (\varphi\sin\theta - \varphi'\sin\theta')\cos(4l'-2l-\theta)], \\ \varphi\dfrac{d\theta}{dt} = +\{0,1\}[(\varphi\cos\theta - \varphi'\cos\theta')\cos(4l'-2l-\theta) + (\varphi\sin\theta - \varphi'\sin\theta')\sin(4l'-2l-\theta)]. \end{cases}$$

Or, les formules (10) du Chapitre III donnent

$$\varphi\sin\theta = \sum N\sin(bt+\gamma) + N_4\sin(b_4t+\gamma_4),$$

$$\varphi\cos\theta = \sum N\cos(bt+\gamma) + N_4\cos(b_4t+\gamma_4);$$

on peut prendre ici (*voir* page 62)

$$b_4t+\gamma_4 = 180^\circ - \psi', \qquad N_4 = \mu\omega';$$

il vient donc

$$\varphi \sin\theta = \sum \mathrm{N} \sin(bt+\gamma) + \mu\omega' \sin\psi',$$

$$\varphi \cos\theta = \sum \mathrm{N} \cos(bt+\gamma) - \mu\omega' \cos\psi'.$$

Le signe $\sum$ s'étend seulement à b, b_1, b_2 et b_3. On aura de même

$$\varphi' \sin\theta' = \sum \mathrm{N}' \sin(bt+\gamma) + \mu'\omega' \sin\psi',$$

$$\varphi' \cos\theta' = \sum \mathrm{N}' \cos(bt+\gamma) - \mu'\omega' \cos\psi',$$

et les équations (2) deviendront

$$\frac{d\varphi}{dt} = \{0,1\}\Big[-\sum(\mathrm{N}-\mathrm{N}')\sin(4l'-2l-\theta-bt-\gamma)$$
$$+(\mu-\mu')\omega'\sin(4l'-2l-\theta+\psi')\Big],$$

$$\varphi\frac{d\theta}{dt} = \{0,1\}\Big[\ \ \sum(\mathrm{N}-\mathrm{N}')\cos(4l'-2l-\theta-bt-\gamma)$$
$$-(\mu-\mu')\omega'\cos(4l'-2l-\theta+\psi')\Big].$$

Il faudrait encore substituer pour θ sa valeur en fonction de t; mais il nous suffira de remarquer sur la formule (2) du Chapitre précédent que $-\boxed{0}$ est le terme le plus important de la partie constante de $\frac{d\theta}{dt}$, de sorte que, pour le but actuel, nous prendrons

$$\theta = \text{const.} - \boxed{0}\, t + \ldots.$$

Nous pourrons donc intégrer les expressions précédentes de $\frac{d\varphi}{dt}$ et de $\frac{d\theta}{dt}$, et, en supposant ψ' constant, il viendra

$$\delta\varphi = \{0,1\}\Big[-\sum\frac{\mathrm{N}-\mathrm{N}'}{2n-4n'+b-\boxed{0}}\cos(4l'-2l-\theta-bt-\gamma)$$
$$+\frac{(\mu-\mu')\omega'}{2n-4n'-\boxed{0}}\cos(4l'-2l-\theta+\psi')\Big].$$

$$\varphi\,\delta\theta = \{0,1\}\Big[-\sum\frac{\mathrm{N}-\mathrm{N}'}{2n-4n'+b-\boxed{0}}\sin(4l'-2l-\theta-bt-\gamma)$$
$$+\frac{(\mu-\mu')\omega'}{2n-4n'-\boxed{0}}\sin(4l'-2l-\theta+\psi')\Big].$$

On aura, pour les inégalités correspondantes de la latitude λ,

$$\delta\lambda = \sin(l-\theta)\,\delta\varphi - \cos(l-\theta)\,\varphi\,\delta\theta,$$

$$(3)\quad \left\{\begin{aligned} \delta\lambda = \{0,1\}\Bigg[&\sum \frac{N-N'}{2n-4n'+b-\boxed{0}}\sin(4l'-3l-bt-\gamma)\\ &-\frac{(\mu-\mu')\omega'}{2n-4n'-\boxed{0}}\sin(4l'-3l+\psi')\Bigg].\end{aligned}\right.$$

Considérons maintenant la seconde ligne de l'expression de R_c; en opérant comme précédemment, nous trouverons

$$\frac{d\varphi}{dt} = -[0][(\varphi\cos\theta-\varphi_1\cos\theta_1)\sin(2l_1-\theta)-(\varphi\sin\theta-\varphi_1\sin\theta_1)\cos(2l_1-\theta)],$$

$$\varphi\frac{d\theta}{dt} = +[0][(\varphi\cos\theta-\varphi_1\cos\theta_1)\cos(2l_1-\theta)+(\varphi\sin\theta-\varphi_1\sin\theta_1)\sin(2l_1-\theta)].$$

$$\frac{d\varphi}{dt} = -[0][\varphi\cos\theta\sin(2l_1-\theta)-\varphi\sin\theta\cos(2l_1-\theta)-\varphi_1\sin(2l_1-\theta-\theta_1)],$$

$$\varphi\frac{d\theta}{dt} = [0][\varphi\cos\theta\cos(2l_1-\theta)+\varphi\sin\theta\sin(2l_1-\theta)-\varphi_1\cos(2l_1-\theta-\theta_1)].$$

On peut laisser de côté le terme en φ_1, parce que φ_1 est très petit; on trouve

$$\frac{d\varphi}{dt} = -[0]\left[\sum N\sin(2l_1-\theta-bt-\gamma)-\mu\omega'\sin(2l_1-\theta+\psi')\right],$$

$$\varphi\frac{d\theta}{dt} = [0]\left[\sum N\cos(2l_1-\theta-bt-\gamma)-\mu\omega'\cos(2l_1-\theta+\psi')\right],$$

$$\begin{aligned}\delta\varphi = [0]\Bigg[&\sum\frac{N}{2n_1-b+\boxed{0}}\cos(2l_1-\theta-bt-\gamma)\\ &-\frac{\mu\omega'}{2n_1+\boxed{0}}\cos(2l_1-\theta+\psi')\Bigg],\end{aligned}$$

$$\begin{aligned}\varphi\delta\theta = [0]\Bigg[&\sum\frac{N}{2n_1-b+\boxed{0}}\sin(2l_1-\theta-bt-\gamma)\\ &-\frac{\mu\omega'}{2n_1+\boxed{0}}\sin(2l_1-\theta+\psi')\Bigg],\end{aligned}$$

$$(4)\quad \left\{\begin{aligned} \delta\lambda = -[0]\Bigg[&\sum\frac{N}{2n_1-b+\boxed{0}}\sin(2l_1-l-bt-\gamma)\\ &-\frac{\mu\omega'}{2n_1+\boxed{0}}\sin(2l_1-l+\psi')\Bigg].\end{aligned}\right.$$

Dans les éclipses du 1er satellite, on a

$$l_1 = l + 180°, \qquad 2l_1 - l = l,$$

et, par suite, les inégalités (4) dépendent des mêmes arguments

$$l - bt - \gamma, \quad l - b_1 t - \gamma_1, \quad \ldots, \quad l + \psi'$$

que les termes des formules (38) du Chapitre III.

Considérons enfin les termes de la troisième ligne de l'expression de R_6. En procédant comme plus haut, et faisant usage des formules

$$\varphi \sin\theta - \omega \sin\psi = \sum \mathrm{N} \sin(bt + \gamma) - (1 - \mu)\omega' \sin\psi',$$

$$\varphi \cos\theta + \omega \cos\psi = \sum \mathrm{N} \cos(bt + \gamma) + (1 - \mu)\omega' \cos\psi',$$

on obtient

$$\delta\lambda = -(0)\left[\sum \frac{\mathrm{N}}{2n - b + \boxed{0}} \sin(l - bt - \gamma) + \frac{1 - \mu}{2n + \boxed{0}}\, \omega' \sin(l + \psi')\right].$$

On pourrait réduire cette formule à

$$\delta\lambda = -(0)\sum \frac{\mathrm{N}}{2n} \sin(l - bt - \gamma), \tag{5}$$

mais ces termes sont très petits, et on peut les laisser de côté.

Nous donnerons enfin, sans les démontrer, les formules analogues aux précédentes pour le 2e et le 3e satellite (Souillart, première Partie, p. 140) :

$$(6)\quad \left\{ \begin{aligned} \delta\lambda' = {} & \{1,0\}\left[\sum \frac{\mathrm{N}' - \mathrm{N}}{2n - 4n' + b - \boxed{1}} \sin(3l' - 2l - bt - \gamma) \right. \\ & \left. - \frac{(\mu' - \mu)\omega'}{2n - 4n' - \boxed{1}} \sin(3l' - 2l + \psi')\right], \\ + {} & \{1,2\}\left[\sum \frac{\mathrm{N}' - \mathrm{N}''}{2n' - 4n'' + b - \boxed{1}} \sin(4l'' - 3l' - bt - \gamma) \right. \\ & \left. - \frac{(\mu' - \mu'')\omega'}{2n' - 4n'' - \boxed{1}} \sin(4l'' - 3l' + \psi')\right]. \end{aligned} \right.$$

$$(7)\quad \left\{ \begin{aligned} \delta\lambda'' = {} & \{2,1\}\left[\sum \frac{\mathrm{N}'' - \mathrm{N}'}{2n' - 4n'' + b - \boxed{2}} \sin(3l'' - 2l' - bt - \gamma) \right. \\ & \left. \frac{(\mu'' - \mu')\omega'}{2n' - 4n'' - \boxed{2}} \sin(3l'' - 2l' + \psi')\right]. \end{aligned} \right.$$

26. Equations séculaires des longitudes. — L'une des formules (h) (t. I, p. 169) nous donne, en négligeant e^3 et φ^3 devant e et φ,

$$(8) \qquad \frac{d\varepsilon}{dt} = -\frac{2}{na}\frac{\partial R}{\partial a} + \frac{e}{2na^2}\frac{\partial R}{\partial e} + \frac{\varphi}{2na^2}\frac{\partial R}{\partial \varphi}.$$

Nous allons appliquer cette formule à la portion de la fonction R_3 (*voir* p. 9) dont nous n'avons pas encore tenu compte,

$$R_3 = \frac{1}{2}na^2[o](e_1^2 - \varphi_1^2) = \frac{3}{8}n_1^2a^2(e_1^2 - \varphi_1^2);$$

nous trouverons

$$\frac{d\varepsilon}{dt} = -\frac{3}{2}\frac{n_1^2}{n}(e_1^2 - \varphi_1^2).$$

Or, les éléments e_1 et φ_1 de l'orbite de Jupiter sont soumis à des inégalités séculaires provenant de l'action des planètes. On a

$$(9) \qquad e_1 = e_2 + e_3 t, \qquad \varphi_1 = \varphi_2 + \varphi_3 t;$$

il en résulte

$$\frac{d\varepsilon}{dt} = -\frac{3}{2}\frac{n_1^2}{n}[e_2^2 - \varphi_2^2 + 2(e_2e_3 - \varphi_2\varphi_3)t],$$

d'où

$$(10) \qquad \varepsilon = \varepsilon_0 + \varepsilon_1 t + \varepsilon' t^2; \qquad \varepsilon' = -\frac{3}{2}\frac{n_1^2}{n}(e_2e_3 - \varphi_2\varphi_3).$$

Le terme $\varepsilon' t^2$ donne naissance à une accélération séculaire du moyen mouvement. On a

$$e_2 = 0{,}048239; \qquad e_3 = 0{,}000001305,$$

et il vient, en ne tenant compte que de $e_2\, e_3$ dans ε', et considérant le 4e satellite,

$$\varepsilon' t^2 = -0'',00004\, t^2,$$

où t est exprimé en années juliennes; le terme $\varepsilon' t^2$ est ainsi insensible pendant très longtemps pour le 4e satellite, et *a fortiori* pour les autres; la partie de ε' qui contient φ_2 et φ_3 est encore plus petite. Il n'est pas inutile de rappeler que c'est en travaillant à la théorie des satellites de Jupiter que Laplace a trouvé le terme $\varepsilon' t^2$ qu'il a transporté à la théorie de la Lune où il se trouve prendre une valeur importante.

Il y a lieu d'examiner maintenant les inégalités périodiques les plus importantes de l'élément ε. Dans la formule (8), il faudrait remplacer R par R_2, puis par R_5; mais R_2 et $\frac{\partial R_2}{\partial a}$ contiendraient les carrés et les produits des quantités M,

$M_1, \ldots, M'_1, \ldots$ qui sont très petites. Nous nous bornerons à prendre $R = R_5$, mais sous la forme primitive, résultant des formules (6), (7) et (9) du Chapitre I :

$$(10)\quad \left\{\begin{aligned} R_5 = &-\frac{1}{8} f m' B^{(1)} [\varphi^2 + \varphi'^2 - 2\varphi\varphi' \cos(\theta - \theta')] \\ &- \frac{3}{8} \ n_1^2 a^2 \ [\varphi^2 + \varphi_1^2 - 2\varphi\varphi_1 \cos(\theta - \theta_1)] \\ &- \frac{1}{2} \ J n^2 \ [\varphi^2 + \omega^2 + 2\varphi\omega \cos(\psi + \theta)]. \end{aligned}\right.$$

La formule (8) donnera, en réservant pour plus loin le terme $\frac{\varphi}{2na^2}\frac{\partial R}{\partial \varphi}$,

$$(11)\quad \left\{\begin{aligned} \frac{d\varepsilon}{dt} = &\frac{1}{4} m' n a^2 \frac{\partial B^{(1)}}{\partial a} [\varphi^2 + \varphi'^2 - 2\varphi\varphi' \cos(\theta - \theta')] \\ &+ \frac{3}{2}\frac{n_1^2}{n} [\varphi^2 + \varphi_1^2 - 2\varphi\varphi_1 \cos(\theta - \theta_1)] \\ &- 3J\frac{n}{a^2} [\varphi^2 + \omega^2 + 2\varphi\omega \cos(\psi + \theta)]. \end{aligned}\right.$$

On a maintenant

$$\varphi^2 + \varphi'^2 - 2\varphi\varphi' \cos(\theta - \theta') = (p - p')^2 + (q - q')^2,$$

$$p - p' = \sum (N - N') \sin(bt + \gamma) + (\mu - \mu')\omega' \sin\psi',$$

$$q - q' = \sum (N - N') \cos(bt + \gamma) - (\mu - \mu')\omega' \cos\psi'.$$

La somme des carrés de ces expressions est négligeable à cause des petits facteurs $N - N'$ et $\mu - \mu'$. On a ensuite

$$\varphi^2 + \omega^2 + 2\varphi\omega \cos(\psi + \theta) = (p - p^{\text{IV}})^2 + (q - q^{\text{IV}})^2,$$

$$p - p^{\text{IV}} = \sum N \sin(bt + \gamma) - (1 - \mu)\omega' \sin\psi',$$

$$q - q^{\text{IV}} = \sum N \cos(bt + \gamma) + (1 - \mu)\omega' \cos\psi';$$

la somme des carrés de ces expressions est négligeable à cause des petits facteurs N et $1 - \mu$. Enfin, dans la formule (11), on peut négliger la très petite quantité φ_1, et il reste

$$\varphi^2 = p^2 + q^2 = \left[\sum N \sin(bt + \gamma) + \mu\omega' \sin\psi'\right]^2 + \left[\sum N \cos(bt + \gamma) - \mu\omega' \cos\psi'\right]^2,$$

ce qui peut être réduit à

$$\varphi^2 = -2\mu\omega' \sum N \cos(bt + \gamma + \psi').$$

Si l'on remplace $\frac{3}{2}\frac{n_1^2}{n}$ par $2[0]$, les termes déjà considérés dans la formule (11) se réduisent, dans le calcul approché que nous nous bornons à faire, à

$$\frac{d\varepsilon}{dt} = -4[0]\,\mu\omega' \sum \mathrm{N}\cos(bt+\gamma+\psi'). \tag{12}$$

Il nous reste à tenir compte de l'équation

$$\frac{d\varepsilon}{dt} = \frac{\varphi}{2na^2}\frac{\partial \mathrm{R}_5}{\partial\varphi}$$

qui peut s'écrire

$$\frac{d\varepsilon}{dt} = \frac{1}{2}\varphi^2\frac{d\theta}{dt} = \frac{1}{2}\left(q\frac{dp}{dt} - p\frac{dq}{dt}\right),$$

en ayant égard aux formules

$$\frac{d\theta}{dt} = \frac{1}{na^2\varphi}\frac{\partial \mathrm{R}}{\partial\varphi}, \qquad p = \varphi\sin\theta, \qquad q = \varphi\cos\theta.$$

Or, on a

$$p = \sum \mathrm{N}\sin(bt+\gamma) + \mu\omega'\sin\psi', \qquad \frac{dq}{dt} = -\sum b\mathrm{N}\sin(bt+\gamma) - \mu\omega' b_4\sin\psi',$$

$$q = \sum \mathrm{N}\cos(bt+\gamma) - \mu\omega'\cos\psi', \qquad \frac{dp}{dt} = \sum b\mathrm{N}\cos(bt+\gamma) - \mu\omega' b_4\cos\psi';$$

il en résulte, en prenant le terme le plus important,

$$q\frac{dp}{dt} - p\frac{dq}{dt} = -\mu\omega'\sum b\mathrm{N}\cos(bt+\gamma+\psi'),$$

$$\frac{d\varepsilon}{dt} = -\frac{1}{2}\mu\omega'\sum b\mathrm{N}\cos(bt+\gamma+\psi'). \tag{13}$$

En faisant la somme des expressions (12) et (13), il vient

$$\frac{d\varepsilon}{dt} = -4[0]\mu\omega'\sum \mathrm{N}\cos(bt+\gamma+\psi') - \frac{1}{2}\mu\omega'\sum b\mathrm{N}\cos(bt+\gamma+\psi'),$$

$$\delta\varepsilon = -4[0]\mu\omega'\sum\frac{\mathrm{N}}{b}\sin(bt+\gamma+\psi') - \frac{1}{2}\mu\omega'\sum \mathrm{N}\sin(bt+\gamma+\psi'); \tag{14}$$

le premier terme de cette formule est de beaucoup le plus important.

Je renvoie aux deux Mémoires de M. Souillart pour le calcul détaillé d'un nombre assez grand de termes petits et cependant sensibles, qui proviennent de la considération attentive de l'expression complète de $\frac{d\varepsilon}{dt}$, et notamment des termes en e et e' négligés d'abord.

CHAPITRE V.

THÉORIE DES SATELLITES DE JUPITER. — DES ÉCLIPSES DES SATELLITES. DÉTERMINATION DES CONSTANTES.

27. **Considérations préliminaires.** — Les mesures micrométriques permettent d'obtenir les éléments des orbites des satellites des planètes, mais avec une précision assez faible, à cause du raccourci sous lequel nous apparaissent les angles ayant leurs sommets au centre de la planète. Dans le cas de Jupiter [1] on peut arriver à une précision plus grande par l'observation des éclipses des satellites. Jupiter projette derrière lui, relativement au Soleil, une ombre dans laquelle les satellites se plongent près de leurs conjonctions. Les inclinaisons des orbites des trois premiers satellites sur l'orbite de Jupiter et leurs distances à la planète sont telles que ces corps s'éclipsent à chaque révolution, mais le quatrième cesse souvent de s'éclipser.

C'est l'observation des éclipses qui a révélé les inégalités les plus importantes des mouvements des satellites. Cependant ces phénomènes présentent des causes d'erreur assez gênantes. D'abord, un satellite, avant d'entrer dans l'ombre pure, pénètre dans la pénombre, et son éclat s'affaiblit graduellement, de sorte que, si la lunette de l'observateur est de force médiocre, quand elle cessera de montrer le satellite, ce corps ne sera pas encore sur la surface de l'ombre; il en sera moins éloigné si l'instrument est plus puissant. La surface de l'ombre pure peut être remplacée par une surface fictive; l'immersion du satellite dans cette surface et son émersion seront pour nous le commencement et la fin de son éclipse.

Cette ombre fictive n'est pas la même pour tous les satellites. Elle dépend de

(1) On a observé quelquefois des éclipses des satellites de Saturne, notamment de Titan; ces phénomènes sont rares à cause de la grande inclinaison des orbites sur le plan de l'orbite de la planète. Les astronomes de l'observatoire Lick, en Californie, ont observé, avec leur puissante lunette, des éclipses des satellites de Mars.

leur distance apparente au disque de Jupiter, dont l'éclat affaiblit leur lumière (cette cause agit même pour un seul satellite, le premier, par exemple; quand on le voit disparaître à une assez grande distance du disque, on pénètre bien plus avant dans la pénombre que quand la disparition se fait tout près du disque); elle dépend encore de l'aptitude plus ou moins grande de leurs surfaces à réfléchir la lumière, etc. L'élévation de Jupiter au-dessus de l'horizon, la pureté de l'atmosphère terrestre, la force des instruments dont se sert l'observateur, influent pareillement sur la durée des éclipses. Ces causes d'erreur agissent davantage sur le troisième et le quatrième satellite; heureusement, on peut observer assez fréquemment l'immersion et l'émersion de ces deux satellites, ce qui donne l'instant de la conjonction d'une manière assez précise et presque indépendante des causes d'erreur dont nous venons de parler.

L'observation des disparitions serait bien plus précise si l'on faisait, avec un photomètre, plusieurs mesures de l'éclat du satellite à partir du moment où il est entré dans la pénombre, de façon à en conclure, par un calcul d'interpolation, le moment où cet éclat s'annule, ou mieux le moment où cet éclat est réduit à une fraction donnée, à la moitié, comme le propose M. Cornu. On démontre facilement (*voir* la Thèse de doctorat de M. Obrecht, *Annales de l'Observatoire de Paris*, t. XVIII) que si l'on représente l'éclat par l'ordonnée y d'une courbe dont l'abscisse x est le temps, le demi-éclat correspond à un point d'inflexion de la courbe, de sorte que la variation de l'éclat en un temps donné est alors la plus grande possible. En outre, le satellite est très peu distant du cône circonscrit à Jupiter et ayant son sommet au centre du Soleil, de sorte que le calcul du phénomène sera assez simple.

Quoi qu'il en soit, les mesures micrométriques conserveront encore de l'intérêt : d'abord elles sont nécessaires pour la détermination de la masse de Jupiter à l'aide des mouvements de ses satellites; ensuite elles seraient très utiles dans le cas du quatrième satellite, pour suppléer aux éclipses, trop peu nombreuses.

Nous allons nous occuper de la figure de l'ombre de Jupiter.

28. **Figure de l'ombre de Jupiter.** — Chasles a démontré (*Aperçu historique*, p. 249) que la développable circonscrite à deux ellipsoïdes, c'est-à-dire l'enveloppe des plans tangents communs aux deux ellipsoïdes, est une surface du huitième degré. Ce sera le cas de la surface de l'ombre de Jupiter, car nous pourrons admettre que la surface de Jupiter est celle d'un ellipsoïde de révolution; nous pourrons même supposer le Soleil sphérique. Nous allons simplifier la détermination de cette surface, en suivant d'abord la thèse de M. de Saint-Germain (*Thèse d'Astronomie : Sur la durée des éclipses des satellites de Jupiter*; 1862). Nous supposerons le centre du Soleil situé dans le plan de l'équateur de la planète, et nous pourrons admettre que les courbes de contact de la dévelop-

pable avec Jupiter et avec le Soleil sont les sections de ces deux corps par des plans menés par le centre S du Soleil et le centre J de Jupiter, perpendiculairement à la droite SJ.

En effet, si l'on négligeait l'aplatissement de Jupiter, la surface de l'ombre serait un cône de révolution touchant les deux astres suivant des cercles situés dans des plans parallèles. Les distances respectives de ces plans aux centres du Soleil et de Jupiter ont pour expressions

$$R\frac{R-b}{r_1} \quad \text{et} \quad b\frac{R-b}{r_1},$$

où R, b et r_1 désignent les rayons du Soleil, de Jupiter, et la distance SJ.

Or, on a

$$\frac{R}{r_1} = \frac{1}{1120}, \qquad \frac{b}{R} = \frac{1}{10} \text{ environ.}$$

Les distances dont il s'agit sont donc petites; la modification qui en résultera pour la section de l'ombre par un plan perpendiculaire à SJ, mené par une position déterminée d'un satellite, sera très faible, et il en sera encore ainsi en ayant égard à l'aplatissement de Jupiter. Au surplus, nous renverrons à la Thèse de M. de Saint-Germain pour une démonstration rigoureuse et détaillée.

Cela posé, prenons l'axe de révolution de Jupiter pour axe des z, la droite SJ prolongée pour axe des x, les équations de nos deux courbes de contact seront

$$x = 0, \qquad \frac{y^2}{b^2} + \frac{z^2}{c^2} = 1,$$
$$x = -r_1, \qquad y^2 + z^2 = R^2.$$

La surface de l'ombre sera engendrée par une droite D rencontrant les deux directrices précédentes, en deux points A et A' où les tangentes soient parallèles, car ces tangentes seront les intersections de deux plans parallèles par un troisième contenant la droite D. Soient

$x = 0$, $\quad y = b\sin u$, $\quad z = c\cos u$ les coordonnées du point A,
$x = -r_1$, $\quad y = R\sin u'$, $\quad z = R\cos u'$ celles du point A'.

Pour le parallélisme des tangentes, on devra avoir la condition

$$\tan u' = \frac{c}{b}\tan u. \tag{1}$$

Les équations de la droite D seront

$$\frac{x}{r_1} = \frac{y - b\sin u}{b\sin u - R\sin u'} = \frac{z - c\cos u}{c\cos u - R\cos u'}, \tag{2}$$

et l'équation de la surface de l'ombre résulterait de l'élimination de u et u' entre les équations (1) et (2). M. de Saint-Germain a effectué cette élimination qui conduit en effet, même après la simplification opérée, à une équation du huitième degré en x, y et z.

Mais ce qu'il nous importe surtout de connaître, c'est l'équation de la section de la surface de l'ombre par le plan $x = r$, mené perpendiculairement à SJ par l'une des positions du satellite dans l'intérieur du cône d'ombre; nous admettons qu'à l'intérieur du cône d'ombre toutes les positions du satellite se trouvent sensiblement dans le plan $x = r$. Les équations (2) donneront

$$(3)\qquad \begin{cases} y = b\left(1 - \dfrac{R - b}{r_1}\dfrac{r}{b}\right)\sin u + \dfrac{R}{r_1} r(\sin u - \sin u'), \\ z = c\left(1 - \dfrac{R - c}{r_1}\dfrac{r}{c}\right)\cos u + \dfrac{R}{r_1} r(\cos u - \cos u'). \end{cases}$$

Or l'équation (1) donne, d'après un développement connu,

$$u' = u + \frac{c - b}{c + b}\sin 2u + \frac{1}{2}\left(\frac{c - b}{c + b}\right)^2 \sin 4u + \ldots.$$

On posera

$$b = c(1 + \varkappa), \qquad \frac{c - b}{c + b} = -\frac{1}{2}\varkappa.$$

On voit que l'on pourra négliger les termes en $\sin u - \sin u'$ et en $\cos u - \cos u'$, parce qu'ils contiendront le petit facteur $\frac{R}{r_1}$. Il nous restera donc simplement

$$y = b\left(1 + \frac{r}{r_1} - \frac{R}{b}\frac{r}{r_1}\right)\sin u = \alpha \sin u,$$

$$z = c\left(1 + \frac{r}{r_1} - \frac{R}{c}\frac{r}{r_1}\right)\cos u = \frac{\alpha}{1 + \varkappa'}\cos u.$$

D'où l'on tire, pour équation de la section de l'ombre,

$$(4)\qquad \alpha^2 - y^2 = z^2(1 + \varkappa')^2.$$

Cette section est donc une ellipse, ayant pour demi grand axe α et pour aplatissement $\varkappa'$. Si l'on pose

$$(5)\qquad \frac{b}{R} = \lambda = \frac{1}{10} \text{ environ},$$

on aura

$$(6)\qquad \alpha = b\left(1 + \frac{r}{r_1} - \frac{r}{r_1\lambda}\right);$$

$$\frac{\alpha}{1 + \varkappa'} = \frac{b}{1 + \varkappa}\left(1 + \frac{r}{r_1} - r\frac{1 + \varkappa}{r_1\lambda}\right);$$

on en tire aisément

$$(7)\qquad \varkappa' = \varkappa\,\frac{1+\dfrac{r}{r_1}}{1 - r\,\dfrac{1-\lambda}{r_1\lambda}} = \frac{\varkappa}{1-\dfrac{r}{r_1\lambda}}.$$

Cette valeur de $\varkappa'$ diffère très peu de $\varkappa$ car, même pour le quatrième satellite, on a

$$r = 26b = 26\lambda R, \qquad \frac{r}{r_1\lambda} = 26\frac{R}{r_1} = \frac{1}{43}.$$

29. **Calcul de la durée d'une éclipse.** — Soient z_0 la hauteur du satellite au-dessus de l'orbite de Jupiter au moment de sa conjonction, r sa distance au centre de Jupiter et v_1 l'angle décrit par le satellite sur l'orbite de la planète, depuis le moment de la conjonction et en vertu de son mouvement synodique. Prenons ensuite pour axe des x le prolongement du rayon vecteur SJ, au moment

Fig. 1.

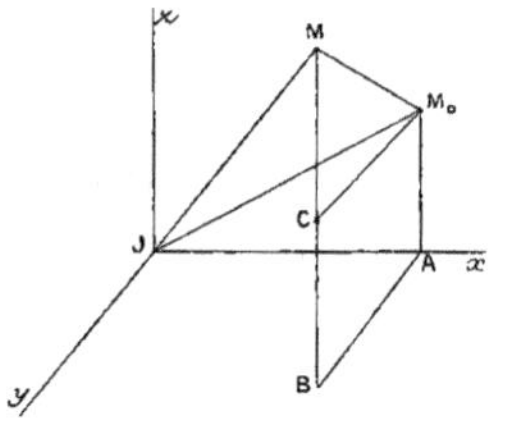

de la conjonction. Le mouvement du satellite, en projection sur le plan des xy, se fera sur la droite AB parallèle à Jy; on aura

$$\mathrm{JM} = \mathrm{JM}_0 = \mathrm{JA} = r, \qquad \mathrm{AJB} = v_1, \qquad \mathrm{AJM}_0 = s_0, \qquad \mathrm{BJM} = s,$$
$$\mathrm{AB} = y = \mathrm{JB}\sin v_1 = \sqrt{r^2 - z^2}\,\sin v_1, \qquad z = rs,$$

et l'équation (4) donnera

$$\alpha^2 - (r^2 - z^2)\sin^2 v_1 = r^2 s^2 (1+\varkappa')^2,$$

d'où, en négligeant $z^2 \sin^2 v_1$,

$$(8)\qquad r^2 \sin^2 v_1 = \alpha^2 - r^2 s^2 (1+\varkappa')^2.$$

Mais on a aussi

$$s = s_0 + \left(\frac{ds}{dv}\right)_0 \delta v_1 + \ldots, \qquad s = s_0 + \frac{ds_0}{dv_1}\sin v_1 + \ldots.$$

En portant dans la formule (8), il vient

$$r^2 \sin^2 v_1 = \alpha^2 - r^2(1+\varkappa')^2\left(s_0^2 + 2 s_0 \frac{ds_0}{dv_1}\sin v_1\right),$$

d'où, en résolvant cette équation du second degré en $\sin v_1$ et négligeant le carré de $s_0 \frac{ds_0}{dv_1}$,

$$(9) \qquad \sin v_1 = -(1+\varkappa')^2 s_0 \frac{ds_0}{dv_1} \pm \sqrt{\left[\frac{\alpha}{r} + (1+\varkappa')s_0\right]\left[\frac{\alpha}{r} - (1+\varkappa')s_0\right]}.$$

On aura ainsi, en prenant le signe $+$, l'arc v_1 décrit par le satellite en vertu de son mouvement synodique, depuis la conjonction jusqu'à l'émersion; en prenant le signe $-$, la valeur de $\sin v_1$ donnera, au signe près, l'angle décrit depuis la conjonction jusqu'à l'immersion.

Soit t le temps que met le satellite à décrire l'angle v_1. Posons

$$\frac{1}{n-n_1}\frac{dv_1}{dt} = 1 + X;$$

X sera égal à $\frac{dv}{n\,dt} - 1$, en négligeant la petite quantité $\frac{n_1}{n}$. On pourra écrire approximativement

$$\frac{v_1}{(n-n_1)t} = 1 + X, \qquad t = \frac{v_1}{n-n_1}(1-X).$$

Soit T la *moyenne* des temps que le satellite emploie à parcourir l'angle

$$(10) \qquad \beta = \frac{\alpha}{a};$$

en appliquant la formule précédente, et remplaçant t, v_1 et X respectivement par T, β et zéro, on aura

$$(11) \qquad T = \frac{\beta}{n-n_1}, \qquad t = \frac{v_1 T}{\beta}(1-X).$$

Les formules (9), (10) et (11) donneront ensuite

$$t = T(1-X)\left\{-(1+\varkappa')^2 \frac{s_0}{\beta}\frac{ds_0}{dv_1} \pm \sqrt{\left[\frac{a}{r} + (1+\varkappa')\frac{s_0}{\beta}\right]\left[\frac{a}{r} - (1+\varkappa')\frac{s_0}{\beta}\right]}\right\}.$$

On a vu (Chapitre I) qu'en ayant égard aux inégalités les plus importantes, on a

$$r = a\left(1 - \frac{1}{2}X\right);$$

l'expression de t deviendra ainsi

$$(12)\quad t = \mathrm{T}(1-\mathrm{X})\left\{-(1+\varkappa')^2\frac{s_0}{\beta}\frac{ds_0}{dv_1} \pm \sqrt{\left[1+\frac{1}{2}\mathrm{X}+(1+\varkappa')\frac{s_0}{\beta}\right]\left[1+\frac{1}{2}\mathrm{X}-(1+\varkappa')\frac{s_0}{\beta}\right]}\right\}.$$

Soit t' la durée entière de l'éclipse; on aura

$$(13)\quad t' = 2\mathrm{T}(1-\mathrm{X})\sqrt{\left[1+\frac{1}{2}\mathrm{X}+(1+\varkappa')\frac{s_0}{\beta}\right]\left[1+\frac{1}{2}\mathrm{X}-(1+\varkappa')\frac{s_0}{\beta}\right]},$$

d'où l'on conclura

$$(14)\quad s_0 = \frac{\beta\sqrt{4\mathrm{T}^2(1-\mathrm{X})-t'^2}}{2\mathrm{T}(1+\varkappa')(1-\mathrm{X})}.$$

Cette équation servira à déterminer les constantes arbitraires que renferme l'expression de s_0, en choisissant les observations de ces éclipses dans lesquelles ces constantes ont le plus d'influence.

Nous mentionnerons ici, parmi les travaux relatifs à la figure de l'ombre de Jupiter, celui de M. Asaph Hall (*Astr. Nachr.*, n° 2156), et celui de M. Souillart (*Astr. Nachr.*, n° 2169). Ce dernier Mémoire se rapporte au cas d'une planète dont l'orbite fait un angle notable avec le plan de l'équateur; l'effet de cette inclinaison, à peu près nul pour Jupiter, serait très sensible dans le cas de Saturne.

30. **Indications sur le calcul numérique des constantes.** — Ces constantes sont nombreuses dans la théorie des satellites de Jupiter; il y en a trente et une, savoir : six éléments elliptiques et la masse de chaque satellite; l'aplatissement de Jupiter, ou plutôt la quantité $\varkappa - \frac{1}{2}\varkappa_1$, et les deux constantes qui fixent, à un moment donné, la position de son équateur. Mais il convient de séparer la détermination des masses m, m', m'', m''' et de $\varkappa - \frac{1}{2}\varkappa_1$. Nous allons chercher à éclairer un peu ce problème assez complexe.

La première chose à faire est le calcul des moyens mouvements n, n', n'', n'''. Pour y arriver, on détermine d'abord les moyens mouvements synodiques $n - n_1$, $n' - n_1$; on y parvient en considérant deux conjonctions très éloignées d'un satellite, observées aux époques t et t'; on a, en désignant par k le nombre total des conjonctions,

$$(15)\quad (n - n_1)(t' - t) = 2k\pi,$$

d'où $n - n_1$. On n'observe pas l'instant même de chaque conjonction; mais on peut l'obtenir pour les deux derniers satellites, et quelquefois pour le second, en prenant la moyenne des instants d'une immersion et de l'émersion suivante.

Pour le premier, on peut tenir compte de la demi-durée de l'éclipse déterminée par une immersion et une émersion observées dans le voisinage de l'opposition, donc à peu de distance.

Les inégalités du satellite sont négligées dans la formule (15), ou bien on en tient un compte approximatif, ou l'on s'arrange de manière qu'elles soient presque les mêmes. On aura donc ainsi, avec une grande exactitude, $n - n_1$, d'où n.

Il faut ensuite déterminer a, a', a'' et a''', en prenant pour unité le rayon équatorial de Jupiter. On détermine a''' exprimé en secondes d'arc, d'après l'*élongation* du quatrième satellite, et le demi-diamètre apparent de Jupiter à la même époque, exprimé de la même façon; le quotient de ces deux nombres donne ce que nous appelons a'''. On se sert de la troisième loi de Képler pour avoir a, a' et a''. Mais il faut remarquer que la relation $n^2 a^3 = n'''^2 a'''^3$ doit être remplacée par

$$n^2(a - \delta a)^3 = n'''^2(a''' - \delta a''')^3,$$

δa et $\delta a'''$ désignant les parties constantes des demi grands axes, produites par les perturbations. On a, à fort peu près (Chap. II, p. 18),

$$\delta a = \frac{\varkappa - \frac{1}{2}\varkappa_1}{3a}, \qquad \delta a''' = \frac{\varkappa - \frac{1}{2}\varkappa_1}{3a'''},$$

et il en résulte aisément

$$a = a'''\left(\frac{n'''}{n}\right)^{\frac{2}{3}}\left[1 + \frac{1}{3}\left(\varkappa - \frac{1}{2}\varkappa_1\right)\left(\frac{1}{a^2} - \frac{1}{a'''^2}\right)\right];$$

on emploiera une expression, même assez grossièrement approchée de $\varkappa - \frac{1}{2}\varkappa_1$, et l'on obtiendra ainsi a, a' et a''. Il semble qu'il conviendrait de retrancher de $n, n', \ldots$ les coefficients de t dans les longitudes moyennes de l'époque $\varepsilon, \varepsilon', \ldots$; mais la correction qui en résulterait serait bien faible.

Avec les rapports $\frac{a}{a'}, \frac{a'}{a''}, \cdots$ on calcule les transcendantes $b_s^{(i)}$ et leurs dérivées, première et seconde. On est à même de calculer les quantités F, G, F', G', ... et les coefficients de m', m'', ... dans (0, 1), (0, 2), ... La formule (10) du Chapitre II donnera les $\boxed{}$ avec des valeurs provisoires de m', m'', m''', et qui seront bien suffisantes pour ce but. On peut donc regarder $\boxed{0}$, $\boxed{1}$, $\boxed{2}$ et $\boxed{3}$ comme connus, sauf peut-être la correction à apporter à $\varkappa - \frac{1}{2}\varkappa_1$.

Laplace calcule ensuite les perturbations indépendantes des excentricités (Chapitre II); il y figure m, m', m'' et m''' comme indéterminées. Pour éviter des nombres trop grands, il représente par m 10 000 fois le rapport de la masse du premier satellite à la masse de Jupiter, et de même pour les autres, de sorte que, d'après les résultats d'une théorie provisoire, m, m', m'' et m''' sont des fractions comprises entre 0,1 et 0,9 ou 1,0. Des fautes de calcul assez nombreuses ont été commises par Laplace dans cette partie; elles ont été corrigées par Bowditch, Airy et Bessel (*voir* les pages 499-501 du Tome IV des *Œuvres complètes de Laplace*, et le Tome II des *Astronomische Untersuchungen* de Bessel, *Bestimmung der Masse des Jupiters*). Laplace pose ensuite

$$x - \frac{1}{2}x_1 = 0{,}0217\,794\,\mu,$$

où μ désigne une indéterminée voisine de 1, et il se propose de déterminer d'abord les cinq inconnues m, m', m'', m''' et μ.

31. Voici les cinq données numériques qu'il emprunte à la discussion faite par Delambre de plusieurs milliers d'éclipses des satellites :

$$\text{(I)} \qquad \delta v = C \sin(2l' - 2l) + \ldots,$$

$$\text{(II)} \qquad \delta v' = -C' \sin(2l'' - 2l') + \ldots,$$

$$\text{(III)} \qquad \left\{ \begin{array}{l} \delta v'' = +C'' \sin(l'' - g_3 t - \beta_3) + \ldots, \\ \delta v''' = +C''' \sin(l''' - g_3 t - \beta_3) + \ldots, \end{array} \right.$$

$$\text{(IV)} \qquad \lambda' = B' \sin(l' - b_1 t - \gamma_1) + \ldots.$$

Les données dont Laplace fait usage sont

$$C, \quad C', \quad g_3, \quad \frac{C''}{C'''} \quad \text{et} \quad b_1.$$

C est de beaucoup le coefficient le plus considérable de δv. Laplace dit que Delambre a déduit, de la discussion d'un grand nombre d'éclipses du premier satellite, que C est égal à $223^s{,}471$ en temps; c'est-à-dire que l'inégalité en question peut avancer ou retarder une éclipse de près de 4^m.

Pour convertir C en angle, il faut le multiplier par 400^{gr} et le diviser par $1^j{,}769861$, durée de la révolution synodique du premier satellite.

On trouve ainsi

$$0^{gr}{,}505059 = 5050'',59 = 1636'',39.$$

On a d'ailleurs, en se reportant aux formules (D) du Chapitre II,

$$\text{(A)} \qquad -m' \frac{n}{n - 2n' + \boxed{0}} F = C, \qquad m' = 0{,}232\,355.$$

On trouvera de même

$$\frac{n'}{n - 2n' + \boxed{1}}(m''F' - mG) = C'.$$

C'est une relation du premier degré entre m et m''. C' est le coefficient le plus considérable de $\delta v'$. Delambre lui assigne en temps la valeur $1059^s,18$, d'où l'on déduit

$$C' = 1^{\text{gr}},192\,068 = 11920'',68 = 3862'',30,$$

$$\text{(B)} \qquad m = 1,714\,843 - 1,741\,934\,m''.$$

Ces deux relations (A) et (B) sont très précises, vu la grandeur des inégalités d'où on les a tirées.

Delambre a trouvé, en prenant l'année pour unité,

$$g_3 = 7959'',105 = 2578'',750 = 42'58'',75.$$

Or, on a (Chap. II, p. 38),

$$e''' \sin\varpi''' = M''' \sin(gt + \beta) + M_1''' \sin(g_1 t + \beta_1) + M_2''' \sin(g_2 t + \beta_2) + M_3''' \sin(g_3 t + \beta_3),$$
$$e''' \cos\varpi''' = M''' \cos(gt + \beta) + M_1''' \cos(g_1 t + \beta_1) + M_2''' \cos(g_2 t + \beta_2) + M_3''' \cos(g_3 t + \beta_3).$$

On en conclut

$$\text{tang}(\varpi''' - g_3 t - \beta_3) = \frac{M_2''' \sin(g_2 t + \beta_2 - g_3 t - \beta_3) + \ldots + M''' \sin(gt + \beta - g_3 t - \beta_3)}{M_3''' + M_2''' \cos(g_2 t + \beta_2 - g_3 t - \beta_3) + \ldots + M''' \cos(gt + \beta - g_3 t - \beta_3)}.$$

Or, il arrive que les rapports

$$\frac{M'''}{M_3'''}, \quad \frac{M_1'''}{M_3'''}, \quad \frac{M_2'''}{M_3'''}$$

sont petits et égaux au plus à $\frac{1}{50}$. On voit donc que la partie moyenne de ϖ''' est $g_3 t + \beta_3$, et que la différence $\varpi''' - g_3 t - \beta_3$ se compose seulement de termes périodiques petits; de sorte que l'on peut dire que g_3 est le moyen mouvement annuel du périjove du quatrième satellite, et c'est à ce titre que Delambre a pu le tirer des observations.

Dans les équations (III), on a

$$C'' = M_3'', \qquad C''' = M_3'''.$$

Delambre a trouvé

$$C'' = 756'',605 = 244'',95,$$
$$C''' = 9265'',\ 56 = 3002'',04;$$

d'où

$$\text{(C)} \qquad \frac{M_3''}{M_3'''} = 0,0816\,578.$$

Les équations analogues aux équations (16) du Chapitre II sont de la forme

$$(D)\quad \begin{cases} \mathcal{A}\,M_3 + \mathcal{A}'M'_3 + \mathcal{A}''M''_3 + \mathcal{A}'''M'''_3 = 0,\\ \mathcal{A}_1 M_3 + \ldots\ldots\ldots\ldots\ldots\ldots = 0,\\ \mathcal{A}_2 M_3 + \ldots\ldots\ldots\ldots\ldots\ldots = 0,\\ \mathcal{A}_3 M_3 + \ldots\ldots\ldots\ldots\ldots\ldots = 0, \end{cases}$$

où les coefficients $\mathcal{A}_j^{(i)}$ sont des fonctions connues de g_3, m, m', m'', m''' et μ.

L'élimination de $M_3, \ldots, M''_3$ entre les équations (C) et (D) donnera deux équations entre les cinq inconnues m, m', m'', m''' et μ.

Le terme IV est le plus considérable de λ', après celui qui se rapporte au plan fixe de Laplace, et il est facile de voir que b_1 est le moyen mouvement annuel du nœud de l'orbite du second satellite. Delambre a trouvé

$$b_1 = 133\,870'' = 43\,374'' = 12^\circ 2' 54''.$$

Si l'on élimine $N_1, N'_1, \ldots, N^{\text{iv}}_1$ entre les équations (11) du Chapitre III, on trouvera la dernière des relations cherchées. Cette relation se réduit approximativement à

$$(16)\qquad -b_1 = \boxed{1} = (1) + [1] + (1,0) + (1,2) + (1,3).$$

Il convient d'observer que C'' est petit et doit être assez mal connu; C'' répond à 117^s en temps, soit un peu moins de 2^m; les éclipses du second satellite s'observent moins bien que celles du premier; des erreurs de 10^s ou même de 20^s sur une immersion ou une émersion peuvent être commises assez facilement; c'est là certainement une cause d'incertitude dans la détermination des masses des satellites.

Donnons quelques indications numériques sur le calcul de ces masses.

Les rapports $\frac{M_3}{M'''_3}$ et $\frac{M'_3}{M'''_3}$ sont petits; dans une première approximation, les équations (D) pourront être réduites à

$$\mathcal{A}''' + \mathcal{A}''\frac{M''_3}{M'''_3} = \mathcal{A}''' + 0{,}0816578\,\mathcal{A}'' = 0.$$

C'est ainsi que Laplace a trouvé les équations suivantes :

$$(17)\qquad 6735 - 2947\mu - 363m - 4193m'' = 0,$$

$$(18)\qquad 1834m'' + 791m''' - 2090mm'' + 1829m''^2 = 0,$$

$$(19)\qquad 277 - 1736\mu - 267m - 124m'' + 3514m''' = 0.$$

Je laisse de côté l'une des équations (D), dans laquelle les termes obtenus, après avoir fait $M_3 = M'_3 = 0$, sont positifs, d'ailleurs très petits. Enfin, l'équation (16) donne

$$133663 - 109003\mu - 31574m - 19567m'' - 1804m''' = 0. \quad (20)$$

L'équation (B) combinée avec trois des équations précédentes, par exemple (17), (19) et (20), donnera les inconnues. On trouve ainsi

$$m = 0{,}178,$$
$$m'' = 0{,}882, \qquad \mu = 1{,}0088,$$
$$m''' = 0{,}465.$$

On se servira de ces valeurs approchées pour déterminer $\frac{M_3}{M_3''}$ et $\frac{M_3'}{M_3''}$ par deux des équations (D), et l'on portera les valeurs ainsi trouvées dans les deux autres; on complétera de même l'équation (16) en tenant compte de N_1, N_1', ..., N_1^{iv}, et l'on continuera jusqu'à ce que deux calculs consécutifs donnent le même résultat.

Damoiseau a déterminé une nouvelle valeur du coefficient C″ dans la longitude du troisième satellite. La valeur ci-dessus, 245″,14, adoptée par Laplace, répondait à $116^s,73$ en temps. Damoiseau l'a remplacée par $65^s,073$, qui n'en est guère que la moitié. D'après son Manuscrit, conservé à la bibliothèque du Bureau des Longitudes, cette correction, ainsi que toutes celles qu'il a apportées au troisième satellite, proviendrait d'un calcul particulier dans lequel on aurait tenu compte de quatre-vingt-treize éclipses complètes de ce satellite, observées entre 1740 et 1824. En introduisant le nouveau coefficient, $65^s,073$, on modifie très sensiblement les masses, ainsi que M. Souillart l'a montré et que cela résulte du Tableau suivant :

	Laplace.	M. Souillart.
m	0,173281	0,377267
m'	0,232355	0,245305
m''	0,884972	0,821795
m'''	0,426591	0,231233

On voit que le principal changement consiste en ce que la masse du quatrième satellite est presque réduite à moitié, tandis que celle du premier est plus que doublée.

32. On a maintenant tout ce qu'il faut pour calculer les racines g, g_1, g_2 et g_3 (déjà obtenue), ainsi que les rapports

$$\frac{M'}{M}, \quad \frac{M''}{M}, \quad \frac{M'''}{M}; \qquad \frac{M_1}{M_1'}, \quad \frac{M_1''}{M_1'}, \quad \frac{M_1'''}{M_1'};$$

$$\frac{M_2}{M_2''}, \quad \frac{M_2'}{M_2''}, \quad \frac{M_2'''}{M_2''}; \qquad \frac{M_3}{M_3'''}, \quad \frac{M_3'}{M_3'''}, \quad \frac{M_3''}{M_3'''}.$$

On trouve que ces rapports sont inférieurs à 1, et souvent même assez petits. On aura donc

$$\begin{aligned}
e \sin\varpi &= M \sin(gt + \beta) + \ldots, & e \cos\varpi &= M \cos(gt + \beta) + \ldots,\\
e' \sin\varpi' &= M'_1 \sin(g_1 t + \beta_1) + \ldots, & e' \cos\varpi' &= M'_1 \cos(g_1 t + \beta_1) + \ldots,\\
e'' \sin\varpi'' &= M''_2 \sin(g_2 t + \beta_2) + \ldots, & e'' \cos\varpi'' &= M''_2 \cos(g_2 t + \beta_2) + \ldots,\\
e''' \sin\varpi''' &= M'''_3 \sin(g_3 t + \beta_3) + \ldots, & e''' \cos\varpi''' &= M'''_3 \cos(g_3 t + \beta_3) + \ldots.
\end{aligned}$$

Laplace appelle M l'*excentricité propre* du premier satellite, et $gt + \beta$ la *longitude de son périjove propre,* de même M'_1 et $g_1 t + \beta_1$ pour le deuxième, etc.

Les formules

$$\begin{aligned}
\delta v &= 2M \sin(l - gt - \beta) + 2M_1 \sin(l - g_1 t - \beta_1) + \ldots,\\
\delta v' &= 2M' \sin(l' - gt - \beta) + 2M'_1 \sin(l' - g_1 t - \beta_1) + \ldots,\\
&\ldots\ldots\ldots\ldots\ldots\ldots\ldots\ldots\ldots\ldots
\end{aligned}$$

montrent que chaque satellite possède quatre équations du centre, dont l'une se rapporte au périjove propre de ce satellite, et les trois autres aux périjoves propres des trois autres satellites. Il reste à déterminer par les observations les huit constantes

$$M,\quad M'_1,\quad M''_2,\quad M'''_3;\qquad \beta,\quad \beta_1,\quad \beta_2 \text{ et } \beta_3.$$

Delambre n'a pas trouvé, dans les observations, de traces appréciables de l'existence de M et M'_1, de sorte que l'on peut supposer

$$M = 0,\qquad M'_1 = 0.$$

Ainsi, on peut admettre que les excentricités propres des deux premiers satellites sont nulles, et les expressions précédentes de δv, $\delta v'$, ... se réduisent, chez Damoiseau, à

$$\begin{aligned}
\delta v &= 2M_2 \sin(l - g_2 t - \beta_2) + 2M_3 \sin(l - g_3 t - \beta_3),\\
\delta v' &= 2M'_2 \sin(l' - g_2 t - \beta_2) + 2M'_3 \sin(l' - g_3 t - \beta_3),\\
\delta v'' &= 2M''_2 \sin(l'' - g_2 t - \beta_2) + 2M''_3 \sin(l'' - g_3 t - \beta_3),\\
\delta v''' &= 2M'''_2 \sin(l''' - g_2 t - \beta_2) + 2M'''_3 \sin(l''' - g_3 t - \beta_3).
\end{aligned}$$

Nous n'entrerons pas dans plus de détails sur ce sujet, non plus que sur la détermination des constantes qui figurent dans les expressions des nœuds et des inclinaisons; nous nous bornerons à dire que les inclinaisons sont données par les plus petites durées des éclipses, et les nœuds par les plus longues.

33. Historique relatif à la théorie des satellites de Jupiter. — Le premier essai de théorie est dû à Newton (*Principes*, Livre III, Proposition XXIII), qui avait évalué approximativement la *variation* et les moyens mouvements du périjove du quatrième satellite, en tenant compte seulement de la force perturbatrice du Soleil, et transportant à ce cas les résultats qu'il avait obtenus pour la Lune.

Lagrange (*Œuvres complètes*, t. VI) a donné, en 1766, les équations différentielles du mouvement des satellites, en ayant égard à leur action mutuelle, à l'attraction du Soleil et à l'aplatissement de Jupiter. Il les intègre d'abord en négligeant les excentricités et les inclinaisons des orbites, et il parvient aux inégalités dépendantes des longitudes moyennes [formules (D) du Chapitre II], et d'où résultent, dans le retour des éclipses des trois premiers satellites, les inégalités dont la période est de 437 jours, et que Bradley et Wargentin avaient découvertes par l'observation.

Lagrange considère ensuite les inégalités dépendantes des excentricités et des périjoves. Il forme les équations différentielles linéaires (A') du Chapitre II, et les intègre comme nous l'avons expliqué à cet endroit. Il trouve pour chaque satellite les quatre équations du centre dont nous avons parlé.

En appliquant la même analyse aux nœuds et aux inclinaisons, il obtient pour chaque satellite quatre inégalités principales de la latitude. Mais il avait supposé que l'équateur et le plan de l'orbite de Jupiter coïncident, et cette supposition avait fait disparaître des termes importants.

En même temps que Lagrange s'occupait de ces recherches, Bailly (*Essai sur la théorie des satellites de Jupiter*, 1766) appliquait au mouvement des satellites de Jupiter les formules que Clairaut avait données dans sa théorie de la Lune. Il reconnut les inégalités dont la période est de 437 jours; mais cette théorie ne pouvait pas lui donner les quatre équations du centre obtenues par Lagrange.

Laplace a beaucoup ajouté à l'admirable travail de Lagrange. Il a donné d'abord la démonstration des deux beaux théorèmes exprimés par les relations

$$n - 3n' + 2n'' = 0, \qquad l - 3l' + 2l'' = 180°,$$

et montré que ces relations, constatées par les observations pour un certain intervalle de temps, doivent toujours subsister; il a établi ensuite les formules de la libration, et déterminé l'influence de cette libration sur les inégalités à longues périodes.

C'est à lui que l'on doit les inégalités (21) du Chapitre II, provenant de la réaction mutuelle des inégalités séculaires et de celles dont la période est de 437 jours. Il a donné les expressions exactes des inégalités des latitudes et celles du mouvement de l'équateur de Jupiter, et montré enfin que les formules de Lagrange, pour les inégalités séculaires des nœuds et des périjoves, doivent être complétées par des termes du second ordre qui sont loin d'être négligeables.

Nous avons indiqué, chemin faisant, les perfectionnements de la théorie dus à M. Souillart; nous renverrons le lecteur à ses deux Mémoires déjà cités, et à une Note des *Astron. Nachr.*, n° 2214.

Arrivé au terme d'une exposition déjà longue, et que nous n'avons pas la prétention de croire complète, nous pensons cependant avoir réussi à rendre plus accessible une des plus belles théories de la Mécanique céleste, qui est au fond assez simple et ne paraît compliquée que par les notations multiples impossibles à éviter. Nous nous trouverons amplement récompensé d'un travail assez long si les lecteurs du sujet deviennent plus nombreux et s'y intéressent davantage.

Il est bien à désirer qu'une discussion complète des observations soit faite à nouveau, ainsi que la détermination de toutes les constantes, y compris la vitesse de la lumière. Le travail dans lequel Delambre avait discuté plus de 6000 observations, et dont Laplace parle à diverses reprises, a malheureusement été perdu. L'introduction aux Tables des satellites de Jupiter, de Damoiseau, présente des obscurités au sujet de la provenance des nombres fondamentaux qui ont servi à les construire; quelques-unes ont pu être dissipées par M. Souillart à l'aide d'un Mémoire, resté en manuscrit, de Damoiseau, et que possède le Bureau des Longitudes.

CHAPITRE VI.

THÉORIE DES SATELLITES DE SATURNE. — PERTURBATIONS DE JAPET.

34. **Des satellites de Saturne.** — « La théorie des satellites de Saturne est très imparfaite, parce que nous manquons d'observations suffisantes pour en déterminer les éléments. L'impossibilité où l'on a été jusqu'ici d'observer leurs éclipses, et la difficulté de mesurer leurs élongations à Saturne, n'ont permis de connaître encore avec quelque précision que les durées de leurs révolutions et leurs distances moyennes..... Ignorant donc l'ellipticité des orbites de tous ces corps, il est impossible de donner la théorie des perturbations qu'ils éprouvent; mais la position constante de ces orbites dans le plan de l'anneau, à l'exception de la dernière qui s'en écarte sensiblement, est un phénomène digne de l'attention des géomètres et des astronomes..... Nous allons ici développer la raison pour laquelle l'orbite du dernier satellite s'écarte de ce plan d'une quantité très sensible (¹). »

Les observations que réclamait Laplace ont été faites dans ces dernières années, grâce surtout aux puissants instruments de Washington, Poulkovo, Toulouse, etc.; elles n'embrassent encore qu'un intervalle de temps assez restreint; cependant elles ont déjà permis à la Mécanique céleste de faire des progrès impossibles à l'époque de Laplace. Nous nous proposons d'exposer assez complètement l'état actuel de la Science sur ce sujet important.

Il convient d'abord de donner quelques indications générales sur les satellites et leurs mouvements.

On connaît huit satellites qui sont, par ordre de distance croissante à Saturne, *Mimas, Encelade, Téthys, Dioné, Rhéa, Titan, Hypérion* et *Japet*. Le plus gros, Titan, peut être aperçu avec la lunette la plus faible; aussi a-t-il été découvert par Huygens en 1655. Son diamètre apparent paraît inférieur à 1″, de sorte que son diamètre réel serait un peu inférieur à celui de Mars. Une lunette de 4 à

(¹) Laplace, *Mécanique céleste*, t. IV.

5 pouces d'ouverture permet de voir Japet, Rhéa, Dioné et Téthys que D. Cassini a découverts à l'Observatoire de Paris, de 1671 à 1684, avec les objectifs à très long foyer de Campani. Encelade et Mimas, les satellites les plus voisins de la planète et qui ont été découverts par W. Herschel, en 1789, exigent déjà, pour être aperçus, des lunettes de 12 pouces. Le plus faible de tous, Hypérion, découvert simultanément par Bond et Lassell, en 1848, ne peut être vu qu'avec les lunettes les plus puissantes; son éclat ne dépasse pas celui d'une étoile de quatorzième grandeur.

Voici quelques-uns des éléments des orbites :

	Mimas.	Encelade.	Téthys.	Dioné.
θ	165°. 0′	167°.56′	166°. 7′	167°.40′
i	27.36	28. 7	28.40	27.59
a	3.10	3.98	4.93	6.31
T	$0^j 22^h 37^m 5^s$	$1^j 8^h 53^m 7^s$	$1^j 21^h 18^m 26^s$	$2^j 17^h 41^m 9^s$

	Rhéa.	Titan.	Hypérion.	Japet.
θ	167°.45′	167°.48′	168°.10′	142°.40′
i	28.22	27.28	27. 5	18.31
a	8.83	20.45	25.07	59.58
T	$4^j 12^h 25^m 12^s$	$15^j 22^h 41^m 22^s$	$21^j 6^h 39^m 27^s$	$79^j 7^h 54^m 17^s$

Enfin, on a pour les anneaux

$$\theta = 167^\circ 55', \qquad i = 28^\circ 10',$$

θ, i, a et T désignent respectivement : la longitude du nœud ascendant, l'inclinaison, le demi grand axe exprimé en fonction du rayon équatorial de Saturne, et la durée de la révolution.

On voit que les orbites font des angles petits avec le plan de l'anneau, sauf dans le cas de Japet.

On aperçoit, en outre, des rapports de commensurabilité assez approchés entre les moyens mouvements, $\frac{1}{2}$ pour Téthys et Mimas d'une part, Dioné et Encelade d'autre part; $\frac{3}{4}$ pour Hypérion et Titan.

Laplace s'est borné à examiner les perturbations du plan de l'orbite de Japet. M. Newcomb a écrit un beau Chapitre de la Mécanique céleste sur les dérangements causés par Titan dans le mouvement d'Hypérion, et M. H. Struve a trouvé deux théorèmes remarquables concernant les perturbations de Téthys et de Mimas, puis de Dioné et Encelade. Nous allons exposer successivement ces divers travaux, ainsi que les additions qui leur ont été apportées par d'autres astronomes.

35. Équations différentielles du mouvement de l'un quelconque des satellites. — Dans le mouvement du satellite M, dont les coordonnées x, y, z sont rapportées à trois axes de directions invariables passant par le centre de Saturne, nous devons avoir égard aux perturbations provenant :

De l'aplatissement de Saturne;
De l'action de l'anneau;
De l'action du Soleil,
Et des attractions des autres satellites.

Désignons par m_0, m_1, M_0 et $m^{(j)}$ les masses de Saturne, de l'anneau, du Soleil et d'un satellite quelconque M_j; soient

$$V = \frac{fm_0}{r} + W, \qquad V_1 = \frac{fm_1}{r} + W_1$$

les potentiels de Saturne et de son anneau; nous aurons ces équations différentielles

$$(1) \quad \begin{cases} \dfrac{d^2x}{dt^2} + f\,\dfrac{m_0 + m_1 + m}{r^3}\,x = \dfrac{\partial\Omega}{\partial x}, \\ \dfrac{d^2y}{dt^2} + f\,\dfrac{m_0 + m_1 + m}{r^3}\,y = \dfrac{\partial\Omega}{\partial y}, \\ \dfrac{d^2z}{dt^2} + f\,\dfrac{m_0 + m_1 + m}{r^3}\,z = \dfrac{\partial\Omega}{\partial z}, \end{cases}$$

$$(2) \qquad \Omega = W + W_1 = fm_0\left(\frac{1}{\Delta_0} - \frac{rs_0}{r_0^2}\right) + \sum fm^{(j)}\left(\frac{1}{\Delta_j} - \frac{rs_j}{r_j^2}\right),$$

$$\Delta_0^2 = r^2 + r_0^2 - 2rr_0s_0, \qquad s_0 = \cos(rr_0),$$
$$\Delta_j^2 = r^2 + r_j^2 - 2rr_js_j, \qquad s_j = \cos(rr_j).$$

D'après la formule (b') de la page 320 (t. II), on a, pour V et V_1, ces développements en séries

$$V = \frac{fm_0}{r}\left(1 - k\,\frac{Y_2}{r^2} + l\,\frac{Y_4}{r^4} - \ldots\right),$$

$$V_1 = \frac{fm_1}{r}\left(1 - k_1\,\frac{Y'_2}{r^2} + l_1\,\frac{Y'_4}{r^4} - \ldots\right),$$

$$Y_2 = \sin^2\delta - \frac{1}{3}, \qquad Y_4 = \frac{35}{12}\sin^4\delta - \frac{5}{2}\sin^2\delta + \frac{1}{4}, \qquad \ldots,$$

$$Y'_2 = \sin^2\delta_1 - \frac{1}{3}, \qquad Y'_4 = \frac{35}{12}\sin^4\delta_1 - \frac{5}{2}\sin^2\delta_1 + \frac{1}{4}, \qquad \ldots,$$

où δ et δ_1 désignent les déclinaisons du satellite au-dessus de l'équateur de Saturne et au-dessus du plan de l'anneau; k, l, ..., k_1, l_1, ... sont des constantes dépendant de la distribution de la matière dans le corps de Saturne et dans l'anneau. Enfin, les développements supposent que cette distribution est symétrique par rapport à l'axe de rotation et à l'équateur de Saturne, de même relativement à l'axe et au plan de l'anneau.

Cherchons à nous faire une idée de la grandeur des constantes k, l, k_1, l_1, en supposant Saturne et l'anneau homogènes. La formule (c) de la page 321 (t. II) donne, en désignant par a et b le rayon polaire et le rayon équatorial de Saturne,

$$V = \frac{fm_0}{r}\left[1 - \frac{3}{3.5}\frac{b^2-a^2}{r^2}\left(\frac{3}{2}\sin^2\delta - \frac{1}{2}\right) + \frac{3}{5.7}\frac{(b^2-a^2)^2}{r^4}\left(\frac{35}{8}\sin^4\delta - \frac{30}{8}\sin^2\delta + \frac{3}{8}\right) - \ldots\right];$$

on en conclut aisément

$$k = \frac{3}{10}b^2\left(1 - \frac{a^2}{b^2}\right), \qquad l = \frac{9}{70}b^4\left(1 - \frac{a^2}{b^2}\right)^2, \qquad \ldots.$$

$\frac{b-a}{b}$ l'aplatissement de Saturne $= 0,10$; si l'on suppose que r désigne le rayon vecteur de Dioné, on a (*voir* plus haut) $\frac{r}{b} = 6,31$. On en conclut aisément

$$\frac{k}{r^2} = 0,0015, \qquad \frac{l}{r^4} = 0,000\,003;$$

la série converge assez rapidement pour que l'on puisse négliger l.

Pour ce qui concerne l'anneau, la formule (B) de la page 252 (t. II) donne

$$V_1 = \sum_0^\infty \frac{Y'_n}{r^{n+1}}, \qquad Y'_n = \int P_n r'^n\,dm',$$

où l'on a

$$P_n = X_n X'_n, \qquad \text{pour} \qquad x = \sin\delta_1;$$

$$X_2 = \frac{3}{2}\sin^2\delta_1 - \frac{1}{2}, \qquad X_4 = \frac{35}{8}\sin^4\delta_1 - \frac{30}{8}\sin^2\delta_1 + \frac{3}{8};$$

pour tous les points de l'anneau supposé plan, on a $\delta'_1 = 0$; donc

$$X'_2 = -\frac{1}{2}, \qquad X'_4 = +\frac{3}{8};$$

donc

$$Y'_2 = -\frac{3}{4}\left(\sin^2\delta_1 - \frac{1}{3}\right)\int r'^2\,dm',$$

$$Y'_4 = \frac{9}{16}\left(\frac{35}{12}\sin^4\delta_1 - \frac{5}{2}\sin^2\delta_1 + \frac{1}{4}\right)\int r'^4\,dm';$$

on a ensuite

$$k_1 = \frac{3}{4m_1}\int r'^2\,dm', \qquad l_1 = \frac{9}{16m_1}\int r'^4\,dm'.$$

Si l'on suppose que les rayons limites de l'anneau soient R′ et R″, on aura

$$\frac{dm'}{m_1} = \frac{2\pi r'\,dr'}{\pi R''^2 - \pi R'^2},$$

$$k_1 = \frac{3}{2}\,\frac{\int r'^3\,dr'}{R''^2 - R'^2}, \qquad l_1 = \frac{9}{8}\,\frac{\int r'^5\,dr'}{R''^2 - R'^2},$$

$$k_1 = \frac{3}{8}\,\frac{R''^4 - R'^4}{R''^2 - R'^2}, \qquad l_1 = \frac{9}{48}\,\frac{R''^6 - R'^6}{R''^2 - R'^2}.$$

Or, on a

$$R' = 1{,}56\,b, \qquad R'' = 2{,}30\,b.$$

Si l'on fait le calcul pour Dioné, comme précédemment, on trouve

$$\frac{k_1}{r^2} = 0{,}0709, \qquad \frac{l_1}{r^4} = 0{,}0053.$$

La série qui donne V_1 converge donc moins rapidement que celle qui se rapporte à V; néanmoins, si l'on a égard à la petitesse de la masse de l'anneau, on pourra réduire V_1 à

$$W_1 = f\,\frac{k_1 m_1}{r^3}\left(\frac{1}{3} - \sin^2\delta_1\right).$$

Supposons maintenant que le plan de l'anneau coïncide avec le plan de l'équateur, et nous aurons

$$(3) \qquad W + W_1 = f\,\frac{m_0 k + k_1 m_1}{r^3}\left(\frac{1}{3} - \sin^2\delta\right) = \frac{k'}{r^3}\left(\frac{1}{3} - \sin^2\delta\right).$$

La constante *k* s'obtient en écrivant que l'équilibre a lieu à la surface de la planète; on trouve ainsi, comme on l'a vu (p. 4),

$$(4) \qquad k = b^2\left(\varkappa - \frac{1}{2}\varkappa_1\right),$$

où $\varkappa$ et $\varkappa_1$ désignent respectivement l'aplatissement de Saturne et le rapport de la force centrifuge à la pesanteur, pour l'équateur.

L'expression (3) pourrait être en défaut si δ et δ_1 différaient sensiblement l'un de l'autre; or, on n'a jusqu'ici aucun indice de la non-coïncidence des plans de l'anneau et de l'équateur; il pourrait encore en être de même si l'étude des mouvements des satellites les plus voisins de la planète décelait l'existence du terme en $\frac{1}{r^5}$ dans V_1; c'est une question qui n'est peut-être pas encore vidée complètement.

36. **Développement des fonctions perturbatrices.** — Nous ne considére-

rons que les parties séculaires, c'est-à-dire celles qui sont indépendantes des longitudes moyennes des satellites et de celle de Saturne. Nous pourrons même faire abstraction de e_j^2, car les excentricités des satellites sont très petites. Les termes ainsi négligés donnent lieu à quelques faibles inégalités auxquelles il faut avoir égard dans une théorie complète, mais que nous laissons volontairement de côté. En posant

$$k' = fm_0 k + fk_1 m_1,$$

la fonction perturbatrice provenant de l'aplatissement et de l'anneau est

$$\Omega = \frac{k'}{r^3}\left(\frac{1}{3} - \sin^2\delta\right);$$

soient γ' l'inclinaison de l'orbite du satellite sur l'équateur de Saturne, u la distance angulaire du satellite au nœud ascendant relatif à l'équateur; un triangle rectangle facile à apercevoir donne la relation

$$\sin\delta = \sin u \sin\gamma',$$

d'où

$$\Omega = \frac{k'}{r^3}\left(\frac{1}{3} - \frac{1}{2}\sin^2\gamma' + \frac{1}{2}\sin^2\gamma'\cos 2u\right).$$

La portion en $\frac{\cos 2u}{r^3}$ est essentiellement périodique; le terme séculaire de $\frac{1}{r^3}$ est

$$\frac{1}{2\pi}\int_0^{2\pi}\frac{d\zeta}{r^3} = \frac{1}{2\pi a^2\sqrt{1-e^2}}\int_0^{2\pi}\frac{dw}{r} = \frac{1}{2\pi a^3(1-e^2)^{\frac{3}{2}}}\int_0^{2\pi}(1+e\cos w)\,dw = \frac{1}{a^3(1-e^2)^{\frac{3}{2}}},$$

où ζ et w désignent les anomalies moyenne et vraie. On aura donc simplement

$$\Omega = \frac{k'}{a^3}\left(\frac{1}{3} - \frac{1}{2}\sin^2\gamma'\right). \tag{5}$$

La fonction perturbatrice provenant du Soleil est, d'après la formule (2),

$$\Omega_0 = f\frac{M_0}{r_0}\left[\left(1 - \frac{2r}{r_0}s_0 + \frac{r^2}{r_0^2}\right)^{-\frac{1}{2}} - \frac{r}{r_0}s_0\right].$$

En la développant suivant les puissances de la quantité très petite $\frac{r}{r_0}$, on peut se borner à

$$\Omega_0 = f\frac{M_0}{r_0}\left(1 + \frac{3s_0^2 - 1}{2}\frac{r^2}{r_0^2}\right).$$

On peut même supprimer le terme $f\frac{M_0}{r_0}$ qui ne contient pas les éléments du satellite, et prendre

$$\Omega_0 = f\frac{M_0 a^2}{r_0^3}\frac{3s_0^2-1}{2} = \frac{n_0^2 a^2}{(1-e_0^2)^{\frac{3}{2}}}\frac{3s_0^2-1}{2}.$$

Soient γ l'inclinaison de l'orbite du satellite sur l'orbite de Saturne, U_0 et U les distances angulaires du Soleil et du satellite au nœud ascendant du premier de ces plans par rapport au second. On a

$$s_0 = \cos(rr_0) = \cos U \cos U_0 + \sin U \sin U_0 \cos\gamma.$$

La partie non périodique de s_0^2 est

$$\frac{1}{4} + \frac{1}{4}\cos^2\gamma.$$

On aura donc

(6) $$\Omega_0 = \frac{3}{8}\frac{n_0^2 a^2}{(1-e_0^2)^{\frac{3}{2}}}\cos^2\gamma.$$

Considérons enfin la fonction perturbatrice Ω_j provenant de l'action d'un satellite quelconque M_j. D'après la formule (37) de la page 309 (t. I), on aura, en négligeant e et e_j,

$$\Omega_j = fm^{(j)}\left(\frac{1}{2}A^{(0)} - \frac{1}{2}B^{(1)}\eta^2\right),$$

où η désigne le sinus de la demi-inclinaison des orbites de M et de M_j. Si cette dernière orbite coïncide à peu près avec le plan de l'anneau, on pourra prendre

$$\eta^2 = \sin^2\frac{\gamma'}{2} = \frac{1}{4}\sin^2\gamma' + \frac{1}{16}\sin^4\gamma' + \ldots.$$

Le terme en $\sin^4\gamma'$ peut être négligé, même dans le cas de Japet, pour lequel $\gamma' = 13°,7$; du moins, $\frac{1}{16}\sin^4\gamma'$ n'est que la soixante-dixième partie de $\frac{1}{4}\sin^2\gamma'$. Nous pouvons donc prendre

(7) $$\Omega_j = fm^{(j)}\left(\frac{1}{2}A^{(0)} - \frac{1}{8}B^{(1)}\sin^2\gamma'\right).$$

$A^{(0)}$ et $B^{(1)}$ sont des fonctions homogènes et de degré -1 de a et a_j, dont les expressions ont été données dans le Tome I, p. 298.

37. **Perturbations séculaires de Japet.** — Les lettres non accentuées se rapporteront à ce satellite. La fonction perturbatrice Ω sera la somme des expressions (5), (6) et (7); elle dépendra de γ et de γ' qui introduiront les élé-

ments i et θ, et aussi de a qui sera constant, puisque Ω ne contient pas la longitude moyenne l. On trouvera ainsi

$$\Omega = K\cos^2\gamma + K'\cos^2\gamma', \tag{8}$$

en faisant

$$K = \frac{3}{8}\frac{n_0^2 a^2}{(1-e_0^2)^{\frac{3}{2}}}, \tag{9}$$

$$K' = \frac{k'}{2a^3} + \frac{1}{8}f\sum m^{(j)}B^{(1)}.$$

$B^{(1)}$ est défini par l'équation

$$aa_j(a^2 + a_j^2 - 2aa_j\cos\psi)^{-\frac{3}{2}} = \frac{1}{2}B^{(0)} + B^{(1)}\cos\psi + B^{(2)}\cos 2\psi + \ldots.$$

En faisant

$$\alpha = \frac{a_j}{a},$$

α sera toujours < 1, et l'on aura

$$B^{(1)} = \frac{\alpha}{a}\, b_{\frac{3}{2}}^{(1)},$$

d'où

$$K' = \frac{k'}{2a^3} + \frac{1}{8a}f\sum m^{(j)}\alpha\, b_{\frac{3}{2}}^{(1)}; \tag{10}$$

le signe $\sum$ s'étend à tous les satellites intérieurs.

On aura ensuite, en appliquant aux équations (1) la méthode de la variation des constantes arbitraires et négligeant e^2,

$$\frac{d\theta}{dt} = \frac{1}{na^2\sin i}\frac{\partial\Omega}{\partial i}, \qquad \frac{di}{dt} = -\frac{1}{na^2\sin i}\frac{\partial\Omega}{\partial\theta}. \tag{11}$$

C'est de ces équations que l'on conclura les inégalités séculaires de i et de θ, après avoir remplacé Ω par son expression (8), et γ et γ' par leurs valeurs en fonction de i et de θ.

J'ai montré (*Annales de l'Observatoire de Toulouse*, t. I) que l'on peut trouver aisément l'équation de la courbe décrite sur la sphère céleste par le pôle de l'orbite, sans effectuer l'intégration complète des équations (11). On en tire, en effet,

$$\frac{d\Omega}{dt} = \frac{\partial\Omega}{\partial\theta}\frac{d\theta}{dt} + \frac{\partial\Omega}{\partial i}\frac{di}{dt} = 0,$$

ce qui donne l'intégrale

$$\Omega = K\cos^2\gamma + K'\cos^2\gamma' = C, \tag{12}$$

laquelle exprime une relation simple entre les angles γ et γ' que fait le plan de l'orbite du satellite avec l'orbite de Saturne et le plan de l'anneau.

Je vais déduire immédiatement de cette relation que le pôle de l'orbite décrit une ellipse sphérique.

Soient en effet D (*fig.* 2) le pôle boréal de l'orbite de Saturne, D' celui de l'anneau, M celui de l'orbite de Japet, on a

$$MD = \gamma, \qquad MD' = \gamma', \qquad DD' = A,$$

A représentant l'angle du plan de l'anneau avec l'orbite de Saturne.

Fig. 2.

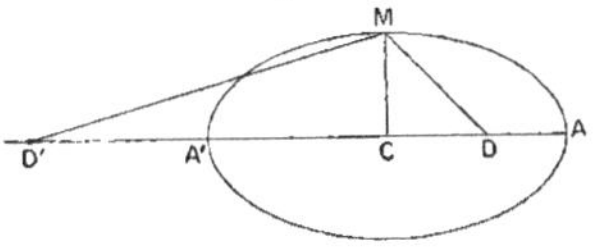

Soient X_0, Y_0, Z_0; X'_0, Y'_0, Z'_0; X, Y, Z les coordonnées des points D, D' et M par rapport à trois axes rectangulaires se coupant au centre de la sphère. On aura

$$\cos\gamma = XX_0 + YY_0 + ZZ_0, \qquad \cos\gamma' = XX'_0 + YY'_0 + ZZ'_0,$$

et l'équation (12) deviendra

$$K(XX_0 + YY_0 + ZZ_0)^2 + K'(XX'_0 + YY'_0 + ZZ'_0)^2 = C;$$

c'est l'équation d'un cylindre elliptique qui, par son intersection avec la sphère, donnera la courbe cherchée qui se trouve bien être ainsi une ellipse sphérique. Mais je ne garderai pas les coordonnées rectangulaires pour étudier cette courbe.

Je vais chercher directement son centre C, qui est évidemment sur l'arc DD'. Soient

$$CD = i, \qquad CD' = i', \qquad CM = \rho, \qquad D'CM = \varphi,$$

on aura

$$\cos\gamma = \cos i\cos\rho - \sin i\sin\rho\cos\varphi, \qquad \cos\gamma' = \cos i'\cos\rho + \sin i'\sin\rho\cos\varphi,$$
$$K(\cos i\cos\rho - \sin i\sin\rho\cos\varphi)^2 + K'(\cos i'\cos\rho + \sin i'\sin\rho\cos\varphi)^2 = C.$$

Disposons de i et de i' de façon à annuler dans cette équation le coefficient de $\cos\varphi$; nous trouverons

$$(13)\qquad K\sin 2i = K'\sin 2i',$$

puis

$$(14)\qquad \cos^2\rho(K\cos^2 i + K'\cos^2 i') + \sin^2\rho\cos^2\varphi(K\sin^2 i + K'\sin^2 i') = C.$$

On a, d'ailleurs, $2i + 2i' = 2A$, et cette relation combinée avec la formule (13) donnera

$$\tang 2i = \frac{K'\sin 2A}{K + K'\cos 2A}, \qquad \tang 2i' = \frac{K\sin 2A}{K' + K\cos 2A},$$

$$2\cos^2 i = 1 + \frac{K + K'\cos 2A}{\sqrt{K^2 + K'^2 + 2KK'\cos 2A}}, \qquad 2\sin^2 i = 1 - \frac{K + K'\cos 2A}{\sqrt{K^2 + K'^2 + 2KK'\cos 2A}},$$

et des valeurs analogues pour $\cos^2 i'$ et $\sin^2 i'$. L'équation (14) deviendra donc

$$(15)\qquad \left\{\begin{array}{l} \cos^2\rho\left(K + K' + \sqrt{K^2 + K'^2 + 2KK'\cos 2A}\right) \\ \quad + \sin^2\rho\cos^2\varphi\left(K + K' - \sqrt{K^2 + K'^2 + 2KK'\cos 2A}\right) = 2C. \end{array}\right.$$

On a

$$K^2 + K'^2 + 2KK'\cos 2A = (K + K')^2\left[1 - \frac{4KK'}{(K + K')^2}\sin^2 A\right];$$

si donc on pose

$$\frac{K'}{K} = \tang^2\alpha, \qquad \sin 2B = \frac{2\sqrt{KK'}}{K + K'}\sin A = \sin A\sin 2\alpha,$$

l'équation (15) donnera

$$\cos^2\rho\cos^2 B + \sin^2\rho\cos^2\varphi\sin^2 B = \frac{C}{K + K'} = \frac{K\cos^2\gamma_0 + K'\cos^2\gamma'_0}{K + K'} = \cos^2 N,$$

en désignant par γ_0 et γ'_0 les valeurs initiales de γ et γ', et par N un nouvel angle auxiliaire. Nous aurons ainsi cet ensemble de formules,

$$(16)\qquad \left\{\begin{array}{l} \tang^2\alpha = \dfrac{K'}{K}, \qquad \sin 2B = \sin A\sin 2\alpha, \\ \cos^2 N = \cos^2\gamma_0\cos^2\alpha + \cos^2\gamma'_0\sin^2\alpha, \\ \sin^2 N = \sin^2\gamma_0\cos^2\alpha + \sin^2\gamma'_0\sin^2\alpha, \end{array}\right.$$

$$(17)\qquad \cos^2 B\cos^2\rho + \sin^2 B\sin^2\rho\cos^2\varphi = \cos^2 N,$$

dont la dernière est l'équation de la courbe; les relations (16) font connaître les quantités auxiliaires N, B, α en fonction des constantes K, K', A, γ_0 et γ'_0. Cherchons les axes $2\rho'$ et $2\rho''$ de notre ellipse sphérique, $2\rho'$ étant dirigé suivant l'arc DD'. Nous aurons à faire, dans l'équation (17), $\varphi = 0$ et $\varphi = 90°$; nous trouverons aisément

$$\cos\rho'' = \frac{\cos N}{\cos B}, \qquad \cos 2\rho' = \frac{\cos 2N}{\cos 2B}; \tag{18}$$

on peut constater sans peine l'inégalité $\rho' > \rho''$.

Laplace a considéré un plan fixe, précisément celui qui a pour pôle le centre C de notre ellipse sphérique; il dit que l'orbite du satellite se meut en gardant sur ce plan fixe une inclinaison à peu près constante. C'est dire que l'ellipse ne diffère pas beaucoup d'un petit cercle de la sphère. Nous allons donner la raison de ce fait. L'angle B n'est pas très grand; il est au plus égal à 13° ou 14°; s'il était nul, les formules (18) donneraient

$$\rho' = \rho'' = N.$$

Dans tous les cas, cos B et cos 2B ne diffèrent pas beaucoup de 1, et la différence $\rho' - \rho''$ sera assez petite; on a

$$\operatorname{tang}\frac{N-\rho''}{2}\operatorname{tang}\frac{N+\rho''}{2} = \operatorname{tang}^2\frac{B}{2}, \qquad \operatorname{tang}(N-\rho')\operatorname{tang}(N+\rho') = \operatorname{tang}^2 B,$$

d'où l'on tire ces valeurs approchées,

$$\operatorname{tang}\frac{N-\rho''}{2} = \frac{\operatorname{tang}^2\frac{B}{2}}{\operatorname{tang} N}, \qquad \operatorname{tang}(N-\rho') = \frac{\operatorname{tang}^2 B}{\operatorname{tang} 2N}.$$

Nous verrons plus loin que la différence $\rho' - \rho''$ est d'environ 14', quantité petite, mais non négligeable.

Soit AA' le grand axe de l'ellipse; on voit que la valeur de $\gamma = MD$ sera toujours comprise entre DA et DA', et la valeur de $\gamma' = MD'$ entre D'A' et D'A. Nous voyons donc que jamais l'orbite de Japet ne pourra coïncider, ni avec le plan de l'anneau, ni avec l'orbite de Saturne.

38. **Loi du mouvement du pôle sur son ellipse.** — Si l'on prend pour plan des xy le plan fixe de Laplace, l'origine des longitudes étant fixée à l'intersection de ce plan fixe avec le plan de l'anneau, on aura

$$i = \rho, \qquad \theta = -\varphi,$$

et la seconde des équations (11) donnera

$$\frac{d\rho}{dt} = \frac{1}{na^2 \sin\rho} \frac{\partial\Omega}{\partial\varphi}.$$

Or, $\Omega = K\cos^2\gamma + K'\cos^2\gamma'$ a pour expression, en fonction de ρ et de φ, la moitié du premier membre de l'équation (15), ou encore

$$(K + K')(\cos^2\rho\cos^2 B + \sin^2\rho\sin^2 B\cos^2\varphi).$$

On trouvera donc

$$na^2\frac{d\rho}{dt} = -\frac{2K}{\sin\rho\cos^2\alpha}\sin^2\rho\sin^2 B\sin\varphi\cos\varphi.$$

Nous allons éliminer φ à l'aide de l'équation de l'ellipse que l'on peut écrire, en introduisant ρ' et ρ'',

$$\cos^2\rho + \frac{\cos^2\rho'' - \cos^2\rho'}{\sin^2\rho'}\sin^2\rho\cos^2\varphi = \cos^2\rho'';$$

d'où

$$(19)\qquad \left\{\begin{aligned} \sin^2\rho\cos^2\varphi &= \sin^2\rho'\,\frac{\cos^2\rho'' - \cos^2\rho}{\cos^2\rho'' - \cos^2\rho'},\\ \sin^2\rho\sin^2\varphi &= \sin^2\rho''\,\frac{\cos^2\rho - \cos^2\rho'}{\cos^2\rho'' - \cos^2\rho'},\end{aligned}\right.$$

$$na^2\frac{d\rho}{dt} = -\frac{2K}{\sin\rho\cos^2\alpha}\sin^2 B\,\frac{\sin\rho'\sin\rho''}{\cos^2\rho'' - \cos^2\rho'}\sqrt{(\cos^2\rho'' - \cos^2\rho)(\cos^2\rho - \cos^2\rho')}.$$

Si l'on pose, en désignant par μ une nouvelle variable,

$$\cos^2\rho = \cos^2\rho''\cos^2\mu + \cos^2\rho'\sin^2\mu,$$

on trouve que la valeur précédente de $\frac{d\rho}{dt}$ donne

$$(20)\qquad \frac{d\mu}{\sqrt{1 - h^2\sin^2\mu}} = -H\,dt,$$

où l'on a fait

$$(21)\qquad \left\{\begin{aligned} h^2 &= \frac{\cos^2\rho'' - \cos^2\rho'}{\cos^2\rho''},\\ H &= \frac{2K}{na^2\cos^2\alpha}\,\frac{\sin^2 B\sin\rho'\sin\rho''\cos\rho''}{\cos^2\rho'' - \cos^2\rho'}.\end{aligned}\right.$$

En remplaçant ρ' et ρ'' par leurs valeurs (18), l'expression de H se simplifie et devient

$$(22)\qquad H = 2K\,\frac{\cos N\sqrt{\cos 2B}}{na^2\cos^2\alpha}.$$

On voit que l'on est ramené à des intégrales elliptiques, et les formules (19) et (20) donneront, en désignant par t_0 une constante arbitraire,

$$(23)\qquad \left\{\begin{aligned} \mu &= am(\mathrm{H}t_0 - \mathrm{H}t),\\ \sin\rho\cos\varphi &= \sin\rho'\sin\mu,\\ \sin\rho\sin\varphi &= \sin\rho''\cos\mu.\end{aligned}\right.$$

Le module h est voisin de zéro; il convient de procéder à des développements en séries, en négligeant h^4. On trouve successivement

$$d\mu\left(1+\frac{1}{2}h^2\sin^2\mu\right) = d\mu\left(1+\frac{1}{4}h^2-\frac{1}{4}h^2\cos 2\mu\right) = -\mathrm{H}\,dt,$$

$$\mu = \mathrm{H}'(t_0-t)+\frac{h^2}{8}\sin 2\mathrm{H}'(t_0-t),$$

$$\mathrm{H}' = \frac{\mathrm{H}}{1+\dfrac{h^2}{4}},$$

$$\tan\!\mathrm{g}\,\varphi = \frac{\sin\rho''}{\sin\rho'}\cot\mu = \frac{\sin\rho''}{\sin\rho'}\,\frac{1-\dfrac{1}{4}h^2\sin^2\mathrm{H}'(t_0-t)}{1+\dfrac{1}{4}h^2\cos^2\mathrm{H}'(t_0-t)}\cot\mathrm{H}'(t_0-t),$$

$$\tan\!\mathrm{g}\,\varphi = (1-2l)\cot\mathrm{H}'(t_0-t),$$

$$l = \frac{\sin\rho'-\sin\rho''}{2\sin\rho'}+\frac{h^2}{8};$$

l est une petite quantité de l'ordre de h^2. En posant

$$\varphi = 90^\circ - \mathrm{H}'(t_0-t)-\varepsilon,$$

on trouve aisément

$$\varepsilon = l\sin 2\mathrm{H}'(t_0-t):$$

soit encore

$$\varphi_1 = 90^\circ - \mathrm{H}'t_0,$$

il viendra

$$(24)\qquad \varphi = \varphi_1 + \mathrm{H}'t - l\sin(2\varphi_1+2\mathrm{H}'t).$$

La valeur de φ_1 se déterminera au moyen de la valeur φ_0 que prend φ pour $t=0$, par la formule

$$\varphi_0 = \varphi_1 - l\sin 2\varphi_1:$$

$$\varphi_1 = \varphi_0 + l\sin 2\varphi_0.$$

On a ensuite par l'équation de l'ellipse,

$$\sin\rho = \frac{\sin\rho'\sin\rho''}{\sqrt{\sin^2\rho''+(\sin^2\rho'-\sin^2\rho'')\sin^2\varphi}} = \frac{\sin\rho'}{\sqrt{1+\dfrac{\sin^2\rho'-\sin^2\rho''}{\sin^2\rho''}\sin^2(\varphi_1+\mathrm{H}'t)}},$$

et l'on en tire sans peine

$$(25)\qquad \rho = \rho' - (\rho' - \rho'')\sin^2(\varphi_1 + \mathrm{H}'t).$$

Les formules (24) et (25) résolvent le problème avec une précision suffisante. On a, d'ailleurs, comme on le voit facilement,

$$(26)\qquad l = (\rho' - \rho'')\,\frac{1 + \cos^2\rho'}{2\sin 2\rho'}.$$

On voit que φ a un double mouvement de précession et de nutation ; le terme de précession est positif, et comme la longitude du nœud sur le plan fixe de Laplace a été représentée par $-\varphi$, le nœud de l'orbite du satellite a son mouvement de précession rétrograde.

39. Discussion des observations de Japet. — La discussion la plus complète a été faite par M. H. Struve (*Beobachtungen der Saturnstrabanten*, Supplément aux Observations de Poulkovo, Saint-Pétersbourg, 1888). Les séries d'observations utilisées sont celles de Bernard à Marseille, de W. Herschel, de Bessel, de Jacob, de A. Hall, et enfin de H. Struve lui-même. Les valeurs de la longitude du nœud, θ, et de l'inclinaison i, rapportées à l'écliptique, telles qu'elles résultent d'une discussion approfondie, sont renfermées dans le Tableau suivant, qui contient en outre les dates moyennes des observations :

		θ.	i.	
(27)	1787,7.....	144°.18′,4	19°.17′,2	Bernard et Herschel
	1832,5.....	143.24,5	18.52,6	Bessel
	1857,5.....	143. 2,0	18.43,0	Jacob
	1878,5.....	142.26,6	18.33,3	A. Hall
	1885,6.....	142.12,4	18.28,3	H. Struve

Pour obtenir ces nombres, on a appliqué en signe contraire à θ et i les inégalités périodiques

$$\Delta\theta = 8',46\sin(2l_0 - 2\Omega_0 + 4^\circ,4),$$
$$\Delta i = 2',68\cos(2l_0 - 2\Omega_0 + 4^\circ,4),$$

qui proviennent de l'action du Soleil, l_0 et Ω_0 désignant respectivement la longitude du Soleil et celle du nœud de l'écliptique sur l'orbite de Saturne.

M. H. Struve applique les formules (11) qui deviennent, en remplaçant K par sa valeur (9),

$$\sin i\,\frac{d\theta}{dt} = -\frac{3}{4}\,\frac{n_0^2}{n(1-e_0^2)^{\frac{3}{2}}}\left(\sin\gamma\cos\gamma\,\frac{\partial\gamma}{\partial i} + \frac{\mathrm{K}'}{\mathrm{K}}\sin\gamma'\cos\gamma'\,\frac{\partial\gamma'}{\partial i}\right),$$

$$\sin i\,\frac{di}{dt} = +\frac{3}{4}\,\frac{n_0^2}{n(1-e_0^2)^{\frac{3}{2}}}\left(\sin\gamma\cos\gamma\,\frac{\partial\gamma}{\partial\theta} + \frac{\mathrm{K}'}{\mathrm{K}}\sin\gamma'\cos\gamma'\,\frac{\partial\gamma'}{\partial\theta}\right).$$

Soient (*fig.* 3)

xA l'écliptique,
AC l'orbite de Saturne,
BC l'orbite de Japet,

$$xA = \theta_1, \qquad BAC = i_1, \qquad BC = \psi.$$

Fig. 3.

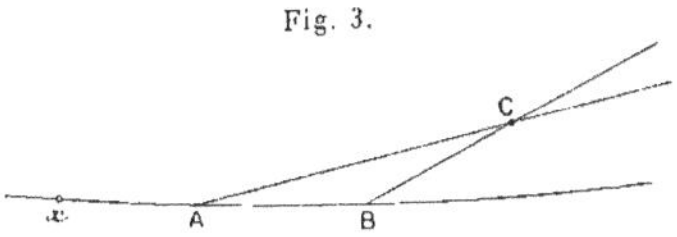

Le triangle ABC donne

$$\cos\gamma = \cos i \cos i_1 + \sin i \sin i_1 \cos(\theta - \theta_1),$$

d'où l'on tire

$$\sin\gamma \frac{\partial\gamma}{\partial i} = \sin i \cos i_1 - \cos i \sin i_1 \cos(\theta - \theta_1) = \sin\gamma \cos\psi,$$

$$\sin\gamma \frac{\partial\gamma}{\partial\theta} = \sin i \sin i_1 \sin(\theta - \theta_1) = \sin i \sin\gamma \sin\psi.$$

Les expressions précédentes de $\frac{d\theta}{dt}$ et de $\frac{di}{dt}$ deviendront donc, si l'on utilise les relations analogues pour $\frac{\partial\gamma'}{\partial i}$ et $\frac{\partial\gamma'}{\partial\theta}$,

$$(28)\quad \left\{ \begin{aligned} \sin i \frac{d\theta}{dt} &= -\frac{3}{4} \frac{n_0^2}{n(1-e_0^2)^{\frac{3}{2}}} \left(\sin\gamma\cos\gamma\cos\psi + \frac{K'}{K}\sin\gamma'\cos\gamma'\cos\psi' \right), \\ \frac{di}{dt} &= +\frac{3}{4} \frac{n_0^2}{n(1-e_0^2)^{\frac{3}{2}}} \left(\sin\gamma\cos\gamma\sin\psi + \frac{K'}{K}\sin\gamma'\cos\gamma'\sin\psi' \right). \end{aligned} \right.$$

ψ' est l'arc intercepté sur l'orbite du satellite, entre l'écliptique et le plan de l'anneau.

M. Struve a calculé par les formules précédentes les variations annuelles $\Delta\theta$ et Δi, pour 1785,0 et 1885,0, en remplaçant dans chaque cas γ, γ', ψ, ψ' et i par les valeurs correspondantes; ce double calcul a pour but d'éviter la considération des termes du second ordre. Il a trouvé ainsi

Pour 1785.	Pour 1885.
$\Delta\theta = -2',647 + 1',446 \frac{K'}{K}$,	$\Delta\theta = -2',632 + 1',533 \frac{K'}{K}$,
$\Delta i = +0',083 - 0',715 \frac{K'}{K}$,	$\Delta i = +0',073 - 0',816 \frac{K'}{K}$.

Comparant ensuite ses observations de 1885,6 aux autres, et les reliant par les variations $(t'-t)\Delta\theta$ et $(t'-t)\Delta i$, il a obtenu des équations telles que

$$97,9\left(-2',639+1',489\,\frac{K'}{K}\right)=-126',0,$$

d'où

$$\frac{K'}{K}=0,907.$$

Il a trouvé ainsi pour $\frac{K'}{K}$ les valeurs suivantes :

	Par θ.	Par i.
Bernard	0,907	0,755
Bessel	0,847	0,675
Jacob	0,571	0,745
Hall	0,414	0,953

Il a fait les moyennes en éliminant toutefois les observations de M. Hall qui sont trop peu distantes des siennes; il a trouvé ainsi

$$0,775 \quad \text{et} \quad 0,725,$$

d'où, enfin,

$$\frac{K'}{K}=0,750.$$

Cette valeur représente très bien la série des valeurs de la longitude du périsaturne aux diverses époques.

On a ensuite, pour 1885,0,

$$\theta=142^\circ 12',4-1',48\,t,$$
$$i=18^\circ 28',3-0',54\,t.$$

40. Calcul de la masse de Titan. — La formule (10) donne

$$K'=\frac{fm_0 k+fm_1 k_1}{2a^3}+\frac{1}{8a}\sum fm^{(j)}\alpha\, b_{\frac{3}{2}}^{(1)}.$$

En posant

$$\lambda=\frac{k+k_1\,\frac{m_1}{m_0}}{b^2},\qquad fm_0=n^2a^3,$$

il vient

$$K'=\frac{n^2a^2}{2}\left(\lambda\,\frac{b^2}{a^2}+\frac{1}{4}\sum\frac{m^{(j)}}{m_0}\alpha\, b_{\frac{3}{2}}^{(1)}\right).$$

On a, d'ailleurs,

$$K=\frac{3}{8}\,\frac{n_0^2a^2}{(1-e_0^2)^{\frac{3}{2}}}.$$

Il vient donc

$$(29)\qquad \frac{K'}{K} = \frac{4}{3}\left(\frac{n}{n_0}\right)^2 (1 - e_0^2)^{\frac{3}{2}} \left(\lambda \frac{b^2}{a^2} + \frac{1}{4} \sum \frac{m^{(j)}}{m_0} \alpha b_{\frac{3}{2}}^{(1)}\right).$$

On a trouvé ce rapport $= 0,75$; il en résulte

$$n(1 - e_2^0)^{\frac{3}{2}} \left(\lambda \frac{b^2}{a^2} + \frac{1}{4} \sum \frac{m^{(j)}}{m_0} \alpha b_{\frac{3}{2}}^{(1)}\right) = 0,75 \times \frac{3}{4} \frac{n_0^2}{n}.$$

En remplaçant les quantités par leurs valeurs numériques. M. H. Struve obtient l'équation suivante

$$(30)\quad 183,4 = (3,2143)\lambda + (5,8241) m_{\text{Ti}} + (5,0107) m_{\text{Rh}} + (4,7114) m_{\text{Di}} + (4,4939) m_{\text{Te}} + \ldots,$$

où m_{Ti}, m_{Rh}, ..., désignent les rapports des masses de Titan, Hypérion, Rhéa, Dione, Téthys, ... à la masse de Saturne. Rappelons que α désigne successivement les rapports des demi grands axes des orbites de Titan, Rhéa, ... à celui de Japet.

La discussion de l'ensemble des observations de Titan a permis à M. H. Struve de déterminer le mouvement du périsaturne de ce satellite, et cela lui a fourni une équation analogue à la précédente, savoir

$$(31)\quad 1800 = (4,8404)\lambda + (6,0563) m_{\text{Ja}} + (6,7875) m_{\text{Rh}} + (6,4103) m_{\text{Di}} + (6,1637) m_{\text{Te}}.$$

La masse de Titan est sans doute de beaucoup la plus considérable; si nous la conservons seule, les équations précédentes se réduisent à

$$183,4 = (3,2143)\lambda + (5,8241) m_{\text{Ti}},$$
$$1800 = (4,8404)\lambda,$$

d'où

$$\lambda = 0,0260, \qquad m_{\text{Ti}} = \frac{1}{4700}.$$

M. H. Struve fait un nouveau calcul en introduisant des masses hypothétiques des satellites Japet, Rhéa, ... M. W. Pickering a mesuré les éclats de ces corps, et, en leur supposant à tous le même pouvoir réflecteur et la même densité, il en a conclu (*Annales du College Harvard*, t. XI, p. 247),

$$m_{\text{Te}} = 0,0667\, m_{\text{Ti}},$$
$$m_{\text{Di}} = 0,0573\, m_{\text{Ti}},$$
$$m_{\text{Rh}} = 0,1488\, m_{\text{Ti}},$$
$$m_{\text{Ja}} = 0,0417\, m_{\text{Ti}}.$$

Il est inutile d'insister sur le manque de rigueur de cette détermination qui se borne à une simple appréciation; dans ces conditions, il est clair que l'on ne pourra pas espérer obtenir m_{Rh} avec quatre chiffres significatifs. Quoi qu'il en soit, en portant ces valeurs dans les équations (29) et (30), elles deviennent

$$183,4 = (3,2143)\lambda + (5,8372)m_{Ti},$$
$$1800 = (4,8404)\lambda + (6,0808)m_{Ti},$$

d'où

$$\lambda = 0,02227, \qquad m_{Ti} = \frac{1}{4678}.$$

J'avais obtenu autrefois (*Annales de l'observatoire de Toulouse*, t. I), par la discussion d'une observation faite par Cassini II en 1714,

$$m_{Ti} = \frac{1}{11000},$$

ce qui conduirait pour la masse de Titan à une valeur trois fois plus faible, au moins, que celle à laquelle arrive M. H. Struve. Mais l'observation dont il s'agit consiste en une simple estime, ou plutôt, dans l'extrapolation de résultats estimés. Le dessin de Cassini présente d'ailleurs des particularités difficiles à comprendre. Il n'y a évidemment pas de parallèle à établir entre les conséquences que l'on en peut déduire et celles qui sont fondées sur des séries nombreuses de Bernard, Herschel, Jacob, Hall et Struve; de sorte que la valeur nouvelle

$$m_{Ti} = \frac{1}{4700}$$

présente toutes les garanties. Nous verrons d'ailleurs, dans le Chapitre suivant, qu'elle est confirmée par la théorie des perturbations d'Hypérion.

41. Masse de l'anneau. — On a les formules

$$\lambda b^2 = k + \frac{m_1}{m_0} k_1, \qquad k = b^2\left(\varkappa - \frac{1}{2}\varkappa_1\right),$$

d'où

$$\lambda = \varkappa - \frac{1}{2}\varkappa_1 + \frac{m_1}{m_0}\frac{k_1}{b^2} = 0,0223.$$

Or, on a mesuré l'aplatissement de Saturne $\varkappa$, et l'on peut calculer aisément $\varkappa_1$. M. H. Struve adopte

$$\varkappa - \frac{1}{2}\varkappa_1 = 0,0194,$$

et il en résulte

$$\frac{m_1}{m_0}\frac{k_1}{b^2} = 0,0029.$$

On a, d'ailleurs, en supposant l'anneau homogène (*voir* la page 89),

$$\frac{k_1}{b^2} = \frac{3}{8}\,\frac{R'^2 + R''^2}{b^2} = 2,9;$$

cela conduirait à

$$\frac{m_1}{m_0} = \frac{1}{1000}.$$

Mais il ne faut pas se dissimuler que cette détermination est presque illusoire, d'abord à cause de l'influence des masses imparfaitement connues sur la valeur de la constante λ, ensuite et surtout parce qu'il suffirait de légères modifications de $\varkappa$ et de b pour la changer beaucoup, et il suffit d'un coup d'œil jeté sur les déterminations de $\varkappa$ et de b, obtenues par des observateurs très habiles, pour reconnaître la possibilité de telles modifications.

Remarque. — Si, dans la formule (29), on néglige e_0 et ce qui dépend de l'attraction des satellites, il vient

$$\frac{K}{K'} = \frac{3\,M_0}{4\lambda\, m_0}\,\frac{a^5}{a_0^3\, b^2},$$

de sorte que, quand on considère des satellites plus voisins de la planète, $\frac{K}{K'}$ décroît rapidement, comme a^5. On a donc, au lieu de l'équation (12),

$$K' \cos^2\gamma' = \text{const.}$$

Ainsi, l'inclinaison de l'orbite d'un satellite sur l'anneau demeure constante et toujours très petite si elle l'a été seulement à un moment donné.

CHAPITRE VII.

THÉORIE DES SATELLITES DE SATURNE. — PERTURBATIONS D'HYPÉRION.

42. **Recherches sur le mouvement d'Hypérion** (Mémoire de M. Newcomb intitulé : *On the Motion of Hyperion, a new Case in Celestial Mechanics, Astronomical Papers*, t. III). — Hypérion, nous l'avons dit déjà, est le plus faible de tous les satellites de Saturne. Il a été observé, pendant quelque temps, par Bond en 1848, et par Lassell en 1848, 1850, 1852, 1853, 1860 et 1864. Ces observations, dont la précision laissait peut-être un peu à désirer, n'ont été employées qu'à une première détermination de l'orbite, qui ne parut rien présenter d'extraordinaire, sinon que l'excentricité était beaucoup plus forte que pour les autres satellites; elle était d'environ $\frac{1}{9}$. Ce n'est qu'en 1875 que nous trouvons de nouvelles observations d'Hypérion. La grande lunette de 26 pouces, de Washington, nous a révélé des particularités bien imprévues.

Les observations de M. A. Hall, faites en 1875, ont donné pour la longitude du périsaturne d'Hypérion 174°. Il résulte des observations de Lassell qu'en 1852 la même longitude était de 240°. Les deux directions du grand axe de l'orbite font donc entre elles un angle de 66°; et cette rotation des apsides est bien certaine, malgré la difficulté des mesures, car l'excentricité de l'orbite est très prononcée.

Quelle pouvait être la cause de cette perturbation considérable? Il fallait évidemment la chercher dans l'action des autres satellites et, en particulier, dans celle de Titan.

D'abord, il est évidemment le plus gros de tous; ensuite, sa distance moyenne à Saturne (20″,5) diffère peu de celle d'Hypérion (25″,1). La plus petite distance d'Hypérion à Saturne étant de 22″,6, la distance des deux satellites peut s'abaisser à 2″,1 et devenir ainsi 12 fois plus petite que la distance d'Hypérion à Saturne.

En attribuant à Titan une masse égale seulement à $\frac{1}{11000}$, son action sur Hypérion pourra atteindre $\frac{144}{11000} = \frac{1}{76}$ de l'action de la planète $\left(\text{avec la masse de Titan } \frac{1}{4700} \text{ donnée dans le Chapitre précédent, on trouve } \frac{1}{33} \text{ au lieu de } \frac{1}{76}\right)$. C'est une force perturbatrice considérable, dont l'effet se trouve encore augmenté par cette circonstance que les moyens mouvements des deux satellites sont à très peu près commensurables. Il résulte, en effet, du Tableau de la page 86, que l'on a, en désignant par T et T' les durées de révolution de Titan et d'Hypérion,

$$\frac{T'}{T} = \frac{n}{n'} = \frac{4}{3} + 0,001.$$

Il en résultera donc une inégalité à longue période, dépendant de l'argument $4l' - 3l$, inégalité qui sera d'autant plus sensible que, relativement aux excentricités, elle sera de l'ordre $4 - 3 = 1$; elle contiendra donc un facteur e ou e'; or e' est assez grand.

J'avais appelé l'attention des astronomes sur ces particularités (*Observatory*, t. III, p. 235). Pour aller plus loin, il fallait de nouvelles données de l'observation.

Voici celles qui ont été fournies par M. A. Hall (*Monthly Notices*, mai 1884) :

Date.	a'.	e'.	ϖ'.	$\varpi - \varpi'$.
1852,9..........	217",05	0,1201	240°,18	28°
1875,7..........	216,25	0,1026	174,24	94
1876,7..........	216,52	0,1290	156,92	111
1879,8..........	211,17	0,0780	93,17	175
1880,9..........	212,41	0,0823	60,01	208
1881,9..........	213,05	0,0898	36,91	231
1882,9..........	215,46	0,0884	20,04	248
1883,9..........	212,90	0,0982	353,27	275

M. Hall en conclut que la valeur de ϖ' est représentée à fort peu près par la formule

$$\varpi' = 174^\circ,24 - 20^\circ,344\,t - 0^\circ,103\,t^2,$$

où t désigne le nombre d'années compté à partir de 1875,7. Ainsi, le périsaturne d'Hypérion fait une révolution dans le sens rétrograde en dix-huit ans, et, de 1852 à 1875, son mouvement a été, non de 66°, mais de 66° + 360° = 426°. C'est là une découverte qui fait honneur à M. Hall, et qui a demandé une longue suite d'observations difficiles, en même temps qu'une discussion bien conduite.

43. C'est ici qu'intervient la théorie avec M. Newcomb; les inégalités séculaires de ϖ' seront données par la formule suivante, qui résulte de formules

connues (t. I, p. 169 et 405),

$$\frac{d\varpi'}{dt} = \frac{1}{2} m a' n' \left\{ A_1^{(0)} + A_2^{(0)} + [A_0^{(1)} - A_1^{(1)} - A_2^{(1)}] \frac{e}{e'} \cos(\varpi' - \varpi) \right\}.$$

On a remplacé $\sqrt{1 - e'^2}$ par 1, et négligé le terme en $\frac{\partial R}{\partial i}$; d'ailleurs, dans tout ce qui suit, nous ferons abstraction de l'inclinaison mutuelle, très petite du reste, des orbites de Titan et d'Hypérion. Voici les données numériques d'où part M. Newcomb :

	Titan.	Hypérion.
Moyen mouvement sidéral diurne...	$n = 22^\circ,57700$	$n' = 16^\circ,91988$
Périsaturne (1880,0).............	$\varpi = 268,6$	$\varpi' = 88,0$
Mouvement annuel.................	$\frac{d\varpi}{dt} = +0^\circ,50$	$\frac{d\varpi'}{dt} = -20^\circ,3$
Excentricité.....................	$e = 0,0287$	$e' = 0,100$
Rapport des moyennes distances....	$\frac{a}{a'} = \alpha = 0,825$	

En supposant $m = \frac{1}{10000}$, la formule précédente donne un mouvement *direct* de 3° par an, tandis que le mouvement observé est *rétrograde* et de 20° environ.

M. Newcomb remarque ensuite que l'on a

$$4n' = 67^\circ,6795, \qquad 3n = 67^\circ,7310, \qquad 4n' - 3n = -0^\circ,0515;$$

en un an

$$4n' - 3n = -18^\circ,8.$$

Or, le mouvement annuel de ϖ' est de -20°, quantité très voisine de $-18^\circ,8$.

Il y a donc lieu de penser que, si l'on considère l'argument

$$V' = 4l' - 3l - \varpi',$$

sa partie proportionnelle au temps sera nulle, et que V' sera constant, ou bien oscillera autour d'une valeur moyenne constante C. On en conclut, dans cette hypothèse,

$$3(l' - l) + l' - \varpi' = C;$$

de sorte que, si l'on cherche les conjonctions des deux satellites, on aura

$$(1) \qquad l' - \varpi' = \zeta' = C.$$

Or, pour que les inégalités séculaires aient un sens pratique, il faut que, dans le cours du temps, les inégalités périodiques se détruisent; à une longitude moyenne donnée de l'une des planètes doivent correspondre successivement toutes les longitudes moyennes de l'autre, et, en particulier, les conjonctions doivent se produire en tous les points de chaque orbite. Or, d'après la formule (1), les conjonctions auraient toujours lieu dans le voisinage d'une même anomalie moyenne d'Hypérion. Il est donc impossible que les termes en $\cos i(l' - \varpi')$ se détruisent, et le mouvement progressif du périsaturne sera produit, non pas seulement par les termes séculaires, mais par les termes périodiques.

M. Newcomb considère, après ce préambule, les termes principaux de la fonction perturbatrice R. Nous allons reproduire son exposition, en supposant toutefois nulle la petite excentricité de l'orbite de Titan et faisant

$$a'R = \frac{1}{2} b^{(0)} + e'^2 C_0 + e' C_1 \cos(4l' - 3l - \varpi').$$

Il calcule les $b^{(i)}$ et leurs dérivées premières et secondes, et trouve

$i.$	$b^{(i)}.$	$\alpha \frac{db^{(i)}}{d\alpha}.$	$\alpha^2 \frac{d^2 b^{(i)}}{d\alpha^2}.$
0	2,61	2,39	13,33
1	−0,25	5,84	4,48
2	0,79	2,82	14,1
3	0,56	2,61	14,8
4	0,41	2,36	15,2

d'où il déduit

$$C_0 = \frac{1}{4} \alpha \frac{db^{(0)}}{d\alpha} + \frac{1}{8} \alpha^2 \frac{d^2 b^{(0)}}{d\alpha^2} = +2,27,$$

$$C_1 = \frac{7}{2} b^{(3)} + \frac{1}{2} \alpha \frac{db^{(3)}}{d\alpha} = +3,26,$$

$$a' \frac{d \log \frac{C_2}{a'}}{da'} = -21,1;$$

les valeurs de $b^{(1)}$ et de ses dérivées ont reçu les corrections respectives

$$-\alpha^{-2}, \quad +2\alpha^{-2}, \quad -6\alpha^{-2},$$

pour avoir égard à la seconde partie de la fonction perturbatrice

$$-m \frac{xx' + yy' + zz'}{r'^3}.$$

44. Équations pour la variation des éléments. — Ces équations sont fournies par les formules (h) (t. I, p. 169), en conservant seulement les termes principaux; on trouve

$$\frac{dn'}{dt} = -3mn'^2 \frac{\partial(a'R)}{\partial l'}, \qquad \frac{de'}{dt} = -\frac{mn'}{e'} \frac{\partial(a'R)}{\partial \varpi'},$$

$$\frac{d\varpi'}{dt} = \frac{mn'}{e'} \frac{\partial(a'R)}{\partial e'}, \qquad \frac{d\varepsilon'}{dt} = -2mn'a'^2 \frac{\partial R}{\partial a'}.$$

Il vient ensuite, en ayant égard aux données numériques du numéro précédent,

$$(2) \quad \begin{cases} \dfrac{de'}{dt} = -3,26\,mn' \sin(4l' - 3l - \varpi'), \\ \dfrac{d\varpi'}{dt} = mn'\left[4,53 + \dfrac{3,26}{e'} \cos(4l' - 3l - \varpi')\right], \\ \dfrac{dn'}{dt} = +39,1\,mn'^2 e' \sin(4l' - 3l - \varpi'), \\ \dfrac{d\varepsilon'}{dt} = +42,2\,mn'e' \cos(4l' - 3l - \varpi'). \end{cases}$$

Si l'on pose

$$V' = 4l' - 3l - \varpi',$$

et que l'on remplace e et e' par leurs valeurs numériques, il vient

$$(3) \quad \begin{cases} \dfrac{dn'}{dt} = +3,91\,mn'^2 \sin V', \\ \dfrac{d\varepsilon'}{dt} = +4,22\,mn' \cos V', \\ \dfrac{d\varpi'}{dt} = mn'(4,53 + 32,6 \cos V'). \end{cases}$$

La dernière de ces équations montre que, si l'angle V′ conserve une valeur constante, le terme $+32,6 \cos V'$ peut être beaucoup plus grand que l'ensemble des deux termes séculaires de $\frac{d\varpi'}{dt}$; mais, pour que $\frac{d\varpi'}{dt}$ soit négative, il faut que $\cos V'$ soit négatif.

45. Équation différentielle pour la libration de V′. — En considérant le mouvement de Titan comme elliptique, on a

$$\frac{dV'}{dt} = 4n' - 3n + 4\frac{d\varepsilon'}{dt} - \frac{d\varpi'}{dt},$$

$$\frac{d^2V'}{dt^2} = 4\frac{dn'}{dt} + 4\frac{d^2\varepsilon'}{dt^2} - \frac{d^2\varpi'}{dt^2}.$$

Or on trouve, en partant de (3),

$$4\frac{dn'}{dt} = \quad 15,64\,mn'^2 \sin V',$$

$$4\frac{d^2\varepsilon'}{dt^2} = -\,16,9\ \ mn'^2 \sin V' \frac{dV'}{n'\,dt},$$

$$-\frac{d^2\varpi'}{dt^2} = \quad 32,6\ \ mn'^2 \sin V' \frac{dV'}{n'\,dt}.$$

En substituant ces expressions dans celle de $\frac{d^2V'}{dt^2}$, et faisant

$$t' = n't,$$

il vient

$$\frac{d^2V'}{dt'^2} = 15,6m \sin V' + 15,7m \sin V' \frac{dV'}{dt'}.$$

Il est remarquable que les coefficients 15,6 et 15,7 sont à fort peu près égaux entre eux. On peut écrire

$$\frac{d^2V'}{dt'^2} = 15,6m \sin V' \left(1 + \frac{dV'}{dt'}\right).$$

Cette équation admet l'intégrale première

$$\frac{dV'}{dt'} - \log\left(1 + \frac{dV'}{dt'}\right) + 15,6m \cos V' = \text{const.},$$

comme on s'en assure aisément. Supposons qu'à un moment donné on ait $V' = V'_0$ et $\frac{dV'}{dt'} = 0$; la constante se détermine immédiatement, et il vient

$$\frac{dV'}{dt'} - \log\left(1 + \frac{dV'}{dt'}\right) = 15,6m(\cos V'_0 - \cos V'). \tag{4}$$

La fonction de $\frac{dV'}{dt'}$, qui constitue le premier membre de cette équation, est positive quand $\frac{dV'}{dt'}$ varie de -1 à $+\infty$. Il doit donc en être de même du second. Donc V' doit rester compris entre V'_0 et $2\pi - V'_0$. Les observations montrant que V' varie très peu, *il doit en être de même des limites précédentes; donc V'_0 est voisin de π*. Nous admettrons qu'il est égal à π. Alors, on aurait constamment

$$V' = 180°,$$

ce qui exprime un beau théorème.

Il est vraisemblable que $\frac{dV'}{dt'}$ est toujours très petit, V' variant très lentement et très peu. Si, dans l'équation (4), on néglige $\frac{dV'^3}{dt'^3}$, il vient

$$\frac{dV'^2}{dt'^2} = 31,2m(\cos V'_0 - \cos V'),$$

$$\frac{d^2V'}{dt'^2} = 15,6m \sin V',$$

d'où, en faisant

$$V' = 180° + H,$$

$$\frac{d^2H}{dt'^2} = -15,6m \sin H.$$

En intégrant, et désignant par α et β deux constantes arbitraires, il vient

$$(5) \qquad H = \alpha \cos \mu t' + \beta \sin \mu t', \qquad \mu = \sqrt{15,6m}.$$

Telle serait l'expression de la libration. Nous la supposerons nulle dans une première approximation et nous prendrons simplement

$$V' = 180°.$$

La dernière des équations (3) donne, quand on y fait $V' = 180°$,

$$\frac{d\varpi'}{dt} = -28,1mn'.$$

En égalant cette valeur à celle, $-20°,3$, déduite des observations par M. Hall, il viendrait

$$m = \frac{20,3}{28,1n'} = \frac{20,3}{28,1 \times 6180} = \frac{1}{8500}.$$

Tel serait donc le rapport de la masse de Titan à celle de Saturne. Si l'on se reporte à la formule (1), et que l'on y fasse $C = 180°$, on en conclut que, lors des conjonctions d'Hypérion et de Titan, le premier est toujours dans le voisinage de son aposaturne.

46. Résolution du problème par les quadratures. — Dans la discussion précédente, on a considéré seulement les termes principaux pour chaque argument, pensant que cela suffirait pour donner le caractère général du phénomène, et conduire à une approximation numérique satisfaisante. Mais un examen attentif a montré à M. Newcomb que les termes en 2V', 3V', ... peuvent avoir une influence plus grande que ceux en V'. Il a trouvé en effet, par un calcul sommaire,

$$a'R = \ldots + 15e'^2 \cos 2V' + 95e'^3 \cos 3V' + \ldots,$$

d'où

$$\frac{1}{e'} \frac{\partial(a'R)}{\partial e'} = \ldots + 30 \cos 2V' + 285 e' \cos 3V' + \ldots = \ldots + 30 \cos 2V' + 28,5 \cos 3V' + \ldots.$$

Ces termes auront une répercussion considérable sur le mouvement du périsaturne, et l'on voit en même temps que la convergence est trop lente pour que l'on puisse essayer de les calculer avec précision. Dans ces conditions, M. Newcomb a pensé, avec raison, que le mieux à faire était d'avoir recours aux quadratures mécaniques.

Considérons dans $a'R$ l'ensemble des termes

$$a'R = k_0 + k_1 \cos V' + k_2 \cos 2V' + \ldots.$$

Comme on néglige encore l'excentricité de Titan, les coefficients k_j seront des fonctions des deux arguments

$$L = l' - l, \qquad g' = l' - \varpi'.$$

En faisant $V' = 180°$, il vient

$$g' = 180° - 3L,$$
$$a'R = k'_0 - k'_1 + k'_2 - k'_3 + \ldots,$$

où les coefficients k'_j sont des fonctions périodiques de L. Il en sera de même de

$$a' \frac{\partial R}{\partial e'} \quad \text{et de} \quad \frac{d\varpi'}{dt} = \frac{mn'}{e'} a' \frac{\partial R}{\partial e'}.$$

Pour avoir le terme constant de $\frac{d\varpi'}{dt}$, il faut obtenir le terme non périodique de $a' \frac{\partial R}{\partial e'}$, ce qui se fera en donnant à L un certain nombre de valeurs numériques, 72 par exemple, distantes de 5°, calculant les valeurs numériques de $a' \frac{\partial R}{\partial e'}$, faisant la somme, et divisant cette somme par 72. Il nous faut donc dire comment on procédera au calcul des valeurs de $a' \frac{\partial R}{\partial e'}$. On a

$$R = \frac{1}{\sqrt{r'^2 + a^2 - 2ar' \cos V_1}} - \frac{r' \cos V_1}{a^2},$$
$$V_1 = v' - l, \qquad v' = \text{longit. vraie d'Hypérion.}$$

Soit posé

$$\frac{r'}{a'} = \rho', \qquad \frac{a}{a'} = \alpha.$$

On trouvera sans peine

$$a'R = \frac{1}{\Delta} - \frac{\rho' \cos V_1}{\alpha^2}, \qquad \Delta^2 = \rho'^2 + \alpha^2 - 2\alpha\rho' \cos V_1,$$

$$a' \frac{\partial R}{\partial e'} = a' \frac{\partial R}{\partial \rho'} \frac{\partial \rho'}{\partial e'} + a' \frac{\partial R}{\partial V_1} \frac{\partial V_1}{\partial e'},$$

$$a' \frac{\partial R}{\partial \rho'} = -\alpha \cos V_1 \left(\frac{1}{\alpha^3} - \frac{1}{\Delta^3}\right) - \frac{\rho'}{\Delta^3},$$

$$a' \frac{\partial R}{\partial V_1} = \alpha\rho' \sin V_1 \left(\frac{1}{\alpha^3} - \frac{1}{\Delta^3}\right).$$

On aura ensuite, en désignant par f' et u' les anomalies vraie et excentrique,

$$u' - e' \sin u' = g', \qquad \rho' = 1 - e' \cos u', \qquad \tang \frac{f'}{2} = \sqrt{\frac{1+e'}{1-e'}} \tang \frac{u'}{2}, \qquad e' = 0,100;$$

d'où

$$\frac{\partial \rho'}{\partial e'} = -\cos f', \qquad \frac{\partial f'}{\partial e'} = \frac{2 + e' \cos f'}{1 - e'^2} \sin f',$$

$$V_1 = L + f' - g'.$$

Si l'on considère les valeurs

$$L_0, \quad L_0 + 120°, \quad L_0 + 240°$$

de L, les valeurs de g', et, par suite, celles de $\frac{\partial \rho'}{\partial e'}$ et de $\frac{\partial f'}{\partial e'}$ seront les mêmes.

On pourra donc donner à g' les valeurs

$$0°, \quad 15°, \quad 30°, \quad \ldots, \quad 180°.$$

Les quantités qui interviennent sont d'ailleurs les mêmes quand g' change de signe; il est donc inutile de faire dépasser 180° à g', dans les calculs préparatoires. M. Newcomb a obtenu ainsi, par des calculs faciles, les valeurs numériques suivantes :

g'.	$a' \frac{\partial R}{\partial e'}$.	g'.	$a' \frac{\partial R}{\partial e'}$.
0°	+ 1,8		
15	+ 1,6	345°	+ 1,6
30	+ 1,2	330	+ 1,2
45	+ 0,4	315	+ 0,4
60	− 0,7	300	− 0,7
75	− 1,8	285	− 1,8
90	− 3,0	270	− 3,0
105	− 4,4	255	− 4,4
120	− 5,9	240	− 5,9
135	− 7,7	225	− 7,7
150	− 9,7	210	− 9,7
165	−12,7	195	−12,7
180	−13,8		

On en tire

$$\sum a' \frac{\partial R}{\partial e'} = -97,4.$$

En divisant par 72, on trouve $-1,35$; on a donc, pour le moyen mouvement du périsaturne,

$$\frac{d\varpi'}{dt} = -1,35 \frac{mn'}{e'} = -13,5\,mn'.$$

En l'égalant à la valeur observée $19°,3$, il vient

$$m = \frac{19,3}{13,5 \times 6180} = \frac{1}{4320}.$$

M. Newcomb avait trouvé $m = \frac{1}{12800}$, parce que, par inadvertance, il avait employé le diviseur 24 au lieu de 72. C'est M. Hill qui a signalé cette méprise (*Astron. Journal*, n° 176). Il convient de remarquer que ce n'est que plus tard que M. H. Struve a donné à très peu près la même valeur, comme on l'a vu dans le Chapitre précédent.

M. Newcomb cherche ensuite à avoir égard à la libration de V'; il trouve qu'en posant

$$\Pi = \varpi - \varpi'_m = 185°,0 + 19°,5\,(t - 1880,0),$$

on a ces inégalités

$$\delta l' = -2°,0 \sin\Pi, \qquad \delta\varpi' = +10° \sin\Pi, \qquad \delta e' = +0,017 \cos\Pi;$$

mais, pour cette dernière partie, nous renvoyons le lecteur au Mémoire original.

47. **Autre solution.** — J'ai donné, après M. Newcomb (*Bulletin astronom.*, t. III, p. 425), une solution qui me paraît encore présenter aujourd'hui quelque intérêt; je vais la rappeler brièvement.

Soient P et P' deux corps, planètes ou satellites, circulant dans un même plan autour d'un corps central.

Si nous nous reportons au Chapitre XXII (t. I), nous verrons que les inégalités indépendantes des excentricités sont données par les formules

$$(6) \qquad r = a\left[1 + m' \sum_1^\infty E_i \cos i(l - l')\right], \qquad v = l - m' \sum_1^\infty C_i \sin i(l - l'),$$

$$(7) \qquad r' = a'\left[1 + m \sum_1^\infty E'_i \cos i(l - l')\right], \qquad v' = l' + m \sum_1^\infty C'_i \sin i(l - l');$$

r et r', v et v', l et l', m et m' désignent respectivement les rayons vecteurs, les longitudes vraies, les longitudes moyennes et les rapports des masses à la masse du corps central. Soient encore n et n' les moyens mouvements; les coefficients E'_i et C'_i ont les expressions suivantes (t. I, p. 365 et 366)

$$E'_i = \frac{n'^2}{n'^2 - i^2(n-n')^2}\left(a'^2 \frac{\partial B^{(i)}}{\partial a'} - \frac{2n'}{n-n'} a' B^{(i)}\right),$$

$$C'_i = -2\frac{n-n'}{n'} i E'_i - \frac{n'}{n-n'}\frac{1}{i}\left(2a'^2 \frac{\partial B^{(i)}}{\partial a'} - \frac{3n'}{n-n'} a' B^{(i)}\right).$$

On aurait des expressions toutes semblables pour E_i et C_i. Les quantités $B^{(i)}$ sont définies par l'équation

$$(a^2 + a'^2 - 2aa'\cos\lambda)^{-\frac{1}{2}} = \frac{1}{2} B^{(0)} + \sum_1^\infty B^{(i)} \cos i\lambda.$$

En faisant

$$\alpha = \frac{a}{a'}, \qquad a < a',$$

$$(1 + \alpha^2 - 2\alpha\cos\lambda)^{-\frac{1}{2}} = \frac{1}{2} b^{(0)} + \sum_1^\infty b^{(i)} \cos i\lambda, \qquad b_1^{(i)} = \alpha \frac{db^{(i)}}{d\alpha},$$

on peut écrire

$$(8) \quad \begin{cases} E'_i = -\dfrac{n'^2}{n'^2 - i^2(n-n')^2}\left(b_1^{(i)} + \dfrac{n+n'}{n-n'} b^{(i)}\right), \\ C'_i = -2\dfrac{n-n'}{n'} i E'_i + \dfrac{2n'}{n-n'}\dfrac{1}{i}\left(b_1^{(i)} + \dfrac{n+\frac{1}{2}n'}{n-n'} b^{(i)}\right); \end{cases}$$

pour $i = 1$, on doit remplacer $b^{(1)}$ et $b_1^{(1)}$ par $b^{(1)} - \frac{1}{\alpha^2}$ et $b_1^{(1)} + \frac{2}{\alpha^2}$. Enfin, il y a lieu de remarquer que les formules (6) et (7) ne donnent qu'une première approximation, car on a tenu compte seulement des premières puissances de m et m'.

Supposons actuellement que les moyens mouvements n et n' offrent un rapport de commensurabilité très approchée, représenté par une fraction de la forme $\frac{j+1}{j}$, j étant un entier positif. On aura donc, en désignant par σ un nombre très petit,

$$(9) \qquad jn - (j+1)n' = \sigma n', \qquad j\frac{n-n'}{n'} = 1 + \sigma.$$

On voit que le dénominateur $n'^2 - i^2(n-n')^2$, qui figure dans les formules (8), sera très petit pour $i = j$, et qu'il ne le sera que pour cette valeur de i. La valeur de E'_j sera donc beaucoup plus grande que celles de $E'_{j=1}$, $E'_{j=2}$, ..., et il en sera de même de C'_j. On pourra réduire sensiblement les formules (7) à

$$(10)\qquad \begin{cases} r' = a'[1 + m E'_j \cos j(l - l')], \\ v' = l' + m C'_j \sin j(l - l'); \end{cases}$$

mais il faut bien remarquer que cette réduction n'a réellement de sens que si σ est une fraction très petite. Il y a plus; le petit dénominateur, qui rend C'_j sensible, ne figure que dans la première partie de l'expression (8) de C'_i. On peut donc se borner à

$$C'_i = -2 \frac{n - n'}{n'} i E'_i,$$

ce qui donne, en vertu de la seconde des relations (9),

$$C'_j = -2(1 + \sigma) E'_j,$$

ou, à fort peu près,

$$C'_j = -2 E'_j.$$

Si donc on pose

$$m E'_j = e'_1,$$

les formules (10) pourront s'écrire

$$(11)\qquad r' = a'[1 + e'_1 \cos j(l - l')], \qquad v' = l' - 2 e'_1 \sin j(l - l').$$

On a

$$e'_1 = \frac{m}{j^2\left(\frac{n}{n'} - 1\right)^2 - 1}\left(b_1^{(j)} + \frac{\frac{n}{n'} + 1}{\frac{n}{n'} - 1} b^{(j)}\right),$$

d'où, en remplaçant $\frac{n}{n'}$ par $1 + \frac{1 + \sigma}{j}$ et conservant seulement la partie principale,

$$(12)\qquad e'_1 = \frac{m}{2\sigma}[b_1^{(j)} + (2j + 1) b^{(j)}].$$

Cela étant, posons

$$(13)\qquad \varpi'_1 = 180° + (j + 1) l' - j l,$$

et les formules (11) donneront

$$(14)\qquad r' = a'[1 - e'_1 \cos(l' - \varpi'_1)], \qquad v' = l' + 2 e' \sin(l' - \varpi'_1).$$

Or ces deux équations représentent, aux petits termes près en e'^2_1, e'^3_1, ..., un mouvement elliptique képlérien, dans lequel l'excentricité serait e' et la longitude du périhélie ϖ'_1. Les équations (9) et (13) montrent que le périhélie est animé d'un mouvement uniforme très lent, dont la vitesse est égale à

$$-\sigma n' = (j+1)n' - jn;$$

ce mouvement est rétrograde si σ est positif.

De là cette conséquence : alors même que l'excentricité propre e'_0 (laquelle est une constante absolue) serait nulle, il y aura une excentricité e'_1 produite par les perturbations, et dont la valeur fournie par l'équation (12) pourra être très sensible.

Les conditions précédentes sont réalisées pour Titan et Hypérion. On a

$$3n - 4n' = 0°,0515 = 18°,8 \text{ en un an},$$
$$j = 3, \qquad \sigma = +0,003043.$$

Donc, dans une première approximation, le mouvement d'Hypérion pourra être considéré comme un mouvement elliptique, le grand axe tournant uniformément dans le sens rétrograde de 18°,8 en un an.

Si l'on suppose $e'_1 = 0,1$, comme on a, pour $j = 3$,

$$b_1^{(j)} + (2j+1)\,b^{(j)} = 6,544,$$

la formule (12) donnerait

$$m = \frac{1}{10700};$$

c'est une valeur trop faible, tenant sans doute aux termes d'ordre supérieur qui ont été négligés.

Les considérations suivantes serviront à éclairer la solution qui vient d'être donnée. M. Hill, dans un Mémoire que nous allons analyser dans un moment, fait remarquer que la théorie de la Lune de Delaunay permet de suggérer la forme du développement final de r' et v', quand on a effectué toute la série des approximations :

$$(15)\qquad \begin{cases} r' = a'\left[1 + \sum \mathrm{A}\cos(i\mathrm{L} + jg + j'g')\right], \\ v' = l' \qquad + \sum \mathrm{B}\sin(i\mathrm{L} + jg + j'g'), \end{cases}$$

où $\mathrm{L} = l' - l$ désigne la différence des longitudes moyennes, g et g' les anomalies moyennes; les quantités L, l', g et g' sont de la forme $\alpha + \beta t$, où α et β sont deux constantes absolues. Enfin, les coefficients A et B contiennent en facteur $e_0^{\pm j}$, $e_0'^{\pm j'}$, e_0 et e'_0 étant les excentricités propres des constantes absolues. On peut concevoir que les conditions initiales aient été telles que $e_0 = 0$, $e'_0 = 0$; alors, les formules (15) deviennent

$$r' = a'\left(1 + \sum A \cos iL\right), \qquad v' = l' + \sum B \sin iL.$$

On a ainsi l'une des solutions périodiques de M. Poincaré; les formules (7) reproduisent les premières approximations pour les coefficients A et B.

Remarque. — L'intégrale de Jacobi (t. III, p. 259), appliquée à Hypérion, en supposant l'orbite de Titan circulaire, donne

$$\frac{1}{2a'} + \frac{\sqrt{a'(1-e'^2)}}{a\sqrt{a}} + m\left[\frac{1}{\sqrt{r'^2 + a^2 - 2ar'\cos(v'-l)}} - \frac{r'}{a^2}\cos(v'-l)\right] = \text{const.}$$

Quand M. Hall faisait de longues séries d'observations pour déduire de chacune les éléments a' et e', il est permis de croire que le coefficient de m dans l'équation précédente prenait presque toujours une même valeur moyenne; donc, dans ce cas, on devrait avoir

$$\frac{1}{2a'} + \frac{\sqrt{a'(1-e'^2)}}{a\sqrt{a}} = \text{const.}$$

En fait, cette relation est sensiblement vérifiée par les valeurs de a' et e' données à la page 105.

48. **Solution de M. Hill.** — Le Mémoire de M. Hill, dont nous avons déjà parlé plus haut, est inséré dans l'*Astronomical Journal*, n° 176. L'auteur suppose que, l'excentricité de Titan étant prise égale à zéro, le mouvement d'Hypérion est représenté par la solution périodique

$$(16) \qquad r' = a'\left(1 + \sum A \cos iL\right), \qquad v' = l' + \sum B \sin iL, \qquad L = l' - l.$$

M. Hill admet les données

$$n = 22^\circ{,}5770090, \qquad a = 176''{,}915,$$
$$n' = 16^\circ{,}9198837, \qquad q' = 192''{,}582 = a'(1-e') = 0{,}9a'.$$

La durée T' de la période synodique est

$$T' = 63^j{,}6365612, \qquad \frac{T'}{2} = 31^j{,}8182806.$$

Le mouvement de Titan et le moyen mouvement d'Hypérion, dans le temps $\frac{T'}{2}$, ont pour valeurs

$$718^\circ,361609 = 720^\circ - 1^\circ 38' 18'',20,$$
$$538^\circ,361609 = 360^\circ + 178^\circ 21' 41'',80.$$

Partons d'une opposition, à l'époque zéro, Hypérion étant à son périsaturne; au bout du temps $\frac{T'}{2}$, nous aurons une conjonction. On aura alors $L = 0$, et, d'après l'expression (16) de r',

$$\frac{dr'}{dt} = -a' \sum i A \sin i L = 0.$$

Donc, Hypérion sera à son aposaturne distant du périsaturne précédent de $178^\circ 21' 41'',80$; tandis que, si le mouvement avait été purement elliptique, on aurait eu un déplacement angulaire de 180°. La différence

$$1^\circ 38' 18'' = 5898''$$

donnera donc l'effet des perturbations d'Hypérion par Titan sur la position de la ligne des apsides. Or on peut calculer cet effet par les formules de quadrature. C'est ce qu'a fait M. Hill, en supposant

$$m = 0,0001, \qquad e = 0,1,$$

et calculant les valeurs numériques de $\frac{d\varpi'}{dt}$ de $\frac{1}{2}$ jour en $\frac{1}{2}$ jour, depuis $0^j,0$ jusqu'à $32^j,0$. Il a trouvé ainsi, par interpolation, pour l'intervalle $31^j,81828$, $\delta\varpi' = -2634''$. Comme ce calcul néglige les puissances de m supérieures à la première, on en conclut que, pour mettre d'accord les valeurs, observée et calculée, de ϖ', il faut prendre

$$m = 0,0001 \times \frac{5898}{2634} = \frac{1}{4466}.$$

Dans un second calcul, M. Hill tient compte de toutes les puissances de la force perturbatrice. En supposant le rayon vecteur de l'opposition, $a'(1 - e')$, bien connu, il cherche à déterminer la vitesse angulaire d'Hypérion à l'opposition et la masse de Titan, de manière qu'au bout du temps $31^j,81828$ il y ait opposition, et qu'en même temps Hypérion soit à son aposaturne. Il en résulte deux équations de condition pour déterminer les deux inconnues, ou plutôt les corrections de ces inconnues, lesquelles sont fournies par deux équations du premier degré. Ce nouveau calcul de quadrature donne $m = \frac{1}{4714}$.

Enfin, M. Hill réduit en Table les inégalités de la solution périodique qu'il vient de calculer, en prenant pour argument le temps qui sépare l'époque choisie de l'époque de l'opposition voisine.

49. **Mémoire de M. O. Stone.** — Dans ce Mémoire, publié dans les *Annals of Mathematics*, t. III, n° 6, l'auteur prend, comme première approximation, les expressions suivantes, qui découlent des formules (6) et (7) de la page 113, en faisant $m = 0{,}0001$,

$$(17)\quad \begin{cases} \dfrac{r'}{a'} = 1 - 0{,}0004\cos(l - l') - 0{,}0014\cos 2(l - l') \\ \qquad + 0{,}1000\cos 3(l - l') + 0{,}0006\cos 4(l - l'), \\ v' = l' + 10'\sin(l - l') + 13'\sin 2(l - l') - 683'\sin 3(l - l') - 3'\sin 4(l - l'), \end{cases}$$

et il se propose d'obtenir avec plus d'approximation la solution périodique dont nous avons parlé. Il pose

$$(18)\qquad r' = a'(1 + \sigma), \qquad \frac{dv'}{dt} = n'(1 + \tau),$$

$$(19)\qquad \begin{cases} \sigma = a_1\cos\theta + a_2\cos 2\theta + \ldots, \\ \tau = n_1\cos\theta + n_2\cos 2\theta + \ldots; \end{cases} \qquad \theta = l - l'.$$

a', n', a_1, a_2, ..., n_1, n_2, ... sont des constantes. M. Ormond Stone emploie ensuite les équations différentielles suivantes (t. I, p. 462-463)

$$(20)\qquad \begin{cases} r'^2\dfrac{dv'}{dt} = k\sqrt{a'(1 - \nu)} + k^2 m \displaystyle\int S r'\, dt, \\ \dfrac{d^2 r'}{dt^2} - r'\dfrac{dv'^2}{dt^2} + \dfrac{k^2}{r'^2} = k^2 m R, \end{cases}$$

$$R = \left(\frac{1}{\Delta^3} - \frac{1}{a^3}\right)\cos(v - v') - \frac{r'}{\Delta^3},$$

$$S = \left(\frac{1}{\Delta^3} - \frac{1}{a^3}\right)\sin(v - v'),$$

$$\Delta^2 = r'^2 + a^2 - 2ar'\cos(v - v');$$

$k\sqrt{a'(1 - \nu)}$ représente une constante d'intégration; on aurait $\nu = 0$ si l'orbite était circulaire.

La première des équations (20) donne, quand on a égard aux relations (18),

$$(21)\qquad \frac{r'^2}{n'a'^2}\frac{dv'}{dt} = 1 + 2\sigma + \tau + \sigma^2 + 2\sigma\tau + \sigma^2\tau = \frac{k\sqrt{1 - \nu}}{n'a'^{\frac{3}{2}}} + \frac{k^2 m}{n'a'^2}\int S r'\, dt.$$

L'inspection des formules (17) ayant montré que l'on peut considérer :

		a_3,	n_3,			comme de petites quantités	du premier ordre,
a_1,	a_2,	a_4,	n_1,	n_2,	n_4,	»	du troisième ordre,
a_5,	...,	a_8,	n_5,	...,	n_8,	»	du quatrième ordre,

M. O. Stone développe l'équation (21) en négligeant le cinquième, et la met sous la forme

$$\frac{r'^2}{n'a'^2}\frac{dv'}{dt} = 1 + \frac{1}{2}a_3^2 + a_3 n_3 + A_1\cos\theta + \ldots + A_8\cos 8\theta$$
$$= \frac{k\sqrt{1-\nu}}{n'a'^{\frac{3}{2}}} + \frac{k^2 m}{n'a'^2}\int S\, r'\, dt,$$

où $A_1, \ldots, A_8$ désignent des fonctions assez simples des coefficients a_i et n_i. On tire ensuite des équations (20)

$$\frac{d^2 r'}{dt^2} + \frac{k^2}{r'^3}[r' - a'(1-\nu)] = k^2 m P,$$

où l'on a fait

$$P = R + \frac{1}{r'^3}\left[2k\sqrt{a'(1-\nu)}\int S\, r'\, dt + k^2 m\left(\int S\, r'\, dt\right)^2\right].$$

On en déduit, en vertu de (18),

$$\frac{d^2\sigma}{dt^2} + \frac{k^2}{a'^3}\frac{\sigma+\nu}{(1+\sigma)^3} = \frac{k^2 m}{a'}P.$$

On tire ensuite des expressions (19)

$$\frac{\sigma+\nu}{(1+\sigma)^2} = \nu - \frac{3}{2}a_3^2(1-2\nu) - \frac{15}{8}a_3^4(2-3\nu) + B_1\cos\theta + \ldots + B_8\cos 8\theta,$$

en désignant par $B_1, B_2, \ldots$ des fonctions de ν, a_1, a_2, ... faciles à former. On a d'ailleurs

$$\frac{d^2\sigma}{dt^2} = -(n-n')^2(a_1\cos\theta + 4a_2\cos 2\theta + 9a_3\cos 3\theta + \ldots).$$

Il s'agit maintenant d'obtenir les développements, suivant les sinus et cosinus des multiples de θ,

$$\text{de } P \quad \text{et de} \quad \int S\, r'\, dt = \frac{1}{n-n'}\int S\, r'\, d\theta.$$

M. O. Stone pose

$$Pa'^2 = \sum^{\infty} P_i \cos i\theta, \qquad \frac{k^2}{(n-n')n'a'^2}\int S r'\, d\theta = \sum_1^{\infty} S_i \cos i\theta;$$

il n'introduit pas le terme S_0 qui ne ferait que modifier ν dans l'équation (21). On effectuera ces développements par les quadratures mécaniques, en attribuant à θ des valeurs équidistantes entre 0° et 180°, et calculant les valeurs isolées de P et de Sr' avec les valeurs (17) de r' et de v', adoptées pour la première approximation. On peut donc supposer que les expressions numériques des quantités P_i et S_i sont assez bien connues.

Les expressions (20) vont devenir maintenant

$$(22) \qquad 1 + \frac{1}{2}a_3^2 + a_3 n_3 + A_1\cos\theta + \ldots + A_8 \cos 8\theta - \frac{k\sqrt{1-\nu}}{n' a'^{\frac{3}{2}}} - m\sum_1^{\infty} S_i \cos i\theta = 0,$$

$$(23) \qquad \begin{cases} \nu - \frac{3}{2}a_3^2(1-2\nu) - \frac{15}{8}a_3^4(2-3\nu) + B_1\cos\theta + \ldots + B_8\cos 8\theta \\ \quad - \mu(a_1\cos\theta + 4a_2\cos 2\theta + 9a_3\cos 3\theta + \ldots) - m\sum_0^{\infty} P_i \cos i\theta = 0; \end{cases}$$

on a fait, pour abréger,

$$\mu = \frac{(n-n')^2 a'^3}{k^2}.$$

En égalant à zéro, dans les équations précédentes, les coefficients de

$$\cos 0\theta, \quad \cos\theta, \quad \ldots, \quad \cos 8\theta,$$

on trouvera un ensemble de dix-huit équations propres à déterminer les inconnues μ, ν, m, A_1, A_2, ..., B_1, B_2, ... On en conclura ensuite a_1, a_2, ..., n_1, n_2, ... Deux de ces équations seront

$$1 + \frac{1}{2}a_3^2 + a_3 n_3 = \frac{k\sqrt{1-\nu}}{n' a'^{\frac{3}{2}}} = \frac{n-n'}{n'\sqrt{\mu}},$$

$$\nu - \frac{3}{2}a_3^2(1-2\nu) - \frac{15}{8}a_3^4(2-3\nu) = mP_0.$$

Avec la valeur 0,1 adoptée pour a_3, on en déduira μ et ν quand on aura la valeur de m, qui sera trouvée en égalant à zéro les coefficients de $\cos 3\theta$ dans l'équation (23). On pourra, après avoir ainsi obtenu les valeurs des inconnues, reprendre le calcul numérique des coefficients P_i et S_i, et procéder à une nouvelle approximation

M. O. Stone trouve finalement

$$\begin{aligned}\frac{r'}{a'} &= 1 - 0{,}0012\cos\theta - 0{,}0071\cos 2\theta + 0{,}1000\cos 3\theta \\ &\quad + 0{,}0025\cos 4\theta + 0{,}0017\cos 5\theta + 0{,}0003\cos 6\theta, \\ v' &= l' + 26'\sin\theta + 66'\sin 2\theta - 682'\sin 3\theta \\ &\quad - 15'\sin 4\theta - 5'\sin 5\theta - 1'\sin 6\theta.\end{aligned}$$

La valeur $\frac{1}{1379}$ à laquelle il arrive pour m est certainement beaucoup trop forte. Mais, dans sa Note de l'*Astronomical Journal* citée plus haut, M. Hill dit que M. Stone lui a écrit qu'après avoir rectifié une faute de calcul il arrivait à peu près à la même masse que lui.

Il y aurait lieu, pensons-nous, de revenir sur certains points de la théorie précédente pour les éclaircir, surtout en ce qui concerne la détermination des inconnues. M. O. Stone a publié depuis un Mémoire sur le même sujet, mais purement analytique, et dont les résultats définitifs n'ont pas été mis en évidence.

Nous bornerons à ce qui précède ce que nous voulions dire de la théorie des perturbations d'Hypérion. C'est une question qui demande encore des compléments; il faudra en particulier arriver à tenir compte d'une façon satisfaisante de l'excentricité de Titan; mais les résultats déjà obtenus sont bien intéressants.

50. **Détermination de la libration par les observations.** — Depuis le Mémoire de M. Newcomb, M. H. Struve a publié (*Astr. Nachr.*, n° 3060, 1891) un essai sur la détermination de la libration de l'angle V′ en partant des observations. Il a trouvé, d'après les valeurs connues de l', l et ϖ', les nombres compris dans la deuxième colonne du Tableau ci-dessous :

	Dates.	V′ (observé).	V′ (calculé).	O — C.
(24)	1887 mars 15,0.......	177°,3	176°,5	+ 0°,8
	1888 mars 21,0.......	170,9	166,1	+ 4,8
	1889 mars 15,0.......	201,1	204,9	— 3,8
	1890 févr. 26,0.......	146,1	149,3	— 3,2
	1891 mars 22,0.......	213,7	215,8	— 2,1

Il a cherché ensuite à représenter ces valeurs observées de V′ par la formule

$$V' = 180° + A\sin\frac{360°}{G}(t - t_0), \tag{25}$$

où A et t_0 sont des constantes d'intégration, comme dans la formule (5). La durée ϖ de la période de la libration dépend de m et des coefficients de la fonction perturbatrice ; la valeur obtenue plus haut (p. 110)

$$\varpi = \frac{2\pi}{n'\sqrt{15,6\,m}} = \frac{T'}{\sqrt{15,6\,m}}$$

a semblé sans doute à M. Struve émaner d'une théorie trop incomplète encore pour que l'on puisse l'employer. Aussi a-t-il considéré A, ϖ et t_0 comme trois constantes à déterminer par l'ensemble des valeurs (24) de V'. Il a été ainsi conduit à prendre

$$A = 36^\circ; \qquad t_0 = 1887 \text{ mars } 25\,; \qquad \varpi = 643^j; \qquad \frac{360^\circ}{\varpi} = 0^\circ,56.$$

Les valeurs de V' calculées par la formule (25) figurent dans la troisième colonne du Tableau (24), et les valeurs de O — C, placées dans la quatrième colonne, montrent que la représentation est satisfaisante.

Toutefois, M. H. Struve a jugé bon de reprendre les anciennes observations de Lassell et celles de M. Hall. Il a adopté $\frac{360^\circ}{\varpi} = 0^\circ,562$ au lieu de $0^\circ,56$, A et t_0 restant les mêmes. La formule

$$l' = \frac{V' + 3\,l + \varpi'}{4}$$

lui a donné

$$\delta l' = 9^\circ \sin 0^\circ,562\,(t - t_0),$$

et cette formule donne les valeurs suivantes de $l' - \delta l'$, ramenées à une même époque :

		$l' - \delta l'$.
Lassell.................	1852 nov. 27,0	293°.38
A. Hall.................	1882 janv. 2,0	291.53
»	1884 janv. 26,0	292.49
»	1884 déc. 4,0	291.43
H. Struve..............	1887 mars 15,0	292. 2
»	1888 mars 21,0	294. 2
»	1889 mars 15,0	292.10
»	1890 févr. 26,0	292.57
»	1891 mars 22,0	293.23

Cet accord est satisfaisant. Toutefois une libration de 36° doit être accompagnée de termes secondaires sensibles; enfin il faudrait tenir compte de l'excentricité de Titan.

51. Depuis le travail de M. Struve, une discussion très complète des observations de Washington a été faite par M. Eichelberger (*Astronomical Journal*, t. XI, nos 259-260, 1892), sous l'inspiration de M. Newcomb.

Les observations dont il s'agit s'étendent de 1876 à 1890, et se rapportent à neuf oppositions; dans chaque opposition, il y a une vingtaine d'observations, réparties sur environ deux mois.

L'auteur a adopté des éléments provisoires empruntés à M. Newcomb; il y a neuf séries de ces éléments; dans chacune d'elles, les éléments sont supposés constants; on a tenu compte seulement du mouvement uniforme du périsaturne, variable d'ailleurs d'une série à l'autre, d'après la formule

$$P = P_0 - \mu t + s_1 \sin H.$$

On a formé le tableau des différences O — C pour les deux coordonnées $s \sin p$ et $s \cos p$; on a ensuite cherché à faire disparaître ces différences en formant des équations de condition entre les corrections des éléments, et la résolution de ces équations, par la méthode des moindres carrés, a donné neuf séries de valeurs des éléments.

Les neuf valeurs de la longitude du périsaturne sont bien représentées par la formule

$$P = 8^\circ,46 - 18^\circ,442\,t + 14^\circ,40 \sin H - 1^\circ,40 \sin 2H + 1^\circ,11 \sin 3H,$$

où

$$H = 263^\circ,54 + 18^\circ,942\,t,$$

t désignant un nombre d'années, à partir de 1884,0.

On a trouvé de même

$$e = 0,1056 + 0,0258 \cos H + 0,0008 \cos 2H,$$

et, pour la longitude moyenne de l'époque E,

$$E = 295^\circ,92 + 16^\circ,92006\,t + 9^\circ,05 \sin\left(48^\circ,07 + \frac{360^\circ}{639,5}\,t\right).$$

On remarquera que la libration de E est, à fort peu près, la même que celle de H. Struve, pour l'amplitude et la période. Enfin l'angle V a été trouvé égal à

$$V = 180^\circ,45 + 36^\circ,20 \sin\left(48^\circ,07 + \frac{360^\circ}{639,5}\,t\right) - 14^\circ,40 \sin H + 1^\circ,40 \sin 2H - 1^\circ,11 \sin 3H.$$

Cette formule représente très bien les valeurs observées de V.

Il ne resterait plus qu'à obtenir par un calcul théorique les expressions précédentes. Nous remarquerons, en terminant, que les résidus auxquels arrive M. Eichelberger, tout en étant petits, sont légèrement systématiques; ils tiennent peut-être à l'existence d'inégalités à courtes périodes qui doivent se rencontrer, notamment dans a et e, comme le montre l'intégrale de Jacobi.

CHAPITRE VIII.

THÉORIE DES SATELLITES DE SATURNE. — PERTURBATIONS DES SATELLITES INTÉRIEURS.

PERTURBATIONS DE MIMAS ET TÉTHYS, D'ENCELADE ET DE DIONÉ.

52. **Points de conjonction de deux satellites.** — Nous commençons par des considérations préliminaires empruntées à M. Newcomb (*Astronomical Papers*, t. I, p. 8-10). Soient deux planètes ou deux satellites se mouvant dans le même plan. Comptons le temps à partir d'une conjonction, et les longitudes à partir de la ligne de conjonction correspondante.

Nous aurons

$$l = nt, \qquad l' = n't;$$

les conjonctions ultérieures auront lieu pour

$$l = l' + 2q\pi,$$

q désignant un entier.

Soient t_q et l_q les valeurs correspondantes de t et de l; il viendra

$$t_q = \frac{2q\pi}{n - n'}, \qquad l_q = 2q\pi \frac{n}{n - n'}.$$

Supposons les moyens mouvements commensurables

$$\frac{n}{n'} = \frac{i'}{i}, \qquad i \text{ et } i' \text{ entiers.}$$

On trouvera, en représentant par T et T' les durées des révolutions des deux satellites et faisant $i' - i = \nu$,

$$t_q = \frac{q}{\nu} i'T = \frac{q}{\nu} iT', \qquad l_q = 2\pi i' \frac{q}{\nu};$$

en donnant à q les valeurs $0, 1, 2, \ldots, \nu - 1$, on obtient ν points de conjonction également espacés. Si l'on continuait, en prenant $q = \nu$, on retomberait sur le premier point de conjonction; le temps correspondant serait $i'T$ ou iT'.

Si les moyens mouvements ne sont pas commensurables, nous pourrons rapporter les longitudes à un axe tournant avec la vitesse angulaire k; les moyens mouvements relatifs seront $n - k$ et $n' - k$, et nous aurons à satisfaire à la condition

$$\frac{n-k}{n'-k} = \frac{i'}{i}, \qquad \text{d'où} \qquad k = \frac{i'n' - in}{i' - i} = \frac{i'n' - in}{\nu}.$$

Le mouvement relatif des points de conjonction sera nul. Donc, *en assignant aux ν points de conjonction la vitesse constante k, les conjonctions des deux corps auront toujours lieu en ces ν points.*

Théoriquement, les nombres entiers i et i' sont arbitraires; mais, pour retirer de la conception quelques avantages, on doit les prendre de façon que leur rapport soit aussi voisin que possible de $\frac{n}{n'}$, et, ce qu'il y a de mieux à faire, c'est d'adopter les numérateurs et les dénominateurs des réduites successives de la fraction continue qui exprime $\frac{n}{n'}$. Si l'on prenait des réduites d'ordre très élevé, on aurait l'inconvénient d'avoir un grand nombre de points de conjonction, mais l'avantage que leur vitesse k serait très petite.

53. **Théorème concernant les satellites de Saturne.** — M. Newcomb, dans une Note de l'*Astronomical Journal*, t. VIII, n° 182, s'est demandé si, dans le système de Saturne, il existe un autre cas analogue à celui d'Hypérion; les résultats de la théorie de M. Newcomb (Chapitre précédent) peuvent s'énoncer en disant que l'aposaturne d'Hypérion est animé d'une libration, de part et d'autre du point moyen de conjonction. Nous allons reproduire ici la substance de la Note de M. Newcomb.

Considérons deux satellites M et M', dont les moyens mouvements présentent un rapport de commensurabilité approchée de la forme $\frac{i+1}{i}$; soient R la fonction perturbatrice pour le satellite intérieur M, R' celle qui correspond à M'. Nous aurons, en ayant égard à l'aplatissement de la planète centrale et aux termes les plus importants de R et de R',

$$R = \frac{\beta m_0}{2a} e^2 + \frac{m'}{a'} e\gamma \cos[(i+1)l' - il - \varpi],$$

$$R' = \frac{\beta' m_0}{2a'} e'^2 + \frac{m}{a'} e'\gamma' \cos[(i+1)l' - il - \varpi'];$$

β et β' désignent des coefficients constants dépendant de l'aplatissement du corps central dont la masse est m_0; γ et γ' sont des fonctions de a et a'. Posons

$$(a)\qquad \begin{cases} h = e\sin\varpi, & k = e\cos\varpi, \\ h' = e'\sin\varpi', & k' = e'\cos\varpi'; \end{cases}$$

il en résultera

$$R = \frac{\beta m_0}{2a}(h^2+k^2) + \frac{m'\gamma}{a'}(k\cos V + h\sin V),$$

$$R' = \frac{\beta' m_0}{2a'}(h'^2+k'^2) + \frac{m\gamma'}{a'}(k'\cos V + h'\sin V),$$

en faisant, pour abréger,

$$V = (i+1)l' - il.$$

Nous aurons, d'après les formules (17) (t. I, p. 171), en remplaçant par $\frac{n^2a^3}{m_0}$ le facteur f omis dans R et R',

$$\frac{dh}{dt} = \frac{na}{m_0}\frac{\partial R}{\partial k}, \qquad \frac{dk}{dt} = -\frac{na}{m_0}\frac{\partial R}{\partial h},$$

$$\frac{dh'}{dt} = \frac{n'a'}{m_0}\frac{\partial R'}{\partial k'}, \qquad \frac{dk'}{dt} = -\frac{n'a'}{m_0}\frac{\partial R'}{\partial h'},$$

ce qui devient, en tenant compte des expressions précédentes de R et de R',

$$\frac{dh}{dt} = \beta nk + \frac{m'}{m_0}\alpha n\gamma\cos V,$$

$$\frac{dk}{dt} = -\beta nh - \frac{m'}{m_0}\alpha n\gamma\sin V,$$

$$\frac{dh'}{dt} = \beta' n'k' + \frac{m}{m_0}n'\gamma'\cos V, \qquad \alpha = \frac{a}{a'} < 1.$$

$$\frac{dk'}{dt} = -\beta' n'h' - \frac{m}{m_0}n'\gamma'\sin V,$$

Faisant abstraction des variations de a, a', n et n' dans les seconds membres, on intégrera ces équations différentielles en y substituant les expressions

$$h = c\sin(\varepsilon + \beta nt) + A\sin V,$$

$$h' = c'\sin(\varepsilon' + \beta' n't) + A'\sin V,$$

$$k = c\cos(\varepsilon + \beta nt) + A\cos V,$$

$$k' = c'\cos(\varepsilon' + \beta' n't) + A'\cos V,$$

où c, c' ε et ε' désignent quatre constantes arbitraires. Le résultat de la substitution détermine les paramètres A et A', et l'on a finalement

$$(b)\quad \begin{cases} h = \nu \dfrac{m'}{m_0} \dfrac{\alpha\gamma}{1-\beta\nu} \sin V + c \sin(\varepsilon + \beta n t), \\ k = \nu \dfrac{m'}{m_0} \dfrac{\alpha\gamma}{1-\beta\nu} \cos V + c \cos(\varepsilon + \beta n t), \\ h' = \nu' \dfrac{m}{m_0} \dfrac{\gamma'}{1-\beta'\nu'} \sin V + c' \sin(\varepsilon' + \beta' n' t), \\ k' = \nu' \dfrac{m}{m_0} \dfrac{\gamma'}{1-\beta'\nu'} \cos V + c' \cos(\varepsilon' + \beta' n' t), \end{cases} \qquad \nu = \frac{n}{(i+1)n' - in}, \qquad \nu' = \frac{n'}{(i+1)n' - in}.$$

Si les constantes c et c' sont nulles, les formules précédentes se simplifient, et, en tenant compte des relations (a), il vient

$$(c)\quad \begin{cases} e = \pm \nu \dfrac{m'}{m_0} \dfrac{\alpha\gamma}{1-\beta\nu}, & \varpi = V \quad \text{ou} \quad \varpi = V + 180^\circ, \\ e' = \pm \nu' \dfrac{m}{m_0} \dfrac{\gamma'}{1-\beta'\nu'}, & \varpi' = V \quad \text{ou} \quad \varpi' = V + 180^\circ. \end{cases}$$

On a donc ce théorème :

Dans le cas de deux orbites primitivement circulaires, si le mouvement du point de conjonction, supposé unique, est faible en comparaison des mouvements des deux satellites, les perturbations provenant de l'un des deux corps engendreront dans l'autre une excentricité, et la ligne des apsides de chaque orbite passera toujours par le point de conjonction.

C'est ce que nous avions démontré antérieurement (*voir* page 116), mais sans avoir égard à l'aplatissement de la planète, qui modifie les expressions (c) de e et e' par l'introduction des termes en $\beta\nu$ et $\beta'\nu'$.

On remarquera que $\beta\nu$ est le rapport des mouvements séculaires des périastres causés par l'aplatissement de la planète au mouvement du point de conjonction. Si donc ces deux mouvements sont presque égaux, l'expression (c) de e pourra devenir très grande, et si l'on a $\beta\nu > 1$, on devra prendre

$$e = \nu \frac{m'}{m_0} \frac{\alpha\gamma}{\beta\nu - 1}, \qquad \varpi = V + 180^\circ,$$

c'est-à-dire que la direction du grand axe du satellite troublé changera brusquement de 180°.

Si les constantes c et c', sans être nulles, sont très petites, le système présentera une libration de part et d'autre de l'état moyen considéré ci-dessus.

M. Newcomb trouve ensuite que les deux paires de satellites de Saturne, auxquelles s'applique le mieux la théorie précédente, sont Mimas et Téthys d'une part, mais surtout Encelade et Dioné d'autre part; cela résulte de l'inspection des valeurs numériques de la quantité $\nu \frac{m'}{m_0} \frac{\alpha\gamma}{1-\beta\nu}$, qui est la plus grande dans ce dernier cas. Pour en faire le calcul, on remplace $\frac{m'}{m_0}$ par l'estimation photométrique de Pickering, dont on a déjà parlé (*voir* page 101).

On a, dans ce cas,

$$n = 262°,7316, \qquad 2n' = 263°,0699, \qquad i = 1, \qquad V = 2l' - l; \qquad \frac{dV}{dt} = +0°,3383.$$

En prenant l'année pour unité de temps, désignant par V_0 la valeur de V à l'époque o, et remplaçant β par sa valeur, M. Newcomb trouve, pour Encelade, en partant des formules (b),

$$e \sin\varpi = 0,024 \sin(V_0 + 123°,6t) + c \sin(\varepsilon + 160°,0t),$$
$$e \cos\varpi = 0,024 \cos(V_0 + 123°,6t) + c \cos(\varepsilon + 160°,0t),$$

où t désigne un nombre d'années; la valeur de e^2, déduite des formules précédentes, dépend de l'argument

$$\varepsilon - V_0 + 36°,4t,$$

qui effectue une révolution en dix ans environ; c'est seulement au bout de cette période d'observations que l'on pourra déterminer avec quelque précision les constantes c et ε.

Nous allons voir comment M. H. Struve a réussi à mettre ce fait en évidence par ses observations; dans le cas de Mimas et Téthys, il a découvert une libration très curieuse d'un autre genre; c'est ce dont nous allons parler maintenant.

54. **Perturbations de Mimas et de Téthys.** — Le Mémoire de M. H. Struve est inséré dans les *Astron. Nachr.*, t. CXXV, n° 2983. Les observations faites par cet astronome avec la grande lunette de Poulkovo lui ont montré que l'orbite de Mimas fait, avec l'équateur de Saturne, un angle très appréciable de 1°26', et que le périsaturne est animé d'un mouvement direct de 371° ± 10° par an; dans les mêmes conditions, le nœud est affecté d'un mouvement rétrograde de — 365° ± 5°. On a les données suivantes :

Mimas.............	$n = 381°,991$,	mouvement annuel du nœud,	$\Delta\theta = -365°$;
Téthys............	$n' = 190°,698$;	» »	$\Delta\theta' = -72°$.

On en conclut

$$2n' - n = -0°,595 \text{ en un jour}, \qquad \Delta\theta + \Delta\theta' = -437°,$$
$$= -217° \text{ en un an}, \qquad 4n' - 2n - \Delta\theta - \Delta\theta' = +3°.$$

On voit donc que le rapport $\frac{1}{2}$ de commensurabilité du rapport $\frac{n'}{n}$ est assez approché, et que le coefficient du temps dans l'argument

$$4l' - 2l - \theta - \theta'$$

est à très peu près égal à zéro.

Considérons la fonction perturbatrice de Mimas, en tant qu'elle provient de l'action de Téthys, et supposons-y nulles les excentricités. Nous aurons

$$\frac{1}{\Delta} = \frac{1}{\sqrt{a^2 + a'^2 - 2(xx' + yy' + zz')}}.$$

Soient γ et γ' les inclinaisons des orbites sur le plan de l'équateur de Saturne; nous aurons (t. I, p. 315), en négligeant γ^3 et γ'^3,

$$\frac{x}{a} = \cos l + \frac{1}{2}\gamma^2 \sin\theta \sin(l - \theta), \qquad \frac{x'}{a'} = \cos l' + \frac{1}{2}\gamma'^2 \cos\theta' \sin(l' - \theta'),$$

$$\frac{y}{a} = \sin l - \frac{1}{2}\gamma^2 \cos\theta \sin(l - \theta), \qquad \frac{y'}{a'} = \sin l' - \frac{1}{2}\gamma'^2 \cos\theta' \sin(l' - \theta'),$$

$$\frac{z}{a} = \gamma \sin(l - \theta), \qquad \frac{z'}{a'} = \gamma' \sin(l' - \theta');$$

d'où

$$\begin{aligned}\frac{xx' + yy' + zz'}{aa'} = \cos(l - l') &- \frac{1}{4}\gamma^2 [\cos(l - l') - \cos(l + l' - 2\theta)] \\ &- \frac{1}{4}\gamma'^2 [\cos(l - l') - \cos(l + l' - 2\theta')] \\ &+ \frac{1}{2}\gamma\gamma' [\cos(l - l' - \theta + \theta') - \cos(l + l' - \theta - \theta')].\end{aligned}$$

Pour avoir des termes dont l'argument renferme $\theta + \theta'$, il faut borner l'expression précédente à son dernier terme. Nous conserverons en outre les termes qui produisent les mouvements séculaires de θ et θ'; nous prendrons ainsi

$$\frac{1}{\Delta} = \frac{1}{\sqrt{a^2 + a'^2 - 2aa'\cos(l - l') + aa'\gamma\gamma'\cos(l + l' - \theta - \theta') + \frac{1}{2}(\gamma^2 + \gamma'^2)aa'\cos(l - l')}}.$$

En développant suivant les puissances de γ et γ', négligeant le quatrième ordre et ne conservant que les termes de la forme voulue, il vient

$$\frac{1}{\Delta} = -\frac{1}{2}aa'[a^2 + a'^2 - 2aa'\cos(l - l')]^{-\frac{3}{2}}[\gamma\gamma'\cos(l + l' - \theta - \theta') + \frac{1}{2}(\gamma^2 + \gamma'^2)\cos(l - l')].$$

Or, on a (t. I, p. 298)

$$aa'[a^2 + a'^2 - 2aa'\cos(l - l')]^{-\frac{3}{2}} = \frac{1}{2}\sum \mathrm{B}^{(i)}\cos(il - il'),$$

où i prend toutes les valeurs entières de $-\infty$ à $+\infty$. On trouvera ainsi

$$\frac{1}{\Delta}=-\frac{1}{4}\left[\gamma\gamma'\cos(l+l'-\theta-\theta')+\frac{1}{2}(\gamma^2+\gamma'^2)\cos(l-l')\right]\sum B^{(i)}\cos(il-il'),$$

$$\frac{1}{\Delta}=-\frac{1}{4}\gamma\gamma'\sum B^{(i)}\cos[(i+1)l'-(i-1)l-\theta-\theta']-\frac{1}{8}(\gamma^2+\gamma'^2)\sum B^{(i)}\cos(i-1)(l'-l).$$

On doit donner à i la valeur 3; il viendra donc ainsi

$$\frac{1}{\Delta}=-\frac{1}{4}B^{(3)}\gamma\gamma'\cos(4l'-2l-\theta-\theta')-\frac{1}{8}(\gamma^2+\gamma'^2)B^{(1)}.$$

Si l'on réunit à la portion $\frac{m'}{\Delta}$ de la fonction perturbatrice ce qui dépend de l'influence de l'aplatissement et de celle des anneaux, il viendra

$$\Omega=-\frac{\beta}{2a}\gamma^2-\frac{1}{4}fm'B^{(3)}\gamma\gamma'\cos W,$$

où l'on a

$$W=4l'-2l-\theta-\theta',$$

$$\beta=\frac{\varkappa}{a^2}+c'm'+c''m''+\ldots,$$

$\varkappa$ désignant la constante de l'aplatissement, et c', c'', ... des coefficients numériques dépendant de a, a', a'', ...

Ω est la fonction perturbatrice du mouvement de Mimas. On aura de même pour celle du mouvement de Téthys,

$$\Omega'=-\frac{\beta'}{2a'}\gamma'^2-\frac{1}{4}fmB^{(3)}\gamma\gamma'\cos W.$$

55. Les équations bien connues (t. I, p. 169) donneront, en remplaçant f (la masse de Saturne est supposée égale à 1) par n^2a^3,

$$(1)\quad\left\{\begin{aligned}
\frac{dn}{dt}&=+6m'n^2\gamma\gamma'\frac{aB^{(3)}}{4}\sin W,\\
\frac{d\varepsilon}{dt}&=2m'n\gamma\gamma'\frac{a^2\partial B^{(3)}}{4\partial a}\cos W,\\
\frac{da}{dt}&=-4m'an\gamma\gamma'\frac{aB^{(3)}}{4}\sin W,\\
\frac{d\gamma}{dt}&=+m'n\gamma'\frac{aB^{(3)}}{4}\sin W,\\
\frac{d\theta}{dt}&=-\beta n-m'n\frac{\gamma'}{\gamma}\frac{aB^{(3)}}{4}\cos W.
\end{aligned}\right.$$

On aura, de même, pour Téthys,

$$(2)\quad \begin{cases} \dfrac{dn'}{dt} = -12mn'^2\gamma\gamma' a' \dfrac{B^{(3)}}{4} \sin W, \\ \dfrac{d\varepsilon'}{dt} = + \ 2mn'\gamma\gamma' \dfrac{a'^2}{4} \dfrac{\partial B^{(3)}}{\partial a'} \cos W, \\ \dfrac{da'}{dt} = + \ 8ma'n'\gamma\gamma' a' \dfrac{B^{(3)}}{4} \sin W, \\ \dfrac{d\gamma'}{dt} = + \ mn'\gamma a' \dfrac{B^{(3)}}{4} \sin W, \\ \dfrac{d\theta'}{dt} = -\beta' n' - mn' \dfrac{\gamma}{\gamma'} a' \dfrac{B^{(3)}}{4} \cos W. \end{cases}$$

On a d'ailleurs

$$a \frac{\partial B^{(3)}}{\partial a} = B_1^{(3)}, \qquad a' \frac{\partial B^{(3)}}{\partial a'} + a \frac{\partial B^{(3)}}{\partial a} = -B^{(3)};$$

$$a^2 \frac{\partial B^{(3)}}{\partial a} = a B_1^{(3)}, \qquad a'^2 \frac{\partial B^{(3)}}{\partial a'} = -[a' B_1^{(3)} + a' B^{(3)}].$$

M. H. Struve adopte les valeurs numériques suivantes :

$$\frac{a B^{(3)}}{4} = 0,2572, \qquad \frac{a' B^{(3)}}{4} = 0,4086,$$

$$\frac{a B_1^{(3)}}{4} = 1,617, \qquad \frac{a' B^{(3)} + a' B_1^{(3)}}{4} = 2,978,$$

$$\gamma = 0,0251, \qquad \gamma' = 0,0190,$$

$$\beta = \frac{1}{382}, \qquad \beta' = \frac{1}{960},$$

$\log n = 5,1446$, $\log n' = 4,8429$ (en degrés et en années juliennes).

56. Au lieu d'intégrer les équations (1) et (2), comme l'a fait M. Newcomb (p. 108), M. Struve considère l'expression

$$W = 4\left(\varepsilon' + \int n'\,dt\right) - 2\left(\varepsilon + \int n\,dt\right) - \theta - \theta',$$

d'où

$$\frac{d^2W}{dt^2} = 4\frac{dn'}{dt} - 2\frac{dn}{dt} + 4\frac{d^2\varepsilon'}{dt^2} - 2\frac{d^2\varepsilon}{dt^2} - \frac{d^2\theta}{dt^2} - \frac{d^2\theta'}{dt^2},$$

et, en ayant égard à (1) et (2),

$$(3)\quad \frac{d^2W}{dt^2} + h^2 \sin W + s \sin W \frac{dW}{dt} = 0,$$

en posant

$$(4)\quad \begin{cases} h^2 = 12\, m' n^2 \gamma\gamma' \dfrac{a\mathrm{B}^{(3)}}{4}\left(1 - \dfrac{1}{2}\beta\right) + 48\, m n'^2 \gamma\gamma' \dfrac{a'\mathrm{B}^{(3)}}{4}\left(1 + \dfrac{1}{4}\beta'\right), \\ s = m' n \dfrac{\gamma'}{\gamma} \dfrac{a\mathrm{B}^{(3)}}{4} + m n' \dfrac{\gamma}{\gamma'} \dfrac{a'\mathrm{B}^{(3)}}{4} - m' n \gamma\gamma' a^2 \dfrac{\partial \mathrm{B}^{(3)}}{\partial a} + 2\, m n' \gamma\gamma' a'^2 \dfrac{\partial \mathrm{B}^{(3)}}{\partial a'}. \end{cases}$$

M. H. Struve a négligé dans s les termes en $\gamma\gamma'$, ce qui est correct, car ces termes sont de l'ordre de ceux que l'on a laissés de côté en formant les expressions abrégées des fonctions perturbatrices; il a mis 1 au lieu de $1 + \frac{1}{4}\beta'$.

Enfin, pour obtenir la formule (3), on a formé $\frac{d^2\varepsilon}{dt^2}$, $\frac{d^2\theta}{dt^2}$, $\frac{d^2\varepsilon'}{dt^2}$ et $\frac{d^2\theta'}{dt^2}$, en partant des équations (1) et (2), et négligeant les termes qui contiendraient

$$\begin{matrix}\sin\\ \cos\end{matrix}\mathrm{W} \times \frac{da}{dt},\ \frac{d\gamma}{dt},\ \frac{dn}{dt}.$$

On a pris, par exemple,

$$\frac{d^2\varepsilon}{dt^2} = -2\, m' n \gamma\gamma' \frac{a^2}{4} \frac{\partial \mathrm{B}^{(3)}}{\partial a} \sin \mathrm{W} \frac{d\mathrm{W}}{dt},$$

mais

$$\frac{d^2\theta}{dt^2} = -\beta \frac{dn}{dt} + m' n \frac{\gamma'}{\gamma} \frac{a\mathrm{B}^{(3)}}{4} \sin \mathrm{W} \frac{d\mathrm{W}}{dt}.$$

L'équation (3) ne contient pas t explicitement. On peut donc chercher à l'intégrer en posant

$$\frac{d\mathrm{W}}{dt} = \mathrm{W}',$$

d'où

$$\frac{d^2\mathrm{W}}{dt^2} = \mathrm{W}' \frac{d\mathrm{W}'}{d\mathrm{W}}.$$

Il vient ainsi

$$\frac{\mathrm{W}'}{h^2 + s\mathrm{W}'}\, d\mathrm{W}' + \sin \mathrm{W}\, d\mathrm{W} = 0,$$

d'où

$$\frac{1}{s}\mathrm{W}' - \frac{h^2}{s^2}\log(h^2 + s\mathrm{W}') = \text{const.} + \cos \mathrm{W},$$

$$\frac{1}{s^2}\left(h^2 + s\frac{d\mathrm{W}}{dt}\right) - \frac{h^2}{s^2}\log\left(h^2 + s\frac{d\mathrm{W}}{dt}\right) = \cos \mathrm{W} + \text{const.}$$

En développant $\log\left(1 + \frac{s}{h^2}\frac{d\mathrm{W}}{dt}\right)$ suivant les puissances de $\frac{s}{h^2}\frac{d\mathrm{W}}{dt}$, il vient

$$\frac{1}{s}\frac{d\mathrm{W}}{dt} - \frac{h^2}{s^2}\left(\frac{s}{h^2}\frac{d\mathrm{W}}{dt} - \frac{1}{2}\frac{s^2}{h^4}\frac{d\mathrm{W}^2}{dt^2} + \frac{1}{3}\frac{s^3}{h^6}\frac{d\mathrm{W}^3}{dt^3}\right) = \cos \mathrm{W} + \text{const.},$$

d'où

$$\frac{1}{2h^2}\frac{dW^2}{dt^2} - \frac{s}{3h^4}\frac{dW^3}{dt^3} + \ldots = \cos W + \text{const.},$$

$$\frac{dW^2}{dt^2}\left(1 - \frac{2}{3}\frac{s}{h^2}\frac{dW}{dt} + \ldots\right) = 2h^2(\cos W + C).$$

On a, d'après (4), cette valeur approchée

$$\frac{h^2}{s} = 12n\gamma^2;$$

d'où

$$\frac{2}{3}\frac{s}{h^2}\frac{dW}{dt} = 89\frac{dW}{n\,dt} = 89\frac{\Delta W}{n\,\Delta t}.$$

Or, l'observation montre qu'en un an ΔW n'est que d'un petit nombre de degrés, 3°, tandis que $n\Delta t = 139500$; on aurait donc

$$\frac{2}{3}\frac{s}{h^2}\frac{dW}{dt} = \frac{270}{139500} = \frac{1}{520},$$

ce qui est assez petit. On peut donc se borner à

$$\frac{dW^2}{dt^2} = 2h^2(\cos W + C), \tag{5}$$

ce qui est l'équation d'un mouvement pendulaire.

Le tout est de savoir si ce mouvement est révolutif ou oscillatoire, ce qui arrivera selon que l'on aura

$$C^2 > 1 \quad \text{ou} \quad C^2 < 1.$$

M. H. Struve a tiré de ses propres observations et de celles de Washington les valeurs suivantes :

	l.	θ.	l'.	θ'.
1876, octobre 0,0	128°,9	308°	229°,9	286°
1888, avril 0,0	337,1	64	161,7	184,1
1889, avril 0,0	87,4	59	286,1	110,8

d'où il a conclu ces valeurs de $W = 4l' - 2l - \theta - \theta'$,

$$+68^\circ, \quad +84^\circ, \quad +80^\circ.$$

Il dit qu'il en résulte que, durant ces treize années, W a atteint un maximum, ou n'a éprouvé que de très petites variations, ce qui exige que le mouvement soit oscillatoire, et $C^2 < 1$.

Pour mieux nous en rendre compte, supposons $C = 3$; nous aurons

$$\frac{dW^2}{dt^2} > 4h^2; \qquad \Delta W > \frac{2h}{n} n\,\Delta t.$$

Or

$$h^2 = 12 m' n^2 \gamma\gamma' \frac{a B^{(3)}}{4}\left(1 + 4\frac{a'}{a}\frac{m}{m'}\frac{n'^2}{n^2}\right). \tag{6}$$

Avec les valeurs hypothétiques

$$m' = \frac{1}{70000}, \qquad m = \frac{1}{500000},$$

nous trouverons

$$\frac{h}{n} = (\bar{3},5885),$$

d'où, en un an,

$$\Delta W > 140000^\circ \times 0,0078,$$

$$\Delta W > 1100^\circ.$$

57. Supposons

$$C = -\cos\omega;$$

nous aurons

$$\frac{dW}{\sqrt{\sin^2\frac{\omega}{2} - \sin^2\frac{W}{2}}} = 2h\,dt; \qquad \text{W variera entre } -\omega \text{ et } +\omega;$$

en faisant

$$\sin\frac{W}{2} = \sin\frac{\omega}{2}\sin\varphi, \qquad C' = \sin\frac{\omega}{2},$$

il vient

$$\frac{d\varphi}{\sqrt{1 - C'^2\sin^2\varphi}} = h\,dt,$$

$$\varphi = \operatorname{am} u, \qquad u = ht,$$

$$\sin W = 2C' \sin\operatorname{am} u\, \Delta\operatorname{am} u.$$

On aura ensuite

$$\int_0^t \sin W\,dt = \int \frac{2C'}{h}\sin\operatorname{am} u\,\Delta\operatorname{am} u \frac{d\varphi}{\Delta\operatorname{am} u} = \frac{2C'}{h}\int_0^\varphi \sin\varphi\,d\varphi = \frac{2C'}{h}(1 - \cos\varphi),$$

d'où, en remplaçant $\cos\varphi = \cos\operatorname{am} ht$ par son développement connu,

$$\int_0^t \sin W\,dt = \frac{2C'}{h} - \frac{4\pi}{hK}\left(\frac{q^{\frac{1}{2}}}{1+q}\cos\frac{\pi}{2K}ht + \frac{q^{\frac{3}{2}}}{1+q^3}\cos\frac{3\pi}{2K}ht + \dots\right). \tag{7}$$

On a encore

$$(8)\qquad \int_0^t dt \int_0^t \sin W\, dt = \frac{2C'}{h}t - \frac{8}{h^2}\left(\frac{q^{\frac{1}{2}}}{1+q}\sin\frac{\pi}{2K}ht + \frac{1}{3}\frac{q^{\frac{3}{2}}}{1+q^3}\sin\frac{3\pi}{2K}ht + \ldots\right).$$

Les formules (1) et (2) donnent ensuite, en prenant

$$\delta l = \int n\, dt, \qquad \delta l' = \int n'\, dt,$$

et omettant les termes proportionnels au temps, parce qu'on en tiendra compte en modifiant légèrement les moyens mouvements,

$$\delta l = 6\, m' n^2 \gamma\gamma' \frac{a\, B^{(3)}}{4} \int_0^t dt \int_0^t \sin W\, dt,$$

$$\delta l' = -12\, m n'^2 \gamma\gamma' \frac{a' B^{(3)}}{4} \int_0^t dt \int_0^t \sin W\, dt,$$

Si donc on pose

$$(9)\qquad Q = \frac{q^{\frac{1}{2}}}{1+q}\sin\left(\frac{360^\circ}{T}t\right) + \frac{1}{3}\frac{q^{\frac{3}{2}}}{1+q^3}\sin\left(\frac{360^\circ}{T}3t\right) + \ldots,$$

$$(10)\qquad h = \frac{2K}{\pi}\frac{360^\circ}{T},$$

et que l'on remarque que, à cause de $\frac{n'}{n} = \frac{1}{2}$, la formule (6) devient

$$(11)\qquad \frac{h^2}{n^2} = 12\, m' \gamma\gamma' \frac{a\, B^{(3)}}{4}\left(1 + \frac{a'}{a}\frac{m}{m'}\right),$$

il viendra

$$(12)\qquad \delta l = -\frac{4}{1 + \frac{m}{m'}\frac{a'}{a}} Q$$

$$(13)\qquad \delta l' = +\frac{2}{1 + \frac{m}{m'}\frac{a'}{a}}\frac{m}{m'}\frac{a'}{a} Q$$

$$\frac{\delta l'}{\delta l} = -\frac{1}{2}\frac{m}{m'}\frac{a'}{a}.$$

T est la période de la libration.

Supposons que les observations donnent

$$\delta l = -H \sin\alpha t, \qquad \delta l' = +H' \sin\alpha t,$$

on en conclura

$$T = \frac{360^\circ}{\alpha}, \qquad h = \frac{2K}{\pi}\alpha,$$

$$H = \frac{4}{1+\frac{m}{m'}\frac{a'}{a}}\frac{q^{\frac{1}{2}}}{1+q}, \qquad H' = \frac{2}{1+\frac{m}{m'}\frac{a'}{a}}\frac{m}{m'}\frac{a'}{a}\frac{q^{\frac{1}{2}}}{1+q},$$

$$\frac{H'}{H} = \frac{1}{2}\frac{m}{m'}\frac{a'}{a}.$$

La dernière formule donnera $\frac{m}{m'}$, et l'une des deux précédentes donnera $\frac{q^{\frac{1}{2}}}{1+q}$, d'où C'; $\frac{2K}{\pi}$ s'en déduit par la théorie des fonctions elliptiques, puis $h = \frac{2K}{\pi}\alpha$; après quoi la formule (11) fera connaître m'.

58. M. H. Struve a discuté l'ensemble des observations de Mimas et de Téthys, faites depuis W. Herschel jusqu'à nos jours.

Le problème qui se présente est le suivant :

Représenter toutes les longitudes observées de Mimas par la formule

$$(14) \qquad l = \lambda + nt - H\sin\alpha(t - t_0),$$

dans laquelle λ, n, H, α et t_0 sont des constantes inconnues.

De même, les longitudes observées de Téthys doivent être représentées par l'expression

$$(15) \qquad l' = \lambda' + n't + H'\sin\alpha(t - t_0).$$

C'est un problème assez épineux, et le matériel dont on dispose est à peine suffisant. Donnons quelques indications sur la solution provisoire obtenue par M. H. Struve. Il a donné les valeurs isolées de λ calculées par la formule

$$\lambda = l - nt,$$

en prenant pour n deux valeurs très voisines, comprenant sans doute entre elles la véritable; il a calculé de même les valeurs de λ'. Ces valeurs de λ et de λ' devraient être constantes si la libration n'existait pas, donc si H et H' étaient nuls. Les Tableaux ainsi obtenus montrent que, vers 1850, ont lieu un maximum de $\lambda = l - nt$ et un minimum de $\lambda' = l' - n't$. C'est l'inverse qui a lieu vers 1885. L'intervalle est de trente-cinq ans et doit être à peu près égal à la demi-période. M. H. Struve adopte finalement

$$t_0 = 1866,5, \qquad T = 68 \text{ ans},$$

$$\frac{m}{m'} = \frac{1}{15}, \qquad m' = \frac{1}{767000}, \qquad m = \frac{1}{11500000}.$$

Finalement, les résidus de la formule (12) pour l'époque moyenne de 1789,8 des observations de W. Herschel, et pour les époques des observations récentes, de 1850 à 1889, sont inférieurs à $1°,8$, sauf un qui est de $3°,8$; la plus grande valeur employée pour la libration $= +43°,3$ et la plus petite $= -43°,8$.

Pour Téthys, les résidus sont inférieurs à $20'$ (sauf un très grand, de $2°57'$, pour les observations de W. Herschel); la plus grande valeur employée pour la libration $= +2°19'$; la plus petite $= -1°49'$. Ces résultats sont déjà très satisfaisants.

59. **Le système Encelade-Dioné**. — L'ensemble des observations d'Encelade et de Dioné montre que les orbites de ces satellites sont fort peu inclinées sur l'équateur de Saturne. Les observations de M. H. Struve, faites de 1886 à 1889, indiquent que l'excentricité d'Encelade $= 0,0047$ environ, et que le périsaturne a un mouvement direct d'environ 120° par an. On a, comme on l'a vu (p. 129), $2n' - n = 123°,6$ en un an.

Il en résulte donc que, dans l'argument

$$V = 2l' - l - \varpi,$$

le coefficient du temps est très petit; il y a lieu de chercher si cet argument n'engendre pas une libration. Voici les valeurs de V, fournies par l'observation :

1886,2	$V = +4,1$
1887,2	$+2,2$
1888,2	$+2,3$
1889,2	$+14,7$

La formule (37) de la page 309 du Tome I donne, pour l'inverse de la distance des deux satellites,

$$\frac{1}{\Delta} = \frac{A_1^{(0)} + A_2^{(0)}}{4} e^2 - \frac{4A^{(2)} + A_1^{(2)}}{2} e \cos(2l' - l - \varpi).$$

On en conclut, pour la fonction perturbatrice du mouvement d'Encelade,

$$\Omega = \frac{\beta}{2a} e^2 - \frac{m'}{a} he \cos V,$$

où l'on a

$$V = 2l' - l - \varpi, \qquad h = a\,\frac{4A^{(2)} + A_1^{(2)}}{2} = 0,753,$$

$$\beta = \frac{\varkappa}{a^2} + \sum m^{(i)} c^i;$$

la constante β dépend donc de l'aplatissement et des inégalités séculaires des autres satellites.

On en déduit (t. I, p. 169),

$$\frac{dn}{dt} = -\frac{3f}{a^2}\frac{\partial\Omega}{\partial l}, \qquad \frac{d\varpi}{dt} = \frac{f}{na^2e}\frac{\partial\Omega}{\partial e}, \qquad \frac{de}{dt} = -\frac{f}{na^2e}\frac{\partial\Omega}{\partial\varpi};$$

et, en remplaçant f par n^2a^3, et Ω par sa valeur ci-dessus,

$$\frac{dn}{dt} = 3m'n^2he\sin V,$$

$$\frac{d\varpi}{dt} = \beta n - m'n\frac{h}{e}\cos V,$$

$$\frac{de}{dt} = m'nh\sin V.$$

βn est plus grand que $2n' - n$, valeur moyenne de $\frac{d\varpi}{dt}$, fournie par les observations; donc le terme $-\frac{m'nh}{e}\cos V$ doit être constamment négatif, et V ne peut pas atteindre les limites $\pm 90°$; il doit osciller autour de zéro. En remplaçant $\cos V$ par 1, l'expression précédente de $\frac{d\varpi}{dt}$ donnera

$$2n' - n = \beta n - m'n\frac{h}{e}.$$

Si l'on connaissait βn, cette équation donnerait m'. Les observations n'ayant pas fait connaître la valeur de β pour Encelade, M. H. Struve l'a conclue par interpolation des valeurs correspondantes pour Mimas et Téthys, et il a obtenu ainsi

$$m' = \frac{1}{528000}.$$

Mais l'excentricité e est encore trop peu connue pour que l'on puisse regarder cette détermination comme satisfaisante. Enfin les données actuelles ne permettent pas même d'estimer la grandeur de la période de la libration. M. H. Struve formule ainsi les conclusions de son travail :

1° *Les conjonctions de Mimas et de Téthys oscillent toujours autour du point milieu de l'arc d'équateur de Saturne compris entre les nœuds ascendants des deux orbites. Elles peuvent s'éloigner de ce milieu d'environ 45° et elles accomplissent leur libration en soixante-huit ans à peu près.*

Cela se déduit de la formule

$$W = 4l' - 2l - \theta - \theta' = 2\arcsin\left(\sin\frac{\omega}{2}\sin\varphi\right),$$

qui, pour $l' = l$, donne

$$l = \frac{\theta + \theta'}{2} + \text{arc sin}\left(\sin\frac{\omega}{2}\sin\varphi\right);$$

l'arc sin reste compris entre $\pm\frac{\omega}{2}$.

2° *Les conjonctions d'Encelade et de Dioné se font toujours au périsaturne d'Encelade, ou elles oscillent autour de ce point.*

Cela se déduit de la formule

$$V = 2l' - l - \varpi = 0,$$

en y faisant $l' = l$.

Ces résultats remarquables attestent le talent de M. H. Struve, comme observateur et comme théoricien.

CHAPITRE IX.

LES SATELLITES DE NEPTUNE, DE MARS ET D'URANUS.

60. **Du satellite de Neptune.** — M. Marth (*Monthly Notices*, t. XLVI) a appelé, il y a quelques années, l'attention sur les changements notables survenus dans la position du plan de l'orbite du satellite de Neptune depuis sa découverte; ces changements ont été confirmés par M. H. Struve, qui a réuni dans une publication récente (*Mémoires de l'Académie des Sciences de Saint-Pétersbourg*, t. XLII, n° 4) toutes les observations, y compris les siennes, obtenues avec la grande lunette de Poulkovo, et a discuté l'ensemble. De 1848 à 1892, la longitude du nœud de l'orbite du satellite a augmenté de 7°, tandis que l'inclinaison sur l'équateur terrestre a diminué d'à peu près autant. Il fallait trouver la cause de ces changements; j'ai pensé qu'on devait la chercher dans l'action du renflement équatorial de Neptune; l'aplatissement de cette planète n'est pas perceptible dans

Fig. 4.

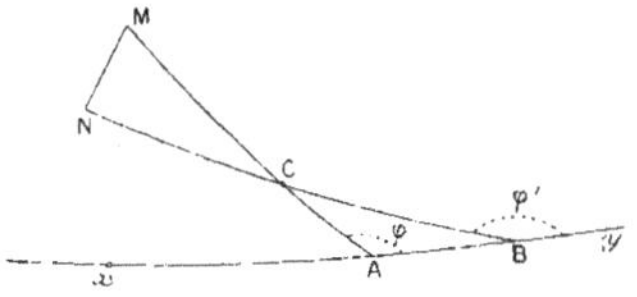

les lunettes, à cause de la petitesse du disque, mais il doit exister, et il suffira, comme on le verra plus loin, d'un aplatissement assez modéré pour expliquer les perturbations dont il s'agit. M. Newcomb avait eu la même idée de son côté. Je vais reproduire la substance de deux Notes publiées dans les *Comptes rendus de l'Académie des Sciences* (t. CVII et CXVIII).

Soient (*fig.* 4) AC l'orbite du satellite à l'époque t; A le nœud ascendant; $xA = \theta$ sa longitude; φ l'inclinaison de l'orbite; BC la position de l'équateur de Neptune; θ' et φ' la longitude de son nœud et son inclinaison.

On aura (t. I, p. 169), si l'on fait abstraction de l'excentricité, qui est extrêmement petite, et des inégalités périodiques,

$$(1) \qquad na^2 \sin\varphi \frac{d\varphi}{dt} = -\frac{\partial R}{\partial \theta}, \qquad na^2 \sin\varphi \frac{d\theta}{dt} = \frac{\partial R}{\partial \varphi}.$$

Si l'on néglige les perturbations provenant du Soleil, et que l'on considère uniquement celles qui sont causées par l'aplatissement de la planète, la fonction perturbatrice R a pour expression (*voir* la page 4)

$$R = fm_0\left(\varkappa - \frac{1}{2}\varkappa_1\right)\frac{b^2}{r^3}\left(\frac{1}{3} - \sin^2 d\right),$$

où m_0 désigne la masse de Neptune, b son rayon équatorial, $\varkappa$ son aplatissement, $\varkappa_1$ le rapport de la force centrifuge à l'attraction pour un point de l'équateur, d la déclinaison MN du satellite au-dessus du plan de l'équateur. On a

$$fm_0 = n^2 a^3, \qquad \sin d = \sin C \sin(v - \theta - AC),$$
$$2\sin^2 d = \sin^2 C - \sin^2 C \cos 2(v - \theta - AC);$$

en négligeant les inégalités périodiques, on peut prendre

$$\sin^2 d = \frac{1}{2}\sin^2 C, \qquad r = a,$$
$$R = \frac{1}{2} n^2 b^2 \left(\varkappa - \frac{1}{2}\varkappa_1\right)\cos^2 C.$$

En portant cette expression de R dans les équations (1), elles deviennent

$$(2) \qquad \begin{cases} \sin\varphi \dfrac{d\varphi}{dt} = -n\dfrac{b^2}{a^2}\left(\varkappa - \dfrac{1}{2}\varkappa_1\right)\cos C \dfrac{\partial \cos C}{\partial \theta}, \\ \sin\varphi \dfrac{d\theta}{dt} = n\dfrac{b^2}{a^2}\left(\varkappa - \dfrac{1}{2}\varkappa_1\right)\cos C \dfrac{\partial \cos C}{\partial \varphi}. \end{cases}$$

On a, d'ailleurs, dans le triangle sphérique ABC,

$$(3) \qquad \cos C = \cos\varphi\cos\varphi' + \sin\varphi\sin\varphi'\cos(\theta' - \theta).$$

En multipliant les équations (2) par $-\dfrac{d\theta}{dt}$ et $+\dfrac{d\varphi}{dt}$, et ajoutant, il vient

$$\frac{\partial \cos C}{\partial \theta}\frac{d\theta}{dt} + \frac{\partial \cos C}{\partial \varphi}\frac{d\varphi}{dt} = \frac{d\cos C}{dt} = 0.$$

Ainsi, l'angle C reste constant. Posons

$$(4) \qquad p = n\frac{b^2}{a^2}\left(\varkappa - \frac{1}{2}\varkappa_1\right)\cos C \sin\varphi',$$

et les équations (2) deviendront

$$(5)\qquad \frac{d\theta}{dt}=\rho[-\cot\varphi'+\cot\varphi\cos(\theta'-\theta)],\qquad \frac{d\varphi}{dt}=-\rho\sin(\theta'-\theta).$$

Soit α le côté BC du triangle sphérique ABC; on a

$$\cos\varphi=\cos\varphi'\cos C+\sin\varphi'\sin C\cos\alpha,$$

d'où, en différentiant, et remplaçant $\frac{d\varphi}{dt}$ par sa valeur (5),

$$\rho\sin\varphi\sin(\theta'-\theta)=-\sin\varphi'\sin C\sin\alpha\frac{d\alpha}{dt},\qquad \frac{d\alpha}{dt}=-\frac{\rho}{\sin\varphi'}=\text{const.}$$

Donc le côté α décroît proportionnellement au temps. Dès lors, on aura cet ensemble de formules,

$$(6)\qquad \left\{\begin{aligned}\alpha&=\alpha_0-\frac{b^2}{a^2}\left(\varkappa-\frac{1}{2}\varkappa_1\right)nt\cos C,\\ \cos\varphi&=\cos C\cos\varphi'+\sin C\sin\varphi'\cos\alpha,\\ \sin\varphi\sin(\theta'-\theta)&=\sin C\sin\alpha,\\ \sin\varphi\cos(\theta'-\theta)&=\cos C\sin\varphi'-\sin C\cos\varphi'\cos\alpha,\end{aligned}\right.$$

qui permet de calculer φ et θ en fonction de t et des deux constantes arbitraires C et α_0.

61. Le pôle de l'orbite du satellite décrit d'un mouvement uniforme un petit cercle ayant pour pôle le pôle de l'équateur de Neptune; si donc la trajectoire entière du pôle de l'orbite était connue, rien ne serait plus facile que d'en déduire la position de l'équateur. Je me propose de voir s'il est possible de déterminer φ', θ' et $\varkappa-\frac{1}{2}\varkappa_1$ à l'aide des observations dont on dispose actuellement, ou plutôt de voir si l'on peut restreindre ces quantités entre certaines limites. J'ai déduit des nombres rapportés par M. H. Struve, à la page 62 de son Mémoire, par un calcul d'interpolation, les positions suivantes du plan de l'orbite du satellite, rapportées à l'équateur et à l'équinoxe terrestres de 1887,0 et les dérivées $\frac{d\theta}{dt}$ et $\frac{d\varphi}{dt}$,

$$(7)\qquad \left\{\begin{array}{lllll} t_0=1857,18, & \theta_0=180^\circ,30, & \left(\frac{d\theta}{dt}\right)_0=+0^\circ,163, & \varphi_0=125^\circ,10, & \left(\frac{d\varphi}{dt}\right)_0=-0^\circ,124,\\ t_1=1870,11, & \theta_1=182^\circ,30, & \left(\frac{d\theta}{dt}\right)_1=+0^\circ,142, & \varphi_1=122^\circ,83, & \left(\frac{d\varphi}{dt}\right)_1=-0^\circ,242,\\ t_2=1882,86, & \theta_2=184^\circ,13, & \left(\frac{d\theta}{dt}\right)_2=+0^\circ,145, & \varphi_2=120^\circ,39, & \left(\frac{d\varphi}{dt}\right)_2=-0^\circ,152.\end{array}\right.$$

J'applique l'équation (3) aux trois époques ci-dessus, et je prends la moyenne, ce qui donne

$$(8) \qquad \frac{\cos C}{\sin \varphi'} = -0,542 \cot \varphi' - 0,840 \cot \theta' - 0,034 \sin \theta'.$$

J'applique maintenant les équations (5) à l'époque moyenne, en remplaçant $\frac{d\theta}{dt}$ et $\frac{d\varphi}{dt}$ par la moyenne des trois valeurs (7), θ et φ par θ_1 et φ_1, ce qui donne

$$(9) \qquad \begin{cases} 0^\circ,173 = \rho \sin(\theta' - 182^\circ,3), \\ 0^\circ,150 = \rho[-\cot\varphi' + \cot 122^\circ,83 \cos(\theta' - 182^\circ,30)]; \end{cases}$$

d'où, en éliminant ρ,

$$(a) \qquad \cot\varphi' = 0,892 \sin\theta' + 0,597 \cos\theta'.$$

En combinant cette relation avec l'équation (8), pour éliminer $\cot\varphi'$, on trouve

$$(b) \qquad \frac{\cos C}{\sin\varphi'} = -0,517 \sin\theta' - 1,164 \cos\theta'.$$

Remplaçons dans les équations (4) et (5) $\frac{a}{b}$, n par leurs valeurs numériques, θ par θ_1 et $\frac{d\varphi}{dt}$ par $-0,173^\circ$; nous aurons

$$\frac{a}{b} = 14,54; \qquad \log n = 4,34974,$$

$$(c) \qquad \varkappa - \frac{1}{2}\varkappa_1 = \frac{(\bar{3},2134)}{\cos C \sin\varphi' \sin(\theta' - 182^\circ,3)};$$

si l'on donne à θ' une valeur déterminée, les équations (a), (b) et (c) donneront les valeurs correspondantes de φ', C et $\varkappa - \frac{1}{2}\varkappa_1$.

L'équation (a) peut s'écrire

$$(a') \qquad \cot\varphi' = \cot 137^\circ,0 \cos(\theta' - 236^\circ,2).$$

L'équation (b) montre ensuite que l'on a

$$\cos C > 0, \quad \text{pour} \quad 113^\circ,9 < \theta' < 293^\circ,9.$$

Cela posé, nous allons chercher à resserrer autant que possible les limites entre lesquelles θ' peut être compris.

On peut toujours supposer $\cos C > 0$, à la condition d'échanger au besoin les nœuds de l'équateur, car le sens du mouvement de rotation de la planète n'intervient pas ici; ce qui agit, c'est le ménisque équatorial. On voit d'ailleurs que les équations (5) restent les mêmes si l'on change

$$\theta',\ \varphi' \quad \text{et} \quad \cos C \quad \text{en} \quad 180^\circ + \theta',\quad 180^\circ - \varphi',\quad -\cos C.$$

Nous pouvons donc supposer $\rho > 0$. Puisque $\frac{d\varphi}{dt}$ est < 0 dans l'intervalle des observations, on doit avoir

$$\sin(\theta' - \theta_0) > 0, \qquad \sin(\theta' - \theta_2) > 0;$$

d'où

$$184^\circ{,}1 < \theta' < 360^\circ{,}4.$$

Mais on a vu plus haut que $\cos C$ est < 0, quand θ' dépasse $293^\circ{,}9$; il en résulte

$$(10) \qquad 184^\circ{,}1 < \theta' < 293^\circ{,}9.$$

J'ai fait une série de calculs numériques, en attribuant à θ' des valeurs équidistantes, comprises entre les limites (10). On voit par la formule (a') que φ' augmente jusqu'à 137° pour diminuer ensuite, et il est facile de démontrer, à l'aide des formules (a) et (b), que, dans le même intervalle, C croît constamment. J'ai déterminé les valeurs de φ' et de C par les formules (a) et (b), et celles de $\frac{1}{\rho}\frac{d\theta}{dt}$ et $\frac{1}{\rho}\frac{d\varphi}{dt}$, pour les époques t_0, t_1 et t_2, par les formules (5); $\left(\frac{d\theta}{dt}\right)_m$ et $\left(\frac{d\varphi}{dt}\right)_m$ représentent les moyennes arithmétiques des trois valeurs de $\frac{d\theta}{dt}$ et $\frac{d\varphi}{dt}$. J'ai ainsi obtenu le Tableau suivant :

θ'	$190^\circ{,}3$	$195^\circ{,}3$	$200^\circ{,}3$	$205^\circ{,}3$	$210^\circ{,}3$	$215^\circ{,}3$	$220^\circ{,}3$
φ'	126,7	129,1	131,0	132,6	134,0	135,1	135,9
C	7,1	12,1	16,4	20,5	24,4	28,2	31,7
$-\frac{1}{\rho}\left(\frac{d\varphi}{dt}\right)_0$	0,174	0,259	0,342	0,423	0,500	0,574	0,643
$-\frac{1}{\rho}\left(\frac{d\varphi}{dt}\right)_1$	0,139	0,225	0,309	0,391	0,470	0,545	0,616
$-\frac{1}{\rho}\left(\frac{d\varphi}{dt}\right)_2$	0,108	0,194	0,279	0,362	0,441	0,518	0,591
$\frac{1}{\rho}\left(\frac{d\theta}{dt}\right)_0$	0,055	0,132	0,209	0,284	0,356	0,426	0,494
$\frac{1}{\rho}\left(\frac{d\theta}{dt}\right)_1$	0,121	0,195	0,268	0,339	0,407	0,472	0,534
$\frac{1}{\rho}\left(\frac{d\theta}{dt}\right)_2$	0,164	0,236	0,306	0,374	0,439	0,501	0,559
$-\left(\frac{d\varphi}{dt}\right)_m : \left(\frac{d\theta}{dt}\right)_m$	1,23	1,21	1,18	1,18	1,17	1,17	1,17
$\left(\frac{d\theta}{dt}\right)_2 : \left(\frac{d\theta}{dt}\right)_0$	3,0	1,8	1,5	1,3	1,2	1,2	1,1

D'après les équations (9), les nombres de l'avant-dernière ligne devraient être égaux à $\frac{0,173}{0,150} = 1,15$. Mais il y a plus : d'après les valeurs (7), les nombres de la dernière ligne horizontale devraient être égaux à $\frac{0,145}{0,163} = 0,9$; mais, à cause des erreurs des observations, on peut admettre 1,0 ou même 1,1, mais non pas 3,0, ni même 1,8, 1,5, 1,3 et même 1,2. Il me semble que l'on peut admettre dès lors que l'on a

$$\theta' \gtrless 220°,3.$$

J'ai trouvé

$$-\left(\frac{d\varphi}{dt}\right)_m : \left(\frac{d\theta}{dt}\right)_m = 1,16 \quad \text{et} \quad 1,17, \quad \text{pour} \quad \theta' = 230°,3 \quad \text{et} \quad \theta' = 250°,3,$$

$$\left(\frac{d\theta}{dt}\right)_2 : \left(\frac{d\theta}{dt}\right)_0 = 1,07 \quad \text{et} \quad 1,00, \quad \text{»} \quad \text{»}$$

Nous arrivons donc à

(11) $$220° < \theta' < 293°.$$

J'ai trouvé, en prolongeant le Tableau précédent, que toutes les valeurs de θ' comprises entre les limites (11) représentent également bien les observations; on a, entre ces limites,

$$132° < \varphi' < 137°,$$

de façon que la valeur de φ' est assez bien déterminée; enfin,

$$32° < C < 88°.$$

62. Il reste à trouver comment varie $\varkappa - \frac{1}{2}\varkappa_1$ lorsque θ' varie entre les limites (11).

D'après la formule (c), il suffit d'étudier la fonction

$$u = \cos C \sin\varphi' \sin(\theta' - \theta_1);$$

or on trouve, en partant des formules (a) et (b),

$$u = \frac{(1,000 \sin\theta' - 0,040 \cos\theta')(0,517 \sin\theta' + 1,164 \cos\theta')}{1 + (0,892 \sin\theta' + 0,597 \cos\theta')^2},$$

$$u = \frac{0,517 z^2 + 1,143 z - 0,047}{1,796 z^2 + 1,065 z + 1,356}, \qquad z = \tang\theta';$$

$\frac{du}{dz}$ s'annule pour deux valeurs de z, qui donnent

$$\theta' = 59°,2, \qquad \theta' = 147°,6, \qquad \theta' = 239°,2, \qquad \theta' = 327°,6.$$

La troisième de ces valeurs rentre seule dans les limites (11), et la valeur correspondante de $\varkappa - \frac{1}{2}\varkappa_1 = \frac{1}{245}$. θ' variant de 220° à 239°,2, $\varkappa - \frac{1}{2}\varkappa_1$ diminue de $\frac{1}{240}$ à $\frac{1}{245}$, pour augmenter ensuite jusqu'à $\frac{1}{33}$ pour $\theta' = 290°$. Le petit Tableau suivant donne une idée de la variation :

	θ'.	$\dfrac{1}{\varkappa - \frac{1}{2}\varkappa_1}$.	$\dfrac{1}{\varepsilon_0}$.	$\dfrac{1}{\varepsilon_1}$.	T.	C.	φ'.	$\mathfrak{G}$.
(d)	230°	245	147	73	18h,7	39°	137°	1060 ans
	250	242	145	72	18,6	52	136	1360
	270	182	109	55	16,2	66	132	1560
	275	147	88	44	14,5	72	130	1600
	280	114	68	34	12,8	76	128	1640
	285	76	46	23	10,5	81	126	1660
	290	33	20	10	6,9	86	124	1680

Ayant les valeurs de $\varkappa - \frac{1}{2}\varkappa_1$, il s'agit d'en conclure l'aplatissement; mais ici intervient la loi inconnue de la variation de densité à l'intérieur de Neptune.

Si cette planète était homogène, on aurait, en faisant $\varkappa = \varepsilon_0$,

$$\varkappa = \frac{5}{4}\varkappa_1, \qquad \varepsilon_0 = \frac{5}{3}\left(\varkappa - \frac{1}{2}\varkappa_1\right);$$

c'est ainsi qu'on a trouvé les nombres ε_0 du Tableau précédent. Dans le cas presque certain de l'hétérogénéité, le mieux à faire est peut-être de voir ce qui arrive pour Jupiter et Saturne. Pour ces planètes, le rapport $\dfrac{\varkappa - \frac{1}{2}\varkappa_1}{\varkappa}$ a pour valeurs 0,27 et 0,28. En admettant 0,3 pour Neptune, on trouve $\varkappa = \varepsilon_1 = 2\varepsilon_0$; on a inscrit les valeurs de ε_1 dans le Tableau (*d*).

Soient

T la durée de la rotation de Neptune,
D sa densité moyenne,
T' et D' les quantités analogues pour la Terre,
et $\varkappa'_1$ le nombre analogue à $\varkappa_1$.

On a, comme on sait,

$$T = T'\sqrt{\frac{D'}{D}\frac{\varkappa'_1}{\varkappa_1}};$$

or,

$$\frac{D}{D'} = 0,300, \qquad \varkappa'_1 = \frac{1}{288}, \qquad \frac{\varkappa - \frac{1}{2}\varkappa_1}{\varkappa} = 0,300, \qquad \varkappa_1 = 1,4\varkappa.$$

Il en résulte

$$T = \frac{24^h}{\sqrt{120\varkappa}}.$$

C'est avec cette formule que l'on a calculé les valeurs ci-dessus de T.

On voit que les petits aplatissements correspondent à des valeurs modérées de C, mais à des durées de rotation assez grandes. Pour avoir des durées comparables à celles de Jupiter et de Saturne, il faudrait des aplatissements du même ordre, c'est-à-dire forts, et des valeurs de C au moins égales à 80°.

Il est encore un élément intéressant à connaître : c'est la durée ϖ de la révolution du pôle sur son cercle. D'après la première des formules (6), cette durée a pour expression

$$\varpi = \frac{360°}{\frac{b^2}{a^2} n \left(\varkappa - \frac{1}{2}\varkappa_1\right) \cos C} = 360° \frac{\sin \varphi'}{\rho}.$$

La première formule (9) permet de calculer ρ pour une valeur donnée de θ'; on trouve ainsi les valeurs de ϖ contenues dans le Tableau (*d*).

Remarquons, en terminant, que la théorie précédente pourra peut-être trouver une application à certaines étoiles variables, celles dont on suppose les variations causées par des éclipses produites par un satellite obscur.

Les inégalités séculaires du plan de l'orbite, provenant du renflement équatorial de l'étoile, auront pour résultat de faire varier les instants des milieux des éclipses, et aussi la durée de ces phénomènes. Mais il y aura lieu, si les deux corps sont assez voisins, comme c'est le cas pour Algol, de tenir compte aussi de l'action du satellite pour déplacer l'équateur de l'étoile. On est ainsi conduit à un problème intéressant que le lecteur trouvera dans le *Bulletin astronomique*, t. XI, p. 337. (*Voir* aussi *Comptes rendus*, t. CXX, p. 125.)

63. **Sur les satellites de Mars.** — Phobos et Deimos, les deux satellites de Mars, si brillamment découverts par M. Asaph Hall en 1877, se meuvent à très peu près dans le plan de l'équateur de laplanète; ce dernier est incliné de 27° ou 28° sur le plan de l'orbite de Mars. On peut se demander si les plans des deux orbites coïncideront toujours à très peu près avec le plan de l'équateur, ou si la coïncidence actuelle n'est qu'accidentelle. Cette question a été examinée par M. Adams (*Monthly Notices*, t. XL, p. 10), et j'ai présenté moi-même à son sujet une Note à l'Académie des Sciences (*Comptes rendus*, t. LXXXIX, p. 961).

Si l'on connaissait l'aplatissement $\varkappa$ de Mars $\left(\text{le rapport } \varkappa_1 \text{ de la force centrifuge équatoriale à la pesanteur correspondante est connu, } \varkappa_1 = \frac{1}{219}\right)$, la question serait, en effet, identique à celle qui a été traitée dans le Chapitre VI pour Japet, l'un des satellites de Saturne. Soient, en nous reportant à la *fig.* 2 de la page 93, et aux développements voisins, D et D' les pôles de l'orbite et de l'équateur de Mars, et C un point de l'arc DD' déterminé comme on l'a dit. Les pôles des orbites des deux satellites se mouvraient sur deux petits cercles ayant le point C pour pôle. Soit ρ le rayon de ce petit cercle pour le premier satellite, et $CD' = i'$; l'inclinaison de son orbite sur l'équateur resterait toujours comprise entre $\pm(i' - \rho)$ et $i' + \rho$. Il suffirait donc de calculer i' et ρ pour répondre à la question.

Malheureusement, ces quantités i' et ρ dépendent de l'aplatissement $\varkappa$ qui est inconnu; on sait seulement qu'il est compris entre les limites $\frac{1}{174}$ et $\frac{1}{435}$ (t. II, p. 205). M. Adams a essayé deux hypothèses : (I) celle de l'homogénéité, qui donne $\varkappa = \frac{5}{4}\varkappa_1 = \frac{1}{175}$, et (II) qui suppose que la distribution des densités soit la même à l'intérieur de Mars qu'à l'intérieur de la Terre; cela conduit à la relation

$$\frac{\varkappa}{\varkappa_1} = \frac{\varkappa'}{\varkappa'_1},$$

en désignant par $\varkappa'$ et $\varkappa'_1$ les quantités analogues pour la Terre; on en conclut

$$\varkappa = \frac{1}{228}.$$

En admettant, d'autre part, pour la position de l'équateur de Mars, les nombres de M. Marth (*Monthly Notices*, t. XXXIX, p. 473), j'ai trouvé que l'inclinaison de Deimos sur l'équateur de la planète doit toujours rester comprise entre 0°,1 et 1°,4 dans l'hypothèse (I), et entre 0°,2 et 2°,2 dans l'hypothèse (II); pour Phobos, les limites sont encore plus resserrées.

Donc, pour les aplatissements $\frac{1}{175}$ et $\frac{1}{228}$, et aussi pour les aplatissements intermédiaires, les orbites des deux satellites s'écarteront toujours très peu de l'équateur de Mars.

64. **Des satellites d'Uranus.** — D'après les mesures et les calculs de M. Newcomb, les quatre satellites, Ariel, Umbriel, Titania et Obéron, se meuvent à très peu près dans un même plan, incliné de 98° sur le plan de l'écliptique. Les différences entre les quatre inclinaisons prises deux à deux sont de l'ordre des erreurs des observations.

Si la force perturbatrice du Soleil, qui est d'ailleurs très petite, agissait seule, les pôles des quatre orbites décriraient des petits cercles autour du pôle de l'orbite d'Uranus, et la probabilité que ces pôles soient très voisins à un moment donné, comme ils le sont maintenant, serait, sinon nulle, du moins extrêmement faible. Il existe donc une autre force perturbatrice : c'est celle qui provient du renflement équatorial d'Uranus. Si l'équateur de cette planète a coïncidé à un moment avec les plans des orbites, la coïncidence aura toujours lieu d'une façon approchée; il suffit pour cela d'un aplatissement assez faible.

L'excentricité de l'orbite du premier satellite, la plus petite des quatre, est égale à 0,020. Il est possible qu'en déterminant à plusieurs reprises la position du périurane, on lui découvre un déplacement qui pourra faire apprécier la grandeur de l'aplatissement.

Les mesures directes faites sur le disque d'Uranus pour déterminer cet aplatissement n'ont pas donné encore de résultats bien concluants : tandis que M. Schiaparelli obtient $\frac{1}{11}$, M. Seeliger a trouvé l'aplatissement insensible. La durée de la rotation de la planète est absolument inconnue.

M. Perrotin (*Vierteljahrsschrift der astronomischen Gesellschaft*, t. XXIV) a observé, en 1889, les bandes d'Uranus, et trouvé qu'elles font un petit angle avec le plan de l'orbite des satellites, et le plus grand diamètre de la planète lui a semblé être aussi dans ce plan. Ce serait une confirmation des prévisions de la théorie, en admettant que la direction des bandes coïncide avec celle de l'équateur. MM. Henry avaient trouvé antérieurement (*Bulletin astronomique*, t. I, p. 238) que les bandes font un angle d'environ 40° avec le plan de l'orbite des satellites. Mais ces observations sont délicates et demandent à être reprises dans de bonnes conditions et avec de puissants instruments.

Il est bon de remarquer que les mouvements des satellites d'Uranus et de Neptune sont rétrogrades, tandis qu'ils sont directs pour les autres planètes. La même opposition existe très vraisemblablement pour les mouvements de rotation. Cela est en désaccord avec l'hypothèse cosmogonique de Laplace. M. Faye a cherché à expliquer cette singularité dans son Livre *Sur l'origine du Monde*.

CHAPITRE X.

FORMULES ET MÉTHODES D'INTERPOLATION.

65. Soit $f(x)$ une fonction dont on sait calculer numériquement la valeur pour une valeur donnée de x. On peut se proposer de trouver un polynôme entier en x, qui, pour x compris entre deux limites déterminées x' et x'', prenne des valeurs peu différentes de celles de $f(x)$, de manière que le polynôme puisse remplacer la fonction entre les limites x' et x'', avec une grande approximation au point de vue des calculs numériques.

Soient $a, b, c, d, e, \ldots, k, l$ des nombres déterminés, choisis entre x' et x''; A, B, ..., L les valeurs numériques correspondantes de $f(x)$; on vérifie immédiatement que le polynôme

$$(1)\qquad \left\{\begin{aligned} X = A\frac{(x-b)(x-c)\ldots(x-l)}{(a-b)(a-c)\ldots(a-l)} &+ B\frac{(x-a)(x-c)\ldots(x-l)}{(b-a)(b-c)\ldots(b-l)} + \ldots \\ &+ L\frac{(x-a)(x-b)\ldots(x-k)}{(l-a)(l-b)\ldots(l-k)} \end{aligned}\right.$$

prendra, pour $x = a, b, \ldots, l$, les mêmes valeurs que $f(x)$. On comprend que si le nombre des quantités $a, b, \ldots, l$ est suffisant, et si l'allure de la fonction $f(x)$ est régulière entre x' et x'', le polynôme ne s'écartera que très peu de la fonction pour les autres valeurs de x comprises entre x' et x'', et pourra remplacer cette fonction avec une grande approximation. La formule (1), dans laquelle on remplace X par $f(x)$, est la formule d'interpolation de Lagrange.

Gauss [1] a donné une transformation très intéressante de la formule (1),

---

(1) *Voir* dans les *Œuvres de Gauss*, t. III, le beau Mémoire *Theoria interpolationis methodo nova tractata*, et dans le Tome I des Mémoires astronomiques d'Encke le Mémoire *Ueber Interpolation*, dans lequel Encke reproduit des leçons faites par Gauss en 1812.

d'où il a tiré des conséquences importantes. Soient $X_1, X_2, X_3, \ldots$, ce que donne la formule (1), en prenant une, deux, trois, ... valeurs de x; on aura

$$X_1 = A,$$

$$X_2 = A\frac{x-b}{a-b} + B\frac{x-a}{b-a},$$

$$X_3 = A\frac{(x-b)(x-c)}{(a-b)(a-c)} + B\frac{(x-a)(x-c)}{(b-a)(b-c)} + C\frac{(x-a)(x-b)}{(c-a)(c-b)},$$

$$X_4 = A\frac{(x-b)(x-c)(x-d)}{(a-b)(a-c)(a-d)} + B\frac{(x-a)(x-c)(x-d)}{(b-a)(b-c)(b-d)} + C\frac{(x-a)(x-b)(x-d)}{(c-a)(c-b)(c-d)} + D\frac{(x-a)(x-b)(x-c)}{(d-a)(d-b)(d-c)},$$

....

On en conclut aisément

$$X_1 = A,$$

$$X_2 - X_1 = (x-a)\left(\frac{A}{a-b} + \frac{B}{b-a}\right),$$

$$X_3 - X_2 = (x-a)(x-b)\left[\frac{A}{(a-b)(a-c)} + \frac{B}{(b-a)(b-c)} + \frac{C}{(c-a)(c-b)}\right],$$

$$X_4 - X_3 = (x-a)(x-b)(x-c)\left[\frac{A}{(a-b)(a-c)(a-d)} + \frac{B}{(b-a)(b-c)(b-d)} + \frac{C}{(c-a)(c-b)(c-d)} + \frac{D}{(d-a)(d-b)(d-c)}\right],$$

....,

d'où, en ajoutant,

$$(2)\quad \begin{cases} X = A + (x-a)[a,b] + (x-a)(x-b)[a,b,c] \\ \qquad + (x-a)(x-b)(x-c)[a,b,c,d] + \ldots, \end{cases}$$

où l'on a posé

$$(3)\quad \begin{cases} [a,b] = \dfrac{A}{a-b} + \dfrac{B}{b-a}, \\ [a,b,c] = \dfrac{A}{(a-b)(a-c)} + \dfrac{B}{(b-a)(b-c)} + \dfrac{C}{(c-a)(c-b)}, \\ [a,b,c,d] = \dfrac{A}{(a-b)(a-c)(a-d)} + \dfrac{B}{(b-a)(b-c)(b-d)} \\ \qquad + \dfrac{C}{(c-a)(c-b)(c-d)} + \dfrac{D}{(d-a)(d-b)(d-c)}, \\ \ldots\ldots\ldots\ldots \end{cases}$$

Ces quantités $[a, b]$, $[a, b, c]$, ... restent les mêmes quand on échange entre elles deux des lettres $a, b, c, \ldots$, et les deux quantités correspondantes dans la série A, B, C, ... Les formules (3) conduisent, en outre, sans peine aux relations

$$
(4) \qquad \left\{
\begin{aligned}
&[a, b] = \frac{B - A}{b - a},\\
&[a, b, c] = \frac{[b, c] - [a, b]}{c - a},\\
&[a, b, c, d] = \frac{[b, c, d] - [a, b, c]}{d - a},\\
&\ldots\ldots\ldots\ldots\ldots\ldots\ldots\ldots
\end{aligned}
\right.
$$

On pourra former le Tableau suivant :

$$
(5) \qquad \left\{
\begin{array}{c|cccccc}
a & A & & & & & \\
 & & [a, b] & & & & \\
b & B & & [a, b, c] & & & \\
 & & [b, c] & & [a, b, c, d] & & \\
c & C & & [b, c, d] & & [a, b, c, d, e] & \\
 & & [c, d] & & [b, c, d, e] & & [a, b, c, d, e, f] \\
d & D & & [c, d, e] & & [b, c, d, e, f] & \\
 & & [d, e] & & [c, d, e, f] & & \\
e & E & & [d, e, f] & & & \\
 & & [e, f] & & & & \\
f & F & & & & &
\end{array}
\right.
$$

On peut prendre les lettres dans un autre ordre, et opérer, par exemple, la substitution

$$
\begin{pmatrix} a & b & c & d & e & f \\ d & c & e & b & f & a \end{pmatrix}.
$$

La formule (2) donnera alors

$$
(6) \qquad \left\{
\begin{aligned}
X = D &+ (x - d)[c, d] + (x - d)(x - c)[c, d, e]\\
&+ (x - d)(x - c)(x - e)[b, c, d, e]\\
&+ (x - d)(x - c)(x - e)(x - b)[b, c, d, e, f]\\
&+ (x - d)(x - c)(x - e)(x - b)(x - f)[a, b, c, d, e, f] + \ldots.
\end{aligned}
\right.
$$

Si l'on jette les yeux sur le Tableau (5), on voit que les quantités $[c, d]$, $[c, d, e]$, $[b, c, d, e]$, $[b, c, d, e, f]$, $[a, b, c, d, e, f]$, ... y figurent toutes sur deux lignes horizontales, menées, l'une par la lettre D, l'autre à égale distance des lettres C et D.

En opérant de même la substitution

$$\begin{pmatrix} a & b & c & d & e & f \\ d & e & c & f & b & g \end{pmatrix},$$

la formule (2) donnera

$$(7)\quad \left\{ \begin{aligned} X = D &+ (x-d)(d,e) + (x-d)(x-e)[c,d,e] \\ &+ (x-d)(x-e)(x-c)[c,d,e,f] \\ &+ (x-d)(x-e)(x-c)(x-f)[b,c,d,e,f] \\ &+ (x-d)(x-e)(x-c)(x-f)(x-b)[b,c,d,e,f,g] + \ldots. \end{aligned} \right.$$

Ici, les quantités $[d,e]$, $[c,d,e]$, ... figurent, dans le Tableau (5), sur deux lignes horizontales, menées, l'une par la lettre D, l'autre à égale distance des lettres D et E.

66. Dans les calculs astronomiques, on suppose toujours que les quantités $a, b, c, \ldots$ sont les divers termes d'une progression arithmétique.

Soit ω la raison de cette progression, de sorte que

$$b - a = c - b = \ldots = \omega;$$

pour nous conformer à l'usage généralement adopté, nous poserons

$$A = f(a), \qquad B = f(a+\omega), \qquad C = f(a+2\omega), \qquad \ldots.$$

Retranchons chacune de ces quantités de la suivante et faisons

$$f(a + \overline{i+1}\,\omega) - f(a + i\omega) = f^1(a + \overline{i+\tfrac{1}{2}}\,\omega);$$

les f^1 seront les différences premières; on a mis l'argument symbolique $a + \overline{i+\frac{1}{2}}\,\omega$ pour rappeler que cette différence est obtenue avec les deux valeurs de la fonction qui correspondent aux valeurs $a + \overline{i+1}\,\omega$ et $a + i\omega$ de x, dont la moyenne est $a + \overline{i+\frac{1}{2}}\,\omega$. On calcule de même les différences secondes, troisièmes, etc. par les relations générales

$$\begin{aligned} &f^1(a + \overline{i+\tfrac{1}{2}}\,\omega) - f^1(a + \overline{i-\tfrac{1}{2}}\,\omega) = f^2(a + i\omega), \\ &f^2(a + \overline{i+1}\,\omega) - f^2(a + i\omega) = f^3(a + \overline{i+\tfrac{1}{2}}\,\omega), \\ &\ldots\ldots\ldots\ldots\ldots\ldots\ldots\ldots\ldots\ldots\ldots\ldots \end{aligned}$$

Ceci posé, on peut former le Tableau suivant :

$$
(8)\quad \left\{
\begin{array}{lllllll}
f(a-3\omega) & & & & & & \\
 & f^1\left(a-\frac{5\omega}{2}\right) & & & & & \\
f(a-2\omega) & & f^2(a-2\omega) & & & & \\
 & f^1\left(a-\frac{3\omega}{2}\right) & & f^3\left(a-\frac{3\omega}{2}\right) & & & \\
f(a-\omega) & & f^2(a-\omega) & & f^4(a-\omega) & & \\
 & f^1\left(a-\frac{\omega}{2}\right) & & f^3\left(a-\frac{\omega}{2}\right) & & f^5\left(a-\frac{\omega}{2}\right) & \\
f(a) & & f^2(a) & & f^4(a) & & f^6(a) \\
 & f^1\left(a+\frac{\omega}{2}\right) & & f^3\left(a+\frac{\omega}{2}\right) & & f^5\left(a+\frac{\omega}{2}\right) & \\
f(a+\omega) & & f^2(a+\omega) & & f^4(a+\omega) & & \\
 & f^1\left(a+\frac{3\omega}{2}\right) & & f^3\left(a+\frac{3\omega}{2}\right) & & & \\
f(a+2\omega) & & f^2(a+2\omega) & & & & \\
 & f^1\left(a+\frac{5\omega}{2}\right) & & & & & \\
f(a+3\omega) & & & & & &
\end{array}
\right.
$$

Les relations (4) donneront ici

$$
[a,b] = \frac{f(a+\omega)-f(a)}{\omega} = \frac{f^1\left(a+\frac{\omega}{2}\right)}{\omega}; \qquad [b,c] = \frac{f^1\left(a+\frac{3\omega}{2}\right)}{\omega},
$$

$$
[a,b,c] = \frac{f^1\left(a+\frac{3\omega}{2}\right)-f^1\left(a+\frac{\omega}{2}\right)}{\omega\, 2\omega} = \frac{f^2(a+\omega)}{1.2\,\omega^2},
$$

$$
[a,b,c,d] = \frac{f^3\left(a+\frac{3\omega}{2}\right)}{1.2.3\,\omega^3},
$$

$$
\cdots\cdots\cdots\cdots\cdots\cdots
$$

Si l'on pose, en outre, $x = a + n\omega$, la formule (2) donnera

$$
f(a+n\omega) = f(a) + \frac{n\omega}{\omega} f^1\left(a+\frac{\omega}{2}\right) + \frac{n\omega(n\omega-\omega)}{1.2\,\omega^2} f^2(a+\omega) + \ldots,
$$

ou bien

$$
(9)\quad \left\{
\begin{aligned}
f(a+n\omega) = f(a) &+ \frac{n}{1} f^1\left(a+\frac{\omega}{2}\right) \\
&+ \frac{n(n-1)}{1.2} f^2(a+\omega) + \frac{n(n-1)(n-2)}{1.2.3} f^3\left(a+\frac{3\omega}{2}\right) \\
&+ \cdots\cdots\cdots\cdots
\end{aligned}
\right.
$$

C'est la formule d'interpolation de Newton.

Appliquons maintenant la formule (6), mais en prenant les lettres placées sur l'horizontale de $f(a)$ et celle menée entre $f(a)$ et $f(a-\omega)$; nous trouverons

$$f(a+n\omega)=f(a)+\frac{n\omega}{\omega}f^1\left(a-\frac{\omega}{2}\right)+\frac{n\omega(n\omega+\omega)}{1.2\,\omega^2}f^2(a)$$
$$+\frac{n\omega(n\omega+\omega)(n\omega-\omega)}{1.2.3.\omega^3}f^3\left(a-\frac{\omega}{2}\right)+\dots$$

ou bien

$$(10)\left\{\begin{aligned}f(a+n\omega)=f(a)&+\frac{n}{1}f^1\left(a-\frac{\omega}{2}\right)+\frac{n(n+1)}{1.2}f^2(a)\\&+\frac{(n+1)n(n-1)}{1.2.3}f^3\left(a-\frac{\omega}{2}\right)+\frac{(n+2)(n+1)n(n-1)}{1.2.3.4}f^4(a)\\&+\frac{(n+2)(n+1)n(n-1)(n-2)}{1.2.3.4.5}f^5\left(a-\frac{\omega}{2}\right)+\dots.\end{aligned}\right.$$

La formule (7) donne de même

$$(11)\left\{\begin{aligned}f(a+n\omega)=f(a)&+\frac{n}{1}f^1\left(a+\frac{\omega}{2}\right)+\frac{n(n-1)}{1.2}f^2(a)\\&+\frac{(n+1)n(n-1)}{1.2.3}f^3\left(a+\frac{\omega}{2}\right)+\frac{(n+1)n(n-1)(n-2)}{1.2.3.4}f^4(a)\\&+\frac{(n+2)(n+1)n(n-1)(n-2)}{1.2.3.4.5}f^5\left(a+\frac{\omega}{2}\right)+\dots.\end{aligned}\right.$$

Si l'on prend la moyenne arithmétique des expressions (10) et (11), il vient

$$f(a+n\omega)=f(a)+\frac{n}{1}\,\frac{f^1\left(a+\frac{\omega}{2}\right)+f^1\left(a-\frac{\omega}{2}\right)}{2}+\left[\frac{n(n+1)}{1.2}+\frac{n(n-1)}{1.2}\right]\frac{f^2(a)}{2}$$
$$+\frac{(n+1)n(n-1)}{1.2.3}\,\frac{f^3\left(a+\frac{\omega}{2}\right)+f^3\left(a-\frac{\omega}{2}\right)}{2}$$
$$+\left[\frac{(n+1)n(n-1)(n-2)}{1.2.3.4}+\frac{(n+2)(n+1)n(n-1)}{1.2.3.4}\right]\frac{f^4(a)}{2}$$
$$+\dots\dots\dots\dots$$

On est conduit à poser

$$\frac{f^1\left(a+\frac{\omega}{2}\right)+f^1\left(a-\frac{\omega}{2}\right)}{2}=f^1(a),$$
$$\frac{f^3\left(a+\frac{\omega}{2}\right)+f^3\left(a-\frac{\omega}{2}\right)}{2}=f^3(a),$$
$$\dots\dots\dots\dots$$

Ces moyennes arithmétiques seront inscrites à l'encre rouge ou au crayon dans le Tableau (8), chacune entre les deux nombres d'où elle provient. On trouvera ainsi

$$(12)\quad \left\{\begin{aligned} f(a+n\omega) = f(a) &+ \frac{n}{1}f^1(a) + \frac{n^2}{1.2}f^2(a) + \frac{(n+1)n(n-1)}{1.2.3}f^3(a) \\ &+ \frac{(n+1)nn(n-1)}{1.2.3.4}f^4(a) \\ &+ \frac{(n+2)(n+1)n(n-1)(n-2)}{1.2.3.4.5}f^5(a) + \ldots \end{aligned}\right.$$

Si l'on se reporte à la figure schématique (5), on voit que, dans la formule de Newton, on suit le chemin OH, tandis que dans les formules (10), (11) et (12), on suit respectivement les chemins

OBCDE..., OB'CD'E..., OCE....

Fig. 5.

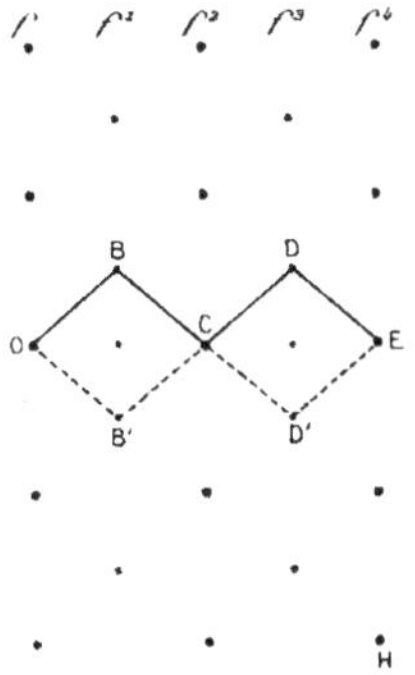

67. Interpolation des fonctions périodiques. — Gauss s'est proposé de trouver une fonction T de la forme

$$(13)\quad \left\{\begin{aligned} T = \frac{1}{2}\alpha_0 &+ \alpha_1 \cos t + \alpha_2 \cos 2t + \ldots + \alpha_n \cos nt \\ &+ \beta_1 \sin t + \beta_2 \sin 2t + \ldots + \beta_n \sin nt, \end{aligned}\right.$$

connaissant les valeurs A, B, C, ..., L, que prend la fonction, quand on donne à t les $2n+1$ valeurs

$$a,\quad b,\quad c,\quad \ldots,\quad l.$$

D'après la formule de Lagrange, on est conduit à poser

$$(14)\quad \left\{\begin{aligned} T = {} & A\,\frac{\sin\frac{t-b}{2}\sin\frac{t-c}{2}\cdots\sin\frac{t-l}{2}}{\sin\frac{a-b}{2}\sin\frac{a-c}{2}\cdots\sin\frac{a-l}{2}} \\ & + B\,\frac{\sin\frac{t-a}{2}\sin\frac{t-c}{2}\cdots\sin\frac{t-l}{2}}{\sin\frac{b-a}{2}\sin\frac{b-c}{2}\cdots\sin\frac{b-l}{2}} \\ & + \ldots\ldots\ldots\ldots\ldots\ldots \end{aligned}\right.$$

On vérifie immédiatement que l'expression (14) prend bien les valeurs A, B, ... pour $t = a, b, \ldots$; reste à voir qu'elle est de la forme (13). Or, le produit

$$\sin\frac{t-b}{2}\sin\frac{t-c}{2}\cdots\sin\frac{t-l}{2}$$

se compose de n groupes de facteurs tels que

$$\sin\frac{t-b}{2}\sin\frac{t-c}{2} = \frac{1}{2}\left[\cos\frac{b-c}{2} - \cos\left(t - \frac{b+c}{2}\right)\right];$$

on voit que le produit de n quantités telles que

$$\mathcal{A} + \mathcal{B}\cos t + \mathcal{C}\sin t$$

sera bien de la forme voulue. Il resterait à former les expressions des coefficients $\alpha_0, \alpha_1, \ldots, \beta_1, \ldots$; mais nous nous bornerons à les obtenir dans un cas particulier, celui du reste qui se présente dans la pratique.

Supposons que les $2n+1$ quantités $a, b, \ldots, l$ forment une progression arithmétique de raison $\frac{2\pi}{2n+1}$,

$$b = a + \frac{2\pi}{2n+1}, \qquad c = a + 2\,\frac{2\pi}{2n+1}, \qquad \ldots, \qquad l = a + 2n\,\frac{2\pi}{2n+1}.$$

Nous commencerons par calculer le produit de $2n+1$ facteurs

$$(15)\qquad Z = \sin\frac{t-a}{2}\sin\frac{t-b}{2}\ \cdots\ \sin\frac{t-l}{2},$$

où nous ferons

$$\frac{t-a}{2} = z,$$

ce qui donnera

$$Z = \sin z \sin\left(z - \frac{\pi}{2n+1}\right) \sin\left(z - 2\frac{\pi}{2n+1}\right) \cdots \sin\left(z - 2n\frac{\pi}{2n+1}\right),$$

ou bien, en groupant le second facteur et le dernier, le troisième et l'avant-dernier, etc.,

$$Z = (-1)^n \sin z \left(\sin^2 z - \sin^2\frac{\pi}{2n+1}\right)\left(\sin^2 z - \sin^2\frac{2\pi}{2n+1}\right)\cdots\left(\sin^2 z - \sin^2\frac{n\pi}{2n+1}\right).$$

Z ne doit différer que par un facteur constant de la fonction $\sin(2n+1)z$ qui est aussi un polynôme du degré $2n+1$ en $\sin z$, et s'annule pour les valeurs

$$0, \quad \pm\frac{\pi}{2n+1}, \quad \pm\frac{2\pi}{2n+1}, \quad \ldots, \quad \pm\frac{n\pi}{2n+1} \quad \text{de } z.$$

D'ailleurs, on sait que le coefficient de $\sin^{2n+1} z$ dans le développement de $\sin(2n+1)z$ suivant les puissances de $\sin z$ est $2^{2n}(-1)^n$; on aura donc

$$Z = \frac{\sin(2n+1)z}{2^{2n}},$$

et il en résulte, d'après la formule (15),

$$\sin\frac{t-b}{2}\cdots\sin\frac{t-l}{2} = \frac{1}{2^{2n}}\frac{\sin(2n+1)z}{\sin z}.$$

Or on a l'identité

$$\frac{\sin(2n+1)z}{\sin z} = 1 + 2\cos 2z + 2\cos 4z + \ldots + 2\cos 2nz.$$

On en conclut donc

$$\sin\frac{t-b}{2}\cdots\sin\frac{t-l}{2} = \frac{1 + 2\cos(t-a) + 2\cos 2(t-a) + \ldots + 2\cos n(t-a)}{2^{2n}}$$

et, en faisant $t = a$,

$$\sin\frac{a-b}{2}\cdots\sin\frac{a-l}{2} = \frac{2n+1}{2^{2n}}.$$

En divisant membre à membre les deux dernières équations, il vient

$$A\frac{\sin\frac{t-b}{2}\sin\frac{t-c}{2}\cdots\sin\frac{t-l}{2}}{\sin\frac{a-b}{2}\sin\frac{a-c}{2}\cdots\sin\frac{a-l}{2}} = A\frac{1 + 2\cos(t-a) + 2\cos 2(t-a) + \ldots + 2\cos n(t-a)}{2n+1},$$

d'où, par raison de symétrie,

$$B\,\frac{\sin\frac{t-a}{2}\sin\frac{t-c}{2}\cdots\sin\frac{t-l}{2}}{\sin\frac{b-a}{2}\sin\frac{b-c}{2}\cdots\sin\frac{b-l}{2}}$$
$$= B\,\frac{1+2\cos(t-b)+2\cos 2(t-b)+\ldots+2\cos n(t-b)}{2n+1},$$

. . . .

La formule (14) pourra ainsi s'écrire

$$\begin{aligned}(2n+1)T = A+B+\ldots+L &+ (A\cos a+B\cos b+\ldots+L\cos l)\,2\cos t\\ &+ (A\sin a\ \ +B\sin b\ \ +\ldots+L\sin l)\,2\sin t\\ &+ (A\cos 2a+B\cos 2b+\ldots+L\cos 2l)\,2\cos 2t\\ &+ (A\sin 2a+B\sin 2b+\ldots+L\sin 2l)\,2\sin 2t+\ldots.\end{aligned}$$

Les coefficients α_i et β_i de la formule (13) auront donc pour valeurs

$$(16)\qquad \left\{\begin{aligned}\alpha_i &= \frac{2}{2n+1}(A\cos ia+B\cos ib+\ldots+L\cos il),\\ \beta_i &= \frac{2}{2n+1}(A\sin ia+B\sin ib+\ldots+L\sin il);\end{aligned}\right.$$

a reste arbitraire, et les quantités b, c, ..., l en résultent comme on l'a dit.

Si la fonction donnée T de t, supposée périodique et de période 2π, se développe en une série illimitée

$$\begin{aligned}T = \frac{1}{2}\alpha_0 &+ \alpha_1\cos t+\ldots+\alpha_n\cos nt+\ldots\\ &+\beta_1\sin t+\ldots+\beta_n\sin nt+\ldots\end{aligned}$$

et si la série converge assez rapidement, on pourra la limiter à ses $2n+1$ premiers termes; les formules (16) donneront des valeurs approchées de α_0, α_1, ..., α_n, β_1, ..., β_n.

68. Les formules précédentes ne sont guère employées malgré leur simplicité. On préfère partager la circonférence en un nombre pair d'arcs égaux, parce qu'alors la reproduction périodique des sinus et cosinus donne lieu à des simplifications. Gauss rattache ce cas au précédent; mais il sera plus simple de le traiter directement.

Considérons le développement périodique de la fonction T.

$$(17)\qquad T = \sum_{i=0}^{i=\infty}(\alpha_i\cos it+\beta_i\sin it).$$

Donnons à t les $2n$ valeurs

$$0, \quad h, \quad 2h, \quad \ldots, \quad (2n-1)h,$$

comprises dans la formule

$$t = rh, \qquad \text{où} \qquad h = \frac{2\pi}{2n};$$

les valeurs correspondantes de la fonction T seront représentées par T_0, T_1, ..., T_{2n-1}, et désignées d'une manière générale par T_r.

Soit j un nombre entier positif; la formule (17) donnera

$$\mathrm{T}\cos jt = \frac{1}{2}\sum_i [\alpha_i \cos(i+j)t + \alpha_i \cos(i-j)t + \beta_i \sin(i+j)t + \beta_i \sin(i-j)t],$$

$$\mathrm{T}\sin jt = \frac{1}{2}\sum_i [\alpha_i \sin(i+j)t - \alpha_i \sin(i-j)t - \beta_i \cos(i+j)t + \beta_i \cos(i-j)t].$$

Donnons à t les $2n$ valeurs indiquées ci-dessus, et faisons les sommes des valeurs de $\mathrm{T}\cos jt$ et de $\mathrm{T}\sin jt$; il y aura des simplifications importantes tenant au choix des valeurs de t, en vertu de ce théorème bien connu :

Si, dans les expressions

$$\sum \cos\lambda t = \mathrm{P}, \qquad \sum \sin\lambda t = \mathrm{Q},$$

on attribue à t les valeurs

$$0, \quad \frac{2\pi}{m}, \quad \frac{4\pi}{m}, \quad \ldots, \quad \frac{(m-1)2\pi}{m},$$

on aura $\mathrm{Q} = 0$, quelle que soit la quantité réelle λ; il en sera de même de P, excepté le cas où λ sera un multiple km de m; auquel cas on aura $\mathrm{P} = m$.

On trouvera donc tout d'abord

$$\sum_r \mathrm{T}_r \cos jrh = \frac{1}{2}\sum_i \alpha_i \left[\sum_r \cos\frac{(i+j)2\pi r}{2n} + \sum_r \cos\frac{(i-j)2\pi r}{2n}\right],$$

$$\sum_r \mathrm{T}_r \sin jrh = \frac{1}{2}\sum_i \beta_i \left[-\sum_r \cos\frac{(i+j)2\pi r}{2n} + \sum_r \cos\frac{(i-j)2\pi r}{2n}\right].$$

Les deux $\sum_r$ qui figurent dans les seconds membres n'auront des valeurs différentes de 0 que si l'on attribue à $i \pm j$ des valeurs de la forme $2kn$, où k désigne un nombre entier, et si l'on suppose

$$i = \mp j + 2kn,$$

on aura

$$\sum_r \cos\frac{(i\pm j)2\pi r}{2n} = 2n.$$

Il en résultera donc

$$\sum_r T_r \cos jrh = n\sum_k(\quad \alpha_{2kn-j} + \alpha_{2kn+j}),$$

$$\sum_r T_r \sin jrh = n\sum_k(-\beta_{2kn-j} + \beta_{2kn+j});$$

d'où, en attribuant à k les valeurs o, 1, 2, ... et remarquant que l'on doit supposer $\alpha_{-j} = \beta_{-j} = 0$, parce qu'il n'y a pas d'indices négatifs dans la formule (17),

$$(18)\qquad \begin{cases} \sum_r T_r \cos jrh = n(\alpha_j + \alpha_{2n-j} + \alpha_{2n+j} + \ldots), \\ \sum_r T_r \sin jrh = n(\beta_j - \beta_{2n-j} + \beta_{2n+j} - \ldots). \end{cases}$$

Si la série (17) converge rapidement, de façon que l'on puisse négliger α_{2n-j} devant α_j et β_{2n-j} devant β_j, les relations (18) donneront

$$(19)\qquad \alpha_j = \frac{1}{n}\sum_r T_r \cos jrh, \qquad \beta_j = \frac{1}{n}\sum_r T_r \sin jrh.$$

Ces formules souffrent deux cas d'exception :

1° Si $j = 0$, on trouve, en se reportant directement à la formule (17),

$$\sum_r T_r = 2n(\alpha_0 + \alpha_{2n} + \ldots),$$

$$(20)\qquad \alpha_0 = \frac{1}{2n}\sum_r T_r.$$

2° Si $j = n$, alors $jrh = \pi r$. La seconde des formules (18) est identiquement satisfaite, et la première donne

$$(21)\qquad \alpha_n = \frac{1}{2n}\sum_r (-1)^r T_r.$$

Il n'est pas étonnant que l'on ne puisse pas déterminer β_n, car il n'y a que

$2n$ données,

$$T_0, \quad T_1, \quad \ldots, \quad T_{2n-1},$$

et l'on ne peut déterminer que les $2n$ inconnues

$$\alpha_0, \quad \alpha_1, \quad \alpha_2, \quad \ldots, \quad \alpha_{n-1}, \quad \alpha_n,$$
$$\beta_1, \quad \beta_2, \quad \ldots, \quad \beta_{n-1}.$$

On peut faire diverses combinaisons de nature à simplifier les calculs : ainsi, la première des formules (18) peut s'écrire

$$n\alpha_j = \sum_{r=0}^{r=n-1} T_r \cos jrh + \sum_{r=n}^{r=2n-1} T_r \cos jrh,$$

ou bien, en changeant, dans le second $\sum$, r en $n+r$, et remarquant que $njh = \pi j$,

$$n\alpha_j = \sum_{r=0}^{r=n-1} T_r \cos jrh + (-1)^j \sum_{r=0}^{r=n-1} T_{n+r} \cos jrh,$$

$$n\alpha_j = \sum_{r=0}^{r=n-1} [T_r + (-1)^j T_{n+r}] \cos jrh.$$

Changeons, dans cette formule, j en $n-j$, et supposons n pair (ou la circonférence divisée en $4n' = 2n$ parties égales); j et $n-j$ seront de même parité, et nous trouverons

$$n\alpha_{n-j} = \sum_{r=0}^{r=n-1} [T_r + (-1)^j T_{n+r}](-1)^r \cos jrh,$$

et, par suite,

(22) $$n(\alpha_j \pm \alpha_{n-j}) = \sum_{r=0}^{r=n-1} [T_r + (-1)^j T_{n+r}][1 \pm (-1)^r] \cos jrh.$$

On trouve de même

(23) $$n(\beta_j \pm \beta_{n-j}) = \sum_{r=0}^{r=n-1} [T_r + (-1)^j T_{n+r}][1 \pm (-1)^{r-1}] \sin jrh.$$

Il convient de distinguer deux cas, selon que j est pair ou impair, et il sera commode d'adopter la notation suivante

$$(24)\qquad \begin{cases} T_a + T_{n+a} = (a, n+a), \\ T_a - T_{n+a} = \left(\dfrac{a}{n+a}\right). \end{cases}$$

On trouve alors aisément

$$(a)\ \begin{cases}
1^\circ\ j \text{ pair};\quad 2n \text{ divisions},\quad h = \dfrac{\pi}{n}, \\
\dfrac{n}{2}(\alpha_j + \alpha_{n-j}) = (0, n) + (2, n+2)\cos 2jh \\
\qquad + (4, n+4)\cos 4jh + \ldots + (n-2, 2n-2)\cos(n-2)jh, \\
\dfrac{n}{2}(\alpha_j - \alpha_{n-j}) = (1, n+1)\cos jh \\
\qquad + (3, n+3)\cos 3jh + \ldots + (n-1, 2n-1)\cos(n-1)jh, \\
\dfrac{n}{2}(\beta_j + \beta_{n-j}) = (1, n+1)\sin jh \\
\qquad + (3, n+3)\sin 3jh + \ldots + (n-1, 2n-1)\sin(n-1)jh, \\
\dfrac{n}{2}(\beta_j - \beta_{n-j}) = (2, n+2)\sin 2jh \\
\qquad + (4, n+4)\sin 4jh + \ldots + (n-2, 2n-2)\sin(n-2)jh; \\
n(\alpha_0 + \alpha_n) = (0, n) \quad + (2, n+2) + \ldots + (n-2, 2n-2), \\
n(\alpha_0 - \alpha_n) = (1, n+1) + (3, n+3) + \ldots + (n-1, 2n-1).
\end{cases}$$

Les deux dernières de ces formules ont été conclues des relations (20) et (21).

$$(b)\ \begin{cases}
2^\circ\ j \text{ impair};\quad 2n \text{ divisions},\quad h = \dfrac{\pi}{n}, \\
\dfrac{n}{2}(\alpha_j + \alpha_{n-j}) = \left(\dfrac{0}{n}\right) + \left(\dfrac{2}{n+2}\right)\cos 2jh \\
\qquad + \left(\dfrac{4}{n+4}\right)\cos 4jh + \ldots + \left(\dfrac{n-2}{2n-2}\right)\cos(n-2)jh, \\
\dfrac{n}{2}(\alpha_j - \alpha_{n-j}) = \left(\dfrac{1}{n+1}\right)\cos jh + \left(\dfrac{3}{n+3}\right)\cos 3jh + \ldots + \left(\dfrac{n-1}{2n-1}\right)\cos(n-1)jh, \\
\dfrac{n}{2}(\beta_j + \beta_{n-j}) = \left(\dfrac{1}{n+1}\right)\sin jh + \left(\dfrac{3}{n+3}\right)\sin 3jh + \ldots + \left(\dfrac{n-1}{2n-1}\right)\sin(n-1)jh, \\
\dfrac{n}{2}(\beta_j - \beta_{n-j}) = \left(\dfrac{2}{n+2}\right)\sin 2jh + \left(\dfrac{4}{n+4}\right)\sin 4jh + \ldots + \left(\dfrac{n-2}{2n-2}\right)\sin(n-2)jh.
\end{cases}$$

Enfin, rappelons que la fonction périodique limitée que l'on obtient ainsi sera

$$\alpha_0 + \alpha_1\cos t + \alpha_2\cos 2t + \ldots + \alpha_{n-1}\cos(n-1)t + \alpha_n\cos nt$$
$$+ \beta_1\sin t + \beta_2\sin 2t + \ldots + \beta_{n-1}\sin(n-1)t.$$

Si, par exemple, nous faisons $n = 6$, les formules (a) et (b) nous donneront

$$
\begin{aligned}
6(\alpha_0 + \alpha_6) &= (0,6) + (2,8) + (4,10),\\
6(\alpha_0 - \alpha_6) &= (1,7) + (3,9) + (5,11),\\
3(\alpha_2 + \alpha_4) &= (0,6) - [(2,8) + (4,10)] \sin 30^\circ,\\
3(\alpha_2 - \alpha_4) &= -(3,9) + [(1,7) + (5,11)] \sin 30^\circ,\\
3(\beta_2 + \beta_4) &= [(1,7) - (5,11)] \cos 30^\circ,\\
3(\beta_2 - \beta_4) &= [(2,8) - (4,10)] \cos 30^\circ,\\
3(\alpha_1 + \alpha_5) &= \binom{0}{\overline{6}} + \left[\binom{2}{\overline{8}} - \binom{4}{\overline{10}}\right] \sin 30^\circ,\\
3(\alpha_1 - \alpha_5) &= \left[\binom{1}{\overline{7}} - \binom{5}{\overline{11}}\right] \cos 30^\circ,\\
3(\beta_1 + \beta_5) &= \binom{3}{\overline{9}} + \left[\binom{1}{\overline{7}} + \binom{5}{\overline{11}}\right] \sin 30^\circ,\\
3(\beta_1 - \beta_5) &= \left[\binom{2}{\overline{8}} + \binom{4}{\overline{10}}\right] \cos 30^\circ,\\
6\alpha_3 &= \binom{0}{\overline{6}} - \binom{2}{\overline{8}} + \binom{4}{\overline{10}},\\
6\beta_3 &= \binom{1}{\overline{7}} - \binom{3}{\overline{9}} + \binom{5}{\overline{11}}.
\end{aligned}
$$

On trouvera dans le Tome I des *Annales de l'Observatoire de Paris*, p. 137-147, et dans l'Ouvrage de Hansen, *Auseinandersetzung, etc.*, premier Mémoire, p. 159-164, les formules réduites, analogues aux précédentes, qui se rapportent à la division de la circonférence en 16, 24 ou 32 parties égales.

69. Il peut se faire que, après avoir effectué le calcul d'interpolation en donnant à n une certaine valeur, on reconnaisse la nécessité d'avoir recours à une valeur plus considérable. Dans ce cas, les calculs déjà effectués sont inutiles et il faut recommencer la détermination numérique des fonctions numériques T_i, qui avait pu exiger beaucoup de temps. On doit à Le Verrier un procédé ingénieux pour éviter cet inconvénient (*voir* les *Annales de l'Observatoire*, t. I, p. 384). Soit α un arc qui ne soit pas un diviseur exact de la circonférence; on calcule les valeurs $T_0, T_1, T_2, \ldots, T_{2n}$ de la fonction, qui correspondent aux valeurs $0, \tau, 2\tau, \ldots, 2n\tau$ de t, et l'on a les $2n+1$ équations

$$
\begin{aligned}
&\alpha_0 + \alpha_1 + \alpha_2 + \ldots + \alpha_n = T_0,\\
&\alpha_0 + \alpha_1 \cos\tau + \alpha_2 \cos 2\tau + \ldots + \alpha_n \cos n\tau\\
&\quad + \beta_1 \sin\tau + \beta_2 \sin 2\tau + \ldots + \beta_n \sin n\tau = T_1,\\
&\alpha_0 + \alpha_1 \cos 2\tau + \alpha_2 \cos 4\tau + \ldots + \alpha_n \cos 2n\tau\\
&\quad + \beta_1 \sin 2\tau + \beta_2 \sin 4\tau + \ldots + \beta_n \sin 2n\tau = T_2,\\
&\ldots\ldots\ldots\ldots\ldots\ldots\ldots\ldots\ldots\ldots\ldots\ldots,\\
&\alpha_0 + \alpha_1 \cos 2n\tau + \alpha_2 \cos 4n\tau + \ldots + \alpha_n \cos n2n\tau\\
&\quad + \beta_1 \sin 2n\tau + \beta_2 \sin 4n\tau + \ldots + \beta_n \sin n2n\tau = T_{2n}.
\end{aligned}
$$

Ces équations sont du premier degré relativement aux $2n+1$ inconnues

$$\alpha_0, \quad \alpha_1, \quad \ldots, \quad \alpha_n,$$
$$\beta_1, \quad \ldots, \quad \beta_n.$$

Le Verrier a développé (*loc. cit.*) les expressions algébriques des inconnues et il a appliqué ensuite les formules obtenues à la détermination de la grande inégalité causée par Jupiter dans le mouvement de Pallas; il a adopté $\tau = 42^\circ 14'$. La méthode d'interpolation ainsi présentée satisfait à la condition suivante : ayant déjà exécuté les calculs nécessaires pour la détermination de $2n+1$ coefficients, si l'on vient à reconnaître qu'on doit en conserver $2m$ autres, on peut le faire sans avoir, en somme, exécuté plus de calculs que si l'on avait eu égard, dès l'origine du travail, aux $2n+2m+1$ coefficients.

Le lecteur pourra consulter aussi sur ce sujet un Mémoire de M. Houël, *Sur le développement des fonctions en séries périodiques au moyen de l'interpolation* (*Annales de l'Observatoire de Paris*, t. VIII), et un Mémoire d'Encke : *Ueber die Entwickelung einer Funktion in eine periodische Reihe nach Herrn Le Verrier's Vorschlag* (t. III des *Mémoires astronomiques d'Encke*).

70. **Développement d'une fonction périodique de deux variables.** — Une pareille fonction pourra s'écrire

$$\begin{aligned}&\alpha_0 + \alpha_1 \cos t + \alpha_2 \cos 2t + \ldots\\ &\quad + \beta_1 \sin t + \beta_2 \sin 2t + \ldots;\end{aligned}$$

les coefficients α_i et β_i seront eux-mêmes des fonctions périodiques de t',

$$(25)\qquad \left\{\begin{aligned}\alpha_i &= a_0^{(i)} + a_1^{(i)} \cos t' + a_2^{(i)} \cos 2t' + \ldots\\ &\quad + b_1^{(i)} \sin t' + b_2^{(i)} \sin 2t' + \ldots,\end{aligned}\right.$$

β_i ayant aussi un développement de même forme. Supposons que l'on donne à t et t' les seize valeurs

$$0, \quad \frac{\pi}{8}, \quad \frac{2\pi}{8}, \quad \ldots, \quad \frac{15\pi}{8}.$$

En prenant d'abord $t' = 0$, et donnant à t ses seize valeurs numériques, on pourra calculer, par les formules données plus haut, les valeurs numériques de

$$\alpha_0, \quad \alpha_1, \quad \alpha_2, \quad \ldots, \quad \alpha_7, \quad \alpha_8,$$
$$\beta_1, \quad \beta_2, \quad \ldots, \quad \beta_7.$$

On recommencera l'ensemble de ces opérations pour chacune des quinze autres valeurs de t'. Avec les seize valeurs numériques de α_0, par exemple, on pourra conclure, par les mêmes formules, les seize premiers coefficients de son développement suivant les sinus et cosinus des multiples de t'. On procédera de même pour α_1, β_1, ... On voit que le nombre des valeurs de la fonction T qu'il faudra calculer sera ici de $\overline{16}^2 = 256$.

71. Le Verrier a eu souvent recours à l'interpolation; l'application la plus importante qu'il en a faite se rapporte à la théorie de Saturne (*Annales de l'Observatoire*, t. XI, Addition au Chapitre XXI). Après avoir développé très complètement les expressions analytiques des éléments elliptiques de Saturne, il remarque que, dans le calcul des inégalités du second ordre par rapport aux masses, « le nombre des petits termes, sensibles jusqu'à $0'',01$, devient, pour ainsi dire, indéfini; et, comme dans certains cas ils s'ajoutent les uns aux autres, loin de se détruire, on éprouve, après un pareil travail, bien qu'il ait été vérifié directement à plusieurs reprises et comparé terme à terme avec les formules analogues de Jupiter, on éprouve le besoin de s'assurer de l'exactitude des résultats par une voie différente de la première ».

Le Verrier se sert des développements algébriques obtenus comme d'une première approximation, *déjà très précise*, pour passer à des formules où rien ne puisse être omis. Soient

$$a, \quad e, \quad l, \quad \varepsilon, \quad \varpi$$

le demi-grand axe, l'excentricité, la longitude moyenne, celle de l'époque, celle du périhélie de l'orbite de Jupiter; les mêmes lettres accentuées se rapporteront à Saturne; soit encore

$$\rho = \int n\,dt, \qquad \rho' = \int n'\,dt.$$

Les quantités δl, δe, $e\,\delta\varpi$, δa, fournies par la théorie, sont de la forme

$$(26) \quad \left\{ \begin{aligned} &S \sin(5l' - 2l) + C\cos(5l' - 2l) + S' \sin(10l' - 4l) + C' \cos(10l' - 4l) \\ &\qquad + S_1 \sin l' + S_2 \sin 2l' + \ldots + S_5 \sin 5l' \\ &\quad + C_0 + C_1 \cos l' + C_2 \cos 2l' + \ldots + C_5 \cos 5l'; \end{aligned} \right.$$

les quantités S, C, S', C' sont développées suivant les puissances du temps (jusqu'à t^3 inclusivement), mais varient très lentement. Les quantités C_i et S_i sont développées suivant les sinus et cosinus des multiples de $\zeta = l' - l$; les coefficients de ces sinus ou cosinus sont eux-mêmes développés suivant les puissances de t.

Le Verrier part des expressions des dérivées

$$\frac{d\varepsilon'}{dt}, \quad \frac{d^2\rho'}{dt^2}, \quad \frac{de'}{dt}, \quad \frac{d\varpi'}{dt}, \tag{27}$$

exprimées au moyen des coordonnées de Jupiter et de Saturne; ce sont au fond nos équations (A) (t. I, p. 433). Il se propose d'obtenir, pour 1850, l'ensemble des perturbations $\delta\varepsilon'$, $\delta\rho'$, $e'\delta\varpi'$ et $\delta e'$, en réunissant les termes des divers ordres. Pour cela, il lui faut calculer les seconds membres des dérivées (27), non plus avec les valeurs elliptiques des éléments et des coordonnées elliptiques de Jupiter et de Saturne, mais bien avec ces valeurs augmentées des perturbations (26), déjà calculées par la voie analytique. Il divise la circonférence en 32 parties égales à $\varphi = 11°15'$, et attribue à la longitude moyenne elliptique de Jupiter les 32 valeurs $0, \varphi, 2\varphi, \ldots, 31\varphi$, et à la longitude moyenne de Saturne les 16 valeurs $0, 2\varphi, 4\varphi, \ldots, 30\varphi$. On considère les 512 résultats obtenus par les combinaisons de ces diverses positions des planètes. On donne dans chaque cas les valeurs numériques de δl, δe, $e\delta\varpi$ et δa, déduites des expressions (26), *en y supposant* $t = 0$, ce qui correspond à 1850; on en conclut δv et $\log r$, d'où le rayon vecteur r et la longitude vraie v. On calcule de même les 512 valeurs individuelles pour chacune des quantités

$$\delta l', \quad \delta e', \quad e'\delta\varpi', \quad \delta a', \quad \delta v', \quad \delta \log r', \quad v', \quad r';$$

le calcul exact des perturbations des latitudes n'est pas nécessaire ici.

A l'aide des données précédentes, on a pu former les 512 valeurs numériques de

$$\frac{1}{n}\frac{d\varepsilon'}{dt}, \quad \frac{1}{n^2}\frac{d^2\rho'}{dt^2}, \quad \frac{1}{n}\frac{de'}{dt}, \quad \frac{1}{n}e'\frac{d\varpi'}{dt},$$

et la méthode de l'interpolation a permis d'obtenir, pour ces mêmes dérivées, des développements périodiques procédant suivant les sinus et cosinus des multiples de ζ et de l'. On a intégré ensuite par les formules

$$\int \mathfrak{C}\cos(j\zeta + j'l')\,dt = -\frac{\mathfrak{C}}{(j+j')n' - jn}\sin(j\zeta + j'l') + \text{const.},$$

$$\int \mathfrak{S}\sin(j\zeta + j'l')\,dt = +\frac{\mathfrak{S}}{(j+j')n' - jn}\cos(j\zeta + j'l') + \text{const.},$$

qui supposent $\mathfrak{C}$ et $\mathfrak{S}$ constants. On a donc ainsi les développements définitifs cherchés pour

$$\delta\varepsilon', \quad \delta\rho', \quad \delta e', \quad e'\delta\varpi'.$$

Les coefficients numériques des divers sinus et cosinus sont censés avoir les valeurs qui conviennent à 1850; quant aux termes en t, t^2 et t^3 qui doivent compléter chacun d'eux, Le Verrier les a empruntés à ses recherches théoriques antérieures.

Il nous semble que si l'on voulait être entièrement rigoureux, il faudrait déterminer les valeurs numériques des dérivées $\frac{d\varepsilon'}{dt}$, $\frac{d^2\rho'}{dt^2}$, ..., non seulement pour les 512 positions considérées, mais encore pour chacune des cinq époques 1850, 2350, 2850, 3350, 3850. On aurait ainsi les développements périodiques de $\frac{d\varepsilon'}{dt}$, $\frac{d^2\rho'}{dt^2}$, ... avec 5 valeurs différentes pour chaque coefficient d'un sinus et d'un cosinus, ce qui permettrait de développer ce coefficient suivant les puissances de t. On aurait ensuite à effectuer les intégrations par les formules

$$\int f(t)\sin\alpha t\,dt = -\cos\alpha t\left[\frac{f(t)}{\alpha} - \frac{f''(t)}{\alpha^3} + \frac{f^{\text{IV}}(t)}{\alpha^5} + \ldots\right]$$
$$+\sin\alpha t\left[\frac{f'(t)}{\alpha^2} - \frac{f'''(t)}{\alpha^4} + \frac{f^{\text{V}}(t)}{\alpha^6} + \ldots\right],$$

$$\int f(t)\cos\alpha t\,dt = \sin\alpha t\left[\frac{f(t)}{\alpha} - \frac{f''(t)}{\alpha^3} + \frac{f^{\text{IV}}(t)}{\alpha^5} + \ldots\right]$$
$$+\cos\alpha t\left[\frac{f'(t)}{\alpha^2} - \frac{f'''(t)}{\alpha^4} + \frac{f^{\text{V}}(t)}{\alpha^6} + \ldots\right].$$

Les termes principaux sont

$$-\frac{f(t)}{\alpha}\cos\alpha t, \qquad \text{et} \qquad \frac{f(t)}{\alpha}\sin\alpha t;$$

les termes de correction pourront être très sensibles lorsque α sera petit, c'est-à-dire quand il s'agira d'une inégalité à longue période.

Le Verrier a trouvé, en général, un accord très satisfaisant entre les valeurs théoriques des inégalités et celles qu'il en a déduites par l'interpolation. Cependant, il y a des différences sensibles pour la grande inégalité; en outre, l'interpolation a donné dans $\frac{d^2\rho'}{dt^2}$ un petit terme constant, qui soulève la question de la variation séculaire des moyens mouvements, quand on pousse l'approximation jusqu'aux troisièmes puissances des masses perturbatrices. Le Verrier a généralement adopté, dans la construction des Tables de Saturne, les nombres fournis par l'interpolation, sauf pour la grande inégalité, dont il a pris les coefficients déterminés par la théorie analytique.

Il convient d'observer que, dans l'application des développements (26) au calcul de $\delta\varepsilon$, $\delta\rho$, ..., $\delta\varepsilon'$, $\delta\rho'$, ..., on a omis les inégalités périodiques provenant d'Uranus et de Neptune. Il peut se faire que, la convergence laissant un peu à désirer, les termes α_{2n-j}, β_{2n-j}, ... dans les formules (18) ne soient pas entièrement négligeables.

On sait que la théorie de Le Verrier ne représente pas, avec toute l'exactitude possible, les observations de Saturne; il y a dans la longitude des écarts de 5″ à 6″ en plus ou en moins. Il semble cependant que l'interpolation appliquée à une théorie presque parfaite devrait tout faire marcher; aussi pensons-nous que c'est en revoyant et complétant le travail de l'interpolation qu'on arrivera à résoudre la difficulté, et c'est pour cela que nous nous sommes permis de faire déjà quelques remarques.

Depuis que ces lignes ont été écrites, M. Gaillot, qui fut longtemps le collaborateur dévoué de Le Verrier, a publié (dans les *Comptes rendus de l'Académie des Sciences*, t. CXX, p. 26) une Note importante résumant ses recherches et ses calculs faits depuis plus de dix ans, en vue d'améliorer la représentation des observations par les Tables. M. Gaillot a d'abord répété tous les calculs de Le Verrier pour les époques 2350 et 2850, ce qui comble le *desideratum* formulé à la page précédente. Il a remarqué ensuite que, dans les formules telles que

$$\frac{d\varpi'}{dt} = \frac{n'a'\sqrt{1-e'^2}}{e'}\, m\, \frac{\partial R}{\partial e'},$$

il faut donner à n' sa valeur variable fournie par le calcul analytique; or, c'est ce que n'avait pas fait Le Verrier. D'autres petites fautes ont été relevées dans le détail des calculs. Le résultat final est très satisfaisant; ainsi, la valeur numérique de $\frac{d^2\rho'}{dt^2}$ est extrêmement petite, on peut dire nulle. Les coefficients de la grande inégalité reçoivent des corrections très sensibles; M. Gaillot adopte définitivement les valeurs ainsi corrigées. Finalement, toutes les observations de Saturne, de 1750 à 1890, sont représentées avec une précision satisfaisante, la plus grande erreur ne dépassant pas 3″. M. Gaillot, pour donner plus de portée à ses conclusions, reprend en ce moment ses calculs d'interpolation, en donnant à la longitude moyenne elliptique de Saturne 32 valeurs, au lieu de 16.

CHAPITRE XI.

FORMULES DE QUADRATURE. — CALCUL NUMÉRIQUE DES PERTURBATIONS.

72. Des quadratures. — **Formule de Cotes.** — Soit proposé de calculer l'intégrale

(1) $$I = \int_g^h y\,dx,$$

où y désigne une fonction de x, dont on peut déterminer les valeurs numériques pour des valeurs données de x. On peut ramener les limites de l'intégrale à être 0 et 1, en changeant la variable d'intégration et posant

(2) $$x = g + (h - g)t,$$

d'où

(3) $$\frac{I}{h-g} = \int_0^1 y\,dt.$$

On donne à t les $n+1$ valeurs équidistantes

$$0, \quad \frac{1}{n}, \quad \frac{2}{n}, \quad \ldots, \quad \frac{n-1}{n}, \quad 1,$$

auxquelles répondent ces valeurs de x

(4) $$g, \quad g + \frac{h-g}{n}, \quad g + 2\frac{h-g}{n}, \quad \ldots, \quad h.$$

Soient A_0, A_1, A_2, ..., A_n les valeurs correspondantes de y; on obtiendra une valeur approchée de I si l'on remplace y par l'expression Y donnée par la formule d'interpolation de Lagrange

$$\begin{aligned}
Y = & \quad A_0 \frac{(nt-1)(nt-2)(nt-3)\ldots(nt-n)}{(-1).(-2).(-3)\ldots(-n)} \\
& + A_1 \frac{nt(nt-2)(nt-3)\ldots(nt-n)}{1.(-1).(-2)\ldots(1-n)} \\
& + A_2 \frac{nt(nt-1)(nt-3)\ldots(nt-n)}{2.1.(-1)\ldots(2-n)} \\
& + A_3 \frac{nt(nt-1)(nt-2)\ldots(nt-n)}{3.2.1\ldots(3-n)} \\
& + \ldots\ldots\ldots\ldots\ldots\ldots\ldots\ldots\ldots \\
& + A_n \frac{nt(nt-1)(nt-2)\ldots(nt-n+1)}{n(n-1)(n-2)\ldots 1}.
\end{aligned}$$

On aura ensuite

$$I = (h-g)\left\{\begin{aligned} & A_0 \int_0^1 \frac{(nt-1)(nt-2)(nt-3)\ldots(nt-n)}{(-1)(-2)(-3)\ldots(-n)}\,dt \\ & + A_1 \int_0^1 \frac{nt(nt-2)(nt-3)\ldots\ldots\ldots(nt-n)}{1.(-1)(-2)\ldots(1-n)}\,dt + \ldots \end{aligned}\right\}.$$

On obtient la formule de Cotes en prenant successivement pour n les valeurs 1, 2, 3, ... Pour donner une idée des calculs à effectuer, nous allons supposer $n = 3$; nous trouverons

$$\begin{aligned}
Y = & -\frac{A_0}{6}(3t-1)(3t-2)(3t-3) + \frac{A_1}{2}3t(3t-2)(3t-3) - \frac{A_2}{3}3t(3t-1)(3t-3) \\
& + \frac{A_3}{6}3t(3t-1)(3t-2),
\end{aligned}$$

$$\begin{aligned}
Y = & -\frac{A_0}{2}(9t^3-18t^2+11t-2) + \frac{9A_1}{2}(3t^3-5t^2+2t) - \frac{9A_2}{2}(3t^3-4t^2+t) \\
& + \frac{A_3}{2}(9t^3-9t^2+2t);
\end{aligned}$$

en multipliant par dt, et intégrant entre les limites 0 et 1, il vient

$$\int_0^1 Y\,dt = -\frac{A_0}{2}\left(\frac{9}{4} - \frac{18}{3} + \frac{11}{2} - 2\right) + \ldots,$$

d'où

$$I = (h-g)\left(\frac{A_0}{8} + \frac{3A_1}{8} + \frac{3A_2}{8} + \frac{A_3}{8}\right).$$

Dans son beau Mémoire : *Methodus nova integralium valores per approximationem inveniendi* (*Œuvres*, t. III), Gauss a donné les expressions fournies par la formule de Cotes pour les valeurs 1, 2, ..., 10 de n; nous nous bornons à reproduire les six premières :

$$n=1;\quad I=(h-g)\left(\frac{A_0}{2}+\frac{A_1}{2}\right),$$

$$n=2;\quad I=(h-g)\left(\frac{A_0}{6}+\frac{2A_1}{3}+\frac{A_2}{6}\right),$$

$$n=3;\quad I=(h-g)\left(\frac{A_0}{8}+\frac{3A_1}{8}+\frac{3A_2}{8}+\frac{A_3}{8}\right),$$

$$n=4;\quad I=(h-g)\left(\frac{7A_0}{90}+\frac{16A_1}{45}+\frac{2A_2}{15}+\frac{16A_3}{45}+\frac{7A_4}{90}\right),$$

$$n=5;\quad I=(h-g)\left(\frac{19A_0}{288}+\frac{25A_1}{96}+\frac{25A_2}{144}+\frac{25A_3}{144}+\frac{25A_4}{96}+\frac{19A_5}{288}\right),$$

$$n=6;\quad I=(h-g)\left(\frac{41A_0}{840}+\frac{9A_1}{35}+\frac{9A_2}{280}+\frac{34A_3}{105}+\frac{9A_4}{280}+\frac{9A_5}{35}+\frac{41A_6}{840}\right).$$

Les valeurs de x, pour lesquelles il faut calculer les valeurs A_0, A_1, ... de y, sont d'ailleurs fournies par la série (4), en y donnant à n les valeurs 1, 2, 3, ...

73. Si la fonction y était un polynome entier en x, et par suite en t, de degré n, on aurait $y=Y$, et la quadrature

$$I=(h-g)(\alpha_0 A_0+\alpha_1 A_1+\ldots+\alpha_n A_n)$$

représenterait exactement la valeur de l'intégrale $\int_g^h y\,dx$. Si le développement de y, suivant les puissances de t,

$$y=K+K't+K''t^2+\ldots$$

ne s'arrête pas au terme en t^n, la correction ε de la quadrature dépendra des coefficients $K^{(n+1)}$, $K^{(n+2)}$, ..., et sera de la forme

$$\varepsilon=K^{(n+1)}k^{(n+1)}+K^{(n+2)}k^{(n+2)}+\ldots.$$

Gauss donne, pour $n=1, 2, \ldots, 10$, les valeurs des coefficients numériques $k^{(n+1)}$, $k^{(n+2)}$, ... quand il s'agit de la formule de Cotes. Il résout ensuite une fort belle question : au lieu de calculer les valeurs numériques A_0, ..., A_n de la fonction pour des valeurs équidistantes de x, il suppose qu'on l'ait fait pour des valeurs quelconques a_0, a_1, ..., a_n. La quadrature et sa correction conserveront la même forme que ci-dessus. Gauss cherche à déterminer a_0, ..., a_n de manière à annuler les coefficients

$$k^{(n+1)},\quad k^{(n+2)},\quad \ldots,\quad k^{(2n+1)}.$$

de sorte qu'avec $n+1$ valeurs particulières de la fonction la précision soit la même que si l'on avait employé deux fois plus de valeurs dans la méthode de Cotes. Il trouve que $a_0, \ldots, a_n$ doivent être les racines de l'équation que l'on obtient en égalant à zéro le polynôme X_{n+1} de Legendre. Gauss a donné (*loc.cit.*) avec 16 décimales les valeurs numériques des racines des équations $X_1 = 0$, $X_2 = 0, \ldots, X_6 = 0$, celles des coefficients $\alpha_0, \alpha_1, \ldots, \alpha_n$, et enfin la valeur du premier coefficient $k^{(2n+1)}$ qui ne s'annule pas. M. Radau [*Étude sur les formules d'approximation qui servent à calculer la valeur numérique d'une intégrale définie* (*Journal de Mathématiques*, 3e Sér., t. VI)] a étendu les calculs précédents jusqu'à X_9.

La méthode de Gauss, malgré sa supériorité théorique, n'est pas employée en Astronomie, parce qu'on vérifie mieux les calculs lorsque la variable indépendante reçoit des valeurs équidistantes, et aussi parce que ce n'est pas généralement une valeur numérique isolée, mais une série de valeurs d'une intégrale qu'il s'agit de calculer. Les formules très simples employées par les astronomes fournissent cette série de valeurs sans demander beaucoup plus de calculs que s'il n'y en avait qu'une.

74. Soit proposé de trouver la valeur numérique de l'intégrale $X = \int f(x)\,dx$ entre deux limites données; nous faisons

$$x = a + n\omega, \tag{5}$$

et nous supposons que les deux limites de l'intégrale rentrent dans l'expression précédente, en y faisant $n = 0$ et $n = i$. On aura donc

$$\frac{X}{\omega} = \int_0^i f(a + n\omega)\,dn;$$

i désigne un nombre entier, et l'on peut écrire

$$\frac{X}{\omega} = \int_0^1 f(a + n\omega)\,dn + \int_1^2 + \ldots + \int_{i-1}^{i}. \tag{6}$$

Nous allons calculer la première de ces intégrales. Nous supposerons qu'on a formé le Tableau des valeurs de $f(x)$ pour les valeurs comprises dans l'expression (5), quand on attribue à n les valeurs 1, 2, 3, ..., et aussi le Tableau des différences successives, comme à la page 155 du Chapitre X.

Nous remplacerons en outre $f(a + n\omega)$, pour les valeurs de n comprises entre 0 et 1, par celle que donne l'une des formules d'interpolation, par exemple la formule (11) du Chapitre précédent. Il faudra développer les coefficients des différences suivant les puissances de n, et intégrer entre les limites 0 et 1. Le résultat sera une fonction linéaire et homogène des quantités

$$f(a),\quad f^1\left(a+\frac{\omega}{2}\right),\quad f^2(a),\quad f^3\left(a+\frac{\omega}{2}\right),\quad \ldots,$$

au lieu desquelles on peut introduire

$$f(a),\quad f(a+\omega),\quad f^2(a),\quad f^2(a+\omega),\quad f^4(a),\quad f^4(a+\omega),\quad \ldots,$$

en ayant égard aux relations

$$f^1\left(a+\frac{\omega}{2}\right)=f\ (a+\omega)-f(a),$$
$$f^3\left(a+\frac{\omega}{2}\right)=f^2(a+\omega)-f^2(a),$$
$$\ldots\ldots\ldots\ldots\ldots\ldots$$

Si l'on tient compte aussi de la symétrie du résultat par rapport aux deux limites o et 1, on pourra écrire, en désignant par A_0, A_2, ... des coefficients numériques,

$$(7)\quad \left\{\begin{aligned}\int_0^1 f(a+n\omega)\,dn = A_0[f(a)+f(a+\omega)] &+ A_2[f^2(a)+f^2(a+\omega)]\\ &+ A_4[f^4(a)+f^4(a+\omega)]+\ldots.\end{aligned}\right.$$

Pour déterminer les coefficients, on peut choisir une fonction particulière $f(a)=E^a$. On trouve aisément, pour les expressions des différences,

$$\begin{aligned} f^1\left(a+\frac{\omega}{2}\right) &= E^a(E^\omega-1), & f^1\left(a+i\omega+\frac{\omega}{2}\right) &= E^{a+i\omega}(E^\omega-1),\\ f^2\,(a+\omega) &= E^a(E^\omega-1)^2, & f^2\,(a+i\omega+\omega) &= E^{a+i\omega}(E^\omega-1)^2,\\ f^3\left(a+\frac{3\omega}{2}\right) &= E^a(E^\omega-1)^3, & f^3\left(a+i\omega+\frac{3\omega}{2}\right) &= E^{a+i\omega}(E^\omega-1)^3,\\ &\ldots\ldots\ldots\ldots \end{aligned}$$

On a d'ailleurs

$$\int f(a+n\omega)\,dn = E^a\,\frac{E^{n\omega}}{\omega}+\text{const.},$$
$$\int_0^1 f(a+n\omega)\,dn = E^a\,\frac{E^\omega-1}{\omega}.$$

En substituant dans la formule (7), il vient

$$\frac{E^\omega-1}{\omega} = A_0(1+E^\omega)+A_2(E^{-\omega}+1)(E^\omega-1)^2+A_4(E^{-2\omega}+E^{-\omega})(E^\omega-1)^4+\ldots,$$

$$(8)\qquad \frac{E^\omega-1}{E^\omega+1}\,\frac{1}{\omega} = A_0+A_2\left(E^{\frac{\omega}{2}}-E^{-\frac{\omega}{2}}\right)^2+A_4\left(E^{\frac{\omega}{2}}-E^{-\frac{\omega}{2}}\right)^4+\ldots.$$

Il convient de poser

$$E^{\frac{\omega}{2}} - E^{-\frac{\omega}{2}} = 2u,$$

d'où

$$E^{\frac{\omega}{2}} + E^{-\frac{\omega}{2}} = 2\sqrt{1+u^2}, \qquad E^{\frac{\omega}{2}} = u + \sqrt{1+u^2},$$
$$\omega = 2\log(u+\sqrt{1+u^2}),$$

et la formule (8) devient

$$\text{(9)} \qquad \frac{u}{2\sqrt{1+u^2}} \frac{1}{\log(u+\sqrt{1+u^2})} = A_0 + 2^2 A_2 u^2 + 2^4 A_4 u^4 + \ldots.$$

Il suffit donc de développer le premier membre suivant les puissances de u pour obtenir les coefficients $A_0, A_2, \ldots$. Or, on a

$$\log(u+\sqrt{1+u^2}) = \frac{u}{1} - \frac{1}{2}\frac{u^3}{3} + \frac{1.3}{2.4}\frac{u^5}{5} - \frac{1.3.5}{2.4.6}\frac{u^7}{7} + \ldots,$$
$$\sqrt{1+u^2} = 1 + \frac{1}{2}u^2 - \frac{1}{8}u^4 + \frac{1}{16}u^6 - \ldots,$$

d'où

$$\sqrt{1+u^2}\log(u+\sqrt{1+u^2}) = u\left(1 + \frac{1}{3}u^2 - \frac{2}{15}u^4 + \frac{8}{105}u^6 - \ldots\right),$$
$$\frac{u}{2\sqrt{1+u^2}\log(u+\sqrt{1+u^2})} = \frac{1}{2} - \frac{1}{6}u^2 + \frac{11}{90}u^4 - \frac{191}{1890}u^6 + \ldots.$$

On peut donc obtenir sur le champ les coefficients $A_0, A_2, \ldots$; on trouve ainsi

$$\text{(10)} \qquad \left\{ \begin{aligned} \int_0^1 f(a+n\omega)\,dn = \frac{1}{2}[f(a)+f(a+\omega)] &- \frac{1}{24}[f^2(a)+f^2(a+\omega)] \\ &+ \frac{11}{1440}[f^4(a)+f^4(a+\omega)] + \ldots. \end{aligned} \right.$$

On aura $\int_1^2, \int_2^3, \ldots$, en augmentant tous les arguments de ω, 2ω, .. ; après quoi, en portant les expressions obtenues dans la formule (6), on trouvera

$$\text{(11)} \qquad \left\{ \begin{aligned} \frac{X}{\omega} = \; & \frac{1}{2}f(a) + f(a+\omega) + \ldots + f(a+i\omega-\omega) + \frac{1}{2}f(a+i\omega) \\ & - \frac{1}{12}\left[\frac{1}{2}f^2(a) + f^2(a+\omega) + \ldots + f^2(a+i\omega-\omega) + \frac{1}{2}f^2(a+i\omega)\right] \\ & + \frac{11}{720}\left[\frac{1}{2}f^4(a) + f^4(a+\omega) + \ldots + f^4(a+i\omega-\omega) + \frac{1}{2}f^4(a+i\omega)\right] \\ & - \ldots\ldots\ldots\ldots\ldots\ldots\ldots\ldots\ldots\ldots\ldots\ldots \end{aligned} \right.$$

Cette formule résout le problème, mais elle peut être simplifiée; si l'on ajoute en effet toutes les équations qui définissent $f^2(a)$, $f^2(a+\omega)$, ..., $f^2(a+i\omega)$ au moyen des quantités f^1, la plupart de ces dernières disparaissent, et il reste

$$(12)\quad \begin{cases} f^2(a)+f^2(a+\omega)+\ldots+f^2(a+i\omega-\omega) \\ \qquad +f^2(a+i\omega)=f^1\left(a+i\omega+\frac{\omega}{2}\right)-f^1\left(a-\frac{\omega}{2}\right); \end{cases}$$

on a d'ailleurs

$$\begin{aligned}\frac{1}{2}f^2(a)+\frac{1}{2}f^2(a+i\omega)=\frac{1}{2}f^1\left(a+\frac{\omega}{2}\right)-\frac{1}{2}f^1\left(a-\frac{\omega}{2}\right)\\ +\frac{1}{2}f^1\left(a+i\omega+\frac{\omega}{2}\right)-\frac{1}{2}f^1\left(a+i\omega-\frac{\omega}{2}\right),\end{aligned}$$

et, en retranchant de la formule (12), on obtient

$$(13)\quad \begin{cases} \frac{1}{2}f^2(a)+f^2(a+\omega)+\ldots+f^2(a+i\omega-\omega)+\frac{1}{2}f^2(a+i\omega) \\ =\frac{1}{2}\left[f^1\left(a+i\omega+\frac{\omega}{2}\right)+f^1\left(a+i\omega-\frac{\omega}{2}\right)-f^1\left(a+\frac{\omega}{2}\right)-f^1\left(a-\frac{\omega}{2}\right)\right] \\ =f^1(a+i\omega)-f^1(a). \end{cases}$$

On aura de même

$$(14)\quad \frac{1}{2}f^4(a)+f^4(a+\omega)+\ldots+f^4(a+i\omega-\omega)+\frac{1}{2}f^4(a+i\omega)=f^3(a+i\omega)-f^3(a).$$

Enfin, on peut ajouter au Tableau des différences une colonne à gauche de celle des f, celle des ${}^1f$; on se donnera arbitrairement ${}^1f\left(a-\frac{\omega}{2}\right)$, on calculera les quantités suivantes par les formules

$$\begin{aligned}{}^1f\left(a+\frac{\omega}{2}\right)&={}^1f\left(a-\frac{\omega}{2}\right)+f(a),\\ {}^1f\left(a+\frac{3\omega}{2}\right)&={}^1f\left(a+\frac{\omega}{2}\right)+f(a+\omega),\\ &\ldots\ldots\ldots\ldots\ldots\ldots\ldots\ldots,\end{aligned}$$

et, si l'on pose, d'une manière générale,

$$\frac{1}{2}\left[{}^1f\left(a+i\omega+\frac{\omega}{2}\right)+{}^1f\left(a+i\omega-\frac{\omega}{2}\right)\right]={}^1f(a+i\omega),$$

on trouvera

$$(15)\quad \frac{1}{2}f(a)+f(a+\omega)+\ldots+f(a+i\omega-\omega)+\frac{1}{2}f(a+i\omega)={}^1f(a+i\omega)-{}^1f(a).$$

Les formules (11), (13), (14) et (15) donneront ensuite

$$(16)\quad \left\{\begin{aligned}\frac{X}{\omega} &= {}^{1}f(a+i\omega) - \frac{1}{12}f^{1}(a+i\omega) + \frac{11}{720}f^{3}(a+i\omega) - \ldots\\ &\quad - {}^{1}f(a) + \frac{1}{12}f^{1}(a) - \frac{11}{720}f^{3}(a) + \ldots.\end{aligned}\right.$$

Cette formule, qui est indépendante de la quantité arbitraire ${}^{1}f\left(a-\frac{\omega}{2}\right)$, se simplifiera si l'on pose la condition

$${}^{1}f(a) = \frac{1}{12}f^{1}(a) - \frac{11}{720}f^{3}(a) + \ldots;$$

en ayant égard aux relations

$$(17)\quad \left\{\begin{aligned}\frac{1}{2}\left[{}^{1}f\left(a+\frac{\omega}{2}\right) + {}^{1}f\left(a-\frac{\omega}{2}\right)\right] &= {}^{1}f(a),\\ {}^{1}f\left(a+\frac{\omega}{2}\right) - {}^{1}f\left(a-\frac{\omega}{2}\right) &= f(a),\end{aligned}\right.$$

il vient, quand on élimine les ${}^{1}f(a)$ et ${}^{1}f\left(a+\frac{\omega}{2}\right)$ entre les trois dernières équations,

$$(a)\qquad {}^{1}f\left(a-\frac{\omega}{2}\right) = -\frac{1}{2}f(a) + \frac{1}{12}f^{1}(a) - \frac{11}{720}f^{3}(a) + \frac{191}{60480}f^{5}(a) - \ldots,$$

après quoi la formule (16) donne

$$(A)\quad \left\{\begin{aligned}\int_{a}^{a+i\omega} f(x)\,dx = \omega\Bigg[&{}^{1}f(a+i\omega) - \frac{1}{12}f^{1}(a+i\omega)\\ &+ \frac{11}{720}f^{3}(a+i\omega) - \frac{191}{60480}f^{5}(a+i\omega) + \ldots\Bigg].\end{aligned}\right.$$

On aura donc ainsi la valeur de l'intégrale quand les deux limites sont deux termes de la progression arithmétique des arguments. Les quantités $f^{1}(a+i\omega)$, $f^{3}(a+i\omega)$, $f^{5}(a+i\omega)$, ... vont généralement en décroissant assez rapidement; elles sont d'ailleurs multipliées par des coefficients numériques de plus en plus petits; les trois premiers termes de la formule (A) suffiront dans les applications à l'Astronomie, et souvent les deux premiers. On voit combien est simple, dans la pratique, le calcul de la quadrature ou plutôt des quadratures répondant aux diverses valeurs entières et positives de i. On aura ainsi, avec la plus grande facilité, toutes les valeurs de l'intégrale, qui correspondent aux divers termes de la progression des arguments, pris successivement comme limites supérieures de l'intégrale.

Remarque. — Si l'on pose $u = \sqrt{-1}\sin\varphi$, ou bien $u = \xi\sqrt{-1}$, la formule (9) donnera, pour le calcul des coefficients A_0, A_2, ...,

$$\frac{\sin\varphi}{2\varphi\cos\varphi} = A_0 - 2^2 A_2 \sin^2\varphi + 2^4 A_4 \sin^4\varphi - \ldots,$$

$$\frac{\xi}{2\sqrt{1-\xi^2}\arcsin\xi} = A_0 - 2^2 A_2 \xi^2 + 2^4 A_4 \xi^4 - \ldots.$$

75. Il est souvent avantageux de pouvoir calculer les quadratures en prenant pour limites de l'intégrale les moyennes arithmétiques de deux termes consécutifs de la progression des arguments. Soit donc proposé de trouver la valeur numérique de

$$Y = \int_{a-\frac{\omega}{2}}^{a+i\omega+\frac{\omega}{2}} f(x)\,dx.$$

Si l'on décompose l'intégrale, on peut écrire

$$(18)\qquad \frac{Y}{\omega} = \int_{-\frac{1}{2}}^{+\frac{1}{2}} f(a+n\omega)\,dn + \int_{\frac{1}{2}}^{\frac{3}{2}} \ldots + \int_{i-\frac{1}{2}}^{i+\frac{1}{2}}.$$

En partant de la formule (12) du Chapitre précédent, on voit que les intégrales

$$\int_{-\frac{1}{2}}^{+\frac{1}{2}} n\,dn, \quad \int_{-\frac{1}{2}}^{+\frac{1}{2}} (n+1)n(n-1)\,dn, \quad \ldots$$

sont nulles, comme étant composées d'éléments égaux deux à deux et de signes contraires. Il reste donc une expression de la forme

$$(19)\qquad \int_{-\frac{1}{2}}^{+\frac{1}{2}} f(a+n\omega)\,dn = f(a) + B_2 f^2(a) + B_4 f^4(a) + \ldots$$

et nous pourrons déterminer les coefficients numériques B_2, B_4; ..., en choisissant la fonction $f(x)$, et prenant $f(x) = E^x$. On aura, dans ce cas,

$$\int_{-\frac{1}{2}}^{+\frac{1}{2}} f(a+n\omega)\,dn = E^a \frac{E^{\frac{\omega}{2}} - E^{-\frac{\omega}{2}}}{\omega},$$

et si l'on remplace dans l'équation (18), $f(a)$, $f^2(a)$, $f^4(a)$, ... respectivement par

$$E^a,\quad E^{a-\omega}(E^\omega - 1)^2,\quad E^{a-2\omega}(E^\omega - 1)^4,\quad \ldots,$$

il viendra

$$\frac{E^{\frac{\omega}{2}} - E^{-\frac{\omega}{2}}}{\omega} = 1 + B_2\left(E^{\frac{\omega}{2}} - E^{-\frac{\omega}{2}}\right)^2 + B_4\left(E^{\frac{\omega}{2}} - E^{-\frac{\omega}{2}}\right)^4 + \ldots,$$

d'où, en introduisant la même quantité u qu'au n° 74,

$$(20)\qquad \frac{u}{\log\left(u+\sqrt{1+u^2}\right)} = 1 + 2^2 B_2 u^2 + 2^4 B_4 u^4 + \ldots;$$

or, on a

$$\frac{u}{\log\left(u+\sqrt{1+u^2}\right)} = \frac{1}{1 - \frac{1}{2}\frac{u^2}{3} + \frac{1.3}{2.4}\frac{u^4}{5} - \frac{1.3.5}{2.4.6}\frac{u^6}{7} + \ldots}$$

$$= 1 + \frac{1}{6}u^2 - \frac{17}{360}u^4 + \ldots;$$

par suite,

$$B_2 = +\frac{1}{24},\qquad B_4 = -\frac{17}{5760},\qquad \ldots.$$

La formule (18) donnera donc

$$\int_{-\frac{1}{2}}^{+\frac{1}{2}} f(a+n\omega)\,dn = f(a) + \frac{1}{24}f^2(a) - \frac{17}{5760}f^4(a) + \ldots;$$

on obtiendra les intégrales $\int_{\frac{1}{2}}^{\frac{3}{2}}$, $\int_{\frac{3}{2}}^{\frac{5}{2}}$, ... en augmentant les arguments de ω, 2ω, ..., et, en ayant égard à la formule (18), il viendra

$$(21)\qquad \left\{\begin{aligned} \frac{Y}{\omega} &= f(a) + f(a+\omega) + \ldots + f(a+i\omega)\\ &+ \frac{1}{24}\left[f^2(a) + f^2(a+\omega) + \ldots + f^2(a+i\omega)\right]\\ &- \frac{17}{5760}\left[f^4(a) + f^4(a+\omega) + \ldots + f^4(a+i\omega)\right]\\ &+ \ldots\ldots\ldots\ldots\ldots\ldots\ldots\ldots\ldots \end{aligned}\right.$$

Mais, si l'on ajoute membre à membre les équations qui définissent $f^2(a)$, $f^2(a+\omega)$, ..., $f^2(a+i\omega)$, au moyen des f^1, ces dernières quantités disparaissent toutes, sauf deux, et l'on obtient

$$f^2(a)+f^2(a+\omega)+\ldots+f^2(a+i\omega)=f^1\left(a+i\omega+\frac{\omega}{2}\right)-f^1\left(a-\frac{\omega}{2}\right);$$

de même

$$f^4(a)+f^4(a+\omega)+\ldots+f^4(a+i\omega)=f^3\left(a+i\omega+\frac{\omega}{2}\right)-f^3\left(a-\frac{\omega}{2}\right);$$

de même aussi, pour la colonne des ${}^1f$ calculée en partant de la quantité arbitraire ${}^1f\left(a-\frac{\omega}{2}\right)$,

$$f(a)+f(a+\omega)+\ldots+f(a+i\omega)={}^1f\left(a+i\omega+\frac{\omega}{2}\right)-{}^1f\left(a-\frac{\omega}{2}\right).$$

En portant les valeurs de ces trois sommes dans l'équation (21), on obtient

$$(22)\quad\left\{\begin{aligned}\frac{Y}{\omega}={}&{}^1f\left(a+i\omega+\frac{\omega}{2}\right)+\frac{1}{24}f^1\left(a+i\omega+\frac{\omega}{2}\right)-\frac{17}{5760}f^3\left(a+i\omega+\frac{\omega}{2}\right)+\ldots\\&-{}^1f\left(a-\frac{\omega}{2}\right)-\frac{1}{24}f^1\left(a-\frac{\omega}{2}\right)+\frac{17}{5760}f^3\left(a-\frac{\omega}{2}\right)-\ldots.\end{aligned}\right.$$

Cette formule se simplifie si l'on détermine la quantité ${}^1f\left(a-\frac{\omega}{2}\right)$ par la condition

$$(b)\qquad {}^1f\left(a-\frac{\omega}{2}\right)=-\frac{1}{24}f^1\left(a-\frac{\omega}{2}\right)+\frac{17}{5760}f^3\left(a-\frac{\omega}{2}\right)-\ldots,$$

et devient

$$(\mathrm{B})\quad\left\{\begin{aligned}\int_{a-\frac{\omega}{2}}^{a+i\omega+\frac{\omega}{2}}f(x)\,dx=\omega\Big[&{}^1f\left(a+i\omega+\frac{\omega}{2}\right)+\frac{1}{24}f^1\left(a+i\omega+\frac{\omega}{2}\right)\\&-\frac{17}{5760}f^3\left(a+i\omega+\frac{\omega}{2}\right)+\ldots\Big].\end{aligned}\right.$$

Remarque. — Si l'on pose

$$u=\sqrt{-1}\sin\varphi=\xi\sqrt{-1},$$

la formule (20) donne

$$\frac{\sin\varphi}{\varphi}=1-2^2B_2\sin^2\varphi+2^4B_4\sin^4\varphi-\ldots,$$

$$\frac{\xi}{\operatorname{arc}\sin\xi}=1-2^2B_2\xi^2+2^4B_4\xi^4-\ldots.$$

76. Il est souvent commode de pouvoir calculer les intégrales

$$X'=\int_{a-\frac{\omega}{2}}^{a+i\omega}f(x)\,dx,\qquad Y'=\int_a^{a+i\omega+\frac{\omega}{2}}f(x)\,dx.$$

On aura d'abord

$$X' = X + \int_{a-\frac{\omega}{2}}^{a} f(x)\,dx = X + \omega \int_{-\frac{1}{2}}^{0} f(a + n\omega)\,dn,$$

$$Y' = Y - \int_{a-\frac{\omega}{2}}^{a} f(x)\,dx = Y - \omega \int_{-\frac{1}{2}}^{0} f(a + n\omega)\,dn.$$

Or la formule (12) du Chapitre X donne, quand on la développe suivant les puissances de n,

$$(\alpha)\quad \begin{cases} f(a+n\omega) = f(a) + n\left[f^1(a) - \frac{1}{6}f^3(a) + \ldots\right] + \frac{1}{2}n^2\left[f^2(a) - \frac{1}{12}f^4(a) + \ldots\right] \\ \qquad + \frac{1}{6}n^3[f^3(a) - \ldots] + \frac{1}{24}n^4[f^4(a) - \ldots] + \ldots, \end{cases}$$

d'où, en multipliant par dn, intégrant entre les limites $-\frac{1}{2}$ et o, et réduisant

$$(24)\quad \int_{-\frac{1}{2}}^{0} f(a+n\omega)\,dn = \frac{1}{2}f(a) - \frac{1}{8}f^1(a) + \frac{1}{48}f^2(a) + \frac{7}{384}f^3(a) - \frac{17}{11520}f^4(a) + \ldots.$$

Il en résulte que $\frac{X'}{\omega}$ se composera de la première ligne de la formule (16), la seconde étant remplacée par

$$C = -{}^1f(a) + \frac{1}{2}f(a) - \frac{1}{24}f^1(a) + \frac{1}{48}f^2(a) + \frac{17}{5760}f^3(a) - \frac{17}{11520}f^4(a) + \ldots.$$

De même, Y′ se composera de la première ligne de la formule (22), la seconde étant remplacée par

$$C_1 = -{}^1f\left(a - \frac{\omega}{2}\right) - \frac{1}{2}f(a) + \frac{1}{8}f^1(a) - \frac{1}{24}f^1\left(a - \frac{\omega}{2}\right) - \frac{1}{48}f^2(a)$$
$$- \frac{7}{384}f^3(a) + \frac{17}{5760}f^3\left(a - \frac{\omega}{2}\right) + \frac{17}{11520}f^4(a) - \ldots.$$

Or, les formules (17) donnent

$$-{}^1f(a) + \frac{1}{2}f(a) = -{}^1f\left(a - \frac{\omega}{2}\right);$$

en vertu de cette relation et des analogues, l'expression de C devient

$$C = -{}^1f\left(a - \frac{\omega}{2}\right) - \frac{1}{24}f^1\left(a - \frac{\omega}{2}\right) + \frac{17}{5760}f^3\left(a - \frac{\omega}{2}\right) - \ldots.$$

Si donc on détermine ${}^1f\left(a-\frac{\omega}{2}\right)$ par la condition

$$(a')\qquad {}^1f\left(a-\frac{\omega}{2}\right)=-\frac{1}{24}f^1\left(a-\frac{\omega}{2}\right)+\frac{17}{5760}f^3\left(a-\frac{\omega}{2}\right)-\frac{367}{967680}f^5\left(a-\frac{\omega}{2}\right)+\ldots,$$

on aura

$$(\text{A}')\qquad \left\{\begin{aligned}\int_{a-\frac{\omega}{2}}^{a+i\omega}f(x)\,dx=\omega\Big[&{}^1f(a+i\omega)-\frac{1}{12}f^1(a+i\omega)\\&+\frac{11}{720}f^3(a+i\omega)-\frac{191}{60480}f^5(a+i\omega)+\ldots\Big].\end{aligned}\right.$$

Passons à l'expression de C_1; on peut l'écrire

$$\begin{aligned}C_1=-{}^1f\left(a-\frac{\omega}{2}\right)&-\frac{1}{2}f(a)+\frac{1}{12}f^1(a)-\frac{11}{720}f^3(a)+\ldots\\&+\frac{1}{24}\left[f^1(a)-f^1\left(a-\frac{\omega}{2}\right)-\frac{1}{2}f^2(a)\right]\\&-\frac{17}{5760}\left[f^3(a)-f^3\left(a-\frac{\omega}{2}\right)-\frac{1}{2}f^4(a)\right]\\&+\ldots\ldots\ldots\ldots\ldots\ldots\ldots\ldots\end{aligned}$$

Si l'on remplace $f^1(a)$ par $\frac{1}{2}\left[f^1\left(a+\frac{\omega}{2}\right)+f^1\left(a-\frac{\omega}{2}\right)\right]$, la seconde ligne est identiquement nulle, et il en est de même de la troisième, etc.; en posant ensuite $C_1=0$, on a pour déterminer C_1 la condition

$$(b')\qquad {}^1f\left(a-\frac{\omega}{2}\right)=-\frac{1}{2}f(a)+\frac{1}{12}f^1(a)-\frac{11}{720}f^3(a)+\frac{191}{60480}f^5(a)-\ldots,$$

et il vient

$$(\text{B}')\qquad \left\{\begin{aligned}&\int_a^{a+i\omega+\frac{\omega}{2}}f(x)\,dx\\&=\omega\left[{}^1f\left(a+i\omega+\frac{\omega}{2}\right)+\frac{1}{24}f^1\left(a+i\omega+\frac{\omega}{2}\right)-\frac{17}{5760}f^3\left(a+i\omega+\frac{\omega}{2}\right)\right.\\&\qquad\left.+\frac{367}{967680}f^5\left(a+i\omega+\frac{\omega}{2}\right)-\ldots\right].\end{aligned}\right.$$

77. Faisons application de la formule (A) en calculant les valeurs numériques de l'intégrale

$$\text{E}(x)=\int_0^x\sqrt{1-\frac{1}{2}\sin^2x}\,dx,$$

pour les valeurs $0°$, $4°$, $8°$, …, $48°$ de x.

Nous aurons donc ici

$$\omega = 4^\circ = \frac{\pi}{45}, \qquad \log \omega = \bar{2},8439374;$$

il faudra calculer les valeurs de

$$f(x) = \sqrt{1 - \frac{1}{2}\sin^2 x},$$

en donnant à x les valeurs 0°, 4°, ..., 48°. On formera ainsi le Tableau suivant :

$a+i\omega$.	$\omega f^4(a+i\omega)$.	$\omega f^3\left(a+i\omega+\frac{\omega}{2}\right)$.	$\omega f^2(a+i\omega)$.	$\omega f^1\left(a+i\omega+\frac{\omega}{2}\right)$.	$\omega f(a+i\omega)$.	$\omega' f\left(a+i\omega+\frac{\omega}{2}\right)$.
− 8°					0,069 4743	
				+ 2539		
− 4			− 1689		0,069 7282	
		− 11		+ 850		− 0,034 9066
0	+ 22		− 1700		0,069 8132	
		+ 11		− 850		+ 0,034 9066
+ 4	+ 20		− 1689		0,069 7282	
		+ 31		− 2539		+ 0,104 6348
+ 8	+ 21		− 1658		0,069 4743	
		+ 52		− 4197		+ 0,174 1091
+ 12	+ 22		− 1606		0,069 0546	
		+ 74		− 5803		+ 0,243 1637
+ 16	+ 20		− 1532		0,068 4743	
		+ 94		− 7335		+ 0,311 6380
+ 20	+ 24		− 1438		0,067 7408	
		+ 118		− 8773		+ 0,379 3788
+ 24	+ 20		− 1320		0,066 8635	
		+ 138		− 10093		+ 0,446 2423
+ 28	+ 27		− 1182		0,065 8542	
		+ 165		− 11275		+ 0,512 0965
+ 32	+ 21		− 1017		0,064 7267	
		+ 186		− 12292		+ 0,576 8232
+ 36	+ 22		− 831		0,063 4975	
		+ 208		− 13123		+ 0,640 3207
+ 40	+ 29		− 623		0,062 1852	
		+ 237		− 13746		+ 0,702 5059
+ 44			− 386		0,060 8106	
				− 14132		+ 0,763 3165
+ 48					0,059 3974	

Pour savoir comment ce Tableau a été calculé, il suffit de dire que, pour éviter des multiplications par ω, on a déterminé les valeurs, non de $f(x)$, mais de

$$\omega f(x) = \omega \sqrt{1 - \frac{1}{2}\sin^2 x},$$

pour $x = -8^\circ, -4^\circ, 0^\circ, \ldots$; on en déduit, par des soustractions successives, les différences des quatre premiers ordres, en les inscrivant à gauche, ce qui est plus facile pour les calculs ultérieurs. Reste à dire comment on a obtenu la colonne des ${}^1f\left(a + i\omega + \frac{\omega}{2}\right)$. La formule (a) donne

$$(25) \qquad \omega\,{}^1f\left(a - \frac{\omega}{2}\right) = -\frac{1}{2}\,\omega f(a) + \frac{1}{12}\,\omega f^1(a) - \frac{11}{720}\,\omega f^3(a)\ldots,$$

on a d'ailleurs, pour $a = 0^\circ$,

$$\omega f(a) = +0{,}069\,8132, \qquad \omega f^1(a) = \frac{1}{2}(+0{,}000\,0850 - 0{,}000\,0850) = 0,$$

$$\omega f^3(a) = \frac{1}{2}(+0{,}000\,0011 - 0{,}000\,0011) = 0;$$

il en résulte, d'après la formule (25),

$$\omega\,{}^1f\left(a - \frac{\omega}{2}\right) = -0{,}034\,9066;$$

avec ce nombre, on achève la colonne des ${}^1f\left(a + i\omega + \frac{\omega}{2}\right)$. La formule (A) donne ensuite

$$\mathrm{E}(x) = \omega\,{}^1f(a + i\omega) - \frac{1}{12}\,\omega f^1(a + i\omega) + \frac{11}{720} f^3(a + i\omega)\ldots;$$

on calcule les ${}^1f(a + i\omega)$ en faisant la moyenne arithmétique de

$${}^1f\left(a + i\omega + \frac{\omega}{2}\right) \quad \text{et de} \quad {}^1f\left(a + i\omega - \frac{\omega}{2}\right).$$

On opère de même pour $f^1(a + i\omega)$ et $f^3(a + i\omega)$, et l'on peut former ce nouveau Tableau :

$a+i\omega$.	$\omega f^3(a+i\omega)$.	$\omega f^1(a+i\omega)$.	$\omega\,{}^1f(a+i\omega)$.	$-\frac{1}{12}\omega f^1(a+i\omega)$.	$+\frac{11}{720}f^3(a+i\omega)$.	E(x).
0°	0	0	0	0	0	0,000 000
4	+ 21	− 1694	+ 69 7707	+ 141	+ 0	0,069 785
8	+ 42	− 3368	+ 139 3720	+ 281	+ 1	0,139 400
12	+ 63	− 5000	+ 208 6364	+ 417	+ 1	0,208 678
16	+ 84	− 6569	+ 277 4009	+ 547	+ 1	0,277 456
20	+ 106	− 8054	+ 345 5084	+ 671	+ 2	0,345 576
24	+ 128	− 9433	+ 412 8106	+ 786	+ 2	0,412 889
28	+ 151	− 10684	+ 479 1694	+ 890	+ 2	0,479 259
32	+ 175	− 11783	+ 544 4599	+ 982	+ 3	0,544 558
36	+ 197	− 12707	+ 608 5721	+ 1059	+ 3	0,608 678
40	+ 222	− 13435	+ 671 4133	+ 1120	+ 3	0,671 526
44	»	− 13939	+ 732 9112	+ 1162	+ 4	0,733 028

Les ωf^3, ωf^1, $\omega^1 f$ sont donnés en unités de la septième décimale; dans $E(x)$, on a supprimé cette dernière décimale. Les valeurs de $E(x)$ sont identiques à celles obtenues par Legendre dans ses *Exercices de Calcul intégral*, tome III, p. 73-74. Il convient d'ajouter que les formules dont Legendre s'est servi pour calculer ses Tables elliptiques sont identiques aux formules (A), (B), (A′) et (B′).

78. **Calcul des intégrales secondes par la méthode des quadratures.** — On a fréquemment à calculer des intégrales telles que

$$Z = \int_{x'}^{x''} dx \int_{x'}^{x} f(x)\,dx;$$

nous remplacerons $f(x)$ par sa valeur déduite des formules d'interpolation; nous supposerons

$$x' = a - \frac{\omega}{2}, \qquad x'' = a + i\omega + \frac{\omega}{2}, \qquad x = a + ix,$$

ce qui nous donnera

$$\frac{Z}{\omega^2} = \int_{-\frac{1}{2}}^{i+\frac{1}{2}} \int_{-\frac{1}{2}}^{n} f(a + n\omega)\,dn^2.$$

Or, on peut écrire

$$\int_{-\frac{1}{2}}^{n} f(a + n\omega)\,dn = \int_{-\frac{1}{2}}^{0} + \int_{0}^{n},$$

tirer $\int_{-\frac{1}{2}}^{0}$ de la formule (A′) en y faisant $i = 0$, et $\int_{0}^{n}$ de la formule (α) intégrée. Il vient ainsi

$$\begin{aligned}\int_{-\frac{1}{2}}^{n} f(a + n\omega)\,dn = {}& {}^{1}f(a) - \frac{1}{12} f^1(a) + \frac{11}{720} f^3(a) - \ldots \\ & + n f(a) + \frac{1}{2} n^2 \left[f^1(a) - \frac{1}{6} f^3(a) + \ldots \right] \\ & + \frac{1}{6} n^3 [f^2(a) - \ldots] + \frac{1}{24} n^4 [f^3(a) + \ldots] + \ldots,\end{aligned}$$

d'où, en multipliant par dn et intégrant entre les limites $-\frac{1}{2}$ et $+\frac{1}{2}$, ce qui fait disparaître les coefficients des puissances impaires de n,

$$\begin{aligned}\int_{-\frac{1}{2}}^{+\frac{1}{2}} \int_{-\frac{1}{2}}^{n} f(a + n\omega)\,dn^2 = {}& {}^{1}f(a) - \frac{1}{12} f^1(a) + \frac{11}{720} f^3(a) - \ldots \\ & + \frac{1}{24} \left[f^1(a) - \frac{1}{6} f^3(a) + \ldots \right] + \frac{1}{1920} [f^3(a) + \ldots] + \ldots,\end{aligned}$$

d'où, en réduisant,

$$\int_{-\frac{1}{2}}^{+\frac{1}{2}} \int_{-\frac{1}{2}}^{n} f(a+n\omega)\,dn = {}^1f(a) - \frac{1}{24} f^1(a) + \frac{17}{1920} f^3(a) - \ldots.$$

Si l'on augmente les arguments de ω, 2ω, ..., $i\omega$, on trouvera les valeurs des intégrales

$$\int_{-\frac{3}{2}}^{+\frac{3}{2}} \int_{-\frac{1}{2}}^{n}, \qquad \int_{-\frac{5}{2}}^{+\frac{5}{2}} \int_{-\frac{1}{2}}^{n}, \qquad \ldots;$$

en ajoutant, il vient

$$(26)\quad \left\{\begin{aligned} \int_{-\frac{1}{2}}^{i+\frac{1}{2}} dn \int_{-\frac{1}{2}}^{n} f(a+n)\,dn = {} & {}^1f(a) + {}^1f(a+\omega) + \ldots + {}^1f(a+i\omega) \\ & - \frac{1}{24}\,[f^1(a) + f^1(a+\omega) + \ldots + f^1(a+i\omega)] \\ & + \frac{17}{1920}\,[f^3(a) + f^3(a+\omega) + \ldots + f^3(a+i\omega)] \\ & - \ldots\ldots\ldots\ldots\ldots\ldots\ldots\ldots \end{aligned}\right.$$

Or, on a

$$f^1\left(a+\frac{\omega}{2}\right) + f^1\left(a+\frac{3\omega}{2}\right) + \ldots + f^1\left(a+i\omega+\frac{\omega}{2}\right) = f(a+i\omega+\omega) - f(a),$$

$$f^1\left(a-\frac{\omega}{2}\right) + f^1\left(a+\frac{\omega}{2}\right) + \ldots + f^1\left(a+i\omega-\frac{\omega}{2}\right) = f(a+i\omega) - f(a-\omega);$$

il en résulte, en ajoutant,

$$(27)\quad 2f^1(a) + 2f^1(a+\omega) + \ldots + 2f^1(a+i\omega) = 2f\left(a+i\omega+\frac{\omega}{2}\right) - f(a) - f(a-\omega);$$

grâce à cette relation et aux relations analogues pour les ${}^1f$ et f^3, la formule (26) peut s'écrire

$$(28)\quad \left\{\begin{aligned} & \frac{1}{\omega^2} \int_{a-\frac{\omega}{2}}^{a+i\omega+\frac{\omega}{2}} \int_{a-\frac{\omega}{2}}^{a+n\omega} f(x)\,dx^2 \\ & = {}^2f\left(a+i\omega+\frac{\omega}{2}\right) - \frac{1}{24} f\left(a+i\omega+\frac{\omega}{2}\right) + \frac{17}{1920} f^2\left(a+i\omega+\frac{\omega}{2}\right) - \ldots \\ & \quad - \frac{1}{2}[{}^2f(a) + {}^2f(a-\omega)] + \frac{1}{48}[f(a) + f(a-\omega)] - \frac{17}{3840}[f^2(a) + f^2(a-\omega)] + \ldots. \end{aligned}\right.$$

On voit que, pour pouvoir utiliser la formule de réduction (27) dans le cas des ${}^1f$, nous avons supposé formée une colonne des ${}^2f$, en partant d'un nombre arbitraire ${}^2f(a)$, et déterminant les suivants par les relations

$$
\begin{aligned}
{}^2f(a+\omega) &= {}^2f(a) + {}^1f\left(a+\frac{\omega}{2}\right),\\
{}^2f(a+2\omega) &= {}^2f(a+\omega) + {}^1f\left(a+\frac{3\omega}{2}\right),\\
&\cdots\cdots\cdots\cdots\cdots\cdots\cdots\cdots
\end{aligned}
$$

La valeur de ${}^1f\left(a-\frac{\omega}{2}\right)$ résulte de la formule (a'),

$$
(29) \qquad {}^1f\left(a-\frac{\omega}{2}\right) = -\frac{1}{24}f^1\left(a-\frac{\omega}{2}\right) + \frac{17}{5760}f^3\left(a-\frac{\omega}{2}\right) - \ldots.
$$

Nous déterminerons ${}^2f(a)$ par la condition que la seconde ligne de l'équation (28) disparaisse, ce qui nous donnera

$$
\begin{aligned}
&\frac{1}{48}[f(a)+f(a-\omega)] - \frac{17}{3840}[f^2(a)+f^2(a-\omega)] + \ldots\\
&\qquad = \frac{1}{2}[{}^2f(a) + {}^2f(a-\omega)] = {}^2f(a) - \frac{1}{2}\,{}^1f\left(a-\frac{\omega}{2}\right),
\end{aligned}
$$

d'où, en remplaçant ${}^1f\left(a-\frac{\omega}{2}\right)$ par sa valeur (29),

$$
\begin{aligned}
{}^2f(a) &= -\frac{1}{48}f^1\left(a-\frac{\omega}{2}\right) + \frac{17}{11520}f^3\left(a-\frac{\omega}{2}\right) + \frac{1}{48}[f(a)+f(a-\omega)]\\
&\qquad - \frac{17}{3840}[f^2(a)+f^2(a-\omega)],\\
&= \frac{1}{24}f(a-\omega) + \frac{17}{11520}f^3\left(a-\frac{\omega}{2}\right) - \frac{17}{3840}[f^2(a)+f^2(a-\omega)] + \ldots,
\end{aligned}
$$

et enfin, en mettant, au lieu de $f^3\left(a-\frac{\omega}{2}\right)$,

$$
f^2(a) - f^2(a-\omega),
$$

$$
{}^2f(a) = \frac{1}{24}f(a-\omega) - \frac{17}{5760}[f^2(a) + 2f^2(a-\omega)] + \ldots.
$$

On trouvera, d'une manière analogue, trois autres formules pour correspondre aux formules (A), (A′) et (B′).

Voici l'ensemble :

$$(A_2)\quad\begin{cases}\displaystyle\int_a^{a+i\omega}\int_a^{a+n\omega} f(x)\,dx^2 = \omega^2\Big[{}^2f(a+i\omega)+\frac{1}{12}f(a+i\omega)-\frac{1}{240}f^2(a+i\omega)\\ \displaystyle\qquad\qquad+\frac{31}{60480}f^4(a+i\omega)-\ldots\Big],\\ \displaystyle{}^1f\Big(a-\frac{\omega}{2}\Big) = -\frac{1}{2}f(a)+\frac{1}{12}f^1(a)-\frac{11}{720}f^3(a)+\frac{191}{60480}f^5(a)-\ldots,\\ \displaystyle{}^2f(a) = -\frac{1}{12}f(a)+\frac{1}{240}f^2(a)-\frac{31}{60480}f^4(a)+\ldots;\end{cases}$$

$$(B_2)\quad\begin{cases}\displaystyle\int_{a-\frac{\omega}{2}}^{a+i\omega+\frac{\omega}{2}}\int_{a-\frac{\omega}{2}}^{a+n\omega} f(x)\,dx^2 = \omega^2\Big[{}^2f\Big(a+i\omega+\frac{\omega}{2}\Big)-\frac{1}{24}f\Big(a+i\omega+\frac{\omega}{2}\Big)\\ \displaystyle\qquad\qquad+\frac{17}{1920}f^2\Big(a+i\omega+\frac{\omega}{2}\Big)-\frac{367}{193536}f^4\Big(a+i\omega+\frac{\omega}{2}\Big)+\ldots\Big],\\ \displaystyle{}^1f\Big(a-\frac{\omega}{2}\Big) = -\frac{1}{24}f^1\Big(a-\frac{\omega}{2}\Big)+\frac{17}{5760}f^3\Big(a-\frac{\omega}{2}\Big)-\frac{367}{967680}f^5\Big(a-\frac{\omega}{2}\Big)+\ldots,\\ \displaystyle{}^2f(a) = +\frac{1}{24}f(a-\omega)-\frac{17}{5760}[2f^2(a-\omega)+f^2(a)]\\ \displaystyle\qquad\qquad+\frac{367}{967680}[2f^4(a-\omega)+3f^4(a)]-\ldots;\end{cases}$$

$$(A'_2)\quad\begin{cases}\displaystyle\int_{a-\frac{\omega}{2}}^{a+i\omega}\int_{a-\frac{\omega}{2}}^{a+n\omega} f(x)\,dx^2 = \omega^2\Big[{}^2f(a+i\omega)+\frac{1}{12}f(a+i\omega)\\ \displaystyle\qquad\qquad-\frac{1}{240}f^2(a+i\omega)+\frac{31}{60480}f^4(a+i\omega)-\ldots\Big],\\ \displaystyle{}^1f\Big(a-\frac{\omega}{2}\Big)\ \text{et}\ {}^2f(a)\ \text{sont les mêmes que dans les formules}\ (B_2);\end{cases}$$

$$(B'_2)\quad\begin{cases}\displaystyle\int_a^{a+i\omega+\frac{\omega}{2}}\int_a^{a+n\omega} f(x)\,dx^2 = \omega^2\Big[{}^2f\Big(a+i\omega+\frac{\omega}{2}\Big)-\frac{1}{24}f\Big(a+i\omega+\frac{\omega}{2}\Big)\\ \displaystyle\qquad\qquad+\frac{17}{1920}f^2\Big(a+i\omega+\frac{\omega}{2}\Big)-\frac{367}{193536}f^4\Big(a+i\omega+\frac{\omega}{2}\Big)+\ldots,\\ \displaystyle{}^1f\Big(a-\frac{\omega}{2}\Big)\ \text{et}\ {}^2f(a)\ \text{sont les mêmes que dans les formules}\ (A_2).\end{cases}$$

79. **Calcul numérique des perturbations par la méthode des quadratures.** — Quand il s'agit de déterminer les perturbations causées sur une comète par l'une des anciennes planètes, on ne cherche pas à obtenir leurs expressions analytiques, car les séries seraient, ou divergentes, ou très lentement convergentes, en raison de la forte excentricité de la comète. On peut néanmoins calculer numériquement ces perturbations avec une grande précision. Ce calcul

est utile aussi pour les astéroïdes, car il y en a très peu pour lesquels les développements analytiques aient été effectués.

Dans ces calculs numériques, qui ne sont pas le but principal de cet Ouvrage, on peut suivre plusieurs méthodes; nous n'en donnerons qu'une, celle de la variation des constantes arbitraires. Nous partirons des formules (A) (t. I, p. 433), qui expriment les dérivées des éléments elliptiques au moyen des composantes de la force perturbatrice, rapportées au prolongement du rayon vecteur, à la perpendiculaire au rayon vecteur dans le plan de l'orbite et à la normale au plan de l'orbite.

Nous modifierons un peu les formules (A), en désignant par M l'anomalie moyenne, par ψ l'angle dont le sinus $= e$, et par $\delta\varphi$, $\delta\theta$, ..., δM les perturbations des éléments; au lieu de $\frac{d\,\delta a}{dt}$, nous donnerons $\frac{d\,\delta n}{dt}$; enfin, pour former $\frac{d\,\delta M}{dt}$, nous retrancherons $\frac{d\,\delta\varpi}{dt}$ de la dérivée de la perturbation de la longitude moyenne.

Les composantes de la force perturbatrice seront représentées simplement par S, T et W. Nous trouverons ainsi

$$(30)\quad \begin{cases} \dfrac{d\,\delta\theta}{dt} = \dfrac{r \sin \upsilon}{\sin\varphi}\, \dfrac{W}{na^2\sqrt{1-e^2}}, \\[2ex] \dfrac{d\,\delta\varphi}{dt} = r\cos\upsilon\, \dfrac{W}{na^2\sqrt{1-e^2}}, \\[2ex] \dfrac{d\,\delta\varpi}{dt} = r\sin\upsilon \operatorname{tang}\dfrac{\varphi}{2}\, \dfrac{W}{na^2\sqrt{1-e^2}} \\[2ex] \qquad\qquad + \dfrac{1}{na^2 e\sqrt{1-e^2}}\left[-pS\cos w + (p+r)\,T\sin w\right], \\[2ex] \dfrac{d\,\delta\psi}{dt} = \dfrac{1}{na}\left[S\sin w + T(\cos u + \cos w)\right], \\[2ex] \dfrac{d\,\delta n}{dt} = -\dfrac{3}{a\sqrt{1-e^2}}\left(S e \sin w + T\,\dfrac{p}{r}\right), \\[2ex] \dfrac{d\,\delta M}{dt} = \dfrac{1}{na^2}\left(\dfrac{p\cos w}{e} - 2r\right) S - \dfrac{1}{na^2 e}(p+r)\,T\sin w + \displaystyle\int \dfrac{d\,\delta n}{dt}\,dt. \end{cases}$$

Soit ω la raison de la progression arithmétique que nous adopterons pour les arguments t, en employant la méthode des quadratures. Si nous remarquons que la masse d'une comète ou d'un astéroïde doit être considérée comme nulle devant celle du Soleil, nous aurons

$$n^2 a^3 = k^2, \qquad na^2\sqrt{1-e^2} = k\sqrt{p},$$

et les formules (30) pourront s'écrire avec plus de concision

$$(31)\quad \begin{cases} \omega \dfrac{d\,\delta\theta}{dt} = (\theta, W)W_1, \\ \omega \dfrac{d\,\delta\varphi}{dt} = (\varphi, W)W_1, \\ \omega \dfrac{d\,\delta\varpi}{dt} = (\varpi, S)S_1 + (\varpi, T)T_1 + (\varpi, W)W_1, \\ \omega \dfrac{d\,\delta\psi}{dt} = (\psi, S)S_1 + (\psi, T)T_1, \\ \omega^2 \dfrac{d\,\delta n}{dt} = (n, S)S_1 + (n, T)T_1, \\ \omega \dfrac{d\,\delta M}{dt} = (M, S)S_1 + (M, T)T_1 + \omega \displaystyle\int_{t_0}^{t} \dfrac{d\,\delta n}{dt}\,dt, \end{cases}$$

où l'on a posé, pour abréger,

$$(32)\quad \begin{cases} (\theta, W) = \dfrac{r\sin\upsilon}{\sin\varphi}, \qquad (\varphi, W) = r\cos\upsilon, \\ (\varpi, S) = -\dfrac{p\cos w}{\sin\psi}, \qquad (\varpi, T) = \dfrac{(p+r)\sin w}{\sin\psi}, \qquad (\varpi, W) = r\sin\upsilon\,\mathrm{tang}\,\dfrac{\varphi}{2}, \\ (\psi, S) = a\cos\psi\sin w, \qquad (\psi, T) = a\cos\psi(\cos u + \cos w), \\ (n, S) = -\dfrac{3k\omega}{\sqrt{a}}\sin\psi\sin w, \qquad (n, T) = -\dfrac{3k\omega}{\sqrt{a}}\dfrac{p}{r}, \\ (M, S) = p\cot\psi\cos w - 2r\cos\psi, \qquad (M, T) = -(p+r)\cot\psi\sin w; \\ \dfrac{\omega S}{k\sqrt{p}} = S_1, \\ \dfrac{\omega T}{k\sqrt{p}} = T_1, \\ \dfrac{\omega W}{k\sqrt{p}} = W_1, \end{cases}$$

Le calcul des quantités r, w et u se fera par les formules connues

$$a^{\frac{3}{2}} = \frac{k''}{n}, \qquad \log k'' = 3,550007; \qquad e'' = \frac{\sin\varphi}{\sin 1''}, \qquad \log\frac{1}{\sin 1''} = 5,314425,$$

$$u - e''\sin u = M, \qquad p = a\cos^2\psi,$$

$$r\sin w = a\cos\psi\sin u, \qquad r\cos w = a(\cos u - \sin\psi), \qquad \upsilon = v + \varpi - \theta.$$

Nous supposerons que l'on connaisse les éléments elliptiques osculateurs pour l'époque zéro, θ_0, φ_0, ψ_0, ϖ_0, n_0, M_0. L'intervalle ω est pris généralement égal à 40 jours; on a alors

$$\log 3k\omega = 0,314763.$$

Dans certains cas, on peut être conduit à donner à ω une valeur plus petite. Ainsi, dans le calcul des perturbations de la comète d'Encke par Mercure, V. Astén a employé parfois des intervalles de $2^j,5$, et même de $1^j,25$.

80. **Calcul de** S, T **et** W. — Soient m' le rapport de la masse de l'une des planètes perturbatrices à la masse du Soleil, ρ sa distance à la planète troublée, il suffit de se rappeler les expressions

$$k^2 m'\left(\frac{\xi'-\xi}{\rho^3} - \frac{\xi'}{r'^3}\right), \quad \ldots$$

des composantes de la force perturbatrice, et de remarquer que, relativement aux axes auxquels se rapportent S, T et W (rayon vecteur, etc.), on a

$$\xi = r, \qquad \eta = 0, \qquad \zeta = 0,$$

et il en résulte

$$S = \sum k^2 m'\left(\frac{\xi'-r}{\rho^3} - \frac{\xi'}{r'^3}\right),$$

$$T = \sum k^2 m'\left(\frac{\eta'}{\rho^3} - \frac{\eta'}{r'^3}\right),$$

$$W = \sum k^2 m'\left(\frac{\zeta'}{\rho^3} - \frac{\zeta'}{r'^3}\right),$$

d'où

$$(33) \quad \left\{\begin{aligned} S_1 &= \sum \frac{\omega k m'}{\sqrt{p}}\left(\xi' K - \frac{r}{\rho^3}\right),\\ T_1 &= \sum \frac{\omega k m'}{\sqrt{p}}\eta' K,\\ W_1 &= \sum \frac{\omega k m'}{\sqrt{p}}\zeta' K,\\ K &= \frac{1}{\rho^3} - \frac{1}{r'^3},\\ \rho^2 &= (\xi'-r)^2 + \eta'^2 + \zeta'^2. \end{aligned}\right.$$

Le signe $\sum$ se rapporte aux diverses planètes perturbatrices. Dans ces formules, k doit être exprimé en secondes d'arc, afin que les perturbations des éléments soient elles-mêmes en secondes. La Table ci-dessous, empruntée à l'Ouvrage d'Oppolzer (*Lehrbuch zur Bahnbestimmung der Kometen und Planeten*, t. II), donne dans l'hypothèse de $\omega = 40^j$ les valeurs de $\log(\omega k m')$ pour les diverses planètes :

Mercure	$\bar{2}$,2692	Jupiter	2,131 755
Vénus	$\bar{1}$,5480	Saturne	1,607 80
La Terre	$\bar{1}$,6012	Uranus	0,809 6
Mars	$\bar{2}$,7239	Neptune	0,857 6

Reste à calculer ξ', η' et ζ'. Soient λ' et β' la longitude et la latitude héliocentriques de la planète perturbatrice, rapportées à l'équinoxe moyen x de l'époque adoptée, et à l'écliptique xy de cette même époque.

Soient

z le pôle boréal de l'écliptique,
Q celui de l'orbite de la planète troublée,
P' la position de la planète perturbatrice,
M' sa projection sur la sphère.

On aura

$$xN = \theta, \qquad yNA = \varphi, \qquad xN + NC = \lambda', \qquad CM' = \beta'.$$

Posons

$$NB = L', \qquad BM' = B'.$$

Fig. 6.

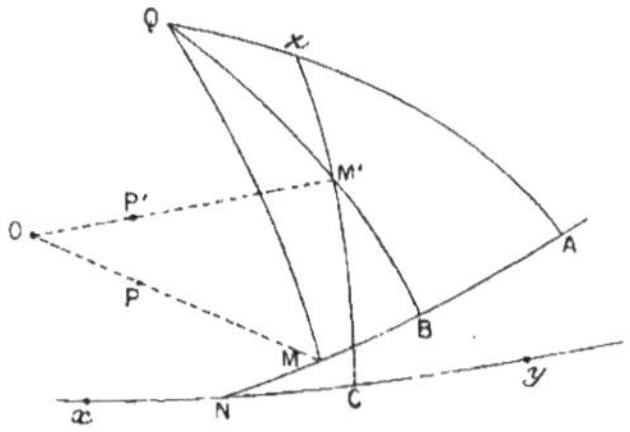

Le triangle sphérique QzM' dans lequel on connaît deux côtés $Qz = \varphi$, $zM' = 90° - \beta'$, et l'angle compris $QzM' = 90° + \lambda' - \theta$, donnera, en lui appliquant le groupe des formules de Gauss,

$$(34) \qquad \begin{cases} \sin B' = \sin\beta' \cos\varphi - \cos\beta' \sin\varphi \sin(\lambda' - \theta), \\ \cos B' \cos L' = \cos\beta' \cos(\lambda' - \theta), \\ \cos B' \sin L' = \sin\beta' \sin\varphi + \cos\beta' \cos\varphi \sin(\lambda' - \theta), \end{cases}$$

et ces relations donnent L' et B'. Soient maintenant P la position de la planète troublée, M sa projection sur la sphère céleste, on aura $MB = L' - v$,

$$(35) \qquad \begin{cases} \xi' = r' \cos B' \cos(L' - v), \\ \eta' = r' \cos B' \sin(L' - v), \\ \zeta' = r' \sin B'. \end{cases}$$

Les éphémérides donnent r', λ' et β'; les formules (34) serviront à calculer L' et B', après quoi on tirera ξ', η' et ζ' des formules (35).

81. Indications sur le calcul des quadratures. — Supposons que, dans les seconds membres des équations (31), on remplace les éléments osculateurs θ, φ, ... de l'époque t, par ceux θ_0, φ_0, ... de l'époque t_0; ces seconds membres deviendront des fonctions de t et de constantes connues. On calculera leurs valeurs pour des époques équidistantes

$$\begin{array}{cccccc} a-2\omega, & a-\omega, & a, & a+\omega, & \ldots, \\ t_0-60^{\text{j}}, & t_0-20^{\text{j}}, & t_0+20^{\text{j}}, & t_0+60^{\text{j}}, & \ldots, \end{array}$$

de sorte que l'on aura

$$t_0 = a - \frac{\omega}{2}.$$

Considérons, par exemple, la formule

$$\omega \frac{d\,\delta\theta}{dt} = (\theta, \mathrm{W})\,\mathrm{W}_1,$$

et posons

$$(\theta, \mathrm{W})\,\mathrm{W}_1 = f(a + i\omega) = f(t).$$

On pourra former le Tableau des différences

$$(36)\quad \left\{\begin{array}{lllll}
{}^1f\left(a-\frac{5}{2}\omega\right) & & & & \\
 & f(a-2\omega) & & & \\
{}^1f\left(a-\frac{3}{2}\omega\right) & & f^1\left(a-\frac{3}{2}\omega\right) & & \\
 & f(a-\omega) & & f^2(a-\omega) & \\
{}^1f\left(a-\frac{1}{2}\omega\right) & & f^1\left(a-\frac{1}{2}\omega\right) & & f^3\left(a-\frac{1}{2}\omega\right) \\
 & f(a) & & f^2(a) & \\
{}^1f\left(a+\frac{1}{2}\omega\right) & & f^1\left(a+\frac{1}{2}\omega\right) & & \\
 & f(a+\omega) & & &
\end{array}\right.$$

On aura ensuite

$$(37)\qquad \omega\,\delta\theta = \int_{t_0}^{t} f(t)\,dt = \int_{a-\frac{1}{2}\omega}^{a+i\omega} f(t)\,dt.$$

On emploiera, pour calculer cette quadrature, la formule (A'), page 183,

$$(38)\quad \int_{a-\frac{1}{2}\omega}^{a+i\omega} f(t)\,dt = \omega\left[{}^1f(a+i\omega) - \frac{1}{12}f^1(a+i\omega) + \frac{11}{720}f^3(a+i\omega) - \ldots\right],$$

dont les deux premiers termes suffisent presque toujours; la constante ${}^1f\left(a-\frac{\omega}{2}\right)$ sera déterminée par la formule (a'), page 183,

$$ {}^1f\left(a-\frac{1}{2}\omega\right)=-\frac{1}{24}f^1\left(a-\frac{1}{2}\omega\right)+\frac{17}{5760}f^3\left(a-\frac{1}{2}\omega\right)-\ldots, $$

où le second membre est connu; on pourra ainsi former la colonne des ${}^1f$ dans le Tableau (36). Les formules (37) et (38) donneront

$$ (39) \qquad \delta\theta={}^1f(a+i\omega)-\frac{1}{12}f^1(a+i\omega)+\ldots. $$

On pourra donc calculer les perturbations $\delta\theta$ de la longitude du nœud ascendant, pour les époques équidistantes t_0-60, t_0-20, t_0+20, ... On procédera de même pour les autres éléments; comme les perturbations s'annulent pour $t=t_0$, les éléments θ_0, φ_0, ... seront bien osculateurs à l'époque t_0. Il faut remarquer que l'on n'obtiendra pas la valeur de δn, mais celle de $\omega\,\delta n=40\,\delta n$, car dans les formules (31) on a écrit avec intention $\omega^2\frac{d\,\delta n}{dt}$ au lieu de $\omega\frac{d\,\delta n}{dt}$.

Il y a lieu de considérer d'une façon spéciale la perturbation δM et de poser

$$ \delta M=\delta_1 M+\delta_2 M, $$

en prenant

$$ \omega\frac{d\,\delta_1 M}{dt}=(M,S)\,S_1+(M,T)\,T_1, $$

$$ \omega\frac{d\,\delta_2 M}{dt}=\omega\int_{t_0}^{t}\frac{d\,\delta n}{dt}\,dt. $$

On calculera $\delta_1 M$ comme $\delta\theta$, $\delta\varphi$, ... Pour ce qui concerne $\delta_2 M$, si l'on fait, pour plus de clarté,

$$ \omega^2\frac{d\,\delta n}{dt}=(n,S)\,S_1+(n,T)\,T_1=\Phi(t)=\Phi(a+i\omega), $$

on aura

$$ \delta_2 M=\frac{1}{\omega^2}\int_{t_0}^{t}\int_{t_0}^{t}\Phi(t)\,dt^2. $$

On déterminera cette intégrale seconde par la formule (A'_2), page 189, qui donnera

$$ \delta_2 M={}^2\Phi(a+i\omega)+\frac{1}{12}\Phi(a+i\omega)+\ldots, $$

les constantes d'intégration étant déterminées par les formules

$$ {}^1\Phi\left(a-\frac{1}{2}\omega\right)=-\frac{1}{24}\Phi^1\left(a-\frac{1}{2}\omega\right)+\frac{17}{5760}\Phi^3\left(a-\frac{1}{2}\omega\right)-\ldots, $$

$$ {}^2\Phi(a)=\frac{1}{24}\Phi(a-\omega)-\frac{17}{5760}\left[2\Phi^2(a-\omega)+\Phi^2(a)\right]+\ldots, $$

qui permettront de former les colonnes des ${}^1\Phi$ et ${}^2\Phi$; les seconds membres des formules précédentes sont connus.

On aura donc des valeurs approchées des éléments osculateurs aux époques $t_0 - 60^j$, $t_0 - 20^j$, $t_0 + 20^j$, ...; on pourra, avec ces valeurs, reprendre le calcul des quantités $(\theta, W)W_1$, etc., et obtenir ainsi les perturbations définitives.

Le lecteur pourra voir, dans l'Ouvrage d'Oppolzer, comment il est possible d'éviter ce double calcul, ou plutôt de le faire au fur et à mesure en même temps que le premier. Mais c'est un détail sur lequel je ne crois pas nécessaire d'insister ici.

82. Transformation pour le cas des orbites très excentriques. — Au lieu de a ou de n, il convient d'introduire la distance périhélie

$$q = a(1-e).$$

On aura

$$\frac{dq}{dt} = (1-e)\frac{da}{dt} - a\frac{de}{dt} = -\frac{2}{3}\frac{a}{n}(1-e)\frac{dn}{dt} - a\cos\psi\frac{d\psi}{dt},$$

d'où, en remplaçant $\frac{dn}{dt}$ et $\frac{d\psi}{dt}$ par leurs valeurs (30), et réunissant les termes en S et en T,

$$\frac{dq}{dt} = -\frac{(1-e)^2\sin w}{n\sqrt{1-e^2}}\,S + \frac{1-e}{n\sqrt{1-e^2}}\left[\frac{2p}{r} - (1+e)(\cos u + \cos w)\right]T.$$

Remplaçons

$$\cos u \quad \text{par} \quad \frac{\cos w + e}{1 + e\cos w},$$

et transformons; il viendra

$$\frac{dq}{dt} = -\frac{S}{k\sqrt{p}}\,q^2\sin w + \frac{4T}{k\sqrt{p}}\,\frac{qr\sin^2\frac{w}{2}}{1+e}\left(1 + e\cos^2\frac{w}{2}\right),$$

d'où, en mettant $\frac{d\delta q}{dt}$ au lieu de $\frac{dq}{dt}$ et introduisant S_1 et T_1, par les formules (32),

$$(40) \qquad \omega\frac{d\delta q}{dt} = -q^2 S_1 \sin w + \frac{4qr}{1+e}\,T_1\sin^2\frac{w}{2}\left(1 + e\cos^2\frac{w}{2}\right);$$

c'est la formule cherchée.

En second lieu, il convient d'introduire le temps τ du passage au périhélie. On a, pour la longitude moyenne,

$$L = \varepsilon + \int n\,dt = \varpi + n(t-\tau),$$

d'où

$$\frac{dL}{dt} = \frac{d\varepsilon}{dt} + n = \frac{d\varpi}{dt} + n - n\frac{d\tau}{dt} + (t-\tau)\frac{dn}{dt},$$

$$\frac{d\tau}{dt} = \frac{1}{n}\left(\frac{d\varpi}{dt} - \frac{d\varepsilon}{dt}\right) - 3\,\frac{t-\tau}{2a}\,\frac{da}{dt};$$

si l'on remplace $\frac{d\varpi}{dt}$, $\frac{d\varepsilon}{dt}$ et $\frac{da}{dt}$ par leurs valeurs (A) (t. I, p. 433), on trouve aisément

$$\frac{d\tau}{dt} = \frac{2a}{k^2}\mathrm{S}r - \frac{3a(t-\tau)}{k\sqrt{p}}\left(\mathrm{S}e\sin w + \mathrm{T}\frac{p}{r}\right) + \frac{ap}{k^2e}\left[-\mathrm{S}\cos w + \mathrm{T}\left(1+\frac{r}{p}\right)\sin w\right],$$

ou encore, en introduisant S_1 et T_1 et remplaçant $\frac{d\tau}{dt}$ par $\frac{d\delta\tau}{dt}$,

$$(41)\quad \begin{cases} \omega\,\dfrac{d\delta\tau}{dt} = \dfrac{a\sqrt{p}}{k}\left[2r - \dfrac{p\cos w}{e} - \dfrac{3k(t-\tau)}{\sqrt{p}}e\sin w\right]\mathrm{S}_1 \\ \qquad + \dfrac{a\sqrt{p}}{k}\left[\dfrac{p+r}{e}\sin w - \dfrac{3k(t-\tau)}{r}\sqrt{p}\right]\mathrm{T}_1; \end{cases}$$

c'est la formule demandée.

Lorsque l'inclinaison est très faible, pour éviter le petit dénominateur $\sin\varphi$, il y a lieu de prendre pour éléments $\frac{\sin\varphi\sin\theta}{\sin 1''}$ et $\frac{\sin\varphi\cos\theta}{\sin 1''}$ au lieu de φ et de θ. De même, dans le cas d'une excentricité très petite, on évitera le diviseur e en introduisant $\frac{e\sin\varpi}{\sin 1''}$ et $\frac{e\cos\varpi}{\sin 1''}$ au lieu de e et ϖ. Nous avons déjà parlé de ces combinaisons d'éléments (t. I, p. 170), et nous ne développerons pas les calculs.

Remarque. — Pour bien faire comprendre l'esprit de la méthode des quadratures, il convient d'observer que l'on ne peut pas passer d'une époque à une autre sans avoir à tenir compte de toutes les époques intermédiaires. Supposons par exemple que l'on veuille savoir quelle était la distance périhélie de la comète d'Encke le 1er janvier 1601. On sera obligé de calculer en même temps la valeur de q pour toutes les époques intermédiaires, de quarante en quarante jours par exemple, ce qui représenterait une masse formidable de calculs. Tandis que, si l'on avait le développement analytique des perturbations de q, il suffirait de remplacer t par sa valeur, le calcul étant aussi rapide pour une époque très éloignée que pour une époque très voisine.

Outre les Ouvrages déjà mentionnés sur l'interpolation et les quadratures, le lecteur pourra consulter :

ENCKE, plusieurs Mémoires, dans les trois Volumes des *Astronomische Abhandlungen.*

LAGRANGE, *Œuvres*, t. III : *Sur une nouvelle espèce de calcul relatif à la différentiation et à l'intégration des quantités variables.*

GRUEY, *Thèse sur le calcul numérique des perturbations des petites planètes au moyen des quadratures* (*Annales de l'École Normale*, 1868).

BAILLAUD, *Sur le calcul numérique des intégrales définies* (*Annales de l'Observatoire de Toulouse*, t. II).

F. TISSERAND, *Sur un point du calcul des différences* (*Comptes rendus*, 28 mars 1870).

R. RADAU, *Études sur les formules d'interpolation* (*Bulletin astronomique*, t. VIII).

WATSON, *Theoretical Astronomy.*

OPPOLZER, *Bahnbestimmung.*

CHAPITRE XII.

DES PERTURBATIONS DU MOUVEMENT DES COMÈTES LORSQU'ELLES APPROCHENT TRÈS PRÈS DES PLANÈTES.

83. Les formules du Chapitre précédent permettent de calculer numériquement les perturbations des éléments elliptiques ou paraboliques d'une comète par les planètes. Ce calcul présenterait de grandes difficultés si la comète venait à passer très près de l'une des planètes; on peut heureusement suivre, dans ce cas, un procédé très expéditif qui a été indiqué par d'Alembert dans ses *Opuscules mathématiques* (t. I, p. 305), et développé par Laplace dans ses recherches sur la comète de Lexell, et plus tard enfin par Le Verrier. Nous allons exposer ce procédé.

Soient

x, y, z les coordonnées rectangulaires héliocentriques de la comète;
x', y', z' les coordonnées de la planète, que nous supposerons être Jupiter;
ξ, η, ζ les coordonnées jovicentriques de la comète, rapportées à des axes parallèles aux axes fixes.

Soient encore

m_0 la masse du Soleil; m' celle de Jupiter; ρ la distance de la comète à la planète; r et r' les distances au Soleil.

On aura les équations

$$(1)\quad \begin{cases} \dfrac{d^2x}{dt^2} + fm_0\dfrac{x}{r^3} = fm'\left(\dfrac{x'-x}{\rho^3} - \dfrac{x'}{r'^3}\right), \\ \dfrac{d^2y}{dt^2} + fm_0\dfrac{y}{r^3} = fm'\left(\dfrac{y'-y}{\rho^3} - \dfrac{y'}{r'^3}\right), \\ \dfrac{d^2z}{dt^2} + fm_0\dfrac{z}{r^3} = fm'\left(\dfrac{z'-z}{\rho^3} - \dfrac{z'}{r'^3}\right), \end{cases}$$

$$(2)\quad \frac{d^2x'}{dt^2} + f(m_0+m')\frac{x'}{r'^3} = 0.$$

En faisant, dans la première des équations (1),

$$x = x' + \xi, \qquad y = y' + \eta, \qquad z = z' + \zeta,$$

et tenant compte de la formule (2), on trouve la première des équations suivantes :

$$(3) \quad \begin{cases} \dfrac{d^2\xi}{dt^2} + fm'\dfrac{\xi}{\rho^3} = fm_0\left(\dfrac{x'}{r'^3} - \dfrac{x}{r^3}\right), \\ \dfrac{d^2\eta}{dt^2} + fm'\dfrac{\eta}{\rho^3} = fm_0\left(\dfrac{y'}{r'^3} - \dfrac{y}{r^3}\right), \\ \dfrac{d^2\zeta}{dt^2} + fm'\dfrac{\zeta}{\rho^3} = fm_0\left(\dfrac{z'}{r'^3} - \dfrac{z}{r^3}\right). \end{cases}$$

Les équations (1) conviennent au mouvement héliocentrique de la comète; soient R la force provenant de l'attraction du Soleil; F la force perturbatrice; on aura

$$R = \frac{fm_0}{r^2}, \qquad F = fm'\sqrt{\left(\frac{x'-x}{\rho^3} - \frac{x'}{r'^3}\right)^2 + \left(\frac{y'-y}{\rho^3} - \frac{y'}{r'^3}\right)^2 + \left(\frac{z'-z}{\rho^3} - \frac{z'}{r'^3}\right)^2}.$$

Les équations (3) conviennent au mouvement jovicentrique produit par l'attraction R′ de Jupiter, et la force perturbatrice émanant du Soleil; on aura

$$R' = \frac{fm'}{\rho^2}, \qquad F' = fm_0\sqrt{\left(\frac{x'}{r'^3} - \frac{x}{r^3}\right)^2 + \left(\frac{y'}{r'^3} - \frac{y}{r^3}\right)^2 + \left(\frac{z'}{r'^3} - \frac{z}{r^3}\right)^2}.$$

Si nous écrivons la condition

$$(4) \qquad \frac{F}{R} = \frac{F'}{R'},$$

nous aurons l'équation d'une surface pour tous les points de laquelle il y aura un égal avantage à considérer le mouvement héliocentrique troublé par l'attraction de Jupiter, ou le mouvement jovicentrique troublé par l'attraction du Soleil. Si l'on désigne simplement par m' le rapport $\frac{m'}{m_0}$, on trouve que la condition (4) devient

$$(5) \quad m'^2 r^2 \sqrt{\frac{1}{\rho^4} + \frac{1}{r'^4} + 2\frac{x'\xi + y'\eta + z'\zeta}{\rho^3 r'^3}} = \rho^2\sqrt{\frac{1}{r^4} + \frac{1}{r'^4} - 2\frac{xx' + yy' + zz'}{r^3 r'^3}}.$$

Soit posé

$$\frac{x'\xi + y'\eta + z'\zeta}{\rho r'} = \cos\theta, \qquad \frac{\rho}{r'} = u;$$

u sera une fraction petite, car c'est évidemment près de Jupiter seulement qu'il peut y avoir avantage à faire la transformation indiquée. On aura ensuite

$$xx' + yy' + zz' = x'(x' + \xi) + y'(y' + \eta) + z'(z' + \zeta) = r'^2(1 + u\cos\theta),$$
$$r^2 = (x' + \xi)^2 + (y' + \eta)^2 + (z' + \zeta)^2 = r'^2(1 + 2u\cos\theta + u^2).$$

En faisant ces substitutions dans l'équation (5), on trouve

$$m'^2 = u^4 \frac{(1 + 2u\cos\theta + u^2)^{-2}}{(1 + 2u^2\cos\theta + u^4)^{\frac{1}{2}}} \sqrt{1 + (1 + 2u\cos\theta + u^2)^2 - 2(1 + u\cos\theta)(1 + 2u\cos\theta + u^2)^{\frac{1}{2}}},$$

ou bien, en développant suivant les puissances de u,

$$m'^2 = u^4(1 - 4u\cos\theta + \ldots)\sqrt{u^2(1 + 3\cos^2\theta) + 4u^3\cos\theta + \ldots},$$
$$m'^2 = u^5\sqrt{1 + 3\cos^2\theta}\left(1 - 2u\cos\theta\frac{1 + 6\cos^2\theta}{1 + 3\cos^2\theta} + \ldots\right),$$

d'où

$$u = \left(\frac{m'^2}{\sqrt{1 + 3\cos^2\theta}}\right)^{\frac{1}{5}} + \frac{2}{5}\cos\theta\left(\frac{m'^2}{\sqrt{1 + 3\cos^2\theta}}\right)^{\frac{2}{5}}\frac{1 + 6\cos^2\theta}{1 + 3\cos^2\theta} + \ldots.$$

En remplaçant m' par $\frac{1}{1047}$ dans le cas de Jupiter, on a, dans tous les cas,

$$\left(\frac{m'^2}{\sqrt{1 + 3\cos^2\theta}}\right)^{\frac{1}{5}} < m'^{\frac{2}{5}} = 0{,}062,$$

et l'on peut se borner à

$$\rho = r'\left(\frac{m'^2}{\sqrt{1 + 3\cos^2\theta}}\right)^{\frac{1}{5}};$$

c'est l'équation approchée de la surface cherchée, en coordonnées polaires ρ et θ, l'axe polaire étant le prolongement de la droite SP qui joint le Soleil à la planète, et l'origine au centre de la planète. Cette surface est de révolution autour de la droite SP, et ne diffère pas beaucoup d'une sphère, puisque ρ varie entre les deux limites

$$m'^{\frac{2}{5}}r' \quad \text{et} \quad \frac{m'^{\frac{2}{5}}}{2^{\frac{1}{5}}}r',$$

dont le rapport $= 1{,}15$; on peut donc admettre que la surface définie par la condition (4) est sensiblement une sphère de rayon $= m'^{\frac{2}{5}}r'$, ce que Laplace (¹) nomme la *sphère d'activité* de la planète; à l'extérieur de cette sphère, on a $\frac{F}{R} < \frac{F'}{R'}$; il y a avantage à partir du mouvement héliocentrique de la comète, et à déterminer

(¹) Laplace prend $r'\sqrt[5]{\frac{1}{2}m'^2}$ pour le rayon de la sphère d'activité.

les perturbations causées par la planète. A l'intérieur de la sphère, on a $\frac{F'}{R'} < \frac{F}{R}$; il est plus avantageux de considérer le mouvement jovicentrique et de calculer ensuite les perturbations provenant du Soleil. La sphère sépare, en quelque sorte, le domaine de la planète de celui du Soleil; sur sa surface même, on a, dans une évaluation approchée,

$$\frac{F}{R} = m'\frac{r^2}{\rho^2}\sqrt{1 + \frac{2\rho^2}{r'^2}\cos\theta + \frac{\rho^4}{r'^4}} = \frac{m' r'^2}{\rho^2} = m'\left(\frac{1+3\cos^2\theta}{m'^2}\right)^{\frac{2}{5}}.$$

Dans le cas de Jupiter, on trouve que le rapport $\frac{F}{R}$ varie sur la surface de la sphère, entre les limites $\sqrt[5]{m'} = 0,25$ et $\sqrt[5]{16m'} = 0,43$. Voici le Tableau des rayons des sphères d'activité pour les diverses planètes, exprimés en prenant pour unité la distance de la Terre au Soleil :

Mercure	0,001	Jupiter	0,322
Vénus	0,004	Saturne	0,363
La Terre	0,006	Uranus	0,339
Mars	0,004	Neptune	0,576

84. Cela posé, considérons une comète qui s'approche beaucoup de Jupiter; tant que sa distance est supérieure à $\frac{1}{3}$ environ, nous pouvons calculer les valeurs numériques des perturbations des éléments héliocentriques par les formules du Chapitre précédent. Puis on déterminera les coordonnées héliocentriques x, y, z et leurs dérivées $\frac{dx}{dt}$, $\frac{dy}{dt}$, $\frac{dz}{dt}$, à l'instant où la distance ρ devient égale à peu près au tiers de la distance de la Terre au Soleil. On en conclura les valeurs numériques de

$$\xi_0 = x - x', \qquad \eta_0 = y - y', \qquad \zeta_0 = z - z',$$

$$\left(\frac{d\xi}{dt}\right)_0 = \frac{dx}{dt} - \frac{dx'}{dt}, \qquad \left(\frac{d\eta}{dt}\right)_0 = \frac{dy}{dt} - \frac{dy'}{dt}, \qquad \left(\frac{d\zeta}{dt}\right)_0 = \frac{dz}{dt} - \frac{dz'}{dt}.$$

Avec ces valeurs des coordonnées jovicentriques et de leurs dérivées, on calculera (¹) les éléments de la section conique que la comète décrit dans son mouvement relatif, à l'intérieur de la sphère d'activité. Cette section conique pourra être une ellipse ou une parabole et même, le plus souvent, une hyperbole. Si l'on néglige les perturbations de ce mouvement à l'intérieur de la sphère, on calculera les valeurs de ξ, η, ζ, $\frac{d\xi}{dt}$, $\frac{d\eta}{dt}$ et $\frac{d\zeta}{dt}$, à la sortie de la sphère d'activité.

Soient $\xi_1, \ldots, \left(\frac{d\zeta}{dt}\right)_1$ les valeurs obtenues, $x'_1, \ldots, \left(\frac{dz'}{dt}\right)_1$ les valeurs corres-

(¹) *Voir* notre Tome I, Chap. VI.

pondantes des coordonnées de Jupiter et de leurs dérivées; on aura

$$x = x'_1 + \xi_1, \quad \ldots, \quad \frac{dz}{dt} = \left(\frac{dz'}{dt}\right)_1 + \left(\frac{d\zeta}{dt}\right)_1.$$

Avec ces valeurs des coordonnées héliocentriques et de leurs dérivées, on pourra calculer les éléments de l'orbite héliocentrique, qui permettront de suivre la comète en tenant compte, au besoin, des perturbations provenant du Soleil.

La première comète de 1770 a présenté des difficultés aux astronomes, qui ne pouvaient pas arriver à représenter son mouvement par une parabole, jusqu'à ce que Lexell eût reconnu qu'elle décrit une ellipse en cinq ans et demi environ; cette orbite satisfait à toutes les observations. Une difficulté subsistait néanmoins : une comète de révolution aussi courte devait revenir souvent; or, on ne l'avait pas observée avant 1770, et on ne l'a plus revue depuis. Lexell a donné une explication : il a remarqué qu'en 1767 et 1779, la comète avait dû passer très près de Jupiter, et que l'attraction de cette planète avait pu diminuer une première fois la distance périhélie de la comète, et la rendre visible en 1770, d'invisible qu'elle était auparavant; en 1779 la même attraction avait pu faire reprendre à la comète sa distance périhélie d'autrefois et la rendre de nouveau invisible. Mais cette induction demandait à être vérifiée par le calcul. C'est ce qu'a fait Burkhardt, à la demande de Laplace; ses calculs ont montré [1] qu'avant 1770 la comète décrivait une ellipse de demi grand axe 5,06 et de distance périhélie 2,96; en 1779, l'attraction puissante de Jupiter a de nouveau transformé l'orbite, lui donnant un demi grand axe $= 6,37$ et une distance périhélie $= 3,33$. On comprend ainsi que la comète n'ait été visible, ni avant 1770, ni après 1779.

Le Verrier a repris l'étude de ces perturbations dans son beau Mémoire *Sur la théorie de la comète périodique de* 1770 (*Annales de l'Observatoire de Paris*, t. III). La discussion complète des observations lui a montré que les observations de 1770 ne déterminaient pas entièrement les éléments, mais qu'on pouvait les exprimer tous en fonction d'une indéterminée susceptible de varier entre des limites encore assez étendues; il a fait un Tableau des systèmes d'éléments que la comète a pu prendre postérieurement à 1770, de sorte que, si l'on trouve dans l'avenir une comète dont les éléments coïncident avec ceux d'un des systèmes précédents, on pourra voir de suite si c'est la comète de Lexell qui nous serait enfin revenue. Il faut dire toutefois qu'en donnant à l'indéterminée certaines valeurs, on trouve que la comète a dû se mouvoir ultérieurement dans une parabole, ou même dans une hyperbole, auquel cas il n'y aurait plus d'espoir de la retrouver jamais.

---

[1] En rectifiant une faute de signe reconnue par d'Arrest; *voir* le n° 1087 des *Astron. Nachr.*

85. Intégrale de Jacobi. — Il résulte de ce qui précède que, sous l'influence des perturbations d'une grosse planète telle que Jupiter, les éléments elliptiques d'une comète peuvent éprouver des variations considérables. Supposons que l'on ait les éléments de deux comètes que l'on suppose identiques, mais qui aient été troublées par Jupiter. Pour décider la question de l'identité, il faudra se livrer à des calculs numériques très longs et souvent inutiles. Il serait précieux d'avoir un *criterium*, permettant de décider *a priori* si les deux systèmes d'éléments *peuvent* ou ne peuvent pas correspondre à une même comète.

J'ai pensé que l'*intégrale de Jacobi* serait en état de répondre à ce but.

Rappelons d'abord dans quelle circonstance cette intégrale existe.

Considérons une planète P′ décrivant un cercle autour du Soleil, et un astre P, de masse évanouissante, troublé par P′. Prenons le plan de l'orbite de P′ pour plan des xy; soient a' le rayon du cercle, l' la longitude, m' la masse; x, y, z les coordonnées de P, ρ la distance PP′.

Les équations différentielles du mouvement de P seront

$$\frac{d^2x}{dt^2}+\frac{k^2x}{r^3}=k^2m'\left(\frac{a'\cos l'-x}{\rho^3}-\frac{\cos l'}{a'^2}\right),$$

$$\frac{d^2y}{dt^2}+\frac{k^2y}{r^3}=k^2m'\left(\frac{a'\sin l'-y}{\rho^3}-\frac{\sin l'}{a'^2}\right),$$

$$\frac{d^2z}{dt^2}+\frac{k^2z}{r^3}=-k^2m'\frac{z}{\rho^3},$$

$$(6)\qquad \begin{cases}\rho^2=(x-a'\cos l')^2+(y-a'\sin l')^2+z^2,\\ l'=n't+c,\qquad \dfrac{dl'}{dt}=n'.\end{cases}$$

On en déduit

$$(7)\qquad x\frac{d^2y}{dt^2}-y\frac{d^2x}{dt^2}=k^2m'a'(x\sin l'-y\cos l')\left(\frac{1}{\rho^3}-\frac{1}{a'^3}\right),$$

$$(8)\qquad \begin{cases}\dfrac{dx}{dt}\dfrac{d^2x}{dt^2}+\dfrac{dy}{dt}\dfrac{d^2y}{dt^2}+\dfrac{dz}{dt}\dfrac{d^2z}{dt^2}+\dfrac{k^2}{r^2}\dfrac{dr}{dt}\\ \quad =k^2m'\left[\dfrac{a'\cos l'-x}{\rho^3}\dfrac{dx}{dt}+\dfrac{a'\sin l'-y}{\rho^3}\dfrac{dy}{dt}-\dfrac{z}{\rho^3}\dfrac{dz}{dt}-\dfrac{1}{a'^2}\left(\dfrac{dx}{dt}\cos l'+\dfrac{dy}{dt}\sin l'\right)\right].\end{cases}$$

Or, on tire des formules (6)

$$\begin{aligned}&\frac{d}{dt}\left(\frac{1}{\rho}-\frac{x\cos l'+y\sin l'}{a'^2}\right)\\ &=\frac{1}{\rho^3}\left[(a'\cos l'-x)\left(\frac{dx}{dt}+n'a'\sin l'\right)+(a'\sin l'-y)\left(\frac{dy}{dt}-n'a'\cos l'\right)-z\frac{dz}{dt}\right]\\ &\quad-\frac{1}{a'^2}\left(\frac{dx}{dt}\cos l'+\frac{dy}{dt}\sin l'\right)+\frac{n'}{a'^2}(x\sin l'-y\cos l'),\end{aligned}$$

et, grâce à cette relation, nous pouvons écrire l'équation (8) comme il suit :

$$(9)\quad \left\{\begin{aligned} &\frac{1}{2}\frac{d}{dt}\left(\frac{dx^2+dy^2+dz^2}{dt^2}-\frac{2k}{r}\right)=k^2m'\frac{d}{dt}\left(\frac{1}{\rho}-\frac{x\cos l'+y\sin l'}{a'^2}\right)\\ &\qquad\qquad +k^2m'n'a'(x\sin l'-y\cos l')\left(\frac{1}{\rho^3}-\frac{1}{a'^3}\right).\end{aligned}\right.$$

En combinant les formules (7) et (9), on trouve

$$\frac{1}{2}\frac{d}{dt}\left(\frac{dx^2+dy^2+dz^2}{dt^2}-\frac{k^2}{r}\right)-n'\left(x\frac{d^2y}{dt^2}-y\frac{d^2x}{dt^2}\right)=k^2m'\frac{d}{dt}\left(\frac{1}{\rho}-\frac{x\cos l'+y\sin l'}{a'^2}\right);$$

on en déduit immédiatement l'intégrale de Jacobi ([1])

$$(10)\quad \frac{1}{2}\frac{dx^2+dy^2+dz^2}{dt^2}-\frac{k^2}{r}-n'\left(x\frac{dy}{dt}-y\frac{dx}{dt}\right)-k^2m'\left(\frac{1}{\rho}-\frac{x\cos l'+y\sin l'}{a'^2}\right)=C.$$

Appliquons cette intégrale à une comète troublée par Jupiter; il faudra donc négliger l'excentricité de cette planète. On aura, en désignant par a, p et i le demi grand axe, le paramètre de l'orbite de la comète, et son inclinaison sur le plan de l'orbite de Jupiter,

$$\frac{dx^2+dy^2+dz^2}{dt^2}=\frac{2k^2}{r}-\frac{k^2}{a},\qquad x\frac{dy}{dt}-y\frac{dx}{dt}=k\sqrt{p}\cos i,\qquad n'=\frac{k}{a'^{\frac{3}{2}}};$$

il viendra, en comparant les valeurs a_0, p_0, i_0 et a_1, p_1, i_1, qui correspondent à deux époques t_0 et t_1,

$$\begin{aligned}&\frac{1}{a_0}+\frac{2\sqrt{p_0}\cos i_0}{a'\sqrt{a'}}+2m'\left(\frac{1}{\rho_0}-\frac{x_0\cos l'_0+y_0\sin l'_0}{a'^2}\right)\\ &=\frac{1}{a_1}+\frac{2\sqrt{p_1}\cos i_1}{a'\sqrt{a'}}+2m'\left(\frac{1}{\rho_1}-\frac{x_1\cos l'_1+y_1\sin l'_1}{a'^2}\right).\end{aligned}$$

Prenons pour t_0 et t_1 les époques d'entrée dans la sphère d'activité et de sortie, nous aurons $\rho_1=\rho_0$; en outre, les différences x_1-x_0, y_1-y_0, $l'_1-l'_0$ sont petites, parce que la comète ne reste pas longtemps à l'intérieur de la sphère. Nous aurons donc simplement

$$(11)\quad \frac{1}{a_0}+\frac{2\sqrt{p_0}\cos i_0}{a'\sqrt{a'}}=\frac{1}{a_1}+\frac{2\sqrt{p_1}\cos i_1}{a'\sqrt{a'}}=\alpha.$$

Tel est le critérium cherché; nous l'avons fait connaître dans le *Bulletin astronomique* (t. VI, p. 289), et il a été depuis employé souvent avec avantage, notamment par M. Schulhof.

On peut en étendre un peu la portée, en remarquant que l'on n'a pas besoin

---

([1]) *Voir* les *Comptes rendus de l'Académie des Sciences*, t. III, p. 61.

de supposer l'orbite de Jupiter exactement circulaire; il suffira qu'elle diffère peu d'un cercle dans le voisinage de la région où s'opèrent les grandes perturbations de la comète; cela sera plus exact dans le voisinage du périhélie ou de l'aphélie de Jupiter. Mais alors on devra remplacer n' par

$$\frac{dv'}{dt} = \frac{k\sqrt{p'}}{r'^2} = \frac{k\sqrt{a'}}{r'^2} \text{ (sensiblement)};$$

on aura donc à très peu près, avant et après les grandes perturbations,

$$(12) \qquad \frac{1}{a_0} + \frac{2\sqrt{a'}\sqrt{p_0}\cos i_0}{r'^2} = \frac{1}{a_1} + \frac{2\sqrt{a'}\sqrt{p_1}\cos i_1}{r'^2},$$

où r' désigne le rayon moyen de l'orbite de Jupiter, pendant la durée des grandes perturbations.

M. Callandreau, dans son Mémoire *Sur la théorie des comètes périodiques* (*Annales de l'Observatoire*, t. XX), a montré comment on pouvait tenir compte de la première puissance de l'excentricité de l'orbite de Jupiter.

86. Considérations générales sur les comètes périodiques du groupe de Jupiter. — Nous reproduisons dans un Tableau les éléments d'un certain nombre de comètes périodiques :

		a.	i.	$\varpi - \Omega$.	l.	$a(1+e)$.	$a(1-e)$.	α.	$\varpi_1 - l$.
			°	°	°				°
Encke..........	1795	2,21	14	182	335	4,09	0,33	0,580	+ 2
Blanpain* (1)....	1819	2,85	9	350	247	4,82	0,88	0,555	0
Helfenzrieder*...	1766	2,93	8	177	80	5,45	0,41	0,487	− 9
Tempel.........	1873	3,00	13	185	125	4,65	1,35	0,571	+ 1
Barnard*.......	1884	3,08	5	301	126	4,84	1,32	0,567	0
De Vico........	1844	3,10	3	279	162	5,02	1,18	0,556	+ 1
Tempel-Swift. .	1869	3,11	5	106	223	5,16	1,06	0,544	0
Brorsen........	1846	3,14	31	13	283	5,62	0,66	0,475	+13
Winnecke......	1858	3,14	11	162	113	5,50	0,79	0,512	−17
Lexell*.........	1770	3,16	2	224	184	5,66	0,66	0,500	− 8
Tempel.........	1867	3,19	6	125	60	4,82	1,56	0,570	− 4
Pigott*........	1783	3,26	45	354	233	5,05	1,47	0,487	− 3
Barnard*.......	1892	3,41	31	170	»	5,40	1,43	»	»
Brooks*........	1886	3,41	13	177	53	5,49	1,33	0,533	− 3
Spitaler*........	1890	3,44	13	13	228	5,06	1,82	»	»
D'Arrest......	1851	3,44	14	175	153	5,71	1,17	0,519	−10
Tuttle*.........	1858	3,52	20	26	0	5,88	1,16	0,505	+21
Finlay..........	1886	3,54	3	316	205	6,09	0,99	0,502	−17
Wolf........ ..	1884	3,58	25	173	210	5,58	1,58	0,518	−11
Biéla........ ..	1772	3,58	17	213	268	6,16	1,00	0,491	+22
Holmes*........	1892	3,62	21	12	»	5,11	2,14	»	»
Brooks*........	1889	3,67	6	344	185	5,39	1,95	0,556	− 3
Faye...........	1843	3,81	11	201	209	5,94	1,68	0,529	+21

Dans ce Tableau, l est la longitude du point de l'orbite de la comète, qui est

(1) On a marqué d'un astérisque celles des comètes qui n'ont été observées qu'à une apparition.

le plus voisin de l'orbite de Jupiter; $\varpi_1 = \varpi + 180^\circ$ est la longitude de l'aphélie de la comète et α désigne la quantité définie par la formule (11). On peut faire quelques remarques sur ce Tableau :

1° Toutes ces comètes sont directes, et les orbites peu inclinées sur l'écliptique : la moyenne des inclinaisons $= 14^\circ$; les comètes paraboliques au contraire sont tantôt directes et tantôt rétrogrades.

2° Les distances aphélies ne diffèrent pas beaucoup de la distance moyenne de Jupiter au Soleil.

3° Dix-huit des valeurs de $\varpi - \Omega$ sont assez voisines de 0° ou de 180°.

La liaison des comètes précédentes avec Jupiter ne parait pas douteuse. On peut se demander comment il se fait qu'un certain nombre d'entre elles n'aient été observées qu'une seule fois, et que les autres, récemment découvertes, n'aient pas été aperçues auparavant. Ce qui s'est passé pour la comète de Lexell est une indication.

La même chose a eu lieu pour la comète Wolf de 1884; du moins, M. Lehmann-Filhès a montré (*Astron. Nachr.*, t. CXXIV, n° 2953) que cette comète a passé très près de Jupiter en 1875, qu'elle a éprouvé de ce fait des perturbations considérables, et qu'antérieurement elle décrivait une ellipse de distance périhélie 2,55, assez grande pour avoir empêché la comète d'être visible. D'Arrest a montré de même (*Astron. Nachr.*, t. XLI, n° 1087) qu'en 1842 la comète de Brorsen a beaucoup approché de Jupiter, et qu'antérieurement sa distance périhélie était 1,50, plus du double de ce qu'elle a été ensuite. On est ainsi amené à penser que les comètes dont il s'agit se meuvent dans leurs orbites actuelles à la suite de grandes perturbations provenant de Jupiter, qui les aura ainsi *capturées*. Cette action perturbatrice pourra s'exercer dans l'avenir dans des conditions telles que les distances périhélies après la perturbation soient assez grandes pour que ces astres deviennent de nouveau invisibles. L'étude des grandes perturbations des comètes par Jupiter est donc extrêmement intéressante; mais elle doit être appuyée dans chaque cas sur des calculs numériques précis, et généralement fort longs. J'ai tenté une recherche analytique dans un cas spécial, celui où la comète décrivait d'abord une parabole, et je vais donner ici un abrégé des résultats auxquels je suis arrivé (*Bulletin astron.*, t. VI, p. 241).

87. Capture des comètes paraboliques. — Commençons par l'examen d'un cas particulier que l'on peut traiter bien simplement avec le seul secours de la formule élémentaire

$$v^2 = k^2\left(\frac{2}{r} - \frac{1}{a}\right). \tag{13}$$

Soient, à un moment donné, S et J les positions du Soleil et de Jupiter; je considère une comète parabolique en M_0, au moment où elle pénètre dans la sphère d'activité de rayon $JM_0 = \rho$; je suppose que l'angle SJM_0 soit droit, et que la vitesse initiale v_0 de la comète soit dirigée suivant le rayon M_0J, ou plutôt fasse avec ce rayon un angle très petit. La vitesse v_0 pourra être calculée par la formule (13), dans laquelle il sera permis de prendre

$$a = \infty, \qquad r = SM_0 = SJ = r',$$

ce qui donnera

$$v_0 = k\sqrt{\frac{2}{r'}}.$$

Si, pour simplifier, on fait abstraction de l'excentricité de l'orbite de Jupiter, sa vitesse v'_0 sera dirigée suivant le prolongement de M_0J et aura pour valeur

$$v'_0 = \frac{k}{\sqrt{r'}}.$$

Dans le mouvement relatif autour de Jupiter, la vitesse V aura pour valeur initiale

$$V_0 = v_0 - v'_0 = k\,\frac{\sqrt{2}-1}{\sqrt{r'}},$$

et la formule

$$V^2 = k^2 m'\left(\frac{2}{R} - \frac{1}{A}\right), \tag{14}$$

dans laquelle R et A désignent la distance à Jupiter et le demi grand axe de l'orbite relative, donnera, pour $R = \rho$ et $V = V_0$,

$$\frac{1}{m'}(\sqrt{2}-1)^2\frac{\rho}{r'} = 2 - \frac{\rho}{A}.$$

Le premier membre de cette équation se réduit à 11,1, quand on y remplace $\frac{1}{m'}$ et $\frac{\rho}{r'}$ par 1047 et 0,062. On aura donc, à très peu près,

$$A = -\frac{\rho}{9};$$

cette expression du demi grand axe étant négative, l'orbite jovicentrique est une hyperbole qui s'écartera d'ailleurs fort peu du rayon JM_0, d'un côté pendant la première partie du mouvement, de l'autre durant la seconde. La comète sortira de la sphère d'activité très près du point M_0, et, puisque la distance R est encore égale à ρ, sa vitesse V_1, calculée par la formule (14), sera égale en valeur absolue à V_0, mais de sens contraire. On aura donc

$$V_1 = k\,\frac{1-\sqrt{2}}{\sqrt{r'}}.$$

Il ne reste plus qu'à combiner cette vitesse relative V_1 avec v'_0, pour avoir la vitesse absolue v_1 à la sortie; on trouvera donc

$$v_1 = k\frac{2-\sqrt{2}}{\sqrt{r'}}.$$

Si l'on remplace, dans la formule (13), v par v_1, r par r', et a par a_1, on aura, pour déterminer le demi grand axe a_1 de l'orbite elliptique de la comète après sa grande perturbation,

$$k^2\frac{(2-\sqrt{2})^2}{r'} = k^2\left(\frac{2}{r'}-\frac{1}{a_1}\right),$$

d'où

$$a_1 = r'\frac{\sqrt{2}+1}{4} = 5,20\frac{\sqrt{2}+1}{4} = 3,14;$$

c'est le nombre qui répond à la comète de Brorsen ou à celle de Winnecke.

On voit donc que, dans des conditions déterminées, très spéciales, il est vrai, Jupiter peut jouer le rôle prévu dans la transformation des orbites des comètes. Inversement, cette planète peut défaire son œuvre dans la suite et, dans une seconde rencontre, restituer à l'orbite sa forme parabolique. Pour s'en convaincre, il suffit de remarquer que, quand, après un certain nombre de révolutions, la comète arrivera à passer de nouveau près de la sphère d'activité, sa vitesse sera plus petite que celle de Jupiter, parce que l'on a $a_1 < r'$. C'est la sphère qui marchera cette fois à la rencontre de la comète; à l'entrée, la vitesse absolue est

$$k\sqrt{\frac{2}{r'}-\frac{1}{a_1}} = k\frac{2-\sqrt{2}}{\sqrt{r'}};$$

la vitesse relative a pour valeurs, $k\frac{1-\sqrt{2}}{\sqrt{r'}}$ à l'entrée, $k\frac{\sqrt{2}-1}{\sqrt{r'}}$ à la sortie, et, en la combinant avec la vitesse de Jupiter, on retrouve $k\sqrt{\frac{2}{r'}}$, la vitesse parabolique.

Il y a lieu de penser que l'on pourra obtenir les valeurs de a_1 qui conviennent aux comètes périodiques du groupe de Jupiter, en prenant pour le point M_0, sur la surface de la sphère d'activité, une série de positions moins exceptionnelles que celle considérée précédemment. Il en résultera une augmentation des chances pour que les perturbations de Jupiter produisent le changement requis; mais, pour aborder le cas général, il faut avoir recours au calcul.

88. Je continuerai à faire abstraction de l'excentricité de Jupiter, et je supposerai que la comète et la planète se meuvent dans le même plan.

Soit (*fig.* 7) H_0 l'angle que fait la vitesse relative V_0 de la comète avec le rayon vecteur JM_0 mené de Jupiter au point M_0 où la comète pénètre dans la

Fig. 7.

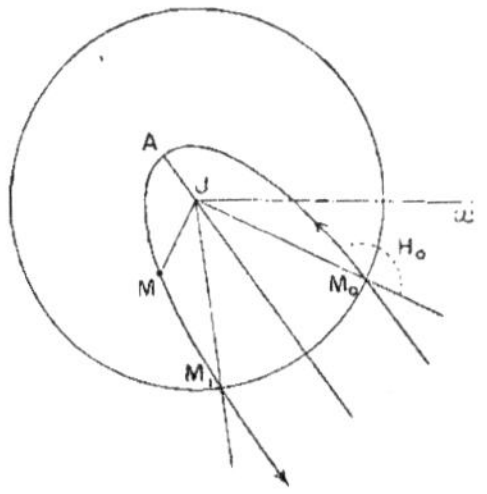

sphère d'activité. Représentons par X, Y, R, Θ les coordonnées jovicentriques, rectangulaires ou polaires, de la comète. A l'entrée dans la sphère, en M_0, on aura

$$R = \rho, \qquad \Theta = \Theta_0,$$

à la sortie, en M_1,

$$R = \rho, \qquad \Theta = \Theta_1.$$

Les formules bien connues (T. I, Chap. VI) donneront les relations suivantes, pour calculer les éléments P, E, Π de l'orbite jovicentrique (paramètre, excentricité, longitude du périjove),

$$(15) \qquad \left\{ \begin{aligned} P &= \frac{V_0^2}{k^2 m'} \rho^2 \sin^2 H_0, \\ E \sin(\Theta_0 - \Pi) &= \frac{V_0^2}{k^2 m'} \rho \sin H_0 \cos H_0, \\ E \cos(\Theta_0 - \Pi) &= \frac{V_0^2}{k^2 m'} \rho \sin^2 H_0 - 1. \end{aligned} \right.$$

On a ensuite

$$x\,JM_0 = -\Theta_0, \qquad AJM_0 = \Pi - \Theta_0, \qquad AJM_1 = \Theta_1 - \Pi = AJM_0,$$

d'où

$$(16) \qquad \Theta_0 + \Theta_1 = 2\Pi;$$

puis,

$$X = R\cos\Theta, \qquad Y = R\sin\Theta, \qquad R = \frac{P}{1 + E\cos(\Theta - \Pi)}.$$

On en déduit sans peine pour les valeurs de $\frac{dX}{dt}$ et de $\frac{dY}{dt}$ aux points M_0 et M_1,

$$(17)\quad \left\{\begin{aligned} &\left(\frac{dX}{dt}\right)_0 = -\frac{k\sqrt{m'}}{\sqrt{P}}(\sin\Theta_0 + E\sin\Pi), && X_0 = \rho\cos\Theta_0,\\ &\left(\frac{dY}{dt}\right)_0 = +\frac{k\sqrt{m'}}{\sqrt{P}}(\cos\Theta_0 + E\cos\Pi), && Y_0 = \rho\sin\Theta_0,\\ &\left(\frac{dX}{dt}\right)_1 = -\frac{k\sqrt{m'}}{\sqrt{P}}(\sin\Theta_1 + E\sin\Pi), && X_1 = \rho\cos\Theta_1,\\ &\left(\frac{dY}{dt}\right)_1 = +\frac{k\sqrt{m'}}{\sqrt{P}}(\cos\Theta_1 + E\cos\Pi), && Y_1 = \rho\sin\Theta_1. \end{aligned}\right.$$

On pourrait ramener les expressions précédentes à ne dépendre que de ρ et Θ_0, si l'on remplaçait P, E, Π et Θ_1 par leurs valeurs (15) et (16); mais nous ne ferons cette substitution qu'un peu plus tard.

Soient x et y les coordonnées rectangulaires héliocentriques de la comète, r' et l' les coordonnées polaires de Jupiter; on aura

$$\frac{dl'}{dt} = n' = \frac{k}{r'\sqrt{r'}},$$

$$x = r'\cos l' + X, \qquad y = r'\sin l' + Y,$$

$$\frac{dx}{dt} = -n'r'\sin l' + \frac{dX}{dt}, \qquad \frac{dy}{dt} = n'r'\cos l' + \frac{dY}{dt},$$

$$v^2 = \frac{dx^2}{dt^2} + \frac{dy^2}{dt^2} = V^2 + n'^2 r'^2 + 2n'r'\left(\frac{dY}{dt}\cos l' - \frac{dX}{dt}\sin l'\right).$$

Si l'on désigne par l'_0 et l'_1 les valeurs de l' qui correspondent aux positions M_0 et M_1 de la comète, et si l'on remarque que $V_1^2 = V_0^2$, on trouvera

$$(18)\quad v_0^2 - v_1^2 = \frac{2k}{\sqrt{r'}}\left[\left(\frac{dY}{dt}\right)_0\cos l'_0 - \left(\frac{dY}{dt}\right)_1\cos l'_1 - \left(\frac{dX}{dt}\right)_0\sin l'_0 + \left(\frac{dX}{dt}\right)_1\sin l'_1\right].$$

On a, d'ailleurs,

$$v_0^2 = k^2\left(\frac{2}{r_0} - \frac{1}{a_0}\right), \qquad v_1^2 = k^2\left(\frac{2}{r_1} - \frac{1}{a_1}\right),$$

d'où

$$\frac{1}{a_1} - \frac{1}{a_0} + 2\left(\frac{1}{r_0} - \frac{1}{r_1}\right) = \frac{v_0^2 - v_1^2}{k^2},$$

et, en ayant égard à la formule (18),

$$\begin{aligned}\frac{1}{a_1} - \frac{1}{a_0} = 2\left(\frac{1}{r_1} - \frac{1}{r_0}\right) + \frac{2}{k\sqrt{r'}}\Bigg[&\left(\frac{dY}{dt}\right)_0\cos l'_0 - \left(\frac{dY}{dt}\right)_1\cos l'_1\\ &- \left(\frac{dX}{dt}\right)_0\sin l'_0 + \left(\frac{dX}{dt}\right)_1\sin l'_1\Bigg].\end{aligned}$$

Si l'on remplace $\left(\frac{dX}{dt}\right)_0$, ... par leurs valeurs (17), on trouvera

$$\frac{r'}{4}\left(\frac{1}{a_1}-\frac{1}{a_0}\right)=\sqrt{\frac{m'r'}{P}}\sin\left(\frac{l'_0+l'_1}{2}-\frac{\Theta_0+\Theta_1}{2}\right)\sin\left(\frac{\Theta_0-\Theta_1}{2}+\frac{l'_1-l'_0}{2}\right)$$
$$+\mathrm{E}\sqrt{\frac{m'r'}{P}}\sin\left(\frac{l'_1+l'_1}{2}-\Pi\right)\sin\frac{l'_1-l'_0}{2}+\frac{r'}{2}\left(\frac{1}{r_1}-\frac{1}{r_0}\right),$$

d'où, en remplaçant Θ_1 par sa valeur (16),

$$(19)\quad \left\{\begin{aligned}\frac{r'}{4}\left(\frac{1}{a_1}-\frac{1}{a_0}\right)&=\sqrt{\frac{m'r'}{P}}\sin\left(\frac{l'_0+l'}{2}-\Pi\right)\sin\left(\Theta_0-\Pi+\frac{l'_1-l'_0}{2}\right)\\&+\mathrm{E}\sqrt{\frac{m'r'}{P}}\sin\left(\frac{l'_0+l'_1}{2}-\Pi\right)\sin\frac{l'_1-l'_0}{2}+\frac{r'}{2}\left(\frac{1}{r_1}-\frac{1}{r_0}\right).\end{aligned}\right.$$

$l'_1-l'_0$, mouvement de Jupiter durant le passage de la comète dans la sphère d'activité, est une petite quantité dont on ne pourra tenir compte qu'après une première approximation. On est ainsi conduit à prendre comme base des calculs, dans cette première approximation, les formules suivantes, dans lesquelles nous avons supposé en outre $a_0=\infty$, c'est-à-dire l'orbite initiale parabolique,

$$(20)\qquad \frac{r'}{4a_1}=\mathrm{S},$$

$$(21)\qquad \mathrm{S}=\sqrt{\frac{m'r'}{P}}\sin(l'_0-\Pi)\sin(\Theta_0-\Pi).$$

Il sera facile de tenir compte ultérieurement des termes qui viennent d'être négligés.

89. Posons

$$(22)\qquad \lambda=\frac{V_0}{k}\sqrt{r'},$$

$$(23)\qquad \beta=\frac{1}{m'}\frac{\rho}{r'}=64,9,$$

$$(24)\qquad \varphi_0=l'_0-\Theta_0.$$

On voit que φ_0 est l'angle formé par le prolongement du rayon SJ avec JM_0. En vertu des relations précédentes, les formules (15) deviendront

$$(25)\qquad \frac{m'r'}{P}=\frac{1}{\beta^2\lambda^2\sin^2 H_0},$$

$$(26)\quad \left\{\begin{aligned}&\frac{P}{\rho}=\beta\lambda^2\sin^2 H_0,\\&\mathrm{E}\sin(\Theta_0-\Pi)=\beta\lambda^2\sin H_0\cos H_0,\\&\mathrm{E}\cos(\Theta_0-\Pi)=\beta\lambda^2\sin^2 H_0-1.\end{aligned}\right.$$

Après quoi les formules (21), (24) et (26) donneront successivement

$$S = \sqrt{\frac{m'r'}{P}} \sin(\varphi_0 + \Theta_0 - \Pi) \sin(\Theta_0 - \Pi),$$

$$S = \frac{\lambda \cos H_0}{E^2} [E \cos(\Theta_0 - \Pi) \sin\varphi_0 + E \sin(\Theta_0 - \Pi) \cos\varphi_0],$$

$$(27) \qquad S = -\lambda \cos H_0 \frac{(1 - \beta\lambda^2 \sin^2 H_0) \sin\varphi_0 - \beta\lambda^2 \sin H_0 \cos H_0 \cos\varphi_0}{1 + \beta^2\lambda^4 \left(1 - \frac{2}{\beta\lambda^2}\right) \sin^2 H_0}.$$

Si nous représentons par $90° + \sigma'$ l'angle que fait la vitesse absolue en M_0 avec le prolongement de SJ, nous aurons

$$(28) \qquad \begin{cases} V_0 \cos H_0 = -v_0 \sin(\varphi_0 + \sigma') + v' \sin\varphi_0, \\ V_0 \sin H_0 = +v_0 \cos(\varphi_0 + \sigma') - v' \cos\varphi_0; \end{cases}$$

d'où, en faisant

$$(29) \qquad l = \sqrt{\frac{2r'}{r_0}},$$

et ayant égard aux valeurs de v_0 et v' données plus haut,

$$(30) \qquad \begin{cases} \lambda \cos H_0 = \quad \sin\varphi_0 - l \sin(\varphi_0 + \sigma'), \\ \lambda \sin H_0 = -\cos\varphi_0 + l \cos(\varphi_0 + \sigma'), \end{cases}$$

$$(31) \qquad \lambda^2 = 1 + l^2 - 2l\cos\sigma'.$$

Dans notre première approximation, nous pourrons supposer $r_0 = r'$ dans la formule (29), ce qui nous donnera

$$(32) \qquad l = \sqrt{2}.$$

L'expression (27) de S dépendra donc seulement de deux quantités variables suivant les circonstances de la rencontre de la comète avec la surface de la sphère d'activité, par exemple de φ_0 et σ' qui déterminent la position du point de rencontre et la direction de la vitesse initiale absolue.

90. **Simplification de S.** — Il est possible de remplacer l'expression (27) par une autre beaucoup plus simple. Je remarque d'abord que, d'après la formule (20), si l'on veut obtenir pour a_1 le demi grand axe de l'une quelconque des comètes périodiques en question, quelque chose comme 3 ou 4, il faut que S soit voisin de 0,3 ou de 0,4; donc pas trop petit. Or, $\beta = 64,9$ est assez grand; λ^2 est au moins égal à

$$(l-1)^2 = (\sqrt{2}-1)^2 = \frac{1}{5,8} \text{ environ};$$

$\beta\lambda^2$ est donc au moins égal à 12. Il faut que le dénominateur de l'expression (27) de S ne soit pas trop grand; $\sin^2 H_0$ doit donc être petit.

En résolvant les équations (30) par rapport à $\sin\varphi_0$ et $\cos\varphi_0$, on trouve

$$\lambda \sin\varphi_0 = -(l\cos\sigma' - 1)\cos H_0 - l\sin\sigma' \sin H_0,$$
$$\lambda \cos\varphi_0 = -l\sin\sigma' \cos H_0 \qquad + (l\cos\sigma' - 1)\sin H_0,$$

ou bien, ces expressions approchées, en remplaçant $\cos H_0$ par -1,

$$(33)\qquad \begin{cases} \lambda \sin\varphi_0 = l\cos\sigma' - 1 - l\sin\sigma' \sin H_0, \\ \lambda \cos\varphi_0 = l\sin\sigma' \qquad + (l\cos\sigma' - 1)\sin H_0. \end{cases}$$

La formule (27) donnera ensuite, en gardant $\sin^2 H_0$ seulement dans les termes multipliés par β,

$$S = \lambda \frac{(1 - \beta\lambda^2 \sin^2 H_0)\sin\varphi_0 + \beta\lambda^2 \sin H_0 \cos\varphi_0}{1 + \beta^2\lambda^4\left(1 - \frac{2}{\beta\lambda^2}\right)\sin^2 H_0}.$$

On est amené à poser

$$(34)\qquad u = \beta\lambda^2 \sqrt{1 - \frac{2}{\beta\lambda^2}}\sin H_0,$$

et il en résulte

$$(1 + u^2) S = l\cos\sigma' - 1 + ul\sin\sigma' \frac{1 - \frac{1}{\beta\lambda^2}}{\sqrt{1 - \frac{2}{\beta\lambda^2}}},$$

ou plus simplement, d'après ce que l'on a dit de la grandeur de $\beta\lambda^2$,

$$(35)\qquad S = \frac{l\cos\sigma' - 1 + ul\sin\sigma'}{1 + u^2}.$$

Cette expression très simple donne S, et par suite a_1 en fonction des deux paramètres indépendants σ' et u. Si l'on fait $\sigma' = 0$, $u = 0$, on trouve

$$S = l - 1 = \sqrt{2} - 1;$$

c'est la solution que nous avons recherchée plus haut (page 208). On a

$$(36)\qquad E = \sqrt{1 + u^2},$$

ce qui donne une représentation de u. Il est facile de voir comment varie S. On a d'abord, quand σ' varie, le maximum

$$S_1 = \frac{l\sqrt{1 + u^2} - 1}{1 + u^2} \quad \text{pour} \quad \tan\sigma' = u.$$

On a ensuite

$$\frac{dS_1}{du} = u\frac{2 - l\sqrt{1 + u^2}}{(1 + u^2)^2};$$

cette dérivée s'annule pour

$$u^2 = \frac{4}{l^2} - 1 = 1,$$

et le maximum maximorum est

$$S_2 = \frac{1}{2};$$

il répond donc à $u = 1$ et $\sigma' = 45^\circ$. Il en résulterait

$$\frac{r'}{4a_1} = \frac{1}{2}, \qquad a_1 = \frac{r'}{2} = 2,6.$$

Comme le rayon vecteur du point M_1 diffère peu de r', on voit que l'excentricité de l'ellipse doit être presque égale à 1. Ce cas, qui ne s'est pas présenté jusqu'ici, serait donc celui d'une comète ayant une distance périhélie extrêmement petite, en même temps qu'un grand axe fini, et même peu considérable.

Fig. 8.

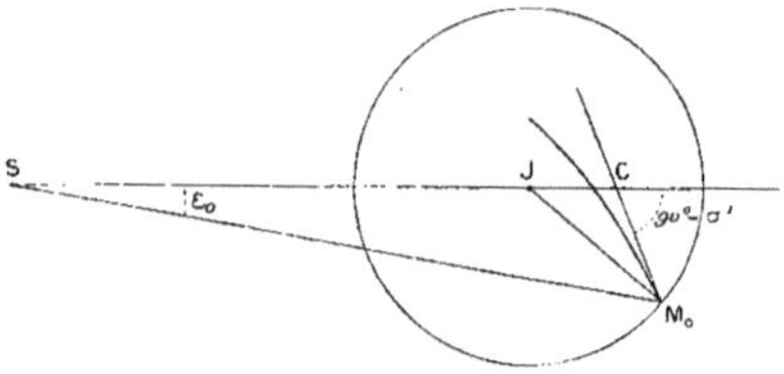

Quoi qu'il en soit, on voit que la fonction S peut arriver à avoir des valeurs un peu supérieures à $\sqrt{2} - 1$, entre 0,414 et 0,5; il en résulterait donc des valeurs de a_1 notablement $< 3,14$. Dans le Tableau de la page 205, la comète d'Encke est la seule qui resterait en dehors.

Cherchons maintenant la valeur de e_1. La formule (11) donne ici

$$\frac{1}{a_1} + \frac{2\sqrt{a_1(1 - e_1^2)}}{r'\sqrt{r'}} = \frac{1}{a_0} + \frac{2\sqrt{p_0}}{r'\sqrt{r'}} = \frac{2\sqrt{p_0}}{r'\sqrt{r'}}.$$

Or, sur la parabole initiale, on a, par une propriété bien connue,

$$r_0 = \frac{p_0}{2\sin^2 SM_0C} = \frac{p_0}{2\cos^2(\sigma' + \varepsilon_0)};$$

on peut écrire

$$p_0 = 2r'\cos^2\sigma',$$

et il vient

$$\frac{1}{a_1} + \frac{2\sqrt{a_1(1-e_1^2)}}{r'\sqrt{r'}} = \frac{2\sqrt{2}}{r'}\cos\sigma', \qquad a_1 = \frac{r'}{4S},$$

d'où

$$\sqrt{1-e_1^2} = 2\sqrt{S}\,(\sqrt{2}\cos\sigma' - 2S). \tag{37}$$

On pourra trouver ainsi e_1; il faudra toutefois que la valeur de $\cos\sigma'$ tirée de l'équation précédente, ou bien de

$$\sqrt{1-e_1^2} = \sqrt{\frac{r'}{a_1}}\left(\sqrt{2}\cos\sigma' - \frac{r'}{2a_1}\right)$$

soit inférieure à 1. Cela donne une limite inférieure de e_1. On trouve ainsi

pour	$a_1 = 3,0$	$e_1 > 0,69$
»	$a_1 = 3,2$	$e_1 > 0,64$
»	$a_1 = 3,4$	$e_1 > 0,60$
»	$a_1 = 3,6$	$e_1 > 0,56$
»	$a_1 = 3,8$	$e_1 > 0,52$

91. Nous renvoyons au Mémoire déjà cité de M. Callandreau pour l'examen de plusieurs questions intéressantes, et aussi à un travail important de M. A. Newton, *on the Capture of Comets by Planets, especially their capture by Jupiter* (*Memoirs of the National Academy of Sciences, Washington*, t. VI). Nous nous bornerons à déduire de ce qui précède la formule qui sert de base aux recherches de M. Newton.

Les équations (20) et (21), combinées avec la première des formules (15), donnent

$$a_1 = V_0\frac{\sqrt{r'}}{k}\,\frac{\rho\sin H_0}{4m'\sin(l'_0 - \Pi)\sin(\Theta_0 - \Pi)}. \tag{38}$$

Posons

$$\left\{\begin{aligned} &v' = \frac{k}{\sqrt{r'}}, \qquad \rho\sin H_0 = \Delta,\\ &90^\circ + l'_0 - \Pi = \psi, \qquad \Theta_0 - \Pi = W_0, \end{aligned}\right. \tag{39}$$

la formule (38) deviendra

$$a_1 = -\frac{V_0\Delta}{4m'v'\sin W_0\cos\psi}, \tag{40}$$

V_0 et v' désignent la vitesse relative initiale et la vitesse de Jupiter; d'après les relations (39), ψ est l'angle que fait l'axe transverse de l'hyperbole avec la direction de la vitesse de Jupiter; Δ est la distance du point J à la vitesse relative V_0, et enfin W_0 est l'angle du rayon JM_0 avec l'axe transverse. Comme le point M_0

est assez éloigné de J, la tangente à l'hyperbole en ce point peut être confondue avec l'asymptote. On peut donc dire que W_0 et Δ désignent l'angle de l'axe transverse avec l'une des asymptotes, et la perpendiculaire abaissée de la planète sur l'asymptote. Sous cette forme, la formule (40) est identique à celle qui fait la base du Mémoire de M. Newton.

Ce Mémoire contient beaucoup de résultats curieux, entre autres le suivant, que nous nous bornerons à mentionner :

« Si, dans un certain intervalle de temps, un milliard de comètes arrivent, sur des orbites paraboliques, à être plus rapprochées du Soleil que Jupiter, 126 d'entre elles seront transformées en des ellipses pour lesquelles la durée T de révolution sera moindre que $\frac{1}{2}T'$, la demi-durée de révolution de Jupiter; pour 839, on aura $T < T'$; pour 1701, $T < \frac{3}{2}T'$, et enfin, pour 2670, on aura $T < 2T'$. »

On voit que la probabilité est bien faible pour qu'une orbite parabolique soit changée en un coup par Jupiter dans l'une des orbites elliptiques des comètes considérées.

Au surplus, ce qui s'est passé, d'après des calculs rigoureux, pour les comètes de Lexell, de Brorsen et de Wolf, montre que c'est une orbite déjà elliptique qui a été transformée en une autre moins allongée; l'action finale de Jupiter sur une comète parabolique peut résulter de plusieurs approches.

CHAPITRE XIII.

INFLUENCE D'UN MILIEU RÉSISTANT SUR LES MOUVEMENTS DES PLANÈTES ET DES COMÈTES.

92. Imaginons un fluide répandu autour du Soleil, et qui oppose une certaine résistance aux mouvements des planètes et des comètes. Il en résultera donc une force dirigée suivant la tangente de l'orbite, mais en sens contraire du mouvement. Cette résistance sera supposée proportionnelle à la surface S de la section faite dans la planète par un plan perpendiculaire à la vitesse, proportionnelle aussi à la densité ρ du milieu, et à une certaine fonction de la vitesse V. Quand on la rapportera à l'unité de masse, on devra mettre en diviseur la masse m du corps considéré. On pourra donc écrire, en désignant par $\varkappa$ une constante

$$R = \frac{\varkappa}{m} S\rho F(V).$$

La résistance totale sera mR. Admettons que la densité ne dépende que de la distance au Soleil; nous aurons

$$(1) \qquad R = hF(V)\psi(r), \qquad \rho = \psi(r), \qquad h = \varkappa\frac{S}{m}.$$

Il s'agit de trouver l'influence de cette force sur le mouvement du corps. Pour y arriver, nous aurons recours à la méthode de la variation des constantes arbitraires, et nous emploierons les formules (A) de la page 433 de notre Tome I, dans lesquelles nous devrons supposer $W = 0$, car la force perturbatrice R est toujours dirigée dans le plan de l'orbite; il en résultera d'abord

$$\frac{d\varphi}{dt} = 0, \qquad \frac{d\theta}{dt} = 0;$$

ainsi, le nœud et l'inclinaison restent constants, ce qui était à prévoir.

On devra remplacer ensuite $fm'S$ et $fm'T$ par S_1 et T_1, en désignant par S_1 et T_1

les projections de R sur le rayon vecteur et sur la perpendiculaire au rayon vecteur, ce qui donnera, en mettant pour $f(1+m)$ sa valeur n^2a^3,

$$\frac{da}{dt} = -\frac{2}{n\sqrt{1-e^2}}[S_1 e\sin w + T_1(1+e\cos w)],$$

$$\frac{de}{dt} = \frac{\sqrt{1-e^2}}{na}\left[S_1\sin w + T_1\left(\cos w + \frac{\cos w + e}{1+e\cos w}\right)\right],$$

$$e\frac{d\varpi}{dt} = \frac{\sqrt{1-e^2}}{na}\left[-S_1\cos w + T_1\left(1+\frac{1}{1+e\cos w}\right)\sin w\right],$$

$$\frac{d\varepsilon}{dt} = -\frac{2r}{na^2}S_1 + \frac{e^2}{1+\sqrt{1-e^2}}\frac{d\varpi}{dt}.$$

On trouve aisément

$$S_1 = -R\frac{e\sin w}{\sqrt{1+e^2+2e\cos w}}, \qquad T_1 = -R\frac{1+e\cos w}{\sqrt{1+e^2+2e\cos w}},$$

de sorte qu'il vient

$$(2)\quad \left\{\begin{aligned} \frac{da}{dt} &= -\frac{2R}{n\sqrt{1-e^2}}\sqrt{1+e^2+2e\cos w},\\ \frac{de}{dt} &= -\frac{2R\sqrt{1-e^2}}{na}\cdot\frac{\cos w + e}{\sqrt{1+e^2+2e\cos w}},\\ \frac{dP}{dt} &= -\frac{2R}{n}\frac{(1-e^2)^{\frac{3}{2}}}{\sqrt{1+e^2+2e\cos w}},\\ e\frac{d\varpi}{dt} &= -\frac{2R\sqrt{1-e^2}}{na}\frac{\sin w}{\sqrt{1+e^2+2e\cos w}}. \end{aligned}\right.$$

P désigne le paramètre $= a(1-e^2)$; nous ne nous occuperons plus des perturbations de ε, parce qu'elles sont moins importantes, et d'ailleurs faciles à calculer.

On doit remplacer, dans les formules (2), R par sa valeur (1),

$$(3)\quad \left\{\begin{aligned} &R = hF(V)\psi(r), \qquad r = \frac{P}{1+e\cos w},\\ &V = \frac{k}{\sqrt{P}}\sqrt{1+e^2+2e\cos w}, \end{aligned}\right.$$

et, dans les seconds membres, on considérera les éléments du mouvement elliptique comme des constantes.

On voit que $\frac{da}{dt}$ est constamment négatif et reprend les mêmes valeurs quand on repasse par la même anomalie vraie w, dans les révolutions successives.

Donc a diminue sans cesse, et de la même quantité dans chaque révolution; n augmentera toujours, et proportionnellement au nombre de révolutions accomplies; il y aura donc une *accélération séculaire du moyen mouvement*. Il y aura aussi une diminution séculaire du paramètre; mais on ne peut pas se prononcer *a priori* pour l'excentricité, parce que le facteur $\cos w + e$, qui figure dans l'expression de $\frac{de}{dt}$, est tantôt positif et tantôt négatif.

93. Nous faisons maintenant l'hypothèse que les fonctions $F(V)$ et $\psi(r)$ sont proportionnelles à des puissances de V et de r,

$$(4) \qquad F(V) = V^p, \qquad \psi(r) = \frac{1}{r^q}, \qquad R = h\frac{V^p}{r^q}.$$

Il vient alors

$$(5) \qquad \begin{cases} \dfrac{1}{a}\dfrac{da}{dt} = -\dfrac{2h}{1-e^2}(1+e^2+2e\cos w)\dfrac{V^{p-1}}{r^q}, \\ \dfrac{de}{dt} = -2h(\cos w + e)\dfrac{V^{p-1}}{r^q}, \\ e\dfrac{d\varpi}{dt} = -2h\sin w\dfrac{V^{p-1}}{r^q}. \end{cases}$$

Il y a lieu de remplacer r et V par leurs valeurs (3), et de prendre w pour variable indépendante, en remplaçant dt par

$$dt = \frac{r^2 dw}{k\sqrt{P}}.$$

On trouve ainsi

$$(6) \qquad \begin{cases} \dfrac{1}{a}\dfrac{da}{dw} = -\dfrac{2h'}{1-e^2}(1+e^2+2e\cos w)^{\frac{p+1}{2}}(1+e\cos w)^{q-2}, \\ \dfrac{de}{dw} = -2h'(\cos w+e)(1+e^2+2e\cos w)^{\frac{p-1}{2}}(1+e\cos w)^{q-2}, \\ e\dfrac{d\varpi}{dw} = -2h'\sin w(1+e^2+2e\cos w)^{\frac{p-1}{2}}(1+e\cos w)^{q-2}, \\ h' = h\dfrac{k^{p-2}}{P^{\frac{p}{2}+q-2}}. \end{cases}$$

On pourrait songer aussi à prendre pour variable indépendante l'anomalie excentrique u; en employant les formules

$$r = a(1-e\cos u), \qquad V = \frac{k}{\sqrt{a}}\sqrt{\frac{1+e\cos u}{1-e\cos u}},$$

$$\cos w = \frac{\cos u - e}{1-e\cos u}, \qquad \sin w = \frac{\sqrt{1-e^2}\sin u}{1-e\cos u},$$

$$dt = \frac{1-e\cos u}{n}du,$$

on trouverait aisément

$$
(7)\quad \left\{
\begin{aligned}
&\frac{1}{a}\frac{da}{du} = -\frac{2h''}{1-e^2}\,\frac{(1+e\cos u)^{\frac{p-1}{2}}}{(1-e\cos u)^{\frac{p-1}{2}+q}},\\
&\frac{de}{du} = -2h''\cos u\,\frac{(1+e\cos u)^{\frac{p-1}{2}}}{(1-e\cos u)^{\frac{p-1}{2}+q}},\\
&e\frac{d\varpi}{du} = -\frac{2h''}{\sqrt{1-e^2}}\sin u\,\frac{(1+e\cos u)^{\frac{p-1}{2}}}{(1-e\cos u)^{\frac{p-1}{2}+q}},\\
&h'' = h(1-e^2)\,\frac{k^{p-2}}{a^{\frac{p}{2}+q-2}}.
\end{aligned}\right.
$$

Mais ces formules (7) sont moins avantageuses que les précédentes.

On voit que l'expression (6) de $\frac{d\varpi}{dw}$ prend des valeurs égales et de signes contraires quand w se change en $2\pi - w$; donc, au bout d'une révolution, ϖ reprend sa valeur primitive. Ainsi, la longitude du périhélie n'a pas d'inégalité séculaire, mais seulement des inégalités périodiques.

On a, maintenant, ce développement toujours convergent

$$
(8)\quad (1+e^2+2e\cos w)^{\frac{p-1}{2}}(1+e\cos w)^{q-2} = A_0 + A_1\cos w + A_2\cos 2w + \ldots,
$$

où les coefficients A_0 et A_1 peuvent être représentés par les expressions

$$
(9)\quad \left\{
\begin{aligned}
&A_0 = \frac{1}{\pi}\int_0^{\pi}(1+e^2+2e\cos w)^{\frac{p-1}{2}}(1+e\cos w)^{q-2}\,dw,\\
&A_1 = \frac{2}{\pi}\int_0^{\pi}(1+e^2+2e\cos w)^{\frac{p-1}{2}}(1+e\cos w)^{q-2}\cos w\,dw.
\end{aligned}\right.
$$

Les formules (6) donnent ensuite

$$
\begin{aligned}
\frac{da}{dw} &= -\frac{2ah'}{1-e^2}\left\{A_0(1+e^2) + A_1 e + [A_1(1+e^2) + 2eA_0 + eA_2]\cos w + \ldots\right\},\\
\frac{de}{dw} &= -2h'\left[A_0 e + \frac{1}{2}A_1 + \left(A_0 + eA_1 + \frac{1}{2}A_2\right)\cos w + \ldots\right];
\end{aligned}
$$

d'où, en intégrant,

$$
\delta a = -\frac{2ah'}{1-e^2}[A_0(1+e^2) + A_1 e]\,w, \qquad \delta e = -2h'\left(A_0 e + \frac{1}{2}A_1\right)w,
$$

$$
\begin{aligned}
\delta_1 a &= -\frac{2ah'}{1-e^2}[A_1(1+e^2) + 2eA_0 + eA_2]\sin w - \ldots,\\
\delta_1 e &= -2h'\left(A_0 + eA_1 + \frac{1}{2}A_2\right)\sin w - \ldots,
\end{aligned}
$$

$\delta_1 a$ et $\delta_1 e$ représentant les inégalités périodiques que nous laisserons de côté; δa et δe sont les inégalités séculaires, dans lesquelles nous pourrons remplacer w par nt, ce qui nous donnera

$$(10)\quad \begin{cases} \dfrac{\delta a}{a} = -\dfrac{2h'}{1-e^2}[A_0(1+e^2)+A_1 e]\,nt, \\ \delta e = -2h'(A_0 e + \dfrac{1}{2}A_1)\,nt. \end{cases}$$

La première des formules (9) montre que A_0 est essentiellement positif; la seconde donne, à l'aide d'une intégration par parties,

$$A_1 = \frac{2e}{\pi}\int_0^\pi (1+e^2+2e\cos w)^{\frac{p-3}{2}}(1+e\cos w)^{q-3}[(p-1)(1+e\cos w) \\ +(q-2)(1+e^2+2e\cos w)]\sin^2 w\,dw.$$

Cette expression est essentiellement positive si l'on a simultanément

$$p \geqq 1, \qquad q \geqq 2;$$

donc alors, d'après (10), δe est essentiellement négatif; l'excentricité diminue sans cesse.

94. Cas des orbites peu excentriques. — Développons les expressions (9) de A_0 et A_1 en négligeant e^2; nous aurons

$$(1+e^2+2e\cos w)^{\frac{p-1}{2}} = 1+(p-1)e\cos w;$$
$$(1+e\cos w)^{q-2} = 1+(q-2)e\cos w.$$

Nous en tirerons aisément

$$A_0 = 1,$$
$$A_1 = (p+q-3)e,$$
$$\frac{\delta a}{a} = -2h'nt, \qquad \delta e = -h'nt(p+q-1)e.$$

On n'a pas reconnu, dans le mouvement de la Terre, ni dans les mouvements des planètes, la moindre accélération séculaire; mais il n'en est pas de même pour les comètes, ou du moins pour l'une d'entre elles, la comète d'Encke.

95. Cas des comètes. — On ne peut plus employer dans ce cas les développements suivant les puissances de l'excentricité. On est réduit à faire des hypothèses sur les exposants p et q, et à calculer les valeurs correspondantes des quantités A_0 et A_1 par les formules (9).

Avant de procéder au développement de ces hypothèses, calculons $\frac{\delta n}{n}$ et $\delta\varphi$, en faisant $e = \sin\varphi$. Les formules (10) nous donneront

$$\frac{\delta n}{n} = \frac{3h'}{\cos^2\varphi}[A_0(1+e^2)+A_1 e]\,nt,$$

$$\delta\varphi = -\frac{h'}{\cos\varphi}(2A_0 e + A_1)\,nt,$$

d'où

(11) $$\frac{\delta n}{n} = -\frac{3\delta\varphi}{\cos\varphi}\mathrm{H}_{p,q},$$

en faisant

(12) $$\mathrm{H}_{p,q} = \frac{A_0(1+e^2)+A_1 e}{2A_0 e + A_1} = 1 + \frac{A_0(1-e)-A_1}{A_1+2A_0 e}(1-e).$$

J'ai calculé les valeurs de $\mathrm{H}_{p,q}$ pour diverses valeurs entières et positives de p et de $q-2$. Lorsque p est impair, les expressions (9) de A_0 et A_1 sont des fonctions entières de e, que l'on calcule sans peine. Lorsque p est pair, A_0 et A_1 s'expriment à l'aide des intégrales elliptiques complètes de première et de seconde espèce, relatives au module e. Je vais donner quelques indications sur le calcul, lorsque $p = 2$ et $q = 2$.

On a alors

$$\mathrm{R} = h\frac{V^2}{r^2},$$

ce qui est l'hypothèse d'Encke. On trouve, en introduisant d'abord l'anomalie vraie, puis l'anomalie excentrique,

$$A_0(1+e^2)+A_1 e = \frac{1}{\pi}\int_0^\pi (1+e^2+2e\cos w)^{\frac{3}{2}}\,dw = \frac{(1-e^2)^2}{\pi}\int_0^\pi \frac{(1+e\cos u)^4}{(1-e^2\cos^2 u)^{\frac{5}{2}}}\,du,$$

$$A_1 + 2A_0 e = \frac{2}{\pi}\int_0^\pi (1+e^2+2e\cos w)^{\frac{1}{2}}(\cos w + e)\,dw$$

$$= \frac{2(1-e^2)^2}{\pi}\int_0^\pi \frac{\cos u\,(1+e\cos u)^3}{(1-e^2\cos^2 u)^{\frac{5}{2}}}\,du.$$

On peut ne garder que les puissances paires de $\cos u$, et remplacer ensuite u par $90° - u$; il vient

$$A_0(1+e^2)+A_1 e = \frac{2(1-e^2)^2}{\pi}\int_0^{\frac{\pi}{2}} \frac{(1+6e^2\sin^2 u + e^4\sin^4 u)}{\Delta^5}\,du,$$

$$A_1 + 2A_0 e = \frac{4(1-e^2)^2}{\pi}\int_0^{\frac{\pi}{2}} \frac{3e\sin^2 u + e^3\sin^4 u}{\Delta^5}\,du,$$

$$\Delta^2 = 1 - e^2\sin^2 u.$$

On peut remplacer $e^2\sin^2 u$ par $1-\Delta^2$, et les expressions précédentes deviennent

$$\frac{2(1-e^2)^2}{\pi}\int_0^{\frac{\pi}{2}}\left(\frac{8}{\Delta^5}-\frac{8}{\Delta^3}+\frac{1}{\Delta}\right)du,$$

$$\frac{4(1-e^2)^2}{\pi e}\int_0^{\frac{\pi}{2}}\left(\frac{4}{\Delta^5}-\frac{5}{\Delta^3}+\frac{1}{\Delta}\right)du.$$

Or, la formule générale

$$(2p+1)(1-e^2)\int_0^{\frac{\pi}{2}}\frac{du}{\Delta^{2p+3}}-2p(2-e^2)\int_0^{\frac{\pi}{2}}\frac{du}{\Delta^{2p+1}}+(2p-1)\int_0^{\frac{\pi}{2}}\frac{du}{\Delta^{2p-1}}=0$$

donne

$$\int_0^{\frac{\pi}{2}}\frac{du}{\Delta^3}=\frac{1}{1-e^2}\int_0^{\frac{\pi}{2}}\Delta\,du,$$

$$\int_0^{\frac{\pi}{2}}\frac{du}{\Delta^5}=\frac{2}{3}\,\frac{2-e^2}{(1-e^2)^2}\int_0^{\frac{\pi}{2}}\Delta\,du-\frac{1}{3(1-e^2)}\int_0^{\frac{\pi}{2}}\frac{du}{\Delta}.$$

Si l'on représente par F_1 et E_1 les intégrales complètes de première et de seconde espèce,

$$F_1=\int_0^{\frac{\pi}{2}}\frac{du}{\Delta},\qquad E_1=\int_0^{\frac{\pi}{2}}\Delta\,du,$$

on trouve sans peine

$$A_0(1+e^2)+A_1 e=2\,\frac{1-e^2}{3\pi}\left[8\,\frac{1+e^2}{1-e^2}E_1-(5+3e^2)F_1\right],$$

$$A_1+2A_0 e=4\,\frac{1-e^2}{3\pi e}\left[\frac{1+7e^2}{1-e^2}E_1-(1+3e^2)F_1\right],$$

$$H_{2,2}=\frac{1}{2}\,e\,\frac{8(1+e^2)E_1-(1-e^2)(5+3e^2)F_1}{(1+7e^2)E_1-(1-e^2)(1+3e^2)F_1}.$$

J'ai supposé $e=0,85$, ce qui est voisin de l'excentricité de la comète d'Encke, et en entrant dans les Tables de Legendre avec l'argument $\theta=\arcsin 0,85$, j'ai trouvé

$$F_1=2,10995,\qquad E_1=1,22810,\qquad H_{2,2}=0,97.$$

Cela posé, voici les valeurs que j'ai obtenues :

$H_{1,2}=1,01$,	$H_{2,2}=0,97$,	$H_{3,2}=0,95$,	$H_{4,2}=0,94$,	$H_{5,2}=0,94$,
$H_{1,3}=0,96$,	$H_{2,3}=0,96$,	$H_{3,3}=0,94$,	$H_{4,3}=0,94$,	$H_{5,3}=0,93$.
$H_{1,4}=0,94$,	$H_{2,4}=0,94$,	$H_{3,4}=0,93$;		

On voit que ces valeurs sont assez peu différentes les unes des autres. Il est facile d'indiquer la raison de ce fait. On a, en effet, d'après les formules (9) et (12),

$$H_{p,q} = e \frac{\int_0^\pi (1+e^2+2e\cos w)^{\frac{p+1}{2}} (1+e\cos w)^{q-2}\, dw}{\int_0^\pi (1+e^2+2e\cos w)^{\frac{p-1}{2}} (1+e\cos w)^{q-2}(2e\cos w + 2e^2)\, dw}.$$

Or,

$$2e\cos w + 2e^2 = 1 + 2e\cos w + e^2 - (1-e^2);$$

il en résulte

$$H_{p,q} = \frac{e}{1-(1-e^2)\dfrac{\int_0^\pi (1+e^2+2e\cos w)^{\frac{p-1}{2}} (1+e\cos w)^{q-2}\, dw}{\int_0^\pi (1+e^2+2e\cos w)^{\frac{p+1}{2}} (1+e\cos w)^{q-2}\, dw}}.$$

Je pose

(13) $$\eta = \frac{1+e^2+2e\cos w}{1+e^2+2e}, \qquad \zeta = \frac{1+e\cos w}{1+e},$$

et il vient

$$H_{p,q} = \frac{e}{1-\dfrac{1-e^2}{(1+e)^2}\dfrac{\int_0^\pi \eta^{\frac{p-1}{2}} \zeta^{q-2}\, dw}{\int_0^\pi \eta^{\frac{p+1}{2}} \zeta^{q-2}\, dw}},$$

(14) $$H_{p,q} = \frac{e(1+e)}{1+e-(1-e)\sigma},$$

(15) $$\sigma = \frac{\int_0^\pi \eta^{\frac{p-1}{2}} \zeta^{q-2}\, dw}{\int_0^\pi \eta^{\frac{p+1}{2}} \zeta^{q-2}\, dw}.$$

On peut calculer par quadratures les deux intégrales qui figurent dans l'expression de σ. Soient

$$\eta_0, \quad \eta_1, \quad \ldots, \quad \eta_{\nu-1},$$
$$\zeta_0, \quad \zeta_1, \quad \ldots, \quad \zeta_{\nu-1}$$

les valeurs numériques de η et de ζ qui correspondent aux valeurs

$$0, \qquad \frac{\pi}{\nu}, \qquad \ldots, \qquad (\nu-1)\frac{\pi}{\nu} \text{ de } w;$$

on aura, pour valeur approchée de la première intégrale

$$\frac{\pi}{\nu}\left(1 + \eta_1^{\frac{p-1}{2}} \zeta_1^{q-2} + \ldots + \eta_{\nu-1}^{\frac{p-1}{2}} \zeta_{\nu-1}^{q-2}\right),$$

et une expression analogue pour la seconde intégrale. Il en résultera cette valeur approchée

$$(16) \qquad \sigma = \frac{1 + \eta_1^{\frac{p-1}{2}} \zeta_1^{q-2} + \ldots + \eta_{\nu-1}^{\frac{p-1}{2}} \zeta_{\nu-1}^{q-2}}{1 + \eta_1^{\frac{p+1}{2}} \zeta_1^{q-2} + \ldots + \eta_{\nu-1}^{\frac{p+1}{2}} \zeta_{\nu-1}^{q-2}}.$$

Voici les données numériques qui correspondent au cas de $\nu = 9$,

$w'_0 = 0^{\circ}$,	$\eta_0 = 1,000\,0$,	$\zeta_0 = 1,000\,0$,
$w'_1 = 20$,	$\eta_1 = 0,970\,1$,	$\zeta_1 = 0,972\,3$,
$w'_2 = 40$,	$\eta_2 = 0,883\,8$,	$\zeta_2 = 0,892\,5$,
$w'_3 = 60$,	$\eta_3 = 0,751\,6$,	$\zeta_3 = 0,770\,3$,
$w'_4 = 80$,	$\eta_4 = 0,589\,5$,	$\zeta_4 = 0,620\,3$,
$w'_5 = 100$,	$\eta_5 = 0,417\,1$,	$\zeta_5 = 0,460\,8$,
$w'_6 = 120$,	$\eta_6 = 0,254\,9$,	$\zeta_6 = 0,310\,8$,
$w'_7 = 140$,	$\eta_7 = 0,122\,8$,	$\zeta_7 = 0,188\,6$,
$w'_8 = 160$,	$\eta_8 = 0,036\,5$,	$\zeta_8 = 0,108\,8$.

On trouvera, par exemple, pour $p = 2$ et $q = 4$, les valeurs suivantes :

i.	$\eta_i^{\frac{p-1}{2}} \zeta_i^2$.	$\eta_i^{\frac{p+1}{2}} \zeta_i^2$.
0	1,000 0	1,000 0
1	0,931 1	0,903 2
2	0,748 8	0,661 8
3	0,514 4	0,386 6
4	0,295 5	0,186 6
5	0,137 1	0,057 2
6	0,048 8	0,012 4
7	0,012 5	0,001 5
8	0,001 1	0,000 1
	3,689 3	3,209 4

d'où

$$\sigma = \frac{3,6893}{3,2094} = 1,156,$$

après quoi la formule (14) donnera $H_{2,4} = 0,938$.

On voit que les premiers éléments des deux intégrales sont voisins de 1 et que les derniers sont petits; le rapport σ sera donc généralement voisin de 1, mais >1, car les éléments de l'intégrale placée en dénominateur sont inférieurs à ceux de l'intégrale qui figure au numérateur de σ. D'ailleurs, dans la formule (14), σ est multiplié par $1 - e = 0,15$, quantié relativement petite. Pour de grandes valeurs de p et de q, on aurait très sensiblement $\sigma = 1$, et, en vertu de la formule (14),

$$H_{p,q} = \frac{1+e}{2} = \frac{1,85}{2} = 0,925.$$

En remarquant que, approximativement, $\eta = \zeta = \cos^2\frac{\psi}{2}$, M. Radau trouve l'expression très approchée

$$H_{p,q} = \frac{1+e}{2} + \frac{1-e}{1+e}\,\frac{1}{p+2q-4} = 0,925 + \frac{0,081}{p+2q-4}.$$

On voit donc que, au point de vue de la représentation des observations, on ne gagnera rien à augmenter les valeurs de p et de q.

96. Voyons maintenant ce que les observations de la comète d'Encke nous ont appris au sujet du milieu résistant. Les calculs de V. Asten sur les apparitions de la comète entre les années 1819 et 1865 ont montré qu'en une révolution le moyen mouvement diurne et l'angle φ dont le sinus $= e$ éprouvent les variations suivantes (¹) :

$$\delta n = +0'',1044, \qquad \delta\varphi = -3'',68 \pm 0'',15.$$

On a d'ailleurs

$$n = 1070'', \qquad \varphi = 57^\circ 49'.$$

L'équation (11) donnera donc

$$H_{p,q} = -\frac{1}{3}\cos\varphi\,\frac{\delta n}{n\,\delta\varphi\,\sin 1''} = 0,971;$$

d'après l'erreur probable de $\delta\varphi$, on doit s'attendre à voir varier $H_{p,q}$ de $\pm\frac{1}{25}$ de sa valeur, soit de $\pm 0,039$. On pourrait donc avoir des valeurs comprises entre 1,01 et 0,93. L'examen des valeurs de $H_{p,q}$ données à la page 223 montre que les valeurs de p et de q restent presque arbitraires. La valeur absolue de δn ne donne rien, si ce n'est la grandeur du coefficient h.

De 1865 à 1871, V. Asten a trouvé que l'accélération du moyen mouvement est sensiblement nulle; les nouveaux calculs de M. Backlund donneraient, durant cette période,

$$0'',06 < \delta n < 0'',1.$$

(¹) Il résulte de là, au bout du temps t, t étant exprimé en jours, l'inégalité

$$+\frac{1}{2}0'',1044 \times 1200 \times \left(\frac{t}{1200}\right)^2 = +62'',4\left(\frac{t}{1200}\right)^2,$$

dans la longitude de la comète.

Il y a donc eu là un changement dont la cause est restée inexpliquée. De 1871 à 1881, M. Backlund a trouvé une certaine valeur de δn, et de 1881 à 1891, une valeur plus petite de $\frac{1}{11}$ environ. La résistance a-t-elle diminué réellement?

M. Backlund trouve une autre explication possible dans l'influence des grandes perturbations de la comète sur la résistance elle-même; mais alors il arrive à cette conclusion que l'exposant q serait négatif, de sorte que, toutes choses égales d'ailleurs, la résistance augmenterait avec la distance au Soleil. Mais cela est bien improbable, car alors d'autres comètes périodiques auraient dû accuser l'existence du milieu résistant. M. Backlund pense que le moyen d'échapper à cette contradiction consiste à supposer le milieu résistant discontinu; la résistance serait alors variable avec les points de rencontre de la comète avec ce milieu, et son expression ne pourrait pas être développée en série suivant les puissances de $\frac{1}{r}$. S'il était possible d'observer la comète tout le long de son orbite, on arriverait à reconnaître les points où se produisent les maxima ou les minima de résistance.

Un aperçu des dernières recherches de M. Backlund a été publié dans le *Bulletin astronomique*, Tome XI, page 473; l'ensemble paraîtra prochainement. Nous devons dire que l'auteur a été amené à conserver dans l'expression de l'anomalie moyenne un petit terme périodique, provenant de la résistance, et dont le coefficient est d'environ 5″.

On nous permettra d'indiquer un point qu'il y aurait peut-être lieu d'examiner. On a remarqué que le noyau des comètes périodiques diminue dans le voisinage du périhélie (voir une Note de Valz, *Comptes rendus*, t. VII); la surface de la comète diminuant, il doit en être de même de la résistance. Il pourrait donc en résulter un facteur $r^{q'}$ avec $q' > 0$, ce qui ramènerait à l'une des conclusions de M. Backlund. Enfin, le diamètre de la comète d'Encke n'est pas le même dans toutes les apparitions; la loi de ces changements est inconnue; il doit en résulter des variations plus ou moins régulières dans l'intensité de la résistance; il y aurait peut-être lieu d'avoir égard à la diminution de la masse de la comète, à la suite des émissions de matière.

C'est Encke le premier qui a reconnu la diminution progressive de la durée de la révolution de la comète, et a conclu à l'existence du milieu résistant, dont il supposait l'action de la forme $\frac{hV^2}{r^2}$. Ses calculs ont été poursuivis par V. Asten, mais surtout par M. Backlund, qui a mérité la reconnaissance des astronomes par son immense labeur. Oppolzer avait cru remarquer une accélération séculaire du mouvement de la comète de Winnecke, mais les recherches du baron de Haerdtl ont montré qu'il n'en était rien.

97. On pourrait supposer un milieu résistant, répandu dans tout l'espace, tel que l'éther, dans lequel se déplacerait le Soleil, entraînant avec lui les planètes

et les comètes; la question est alors de savoir ce qui en résulterait pour les mouvements relatifs des planètes et des comètes autour du Soleil.

Cette question a été envisagée déjà à plusieurs reprises, notamment par Euler (*voir* le *Bulletin des Sciences mathématiques*, 1879, p. 26), et, dans ces derniers temps, par M. Bredikhine (*Annales de l'observatoire de Moscou*, t. VI). Je suis revenu moi-même sur ce sujet (*Bulletin astronomique*, t. X, p. 504), et je vais reproduire une partie des calculs contenus dans ce dernier article.

Soient

$$X_0,\quad Y_0,\quad Z_0,\quad V_0,\quad m_0,\quad S_0$$

les coordonnées absolues, la vitesse, la masse et la surface du Soleil;

$$X,\quad Y,\quad Z,\quad V,\quad m,\quad S$$

les quantités analogues pour une planète;

$$\varkappa S_0 F(V_0) \quad \text{et} \quad \varkappa S F(V)$$

les résistances que le milieu offre aux mouvements du Soleil et de la planète. Nous avons les équations différentielles suivantes qui se rapportent à l'axe des X,

$$m_0 \frac{d^2 X_0}{dt^2} = f m_0 m \frac{x}{r^3} - \varkappa S_0 F(V_0) \frac{1}{V_0} \frac{dX_0}{dt},$$

$$m \frac{d^2 X}{dt^2} = -f m_0 m \frac{x}{r^3} - \varkappa S\, F(V) \frac{1}{V} \frac{dX}{dt},$$

$$x = X - X_0, \qquad r^2 = x^2 + y^2 + z^2.$$

On en conclut

$$\frac{d^2 x}{dt^2} = -f(m_0 + m) \frac{x}{r^3} - \frac{\varkappa}{m} S F(V) \frac{1}{V} \frac{dX}{dt} + \frac{\varkappa}{m_0} S_0 F(V_0) \frac{1}{V_0} \frac{dX_0}{dt}.$$

Soient α, β, γ les composantes de la vitesse de translation du Soleil; on aura

$$\frac{dX_0}{dt} = \alpha, \qquad \frac{dX}{dt} = \alpha + \frac{dx}{dt}, \qquad V^2 = \left(\alpha + \frac{dx}{dt}\right)^2 + \left(\beta + \frac{dy}{dt}\right)^2 + \left(\gamma + \frac{dz}{dt}\right)^2,$$

et il viendra

$$(17) \qquad \frac{d^2 x}{dt^2} = -f(m_0 + m) \frac{x}{r^3} - \frac{\varkappa}{m} S \frac{F(V)}{V} \left(\frac{dx}{dt} + \alpha\right) + \frac{\varkappa}{m_0} S_0 \frac{F(V_0)}{V_0} \alpha,$$

et deux autres équations pareilles pour les y et les z; x, y, z sont, comme on voit, les coordonnées de la planète rapportées à des axes de directions invariables, se coupant au centre du Soleil.

Si l'on suppose le Soleil et la planète sphériques, de rayons R_0 et R, et de densités moyennes ρ_0 et ρ, on aura

$$3m_0 = S_0 R_0 \rho_0, \qquad 3m = SR\rho,$$

d'où

$$\frac{S_0}{m_0} : \frac{S}{m} = \frac{R}{R_0}\frac{\rho}{\rho_0}.$$

Pour les planètes, $\frac{R}{R_0}$ est petit; en outre, dans le cas des comètes, $\frac{\rho_0}{\rho}$ est extrêmement petit. On pourra donc supprimer les derniers termes dans les seconds membres des équations (17), et prendre

$$\frac{d^2x}{dt^2} + \frac{k^2x}{r^3} = X, \qquad \frac{d^2y}{dt^2} + \frac{k^2y}{r^3} = Y, \qquad \frac{d^2z}{dt^2} + \frac{k^2z}{r^3} = Z,$$

où l'on a posé

$$(18)\qquad \left\{\begin{aligned} X &= -h\frac{F(V)}{V}\left(\frac{dx}{dt}+\alpha\right),\\ Y &= -h\frac{F(V)}{V}\left(\frac{dy}{dt}+\beta\right), \qquad h = \varkappa\frac{S}{m},\\ Z &= -h\frac{F(V)}{V}\left(\frac{dz}{dt}+\gamma\right),\\ V^2 &= \left(\frac{dx}{dt}+\alpha\right)^2 + \left(\frac{dy}{dt}+\beta\right)^2 + \left(\frac{dz}{dt}+\gamma\right)^2. \end{aligned}\right.$$

98. Il faut maintenant calculer l'influence de la force perturbatrice dont les composantes suivant les axes fixes sont X, Y, Z, sur les éléments du mouvement elliptique de la planète; nous nous bornerons aux éléments a et e. Nous prendrons pour plan fixe des xy le plan de l'orbite primitive de la planète, l'axe des x étant dirigé vers la position initiale du périhélie. Nous partirons des formules (A) (t. I, p. 433), dans lesquelles nous devons faire

$$\begin{aligned} fm'S &= X\cos w + Y\sin w,\\ fm'T &= -X\sin w + Y\cos w,\\ fm'W &= Z. \end{aligned}$$

Il viendra

$$(19)\qquad \left\{\begin{aligned} \frac{da}{dt} &= \frac{2}{n\sqrt{1-e^2}}[(1+e\cos w)(Y\cos w - X\sin w) + e\sin w(X\cos w + Y\sin w)],\\ \frac{de}{dt} &= \frac{\sqrt{1-e^2}}{na}[(\cos w + \cos u)(Y\cos w - X\sin w) + \sin w(X\cos w + Y\sin w)]. \end{aligned}\right.$$

On a ensuite

$$x = r\cos w, \qquad y = r\sin w,$$

$$(20)\qquad \frac{dx}{dt} = -\frac{na}{\sqrt{1-e^2}}\sin w, \qquad \frac{dy}{dt} = \frac{na}{\sqrt{1-e^2}}(\cos w + e), \qquad \frac{dz}{dt} = 0.$$

Les formules (18), (19) et (20) donnent ensuite, après réduction,

$$(21)\quad \begin{cases} \dfrac{da}{dt} = \dfrac{2h}{n\sqrt{1-e^2}}\,\dfrac{F(V)}{V}\left[\alpha\sin w - \beta(\cos w + e) - na\,\dfrac{1+e^2+2e\cos w}{\sqrt{1-e^2}}\right], \\[2ex] \dfrac{de}{dt} = \dfrac{h\sqrt{1-e^2}}{na}\,\dfrac{F(V)}{V}\left[-\beta\,\dfrac{na}{\sqrt{1-e^2}}(\cos w + e)\right. \\[2ex] \qquad\qquad \left. + \cos u\left(\alpha\sin w - \beta\cos w - na\,\dfrac{1+e\cos w}{\sqrt{1-e^2}}\right)\right]. \end{cases}$$

99. Supposons d'abord la résistance proportionnelle à la vitesse, de sorte que nous pouvons prendre

$$\frac{F(V)}{V} = 1.$$

Nous trouvons, en négligeant les inégalités périodiques, pour ne conserver que les termes séculaires,

$$\int \sin w\,dt = 0, \qquad \int \cos w\,dt = -et,$$

et la première des formules (21) donnera

$$\frac{\delta a}{a} = -2ht, \qquad \frac{\delta n}{n} = +3ht;$$

d'où une accélération séculaire du moyen mouvement, indépendante du mouvement de translation du Soleil; $\frac{\delta n}{n}$ serait le même, à une époque donnée, pour toutes les planètes ou comètes.

Passons au calcul de δe; nous trouverons sans peine, dans les mêmes conditions que précédemment,

$$\int \cos u \sin w\,dt = 0,$$

$$\int \cos u \quad dt = -\frac{e}{2}t,$$

$$\int \cos u \cos w\,dt = \frac{1}{2}t,$$

et la seconde des formules (21) donnera

$$\delta e = -\frac{3}{2}\,\frac{\sqrt{1-e^2}}{na}\,\beta h t;$$

e n'aurait donc d'inégalité séculaire que si l'on a égard au mouvement de translation du Soleil, et cette inégalité ne dépendrait que de la composante β.

100. Je suppose en second lieu la résistance proportionnelle au cube de la vitesse (les calculs sont plus faciles que dans le cas du carré). On aura donc

$$\frac{F(V)}{V} = V^2 = \left(\frac{dx}{dt} + \alpha\right)^2 + \left(\frac{dy}{dt} + \beta\right)^2 + \gamma^2;$$

on a d'ailleurs

$$V_0^2 = \alpha^2 + \beta^2 + \gamma^2, \tag{22}$$

et, en ayant égard aux relations (20), on trouve sans peine

$$\frac{F(V)}{V} = V_0^2 + n^2 a^2 \frac{1 + e^2 + 2e\cos w}{1 - e^2} + 2na \frac{\beta(\cos w + e) - \alpha \sin w}{\sqrt{1 - e^2}}.$$

La première des formules (21) donne ensuite

$$\begin{aligned}\frac{da}{dt} = \frac{2h}{n\sqrt{1 - e^2}} &\left[-\beta e - na\frac{1 + e^2}{\sqrt{1 - e^2}} + \alpha \sin w - \left(\beta + \frac{2nae}{\sqrt{1 - e^2}}\right)\cos w\right] \\ \times &\left[V_0^2 + n^2 a^2 \frac{1 + e^2}{1 - e^2} + \frac{2nae\beta}{\sqrt{1 - e^2}} - \frac{2na}{\sqrt{1 - e^2}}\alpha \sin w + \frac{2na}{\sqrt{1 - e^2}}\left(\beta + \frac{nae}{\sqrt{1 - e^2}}\right)\cos w\right].\end{aligned}$$

Si l'on a égard aux relations établies précédemment et à la suivante,

$$\int \cos 2w\, dt = \frac{3e^2 - 2 + 2(1 - e^2)^{\frac{3}{2}}}{e^2} t,$$

on trouve, après un calcul assez long,

$$\frac{\delta a}{a} = -2ht\left[n^2 a^2 \frac{4 - 3\sqrt{1 - e^2}}{\sqrt{1 - e^2}} + V_0^2 + 2\frac{\alpha^2 + \beta^2\sqrt{1 - e^2}}{1 + \sqrt{1 - e^2}} + 6na\beta\frac{e}{1 + \sqrt{1 - e^2}}\right],$$

ou bien

$$\frac{\delta a}{a} = -2ht\left[k^2 \frac{4 - 3\sqrt{1 - e^2}}{a\sqrt{1 - e^2}} + V_0^2 + 2\frac{\alpha^2 + \beta^2\sqrt{1 - e^2}}{1 + \sqrt{1 - e^2}} + 6\frac{k}{\sqrt{a}}\frac{\beta e}{1 + \sqrt{1 - e^2}}\right].$$

En remettant pour V_0^2 sa valeur (22), on peut écrire

$$\left\{\begin{aligned}\frac{\delta a}{a} = -2ht&\left[\alpha^2 \frac{3 + \sqrt{1 - e^2}}{1 + \sqrt{1 - e^2}} + \gamma^2 + \frac{1 + 3\sqrt{1 - e^2}}{1 + \sqrt{1 - e^2}}\left(\beta + 3\frac{k}{\sqrt{a}}\frac{e}{1 + 3\sqrt{1 - e^2}}\right)^2\right. \\ &\left. + \frac{4k^2}{a\sqrt{1 - e^2}(1 + 3\sqrt{1 - e^2})}\right];\end{aligned}\right. \tag{23}$$

cette quantité est toujours négative; il y aurait donc toujours une accélération séculaire du moyen mouvement.

Le calcul de δe est encore plus long. J'ai trouvé

$$(24)\quad \left\{\begin{aligned} \delta e = -ht\Bigg[& 2\,\frac{1-e^2}{e^3}\left(1-\frac{1}{2}e^2-\sqrt{1-e^2}\right)(\alpha^2-\beta^2)+\frac{4k^2}{a}\,\frac{e\sqrt{1-e^2}}{1+\sqrt{1-e^2}} \\ & +\frac{1}{2}\sqrt{1-e^2}\,\frac{k}{\sqrt{a}}\,\beta\left(\frac{1+13\sqrt{1-e^2}}{1+\sqrt{1-e^2}}+3a\,\frac{V_0^2}{k^2}\right)\Bigg]. \end{aligned}\right.$$

Si l'on suppose l'excentricité petite, et qu'on la néglige dans le second membre, il vient

$$\delta e = -\frac{1}{2}ht\beta\,\frac{k}{\sqrt{a}}\left(7+3a\,\frac{V_0^2}{k^2}\right);$$

de sorte que, pour une orbite convenablement placée, on pourrait avoir δe positif ou négatif, suivant le signe de β qui est la composante de la vitesse du Soleil dans la direction du petit axe de l'orbite elliptique initiale.

CHAPITRE XIV.

DE LA FIGURE DES ATMOSPHÈRES DU SOLEIL ET DES PLANÈTES. THÉORIE COSMOGONIQUE DE LAPLACE.

101. Soit O (*fig.* 9) le centre de gravité du Soleil ou de la planète que l'on considère; ce corps, de masse M, est animé d'un mouvement de rotation uniforme autour de Oz, de vitesse ω.

L'atmosphère AB est supposée tourner avec la même vitesse autour de Oz. Chacun de ses points est soumis à l'attraction du corps central et à l'attraction

Fig. 9.

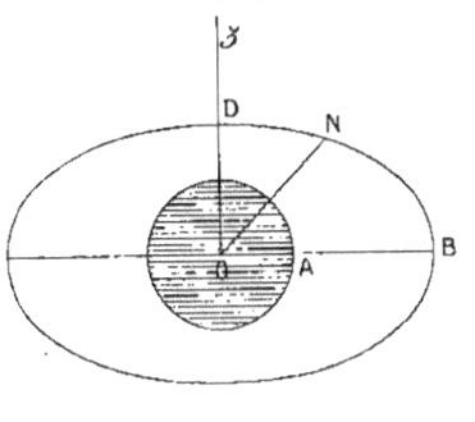

de l'atmosphère; il faut y joindre la force centrifuge quand on étudie l'équilibre relatif. On néglige l'attraction de l'atmosphère, qui doit être très faible.

Dans l'état d'équilibre, la forme d'une surface de niveau BD doit être telle qu'en chaque point la résultante des forces qui sollicitent une molécule soit normale à la surface, ou bien que le potentiel soit constant. Prenons deux axes rectangulaires, Ox et Oy, dans le plan de l'équateur; soient x, y, z les coordonnées d'un point quelconque N de la surface de niveau considérée. On devra avoir

$$\frac{fM}{\sqrt{x^2+y^2+z^2}} + \frac{1}{2}\omega^2(x^2+y^2) = \text{const.}$$

Cette équation suppose que l'on néglige l'aplatissement du corps central, de façon que son attraction sur le point N soit la même que si toute la masse était concentrée en O.

Soient $ON = r$, $zON = \theta$; on aura

$$x^2 + y^2 = r^2 \sin^2\theta, \qquad z^2 = r^2 \cos^2\theta,$$

et l'équation générale des surfaces de niveau de l'atmosphère deviendra

$$\frac{fM}{r} + \frac{1}{2}\omega^2 r^2 \sin^2\theta = \text{const.}$$

ou bien

$$(1) \qquad \frac{2}{r} + \frac{r^2 \sin^2\theta}{b^3} = \frac{3k}{b},$$

en désignant par k une constante positive, et faisant

$$(2) \qquad b^3 = \frac{fM}{\omega^2}.$$

102. Discussion de l'équation des surfaces de niveau. — Toutes ces surfaces sont de révolution autour de Oz; il suffit d'étudier la section méridienne, dont on a l'équation (1) en coordonnées polaires.

On a les formules

$$(3) \qquad \begin{cases} \sin\theta = b\sqrt{\dfrac{3kr - 2b}{r^3}}, \\[2ex] \cos\theta = \sqrt{\dfrac{r^3 - 3b^2kr + 2b^3}{r^3}}. \end{cases}$$

On doit donc avoir

$$r > r_0 \qquad \text{et} \qquad U > 0,$$

en faisant

$$(4) \qquad U = r^3 - 3b^2kr + 2b^3, \qquad r_0 = \frac{2b}{3k}.$$

Ainsi, la surface de niveau est tout entière extérieure à la sphère $r = r_0$.

Soit η l'angle que fait la tangente en N avec le prolongement du rayon vecteur r. On a, d'après les formules (3),

$$(5) \qquad \tan\eta = r\frac{d\theta}{dr} = \frac{3b(b - kr)}{\sqrt{(3kr - 2b)(r^3 - 3b^2kr + 2b^3)}}.$$

L'équation $U = 0$ a toujours une racine négative, et n'en a qu'une, d'après le théorème de Descartes. La condition de réalité

$$4p^3 + 27q^2 < 0$$

donne

$$1 - k^3 < 0.$$

Ceci nous amène à distinguer deux cas :

1° $k > 1$. L'équation $U = 0$ aura deux racines positives; soit r' la plus petite. Le rayon vecteur r devra être compris entre r_0 et r';

$$r_0 < r < r'.$$

Pour

$$r = r_0, \qquad \theta = 0,$$
$$r = r', \qquad \theta = 90^\circ.$$

La formule (5) montre que $\frac{d\theta}{dr}$ s'annule pour $r = \frac{b}{k}$, mais, pour cette valeur, on a

$$U = \frac{b^3}{k^3}(1 - k^3), \qquad U < 0; \qquad \text{donc} \qquad r' < \frac{b}{k},$$

r ne peut donc pas recevoir cette valeur, et θ croît constamment de o à $\frac{\pi}{2}$ quand r augmente de r_0 à r'. On obtient ainsi l'arc DB qui, d'après la formule (5), est normal aux rayons OD et OB. La courbe méridienne se composera de quatre arcs égaux au précédent.

103. Considérons maintenant le cas de $k = 1$. On a alors

$$U = (r - b)^2(r + 2b),$$
$$\sin\theta = b\sqrt{\frac{3r - 2b}{r^3}},$$
$$\cos\theta = (b - r)\sqrt{\frac{r + 2b}{r^3}},$$
$$\operatorname{tang}\eta = \frac{3b}{\sqrt{(3r - 2b)(r + 2b)}} = \frac{r\,d\theta}{dr}.$$

On remarquera que l'expression de $\operatorname{tang}\eta$ a perdu, au numérateur et au dénominateur, le facteur $b - r$; r croissant de $OD = r_0 = \frac{2b}{3}$ à $OB = b$, θ croît de o à 90°, ce qui nous donne l'arc DB (*fig.* 10). Au point B, on a

$$\operatorname{tang}\eta = \sqrt{3}, \qquad \eta = 60^\circ.$$

r continuant à croître, θ croît, dépassant 90°; pour $r = \infty$, on a

$$\sin\theta = 0, \qquad \cos\theta = -1, \qquad \theta = 180^\circ.$$

La courbe a une branche infinie BH qui a une asymptote parallèle à Oz, car on a

$$r\sin\theta = b\sqrt{3 - \frac{2b}{r}}, \qquad \lim r\sin\theta = b\sqrt{3}.$$

Il faut prendre les parties symétriques, et l'on a pour la courbe méridienne l'ensemble représenté dans la *fig.* 10.

La surface a une nappe fermée, et deux nappes infinies. Il y a, tout le long de l'équateur, une arête saillante qui sert de jonction entre la partie fermée et les nappes infinies.

Fig. 10.

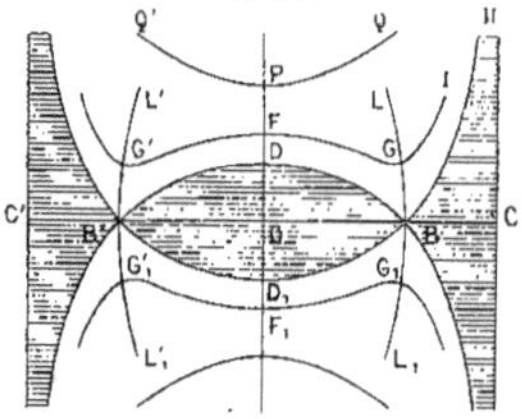

La surface de niveau qui répond à $k = 1$ est ce que l'on appelle *la surface libre de l'atmosphère.* Au point B, on a, d'après (2),

$$\omega^2 b = \frac{fM}{b^2}.$$

L'attraction est exactement égale et opposée à la force centrifuge; de sorte qu'une particule matérielle, placée en B, ne pèse plus vers le point S.

104. Soient

W la fonction des forces,

R la résultante de l'attraction centrale et de la force centrifuge,

φ l'angle que fait R avec le prolongement du rayon vecteur r, en allant dans le sens des θ croissants.

On a

$$(6) \qquad \left\{ \begin{aligned} R\cos\varphi &= \frac{\partial W}{\partial r} \\ R\sin\varphi &= \frac{1}{r}\frac{\partial W}{\partial \theta} \end{aligned} \right\} \quad W = \frac{fM}{r} + \frac{1}{2}\omega^2 r^2 \sin^2\theta.$$

On en conclut

$$(7) \qquad \left\{ \begin{aligned} R\cos\varphi &= \omega^2 r \sin^2\theta - \frac{fM}{r^2}, \\ R\sin\varphi &= \omega^2 r \sin\theta\cos\theta. \end{aligned} \right.$$

Pour que la résultante soit tournée vers l'intérieur de la masse fluide, il faut qu'elle soit dirigée suivant la normale intérieure, laquelle fait avec le prolongement de r un angle obtus. On doit donc avoir

$$\cos\varphi < 0.$$

D'ailleurs, R est essentiellement positif. Donc, d'après (7), on doit avoir

$$\omega^2 r \sin^2\theta - \frac{fM}{r^2} < 0,$$

ou bien

$$r^3 \sin^2\theta - b^3 < 0.$$

La masse doit donc être tout entière à l'intérieur de la surface

$$r^3 \sin^2\theta - b^3 = 0,$$

que Roche appelle *la surface limite*.

Cette surface de révolution a pour méridienne une courbe BL, B'L', qui admet l'axe Oz pour asymptote.

La nappe fermée de la surface libre et les autres surfaces de niveau intérieures sont donc toutes comprises en dedans de la surface limite.

105. Considérons en dernier lieu le cas de $k < 1$.

On a, en désignant par x et z les coordonnées rectangulaires d'un point quelconque de la courbe méridienne,

$$x = r \sin\theta = b\sqrt{3k}\sqrt{1 - \frac{r_0}{r}},$$

$$z = r\cos\theta = \sqrt{r^2 - 3b^2k + \frac{2b^3}{r}},$$

$$z\frac{dz}{dr} = \frac{r^3 - b^3}{r^2}.$$

On voit que x augmente constamment, de 0 à $b\sqrt{3k}$, quand r croît de r_0 à l'infini. Mais, si l'on a

$$b > r_0, \qquad b > \frac{2b}{3k}, \qquad k > \frac{2}{3},$$

z commence par décroître, jusqu'à ce que r prenne la valeur b, après quoi z croît jusqu'à l'infini. Nous avons ainsi une courbe telle que FGI. La surface de niveau semble s'être ouverte en GG_1.

Pour $k < \frac{2}{3}$, z croît immédiatement et sans cesse; on a une courbe méridienne telle que QPQ'.

Il résulte de ce qui précède que, si le fluide atmosphérique qui entoure le Soleil est en excès à un moment donné, c'est-à-dire s'il dépasse la surface libre, cette partie excédante doit s'écouler par l'ouverture GG_1 dans le plan de l'équateur, et alors, la force centrifuge balançant l'attraction, les particules correspondantes de matière se trouveront libres, ne feront plus corps avec toute la masse, et se mouvront en vertu seulement de l'attraction solaire et de leurs vitesses initiales. Elles formeront des anneaux circulant autour du Soleil, mais devenus indépendants de l'atmosphère.

106. Calcul de b dans le cas du Soleil et de la Terre. — Soient ϖ la durée de rotation du Soleil, T la durée de révolution d'une planète dont l'orbite a un grand axe égal à $2a$. On a

$$\omega = \frac{2\pi}{\varpi}, \qquad \frac{4\pi^2 a^3}{T^2} = fM,$$

$$b^3 = \frac{fM}{\omega^2} = a^3 \frac{\varpi^2}{T^2},$$

$$(8) \qquad b = a\left(\frac{\varpi}{T}\right)^{\frac{2}{3}},$$

$$\frac{b^3}{\varpi^2} = \frac{a^3}{T^2}.$$

Donc b est le demi grand axe de l'orbite d'une planète qui accomplirait sa révolution dans le temps $\varpi = 25^j\frac{1}{2}$. Si l'on admet que les données a et T se rapportent à la Terre, la formule (8) donne

$$b = 0,168a = 0,168 \times 215 \text{ rayons solaires},$$

$$b = 36 \text{ rayons solaires}.$$

L'atmosphère solaire ne s'étend donc pas à la moitié de la distance de Mercure au Soleil, puisque le demi-grand axe de l'orbite de Mercure = 83 rayons solaires.

Considérons maintenant le cas de la Terre, et désignons son rayon par ρ. Si l'on suppose que a et T se rapportent à la Lune, on aura

$$T = 27^j 7^h 43^m; \qquad \varpi = 23^h 56^m 4^s,$$

$$a = 60\rho;$$

d'où

$$\frac{T}{\varpi} = 27 = 3^3 \text{ environ}.$$

La formule (8) donnera donc

$$b = \frac{60\rho}{3^2} = 6,7\rho.$$

Ainsi donc, l'atmosphère de la Terre pourrait s'étendre jusqu'à une distance égale à plus de six fois le rayon terrestre.

Poisson a trouvé dans sa *Mécanique* (t. II, p. 611, 2e édition)

$$b = 6,61\rho.$$

Mais il faut remarquer qu'on trouve ainsi *seulement une limite supérieure* de la hauteur de l'atmosphère. Poisson pense que, bien avant cette hauteur, l'air est liquéfié par le froid.

107. Les rayons vecteurs, maximum et minimum, de la surface libre sont égaux à b et $\frac{2b}{3}$; l'aplatissement est $\frac{1}{3}$. Ces mêmes rayons sont r' et $\frac{2b}{3k}$ pour une surface de niveau intérieure à la surface libre. L'aplatissement est

$$1 - \frac{2b}{3kr'};$$

il est plus petit que $\frac{1}{3}$, car l'inégalité

$$1 - \frac{2b}{3kr'} < \frac{1}{3}$$

revient à

$$\frac{b}{k} > r',$$

et cette dernière inégalité a été démontrée pour le cas de $k > 1$.

Ainsi, l'atmosphère du Soleil ne s'étend pas à la moitié de la distance de Mercure au Soleil; on sait que la lumière zodiacale va bien au delà de l'orbite de Vénus, et même au delà de celle de la Terre. D'autre part, la lumière zodiacale paraît sous la forme d'une lentille fort aplatie et l'aplatissement est beaucoup plus grand que $\frac{1}{3}$. Pour ces deux raisons, la lumière zodiacale n'est donc point l'atmosphère du Soleil, et puisqu'elle environne cet astre les particules qui la composent doivent circuler autour du Soleil suivant les mêmes lois que les planètes; « c'est peut-être, dit Laplace, la cause pour laquelle la lumière zodiacale n'oppose qu'une résistance insensible aux mouvements des planètes ».

108. **Résumé du système cosmogonique de Laplace.** — Quoique les éléments du mouvement des planètes varient beaucoup de l'une à l'autre, ils ont entre eux des rapports qui peuvent nous éclairer sur leur origine. Ainsi, toutes les planètes se meuvent autour du Soleil dans le sens direct, et presque dans le même plan. Les satellites se meuvent autour de leurs planètes dans le même sens, et à peu près dans le même plan que les planètes. Enfin, le Soleil, les planètes et les satellites dont on a observé les mouvements de rotation tournent sur eux-mêmes dans le même sens, et à peu près dans le plan de leurs mouvements de translation.

Un phénomène aussi extraordinaire n'est point l'effet du hasard. Il indique une cause générale qui a déterminé tous ces mouvements. Laplace évalue la probabilité pour que les quarante-deux mouvements connus de son temps (mouvements de révolution et de rotation du Soleil, des planètes et des satellites) soient directs, quand on les rapporte à la position de l'équateur solaire. Il trouve plus de quatre mille milliards à parier contre un que cette disposition n'est point l'effet du hasard. Cette probabilité est encore augmentée considérablement aujourd'hui, puisqu'au lieu de quatre planètes télescopiques entre Mars et Jupiter on en connaît plus de 400 qui ont toutes des mouvements directs, et même dont les plans font avec le plan de l'écliptique des angles ne dépassant pas le $\frac{1}{3}$ d'un angle droit.

Nous devons donc être convaincu qu'une cause primitive a dirigé les mouvements planétaires.

Un autre phénomène également remarquable du système solaire est le peu d'excentricité des orbites des planètes et des satellites (pour les anciennes planètes, les excentricités sont au-dessous de 0,20, et de 0,35 dans le cas des nombreux astéroïdes). Ainsi, l'on a, pour remonter à la cause des mouvements primitifs du système planétaire, les quatre phénomènes suivants :

Les mouvements des planètes dans le même sens, et à peu près dans un même plan;

Les mouvements des satellites dans le même sens que ceux des planètes;

Les mouvements de rotation de ces différents corps et du Soleil dans le même sens que leurs mouvements de translation et dans des plans peu différents;

Le peu d'excentricité des orbites des planètes et des satellites.

109. Laplace remarque que, quelle que soit la nature de la cause qui a produit ou dirigé les mouvements des planètes, il faut qu'elle ait embrassé tous ces corps, et, vu la distance prodigieuse qui les sépare, elle ne peut avoir été qu'un fluide d'une immense étendue. Pour leur avoir donné dans le même sens un mouvement presque circulaire autour du Soleil, il faut que ce fluide ait environné cet astre comme une atmosphère. La considération des mouvements planétaires nous conduit donc à penser que l'atmosphère du Soleil s'est étendue primitivement au delà des orbites de toutes les planètes, et qu'elle s'est resserrée successivement jusqu'à ses limites actuelles.

Ici, il convient de citer un passage important de Laplace (*Exposition du Système du Monde*, 6e édition, p. 482) :

« Herschel, en observant les nébuleuses au moyen de ses puissants télescopes, a suivi les progrès de leur condensation, non sur une seule, ces progrès ne pouvant devenir sensibles pour nous qu'après des siècles, mais sur leur ensemble, comme on suit dans une vaste forêt l'accroissement des arbres sur les individus de divers âges qu'elle renferme. Il a d'abord observé la matière nébuleuse répandue en amas divers dans les différentes parties du ciel dont elle occupe une grande étendue. Il a vu dans quelques-uns de ces amas cette matière faiblement condensée autour d'un ou de plusieurs noyaux peu brillants. Dans d'autres nébuleuses, ces noyaux brillent davantage relativement à la nébulosité qui les environne. Les atmosphères de chaque noyau venant à se séparer par une condensation ultérieure, il en résulte des nébuleuses multiples, formées de noyaux brillants très voisins et environnés chacun d'une atmosphère; quelquefois la matière nébuleuse, en se condensant d'une manière uniforme, produit les nébuleuses que l'on nomme *planétaires*. Enfin, un plus grand degré de condensation transforme toutes ces nébuleuses en étoiles. Les nébuleuses, classées d'après cette vue philosophique, indiquent avec une extrême vraisemblance leur transformation future en étoiles et l'état antérieur de nébulosité des étoiles existantes. Ainsi l'on descend, par le progrès de la condensation de la matière nébuleuse, à la considération du Soleil entouré autrefois d'une vaste atmosphère, considération à laquelle je suis remonté par l'examen des phénomènes du système solaire.... Une rencontre aussi remarquable, en suivant des routes opposées, donne à l'existence de cet état antérieur du Soleil une grande probabilité. »

110. Considérons donc une nébuleuse très étendue, à condensation centrale, animée d'un certain mouvement initial, et soumise à l'attraction mutuelle de ses divers points. Si l'on considère le mouvement relatif de la masse autour de son centre de gravité O, il y aura un plan du maximum des aires, ou plan du couple résultant, qui sera le plan de l'équateur, et l'on aura, en appelant Oz la normale à ce plan, Ox et Oy deux axes fixes situés dans le plan de l'équateur, x et y les coordonnées d'un élément de masse quelconque m,

$$\Sigma m\left(x\frac{dy}{dt} - y\frac{dx}{dt}\right) = \text{const.} = C;$$

$$x = p\cos\theta, \qquad y = p\sin\theta, \qquad \omega = \frac{d\theta}{dt},$$

$$\omega = \frac{C}{\Sigma m p^2}; \tag{9}$$

ω est la vitesse angulaire de rotation; p désigne la distance de la molécule m à l'axe Oz, et Σmp^2 le moment d'inertie de la masse par rapport à Oz; ω est constant.

Dans ces conditions, nous pouvons appliquer la théorie exposée plus haut et relative à l'atmosphère du Soleil. Cette atmosphère ne peut pas s'étendre, dans le plan de l'équateur, à une distance plus grande que la quantité b définie par la relation

$$b^3 = \frac{fM}{\omega^2}. \tag{10}$$

Supposons que, du temps t_0 au temps t, le corps se contracte en restant semblable à lui-même, toutes les distances telles que p acquérant le facteur $\varkappa < 1$; d'après (9), ω aura le facteur $\frac{1}{\varkappa^2}$, et d'après (10), b le facteur $\varkappa^{\frac{4}{3}}$. Ainsi (*fig.* 11)

$$OB' = OB_0 \times \varkappa^{\frac{4}{3}};$$

mais si le point B_0 de la surface est venu en B, on a

$$OB = OB_0 \times \varkappa;$$

donc

$$OB' = OB \times \varkappa^{\frac{1}{3}}; \qquad OB' < OB.$$

Ainsi, le point B' est entre le point B et le point O. Donc la portion de la masse contenue entre B' et B va cesser d'appartenir à l'atmosphère et elle formera une série d'anneaux circulaires tournant librement autour du point O.

Fig. 11.

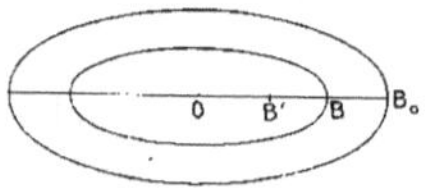

Les choses ne se passeront pas, en général, avec cette grande simplicité et l'on peut se borner à dire que la limite de l'atmosphère peut tomber en dedans de l'atmosphère, ce qui exige la séparation d'une partie de la masse.

On voit qu'au point de séparation la vitesse linéaire du point B est supérieure à celle du point B', puisque le rayon OB'B tournait avec la vitesse angulaire ω, et que l'on a $OB > OB'$.

On s'explique donc ainsi qu'il y ait des zones de vapeurs successivement abandonnées :

« Si toutes les molécules d'un anneau de vapeurs continuaient de se condenser sans se désunir, elles formeraient à la longue un anneau liquide ou solide. Mais la régularité que cette formation exige dans toutes les parties de l'anneau et dans leur refroidissement a dû rendre ce phénomène extrêmement rare. Aussi le système solaire n'en offre-t-il qu'un seul exemple, celui des anneaux de Saturne. Presque toujours chaque anneau de vapeurs a dû se rompre en plusieurs masses qui, mues avec des vitesses très peu différentes, ont continué de circuler à la même distance autour du Soleil. Ces masses ont dû prendre une forme sphéroïdique avec un mouvement de rotation dirigé dans le sens de leur révolution, puisque leurs molécules intérieures avaient moins de vitesse réelle que les supérieures; elles ont donc formé autant de planètes à l'état de vapeurs. Mais si l'une d'elles a été assez puissante pour réunir successivement, par son attraction, toutes les autres autour de son centre, l'anneau de vapeurs aura été ainsi transformé en une seule masse sphéroïdique de vapeurs, circulant autour du Soleil, avec une rotation dirigée dans le sens de sa révolution. Ce dernier cas a été le plus commun; cependant le système solaire nous offre le premier cas dans les petites planètes qui circulent entre Mars et Jupiter....

» Maintenant, si nous suivons les changements qu'un refroidissement ultérieur a dû produire dans les planètes en vapeurs dont nous venons de concevoir la formation, nous verrons naître, au centre de chacune d'elles, un noyau s'accroissant sans cesse par la condensation de l'atmosphère qui l'environne. Dans cet état, la planète ressemblait parfaitement au Soleil à l'état de nébuleuse où nous venons de le considérer; le refroidissement a donc dû produire, aux diverses limites de son atmosphère, des phénomènes semblables à ceux que nous avons décrits, c'est-à-dire des anneaux et des satellites circulant autour de son centre, dans le sens de son mouvement de rotation, et tournant dans le même sens sur eux-mêmes. La distribution régulière de la masse des anneaux de Saturne, autour de son centre et dans le plan de son équateur, résulte naturellement de cette hypothèse, et sans elle devient inexplicable : ces anneaux me paraissent être des preuves toujours subsistantes de l'extension primitive de l'atmosphère de Saturne et de ses retraites successives. Ainsi les phénomènes singuliers du peu d'excentricité des orbes des planètes et des satellites, du peu d'inclinaison de ces orbes à l'équateur solaire, et de l'identité du sens des mouvements de rotation et de révolution de tous ces corps avec celui de la rotation du Soleil, découlent de l'hypothèse que nous proposons et lui donnent une grande vraisemblance.

» Si le système solaire s'était formé avec une parfaite régularité, les orbites des corps qui le composent seraient des cercles dont les plans, ainsi que ceux des divers équateurs et des anneaux, coïncideraient avec le plan de l'équateur solaire. Mais on conçoit que les variétés sans nombre qui ont dû exister dans la température et la densité des diverses parties de ces grandes masses ont produit les excentricités de leurs orbites et les déviations de leurs mouvements par rapport au plan de cet équateur. » (LAPLACE, *Exposition du Système du Monde*, 6e édition, p. 502-504.)

Remarque. — La formule (10) donne, en appelant T la durée de rotation de la nébuleuse, au moment de la formation d'un anneau à la distance b du centre du Soleil,

$$\frac{4\pi^2 b^3}{T^2} = fM;$$

comme T est aussi la durée de révolution de la planète qui s'est constituée aux dépens de l'anneau, on retrouve ainsi la troisième loi de Képler (on a négligé l'excentricité qui fait que b peut différer un peu du demi grand axe de l'orbite).

Il y a quelques difficultés quand on veut poursuivre le développement de la théorie de Laplace jusqu'à l'explication des moindres détails. La plus grosse provient du mouvement rétrograde du satellite de Neptune, et d'une circonstance analogue qui se présente pour les satellites d'Uranus (¹).

Mentionnons encore ce que dit Laplace de l'origine probable de la lumière zodiacale :

« Si, dans les zones abandonnées par l'atmosphère du Soleil, il s'est trouvé des molécules trop volatiles pour s'unir entre elles et aux planètes, elles doivent, en continuant de circuler autour de cet astre, offrir toutes les apparences de la lumière zodiacale, sans opposer de résistance sensible aux divers corps du système planétaire, soit à cause de leur extrême rareté, soit parce que leur mouvement est à fort peu près le même que celui des planètes qu'elles rencontrent. »

(¹) *Voir* les deux Ouvrages suivants :

FAYE (H.), *Sur l'origine du Monde. Théories cosmogoniques des Anciens et des Modernes*. Paris, 1884.

WOLF (C.), *Les hypothèses cosmogoniques. Examen des théories scientifiques modernes sur l'origine des Mondes, suivi de la traduction de la Théorie du Ciel de Kant*. Paris, 1886.

CHAPITRE XV.

FIGURE DES COMÈTES. — RECHERCHES DE ROCHE.

111. Recherches de Roche sur les atmosphères des comètes (*Annales de l'Observatoire*, t. V). — Roche dit dans l'Introduction de son Mémoire : « Il s'agit d'étudier la figure d'une atmosphère qui enveloppe un noyau de comète et qui l'accompagne dans sa marche autour du Soleil. Cette atmosphère est soumise à l'attraction du Soleil, à celle de la comète elle-même, et elle peut avoir un mouvement de rotation. Sous ces diverses influences, il doit arriver que sa forme change d'un moment à l'autre; elle ne présentera pas, en général, une figure permanente. Mais, si l'on admet qu'elle prend à chaque instant la figure avec laquelle elle pourrait être en équilibre en vertu de ces forces, la succession des formes ainsi calculées représentera, au moins approximativement, les variations que l'atmosphère de la comète éprouve réellement. La question, ainsi ramenée à un problème de Statique, devient abordable par le calcul. »

Soient, à un moment donné,

O le centre de gravité de la comète;

xOy le plan de l'orbite qu'elle décrit autour du Soleil S que nous supposons situé sur l'axe des y, à la distance $OS = r'$;

μ la masse de la comète;

M celle du Soleil;

Fig. 12.

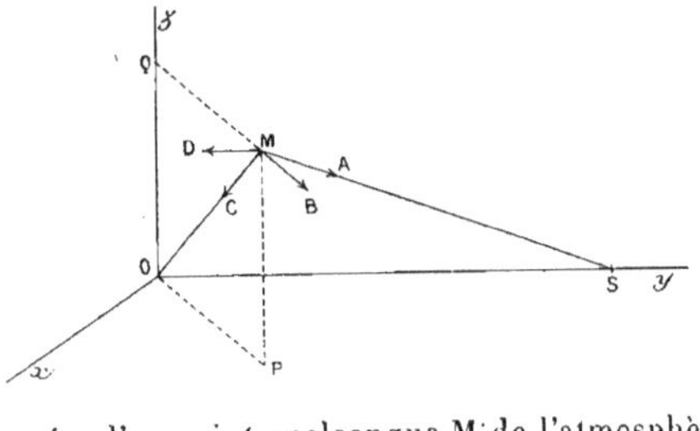

x, y, z les coordonnées d'un point quelconque M de l'atmosphère de la comète;

$OM = r$, $MS = \Delta$;

ω la vitesse angulaire de la rotation de la comète, rotation que nous supposons s'effectuer autour de Oz.

Pour étudier la figure d'équilibre relatif par rapport aux axes Ox, Oy, Oz, que nous supposons liés à la comète, il faut tenir compte des forces accélératrices appliquées en M, qui sont :

$MA = \frac{fM}{\Delta^2}$, dirigée suivant MS,

$MC = \frac{f\mu}{r^2}$, dirigée suivant MO,

$MD = \frac{fM}{r'^2}$, dirigée parallèlement à SO,

$MB = \omega^2 \times MQ$, dirigée suivant le prolongement de QM perpendiculaire à Oz.

Les composantes X, Y, Z de la force accélératrice totale seront

$$X = -fM\frac{x}{\Delta^3} - f\mu\frac{x}{r^3} + \omega^2 x,$$

$$Y = fM\frac{r'-y}{\Delta^3} - f\mu\frac{y}{r^3} + \omega^2 y - \frac{fM}{r'^2},$$

$$Z = -fM\frac{z}{\Delta^3} - f\mu\frac{z}{r^3}.$$

On a

$$(1)\qquad \Delta^2 = x^2 + (r'-y)^2 + z^2.$$

La condition de l'équilibre est, en supposant la comète fluide,

$$X\,dx + Y\,dy + Z\,dz = 0;$$

en remplaçant X, Y et Z par leurs valeurs précédentes, et intégrant, il vient

$$(2)\qquad fM\left(\frac{1}{\Delta} - \frac{y}{r'^2}\right) + \frac{f\mu}{r} + \frac{1}{2}\omega^2(x^2+y^2) = \text{const}.$$

La formule (1) donne

$$\Delta^2 = r'^2 + r^2 - 2r'y,$$

d'où, en remarquant que $\frac{y}{r'}$ et $\frac{r}{r'}$ sont très petits,

$$\frac{1}{\Delta} = \frac{1}{r'}\left(1 - \frac{2y}{r'} + \frac{r^2}{r'^2}\right)^{-\frac{1}{2}} = \frac{1}{r'} + \frac{y}{r'^2} + \frac{3y^2 - r^2}{2r'^3} + \dots$$

En substituant dans l'équation (2) il vient

$$fM\left(\frac{1}{r'}+\frac{3y^2-r^2}{2r'^3}\right)+\frac{f\mu}{r}+\frac{1}{2}\omega^2(x^2+y^2)=\text{const},$$

ou bien

(3) $$\frac{2y^2-x^2-z^2}{r'^3}+\frac{2m}{r}+\frac{\omega^2}{fM}(x^2+y^2)=C.$$

Nous avons représenté $\frac{\mu}{M}$ par m qui désigne ainsi la masse de la comète rapportée à celle du Soleil. Soient w l'anomalie vraie de la comète et p son paramètre; posons

(4) $$\frac{\omega}{\left(\frac{dw}{dt}\right)}=\sqrt{\gamma}.$$

Nous avons, d'ailleurs,

$$r'^2\frac{dw}{dt}=\sqrt{fMp},$$

et il en résulte

$$\frac{\omega^2}{fM}=\frac{\gamma h}{r'^3},$$

en faisant

(5) $$h=\frac{p}{r'}.$$

L'équation (3) devient ainsi

(6) $$\frac{2y^2-x^2-z^2}{r'^3}+\frac{2m}{\sqrt{x^2+y^2+z^2}}+\gamma h\frac{x^2+y^2}{r'^3}=C.$$

Si la vitesse de rotation de la comète est égale à la vitesse angulaire de son mouvement de translation, on a

$$\gamma=1;$$

on remarquera que, d'après la définition (5) de h, on a

$$0<h<2;$$

$h=2$ au périhélie et $h=0$ à l'aphélie, en supposant la comète parabolique.

En donnant à r' des valeurs successives, de $+\infty$ à $\frac{p}{2}$, on aura les diverses formes de la surface extérieure de la comète; on voit que cela revient à supposer que la comète décrit une série d'arcs de cercle ayant pour centre le Soleil, ce qui n'est vrai, même approximativement, que près du périhélie ou de l'aphélie ([1]). La théorie est certainement très imparfaite; et encore, il n'en faudra pas appliquer les conséquences lorsque la queue de la comète se sera développée, car cela indique l'existence d'une force répulsive dont nous n'avons pas tenu compte.

Quoi qu'il en soit, nous allons discuter l'équation (6).

En donnant à C une série de valeurs, on obtiendra l'ensemble des *surfaces de niveau*. On peut remarquer qu'en adoptant $\frac{f\mu}{r^2}$ pour l'attraction de la comète sur un point de l'une des surfaces de niveau, on suppose implicitement que l'on ne tient compte que de l'attraction du noyau, et même qu'on suppose ce noyau sphérique.

112. Discussion des surfaces de niveau fermées. — On voit immédiatement qu'elles admettent l'origine comme centre. Prenons des coordonnées polaires, en posant

$$x = r\sin\theta\cos\psi, \qquad y = r\sin\theta\sin\psi, \qquad z = r\cos\theta.$$

L'équation (6) deviendra

$$r^2\,\frac{\sin^2\theta(\gamma h + 3\sin^2\psi) - 1}{r'^3} + \frac{2m}{r} - C = 0. \tag{7}$$

Je suppose, conformément à l'observation, la nébulosité à peu près sphérique; la dérivée du premier membre, changée de signe, est, à un facteur constant près, égale à la composante de la pesanteur suivant le rayon vecteur; donc, si la surface de niveau est intérieure à l'atmosphère, on doit avoir

$$r\,\frac{\sin^2\theta(\gamma h + 3\sin^2\psi) - 1}{r'^3} - \frac{m}{r^2} < 0.$$

On en conclut que l'équation

$$r^3 = \frac{mr'^3}{\sin^2\theta(\gamma h + 3\sin^2\psi) - 1} \tag{8}$$

représente la *surface limite*, au delà de laquelle toute molécule tend à s'éloigner du noyau, et, par conséquent, ne saurait faire partie de l'atmosphère proprement

---

([1]) On a

$$\frac{dr'}{dt} = e\sin w\sqrt{\frac{fM}{p}}.$$

dite. Le plus petit rayon r_1 de cette surface répond à $\psi = \theta = 90°$; il est dirigé suivant Oy, et a pour valeur

$$r_1 = r' \sqrt[3]{\frac{m}{2+\gamma h}}. \tag{9}$$

Les rayons vecteurs des surfaces de niveau intérieures à l'atmosphère doivent être tous plus petits que r_1.

Discutons maintenant les surfaces de niveau fermées. Soit F le premier membre de l'équation (7), on aura

$$-\frac{\partial F}{\partial r}\frac{\partial r}{\partial \theta} = \frac{2r^2}{r'^3}\sin\theta\cos\theta(\gamma h + 3\sin^2\psi),$$

$$-\frac{\partial F}{\partial r}\frac{\partial r}{\partial \psi} = \frac{6r^2}{r'^3}\sin^2\theta\sin\psi\cos\psi.$$

On en conclut que le plus petit rayon R est dirigé suivant l'axe de rotation Oz, et le plus grand R' suivant Oy, donc dirigé vers le Soleil. Soit R'' le rayon dirigé suivant Ox. On aura

$$R < R'' < R';$$

$$(10)\quad \begin{cases} \dfrac{R^3}{r'^3} + CR - 2m = 0, & \theta = 0, \\ (1-\gamma h)\dfrac{R''^3}{r'^3} + CR'' - 2m = 0, & \theta = 90°, \quad \psi = 0, \\ (2+\gamma h)\dfrac{R'^3}{r'^3} - CR' + 2m = 0, & \theta = 90°, \quad \psi = 90°. \end{cases}$$

On doit avoir, comme nous l'avons dit, $R' < r_1$, d'où, en remplaçant r_1 par sa valeur (9),

$$R' < r' \sqrt[3]{\frac{m}{2+\gamma h}},$$

d'où

$$m > (2+\gamma h)\left(\frac{R'}{r'}\right)^3, \tag{11}$$

et, *a fortiori*,

$$m > 2\left(\frac{R'}{r'}\right)^3. \tag{12}$$

Si l'on admet que le contour que nous voyons à la nébuleuse est l'une des surfaces de niveau intérieures à la surface limite, en désignant par R' le plus grand rayon de ce contour, l'inégalité (12) devra être satisfaite, et il en résultera une limite inférieure de la masse de la comète.

Posons

$$v' = \frac{R}{R'}, \qquad v'' = \frac{R''}{R'}, \qquad 0 < v' < v'',$$

$$\lambda = \frac{R'^3}{r'^3};$$

les équations (10) deviennent

(13)
$$\begin{cases} \lambda v'^3 + CR' v' - 2m = 0, \\ (1 - \gamma h)\lambda v''^3 + CR' v'' - 2m = 0, \\ (2 + \gamma h)\lambda \quad - CR' \quad + 2m = 0. \end{cases}$$

En éliminant λ et CR', il vient

(14)
$$\gamma h = (v'' - v') \frac{v'v''(v' + v'') - v'^2 - v''^2 - v'v'' - 2}{v'' - v' - v''^3(1 - v')}.$$

On peut aussi éliminer γh et R' entre les équations (13), ce qui donne

(15)
$$2m(1 - v'')\left(1 + v'' + v''^2 - v'' \frac{1 + v''}{v'}\right) = \lambda v''[3v''^2 - v'^2(1 - v''^2)].$$

Lorsque la surface est très voisine de la sphère, les équations (14) et (15) peuvent être réduites à

(16)
$$\gamma h = 3 \frac{v'' - v'}{1 - v''},$$

(17)
$$m(1 - v'') = \frac{3}{2}\lambda.$$

Examinons les deux cas limites de $\gamma h = 0$ et $\gamma h = 2$.

1° $\gamma h = 0$. L'équation (6) devient

(18)
$$\frac{2y^2 - x^2 - z^2}{r'^3} + \frac{2m}{\sqrt{x^2 + y^2 + z^2}} = C;$$

les surfaces de niveau sont de révolution autour de Oy. Ce cas se décompose en deux autres; d'abord $h = 0$, d'où $r' = \infty$; l'équation (18) se réduit à

$$\frac{2m}{\sqrt{x^2 + y^2 + z^2}} = C;$$

les surfaces de niveau sont des sphères comme cela devait être. Soit maintenant $\gamma = 0$, d'où $\omega = 0$; en faisant $v'' = v'$ dans l'équation (15), il vient

(19)
$$\frac{2m}{\lambda} = \frac{v''^3 + 2v''}{1 - v''}.$$

Le second membre de cette équation croît constamment de o à $+\infty$ quand v'' varie de o à 1; donc l'équation (19) admet toujours une racine v'' quand $\frac{m}{\lambda}$ est donné. La formule (12) donne d'ailleurs

$$\frac{m}{\lambda} > 2.$$

On trouve aisément

$$v'' = 0,63, \quad \text{pour} \quad \frac{m}{\lambda} = 2,$$
$$v'' = 0,71, \quad \text{»} \quad \frac{m}{\lambda} = 3,$$
$$v'' = 0,76, \quad \text{»} \quad \frac{m}{\lambda} = 4,$$
$$v'' = 0,79, \quad \text{»} \quad \frac{m}{\lambda} = 5.$$

2° $\gamma h = 2$, d'où $r' = \frac{p}{2}$, en supposant $\gamma = 1$. Les formules (13) donnent alors

$$\frac{v'^3 + 4v'}{1 - v'} = \frac{2m}{\lambda} = \frac{4v'' - v''^3}{1 - v''}.$$

v' et v'' croissent avec $\frac{m}{\lambda}$, comme on s'en assure aisément. Quand $\frac{m}{\lambda}$ sera donné, on obtiendra donc toujours une seule valeur pour v' et pour v''.

On trouve

$$v' = 0,49; \quad v'' = 0,52, \quad \text{pour} \quad \frac{m}{\lambda} = 2;$$
$$v' = 0,78; \quad v'' = 0,82, \quad \text{pour} \quad \frac{m}{\lambda} = 8.$$

On voit que dans ce cas de $\gamma h = 2$, les surfaces de niveau ne diffèrent pas beaucoup de sphères dès que $\frac{m}{\lambda}$ dépasse un peu sa limite 2; le plus petit rayon est égal aux $\frac{4}{5}$ du plus grand; $\gamma h = 0$ donne du reste une conclusion analogue. On comprend ainsi que les nébulosités des comètes paraissent à peu près sphériques.

On pourrait chercher à se faire une idée de la masse des comètes en partant de l'inégalité (12). Soit δ le diamètre apparent de la comète lorsque, sa distance au Soleil étant r', sa distance à la Terre est égale à ρ. On aura, en supposant la comète sphérique,

$$\sin\delta = \frac{2R'}{\rho},$$

et l'inégalité (12) deviendra

$$m > \frac{1}{4}\left(\frac{\rho}{r'}\right)^3 \sin^3\delta.$$

Il arrive assez souvent que l'on voit les comètes sous un angle de 1′ environ, le rapport $\frac{\rho}{r'}$ étant voisin de 1. On aurait, si ces conditions étaient exactement remplies,

$$m > \frac{1}{4} \sin^3 1' > \frac{1}{162 \times 10^9},$$

Cela donnerait la masse de la comète supérieure à la $\frac{1}{500\,000}$ partie de la masse de la Terre. Mais on ne peut appliquer cet essai que quand la comète n'a pas de queue, et encore il ne faut pas attacher trop d'importance au résultat obtenu.

113. Discussion de la surface libre. — Nous avons discuté précédemment les surfaces de niveau fermées; la plus grande de ces surfaces, celle qui atteint la surface limite, est nommée la *surface libre*. C'est à elle que se termine l'atmosphère, quand elle s'étend aussi loin que possible; mais elle peut se terminer à toute autre surface de niveau intérieure. Calculons la valeur de C qui répond à la surface libre. Le plus grand rayon R′ de cette surface doit être égal au plus petit rayon r_1 de la surface limite. Nous devons donc, dans la troisième des équations (10), remplacer R′ par l'expression (9) de r_1, ce qui nous donnera

$$CR' = 2m + (2 + \gamma h)\frac{m}{2 + \gamma h} = 3m,$$

d'où

$$C = \frac{3m^{\frac{2}{3}}}{r'}\sqrt[3]{2 + \gamma h};$$

de sorte que la surface libre aura pour équation

$$\text{(20)} \qquad \frac{2y^2 - x^2 - z^2}{r'^3} + \frac{2m}{\sqrt{x^2 + y^2 + z^2}} + \gamma h\frac{x^2 + y^2}{r'^3} = \frac{3m^{\frac{2}{3}}}{r'}\sqrt[3]{2 + \gamma h},$$

ou bien, en coordonnées polaires,

$$\text{(21)} \qquad r^2\frac{\sin^2\theta(\gamma h + 3\sin^2\psi) - 1}{r'^3} + \frac{2m}{r} = \frac{3m^{\frac{2}{3}}}{r'}\sqrt[3]{2 + \gamma h},$$

Le sommet situé sur le grand axe a pour coordonnées

$$r = r_1, \qquad \psi = 90^\circ, \qquad \theta = 90^\circ,$$
$$x = 0, \qquad y = r_1, \qquad z = 0.$$

Ce sommet jouit d'une propriété importante : c'est un point singulier, par où l'on peut mener une infinité de plans tangents dont l'enveloppe est un cône du second degré. Transportons en effet l'origine des coordonnées en ce point, en remplaçant y par $y + r_1$, sans toucher à x ni à z; l'équation (20) deviendra

$$\frac{2y^2 + 4r_1 y + 2r_1^2 - x^2 - z^2}{r'^3} + \frac{2m}{\sqrt{x^2 + (y + r_1)^2 + z^2}} + \gamma h \frac{y^2 + 2r_1 y + r_1^2 + x^2}{r'^3} - \frac{3m}{r_1} = 0,$$

ou bien, en substituant pour r' sa valeur en fonction de r_1, tirée de la relation (9),

$$\frac{(2+\gamma h)(y^2 + 2r_1 y + r_1^2) + (\gamma h - 1)x^2 - z^2}{r_1^3} \frac{m}{2+\gamma h} + \frac{2m}{\sqrt{x^2 + (y + r_1)^2 + z^2}} - \frac{3m}{r_1} = 0,$$

ou encore

$$(22) \qquad \frac{y^2 + 2r_1 y + r_1^2}{r_1^3} + \frac{\gamma h - 1}{2+\gamma h}\frac{x^2}{r_1^3} - \frac{1}{2+\gamma h}\frac{z^2}{r_1^3} - \frac{3}{r_1} + \frac{2}{r_1}\left[1 + \frac{2y}{r_1} + \frac{x^2 + y^2 + z^2}{r_1^2}\right]^{-\frac{1}{2}} = 0.$$

Nous voulons étudier la surface dans le voisinage de la nouvelle origine; x, y, z seront donc petits, et nous aurons, en négligeant les troisièmes dimensions de $\frac{x}{r}$, $\frac{y}{r}$ et $\frac{z}{r}$,

$$\left[1 + \frac{2y}{r_1} + \frac{x^2 + y^2 + z^2}{r_1^2}\right]^{-\frac{1}{2}} = 1 - \frac{y}{r_1} - \frac{x^2 + y^2 + z^2}{2r_1^2} + \frac{3}{2}\frac{y^2}{r_1^2};$$

après réduction, l'équation (22) deviendra

$$3x^2 - 3(2 + \gamma h)y^2 + (3 + \gamma h)z^2 = 0.$$

Cette équation est celle du lieu des tangentes menées à la surface par le point considéré. Ce lieu est un cône réel du second degré; à cause de la symétrie, l'autre extrémité du grand axe jouit de la même propriété.

Au delà de la surface libre, les surfaces de niveau ont des nappes infinies; celles qui sont voisines de la surface libre n'en diffèrent sensiblement qu'aux environs du grand axe où elles s'ouvrent pour donner passage au fluide en excès; lorsque, pour une cause quelconque, le fluide vient à dépasser la surface libre, la partie en excès se déverse alors entièrement dans l'espace par les deux orifices opposés.

Quand il s'agit de l'atmosphère solaire considérée dans le Chapitre précédent, et qui est de révolution, l'écoulement s'effectue, non plus par deux points seulement, mais tout le long de la ligne équatoriale qui limite la nappe fermée.

114. La théorie précédente est-elle d'accord avec l'observation?

Quand une comète approche du Soleil, le fluide qui l'entoure éprouve une dilatation progressive due à l'augmentation de la chaleur solaire. De plus, les dimensions de la surface libre, qui dépendent de la distance r' par la formule (9), diminuent avec elle. Cette surface se contracte donc, et tout ce qui se trouve en dehors se déverse vers les extrémités du grand axe, et s'écoule par ces points, comme par deux ouvertures, formant ainsi deux jets opposés suivant le rayon vecteur du Soleil. Ce serait là l'origine de la queue. Après le passage au périhélie, la seconde cause de production des queues, la diminution de r', n'existe plus. L'accumulation de la chaleur solaire, et la dilatation qui en est la suite, reste la seule cause qui entretienne le développement de la queue.

On a bien observé à diverses reprises, notamment Valz pour la comète d'Encke, une contraction du noyau des comètes, quand elles s'approchent du périhélie; toutefois, la théorie précédente assigne à toute comète, non pas une queue unique, mais deux queues partant du noyau, et dirigées l'une vers le Soleil, l'autre du côté opposé. Or, le fait de deux queues diamétralement opposées est tout à fait exceptionnel, si même il a jamais existé. Ce qui existe généralement, c'est une queue opposée au Soleil.

Bessel, dans ses recherches mémorables sur la comète de Halley (*Abhandlungen*, t. I; *Conn. des Temps* pour 1840), est arrivé à la conviction que le Soleil exerce, sur la matière ténue de la queue, une attraction plus petite que sur le noyau (à égalité de masses, bien entendu), et même une répulsion qui peut être de nature électrique; il considère que l'existence de cette force ne saurait être mise en doute.

115. Dans la seconde Partie de son Mémoire, Roche introduit une force émanant du Soleil, agissant sur les particules de la queue, suivant le rayon vecteur, dont l'intensité est inversement proportionnelle au carré de la distance; mais cette intensité, au lieu d'être représentée par l'expression $\frac{fM}{\Delta^2}$, l'est par $\frac{fM(1-\varphi)}{\Delta^2}$. Si φ est <1, on aura donc une attraction élective sur les particules de la queue, plus faible que sur le noyau; pour $\varphi>1$, ce n'est plus une attraction, mais une répulsion. Dans ces conditions, l'équation (2), qui exprime l'équilibre, doit être remplacée par

$$\frac{fM(1-\varphi)}{\Delta} - \frac{fMy}{r'^2} + \frac{f\mu}{r} + \frac{1}{2}\omega^2(x^2+y^2) = \text{const.}$$

Pour simplifier, Roche fait abstraction de la rotation de la comète; il trouve ainsi, pour l'équation générale des surfaces de niveau, en tenant compte de la relation $\Delta^2 = r'^2 + r^2 - 2r'y$,

$$\frac{1-\varphi}{\sqrt{r'^2+r^2-2r'y}} - \frac{y}{r'^2} + \frac{m}{r} = \text{const.},$$

d'où, en développant suivant les puissances de $\frac{r}{r'}$, comme au n° 111,

$$\frac{1-\varphi}{r'}\left(1+\frac{y}{r'}+\frac{3y^2-r^2}{2r'^2}\right) - \frac{y}{r'^2} + \frac{m}{r} = \text{const.},$$

ce qui peut s'écrire

$$(23)\qquad (1-\varphi)\frac{2y^2-x^2-z^2}{r'^3}-\frac{2\varphi y}{r'^2}+\frac{2m}{\sqrt{x^2+y^2+z^2}}=C.$$

Telle est l'équation générale des surfaces de niveau. On voit que ces surfaces sont de révolution autour de Oy, mais qu'en raison du terme $-\frac{2\varphi y}{r'^2}$, elles n'admettent plus l'origine pour centre. Avec les coordonnées polaires, cette équation devient

$$(24)\qquad (1-\varphi)r^2\frac{3\sin^2\theta\sin^2\psi-1}{r'^3}-\frac{2\varphi r\sin\theta\sin\psi}{r'^2}+\frac{2m}{r}=C.$$

En raisonnant comme au n° 112, on voit que l'on doit avoir

$$2(1-\varphi)r\frac{3\sin^2\theta\sin^2\psi-1}{r'^3}-\frac{2\varphi\sin\theta\sin\psi}{r'^2}-\frac{2m}{r^2}<0;$$

de sorte que l'équation de la surface limite est

$$(1-\varphi)r\frac{3\sin^2\theta\sin^2\psi-1}{r'^3}-\frac{\varphi\sin\theta\sin\psi}{r'^2}-\frac{m}{r^2}=0.$$

Cette surface est de révolution autour de Oy. Cherchons les sommets situés sur Oy; nous aurons, pour $\theta=90°$, $\psi=90°$,

$$(25)\qquad 2(1-\varphi)\left(\frac{r}{r'}\right)^3-\varphi\left(\frac{r}{r'}\right)^2-m=0;$$

pour $\theta=90°$, $\psi=-90°$,

$$(26)\qquad 2(1-\varphi)\left(\frac{r}{r'}\right)^3+\varphi\left(\frac{r}{r'}\right)^2-m=0.$$

Si nous supposons $\varphi<1$, l'équation (25) aura une racine positive r_2, et une seule; m étant très petit, cette racine est voisine de

$$r_2=\frac{r'}{2}\frac{\varphi}{1-\varphi};$$

si φ n'est pas très petit, cette racine est de l'ordre de r'; donc elle est très grande, et la branche de courbe correspondante, dirigée du côté du Soleil, disparaît en quelque sorte; il n'y a donc de limite atmosphérique que du côté opposé au Soleil. Dans les mêmes conditions, l'équation (26) admet aussi une seule racine positive, laquelle est très voisine de

$$(27)\qquad r_1=r'\sqrt{\frac{m}{\varphi}}.$$

Cherchons la valeur de C qui répond à la surface libre; il faut faire, dans l'équation (24),

$$\theta = 90^\circ, \qquad \psi = -90^\circ, \qquad r = r_1;$$

il en résulte

$$C = \frac{4}{r'}\sqrt{m\varphi} + \frac{2}{r'} m \frac{1-\varphi}{\varphi};$$

on peut se borner à

$$C = \frac{4}{r'}\sqrt{m\varphi},$$

et l'équation de la surface libre devient

$$(28) \qquad (1-\varphi) r^2 \frac{3\sin^2\theta \sin^2\psi - 1}{r'^3} - 2\varphi r \frac{\sin\theta \sin\psi}{r'^2} + \frac{2m}{r} = \frac{4}{r'}\sqrt{m\varphi}.$$

Cherchons le second point où cette surface coupe Oy, en faisant

$$\theta = 90^\circ, \qquad \psi = 90^\circ.$$

Nous trouverons

$$(29) \qquad (1-\varphi)\left(\frac{r}{r'}\right)^3 - \varphi\left(\frac{r}{r'}\right)^2 - 2\sqrt{m\varphi}\,\frac{r}{r'} + m = 0.$$

Cette équation admet deux racines positives; l'une voisine de $\frac{r'\varphi}{1-\varphi}$ est très grande et se rapporte à une branche de courbe fort éloignée, dont nous n'avons pas à nous occuper. L'autre a une expression approchée que l'on déduit de l'équation (29), en négligeant le terme en $\left(\frac{r}{r'}\right)^3$; on a alors

$$\varphi\left(\frac{r}{r'}\right)^2 + 2\sqrt{m\varphi}\,\frac{r}{r'} - m = 0,$$

$$r = r'\sqrt{\frac{m}{\varphi}}(\sqrt{2}-1).$$

La figure ci-dessous représente la courbe méridienne de la surface libre.

Fig. 13.

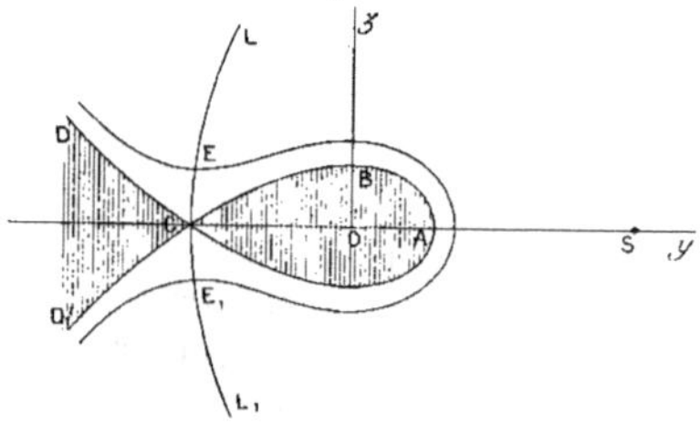

On démontre aisément qu'en C la surface admet un point conique : c'est par là que se fera l'écoulement, et l'on n'aura plus qu'une queue unique opposée au Soleil. On a représenté l'une des surfaces de niveau extérieures à la surface libre; l'écoulement se fera par l'orifice EE_1.

Roche aurait pu remarquer que, le long de la surface ABC, $\frac{r}{r'}$ étant de l'ordre de $\sqrt{m}$, on peut réduire l'équation (28) de la surface libre, en négligeant le premier terme; l'équation de la courbe méridienne ABC devient alors

$$2\sqrt{m\varphi} - m\frac{r'}{r} + \varphi\frac{r}{r'}\sin\theta = 0.$$

On en déduit

$$r = \frac{r'}{\sqrt{1+\sin\theta}+1}\sqrt{\frac{m}{\varphi}}.$$

On trouve aisément

$$AC = r'\sqrt{\frac{2m}{\varphi}},$$

$$\frac{OB - OA}{OB} = 3 - 2\sqrt{2} = \frac{1}{6} \text{ environ.}$$

Nous renvoyons le lecteur au Mémoire de Roche pour les cas de $\varphi = 1$ et de $\varphi > 1$, dans lesquels l'allure générale des résultats précédents est peu modifiée.

CHAPITRE XVI.

FIGURE DES COMÈTES. — RECHERCHES DE SCHIAPARELLI, BESSEL ET CHARLIER.

116. Recherches de Schiaparelli. — Nous allons présenter une analyse succincte de quelques points du Chapitre VIII du bel Ouvrage de M. Schiaparelli *Entwurf einer astronomischen Theorie der Sternschnuppen*, édition allemande de Boguslawski.

Le savant astronome italien considère une comète avant que sa queue se soit développée, et il la suppose formée d'un amas sphérique homogène de petits corpuscules, sans condensation au centre et sans liaison des corpuscules les uns avec les autres; un certain nombre de comètes paraissent en effet remplir ces conditions; nous n'aurons pas à considérer la force répulsive.

Soient (*fig.* 14) O le centre de gravité de l'amas, A un point de sa surface, S le Soleil, $OA = r$, $OS = r_1$, $AS = \Delta$; x, y, z; x_1, y_1, z_1 les coordonnées de A et de S, rapportées à des axes mobiles de directions invariables se coupant en O,

Fig. 14.

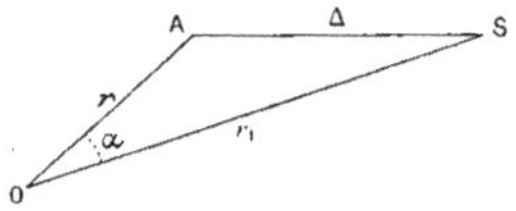

M la masse du Soleil. Dans le mouvement relatif de la particule A autour du point O, les composantes de la force perturbatrice provenant de l'action du Soleil ont, comme on sait, les expressions suivantes :

$$X_1 = fM\left(\frac{x_1 - x}{\Delta^3} - \frac{x_1}{r_1^3}\right),$$

$$Y_1 = fM\left(\frac{y_1 - y}{\Delta^3} - \frac{y_1}{r_1^3}\right),$$

$$Z_1 = fM\left(\frac{z_1 - z}{\Delta^3} - \frac{z_1}{r_1^3}\right).$$

La composante Σ de cette force, dirigée suivant AO, sera

$$\Sigma = -\left(X_1 \frac{x}{r} + Y_1 \frac{y}{r} + Z_1 \frac{z}{r}\right),$$

ou bien, en remplaçant X_1, Y_1 et Z_1 par leurs valeurs précédentes,

$$\Sigma = -fM\left(\frac{xx_1 + yy_1 + zz_1 - r^2}{r\Delta^3} - \frac{xx_1 + yy_1 + zz_1}{rr_1^3}\right).$$

Soit α l'angle AOS, on a

$$xx_1 + yy_1 + zz_1 = rr_1 \cos\alpha,$$

$$\Delta^2 = r^2 + r_1^2 - 2rr_1 \cos\alpha,$$

et il en résulte

$$\Sigma = \frac{fM}{r_1^2}\left[\cos\alpha + \left(\frac{r}{r_1} - \cos\alpha\right)\left(1 - \frac{2r}{r_1}\cos\alpha + \frac{r^2}{r_1^2}\right)^{-\frac{3}{2}}\right];$$

d'où, en développant suivant les puissances de la petite quantité $\frac{r}{r_1}$, et négligeant $\left(\frac{r}{r_1}\right)^2$,

$$\Sigma = \frac{fM}{r_1^2}\frac{r}{r_1}(1 - 3\cos^2\alpha).$$

Pour $\alpha = 0$, ou $\alpha = 180°$, on a

$$\Sigma = -\frac{2fM}{r_1^2}\frac{r}{r_1},$$

et, pour $\alpha = 90°$,

$$\Sigma = +\frac{fM}{r_1^2}\frac{r}{r_1}.$$

Donc la force perturbatrice du Soleil tend à augmenter l'attraction centrale exercée par la comète sur le point A (laquelle est dirigée suivant AO), pour les parties de l'amas qui sont en quadrature avec le Soleil; elle tend à la diminuer pour les parties qui sont en conjonction ou en opposition avec le Soleil. La composante Σ s'annule pour

$$\cos\alpha = \pm\frac{1}{\sqrt{3}}, \qquad \alpha = 54°44', \qquad \text{ou} \qquad \alpha = 125°16';$$

c'est donc assez loin des quadratures que Σ devient positif. On voit que la force perturbatrice du Soleil agit de préférence sur les particules qui sont dirigées suivant le rayon OS ou suivant son prolongement. Si, pour ces particules, la force Σ est supérieure à l'attraction centrale de la comète, une dissolution au moins partielle pourra se produire. La dissolution aura pu commencer antérieurement; l'auteur a cherché seulement une limite au delà de laquelle cette dissolution se produira nécessairement. Soit m la masse de la comète, nous trouverons pour la limite cherchée

$$\frac{2fM}{r_1^2}\frac{r}{r_1}=\frac{fm}{r^2},$$

$$\frac{m}{r^3}=\frac{2M}{r_1^3}. \tag{1}$$

Si l'on a

$$m<2M\left(\frac{r}{r_1}\right)^3, \tag{2}$$

la dissolution pourra se produire. On peut donner de l'inégalité (2) une interprétation simple, en l'écrivant comme il suit,

$$\frac{m}{\frac{4}{3}\pi r^3}<\frac{2M}{\frac{4}{3}\pi r_1^3}.$$

Cela veut dire que, pour que la comète reste agglomérée, il faut que sa densité moyenne soit plus grande que le double de ce que deviendrait la densité moyenne du Soleil si toute sa masse était répartie uniformément dans tout l'intérieur d'une sphère de rayon r_1. On remarquera que l'inégalité (2) est celle à laquelle nous a conduit la théorie de Roche. On voit que M. Schiaparelli considère les différentes particules de la comète s'attirant mutuellement, mais n'ayant pas entre elles la liaison que suppose une masse fluide continue.

Supposons que la comète soit comme un nuage formé de gouttelettes sphériques séparées nettement les unes des autres, et désignons par μ la masse de chacune de ces particules, par i leur nombre et par $2d$ leur distance moyenne. Nous pourrons écrire

$$m=i\mu,\qquad \frac{4}{3}\pi d^3 i=\frac{4}{3}\pi r^3;$$

la seconde de ces relations est en quelque sorte la définition de d. On en conclut

$$\frac{m}{\mu}=\frac{r^3}{d^3},$$

et la condition (2) devient

$$\frac{\mu}{d^3}<\frac{2M}{r_1^3};$$

d'où

$$d>r_1\sqrt[3]{\frac{\mu}{2M}}. \tag{3}$$

Supposons r_1 égal à la distance de la Terre au Soleil; soient m_0 la masse de la Terre, r_0 son rayon, Δ sa densité moyenne et ϖ la parallaxe du Soleil. On aura

$$r_1 = \frac{r_0}{\sin\varpi}, \qquad \frac{M}{m_0} = 324000, \qquad m_0 = \frac{4}{3}\pi r_0^3 \Delta.$$

Nous prenons pour m_0 le poids au lieu de la masse, mais nous faisons de même pour μ, ce qui ne présentera pas d'inconvénient.

L'inégalité (3) deviendra

$$(4) \qquad d > \frac{1}{\sin\varpi}\sqrt[3]{\frac{3\mu}{4\pi\Delta \times 648000}}.$$

Supposons que cette particule ait un poids de 1 gramme; l'unité de longueur pour d sera donc le centimètre. Si l'on prend, en outre,

$$\Delta = 5,56, \qquad \varpi = 8'',81,$$

on trouve que la formule (4) donne

$$d > 95, \qquad 2d > 1^{\text{m}},90.$$

De là cette conséquence curieuse : si un nuage sphérique de corpuscules pesant 1 gramme chacun, placé à la même distance du Soleil que la Terre, est constitué de façon que la distance moyenne de deux corpuscules soit égale ou supérieure à $1^{\text{m}},90$, ce nuage ira en se dissolvant sous l'influence perturbatrice du Soleil. Pour avoir la stabilité, il faut que la distance moyenne $2d$ soit plus petite que $1^{\text{m}},90$.

Arrivant à la formation des queues des comètes, M. Schiaparelli, après avoir rappelé dans le même Chapitre que Bessel considère l'existence d'une force répulsive comme absolument démontrée, dit que, dans son opinion, il doit y avoir dans les comètes une matière spéciale sur laquelle le Soleil exerce une action moindre que sur le reste de la comète, et même, dans certain cas, une répulsion. Cette matière n'entre d'ailleurs qu'en proportion minime relativement à l'autre, de sorte que sa présence dans le corps de la comète n'empêche pas celui-ci d'obéir aux lois de Képler. Le développement de la queue dépend exclusivement de la quantité plus ou moins grande de cette nouvelle matière et de la force avec laquelle le Soleil agit sur elle. Cette matière se sépare du reste pour former la queue, et elle peut entraîner avec elle des quantités plus ou moins grandes de la matière ordinaire.

117. Recherches de Bessel (*Abhandlungen*, t. I). — Bessel considère une particule de la queue, au moment où elle sort de la sphère d'action de la comète, dont le rayon est très petit; elle se meut ensuite en vertu de sa vitesse initiale, et d'une force centrale dirigée suivant le rayon vecteur du Soleil, inversement proportionnelle au carré de la distance, mais dont l'intensité est représentée par $\frac{\mu}{r^2}$, tandis que l'attraction du Soleil sur le reste de la masse est $\frac{1}{r^2}$. Si μ est positif et inférieur à l'unité, la particule est encore attirée par le Soleil, mais avec une force moindre que les éléments du noyau; si μ devient négatif, on aura une répulsion. Bessel cherche à déterminer les coordonnées relatives de la particule pendant un temps relativement court. Son orbite relative sera plane et son plan supposé coïncidera avec celui de l'orbite du noyau. Dans ce dernier plan, on considère deux axes rectangulaires Sx et Sy, se coupant au centre S du Soleil. Soient x et y les coordonnées du centre de gravité de la comète à l'époque t, X et Y les coordonnées de la particule à l'époque t, R sa distance au Soleil; l'époque prise pour origine du temps sera celle où la particule sort de la sphère d'action du noyau. En désignant par un ou deux accents les dérivées premières ou secondes par rapport au temps, on aura les équations

$$(5)\qquad x'' + \frac{x}{r^3} = 0, \qquad y'' + \frac{y}{r^2} = 0,$$

$$(6)\qquad X'' + \frac{\mu X}{R^3} = 0, \qquad Y'' + \frac{\mu Y}{R^3} = 0.$$

On voit que Roche considérait la particule avant sa sortie de la sphère d'action, tandis que Bessel prend les choses après la sortie. Les équations (1) sont celles d'un mouvement elliptique ou parabolique; les équations (2) celles d'un mouvement elliptique, parabolique, ou même hyperbolique.

Soient M la position du centre de gravité du noyau à l'époque t, et N celle de la particule considérée; on choisit deux axes rectangulaires $M\xi$ et $M\eta$ situés dans le plan de l'orbite de M, l'axe $M\xi$ coïncidant avec le prolongement du rayon vecteur SM, et l'axe $M\eta$ étant dirigé en sens inverse du mouvement de la comète; on rapporte la particule N à ces deux axes mobiles, et l'on désigne ces coordonnées relatives par ξ et η. On trouve immédiatement les formules

$$(7)\qquad X = x + \frac{x\xi + y\eta}{r}, \qquad Y = y + \frac{y\xi - x\eta}{r}.$$

En substituant ces expressions dans les équations (6), et tenant compte des relations (5), on trouve

$$\left(\frac{x\xi + y\eta}{r}\right)'' = \frac{x}{r^3} - \frac{\mu}{R^3}\left(x + \frac{x\xi + y\eta}{r}\right),$$

$$\left(\frac{y\xi - x\eta}{r}\right)'' = \frac{y}{r^3} - \frac{\mu}{R^3}\left(y + \frac{y\xi - x\eta}{r}\right).$$

On en déduit

$$(8)\quad \begin{cases} x\left(\dfrac{x\xi+y\eta}{r}\right)''+y\left(\dfrac{y\xi-x\eta}{r}\right)''=\dfrac{1}{r}-\dfrac{\mu}{R^3}(r^2+r\xi),\\ y\left(\dfrac{x\xi+y\eta}{r}\right)''-x\left(\dfrac{y\xi-x\eta}{r}\right)''=\quad-\dfrac{\mu}{R^3}r\eta. \end{cases}$$

On a ensuite

$$\left(\frac{x\xi+y\eta}{r}\right)''=\frac{x}{r}\xi''+2\left(\frac{x}{r}\right)'\xi'+\left(\frac{x}{r}\right)''\xi+\frac{y}{r}\eta''+2\left(\frac{y}{r}\right)'\eta'+\left(\frac{y}{r}\right)''\eta,$$

$$\left(\frac{y\xi-x\eta}{r}\right)''=\frac{y}{r}\xi''+2\left(\frac{y}{r}\right)'\xi'+\left(\frac{y}{r}\right)''\xi-\frac{x}{r}\eta''-2\left(\frac{x}{r}\right)'\eta'-\left(\frac{x}{r}\right)''\eta.$$

En ayant égard à ces formules, les équations (4) deviennent

$$(9)\quad \begin{cases} r\xi''+2\xi'\left[x\left(\dfrac{x}{r}\right)'+y\left(\dfrac{y}{r}\right)'\right]+\xi\left[x\left(\dfrac{x}{r}\right)''+y\left(\dfrac{y}{r}\right)''\right]\\ \quad+2\eta'\left[x\left(\dfrac{y}{r}\right)'-y\left(\dfrac{x}{r}\right)'\right]+\eta\left[x\left(\dfrac{y}{r}\right)''-y\left(\dfrac{x}{r}\right)''\right]=\dfrac{1}{r}-\dfrac{\mu}{R^3}(r^2+r\xi),\\ r\eta''+2\eta'\left[x\left(\dfrac{x}{r}\right)'+y\left(\dfrac{y}{r}\right)'\right]+\eta\left[x\left(\dfrac{x}{r}\right)''+y\left(\dfrac{y}{r}\right)''\right]\\ \quad-2\xi'\left[x\left(\dfrac{y}{r}\right)'-y\left(\dfrac{x}{r}\right)'\right]-\xi\left[x\left(\dfrac{y}{r}\right)''-y\left(\dfrac{x}{r}\right)''\right]=-\dfrac{\mu}{R^3}r\eta. \end{cases}$$

On a ensuite

$$\left(\frac{x}{r}\right)'=\frac{x'}{r}-\frac{r'}{r^2}x,\qquad \left(\frac{x}{r}\right)''=\frac{x''}{r}-\frac{2r'}{r^2}x'-\frac{r''}{r^2}x+\frac{2r'^2}{r^3}x,$$

$$\left(\frac{y}{r}\right)'=\frac{y'}{r}-\frac{r'}{r^2}y,\qquad \left(\frac{y''}{r}\right)''=\frac{y''}{r}-\frac{2r'}{r^2}y'-\frac{r''}{r^2}y+\frac{2r'^2}{r^3}y.$$

Soit p le paramètre de l'orbite du centre de gravité M du noyau; on a aussi

$$xy'-yx'=\sqrt{p},\qquad xy''-yx''=0,$$
$$r^3r''+r=p,$$

et l'on conclut des relations précédentes

$$x\left(\frac{x}{r}\right)'+y\left(\frac{y}{r}\right)'=0,\qquad x\left(\frac{x}{r}\right)''+y\left(\frac{y}{r}\right)''=-\frac{p}{r^3},$$

$$x\left(\frac{y}{r}\right)'-y\left(\frac{x}{r}\right)'=\frac{\sqrt{p}}{r},\qquad x\left(\frac{y}{r}\right)''-y\left(\frac{x}{r}\right)''=-\frac{2r'}{r^2}\sqrt{p};$$

après quoi les équations (9) deviennent

$$(10)\quad \begin{cases} r\xi''-\dfrac{p}{r^3}\xi+\dfrac{2\sqrt{p}}{r}\eta'-\dfrac{2r'\sqrt{p}}{r^2}\eta=\dfrac{1}{r}-\dfrac{\mu}{R^3}(r^2+r\xi),\\ r\eta''-\dfrac{p}{r^3}\eta-\dfrac{2\sqrt{p}}{r}\xi'+\dfrac{2r'\sqrt{p}}{r^2}\xi=\quad-\dfrac{\mu}{R^3}r\eta. \end{cases}$$

On a enfin

$$R^2 = (r+\xi)^2 + \eta^2,$$

d'où, en négligeant les petites quantités $\left(\frac{\xi}{r}\right)^2$ et $\left(\frac{\eta}{r}\right)^2$,

$$\frac{1}{R^3} = \frac{1}{r^3}\left(1 - \frac{3\xi}{r}\right). \tag{11}$$

Bessel suppose que le rayon ρ de la sphère d'action de la comète soit assez petit pour que l'on puisse négliger $\rho^2 t^2$ et ρt^3; c'est ce qui fait que nous pouvons négliger ici $\left(\frac{\xi}{r}\right)^2$ et $\left(\frac{\eta}{r}\right)^2$. En portant l'expression (11) dans les équations (10), elles deviennent

$$(12)\qquad \begin{cases} \xi'' = \dfrac{1-\mu}{r^2} - \dfrac{2\sqrt{p}}{r^2}\eta' + \dfrac{2r'\sqrt{p}}{r^3}\eta + \left(\dfrac{2\mu}{r^3} + \dfrac{p}{r^4}\right)\xi, \\ \eta'' = \dfrac{2\sqrt{p}}{r^2}\xi' - \dfrac{2r'\sqrt{p}}{r^3}\xi - \left(\dfrac{\mu}{r^3} - \dfrac{p}{r^4}\right)\eta. \end{cases}$$

En différentiant encore une fois, remplaçant dans les seconds membres ξ'' et η'' par leur expression (12), et négligeant cette fois $\frac{\xi}{r}$ et $\frac{\eta}{r}$, il vient

$$(13)\qquad \begin{cases} \xi''' = -2\dfrac{1-\mu}{r^3}r' + \dfrac{6r'\sqrt{p}}{r^3}\eta' + \left(\dfrac{2\mu}{r^3} - \dfrac{3p}{r^4}\right)\xi', \\ \eta''' = 2\dfrac{1-\mu}{r^4}\sqrt{p} - \dfrac{6r'\sqrt{p}}{r^3}\xi' - \left(\dfrac{\mu}{r^3} + \dfrac{3p}{r^4}\right)\eta'. \end{cases}$$

118. Soient ξ_0, η_0, ξ'_0, η'_0, ξ''_0, η''_0, ξ'''_0, η'''_0 les valeurs initiales de ξ, η, ..., η'''; la série de Taylor donne

$$(14)\qquad \begin{cases} \xi = \xi_0 + t\xi'_0 + \dfrac{1}{2}t^2\xi''_0 + \dfrac{1}{6}t^3\xi'''_0, \\ \eta = \eta_0 + t\eta'_0 + \dfrac{1}{2}t^2\eta''_0 + \dfrac{1}{6}t^3\eta'''_0, \end{cases}$$

d'où, en tirant ξ''_0, η''_0, ξ'''_0 et η'''_0 des relations (12) et (13),

$$\begin{aligned} \xi = \xi_0 + t\xi'_0 &+ \frac{1}{2}t^2\left[\frac{1-\mu}{r_0^2} - \frac{2\sqrt{p}}{r_0^2}\eta'_0 + \frac{2r'_0\sqrt{p}}{r_0^3}\eta_0 + \left(\frac{2\mu}{r_0^3} + \frac{p}{r_0^4}\right)\xi_0\right] \\ &+ \frac{1}{6}t^3\left[-2\frac{1-\mu}{r_0^3}r'_0 + \frac{6r'_0\sqrt{p}}{r_0^3}\eta'_0 + \left(\frac{2\mu}{r_0^3} - \frac{3p}{r_0^4}\right)\xi'_0\right]; \\ \eta = \eta_0 + t\eta'_0 &+ \frac{1}{2}t^2\left[\frac{2\sqrt{p}}{r_0^2}\xi'_0 - \frac{2r'_0\sqrt{p}}{r_0^3}\xi_0 - \left(\frac{\mu}{r_0^3} - \frac{p}{r_0^4}\right)\eta_0\right] \\ &+ \frac{1}{6}t^3\left[2\frac{1-\mu}{r_0^4}\sqrt{p} - \frac{6r'_0\sqrt{p}}{r_0^3}\xi'_0 - \left(\frac{\mu}{r_0^3} + \frac{3p}{r_0^4}\right)\eta'_0\right]. \end{aligned}$$

Il convient de faire figurer, dans les coefficients de t^2 et de t^3, r et r' au lieu de r_0 et r'_0. On pourra prendre $r'_0 = r'$, et

$$r = r_0 + r't, \qquad r_0 = r - r't,$$
$$\frac{1}{r_0^2} = \frac{1}{r^2}\left(1 + \frac{2r'}{r}t\right).$$

Dans les termes en ξ'''_0 et η'''_0 et aussi dans les termes en ξ''_0 et η''_0, qui contiennent ξ_0 ou η_0 en facteur, on peut faire $r_0 = r$. On trouve, d'ailleurs,

$$\frac{1}{2}t^2\left(\frac{1-\mu}{r_0^2} - \frac{2\sqrt{p}}{r_0^2}\eta'_0\right) = \frac{1}{2}t^2\left(\frac{1-\mu}{r^2} - \frac{2\sqrt{p}}{r^2}\eta'_0\right) + t^3\left(\frac{1-\mu}{r^3}r' - \frac{2r'\sqrt{p}}{r^3}\eta'_0\right),$$
$$t^2\frac{\sqrt{p}}{r_0^2}\xi'_0 = t^2\frac{\sqrt{p}}{r^2}\xi'_0 + 2t^3\frac{r'\sqrt{p}}{r^3}\xi'_0.$$

Les dernières expressions de ξ et de η deviennent

$$(15)\quad \left\{\begin{aligned} \xi = \xi_0 + t\xi'_0 &+ \frac{1}{2}t^2\left[\frac{1-\mu}{r^2} - \frac{2\sqrt{p}}{r^2}\eta'_0 + \frac{2r'\sqrt{p}}{r^3}\eta_0 + \left(\frac{2\mu}{r^3} + \frac{p}{r^4}\right)\xi_0\right] \\ &+ \frac{1}{6}t^3\left[4\frac{1-\mu}{r^3}r' - \frac{6r'\sqrt{p}}{r^3}\eta'_0 + \left(\frac{2\mu}{r^3} - \frac{3p}{r^4}\right)\xi'_0\right]; \end{aligned}\right.$$

$$(16)\quad \left\{\begin{aligned} \eta = \eta_0 + t\eta'_0 &+ \frac{1}{2}t^2\left[\frac{2\sqrt{p}}{r^2}\xi'_0 - \frac{2r'\sqrt{p}}{r^3}\xi_0 - \left(\frac{\mu}{r^3} - \frac{p}{r^4}\right)\eta_0\right] \\ &+ \frac{1}{6}t^3\left[2\frac{1-\mu}{r^3}\sqrt{p} + \frac{6r'\sqrt{p}}{r^3}\xi'_0 - \left(\frac{\mu}{r^3} + \frac{3p}{r^4}\right)\eta'_0\right]. \end{aligned}\right.$$

Soient maintenant g_1 et g_2 les projections de la vitesse relative initiale sur les axes $M\xi$ et $M\eta$. En se reportant aux formules (7), et remarquant que les projections de cette même vitesse sur les axes fixes Sx et Sy sont

$$X' - x' = \left(\frac{x\xi + y\eta}{r}\right)', \qquad Y' - y' = \left(\frac{y\xi - x\eta}{r}\right)',$$

on trouve

$$g_1 = \frac{x}{r}\left(\frac{x\xi + y\eta}{r}\right)' + \frac{y}{r}\left(\frac{y\xi - x\eta}{r}\right)',$$
$$g_2 = \frac{y}{r}\left(\frac{x\xi + y\eta}{r}\right)' - \frac{x}{r}\left(\frac{y\xi - x\eta}{r}\right)',$$

d'où l'on tire sans peine

$$g_1 = \xi' + \frac{\eta\sqrt{p}}{r^2}, \qquad g_2 = \eta' - \frac{\xi\sqrt{p}}{r^2}.$$

Mais g_1 et g_2 désignent les projections de la vitesse à l'époque zéro; on doit donc mettre les indices zéro aux diverses lettres dans le second membre; on pourra y laisser r au lieu de r_0. On trouve ainsi

$$\xi'_0 = g_1 - \frac{\eta_0\sqrt{p}}{r^2}, \qquad \eta'_0 = g_2 + \frac{\xi_0\sqrt{p}}{r^2},$$

et, si l'on porte ces expressions dans les formules (15) et (16), elles deviennent

$$(17)\quad \left\{\begin{aligned} \xi = \xi_0 + t\left(g_1 - \eta_0\frac{\sqrt{p}}{r^2}\right) &+ \frac{1}{2}t^2\left[\frac{1-\mu}{r^2} - \frac{2\sqrt{p}}{r^2}g_2 + \frac{2r'\sqrt{p}}{r^3}\eta_0 + \left(\frac{2\mu}{r^3} - \frac{p}{r^4}\right)\xi_0\right] \\ &+ \frac{1}{6}t^3\left[4\frac{1-\mu}{r^3}r' - \frac{6r'\sqrt{p}}{r^3}g_2 + \left(\frac{2\mu}{r^3} - \frac{3p}{r^4}\right)g_1\right]; \end{aligned}\right.$$

$$(18)\quad \left\{\begin{aligned} \eta = \eta_0 + t\left(g_2 + \xi_0\frac{\sqrt{p}}{r^2}\right) &+ \frac{1}{2}t^2\left[\frac{2\sqrt{p}}{r^2}g_1 - \frac{2r'\sqrt{p}}{r^3}\xi_0 - \left(\frac{\mu}{r^3} + \frac{p}{r^4}\right)\eta_0\right] \\ &+ \frac{1}{6}t^3\left[2\frac{1-\mu}{r^4}\sqrt{p} + \frac{6r'\sqrt{p}}{r^3}g_1 - \left(\frac{\mu}{r^3} + \frac{3p}{r^4}\right)g_2\right]. \end{aligned}\right.$$

Si l'on pose enfin

$$(19)\quad \left\{\begin{aligned} \xi_0 &= -\rho\cos F, & \eta_0 &= \rho\sin F, \\ g_1 &= -g\cos G, & g_2 &= g\sin G, \end{aligned}\right.$$

et que l'on ait égard à la relation

$$r' = \frac{e\sin v}{\sqrt{p}},$$

dans laquelle v désigne l'anomalie vraie du point M, les formules (17) et (18) deviendront

$$(19)\quad \left\{\begin{aligned} \xi = &-\rho\cos F - t\left(g\cos G + \frac{\sqrt{p}}{r^2}\rho\sin F\right) \\ &+ \frac{1}{2}t^2\left[\frac{1-\mu}{r^2} - 2\frac{\sqrt{p}}{r^2}g\sin G - \left(\frac{2\mu}{r^3} - \frac{p}{r^4}\right)\rho\cos F + \frac{2e\sin v}{r^3}\rho\sin F\right] \\ &+ \frac{1}{6}t^3\left[\frac{1-\mu}{r^3}\frac{4e\sin v}{\sqrt{p}} - \left(\frac{2\mu}{r^3} - \frac{3p}{r^4}\right)g\cos G - \frac{6e\sin v}{r^3}g\sin G\right]; \end{aligned}\right.$$

$$(20)\quad \left\{\begin{aligned} \eta = &\rho\sin F + t\left(g\sin G - \frac{\sqrt{p}}{r^2}\rho\cos F\right) \\ &- \frac{1}{2}t^2\left[\frac{2\sqrt{p}}{r^2}g\cos G - \frac{2e\sin v}{r^3}\rho\cos F + \left(\frac{\mu}{r^3} + \frac{p}{r^4}\right)\rho\sin F\right] \\ &+ \frac{1}{6}t^3\left[2\frac{1-\mu}{r^4}\sqrt{p} - \frac{6e\sin v}{r^3}g\cos G - \left(\frac{\mu}{r^3} + \frac{3p}{r^4}\right)g\sin G\right]. \end{aligned}\right.$$

On voit que ρ et g désignent respectivement le rayon de la sphère d'action et la vitesse relative initiale; les quantités F et G déterminent les directions du rayon mené de M au point où la particule sort de la sphère d'action, et de la vitesse relative g. Les formules (19) et (20) sont d'accord avec celles de Bessel, quand on y corrige quelques petites fautes de calcul (*voir* MARCUSE, *Ueber die physische Beschaffenheit der Cometen*, Berlin, 1884).

119. **Détermination approchée de l'orbite de la particule.** — Bessel réduit les expressions (17) et (18) à leurs parties principales, savoir :

$$\xi = g_1 t + \frac{1-\mu}{2r^2}t^2 + 2r'\frac{1-\mu}{3r^3}t^3, \tag{21}$$

$$\eta = g_2 t + \frac{g_1\sqrt{p}}{r^2}t^2 + \sqrt{p}\,\frac{1-\mu}{3r^4}t^3. \tag{22}$$

Il s'agit d'éliminer t entre ces deux équations. On tire de la première

$$\frac{2\xi}{1-\mu} = \frac{t^2}{r^2} + \frac{2g_1 t}{1-\mu} + \frac{4}{3}\frac{r'}{r^3}t^3,$$

d'où, en négligeant g_1^2,

$$\left(\frac{t}{r} + \frac{g_1 r}{1-\mu}\right)^2 = \frac{2\xi}{1-\mu} - \frac{4}{3}r'\left(\frac{t}{r}\right)^3;$$

$$\frac{t}{r} = -\frac{g_1 r}{1-\mu} + \sqrt{\frac{2\xi}{1-\mu} - \frac{4}{3}r'\left(\frac{t}{r}\right)^3}.$$

En remplaçant dans le second membre $\frac{t}{r}$ par sa valeur approchée, $\sqrt{\frac{2\xi}{1-\mu}}$, il vient

$$\frac{t}{r} = -\frac{g_1 r}{1-\mu} + \sqrt{\frac{2\xi}{1-\mu}}\sqrt{1 - \frac{4}{3}r'\sqrt{\frac{2\xi}{1-\mu}}},$$

$$\frac{t}{r} = \sqrt{\frac{2\xi}{1-\mu}} - \frac{g_1 r}{1-\mu} - \frac{2}{3}r'\frac{2\xi}{1-\mu},$$

En portant cette valeur de t dans l'équation (22), et négligeant des termes de l'ordre de g^2, on trouve

$$\eta = g_2 r\left(\sqrt{\frac{2\xi}{1-\mu}} - \frac{2}{3}r'\frac{2\xi}{1-\mu}\right) + \frac{\sqrt{p}}{3r}2\xi\sqrt{\frac{2\xi}{1-\mu}}. \tag{23}$$

En supposant $g_2 = 0$ pour la queue, c'est-à-dire, la vitesse relative correspondante dirigée suivant le prolongement du rayon vecteur SM_0, on a

$$\eta = \frac{2\sqrt{2p}}{3r}\frac{\xi\sqrt{\xi}}{\sqrt{1-\mu}}. \tag{24}$$

Cette équation sert à déterminer $1-\mu$ par les valeurs observées des coordonnées ξ et η de la queue. Mais l'axe de la queue est difficile à fixer. Pape (*Astron. Nachr.*, n°s 1172-1174) préfère avoir recours à l'équation (23), d'où il tire les valeurs des inconnues g_2 et $1-\mu$, en combinant les observations relatives à deux points des bords de la queue.

M. Radau (*Bulletin astronomique*, t. I, p. 194) a cherché à compléter l'équation (23) en supposant nulles les valeurs initiales de ξ, η, ξ' et η', ce qui revient à supposer l'orbite absolue de la particule N tangente à l'orbite du point M. Il a calculé, en admettant en outre une parabole pour la dernière orbite, les expressions de ξ et de η en tenant compte des termes en t^4. Il a obtenu ainsi pour l'orbite relative l'équation

$$(25)\qquad \left(1-\frac{4}{15}\frac{\xi}{r}\right)\left(\frac{r^2}{q}\frac{1-\mu}{6\eta}\right)^{\frac{1}{3}}=\frac{2\xi}{3\eta}+\frac{1}{6}\varepsilon+\frac{1}{10}\left(1-\frac{7}{8}\varepsilon^2\right)\frac{3\eta}{2\xi},$$

dans laquelle q désigne la distance périhélie de la parabole, et ε la quantité $\sqrt{\frac{r}{q}-1}$. Enfin, M. d'Hepperger (*Astron. Nachr.*, n° 2576) a obtenu une formule qui donne à peu près les mêmes résultats que celle de M. Radau ; toutes les deux sont plus précises que celle de Bessel.

M. Bredichin a cherché à déterminer la figure de la tête de la comète, en se bornant aux formules approchées suivantes, déduites des formules (19) et (20),

$$\xi=-gt\cos G+\frac{1-\mu}{2r^2}t^2,$$
$$\eta=\quad gt\sin G.$$

On en tire, par l'élimination de t, l'équation d'une parabole; mais nous n'insistons pas sur ce résultat qui ne donne qu'une approximation assez sommaire.

M. Bredichin a calculé la force répulsive $1-\mu$ pour un grand nombre de comètes, et il a pu établir trois types de queues, pour lesquels cette force est respectivement égale à 11,0, 1,4 et 0,3. Certaines comètes ont offert deux de ces types; il y a même une comète (1882, II) qui les a présentés tous les trois. Les trois types, d'après M. Bredichin, répondraient à l'hydrogène, au carbone et au fer. On trouvera, dans les *Annales de l'observatoire de Moscou*, les nombreux travaux du savant russe sur ce sujet très intéressant, mais malheureusement assez complexe.

120. Recherches de MM. Charlier et Luc Picart. — Nous avons vu (page 260) que M. Schiaparelli a étudié la désagrégation des comètes; il en a établi la possibilité par cette remarque que la composante de la force perturbatrice du Soleil, suivant le rayon vecteur mené du centre de gravité d'une comète à un point de la surface, peut devenir plus grande que l'attraction de la comète sur le même point. M. Charlier a repris cette question d'une façon plus rigoureuse dans un Mémoire très intéressant (*Bulletin de l'Académie des Sciences de Saint-Pétersbourg*, t. XXXII, n° 3); M. Luc Picard (*Annales de l'observatoire de Bordeaux*, t. V) a simplifié l'exposition de M. Charlier et donné à ses conclusions une extension importante.

Nous allons rendre compte des recherches de ces deux astronomes.

Nous considérons donc un essaim homogène de corpuscules sphériques qui s'attirent mutuellement, et sont tous attirés de la même façon par le Soleil; c'est dire que nous supposons que la force répulsive n'existe pas. Soient, relativement à trois axes fixes passant par le Soleil, x, y, o les coordonnées du centre de gravité M de l'essaim; X, Y, Z celles d'une particule N située à l'intérieur de l'essaim, ou à l'extérieur, dans le voisinage.

On a pris, comme on voit, le plan de l'orbite de M pour plan des xy. Soit U l'attraction de l'essaim sur N; cette attraction est dirigée suivant la droite NM, puisque nous supposons l'essaim sphérique et homogène.

Nous aurons les équations différentielles

$$(26)\qquad x'' + k^2\frac{x}{r^3} = 0, \qquad y'' + k^2\frac{y}{r^3} = 0, \qquad r^2 = x^2 + y^2;$$

$$(27)\qquad \begin{cases} X'' + k^2\dfrac{X}{R^3} = -\dfrac{X-x}{\rho}U, \\[2mm] Y'' + k^2\dfrac{Y}{R^3} = -\dfrac{Y-y}{\rho}U, \qquad \rho^2 = \xi^2 + \eta^2 + \zeta^2; \\[2mm] Z'' + k^2\dfrac{Z}{R^3} = -\dfrac{Z}{\rho}U. \end{cases}$$

Nous introduisons, comme au n° 117, deux axes mobiles : Mξ prolongement de SM et Mη perpendiculaire sur Mξ, dans le sens du mouvement de l'essaim. Nous aurons encore les relations (7), que nous récrirons pour plus de clarté,

$$(28)\qquad \begin{cases} X = x + \dfrac{x\xi + y\eta}{r}, \\[2mm] Y = y + \dfrac{y\xi - x\eta}{r}, \\[2mm] Z = \zeta. \end{cases}$$

Nous trouverons

$$\left(\frac{x\xi + y\eta}{r}\right)'' + k^2\frac{x\xi + y\eta}{R^3 r} = k^2 x\left(\frac{1}{r^3} - \frac{1}{R^3}\right) - \frac{x\xi + y\eta}{\rho r}U,$$

$$\left(\frac{y\xi - x\eta}{r}\right)'' + k^2\frac{y\xi - x\eta}{R^3 r} = k^2 y\left(\frac{1}{r^3} - \frac{1}{R^3}\right) - \frac{y\xi - x\eta}{\rho r}U,$$

$$\zeta'' + \frac{k^2}{R^3}\zeta = -\frac{\zeta}{\rho}U,$$

On en tire

$$x\left(\frac{x\xi+y\eta}{r}\right)''+y\left(\frac{y\xi-x\eta}{r}\right)''+\frac{k^2r}{R^3}\xi=k^2r^2\left(\frac{1}{r^3}-\frac{1}{R^3}\right)-U\frac{\xi}{\rho}r,$$

$$y\left(\frac{x\xi+y\eta}{r}\right)''-x\left(\frac{y\xi-x\eta}{r}\right)''+\frac{k^2r}{R^3}\eta=-U\frac{\eta}{\rho}r.$$

On a d'ailleurs

$$R^2=(r+\xi)^2+\eta^2+\zeta^2,$$

ce qui, en négligeant ξ^2, η^2 et ζ^2, se réduit à

$$R=r+\xi,\qquad \text{d'où}\qquad \frac{1}{R^3}=\frac{1}{r^3}\left(1-\frac{3\xi}{r}\right).$$

Il en résulte

$$(29)\qquad \begin{cases} x\left(\dfrac{x\xi+y\eta}{r}\right)''+y\left(\dfrac{y\xi-x\eta}{r}\right)''-\dfrac{2k^2\xi}{r^2}+Ur\dfrac{\xi}{\rho}=0,\\ y\left(\dfrac{x\xi+y\eta}{r}\right)''-x\left(\dfrac{y\xi-x\eta}{r}\right)''+\dfrac{k^2\eta}{r^2}+Ur\dfrac{\eta}{\rho}=0.\end{cases}$$

En opérant comme au n° 117, et tenant compte des relations

$$x\left(\frac{x}{r}\right)'+y\left(\frac{y}{r}\right)'=0,\qquad x\left(\frac{x}{r}\right)''+y\left(\frac{y}{r}\right)''=-\frac{k^2p}{r^3},$$

$$x\left(\frac{y}{r}\right)'-y\left(\frac{x}{r}\right)'=\frac{k\sqrt{p}}{r},\qquad x\left(\frac{y}{r}\right)''-y\left(\frac{x}{r}\right)''=-\frac{2k\sqrt{p}\,r'}{r^2},$$

on trouve aisément, en revenant à la notation ordinaire pour les dérivées,

$$(30)\qquad \begin{cases} \dfrac{d^2\xi}{dt^2}+\dfrac{2k\sqrt{p}}{r^2}\dfrac{d\eta}{dt}-\dfrac{k^2\xi}{r^3}\left(\dfrac{p}{r}+2\right)-\dfrac{2k\sqrt{p}}{r^3}\eta\dfrac{dr}{dt}+U\dfrac{\xi}{\rho}=0,\\ \dfrac{d^2\eta}{dt^2}-\dfrac{2k\sqrt{p}}{r^2}\dfrac{d\xi}{dt}-\dfrac{k^2\eta}{r^3}\left(\dfrac{p}{r}-1\right)+\dfrac{2k\sqrt{p}}{r^3}\xi\dfrac{dr}{dt}+U\dfrac{\eta}{\rho}=0.\end{cases}$$

Supposons que l'orbite de M soit circulaire, nous aurons

$$r=p,\qquad \frac{dr}{dt}=0,\qquad k=np^{\frac{3}{2}},$$

et les équations (30) deviendront

$$(31)\qquad \begin{cases} \dfrac{d^2\xi}{dt^2}+2n\dfrac{d\eta}{dt}-3n^2\xi+U\dfrac{\xi}{\rho}=0,\\ \dfrac{d^2\eta}{dt^2}-2n\dfrac{d\xi}{dt}+U\dfrac{\eta}{\rho}=0,\\ \dfrac{d^2\zeta}{dt^2}+n^2\zeta+U\dfrac{\zeta}{\rho}=0.\end{cases}$$

121. Cas où la particule N est intérieure à l'amas. — On a alors

$$U = \frac{4}{3}\frac{\pi\rho^3 f D}{\rho^2} = \frac{4}{3}\pi\rho f D,$$

D désignant la densité moyenne. Soient m la masse totale de l'amas, ρ_0 son rayon; les formules

$$m = \frac{4}{3}\pi\rho_0^3 D, \qquad fM = n^2 a^3$$

donnent

$$\frac{4}{3}\pi f D = n^2\left(\frac{a}{\rho_0}\right)^3\frac{m}{M}.$$

Soit posé

(32) $$\frac{m}{M}\left(\frac{a}{\rho_0}\right)^3 = \mu;$$

les équations (31) deviendront

(33) $$\left\{\begin{aligned} &\frac{d^2\xi}{dt^2} + 2n\frac{d\eta}{dt} + (\mu - 3)n^2\xi = 0,\\ &\frac{d^2\eta}{dt^2} - 2n\frac{d\xi}{dt} + \mu n^2\eta \qquad = 0.\end{aligned}\right.$$

L'équation différentielle qui donne ζ devient d'ailleurs

(34) $$\frac{d^2\zeta}{dt^2} + (\mu + 1)n^2\zeta = 0.$$

On voit donc que l'on a, pour déterminer ξ, η et ζ, trois équations différentielles linéaires à coefficients constants et sans seconds membres.

Pour intégrer les équations (33), on pose

$$\xi = A\cos(snt + \alpha), \qquad \eta = B\sin(snt + \alpha),$$

où A, B, s et α désignent des constantes qui doivent vérifier les relations

$$\begin{aligned} &-As^2 + 2Bs + (\mu - 3)A = 0,\\ &-Bs^2 + 2As + \mu B \qquad = 0.\end{aligned}$$

On en tire, par l'élimination de $\frac{B}{A}$,

$$(s^2 - \mu)(s^2 - \mu + 3) = 4s^2,$$

ou bien

(35) $$s^4 - (2\mu + 1)s^2 + \mu(\mu - 3) = 0;$$

$$2s^2 = 2\mu + 1 \pm\sqrt{16\mu + 1}.$$

Ces deux valeurs de s^2 sont réelles parce que μ est essentiellement positif. D'après l'équation (35), la somme des valeurs de s^2 est positive; leur produit sera positif si l'on a $\mu > 3$. Donc, pour $\mu > 3$, les deux valeurs de s^2 sont positives, et les expressions de ξ et de η ne contiendront que des sinus et des cosinus; si les valeurs de ξ et de η sont petites à l'origine du temps, elles le resteront toujours et la figure de la comète sera stable. Dans le cas de $\mu < 3$, l'une des valeurs de s^2 sera positive et l'autre négative; il entrera donc, dans l'expression de ξ et η, des sinus et des cosinus, mais en outre des exponentielles. On aura

$$\xi = A\cos(snt+\alpha) + A_1 E^{s't} + A_2 E^{-s't},$$
$$\eta = B\sin(snt+\alpha) + B_1 E^{s't} + B_2 E^{-s't},$$

en désignant par s^2 et $-s'^2$ les deux racines de l'équation (35). On voit donc que ces expressions croîtront d'une façon très rapide; le groupement des corpuscules ne pourra pas subsister. La condition de stabilité, $\mu > 3$, à laquelle nous arrivons ainsi, peut s'écrire, en ayant égard à la définition de μ,

$$\frac{m}{M} > 3\left(\frac{\rho_0}{a}\right)^3; \tag{36}$$

tandis que M. Schiaparelli donne (page 260)

$$\frac{m}{M} > 2\left(\frac{\rho_0}{a}\right)^3. \tag{36'}$$

Soient

n_0 la vitesse angulaire des corpuscules dans leur mouvement de révolution autour du centre de gravité de la comète;

T_0 la durée de révolution;

T la durée de révolution du centre de gravité autour du Soleil.

Les relations

$$fm = n_0^2\rho_0^3, \qquad fM = n^2 a^3$$

permettront d'écrire comme il suit l'inégalité (36)

$$n_0 > n\sqrt{3}, \qquad T_0 < \frac{T}{\sqrt{3}};$$

tandis que, d'après M. Schiaparelli, on devrait avoir

$$n_0 > n\sqrt{2}, \qquad T_0 < \frac{T}{\sqrt{2}}.$$

L'équation (34) s'intègre avec des sinus et des cosinus, et la stabilité est toujours assurée pour ζ.

Ces résultats ont été donnés par M. Charlier. M. Picard a considéré en outre le cas où la particule est extérieure à l'essaim, et c'est de ce cas que nous allons maintenant nous occuper.

122. Cas où la particule N est extérieure à l'essaim. — En se reportant aux équations (31), on remarquera que l'attraction U est maintenant celle d'une sphère sur un point extérieur; on aura donc

$$U = \frac{fm}{\rho^2} = \frac{n^2 a^3}{\rho^2}\frac{m}{M}.$$

Les équations (31) deviendront

$$(37)\quad \begin{cases} \dfrac{d^2\xi}{dt^2} + 2n\dfrac{d\eta}{dt} - 3n^2\xi + mn^2\dfrac{a^3}{\rho^3}\xi = 0, \\ \dfrac{d^2\eta}{dt^2} - 2n\dfrac{d\xi}{dt} \qquad\qquad + mn^2\dfrac{a^3}{\rho^3}\eta = 0, \qquad \rho^2 = \xi^2 + \eta^2 + \zeta^2. \\ \dfrac{d^2\zeta}{dt^2} \qquad\qquad + n^2\zeta + mn^2\dfrac{a^3}{\rho^3}\zeta = 0, \end{cases}$$

où m a été écrit au lieu de $\frac{m}{M}$, pour abréger.

En se bornant aux deux premières équations, on retrouve le système rencontré par M. Hill dans ses *Recherches sur la théorie de la Lune* (t. III, p. 259).

Imitant ici ce qu'a fait M. Hill pour la Lune (*American Journal of Mathematics*, t. I), M. Picard multiplie les équations (37) respectivement par $2d\xi$, $2d\eta$, $2d\zeta$; la combinaison obtenue est intégrable, et l'on obtient, en désignant par V la vitesse et par C une constante arbitraire,

$$\frac{V^2}{n^2} = 2m\frac{a^3}{\rho} + 3\xi^2 - \zeta^2 + C.$$

C'est, en somme, l'intégrale de Jacobi; nous écrirons

$$(38)\quad \frac{V^2}{n^2} = ma^3\left(\frac{2}{\rho} - \frac{1}{b}\right) + 3\xi^2 - \zeta^2.$$

La constante b représente le demi grand axe de l'orbite que décrirait, à un instant donné, la particule N autour de M, si l'attraction du Soleil sur N venait à être supprimée.

Comme l'a fait M. Hill pour la Lune, M. Picard considère la surface Σ que l'on obtient en faisant $V^2 = 0$, savoir

$$(39)\quad ma^3\left(\frac{2}{\sqrt{\xi^2+\eta^2+\zeta^2}} - \frac{1}{b}\right) + 3\xi^2 - \zeta^2 =$$

Cette surface divise l'espace en deux sortes de régions : pour les unes, l'expression précédente de V^2 est positive; pour les autres, elle est négative. De telle sorte que la particule N ne pourra se mouvoir que dans les premières. Nous allons discuter cette surface Σ.

Elle est symétrique par rapport aux axes de coordonnées et coupe l'axe des ζ au point déterminé par l'équation

$$\frac{\zeta^3}{a^3} + m\left(\frac{\zeta}{b} - 2\right) = 0.$$

Cette équation admet une racine positive et une seule, laquelle est $< 2b$; nous la représenterons par ρ_0. Cherchons l'intersection de la surface avec le plan des $\xi\eta$; en posant

$$\xi = \rho\cos\psi, \qquad \eta = \rho\sin\psi, \qquad \zeta = 0,$$

on trouve

$$(40) \qquad 3\left(\frac{\rho}{a}\right)^3 \cos^2\psi - \frac{m}{b}(\rho - 2b) = 0.$$

Pour une valeur donnée de ψ, l'équation (40) aura deux racines positives si $4P^3 + 27Q^2 < 0$; cela donne

$$\cos^2\psi < \frac{ma^3}{81\,b^3};$$

cette condition sera toujours remplie si l'on a

$$(41) \qquad m > 3\left(\frac{3b}{a}\right)^3.$$

En supposant cette inégalité satisfaite, la surface cherchée a une nappe fermée Σ'; pour tous les points de son intérieur, on aura $V^2 > 0$, tandis que V^2 est < 0 pour tous les points de l'extérieur. Si donc la particule est placée d'abord en un point de l'intérieur de Σ', elle n'en pourra jamais sortir, et la stabilité sera réalisée. L'équation (40) admet la racine $\rho = 2b$ pour $\psi = 90°$; enfin, pour $\psi = 0$, cette équation devient

$$(42) \qquad 3\left(\frac{\rho}{a}\right)^3 - \frac{m}{b}(\rho - 2b) = 0;$$

le premier membre de cette équation est positif pour $\rho = 2b$ et négatif pour $\rho = 3b$, car il est alors égal à

$$\frac{81\,b^3}{a^3} - m,$$

quantité négative en vertu de l'inégalité (41); donc l'équation (42) admet une racine ρ_2 comprise entre $2b$ et $3b$. Enfin, si dans l'équation (39) de la surface Σ on remplace ξ, η et ζ par

$$\xi = \rho \cos\theta \cos\psi, \qquad \eta = \rho \cos\theta \sin\psi, \qquad \zeta = \rho \sin\theta,$$

on voit aisément que ρ est une fonction décroissante de θ et de ψ quand θ et ψ croissent à partir de zéro. On en conclut que le rayon ρ de la surface Σ' est toujours compris entre ρ_0 et ρ_2. Si la condition (41) est satisfaite, on aura, *a fortiori*,

$$m > \frac{3\rho_2^3}{a^3}.$$

On retrouve ainsi la condition de stabilité de Roche [formule (11) de la page 249], pour $\gamma h = 1$.

Au surplus, l'équation (6) de Roche (page 247) coïncide avec l'équation (39) du présent Chapitre, quand on y fait

$$\gamma h = 1, \qquad x = \eta, \qquad y = \xi, \qquad r' = a.$$

Si la vitesse de rotation est égale à la vitesse de translation, nous aurons

$$\gamma = 1;$$

la valeur de h ou $\frac{p}{r'}$ est d'ailleurs égale à 1, quand on suppose l'orbite du noyau circulaire; dans ce cas, $\gamma h = 1$. On peut se rendre compte de l'identité des surfaces de niveau et de la surface Σ; car en écrivant l'équation $V^2 = 0$, on obtient une des surfaces de niveau. La discussion de la surface Σ avait donc été faite déjà dans le Chapitre précédent.

123. Du cas où l'orbite du point M n'est pas supposée circulaire. — Il serait intéressant de voir ce que deviennent les conclusions de MM. Charlier et Picard quand on suppose que le centre de gravité de l'essaim décrit, non pas un cercle, mais une ellipse ou une parabole, ce qui arrive en réalité. Malheureusement, les choses se compliquent, surtout quand la particule est extérieure à l'essaim. Supposons-la donc intérieure, et remontons aux équations (30). Nous aurons

$$U = \mu n^2 \rho, \qquad k = n a^{\frac{3}{2}},$$

de sorte que les équations (30) deviendront, en désignant par l l'anomalie moyenne,

$$(43)\qquad \left\{\begin{aligned} &\frac{d^2\xi}{dl^2} + \frac{2a\sqrt{ap}}{r^2}\frac{d\eta}{dl} - \frac{a^3}{r^3}\left(\frac{p}{r}+2\right)\xi - \frac{2a\sqrt{ap}}{r^3}\eta\frac{dr}{dl} + \mu\xi = 0,\\ &\frac{d^2\eta}{dl^2} - \frac{2a\sqrt{ap}}{r^2}\frac{d\xi}{dl} - \frac{a^3}{r^3}\left(\frac{p}{r}-1\right)\eta + \frac{2a\sqrt{ap}}{r^3}\xi\frac{dr}{dl} + \mu\eta = 0.\end{aligned}\right.$$

Ces deux équations du second ordre, et sans seconds membres, sont linéaires et à coefficients variables; mais ces coefficients sont des fonctions périodiques de l. On sait qu'on pourra les intégrer par des expressions telles que

$$(44)\quad \left\{\begin{aligned} \xi &= \sum_{-\infty}^{+\infty} A_j \cos(\lambda + jl), \\ \eta &= \sum_{-\infty}^{+\infty} B_j \sin(\lambda + jl), \end{aligned}\right. \qquad \lambda = cl + c_0,$$

où les coefficients c, A_j et B_j sont des constantes, dépendant de l'excentricité e de l'orbite du noyau et de constantes arbitraires; c_0 est aussi une constante arbitraire. Formons nos équations, en négligeant e^3; nous aurons

$$p = a(1 - e^2), \qquad r = a\left(1 + \frac{e^2}{2} - e\cos l - \frac{e^2}{2}\cos 2l\right);$$

d'où

$$\frac{a\sqrt{ap}}{r^2} = 1 + 2e\cos l + \frac{5}{2}e^2\cos 2l,$$

$$\frac{a^3}{r^3}\left(\frac{p}{r} + 2\right) = 3 + 5e^2 + 10e\cos l + 16e^2\cos 2l,$$

$$\frac{a\sqrt{ap}}{r^3}\frac{dr}{dl} = e\sin l + \frac{5}{2}e^2\sin 2l,$$

$$\frac{a^3}{r^3}\left(\frac{p}{r} - 1\right) = e\cos l + \frac{1}{2}e^2 + \frac{5}{2}e^2\cos 2l;$$

les équations (43) deviendront donc

$$(45)\quad \left\{\begin{aligned} &\frac{d^2\xi}{dl^2} + 2\left(1 + 2e\cos l + \frac{5}{2}e^2\cos 2l\right)\frac{d\eta}{dl} - (3 + 5e^2 + 10e\cos l + 16e^2\cos 2l)\xi \\ &\qquad\qquad - 2\left(e\sin l + \frac{5}{2}e^2\sin 2l\right)\eta + \mu\xi = 0; \\ &\frac{d^2\eta}{dl^2} - 2\left(1 + 2e\cos l + \frac{5}{2}e^2\cos 2l\right)\frac{d\xi}{dl} - \left(e\cos l + \frac{1}{2}e^2 + \frac{5}{2}e^2\cos 2l\right)\eta \\ &\qquad\qquad + 2\left(e\sin l + \frac{5}{2}e^2\sin 2l\right)\xi + \mu\eta = 0. \end{aligned}\right.$$

En substituant les expressions (44) dans les équations (45), tenant compte de ce que $A_{\pm 1}$ et $B_{\pm 1}$ seront de l'ordre de e, $A_{\pm 2}$ et $B_{\pm 2}$, de l'ordre de e^2; en égalant à zéro les coefficients de $\frac{\sin}{\cos}\lambda$, $\frac{\sin}{\cos}(\lambda \pm l)$, $\frac{\sin}{\cos}(\lambda \pm 2l)$, on trouvera des conditions de deux sortes donnant, après l'élimination de $A_{\pm 1}$, $A_{\pm 2}$, $B_{\pm 1}$, $B_{\pm 2}$, des relations de la forme

$$\mathfrak{A} A_0 + \mathfrak{B} B_0 = 0, \qquad \mathfrak{A}' A_0 + \mathfrak{B}' B_0 = 0;$$

les coefficients $\mathcal{A}$, $\mathcal{B}$, $\mathcal{A}'$ et $\mathcal{B}'$ seront des fonctions rationnelles de c; on en déduira

$$B_0 = \varkappa A_0,$$

$$f(c, e, \mu) = 0. \tag{46}$$

Ainsi, tous les coefficients seront des fonctions linéaires de A_0 qui restera arbitraire; cette solution contiendra donc les deux arbitraires A_0 et c; mais l'équation (46) donnera deux valeurs utilisables pour c; à la seconde racine correspondront deux autres constantes arbitraires, ce qui complétera le nombre de *quatre* constantes arbitraires, nécessaire pour avoir les intégrales générales des équations (45). On voit aisément que l'équation (46) sera de la forme

$$f(c^2, e^2, \mu) = 0.$$

En écrivant que les deux valeurs de c^2 fournies par cette équation (du moins les deux qui restent seules pour $e = 0$) sont positives, on aura une condition qui sera de la forme

$$\mu > 3 + He^2.$$

Il faudrait obtenir la valeur de H; mais ce calcul, que j'avais entrepris, est assez compliqué.

CHAPITRE XVII.

MÉTHODE DE CAUCHY POUR LE CALCUL DES INÉGALITÉS A LONGUES PÉRIODES.

124. Origine de la méthode de Cauchy. — Le Verrier avait soumis au jugement de l'Académie le calcul numérique de la grande inégalité de Pallas, qui dépend du terme en $18l' - 7l$, où l et l' désignent les longitudes moyennes de Pallas et de Jupiter, et dont la période est d'environ 800 ans.

Cette inégalité est du onzième ordre par rapport aux excentricités et aux inclinaisons; elle se trouve néanmoins très sensible, à cause de la petitesse du diviseur $18n' - 7n$ qui entre au carré dans la perturbation de la longitude moyenne. Le Verrier avait obtenu (¹) l'inégalité en question par un double système de quadratures numériques relatives à l et l', et il avait trouvé que l'inégalité s'élève dans son maximum à 895″.

Cauchy était le rapporteur de la Commission académique; il était désireux de contrôler les longs calculs numériques de Le Verrier, mais ne se souciait pas trop de reprendre tous ces calculs par le menu. C'est alors qu'il imagina en quelques semaines la méthode très remarquable dont nous allons traiter dans ce Chapitre. Il l'a développée dans six Notes, ajoutées à son Rapport sur le Travail de Le Verrier (*Comptes rendus*, t. XX; 1845); il a pu vérifier rapidement le résultat obtenu, de deux manières et à l'aide de deux méthodes différentes; il a trouvé successivement 906″,6 et 906″,3 pour le coefficient de l'inégalité, et il remarque que la petite différence de ces deux valeurs avec le nombre 895″ est seulement de l'ordre des erreurs que pouvait amener l'usage des Tables de logarithmes à sept décimales, dont Le Verrier s'était servi.

Les Notes de Cauchy présentaient une concision qui pouvait arrêter quelques lecteurs; à la demande de Le Verrier, M. V. Puiseux en fit une exposition claire et détaillée, dans le Tome VII des *Annales de l'Observatoire de Paris;* il étendit en même temps les résultats de Cauchy à la seconde partie $\frac{xx' + yy' + zz'}{r'^3}$ de la fonction perturbatrice.

(¹) Les calculs de Le Verrier ont été reproduits dans le t. I des *Annales de l'Observatoire*, p. 397-418.

La méthode de Cauchy est avantageuse, surtout quand on considère les inégalités à longues périodes provenant de termes dans lesquels figurent des multiples élevés des longitudes moyennes.

125. Nous considérons deux planètes P et P', et nous proposons de calculer le terme de la fonction perturbatrice du mouvement de P', qui dépend de l'argument

$$n'\zeta' - n\zeta + \Omega,$$

où n et n' désignent deux nombres entiers. Pour éviter une confusion de lettres, nous représenterons les moyens mouvements par μ et μ', les masses des planètes par m et m' (celle du Soleil étant 1), et par a et a' les demi grands axes; nous aurons donc

$$\mu^2 a^3 = f(1+m), \qquad \mu'^2 a'^3 = f(1+m').$$

On aura ensuite

(1) $$R = fm'\left(\frac{1}{\Delta} - \frac{r\cos\delta}{r'^2}\right),$$

$$\frac{d\mu}{dt} = -\frac{3}{a^2}\frac{\partial R}{\partial \zeta}, \qquad \delta\mu = -\int \frac{3}{a^2}\frac{\partial R}{\partial \zeta}\,dt,$$

(2) $$\int \delta\mu\,dt = -\int dt \int \frac{3}{a^2}\frac{\partial R}{\partial \zeta}\,dt;$$

$\int \delta\mu\,dt$ est l'inégalité de la longitude moyenne que nous nous proposons de calculer.

La fonction $\frac{1}{\Delta} - \frac{r\cos\delta}{r'^2}$ étant développée suivant les sinus et cosinus des multiples des anomalies moyennes, ou, ce qui revient au même, suivant les puissances positives et négatives des exponentielles $E^{\zeta\sqrt{-1}}$ et $E^{\zeta'\sqrt{-1}}$, où E désigne la base des logarithmes népériens, supposons qu'on y ait trouvé le terme

$$A_{n',-n}\,E^{(n'\zeta'-n\zeta)\sqrt{-1}};$$

de sorte que

(3) $$R = fm' A_{n',-n} E^{(n'\zeta'-n\zeta)\sqrt{-1}} + \ldots,$$

il viendra

$$\frac{\partial R}{\partial \zeta} = -fm' n\sqrt{-1}\,A_{n',-n}\,E^{(n'\zeta'-n\zeta)\sqrt{-1}};$$

en substituant dans (2), regardant les éléments comme constants, et intégrant, on obtient

$$\int \frac{3}{a^2}\frac{\partial R}{\partial \zeta}\,dt = -\frac{3fm'nA_{n',-n}}{a^2(n'\mu'-n\mu)}\,E^{(n'\zeta'-n\zeta)\sqrt{-1}},$$

$$\int \delta\mu\,dt = -\frac{3fm'nA_{n',-n}}{a^2(n'\mu'-n\mu)^2}\sqrt{-1}\,E^{(n'\zeta'-n\zeta)\sqrt{-1}},$$

Cette inégalité est imaginaire, mais elle deviendra réelle en associant au terme considéré le terme conjugué. Soit

$$A_{n',-n} = \mathfrak{M} E^{\Omega\sqrt{-1}};$$

on aura, en considérant les deux termes ensemble,

$$\int \delta\mu\, dt = -\frac{3fm'n\mathfrak{M}}{a^2(n'\mu'-n\mu)^2}\sqrt{-1}\left[E^{(n'\zeta'-n\zeta+\Omega)\sqrt{-1}} - E^{-(n'\zeta'-n\zeta+\Omega)\sqrt{-1}}\right],$$

ou bien

$$\int \delta\mu\, dt = \frac{6fm'n\mathfrak{M}}{a^2(n'\mu'-n\mu)^2}\sin(n'\zeta'-n\zeta+\Omega),$$

ou encore, en remplaçant f par $\frac{\mu^2 a^3}{1+m}$,

$$\int \delta\mu\, dt = \frac{6m'}{1+m}\left(\frac{\mu}{n'\mu'-n\mu}\right)^2 na\mathfrak{M}\sin(n'\zeta'-n\zeta+\Omega).$$

Pour avoir l'inégalité en secondes d'arc, il faut introduire le facteur $\frac{1}{\sin 1''}$; si l'on pose

(4)
$$\left\{\begin{array}{l} \Upsilon = \dfrac{6}{\sin 1''}\,\dfrac{m'}{1+m}\left(\dfrac{\mu}{n'\mu'-n\mu}\right)^2 na, \\ \text{on aura} \\ \delta\zeta = \displaystyle\int \delta\mu\, dt = \Upsilon\mathfrak{M}\sin(n'\zeta'-n\zeta+\Omega). \end{array}\right.$$

Le plus souvent, le second terme de la fonction perturbatrice, $-\frac{r\cos\delta}{r'^2}$, ne donnera rien de sensible; de sorte que nous pourrons nous contenter de développer $\frac{1}{\Delta}$.

126. Expression de Δ^2 en fonction des anomalies excentriques u et u' des deux planètes. — Soient τ et τ' les distances angulaires des périhélies à l'un des points d'intersection des deux orbites, w et w' les anomalies vraies, I l'inclinaison mutuelle; on a

$$\Delta^2 = r^2 + r'^2 - 2rr'\cos(r, r'),$$

$$\cos(r, r') = \cos(w+\tau)\cos(w'+\tau') + \sin(w+\tau)\sin(w'+\tau')\cos I,$$

d'où il résulte

(5)
$$\left\{\begin{array}{l} \Delta^2 = r^2 + r'^2 - 2M\, r\cos w.\, r'\cos w' - 2N\, r\sin w.\, r'\sin w' \\ \qquad - 2P.\, r\sin w.\, r'\cos w' - 2Q\, r\cos w.\, r'\sin w', \end{array}\right.$$

(6)
$$\left\{\begin{array}{l} M = \cos\tau\cos\tau' + \sin\tau\sin\tau'\cos I, \\ N = \sin\tau\sin\tau' + \cos\tau\cos\tau'\cos I, \\ P = -\sin\tau\cos\tau' + \cos\tau\sin\tau'\cos I, \\ Q = -\cos\tau\sin\tau' + \sin\tau\cos\tau'\cos I. \end{array}\right.$$

On a d'ailleurs, en désignant par e et e' les excentricités,

$$(7)\quad \begin{cases} r\cos w = a(\cos u - e), & r'\cos w' = a'(\cos u' - e'), \\ r\sin w = a\sqrt{1-e^2}\sin u, & r'\sin w' = a'\sqrt{1-e'^2}\sin u', \\ r = a(1 - e\cos u), & r' = a'(1 - e'\cos u'). \end{cases}$$

En tenant compte des relations (7), l'expression (5) de Δ^2 devient

$$(8)\quad \begin{cases} \Delta^2 = b + c\cos u + c'\cos u' + \partial \sin u + \partial' \sin u' + i\cos 2u + i'\cos 2u' \\ \qquad + f\cos u\cos u' + g\sin u \sin u' + h\sin u\cos u' + h'\cos u\sin u', \end{cases}$$

où b, c, ..., h' désignent les fonctions suivantes des éléments elliptiques, qui seront calculées une fois pour toutes :

$$b = a^2 + a'^2 + \frac{1}{2}(a^2e^2 + a'^2e'^2 - 4\mathrm{M}aa'ee'),$$

$$(9)\quad \begin{cases} i = \frac{1}{2}a^2e^2, & i' = \frac{1}{2}a'^2e'^2, \\ f = -2\mathrm{M}aa', & g = -2\mathrm{N}aa'\sqrt{1-e^2}\sqrt{1-e'^2}, \\ h = -2\mathrm{P}aa'\sqrt{1-e^2}, & h' = -2\mathrm{Q}aa'\sqrt{1-e'^2}, \\ c = -2a^2e - fe'. & c' = -2a'^2e' - fe, \\ \partial = -he', & \partial' = -h'e. \end{cases}$$

Si l'on pose, en mettant en évidence ce qui se rapporte à la planète P',

$$(10)\quad \begin{cases} \mathrm{H} = b + c\cos u + \partial\sin u + i\cos 2u, \\ \mathrm{K}\cos\omega = c' + f\cos u + h\sin u, \\ \mathrm{K}\sin\omega = \partial' + g\sin u + h'\cos u, \end{cases}$$

$$(11)\quad x' = \mathrm{E}^{u'\sqrt{-1}},$$

on trouvera sans peine que l'expression (8) de Δ^2 devient

$$(12)\quad \begin{cases} \Delta^2 = \mathrm{H} + \frac{1}{2}\mathrm{K}\left(x'\mathrm{E}^{-\omega\sqrt{-1}} + x'^{-1}\mathrm{E}^{\omega\sqrt{-1}}\right) + \frac{1}{2}i'(x'^2 + x'^{-2}), \\ \Delta^2 = \frac{\Phi(x')}{2x'^2}, \\ \Phi(x') = i'x'^4 + \mathrm{K}x'^3\mathrm{E}^{-\omega\sqrt{-1}} + 2\mathrm{H}x'^2 + \mathrm{K}x'\mathrm{E}^{\omega\sqrt{-1}} + i'. \end{cases}$$

Les quantités H, K et ω sont des fonctions de l'anomalie excentrique de la planète troublée.

127. Problème auxiliaire. — On va décomposer en facteurs du premier degré le polynôme $\Phi(x')$, qui est du quatrième degré. Soit

$$x' = \mathrm{a}'\mathrm{E}^{\varphi'\sqrt{-1}}$$

l'une des racines, a' et φ' désignant des quantités réelles, et $a'>0$. En substituant cette expression dans l'équation $\Phi(x')=0$, égalant à zéro la partie réelle et le coefficient de $\sqrt{-1}$, on trouve aisément

$$(13)\quad \begin{cases} H+\frac{1}{2}K\left(a'+\frac{1}{a'}\right)\cos(\varphi'-\omega)+\frac{1}{2}i'\left(a'^2+\frac{1}{a'^2}\right)\cos 2\varphi'=0, \\ \frac{1}{2}K\left(a'-\frac{1}{a'}\right)\sin(\varphi'-\omega)+\frac{1}{2}i'\left(a'^2-\frac{1}{a'^2}\right)\sin 2\varphi'=0. \end{cases}$$

Ces équations restent les mêmes quand on change a' en $\frac{1}{a'}$, sans toucher à φ'; donc les quatre racines de l'équation $\Phi(x')=0$ pourront être représentées par

$$(14)\qquad a'E^{\varphi'\sqrt{-1}},\quad \frac{1}{a'}E^{\varphi'\sqrt{-1}},\quad b'E^{\chi'\sqrt{-1}},\quad \frac{1}{b'}E^{\chi'\sqrt{-1}};$$

b' et χ' sont réels, $b'>0$; on peut prendre $b'<a'<1$.

Il y a une relation simple entre φ' et χ'. En effet, le produit des racines (14) doit être égal à 1, d'après la forme (12) de la fonction Φ; on en conclut

$$E^{(2\varphi'+2\chi')\sqrt{-1}}=1,\qquad \varphi'+\chi'=\nu\pi,$$

ν étant entier. On peut prendre $\nu=0$, ce qui donne $\chi'=-\varphi'$, et les racines (14) deviennent

$$a'E^{\varphi'\sqrt{-1}},\quad \frac{1}{a'}E^{\varphi'\sqrt{-1}},\quad b'E^{-\varphi'\sqrt{-1}},\quad \frac{1}{b'}E^{-\varphi'\sqrt{-1}};$$

si l'on avait $\nu=1$, il en résulterait

$$\Delta^2=-\frac{i'}{2a'b'}\left(1-a'x'E^{-\varphi'\sqrt{-1}}\right)\left(1-a'x'^{-1}E^{\varphi'\sqrt{-1}}\right)\left(1+b'x'E^{\varphi'\sqrt{-1}}\right)\left(1+b'x'^{-1}E^{-\varphi'\sqrt{-1}}\right),$$

ce qui est impossible, le second membre étant toujours négatif.

En écrivant que, d'après l'expression (12) de $\Phi(x')$, la somme des racines, ou les sommes de leurs produits, 2 à 2 ou 3 à 3, sont respectivement égales à

$$-\frac{K}{i'}E^{-\omega\sqrt{-1}},\quad +\frac{2H}{i'},\quad -\frac{K}{i'}E^{\omega\sqrt{-1}},$$

on trouve

$$(15)\quad \begin{cases} \frac{2H}{i'}=2\cos 2\varphi'+a'b'+\frac{1}{a'b'}+\frac{a'}{b'}+\frac{b'}{a'}, \\ -\frac{K}{i'}E^{-\omega\sqrt{-1}}=\left(a'+\frac{1}{a'}\right)E^{\varphi'\sqrt{-1}}+\left(b'+\frac{1}{b'}\right)E^{-\varphi'\sqrt{-1}}, \\ -\frac{K}{i'}E^{\omega\sqrt{-1}}=\left(a'+\frac{1}{a'}\right)E^{-\varphi'\sqrt{-1}}+\left(b'+\frac{1}{b'}\right)E^{\varphi'\sqrt{-1}}. \end{cases}$$

Les deux dernières de ces relations peuvent être remplacées par

$$(16)\quad \begin{cases} -\dfrac{K}{i'}\cos\omega = \left(a'+\dfrac{1}{a'}+b'+\dfrac{1}{b'}\right)\cos\varphi', \\ -\dfrac{K}{i'}\sin\omega = \left(b'+\dfrac{1}{b'}-a'-\dfrac{1}{a'}\right)\sin\varphi'; \end{cases}$$

on en déduit

$$(17)\quad \begin{cases} \dfrac{K^2}{i'^2} = \left(a'+\dfrac{1}{a'}\right)^2+\left(b'+\dfrac{1}{b'}\right)^2+2\left(a'+\dfrac{1}{a'}\right)\left(b'+\dfrac{1}{b'}\right)\cos 2\varphi', \\ \dfrac{K^2}{i'^2}\cos 2\omega = \left[\left(a'+\dfrac{1}{a'}\right)^2+\left(b'+\dfrac{1}{b'}\right)^2\right]\cos 2\varphi'+2\left(a'+\dfrac{1}{a'}\right)\left(b'+\dfrac{1}{b'}\right). \end{cases}$$

Si l'on pose

$$(18)\quad y_1 = \cos 2\varphi', \qquad y_2 = \frac{1}{2}\left(a'b'+\frac{1}{a'b'}\right), \qquad y_3 = \frac{1}{2}\left(\frac{a'}{b'}+\frac{b'}{a'}\right),$$

on trouve aisément, en vertu des relations (15) et (17),

$$y_1+y_2+y_3 = \frac{H}{i'},$$

$$y_1y_2+y_1y_3+y_2y_3 = \frac{K^2}{4i'^2}-1,$$

$$y_1y_2y_3 = \frac{K^2}{4i'^2}\cos 2\omega - \frac{H}{i'}.$$

Donc y_1, y_2, y_3 sont les racines, nécessairement réelles, de l'équation

$$(19)\quad y^3-\frac{H}{i'}y^2+\left(\frac{K^2}{4i'^2}-1\right)y+\frac{H}{i'}-\frac{K^2}{4i'^2}\cos 2\omega = 0.$$

y_1 est < 1, y_2 et $y_3 > 1$; on a d'ailleurs $y_2 > y_3$, car cette inégalité revient à

$$a'b'+\frac{1}{a'b'} > \frac{a'}{b'}+\frac{b'}{a'},$$

ou à

$$(1-a'^2)(1-b'^2) > 0,$$

et cette dernière inégalité est vérifiée. Donc l'équation (19) aura toujours ses trois racines réelles, l'une < 1, ce sera y_1 ; les deux autres > 1 ; la plus grande de ces dernières sera y_2.

Il est commode de résoudre numériquement l'équation (19) par la trisection de l'angle. Pour y arriver, nous ferons

$$(20)\quad y = \frac{H}{3i'} + Y\cos U,$$

Y et U étant deux inconnues dont l'une, Y par exemple, reste arbitraire. En portant dans l'équation (19), et faisant

$$(21)\quad \begin{cases} \mathfrak{P} = \dfrac{H^2}{3i'^2} - \dfrac{K^2}{4i'^2} + 1, \\ \mathfrak{Q} = \dfrac{H}{3i'}\left(\dfrac{2H^2}{9i'^2} - \dfrac{K^2}{4i'^2} - 2\right) + \dfrac{K^2}{4i'^2}\cos 2\omega, \end{cases}$$

on trouve

$$Y^3 \cos^3 U - \mathfrak{P} Y \cos U - \mathfrak{Q} = 0.$$

En remplaçant $\cos^3 U$ par

$$\cos^3 U = \frac{1}{4}\cos 3U + \frac{3}{4}\cos U,$$

il vient

$$Y^3 \cos 3U + Y(3Y^2 - 4\mathfrak{P})\cos U - 4\mathfrak{Q} = 0,$$

ou bien

$$\cos 3U = \cos \upsilon,$$

si l'on pose

$$Y = 2\sqrt{\frac{\mathfrak{P}}{3}},$$

$$\cos\upsilon = \frac{4\mathfrak{Q}}{Y^3} = \frac{\mathfrak{Q}}{2}\left(\frac{3}{\mathfrak{P}}\right)^{\frac{3}{2}}.$$

On aura ces trois valeurs de U

$$U = \frac{\upsilon}{3}, \qquad U = \frac{2\pi + \upsilon}{3}, \qquad U = \frac{2\pi - \upsilon}{3}.$$

Finalement, les trois racines ont pour expressions

$$(22)\quad \begin{cases} \dfrac{H}{3i'} + 2\sqrt{\dfrac{\mathfrak{P}}{3}}\cos\dfrac{\upsilon}{3}, \\ \dfrac{H}{3i'} + 2\sqrt{\dfrac{\mathfrak{P}}{3}}\cos\dfrac{2\pi+\upsilon}{3}, \\ \dfrac{H}{3i'} + 2\sqrt{\dfrac{\mathfrak{P}}{3}}\cos\dfrac{2\pi-\upsilon}{3}, \\ \text{où} \\ \cos\upsilon = \dfrac{1}{2}\mathfrak{Q}\left(\dfrac{3}{\mathfrak{P}}\right)^{\frac{3}{2}}. \end{cases}$$

L'expression (12) de Δ^2 donne ensuite

$$(23)\quad \begin{cases} \dfrac{1}{\Delta} = \sqrt{\dfrac{2a'b'}{i'}}\left(1 - a'x'E^{-\varphi'\sqrt{-1}}\right)^{-\frac{1}{2}}\left(1 - a'x'^{-1}E^{\varphi'\sqrt{-1}}\right)^{-\frac{1}{2}} \\ \qquad\times\left(1 - b'x'E^{\varphi'\sqrt{-1}}\right)^{-\frac{1}{2}}\left(1 - b'x'^{-1}E^{-\varphi'\sqrt{-1}}\right)^{-\frac{1}{2}}. \end{cases}$$

128. Calcul de a', b' **et** φ'. — On distinguera immédiatement y_1, y_2 et y_3 dans les trois racines (22), d'après les conditions

$$y_1 < 1 < y_3 < y_2.$$

En faisant pour un moment

$$\sin\alpha_2 = \frac{1}{y_2}, \qquad \sin\alpha_3 = \frac{1}{y_3}$$

les formules (18) donneront

$$(24) \qquad \cos 2\varphi' = y_1,$$

$$\frac{1}{a'b'} + a'b' = \frac{2}{\sin\alpha_2}, \qquad \frac{a'}{b'} + \frac{b'}{a'} = \frac{2}{\sin\alpha_3},$$

d'où

$$\frac{1}{a'b'} - a'b' = \frac{2\cos\alpha_2}{\sin\alpha_2}, \qquad \frac{a'}{b'} - \frac{b'}{a'} = \frac{2\cos\alpha_3}{\sin\alpha_3};$$

on en conclut

$$a'b' = \operatorname{tang}\frac{\alpha_2}{2}, \qquad \frac{b'}{a'} = \operatorname{tang}\frac{\alpha_3}{2},$$

ou bien

$$(25) \qquad a'b' = \operatorname{tang}\left(\frac{1}{2}\arcsin\frac{1}{y_2}\right), \qquad \frac{b'}{a'} = \operatorname{tang}\left(\frac{1}{2}\arcsin\frac{1}{y_3}\right).$$

Les formules (24) et (25) donnent φ', a' et b'; la solution ne laisse rien à désirer en ce qui concerne a' et b'; mais, pour φ', elle laisse subsister une ambiguïté, qu'on lève aisément au moyen des relations (16), car celles-ci donnent $\sin\varphi'$ et $\cos\varphi'$, en grandeur et en signe.

Lorsque l'excentricité e' de la planète perturbatrice est une fraction très petite, on peut avoir immédiatement des valeurs approchées de a', b' et φ'.

Si l'on supposait en effet $e' = 0$, d'où $i' = 0$, le premier terme et le dernier disparaîtraient dans l'expression (12) de $\Phi(x')$; l'équation $\Phi(x') = 0$ aurait une racine infinie et une racine nulle; c'est ce que deviennent les racines

$$\frac{1}{b'}E^{-\varphi'\sqrt{-1}} \quad \text{et} \quad b'E^{-\varphi'\sqrt{-1}},$$

en supposant $b' = 0$. Les deux autres racines,

$$a'E^{\varphi'\sqrt{-1}} \quad \text{et} \quad \frac{1}{a'}E^{\varphi'\sqrt{-1}},$$

satisfont à l'équation

$$Kx'^2E^{-\omega\sqrt{-1}} + 2Hx' + KE^{\omega\sqrt{-1}} = 0.$$

On en tire

$$\frac{x'}{E^{\omega\sqrt{-1}}} = -\frac{H}{K}\left(1 \mp \sqrt{1-\frac{K^2}{H^2}}\right),$$

d'où, pour l'une des racines,

$$x' = -\theta E^{\omega\sqrt{-1}} = \theta E^{(\omega+\pi)\sqrt{-1}},$$

en faisant

$$\theta = \text{tang}\left(\frac{1}{2}\arcsin\frac{K}{H}\right) < 1.$$

On a donc ces valeurs approchées

$$a' = \theta, \qquad \varphi' = \omega + \pi, \qquad b' = 0,$$

Il faut maintenant passer à l'approximation suivante, en tenant compte de la première puissance de i'.

On a identiquement

$$KE^{-\omega\sqrt{-1}}x'^2 + 2Hx' + KE^{\omega\sqrt{-1}} = KE^{-\omega\sqrt{-1}}(x' + \theta E^{\omega\sqrt{-1}})\left(x' + \frac{1}{\theta}E^{\omega\sqrt{-1}}\right),$$

de sorte que l'expression (12) peut s'écrire

$$\Delta^2 = \frac{K}{2\theta x'}(x' + \theta E^{\omega\sqrt{-1}})(1 + \theta x' E^{-\omega\sqrt{-1}}) + \frac{i'}{2x'^2}(1 + x'^4).$$

L'équation $\Delta^2 = 0$ devient donc

$$x'(x' + \theta E^{\omega\sqrt{-1}}) = -\frac{i'\theta}{K}\,\frac{1 + x'^4}{1 + \theta x' E^{-\omega\sqrt{-1}}}.$$

En négligeant i', on a d'abord

$$x' = 0, \qquad x' = -\theta E^{\omega\sqrt{-1}},$$

comme nous l'avons trouvé. Pour avoir la nouvelle valeur de la solution qui se réduisait d'abord à zéro, nous écrirons

$$x' = -\frac{i'\theta}{K}\,\frac{1 + x'^4}{(x' + \theta E^{\omega\sqrt{-1}})(1 + \theta x' E^{-\omega\sqrt{-1}})},$$

et nous ferons dans le second membre $x' = 0$, ce qui nous donnera

$$x' = -\frac{i'}{K}E^{-\omega\sqrt{-1}} = b' E^{-\varphi'\sqrt{-1}};$$

nous aurons donc

$$\mathfrak{b}' = \frac{K}{i'}, \qquad \varphi' = \omega + \pi,$$

ce qui donne ainsi une valeur approchée de $\mathfrak{b}'$.

On aura ensuite

$$x' + \theta E^{\omega\sqrt{-1}} = -\frac{i'\theta}{Kx'}\,\frac{1 + x'^4}{1 + \theta x' E^{-\omega\sqrt{-1}}},$$

et, en remplaçant dans le second membre x' par $-\theta E^{\omega\sqrt{-1}}$, il vient

$$x' = -\theta E^{\omega\sqrt{-1}} + \frac{i'}{K} E^{-\omega\sqrt{-1}}\,\frac{1 + \theta^4 E^{4\omega\sqrt{-1}}}{1 - \theta^2} = \mathfrak{a}' E^{\varphi'\sqrt{-1}},$$

d'où

$$\mathfrak{a}' \cos\varphi' = -\theta \cos\omega + \frac{i'}{K(1-\theta^2)}(\cos\omega + \theta^4 \cos 3\omega),$$

$$\mathfrak{a}' \sin\varphi' = -\theta \sin\omega - \frac{i'}{K(1-\theta^2)}(\sin\omega + \theta^4 \sin 3\omega).$$

On en tire aisément, en négligeant i'^2,

$$\mathfrak{a}' = \theta - i'\,\frac{\cos 2\omega + \theta^4 \cos 4\omega}{K(1-\theta^2)},$$

$$\varphi' = \omega + \pi + i'\,\frac{\sin 2\omega + \theta^4 \sin 4\omega}{K\theta(1-\theta^2)}.$$

129. Développement de $\frac{1}{\Delta}$ suivant les puissances de $x' = E^{u'\sqrt{-1}}$. — On a

$$(1 - \alpha z)^{-\frac{1}{2}}(1 - \alpha z^{-1})^{-\frac{1}{2}} = \sum_{-\infty}^{+\infty} \mathcal{C}_n z^n;$$

nous avons donné dans le Chapitre XVII (t. I), l'expression de $\mathcal{C}_n$ développée suivant les puissances positives de α; mais nous préférons employer la formule (L) (t. I, p. 279), en y supposant $s = \frac{1}{2}$, ce qui donne

$$(26)\quad \left\{ \begin{aligned} \mathcal{C}_n = \mathcal{C}_{-n} = \frac{1.3\ldots(2n-1)}{2.4\ldots 2n}\,\frac{\alpha^n}{\sqrt{1-\alpha^2}}\Big[& 1 - \frac{1}{2}\,\frac{1}{2n+2}\,\frac{\alpha^2}{1-\alpha^2} \\ & + \frac{1.3}{2.4}\,\frac{1.3}{(2n+2)(2n+4)}\left(\frac{\alpha^2}{1-\alpha^2}\right)^2 - \ldots\Big]. \end{aligned} \right.$$

Cette formule, qui suppose $\alpha^2 < \frac{1}{2}$, est d'un emploi très facile lorsque n est grand, et c'est dans ces conditions que s'était placé Cauchy.

On aura, en employant la formule (26),

$$\left(1-\mathfrak{a}'E^{\varphi'\sqrt{-1}}x'^{-1}\right)^{-\frac{1}{2}}\left(1-\mathfrak{a}'E^{-\varphi'\sqrt{-1}}x'\right)^{-\frac{1}{2}}=\mathcal{A}'_0+\mathcal{A}'_1E^{-\varphi'\sqrt{-1}}x'+\mathcal{A}'_2E^{-2\varphi'\sqrt{-1}}x'^2+\ldots$$
$$+\mathcal{A}'_1E^{\varphi'\sqrt{-1}}x'^{-1}+\mathcal{A}'_2E^{2\varphi'\sqrt{-1}}x'^{-2}+\ldots,$$

$$(27)\qquad \mathcal{A}'_n=\frac{1.3\ldots(2n-1)}{2.4\ldots2n}\frac{\mathfrak{a}'^n}{\sqrt{1-\mathfrak{a}'^2}}\left[1-\frac{1}{2}\frac{1}{2n+2}\frac{\mathfrak{a}'^2}{1-\mathfrak{a}'^2}+\ldots\right].$$

$$\left(1-\mathfrak{b}'E^{-\varphi'\sqrt{-1}}x'^{-1}\right)^{-\frac{1}{2}}\left(1-\mathfrak{b}'E^{\varphi'\sqrt{-1}}x'\right)^{-\frac{1}{2}}=\mathcal{B}'_0+\mathcal{B}'_1E^{\varphi'\sqrt{-1}}x'+\mathcal{B}'_2E^{2\varphi'\sqrt{-1}}x'^2+\ldots$$
$$+\mathcal{B}'_1E^{-\varphi'\sqrt{-1}}x'^{-1}+\mathcal{B}'_2E^{-2\varphi'\sqrt{-1}}x'^{-2}+\ldots,$$

$$(28)\qquad \mathcal{B}'_n=\frac{1.3\ldots(2n-1)}{2.4\ldots2n}\frac{\mathfrak{b}'^n}{\sqrt{1-\mathfrak{b}'^2}}\left[1-\frac{1}{2}\frac{1}{2n+2}\frac{\mathfrak{b}'^2}{1-\mathfrak{b}'^2}+\ldots\right].$$

On en conclut, par la multiplication de deux séries,

$$(29)\qquad \frac{1}{\Delta}=\sum_{-\infty}^{+\infty}\mathfrak{A}'_{n'}x'^{n'},$$

$$(30)\quad\left\{\begin{aligned}\mathfrak{A}'_{n'}=\sqrt{\frac{2\mathfrak{a}'\mathfrak{b}'}{i'}}\,\big[&\mathcal{A}'_{n'}\mathcal{B}'_0E^{-n'\varphi'\sqrt{-1}}+\mathcal{A}'_{n'+1}\mathcal{B}'_1E^{-(n'+2)\varphi'\sqrt{-1}}+\mathcal{A}'_{n'+2}\mathcal{B}'_2E^{-(n'+4)\varphi'\sqrt{-1}}+\ldots\\&+\mathcal{A}'_{n'-1}\mathcal{B}'_1E^{-(n'-2)\varphi'\sqrt{-1}}+\mathcal{A}'_{n'-2}\mathcal{B}'_2E^{-(n'-4)\varphi'\sqrt{-1}}+\ldots\big].\end{aligned}\right.$$

Les coefficients qui entrent dans cette formule sont des fonctions de n; la série convergera rapidement, en général, car $\mathcal{B}'_n$ contient le facteur $\mathfrak{b}'^n$ qui est petit le plus souvent $\left(\mathfrak{b}'=\frac{i'}{K}\right)$; quand n est un peu grand, $\mathcal{B}'_n$ sera très petit.

130. Transformation du développement de $\frac{1}{\Delta}$. — Nous partons du développement (29) de $\frac{1}{\Delta}$, et nous voulons en conclure le développement

$$(31)\qquad \frac{1}{\Delta}=\sum A_{n'}E^{-n'\zeta'\sqrt{-1}}.$$

Il s'agit, en somme, de passer du développement d'une fonction suivant les sinus et cosinus des multiples de l'anomalie excentrique au développement correspondant relatif à l'anomalie moyenne; nous nous sommes occupés de cette question dans le Chapitre XIV (t. I). La formule (α) (I, p. 233) montre que $A_{n'}$ est égal au coefficient de $x'^{n'}$ dans le développement de l'expression

$$\frac{1}{\Delta}E^{\frac{n'e'}{2}\left(x'-\frac{1}{x'}\right)}\left[1-\frac{e'}{2}\left(x'+\frac{1}{x'}\right)\right].$$

Or, on a [I, p. 209, formule (3)],

$$E^{\frac{n'e'}{2}\left(x'-\frac{1}{x'}\right)}\left[1-\frac{e'}{2}\left(x'+\frac{1}{x'}\right)\right]=\sum_{l'}\left(1-\frac{l'}{n'}\right)J'_{l'}x'^{l'}, \tag{32}$$

où l' doit prendre les valeurs entières, de $-\infty$ à $+\infty$. Donc, $A_{n'}$ sera le coefficient de $x'^{n'}$ dans le développement de

$$\sum_{l'}\left(1-\frac{l'}{n'}\right)J'_{l'}\frac{1}{\Delta}x'^{l'}.$$

En ayant égard à la formule (29), il vient

$$A_{n'}=\sum_{l'}\left(1-\frac{l'}{n'}\right)J'_{l'}\mathfrak{A}'_{n'-l'}; \tag{33}$$

on a d'ailleurs

$$J'_{l'}=\frac{\left(\frac{n'e'}{2}\right)^{l'}}{1.2\ldots l'}\left[1-\frac{\left(\frac{n'e'}{2}\right)^2}{1.(l'+1)}+\frac{\left(\frac{n'e'}{2}\right)^4}{1.2.(l'+1)(l'+2)}-\ldots\right],$$
$$J'_{-l'}=(-1)^{l'}J'_{l'}.$$

La transcendante de Bessel, $J'_{l'}$, décroît rapidement quand l' est grand, de sorte que l'expression de $A_{n'}$ ne comprendra qu'un nombre assez limité de termes dont il faille tenir compte. Nous avons maintenant à trouver le coefficient de $E^{-n\zeta\sqrt{-1}}$ dans $A_{n'}$.

Remarquons qu'en opérant comme précédemment, on a

$$\frac{1}{\Delta}=\sum\mathfrak{A}_{-n}x^{-n}=\sum A_{-n}E^{-n\zeta\sqrt{-1}}, \tag{34}$$

$$A_{-n}=\sum_{l}\left(1-\frac{l}{n}\right)J_{l}\mathfrak{A}_{-n+l}, \tag{35}$$

$$J_{l}=\frac{\left(\frac{ne}{2}\right)^{l}}{1.2\ldots l}\left[1-\frac{\left(\frac{ne}{2}\right)^2}{1.(l+1)}+\frac{\left(\frac{ne}{2}\right)^4}{1.2(l+1)(l+2)}-\ldots\right].$$

La première expression (34) de $\frac{1}{\Delta}$ donne

$$\frac{x^{n-l}}{\Delta}=\sum_{p}\mathfrak{A}_{-n+p}x^{p-l}. \tag{36}$$

Donnons à $x=E^{u\sqrt{-1}}$ les k valeurs

$$1,\quad E^{\frac{2\pi}{k}\sqrt{-1}},\quad E^{2\frac{2\pi}{k}\sqrt{-1}},\quad \ldots,\quad E^{(k-1)\frac{2\pi}{k}\sqrt{-1}},$$

en progression géométrique, ce qui revient à attribuer à l'anomalie excentrique de la planète troublée k valeurs en progression arithmétique,

$$0,\quad \frac{2\pi}{k},\quad 2\frac{2\pi}{k},\quad \ldots;\quad (k-1)\frac{2\pi}{k};$$

ajoutons membre à membre les k relations qui se déduisent ainsi de l'équation (36); si nous posons d'une manière générale

$$\psi(1)+\psi\left(E^{\frac{2\pi}{k}\sqrt{-1}}\right)+\ldots+\psi\left(E^{\frac{k-1}{k}2\pi\sqrt{-1}}\right)=S\psi(x),$$

nous trouverons

$$(37)\qquad S\frac{x^{n-l}}{\Delta}=\sum_p \mathfrak{A}_{-n+p}Sx^{p-l};$$

or Sx^{p-l} est nul ou égal à k, selon que $p-l$ est, ou non, un multiple de k; nous n'avons donc à considérer que les valeurs suivantes de p,

$$l,\quad l\pm k,\quad l\pm 2k,\quad \ldots,$$

et l'équation (37) donne ainsi

$$(38)\qquad S\frac{x^{n-l}}{\Delta}=k\left(\begin{array}{l}\mathfrak{A}_{-n+l}+\mathfrak{A}_{-n+l+k}+\mathfrak{A}_{-n+l+2k}+\ldots\\ \qquad\quad +\mathfrak{A}_{-n+l-k}+\mathfrak{A}_{-n+l-2k}+\ldots\end{array}\right).$$

Si le nombre entier positif k est grand, même par rapport à n, comme l reçoit des valeurs peu considérables d'après ce que l'on a dit plus haut, les indices

$$-n+l\pm k,\qquad -n+l\pm 2k,\qquad \ldots$$

seront de beaucoup supérieurs en valeur absolue à n, et si les quantités $\mathfrak{A}_j$ décroissent d'une manière notable quand j augmente, la parenthèse de la formule (38) se réduira sensiblement à $\mathfrak{A}_{-n+l}$. On est ainsi conduit à poser

$$(39)\qquad \left\{\begin{array}{l}s=\mathfrak{A}_{k-n+l}+\mathfrak{A}_{2k-n+l}+\ldots\\ \quad+\mathfrak{A}_{-k-n+l}+\mathfrak{A}_{-2k-n+l}+\ldots,\end{array}\right.$$

et il vient

$$\mathfrak{A}_{-n+l}=\frac{1}{k}S\frac{x^{n-l}}{\Delta}-s.$$

En portant dans l'équation (35), on trouve

$$(40)\qquad A_{-n}=\frac{1}{k}S\frac{x^n}{\Delta}\sum\left(1-\frac{l}{n}\right)J_l x^{-l}-\sum s\left(1-\frac{l}{n}\right)J_l.$$

Mais la formule (32) donne

$$E^{-\frac{ne}{2}\left(x-\frac{1}{x}\right)}\left[1-\frac{e}{2}\left(x+\frac{1}{x}\right)\right]=\sum_l\left(1-\frac{l}{n}\right)J_l x^{-l};$$

de sorte que la relation (40) devient

$$A_{-n}=\frac{1}{k}\,S\,\frac{x^n}{\Delta}\,E^{-\frac{ne}{2}\left(x-\frac{1}{x}\right)}\left[1-\frac{e}{2}\left(x+\frac{1}{x}\right)\right]-\sum_l s\left(1-\frac{l}{n}\right)J_l,$$

ou bien

$$A_{-n}=\frac{1}{k}\,S\,\frac{1}{\Delta}\,E^{nu\sqrt{-1}-ne\sqrt{-1}\sin u}(1-e\cos u)-\sum_l s\left(1-\frac{l}{n}\right)J_l,$$

ou encore, en introduisant ζ,

(41) $$A_{-n}=\frac{1}{k}\,S\,\frac{1}{\Delta}\,E^{n\zeta\sqrt{-1}}(1-e\cos u)-\sum_l s\left(1-\frac{l}{n}\right)J_l.$$

Cherchons à en conclure le coefficient $A_{n',-n}$ de $E^{(n'\zeta'-n\zeta)\sqrt{-1}}$ dans $\frac{1}{\Delta}$; on a

$$A_{-n}=\ldots+A_{n',-n}\,E^{n'\zeta'\sqrt{-1}}+\ldots,$$

d'où

$$A_{n',-n}=\frac{1}{2\pi}\int_{-\pi}^{+\pi}A_{-n}\,E^{-n'\zeta'\sqrt{-1}}\,d\zeta';$$

en tenant compte de la formule (41), il vient

$$A_{n',-n}=\frac{1}{k}\,S E^{n\zeta\sqrt{-1}}(1-e\cos u)\,\frac{1}{2\pi}\int_{-\pi}^{+\pi}\frac{1}{\Delta}\,E^{-n'\zeta'\sqrt{-1}}\,d\zeta'$$
$$-\sum_l\left(1-\frac{l}{n}\right)J_l\,\frac{1}{2\pi}\int_{-\pi}^{+\pi}s E^{-n'\zeta'\sqrt{-1}}\,d\zeta'.$$

Or,

$$\frac{1}{2\pi}\int_{-\pi}^{+\pi}\frac{1}{\Delta}\,E^{-n'\zeta'\sqrt{-1}}\,d\zeta'=A_{n'};$$

il vient donc finalement

(42) $$A_{n',-n}=\frac{1}{k}\,S A_{n'}E^{n\zeta\sqrt{-1}}(1-e\cos u)-\rho,$$

(43) $$\rho=\sum_l\left(1-\frac{l}{n}\right)J_l\,\frac{1}{2\pi}\int_{-\pi}^{+\pi}s E^{-n'\zeta'\sqrt{-1}}\,d\zeta'.$$

Si k est assez grand, on pourra supposer $\rho = 0$, et

$$(44)\qquad A_{n',-n} = \frac{1}{k}\,\mathrm{S}A_{n'}E^{n\zeta\sqrt{-1}}(1 - e\cos u);$$

la valeur de $A_{n'}$ sera d'ailleurs calculée par la formule (33).

Reprenons la formule (30), et séparons les parties réelles des imaginaires, en posant

$$(45)\qquad \left\{\begin{aligned} F_{n'} &= \mathcal{A}'_{n'}\mathcal{B}'_0 \cos n'\varphi' + \mathcal{A}'_{n'+1}\mathcal{B}'_1 \cos(n'+2)\varphi' + \ldots \\ &\quad + \mathcal{A}'_{n'-1}\mathcal{B}'_1 \cos(n'-2)\varphi' + \ldots, \\ G_{n'} &= \mathcal{A}'_{n'}\mathcal{B}'_0 \sin n'\varphi' - \mathcal{A}'_{n'+1}\mathcal{B}'_1 \sin(n'+2)\varphi' - \ldots \\ &\quad - \mathcal{A}'_{n'-1}\mathcal{B}'_1 \sin(n'-2)\varphi' + \ldots, \end{aligned}\right.$$

il viendra

$$A_{n'} = \sum_{l'}\left(1 - \frac{l'}{n'}\right)J'_{l'}\sqrt{\frac{2\mathfrak{a}'\mathfrak{b}'}{i'}}\,(F_{n'-l'} + \sqrt{-1}\,G_{n'-l'}).$$

Si l'on pose

$$(46)\qquad \left\{\begin{aligned} V\cos v &= (1 - e\cos u)\sum_{l'}\left(1 - \frac{l'}{n'}\right)\sqrt{\frac{2\mathfrak{a}'\mathfrak{b}'}{i'}}\,J'_{l'}F_{n'-l'}, \\ V\sin v &= (1 - e\cos u)\sum_{l'}\left(1 - \frac{l'}{n'}\right)\sqrt{\frac{2\mathfrak{a}'\mathfrak{b}'}{i'}}\,J'_{l'}G_{n'-l'}, \end{aligned}\right.$$

il viendra

$$A_{n'}(1 - e\cos u) = VE^{v\sqrt{-1}},$$

après quoi la formule (44) donnera

$$A_{n',-n} = \frac{1}{k}\,\mathrm{S}VE^{(v+n\zeta)\sqrt{-1}}.$$

Or, on a posé au commencement du Chapitre

$$A_{n',-n} = \mathfrak{M}E^{\Omega\sqrt{-1}};$$

il vient donc

$$(47)\qquad \left\{\begin{aligned} \mathfrak{M}\cos\Omega &= \frac{1}{k}\,\mathrm{S}V\cos(v + n\zeta), \\ \mathfrak{M}\sin\Omega &= \frac{1}{k}\,\mathrm{S}V\sin(v + n\zeta). \end{aligned}\right.$$

La formule (4) donnera enfin l'inégalité cherchée $\delta\zeta$.

131. Nous allons présenter le résumé des calculs à faire.

Les données sont les éléments elliptiques a, e, μ, a', e', μ', les longitudes des nœuds et des périhélies, les inclinaisons; les nombres entiers n et n' que l'on déduit de la réduction de $\frac{\mu}{\mu'}$ en fraction continue, en cherchant les réduites qui conduisent à de petites valeurs de $\frac{n'\mu' - n\mu}{\mu}$.

On calcule Υ par la formule (4), τ, τ' et I par des formules bien connues, en résolvant un triangle sphérique. On détermine les constantes c, c', d, d', f, g, h, h', i et i' par les formules (6) et (9).

Tous les calculs précédents sont faits une fois pour toutes.

On détermine ensuite le nombre entier k comme nous le verrons plus loin, et, pour les k valeurs de u,

$$0, \quad \frac{2\pi}{k}, \quad \ldots, \quad (k-1)\frac{2\pi}{k},$$

on calcule

ζ par la formule $\zeta = u - e \sin u$,

H, K et ω	par les formules	(10);
$\mathfrak{P}$ et $\mathfrak{Q}$	»	(21);
y_1, y_2, y_3	»	(22);
a′, b′ et φ'	»	(25) et (16);
Une série de valeurs de $\mathcal{A}'_n$ et $\mathcal{B}'_n$	»	(27) et (28);
Une série de valeurs de F et G	»	(45),

les valeurs J'_0, J'_1, ... qui dépendent de l'argument $\frac{n'e'}{2}$,

V et v	par les formules	(46);
$\mathfrak{M}$ et Ω	»	(47);
$\delta\zeta$	»	(4).

On voit qu'en somme, on a déterminé $\delta\zeta$ par des calculs analytiques, et par une interpolation répondant aux k valeurs de u considérées ci-dessus.

Dans le cas de Pallas (P) et de Jupiter (P′), on a $n = 7$, $n' = 18$; Cauchy trouve qu'il suffirait de prendre $k = 29$; il adopte $k = 36$, de sorte que les valeurs attribuées à u dans la suite du calcul sont les multiples de 10° inférieurs à la circonférence. Les transcendantes de Bessel qu'il y a lieu de considérer ont pour valeurs

$J'_0 = 0{,}820\,757\,40$,	$J'_5 = 0{,}000\,123\,57$,
$J'_1 = 0{,}393\,993\,00$,	$J'_6 = 0{,}000\,008\,97$,
$J'_2 = 0{,}088\,236\,48$,	$J'_7 = 0{,}000\,000\,56$,
$J'_3 = 0{,}012\,947\,72$,	$J'_8 = 0{,}000\,000\,03$,
$J'_4 = 0{,}001\,416\,46$,	$J'_9 = 0{,}000\,000\,00$.

Cauchy forme ensuite les deux produits

$$10^9 \mathrm{V} \cos(v + 7\zeta) \quad \text{et} \quad 10^9 \mathrm{V} \sin(v + 7\zeta),$$

pour chacune des valeurs de u multiple de 10°; il trouve qu'ils se réduisent sensiblement à zéro pour $u = 0°, 10°, \ldots, 130°; 310°, 320°, \ldots, 350°$, tandis que les autres valeurs sont les suivantes :

u.	$10^9 V\cos(v+7\zeta)$.	$10^9 V\sin(v+7\zeta)$.	u.	$10^9 V\cos(v+7\zeta)$.	$10^9 V\sin(v+7\zeta)$.
140°.....	+ 6	+ 11	230°.....	+17377	− 9445
150.....	+ 28	− 13	240.....	+ 7720	−15267
160.....	− 15	− 85	250.....	− 2200	− 9932
170.....	− 228	− 85	260.....	− 3664	− 2228
180.....	− 581	+ 351	270.....	− 1241	+ 555
190.....	− 492	+ 1766	280.....	+ 10	+ 345
200.....	+ 1652	+ 4184	290.....	+ 75	+ 8
210.....	+ 7753	+ 5469	300.....	− 2	+ 15
220.....	+15902	+ 982			

En ajoutant les nombres compris dans la deuxième et la troisième colonne, on trouve

$$10^9 \mathrm{SV}\cos(v+7\zeta) = +42100, \qquad 10^9 \mathrm{SV}\sin(v+7\zeta) = -23399,$$

d'où

$$10^{10}\mathfrak{M}\cos\Omega = +11694, \qquad 10^{10}\mathfrak{M}\sin\Omega = -6500,$$
$$10^{10}\, 2\mathfrak{M} = 26759, \qquad \Omega = -29°3'55'',$$

et comme on a $\log \Upsilon = 8{,}83100$, Cauchy obtient enfin pour l'inégalité cherchée,

$$\delta\zeta = 906'',6 \sin(18\zeta' - 7\zeta - 29°3'55'').$$

M. V. Puiseux a trouvé que le second terme de la fonction perturbatrice réduit le coefficient à 905″,7.

132. **Calcul de** k. — Si l'on veut que le module de $A_{n',-n}$ ne soit pas en erreur d'une petite quantité σ, il faut, d'après la formule (42), que l'on ait

$$\text{(48)} \qquad \operatorname{mod} \rho < \sigma,$$

et, pour qu'il en soit ainsi, il faudra prendre k assez grand. Nous voulons fixer la limite inférieure de k. Reprenons les formules

$$\text{(49)} \qquad \rho = \frac{1}{2\pi}\int_{-\pi}^{+\pi} \mathrm{E}^{-n'\zeta'\sqrt{-1}}\,d\zeta' \sum_{l}\left(1-\frac{l}{n}\right) s\,\mathrm{J}_l,$$

$$\text{(50)} \qquad s = \mathfrak{A}_{k-n+l} + \mathfrak{A}_{-k-n+l} + \mathfrak{A}_{2k-n+l} + \mathfrak{A}_{-2k-n+l} + \ldots,$$

$$\text{(51)} \qquad \frac{1}{\Delta} = \sum_{n} \mathfrak{A}_n \mathrm{E}^{nu\sqrt{-1}}.$$

Cherchons une expression approchée de $\mathfrak{A}_n$; l'expression rigoureuse est pareille à celle de $\mathfrak{A}'_{n'}$. Si l'on pose

$$(52)\qquad \left\{\begin{aligned} H' &= b + c'\cos u' + \partial'\sin u' + i'\cos 2u',\\ K'\cos\omega' &= c + f\cos u' + h'\sin u',\\ K'\sin\omega' &= \partial + g\sin u' + h\cos u', \end{aligned}\right.$$

on trouve aisément, en se rapportant à la formule (8),

$$\Delta^2 = H' + K'\cos(u-\omega') + i\cos 2u.$$

On aura ensuite, en faisant $E^{u\sqrt{-1}} = x$,

$$\frac{1}{\Delta} = \sqrt{\frac{2\mathfrak{ab}}{i}}\left(1-\mathfrak{a}x^{-1}E^{\varphi\sqrt{-1}}\right)^{-\frac{1}{2}}\left(1-\mathfrak{a}xE^{\varphi\sqrt{-1}}\right)^{\frac{1}{2}} \times\left(1-\mathfrak{b}x^{-1}E^{-\varphi\sqrt{-1}}\right)^{-\frac{1}{2}}\left(1-\mathfrak{b}xE^{-\varphi\sqrt{-1}}\right)^{\frac{1}{2}}.$$

On pourra calculer $\mathfrak{a}$, $\mathfrak{b}$ et φ pour une valeur donnée de u'. On aura ensuite

$$\mathfrak{A}_n = \sqrt{\frac{2\mathfrak{ab}}{i}}\left(\mathcal{A}_n\mathcal{B}_0 E^{-n\varphi\sqrt{-1}} + \ldots\right),$$

et, en négligeant $\frac{1}{n}$, on pourra se borner à

$$\mathcal{A}_n = \frac{1.3\ldots(2n-1)}{2.4\ldots 2n}\,\frac{\mathfrak{a}^n}{\sqrt{1-\mathfrak{a}^2}},$$

$$\mathcal{B}_n = \frac{1.3\ldots(2n-1)}{2.4\ldots 2n}\,\frac{\mathfrak{b}^n}{\sqrt{1-\mathfrak{b}^2}}.$$

Or, la formule de Stirling donne

$$\frac{1.3\ldots(2n-1)}{2.4\ldots 2n} = \frac{1}{\sqrt{n\pi}}\sqrt{1-\frac{\vartheta}{2n+1}},\qquad 0<\vartheta<1.$$

Il en résulte

$$\mathcal{A}_n = \frac{\mathfrak{a}^n}{\sqrt{n\pi(1-\mathfrak{a}^2)}};$$

$\mathfrak{b}$ est de l'ordre de e^2; en négligeant e^2, on pourra prendre

$$\mathcal{B}_0 = 1,\qquad \mathcal{B}_n = 0,\qquad \text{pour } n = 1, 2, \ldots.$$

Il vient donc simplement

$$\mathfrak{A}_n = \sqrt{\frac{2\mathfrak{ab}}{i}}\,\frac{\left(\mathfrak{a}E^{-\varphi\sqrt{-1}}\right)^n}{\sqrt{n\pi(1-\mathfrak{a}^2)}}.$$

$\mathfrak{A}_{k-n+l}$ est le terme principal de l'expression (50) de s; nous prendrons simplement

$$s = \mathfrak{A}_{k-n+l} = \sqrt{\frac{2\,\mathrm{ab}}{i}}\,\frac{(\mathrm{a}\,\mathrm{E}^{-\varphi\sqrt{-1}})^{k-n+l}}{\sqrt{(k-n+l)\,\pi\,(1-\mathrm{a}^2)}}$$

et même, en tenant compte de ce que l est petit par rapport à $k-n$,

$$s = \sqrt{\frac{2\,\mathrm{ab}}{i}}\,\frac{(\mathrm{a}\,\mathrm{E}^{-\varphi\sqrt{-1}})^{k-n+l}}{\sqrt{(k-n)\,\pi\,(1-\mathrm{a}^2)}}. \tag{53}$$

Revenons à l'expression (49) de ρ. On aura

$$\operatorname{mod}\rho < \frac{1}{2\pi}\int_{-\pi}^{+\pi} d\zeta' \times \left[\text{mod maximum de } \sum_l s\left(1-\frac{l}{n}\right)\mathrm{J}_l\right].$$

On a

$$\sum_l s\left(1-\frac{l}{n}\right)\mathrm{J}_l = \sqrt{\frac{2\,\mathrm{ab}}{i}}\,\frac{(\mathrm{a}\,\mathrm{E}^{-\varphi\sqrt{-1}})^{k-n}}{\sqrt{(k-n)\,\pi\,(1-\mathrm{a}^2)}}\sum_l\left(1-\frac{l}{n}\right)\mathrm{J}_l(\mathrm{a}\,\mathrm{E}^{-\varphi\sqrt{-1}})^l. \tag{54}$$

Or, la relation

$$\mathrm{E}^{\frac{ne}{2}\left(z-\frac{1}{z}\right)}\left[1-\frac{e}{2}\left(z+\frac{1}{z}\right)\right] = \sum_l\left(1-\frac{l}{n}\right)\mathrm{J}_l z^l$$

donne, pour $z = \mathrm{a}\,\mathrm{E}^{-\varphi\sqrt{-1}}$,

$$\sum_l\left(1-\frac{l}{n}\right)\mathrm{J}_l(\mathrm{a}\,\mathrm{E}^{-\varphi\sqrt{-1}})^l = \mathrm{E}^{\frac{ne}{2}(\mathrm{a}\,\mathrm{E}^{-\varphi\sqrt{-1}}-\mathrm{a}^{-1}\mathrm{E}^{\varphi\sqrt{-1}})}\left[1-\frac{e}{2}\left(\mathrm{a}\,\mathrm{E}^{-\varphi\sqrt{-1}}+\mathrm{a}^{-1}\mathrm{E}^{\varphi\sqrt{-1}}\right)\right];$$

e est assez petit; on peut prendre

$$1-\frac{e}{2}(\mathrm{a}\,\mathrm{E}^{-\varphi\sqrt{-1}}-\mathrm{a}^{-1}\mathrm{E}^{\varphi\sqrt{-1}}) = \mathrm{E}^{-\frac{e}{2}(\mathrm{a}\,\mathrm{E}^{-\varphi\sqrt{-1}}-\mathrm{a}^{-1}\mathrm{E}^{\varphi\sqrt{-1}})},$$

et il en résulte, en négligeant e^2,

$$\sum_l\left(1-\frac{l}{n}\right)\mathrm{J}_l(\mathrm{a}\,\mathrm{E}^{-\varphi\sqrt{-1}})^l = \mathrm{E}^{\left(\frac{n-1}{2}\mathrm{a}\,\mathrm{E}^{-\varphi\sqrt{-1}}-\frac{n+1}{2}\mathrm{a}^{-1}\mathrm{E}^{\varphi\sqrt{-1}}\right)e}.$$

En portant dans la formule (54), il vient

$$\sum_l s\left(1-\frac{l}{n}\right)\mathrm{J}_l = \sqrt{\frac{2\,\mathrm{ab}}{i}}\,\frac{(\mathrm{a}\,\mathrm{E}^{-\varphi\sqrt{-1}})^{k-n}}{\sqrt{(k-n)\,\pi\,(1-\mathrm{a}^2)}}\,\mathrm{E}^{\left(\frac{n-1}{2}\mathrm{a}\,\mathrm{E}^{-\varphi\sqrt{-1}}-\frac{n+1}{2}\mathrm{a}^{-1}\mathrm{E}^{\varphi\sqrt{-1}}\right)e}.$$

Le module de cette expression est

$$\sqrt{\frac{2\,\mathrm{ab}}{i}}\,\frac{\mathrm{a}^{k-n}}{\sqrt{(k-n)\,\pi\,(1-\mathrm{a}^2)}}\,\mathrm{E}^{\left(\frac{n-1}{2}\mathrm{a}-\frac{n+1}{2}\mathrm{a}^{-1}\right)e\cos\varphi}.$$

On a donc

$$\operatorname{mod}\rho < \text{maximum de} \sqrt{\frac{2\mathfrak{a}\mathfrak{b}}{i}} \frac{\mathfrak{a}^{k-n}}{\sqrt{(k-n)\pi(1-\mathfrak{a}^2)}} \mathrm{E}^{-\left(\frac{n+1}{2}\mathfrak{a}^{-1}-\frac{n-1}{2}\mathfrak{a}\right)e\cos\varphi}.$$

Cherchons ce maximum; $\mathfrak{a}$, $\mathfrak{b}$ et φ sont seuls variables et dépendent de u qui varie de o à 2π; $k-n$ étant grand, le maximum en question répondra sensiblement au maximum $\mathfrak{a}_1$ de $\mathfrak{a}$; soient $\mathfrak{b}_1$ et φ_1 les valeurs correspondantes de $\mathfrak{b}$ et de φ; on pourra prendre

$$\operatorname{mod}\rho < \sqrt{\frac{2\mathfrak{a}_1\mathfrak{b}_1}{i}} \frac{\mathfrak{a}_1^{k-n}}{\sqrt{(k-n)\pi(1-\mathfrak{a}_1^2)}} \mathrm{E}^{-\left(\frac{n+1}{2}\mathfrak{a}_1^{-1}-\frac{n-1}{2}\mathfrak{a}_1\right)e\cos\varphi_1}.$$

Supposons $\mathfrak{a}_1$, $\mathfrak{b}_1$ et φ_1 déterminés, et posons

(55) $$\mathrm{A} = \sqrt{\frac{2\mathfrak{a}_1\mathfrak{b}_1}{i}} \frac{1}{\sqrt{\pi(1-\mathfrak{a}_1^2)}} \mathrm{E}^{-\left(\frac{n+1}{2}\mathfrak{a}_1^{-1}-\frac{n-1}{2}\mathfrak{a}_1\right)e\cos\varphi_1},$$

la condition (48) pourra s'écrire

$$\mathrm{A}\frac{\mathfrak{a}_1^{k-n}}{\sqrt{k-n}} < \sigma,$$

ou bien

(56) $$(k-n)\log\frac{1}{\mathfrak{a}_1} + \frac{1}{2}\log(k-n) > \log\frac{\mathrm{A}}{\sigma}.$$

Telle est l'inégalité qui devra être vérifiée; on voit que son premier membre augmente avec k; il suffira de prendre la plus petite valeur de k satisfaisant à l'inégalité.

133. **Calcul de $\mathfrak{a}_1$, $\mathfrak{b}_1$ et φ_1.** — On peut calculer explicitement ces valeurs quand on néglige les secondes puissances des excentricités et de l'inclinaison mutuelle. Les formules (6) et (9) donnent alors

(57) $$\left\{\begin{aligned}
&\mathrm{M} = \mathrm{N} = \cos(\tau-\tau'), \qquad \mathrm{P} = -\mathrm{Q} = \sin(\tau'-\tau),\\
&f = g = -2aa'\cos(\tau-\tau'),\\
&h = -h' = 2aa'\sin(\tau-\tau'),\\
&b = a^2 + a'^2, \qquad i = 0, \qquad i' = 0,\\
&c = -2a[ae - a'e'\cos(\tau-\tau')],\\
&c' = -2a'[a'e' - ae\cos(\tau-\tau')],\\
&\partial = 2aa'e'\sin(\tau'-\tau), \qquad \partial' = 2aa'e\sin(\tau-\tau').
\end{aligned}\right.$$

Si l'on pose

(58) $$\left\{\begin{aligned}
&\left.\begin{aligned} ae - a'e'\cos(\tau-\tau') &= \mathrm{A}\cos\alpha,\\ a'e'\sin(\tau-\tau') &= \mathrm{A}\sin\alpha,\end{aligned}\right\}\ \mathrm{A} > 0,\\
&\left.\begin{aligned} a'e' - ae\cos(\tau-\tau') &= \mathrm{A}'\cos\alpha',\\ -ae\sin(\tau-\tau') &= \mathrm{A}'\sin\alpha',\end{aligned}\right\}\ \mathrm{A}' > 0,
\end{aligned}\right.$$

on tire aisément des formules (52), (57) et (58)

$$(59)\qquad H' = a^2 + a'^2 - 2A'a'\cos(u' - \alpha'),$$

$$(60)\qquad \begin{cases} K'\cos\omega' = -2Aa\cos\alpha - 2aa'\cos(u' + \tau' - \tau), \\ K'\sin\omega' = -2Aa\sin\alpha - 2aa'\sin(u' + \tau' - \tau). \end{cases}$$

A est de l'ordre de e et de e'; en négligeant le second ordre, on a

$$K'^2 = 4a^2a'^2 + 8Aa^2a'\cos(u' - \alpha + \tau' - \tau),$$

$$(61)\qquad K' = 2aa'\left[1 + \frac{A}{a'}\cos(u' - \alpha + \tau' - \tau)\right].$$

On tire d'ailleurs des formules (58),

$$A\cos(\alpha + \tau - \tau') = -A'\cos\alpha',$$
$$A\sin(\alpha + \tau - \tau') = -A'\sin\alpha',$$

d'où

$$A = A', \qquad \alpha + \tau - \tau' = \alpha' + \pi.$$

La formule (61) devient donc

$$K' = 2aa'\left[1 - \frac{A'}{a'}\cos(u' - \alpha')\right],$$

et, en combinant cette formule avec la formule (59), on trouve

$$(62)\qquad \frac{2H'}{K'} = \frac{a^2 + a'^2}{aa'}\left[1 + \frac{A'}{a'}\frac{a^2 - a'^2}{a^2 + a'^2}\cos(u' - \alpha')\right].$$

Mais en négligeant e^2, l'expression de Δ^2 se réduit à

$$K'x^2E^{-\omega'\sqrt{-1}} + 2H'x + K'E^{\omega'\sqrt{-1}},$$

et, en écrivant que cette expression s'annule pour $x = \mathrm{a}E^{\varphi\sqrt{-1}}$, il vient

$$\mathrm{a}E^{(\varphi-\omega')\sqrt{-1}} + \frac{1}{\mathrm{a}}E^{-(\varphi-\omega')\sqrt{-1}} + \frac{2H'}{K'} = 0,$$

d'où

$$(63)\qquad \varphi = \omega' + \pi,$$
$$\frac{1}{\mathrm{a}} + \mathrm{a} = \frac{2H'}{K'}.$$

En remplaçant $\frac{2H'}{K'}$ par sa valeur (62), on aura

$$(64)\qquad \frac{1}{\mathrm{a}} + \mathrm{a} = \frac{a}{a'} + \frac{a'}{a} + \frac{a^2 - a'^2}{aa'^2}\cos(u' - \alpha').$$

Supposons $a > a'$; alors a différera de $\frac{a'}{a}$ d'une quantité de l'ordre de A'; on trouve sans peine

$$\mathfrak{a} = \frac{a'}{a}\left[1 - \frac{A'}{a'}\cos(u' - \alpha)\right].$$

On voit que le maximum $\mathfrak{a}_1$ de a répond à

$$(65) \qquad \begin{aligned} u' &= \alpha' + \pi, \\ \mathfrak{a}_1 &= \frac{a'}{a}\left(1 + \frac{A'}{a'}\right). \end{aligned}$$

Les formules (60), (63) et (65) donnent ensuite

$$K' \cos\omega' = -2a(A + a')\cos\alpha,$$
$$K' \sin\omega' = -2a(A + a')\sin\alpha,$$

d'où

$$\omega' = \alpha + \pi, \qquad \varphi_1 = \alpha.$$

On a enfin

$$\mathfrak{b}_1 = \frac{i}{K'} = \frac{i}{2aa'}\left(1 - \frac{a'}{A'}\right).$$

Ainsi, en résumé,

$$a > a', \qquad \mathfrak{a}_1 = \frac{a'}{a}\left(1 + \frac{A'}{a'}\right), \qquad \varphi_1 = \alpha, \qquad \mathfrak{b}_1 = \frac{i}{2aa'}\left(1 - \frac{A'}{a'}\right).$$

On trouverait de même

$$a < a', \qquad \mathfrak{a}_1 = \frac{a}{a'}\left(1 + \frac{A'}{a'}\right), \qquad \varphi_1 = \alpha + \pi, \qquad \mathfrak{b}_1 = \frac{i}{2aa'}\left(1 - \frac{A'}{a'}\right).$$

Cela fait, on calculera A par la formule (55), et la limite inférieure de k par l'inégalité (56).

Il va sans dire que les derniers calculs, qui aboutissent à la valeur de k, doivent être faits avec peu de précision; des Tables de logarithmes à quatre ou même à trois décimales suffiront.

Cauchy a donné une méthode abrégée pour le cas où n' étant considérable, l'excentricité e' est très petite; l'emploi de cette méthode rapide lui a donné, pour le coefficient de la grande inégalité de Pallas, 906″,3 au lieu de 906″,6. Donnons seulement le résultat de la simplification, renvoyant pour la démonstration au Mémoire de M. Puiseux. Ayant calculé $\mathfrak{a}'$, $\mathfrak{b}'$ et φ' pour chacune des k valeurs attribuées à l'angle ψ, on calculera l'angle v en secondes d'arc, par la formule

$$v = \frac{1}{\sin 1''}\left(\frac{2n' - 1}{4}\mathfrak{a}'^{-1} + \frac{2n' + 1}{4}\mathfrak{a}'\right)e' \sin\varphi' - n'\varphi',$$

puis V par l'équation

$$V = \frac{1.3\ldots(2n'-1)}{2.4\ldots 2n'}\sqrt{\frac{2\,\mathrm{a}'\mathrm{b}'}{i'}}\,\frac{\mathrm{a}'^{n'}}{\sqrt{1-\mathrm{a}'^2}}(1-e\cos u)\,\mathrm{E}^{e^2\cos\varphi'\left(\frac{2n'-1}{4}\mathrm{a}'^{-1}-\frac{2n'+1}{4}\mathrm{a}'\right)-\frac{1}{4n'}\frac{\mathrm{a}'^4}{1-\mathrm{a}'^2}}.$$

Ayant obtenu V et v, le calcul se termine comme précédemment.

Le lecteur pourra consulter encore, au sujet de la méthode de Cauchy, un Mémoire de M. Bourget, *Sur le calcul des divers termes du développement de la fonction perturbatrice et de ses dérivées* (*Annales de l'Observatoire de Paris*, t. VII), et un Mémoire de M. Hoüel publié en 1875 (Paris, Gauthier-Villars), *Sur le développement de la fonction perturbatrice suivant la forme adoptée par Hansen dans la théorie des petites planètes.* Ce Mémoire se termine par des calculs numériques relatifs aux perturbations de Pallas par Jupiter; l'auteur y donne un certain nombre des inégalités de la longitude moyenne de Pallas.

Citons enfin, pour terminer, une Note de M. O. Callandreau, *Sur le calcul des inégalités d'ordre élevé* (*Comptes rendus*, tome CXV, page 386), dans laquelle l'auteur montre que la série (26) de la page 287, donnée par Legendre pour représenter la valeur de $\mathfrak{C}_n$, et qui n'est convergente que pour $\alpha^2 < \frac{1}{2}$, jouit des propriétés de la série semi-convergente de Stirling, de sorte que la méthode de Cauchy peut toujours être employée avec sécurité, même dans le cas assez fréquent de $\alpha > \frac{1}{\sqrt{2}}$.

CHAPITRE XVIII.

SUR UNE MÉTHODE DE JACOBI.

134. Nous nous proposons d'exposer dans ce Chapitre les principaux résultats du beau Mémoire de Jacobi, intitulé : *Versuch einer Berechnung der grossen Ungleichheit des Saturns nach einer strengen Entwickelung* (*Astron. Nachr.*, t. XXVIII, nos 653-654, et *Œuvres complètes*, t. VII, p. 145).

Soient

a, e, μ, l le demi grand axe, l'excentricité, le moyen mouvement et la longitude moyenne de Saturne;

a', e', μ', l' les mêmes quantités pour Jupiter.

Il s'agit, en somme, de trouver dans $\frac{1}{\Delta}$ les termes qui dépendent de $2l' - 5l$, Δ désignant la distance des deux planètes. En partant des formules du Chapitre précédent, on a pour Δ^2 une expression de la forme

$$(1)\quad \left\{ \begin{aligned} \Delta^2 = (0) - (1)\cos(u - u' + D) + (2)\cos(u + B) - (2')\cos(u' + B') \\ + \frac{1}{2} a^2 e^2 \cos 2u + \frac{1}{2} a'^2 e'^2 \cos 2u' + (3)\cos(u + u' + C), \end{aligned} \right.$$

les quantités (1), (2), (2') et (3) sont supposées > 0. En se reportant aux notations du Chapitre précédent, on trouve aisément

$$(0) = b;$$

$$(1)\ \cos D = -\frac{1}{2}(f + g), \qquad (1)\ \sin D = \frac{1}{2}(h - h'),$$

$$(2)\ \cos B = c, \qquad (2)\ \sin B = -\partial,$$

$$(2')\cos B' = -c', \qquad (2')\sin B' = \partial',$$

$$(3)\ \cos C = \frac{1}{2}(f - g), \qquad (3)\ \sin C = -\frac{1}{2}(h + h');$$

d'où, en mettant pour b, c, ..., h' leurs valeurs (9) du Chapitre précédent,

$$(2)\quad \begin{cases} (0) \quad = a^2 + a'^2 + \frac{1}{2}(a^2e^2 + a'^2e'^2 - 4\mathrm{M}aa'ee'),\\ (1)\cos \mathrm{D} = aa'(\mathrm{M} + \mathrm{N}\sqrt{1-e^2}\sqrt{1-e'^2}),\\ (1)\sin \mathrm{D} = aa'(\mathrm{Q}\sqrt{1-e'^2} - \mathrm{P}\sqrt{1-e^2});\\ (2)\cos \mathrm{B} = 2a(\mathrm{M}a'e' - ae),\\ (2)\sin \mathrm{B} = -2\mathrm{P}aa'e'\sqrt{1-e^2};\\ (2')\cos \mathrm{B}' = 2a'(a'e' - \mathrm{M}ae),\\ (2')\sin \mathrm{B}' = 2\mathrm{Q}aa'e\sqrt{1-e'^2};\\ (3)\cos \mathrm{C} = -aa'(\mathrm{M} - \mathrm{N}\sqrt{1-e^2}\sqrt{1-e'^2}),\\ (3)\sin \mathrm{C} = aa'(\mathrm{P}\sqrt{1-e^2} + \mathrm{Q}\sqrt{1-e'^2}). \end{cases}$$

Nous récrirons d'ailleurs, pour plus de clarté, les valeurs de M, N, P et Q,

$$(3)\quad \begin{cases} \mathrm{M} = \cos\tau\cos\tau' + \sin\tau\sin\tau'\cos \mathrm{I},\\ \mathrm{N} = \sin\tau\sin\tau' + \cos\tau\cos\tau'\cos \mathrm{I},\\ \mathrm{P} = -\sin\tau\cos\tau' + \cos\tau\sin\tau'\cos \mathrm{I},\\ \mathrm{Q} = -\cos\tau\sin\tau' + \sin\tau\cos\tau'\cos \mathrm{I}. \end{cases}$$

Cela fait, Jacobi pose

$$(4)\quad \mathrm{D} = \mathrm{B} - \mathrm{B}'_1,$$

$$(5)\quad \Delta_0 = (0) - (1)\cos(u - u' + \mathrm{B} - \mathrm{B}'_1) + (2)\cos(u + \mathrm{B}) - (4)\cos(u' + \mathrm{B}'_1);$$

$$(6)\quad \begin{cases} \Delta_1 = \frac{1}{2}a^2e^2\cos 2u + \frac{1}{2}a'^2e'^2\cos 2u' + (3)\cos(u + u' + \mathrm{C})\\ \quad + [(4) - (2')\cos(\mathrm{B}'_1 - \mathrm{B}')]\cos(u' + \mathrm{B}'_1) - (2')\sin(\mathrm{B}'_1 - \mathrm{B}')\sin(u' + \mathrm{B}'_1). \end{cases}$$

La quantité (4) est restée arbitraire. Nous verrons dans un moment que, si l'on considère e, e' et I comme de petites quantités du premier ordre, (0) et (1) sont de l'ordre zéro, (2) et (2') de l'ordre 1, (3) de l'ordre 2; enfin, la suite du calcul montrera que (4) est du premier ordre, et que les coefficients de $\cos(u' + \mathrm{B}'_1)$ et de $\sin(u' + \mathrm{B}'_1)$ dans la formule (6) sont du troisième ordre. On a d'ailleurs identiquement

$$(7)\quad \Delta^2 = \Delta_0 + \Delta_1,$$

de sorte que cette décomposition est avantageuse, Δ_1 restant toujours du second ordre. Jacobi écrit ensuite que l'expression (5) de Δ_0 peut se mettre sous la forme

$$(8)\quad \begin{cases} \Delta_0 = \alpha^2 + \alpha'^2 + \alpha''^2 - 2\alpha\alpha'\cos(u - u' + \mathrm{B} - \mathrm{B}'_1)\\ \quad + 2\alpha\alpha''\cos(u + \mathrm{B}) - 2\alpha'\alpha''\cos(u' + \mathrm{B}'_1); \end{cases}$$

où α, α' et α'' sont des quantités positives. Le rapprochement des expressions (5) et (8) donne les conditions

$$\alpha^2+\alpha'^2+\alpha''^2=(0), \qquad 2\alpha\alpha' =(1),$$
$$2\alpha\alpha''=(2), \qquad 2\alpha'\alpha''=(4).$$

On en tire aisément

(9) $$\alpha'=\frac{(1)}{2\alpha}, \qquad \alpha''=\frac{(2)}{2\alpha},$$

(10) $$(4)=\frac{(1)(2)}{2\alpha^2},$$

$$\alpha^2+\frac{(1)^2+(2)^2}{4\alpha^2}=(0);$$

(11) $$2\alpha^2=(0)+\sqrt{(0)^2-(1)^2-(2)^2}.$$

Les formules (9), (10) et (11) déterminent α, α', α'' et la quantité (4).

135. Nous allons évaluer les ordres de petitesse de nos diverses quantités. Les formules (2) donnent d'abord, en y remplaçant M, N, P et Q par leurs valeurs (3), et négligeant seulement le quatrième ordre,

$$(3)\cos C=-\frac{1}{2}aa'[(e^2+e'^2)\cos(\tau-\tau')+I^2\cos(\tau+\tau')],$$
$$(3)\sin C=-\frac{1}{2}aa'[(e'^2-e^2)\sin(\tau-\tau')+I^2\sin(\tau+\tau')];$$

donc (3) est bien du second ordre.

On trouve, en opérant de même,

$$(1)\cos D=2aa'\left(1-\frac{e^2+e'^2+I^2}{4}\right)\cos(\tau-\tau'),$$
$$(1)\sin D=2aa'\left(1-\frac{e^2+e'^2+I^2}{4}\right)\sin(\tau-\tau');$$

d'où

(12) $$\begin{cases}(1)=2aa'\left(1-\dfrac{e^2+e'^2+I^2}{4}\right),\\ D\ =\tau-\tau';\end{cases}$$

ces expressions de (1) et D sont exactes aux termes près du quatrième ordre.

Considérons le triangle CSC' ayant pour sommets le Soleil et les centres des deux orbites; soient θ, γ et γ' les angles, δ la distance des centres. On aura

$$CS=ae, \qquad C'S=a'e', \qquad M=\cos\theta,$$
$$\delta^2=a^2e^2+a'^2e'^2-2Maa'ee',$$
$$ae-Ma'e'=\delta\cos\gamma, \qquad a'e'-Mae=\delta\cos\gamma',$$
$$a'e'\sin\theta=\delta\sin\gamma, \qquad ae\sin\theta=\delta\sin\gamma'.$$

Les relations (3) donnent, d'ailleurs,

$$P = \pm\sqrt{1 - M^2 - \sin^2\tau'\sin^2 I},$$
$$Q = \pm\sqrt{1 - M^2 - \sin^2\tau\sin^2 I};$$

or $-P$ et $+Q$ diffèrent peu de $\sin(\tau - \tau')$, et, dans le cas actuel, le calcul numérique montre que ce sinus est positif. On doit donc prendre

$$P = -\sqrt{\sin^2\theta - \sin^2\tau'\sin^2 I}, \qquad Q = \sqrt{\sin^2\theta - \sin^2\tau\sin^2 I}.$$

En ayant égard aux relations précédentes, les formules (2) donnent

$$(2)\cos B = -2a\delta\cos\gamma,$$
$$(2)\sin B = 2a\delta\sqrt{1 - e^2}\sin\gamma\sqrt{1 - \frac{\sin^2\tau'}{\sin^2\theta}\sin^2 I},$$
$$(2')\cos B' = 2a'\delta\cos\gamma',$$
$$(2')\sin B' = 2a'\delta\sqrt{1 - e'^2}\sin\gamma'\sqrt{1 - \frac{\sin^2\tau}{\sin^2\theta}\sin^2 I}.$$

On en tire

$$(2) = 2a\delta\sqrt{1 - \sin^2\gamma\left(e^2 + \frac{1 - e^2}{\sin^2\theta}\sin^2\tau'\sin^2 I\right)},$$
$$(2') = 2a'\delta\sqrt{1 - \sin^2\gamma'\left(e'^2 + \frac{1 - e'^2}{\sin^2\theta}\sin^2\tau\sin^2 I\right)},$$
$$\tang B = -\tang\gamma\sqrt{1 - e^2}\sqrt{1 - \frac{\sin^2\tau'}{\sin^2\theta}\sin^2 I},$$
$$\tang B' = \tang\gamma'\sqrt{1 - e'^2}\sqrt{1 - \frac{\sin^2\tau}{\sin^2\theta}\sin^2 I};$$

d'où, en conservant seulement le troisième ordre dans (2) et (2'), et le deuxième dans B et B',

$$(13)\quad \begin{cases} (2) = 2a\delta\left[1 - \frac{1}{2}\sin^2\gamma\left(e^2 + I^2\frac{\sin^2\tau'}{\sin^2\theta}\right)\right], \\ (2') = 2a'\delta\left[1 - \frac{1}{2}\sin^2\gamma'\left(e'^2 + I^2\frac{\sin^2\tau}{\sin^2\theta}\right)\right], \end{cases}$$

$$(14)\quad \begin{cases} 180^\circ - B = \gamma - \frac{1}{4}\left(e^2 + I^2\frac{\sin^2\tau'}{\sin^2\theta}\right)\sin 2\gamma, \\ B' = \gamma' - \frac{1}{4}\left(e'^2 + I^2\frac{\sin^2\tau}{\sin^2\theta}\right)\sin 2\gamma'. \end{cases}$$

On voit que les valeurs approchées de (2), (2'), B et B', qui sont respectivement égales à

$$2a\delta, \quad 2a'\delta, \quad 180^\circ - \gamma \quad \text{et} \quad \gamma',$$

s'expriment très simplement au moyen des éléments du triangle CSC'. On a d'ailleurs

$$\gamma + \gamma' = 180^\circ - \theta,$$

et il en résulte

$$\theta = B - B' - \frac{1}{4}\left(e^2 + \frac{I^2 \sin^2\tau'}{\sin^2\theta}\right)\sin 2\gamma - \frac{1}{4}\left(e'^2 + \frac{I^2 \sin^2\tau}{\sin^2\theta}\right)\sin 2\gamma'. \tag{15}$$

Mais l'équation

$$\cos\theta = \cos(\tau - \tau') - \frac{1}{2} I^2 \sin\tau \sin\tau'$$

donne

$$\theta = \tau - \tau' + \frac{1}{2} I^2 \frac{\sin\tau \sin\tau'}{\sin(\tau - \tau')},$$

ou bien, en ayant égard à l'expression (12) de D,

$$\theta = D + \frac{1}{2} I^2 \frac{\sin\tau \sin\tau'}{\sin(\tau - \tau')}. \tag{16}$$

Les formules (4), (15) et (16) donnent

$$\left\{\begin{aligned} B'_1 = B' &+ \frac{1}{4}(e^2 \sin 2\gamma + e'^2 \sin 2\gamma') \\ &+ \frac{1}{4} I^2 \frac{\sin 2\gamma \sin^2\tau' + \sin 2\gamma' \sin^2\tau + 2\sin\tau \sin\tau' \sin\theta}{\sin^2\theta}. \end{aligned}\right. \tag{17}$$

On voit que la différence $B'_1 - B'$ est une petite quantité du second ordre.

136. Venons maintenant au calcul de α, α' et α''. Les formules (2), (12) et (13) donnent

$$\begin{aligned}(0)^2 - (1)^2 - (2)^2 = (a^2 - a'^2)^2 - (a^2 - a'^2)\Big[3a^2e^2 + a'^2e'^2 - \frac{2a^2a'^2}{a^2 - a'^2} I^2 \\ - 4aa'ee'\cos(\tau - \tau')\Big],\end{aligned}$$

$$\sqrt{(0)^2 - (1)^2 - (2)^2} = a^2 - a'^2 - \frac{3}{2}a^2e^2 - \frac{1}{2}a'^2e'^2 + \frac{a^2a'^2}{a^2 - a'^2} I^2 + 2aa'ee'\cos(\tau - \tau');$$

$$(0) = a^2 + a'^2 + \frac{1}{2}a^2e^2 + \frac{1}{2}a'^2e'^2 - 2aa'ee'\cos(\tau - \tau');$$

en appliquant la formule (11), il vient

$$2\alpha^2 = 2a^2 - a^2e^2 + \frac{a^2a'^2}{a^2 - a'^2} I^2,$$

$$\alpha = a\left[1 - \frac{1}{4}\left(e^2 - \frac{a'^2}{a^2 - a'^2} I^2\right)\right]. \tag{18}$$

Les formules (9), (12) et (18) donnent ensuite

$$\alpha' = a'\left[1 - \frac{1}{4}\left(e'^2 + \frac{a^2}{a^2 - a'^2}\,\mathrm{I}^2\right)\right]. \tag{19}$$

Ces expressions de α et α' sont exactes aux termes près du quatrième ordre. La seconde des formules (9) donne

$$\alpha'' = \delta, \tag{20}$$

aux termes près du troisième ordre. Enfin, on tire de la relation (10), en ayant égard aux valeurs de (1), de (2) et de α^2,

$$\frac{(4)}{(2')} = \frac{1}{2\alpha^2}\,\frac{(1)(2)}{(2')},$$

$$\frac{(4)}{(2')} = \frac{1 - \frac{1}{4}(e^2 + e'^2 + \mathrm{I}^2)}{1 - \frac{1}{2}e^2 + \frac{1}{2}\,\frac{a'^2}{a^2 - a'^2}\,\mathrm{I}^2}\;\frac{1 - \frac{1}{2}\sin^2\gamma\left(e^2 + \mathrm{I}^2\,\frac{\sin^2\tau'}{\sin^2\theta}\right)}{1 - \frac{1}{2}\sin^2\gamma'\left(e'^2 + \mathrm{I}^2\,\frac{\sin^2\tau}{\sin^2\theta}\right)},$$

$$(4) = (2')\left\{\begin{array}{l} 1 + \frac{1}{4}e^2\cos 2\gamma - \frac{1}{4}e'^2\cos 2\gamma' - \frac{1}{4}\,\frac{a^2 + a'^2}{a^2 - a'^2}\,\mathrm{I}^2 \\ \qquad + \mathrm{I}^2\,\frac{\sin^2\gamma'\sin^2\tau - \sin^2\gamma\sin^2\tau'}{2\sin^2\theta} \end{array}\right\}. \tag{21}$$

Les coefficients de $\cos(u' + \mathrm{B}'_1)$ et de $\sin(u' + \mathrm{B}'_1)$ dans la formule (6) peuvent s'écrire

$$(4) - (2') \quad \text{et} \quad (2')(\mathrm{B}'_1 - \mathrm{B}');$$

ils sont du troisième ordre, ainsi que cela résulte des formules (13), (17) et (21). Jacobi fait toutes les transformations précédentes en opérant sur les nombres; nous avons pensé que le calcul algébrique aurait l'avantage de mieux expliquer les choses.

137. L'expression (8) de Δ_0 peut s'écrire

$$\Delta_0 = \left(\alpha - \alpha'\frac{x}{x'} + \alpha'' x\right)\left(\alpha - \alpha'\frac{x'}{x} + \frac{\alpha''}{x}\right), \tag{22}$$

en faisant

$$x = \mathrm{E}^{(u+\mathrm{B})\sqrt{-1}}, \qquad x' = \mathrm{E}^{(u'+\mathrm{B}'_1)\sqrt{-1}}. \tag{23}$$

Jacobi introduit ensuite les deux nouvelles variables η et η' définies par les équations

$$\left\{\begin{array}{l} x = \mathrm{E}^{(u+\mathrm{B})\sqrt{-1}} = \dfrac{\mathrm{E}^{\eta\sqrt{-1}} - \beta}{1 - \beta\mathrm{E}^{\eta\sqrt{-1}}}, \\ x' = \mathrm{E}^{(u'+\mathrm{B}'_1)\sqrt{-1}} = \dfrac{\mathrm{E}^{\eta'\sqrt{-1}} - \beta'}{1 - \beta'\mathrm{E}^{\eta'\sqrt{-1}}}; \end{array}\right. \tag{24}$$

on tire de là

$$(25)\qquad \begin{cases} \cos(u+\mathrm{B}) = \dfrac{(1+\beta^2)\cos\eta - 2\beta}{1-2\beta\cos\eta+\beta^2}, \\[2mm] \sin(u+\mathrm{B}) = \dfrac{(1-\beta^2)\sin\eta}{1-2\beta\cos\eta+\beta^2}, \end{cases}$$

et deux formules analogues donnent $\cos(u'+\mathrm{B}'_1)$ et $\sin(u'+\mathrm{B}'_1)$; β et β' sont des constantes encore indéterminées. On tire de la première formule (24)

$$\mathrm{E}^{(u+\mathrm{B}-\eta)\sqrt{-1}} = \frac{1-\beta\mathrm{E}^{-\eta\sqrt{-1}}}{1-\beta\mathrm{E}^{\eta\sqrt{-1}}},$$

$$(u+\mathrm{B}-\eta)\sqrt{-1} = \log\left(1-\beta\mathrm{E}^{-\eta\sqrt{-1}}\right) - \log\left(1-\beta\mathrm{E}^{\eta\sqrt{-1}}\right),$$

$$(26)\qquad u+\mathrm{B}-\eta = 2\left(\frac{\beta}{1}\sin\eta + \frac{\beta^2}{2}\sin 2\eta + \frac{\beta^3}{3}\sin 3\eta + \ldots\right).$$

On trouve ensuite aisément

$$(27)\qquad \begin{cases} \alpha - \alpha'\dfrac{x}{x'} + \alpha'' x = \dfrac{1}{\left(1-\beta\mathrm{E}^{\eta\sqrt{-1}}\right)\left(1-\beta'\mathrm{E}^{-\eta'\sqrt{-1}}\right)} \left[\begin{array}{l} \alpha\left(1-\beta\mathrm{E}^{\eta\sqrt{-1}} - \beta'\mathrm{E}^{-\eta'\sqrt{-1}} + \beta\beta'\mathrm{E}^{(\eta-\eta')\sqrt{-1}}\right) \\ -\alpha'\left(\mathrm{E}^{(\eta-\eta')\sqrt{-1}} - \beta\mathrm{E}^{-\eta'\sqrt{-1}} - \beta'\mathrm{E}^{\eta\sqrt{-1}} + \beta\beta'\right) \\ +\alpha''\left(\mathrm{E}^{\eta\sqrt{-1}} - \beta - \beta'\mathrm{E}^{(\eta-\eta')\sqrt{-1}} + \beta\beta'\mathrm{E}^{-\eta'\sqrt{-1}}\right) \end{array}\right] \\[6mm] \alpha - \alpha'\dfrac{x'}{x} + \dfrac{\alpha''}{x} = \dfrac{1}{\left(1-\beta\mathrm{E}^{-\eta\sqrt{-1}}\right)\left(1-\beta'\mathrm{E}^{\eta'\sqrt{-1}}\right)} \left[\begin{array}{l} \alpha\left(1-\beta\mathrm{E}^{-\eta\sqrt{-1}} - \beta'\mathrm{E}^{\eta'\sqrt{-1}} + \beta\beta'\mathrm{E}^{-(\eta-\eta')\sqrt{-1}}\right) \\ -\alpha'\left(\mathrm{E}^{-(\eta-\eta')\sqrt{-1}} - \beta\mathrm{E}^{\eta'\sqrt{-1}} - \beta'\mathrm{E}^{-\eta\sqrt{-1}} + \beta\beta'\right) \\ +\alpha''\left(\mathrm{E}^{-\eta\sqrt{-1}} - \beta - \beta'\mathrm{E}^{-(\eta-\eta')\sqrt{-1}} + \beta\beta'\mathrm{E}^{\eta'\sqrt{-1}}\right) \end{array}\right]. \end{cases}$$

On détermine maintenant β et β' par les conditions

$$(28)\qquad \begin{cases} -\alpha\beta + \alpha'\beta' + \alpha'' = 0, \\ -\alpha\beta' + \alpha'\beta + \beta\beta'\alpha'' = 0; \end{cases}$$

après quoi les formules (22) et (27) donnent

$$\begin{aligned} &(1-2\beta\cos\eta+\beta^2)(1-2\beta'\cos\eta'+\beta'^2)\Delta_0 \\ &\quad = \left[\alpha\left(1+\beta\beta'\mathrm{E}^{(\eta-\eta')\sqrt{-1}}\right) - \alpha'\left(\beta\beta'+\mathrm{E}^{(\eta-\eta')\sqrt{-1}}\right) - \alpha''\left(\beta+\beta'\mathrm{E}^{(\eta-\eta')\sqrt{-1}}\right)\right] \\ &\quad\quad \times \left[\alpha\left(1+\beta\beta'\mathrm{E}^{-(\eta-\eta')\sqrt{-1}}\right) - \alpha'\left(\beta\beta'+\mathrm{E}^{-(\eta-\eta')\sqrt{-1}}\right) - \alpha''\left(\beta+\beta'\mathrm{E}^{-(\eta-\eta')\sqrt{-1}}\right)\right], \end{aligned}$$

ou bien

$$(29)\qquad \Delta_0 = \frac{(\alpha-\alpha'\beta\beta'-\alpha''\beta)^2 + (\alpha\beta\beta'-\alpha'-\alpha''\beta')^2 + 2(\alpha-\alpha'\beta\beta'-\alpha''\beta)(\alpha\beta\beta'-\alpha'-\alpha''\beta')\cos(\eta-\eta')}{(1-2\beta\cos\eta+\beta^2)(1-2\beta'\cos\eta'+\beta'^2)}.$$

138. Calcul de β et β'. — Posons encore

$$(30)\qquad \sin h = \frac{\alpha''}{\alpha-\alpha'}, \qquad \sin h' = \frac{\alpha''}{\alpha+\alpha'}, \qquad 0 < h' < h < 90^\circ.$$

Nous aurons

$$(31)\qquad 2\alpha = \frac{\alpha''}{\sin h'} + \frac{\alpha''}{\sin h}, \qquad 2\alpha' = \frac{\alpha''}{\sin h'} - \frac{\alpha''}{\sin h}.$$

On tire des relations (28)

$$(32)\qquad \beta' = \frac{\alpha\beta - \alpha''}{\alpha'} = \frac{\alpha'\beta}{\alpha - \beta\alpha''},$$

$$(1+\beta^2)\alpha\alpha'' - \beta(\alpha^2 + \alpha''^2 - \alpha'^2) = 0,$$

ou bien, en ayant égard aux formules (31),

$$(1+\beta^2)\left(\frac{1}{\sin h'} + \frac{1}{\sin h}\right) - \frac{1}{2}\beta\left[4 + \left(\frac{1}{\sin h'} + \frac{1}{\sin h}\right)^2 - \left(\frac{1}{\sin h'} - \frac{1}{\sin h}\right)^2\right] = 0,$$

$$\frac{1+\beta^2}{2\beta}\left(\frac{1}{\sin h} + \frac{1}{\sin h'}\right) = 1 + \frac{1}{\sin h \sin h'},$$

$$\beta = \frac{1 + \sin h \sin h' - \cos h \cos h'}{\sin h + \sin h'},$$

$$(33)\qquad \beta = \frac{\sin\frac{h+h'}{2}}{\cos\frac{h-h'}{2}}.$$

L'équation (32) donne ensuite

$$(34)\qquad \beta' = \frac{\sin\frac{h-h'}{2}}{\cos\frac{h+h'}{2}}.$$

Faisons enfin

$$\alpha\left(1 - \frac{\alpha'}{\alpha}\beta\beta' - \frac{\alpha''}{\alpha}\beta\right) = A,$$

$$\alpha'\left(1 - \frac{\alpha}{\alpha'}\beta\beta' + \frac{\alpha''}{\alpha'}\beta'\right) = A';$$

la formule (29) deviendra

$$(35)\qquad \frac{1}{\sqrt{\Delta_0}} = \frac{(1 - 2\beta\cos\eta + \beta^2)^{\frac{1}{2}}(1 - 2\beta'\cos\eta' + \beta'^2)^{\frac{1}{2}}}{A\left[1 - \frac{2A'}{A}\cos(\eta' - \eta) + \frac{A'^2}{A^2}\right]^{\frac{1}{2}}}.$$

On trouve d'ailleurs aisément, en vertu des relations (32), (33) et (34), que les expressions précédentes de A et de A′ deviennent

$$(36)\qquad \begin{cases} A = \alpha\,\dfrac{\cos h \cos h'}{\cos^2\frac{h-h'}{2}}, \\ A' = \alpha'\,\dfrac{\cos h \cos h'}{\cos^2\frac{h+h'}{2}}. \end{cases}$$

Les formules (30) montrent que h et h' sont du premier ordre; il en est de même de β et de β'; enfin, les différences $A - a$ et $A' - a'$ sont du second ordre.

On a aussi les relations suivantes, aisées à vérifier,

$$(37)\quad \begin{cases} \dfrac{A'}{A} = \dfrac{\beta'}{\beta}, & \dfrac{A}{\alpha} = 1 - \beta^2, \qquad \dfrac{A'}{\alpha'} = 1 - \beta'^2, \\[2ex] A = \dfrac{\beta\alpha''}{\operatorname{tang} h \operatorname{tang} h'}, & A' = \dfrac{\beta'\alpha''}{\operatorname{tang} h \operatorname{tang} h'}, \qquad \beta^2 - \beta'^2 = \dfrac{AA' \operatorname{tang} h \operatorname{tang} h'}{\alpha\alpha'}. \end{cases}$$

139. Développement de $\dfrac{1}{\sqrt{\Delta_0}}$. Posons

$$(38)\quad \begin{cases} \dfrac{1}{\sqrt{1 - \dfrac{2A'}{A}\cos(\eta - \eta') + \dfrac{A'^2}{A^2}}} = P_0 + 2P_1\cos(\eta - \eta') + 2P_2\cos 2(\eta - \eta') + \ldots \\[2ex] \qquad = \displaystyle\sum_{-\infty}^{+\infty} P_i E^{i(\eta - \eta')\sqrt{-1}}, \qquad (P_{-i} = P_i). \end{cases}$$

Nous savons calculer les fonctions P_i; elles ont été étudiées dans le Chapitre XVII du Tome I.

Faisons ensuite

$$(39)\qquad E^{i\eta\sqrt{-1}}(1 - 2\beta\cos\eta + \beta^2)^{\frac{1}{2}} = (1 - \beta^2)\sum_m b_m^{(i)} E^{(i+m)(u+B)\sqrt{-1}},$$

$$(40)\qquad E^{i\eta'\sqrt{-1}}(1 - 2\beta'\cos\eta' + \beta'^2)^{\frac{1}{2}} = (1 - \beta'^2)\sum_{m'} b_{m'}^{\prime(i)} E^{(i+m')(u'+B_1)\sqrt{-1}}.$$

Nous déduirons des formules (35), (39) et (40), et de la relation

$$(1 - \beta^2)(1 - \beta'^2) = \frac{AA'}{\alpha\alpha'},$$

qui résulte des formules (37),

$$(41)\qquad \frac{a}{\sqrt{\Delta_0}} = \sum_i \sum_m \sum_{m'} \frac{aA'}{\alpha\alpha'} P_i b_m^{(i)} b_{m'}^{\prime(i)} E^{(i+m)(u+B)\sqrt{-1} + (i'+m')(u'+B_1)\sqrt{-1}}.$$

On aura donc ainsi le développement de $\dfrac{1}{\sqrt{\Delta_0}}$ suivant les sinus et cosinus des multiples des anomalies excentriques; on passera de là au développement suivant les sinus et cosinus des multiples des anomalies moyennes, en introduisant les fonctions de Bessel, et l'on trouvera en particulier les termes en $2l' - 5l$. Nous n'avons pas l'intention de développer ce calcul, mais nous tenons à montrer comment on obtiendra $b_m^{(i)}$ et $b_{m'}^{\prime(i)}$. En se reportant aux formules (24), on trouvera

$$E^{i\eta\sqrt{-1}}(1-2\beta\cos\eta+\beta^2)^{\frac{1}{2}}=E^{i\eta\sqrt{-1}}(1-\beta E^{\eta\sqrt{-1}})^{\frac{1}{2}}(1-\beta E^{-\eta\sqrt{-1}})^{\frac{1}{2}},$$

$$E^{\eta\sqrt{-1}}=\frac{x+\beta}{1+\beta x},\qquad E^{-\eta\sqrt{-1}}=\frac{1+\beta x}{x+\beta},$$

$$1-\beta E^{\eta\sqrt{-1}}=\frac{1-\beta^2}{1+\beta x},\qquad 1-\beta E^{-\eta\sqrt{-1}}=\frac{(1-\beta^2)x}{x+\beta},$$

$$E^{i\eta\sqrt{-1}}(1-2\beta\cos\eta+\beta^2)^{\frac{1}{2}}=\left(\frac{x+\beta}{1+\beta x}\right)^i(1-\beta^2)\frac{x^{\frac{1}{2}}}{(1+\beta x)^{\frac{1}{2}}(x+\beta)^{\frac{1}{2}}},$$

de sorte que la relation (39) deviendra

$$\frac{x^{\frac{1}{2}}(x+\beta)^{i-\frac{1}{2}}}{(1+\beta x)^{i+\frac{1}{2}}}=\sum_m b_m^{(i)}x^{i+m},$$

$$\frac{\left(1+\frac{\beta}{x}\right)^{i-\frac{1}{2}}}{(1+\beta x)^{i+\frac{1}{2}}}=\sum_m b_m^{(i)}x^m.$$

On aura de même

$$\frac{\left(1+\frac{\beta'}{x'}\right)^{i-\frac{1}{2}}}{(1+\beta' x')^{i+\frac{1}{2}}}=\sum_{m'} b'^{(i)}_{m'}x'^{m'}.$$

On a dans le cas actuel

$$\beta=0{,}08,\qquad \beta'=0{,}04;$$

ces quantités sont donc petites, et il suffira de déduire des formules précédentes des expressions de $b_m^{(i)}$ et $b'^{(i)}_{m'}$ développées suivant les puissances de β et de β' pour avoir un procédé de calcul très commode. On a

$$\left(1+\frac{\beta}{x}\right)^{i-\frac{1}{2}}=1+\frac{i-\frac{1}{2}}{1}\frac{\beta}{x}+\frac{\left(i-\frac{1}{2}\right)\left(i-\frac{3}{2}\right)}{1.2}\frac{\beta^2}{x^2}+\ldots,$$

$$(1+\beta x)^{-i-\frac{1}{2}}=1-\frac{i+\frac{1}{2}}{1}\beta x+\frac{\left(i+\frac{1}{2}\right)\left(i+\frac{3}{2}\right)}{1.2}\beta^2x^2-\ldots.$$

On en conclut aisément, par voie de multiplication,

$$(42)\quad b_m^{(i)}=(-1)^m\frac{(2i+1)(2i+3)\ldots(2i+2m-1)}{2.4\ldots 2m}\beta^m F\left(-\frac{2i-1}{2},\frac{2i+2m+1}{2},m+1,\beta^2\right),$$

F désignant la série hypergéométrique.

On peut aussi écrire, en employant une transformation connue [Tome I, formule (12), page 279],

$$(43)\quad b_m^{(i)}=(-1)^m\frac{(2i+1)(2i+3)\ldots(2i+2m-1)}{2.4\ldots 2m}\beta^m(1-\beta^2)^{i-\frac{1}{2}}F\left(-\frac{2i-1}{2},\ -\frac{2i-1}{2},\ m+1,\ \frac{-\beta^2}{1-\beta^2}\right).$$

Nous ne pousserons pas plus loin le calcul du développement de $\frac{1}{\sqrt{\Delta_0}}$; on aurait ensuite, d'après la formule (7),

$$(44)\qquad \frac{a}{\Delta}=\frac{a}{\sqrt{\Delta_0}}-\frac{1}{2}\frac{a\Delta_1}{\sqrt{\Delta_0^3}}+\frac{3}{8}\frac{a\Delta_1^2}{\sqrt{\Delta_0^5}}-\ldots;$$

nous renverrons le lecteur au Mémoire de Jacobi pour le calcul du second et du troisième terme de l'expression de $\frac{a}{\Delta}$. Nous nous contentons d'avoir reproduit la substance du Mémoire et ses élégantes transformations.

140. Théorème de Jacobi. — Jacobi énonce ce théorème (*Œuvres*, t. VII, p. 287) : les coefficients du développement de l'inverse $\frac{1}{\Delta}$ de la distance de deux planètes, suivant les sinus et cosinus des multiples des anomalies excentriques u et u', peuvent s'exprimer linéairement à l'aide de quinze d'entre eux pris arbitrairement, sauf la réserve que ces coefficients ne soient pas reliés les uns aux autres *a priori*.

On peut démontrer ce théorème comme il suit : en faisant

$$x=E^{u\sqrt{-1}},\qquad x'=E^{u'\sqrt{-1}},$$

la formule (8) du Chapitre précédent peut s'écrire

$$(45)\quad \left\{\begin{aligned}\Delta^2=a_0+a_1x+\frac{b_1}{x}+a'_1x'+\frac{b'_1}{x'}+c_1xx'+d_1\frac{x}{x'}+d'_1\frac{x'}{x}+\frac{f_1}{xx'}&\\+g\left(x^2+\frac{1}{x^2}\right)+g'\left(x'^2+\frac{1}{x'^2}\right)=\Phi(x,x').&\end{aligned}\right.$$

Posons

$$(46)\qquad \frac{1}{\Delta}=\frac{1}{\sqrt{\Phi(x,x')}}=\sum A_{m,m'}x^m x'^{m'}.$$

On aura, en différentiant cette équation par rapport à x,

$$\frac{-\Phi'_x}{2\Phi\sqrt{\Phi}}=\sum(m+1)A_{m+1,m'}x^m x'^{m'},$$

d'où, en tenant compte des formules (45) et (46),

$$-\frac{1}{2}\left[a_1 - \frac{b_1}{x^2} + c_1 x' + \frac{d_1}{x'} - d'_1 \frac{x'}{x^2} - \frac{f_1}{x^2 x'} + 2g\left(x - \frac{1}{x^3}\right)\right] \sum A_{m,m'} x^m x'^{m'},$$

$$= \left(\begin{array}{l} a_0 + a_1 x + a'_1 x' + c_1 x x' + d_1 \dfrac{x}{x'} + g x^2 + g' x'^2 \\ \quad + \dfrac{b_1}{x} + \dfrac{b'_1}{x'} + \dfrac{f_1}{x x'} + d'_1 \dfrac{x'}{x} + \dfrac{g}{x^2} + \dfrac{g'}{x'^2} \end{array}\right) \sum (m+1) A_{m+1,m'} x^m x'^{m'}.$$

En égalant dans les deux membres les coefficients de $x^m x'^{m'}$, on trouve une relation contenant seize coefficients; quinze d'entre eux restent arbitraires, et le seizième en résulte. On aura une autre série de relations analogues en employant la dérivée $\Phi'_{x'}$ au lieu de Φ'_x. Mais il est douteux que ces relations compliquées puissent être de quelque utilité dans la pratique.

CHAPITRE XIX.

DÉVELOPPEMENT DE M. NEWCOMB POUR LA FONCTION PERTURBATRICE ([1]).

141. **Introduction de M. Newcomb.** — Donnons-en une idée sommaire : l'auteur rappelle la nécessité d'avoir un développement commode et assez complet pour la fonction perturbatrice; c'est la base du calcul des perturbations.

Le premier développement de ce genre a été donné par Laplace dans la *Mécanique céleste;* il s'étend seulement aux troisièmes puissances des excentricités et des inclinaisons. De Pontécoulant, dans sa *Théorie analytique du système du Monde*, a eu égard aux sixièmes puissances des mêmes quantités, et c'est aussi ce qu'a fait Peirce, mais sous une forme plus condensée (*Astronomical Journal*, t. I). Le Verrier a donné ensuite (*Annales de l'Observatoire*, t. I) le développement complet, et sous une forme commode, en tenant compte de toutes les quantités du septième ordre. Nous ajouterons que M. Boquet (*Annales de l'Observatoire*, t. XIX) a étendu les calculs de Le Verrier aux termes du huitième ordre. Tous ces développements sont des fonctions explicites du temps et des éléments elliptiques, et c'est ce qui constitue leur avantage; toutefois, les dérivées de la fonction perturbatrice relatives aux coordonnées ne peuvent pas être obtenues sans transformation, et le calcul des inégalités devient pénible quand on veut avoir égard aux diverses puissances de la force perturbatrice.

Il y a, en quelque sorte au pôle opposé, des développements dans lesquels les coefficients des cosinus des divers arguments sont purement numériques. Hansen paraît les avoir employés le premier dans son Mémoire intitulé : *Untersuchungen über die gegenseitigen Störungen des Jupiters und Saturns* (Berlin, 1831); il a eu recours aux quadratures numériques; mais on a alors l'inconvénient de ne pas pouvoir suivre l'influence exercée par des changements apportés aux constantes adoptées.

Il existe ensuite un procédé intermédiaire en quelque sorte, que l'on peut appeler la *Méthode de Cauchy-Hansen*. L'inventeur original est Cauchy; ses travaux ont été faits de 1842 à 1845, et nous en avons exposé une partie dans le Chapitre XVII. L'adaptation générale au calcul du développement de la fonction perturbatrice et de ses dérivées a été faite par Hansen, dont nous exposerons les

([1]) *Astronomical Papers*, vol. III; 1884.

recherches en détail dans les Chapitres XX, XXI et XXII, et c'est la méthode de Hansen que l'on applique aujourd'hui; ce qui la caractérise, c'est le calcul des perturbations des coordonnées en faisant intervenir les dérivées partielles de la fonction perturbatrice relatives à ces coordonnées, et l'emploi de l'anomalie excentrique au lieu de l'anomalie moyenne de la planète troublée; on a recours aussi aux quadratures numériques.

M. Newcomb s'est proposé de développer analytiquement la fonction perturbatrice suivant les cosinus des multiples des anomalies excentriques des deux planètes, en exprimant les coefficients symboliquement à l'aide des éléments de ces planètes. Ce développement converge plus rapidement que l'ancien, parce que le premier coefficient de l'expression de l'anomalie vraie en fonction de l'anomalie excentrique est e, tandis qu'il est $2e$ quand on considère l'anomalie moyenne. L'emploi des fonctions de Bessel permet ensuite de passer au développement relatif aux anomalies moyennes qui est préférable pour les planètes principales. Nous nous bornerons à exposer les fondements de la méthode de M. Newcomb.

142. Soient r et r' les rayons vecteurs de la planète troublée et de la planète perturbatrice, V leur angle, v et v' les distances angulaires des planètes au nœud commun de leurs orbites, γ l'inclinaison de ces orbites, R la fonction perturbatrice; on a

$$R = (r^2 + r'^2 - 2rr'\cos V)^{-\frac{1}{2}} - \frac{r}{r'^2}\cos V,$$

$$\cos V = \cos v \cos v' + \sin v \sin v' \cos\gamma, \qquad \cos V = \cos(v' - v) + \sigma^2[\cos(v' + v) - \cos(v' - v)],$$

$$(1) \qquad \sigma = \sin\frac{1}{2}\gamma.$$

On a donc

$$(2) \qquad R = f(r, r', v, v', \sigma^2).$$

Soient f et f' les anomalies vraies, η et η' les anomalies excentriques, ω et ω' les distances des périhélies au nœud commun; on a

$$v = \omega + f, \qquad v' = \omega' + f', \qquad R = f(r, r', \omega, \omega', f, f', \sigma).$$

En exprimant r et r' au moyen des anomalies excentriques, il vient

$$r = a(1 - e\cos\eta), \qquad r' = a'(1 - e'\cos\eta'),$$

et, d'après le Tome I, p. 222, formule (C),

$$f = \eta + 2\left[\frac{e}{1+\sqrt{1-e^2}}\sin\eta + \frac{1}{2}\left(\frac{e}{1+\sqrt{1-e^2}}\right)^2 \sin 2\eta + \ldots\right].$$

Si les excentricités s'annulent, on doit substituer dans R,

$$r = a, \qquad r' = a'; \qquad f = \eta, \qquad f' = \eta'; \qquad v = \omega + \eta, \qquad v' = \omega' + \eta'.$$

Soient R_0 et V_0 ce que deviennent alors R et V ; posons, pour abréger,

(3) $$\omega + \eta = \varsigma, \qquad \omega' + \eta' = \varsigma',$$

nous aurons

$$R^{(0)} = (a^2 + a'^2 - 2aa' \cos V_0)^{\frac{1}{2}} - \frac{a}{a'^2} \cos V_0,$$

$$\cos V_0 = \cos(\varsigma' - \varsigma) + \sigma^2 [\cos(\varsigma' + \varsigma) - \cos(\varsigma' - \varsigma)].$$

Soit encore

$$\alpha = \frac{a}{a'};$$

on aura

$$a'(a^2 + a'^2 - 2aa' \cos V_0)^{-\frac{1}{2}} = (1 + \alpha^2 - 2\alpha \cos V_0)^{-\frac{1}{2}}$$
$$= \{1 - 2\alpha \cos(\varsigma' - \varsigma) + \alpha^2 - 2\alpha\sigma^2 [\cos(\varsigma' + \varsigma) - \cos(\varsigma' - \varsigma)]\}^{-\frac{1}{2}}.$$

Faisons

$$\Delta_1^2 = 1 - 2\alpha \cos(\varsigma' - \varsigma) + \alpha^2,$$

et nous aurons

$$\begin{aligned} a'(a^2 + a'^2 - 2aa' \cos V_0)^{-\frac{1}{2}} &= \{\Delta_1^2 - 2\alpha\sigma^2[\cos(\varsigma' + \varsigma) - \cos(\varsigma' - \varsigma)]\}^{-\frac{1}{2}} \\ &= \Delta_1^{-1} + \alpha\sigma^2[\cos(\varsigma' + \varsigma) - \cos(\varsigma' - \varsigma)]\,\Delta_1^{-3} \\ &\quad + \frac{1.3}{1.2}\alpha^2\sigma^4[\cos(\varsigma' + \varsigma) - \cos(\varsigma' - \varsigma)]^2\Delta_1^{-5} \\ &\quad + \frac{1.3.5}{1.2.3}\alpha^3\sigma^6[\cos(\varsigma' + \varsigma) - \cos(\varsigma' - \varsigma)]^3\Delta_1^{-7} \\ &\quad + \ldots\ldots\ldots\ldots \end{aligned}$$

On a maintenant

$$\Delta_1^{-n} = \frac{1}{2}\sum_{-\infty}^{+\infty} b_n^{(i)} \cos i(\varsigma' - \varsigma), \qquad b_n^{(-i)} = b_n^{(i)}.$$

On en tire aisément, par des transformations analogues à celles employées dans le Tome I, Chap. XVIII, p. 297 et suivantes,

(4) $$\left\{\begin{aligned} R^{(0)} = \frac{1}{2} &\sum_{-\infty}^{+\infty} A_i' \cos(i\varsigma' - i\varsigma) \\ &+ \sigma^2 \sum_{-\infty}^{+\infty} B_i' \cos[(i+1)\varsigma' - (i-1)\varsigma] \\ &+ \sigma^4 \sum_{-\infty}^{+\infty} C_i' \cos[(i+2)\varsigma' - (i-2)\varsigma] \\ &+ \sigma^6 \sum_{-\infty}^{+\infty} D_i' \cos[(i+3)\varsigma' - (i-3)\varsigma] \\ &+ \ldots\ldots\ldots\ldots \end{aligned}\right.$$

où les coefficients $A'^{(i)}, \ldots, D'^{(i)}$ ont les expressions suivantes :

$$(5)\quad \left\{\begin{aligned} a'A'_i = b_1^{(i)} &- \frac{1}{2}\sigma^2\alpha\,(b_3^{(i-1)} + b_3^{(i+1)}) \\ &+ \frac{3}{8}\sigma^4\alpha^2(b_5^{(i-2)} + 4b_5^{(i)} + b_5^{(i+2)}) \\ &- \frac{5}{16}\sigma^6\alpha^3(b_7^{(i-3)} + 9b_7^{(i-1)} + 9b_7^{(i+1)} + b_7^{(i+3)}), \end{aligned}\right.$$

$$(6)\quad a'B'_i = \frac{1}{2}\alpha b_3^{(i)} - \frac{3}{4}\sigma^2\alpha^2(b_5^{(i-1)} + b_5^{(i+1)}) + \frac{15}{16}\sigma^4\alpha^3(b_7^{(i-2)} + 3b_7^{(i)} + b_7^{(i+2)}),$$

$$(7)\quad \left\{\begin{aligned} a'C'_i &= \frac{3}{8}\alpha^2 b_5^{(i)} - \frac{15}{16}\sigma^2\alpha^3(b_7^{(i-1)} + b_7^{(i+1)}), \\ a'D'_i &= \frac{5}{16}\alpha^3 b_7^{(i)}. \end{aligned}\right.$$

L'indice i s'étend à toutes les valeurs entières, de $-\infty$ à $+\infty$.

Pour tenir compte de la seconde partie, $\frac{-\alpha}{a'}\cos V_0$, de $R^{(0)}$, on voit aisément qu'il faut écrire

$$\begin{array}{lcl} b_1^{(1)} - \alpha, & \text{au lieu de} & b_1^{(1)}, \\ b_1^{(-1)} - \alpha, & » & b_1^{(-1)}, \\ b_3^{(0)} - 2, & » & b_3^{(0)}. \end{array}$$

L'expression précédente de $R^{(0)}$ peut être mise sous la forme générale

$$(8)\quad R^{(0)} = \sum_\nu \sum_\mu A'_{\nu,\mu}\cos(\nu\varsigma' + \mu\varsigma),$$

où les indices ν et μ prennent, indépendamment l'un de l'autre, toutes les valeurs entières de $-\infty$ à $+\infty$. Les quantités $A'_{\nu,\mu}$ sont des fonctions de σ et de a et a'; relativement à a et a', elles sont homogènes et de degré -1.

143. Nous avons

$$R^{(0)} = f(\varsigma, \varsigma', a, a', \sigma^2),$$
$$R = f(v, v', r, r', \sigma^2).$$

Il faut donc remplacer dans $R^{(0)}$

$$\varsigma,\ \varsigma',\ a \text{ et } a'$$

par

$$v,\ v',\ r \text{ et } r'.$$

Posons

$$\rho = \log r, \qquad \rho' = \log r',$$
$$\beta = \log a, \qquad \beta' = \log a',$$

d'où

$$\frac{dr}{d\rho} = r, \qquad \frac{dr'}{d\rho'} = r'.$$

On aura

$$\frac{\partial F(a, a')}{\partial \beta} = a \frac{\partial F(a, a')}{\partial a}, \qquad \frac{\partial F(a, a')}{\partial \beta'} = a' \frac{\partial F(a, a')}{\partial a'};$$

si la fonction F est une fonction homogène et de degré -1 de a et de a', la relation connue

$$a \frac{\partial F}{\partial a} + a' \frac{\partial F}{\partial a'} + F = 0$$

donnera

$$\frac{\partial F}{\partial \beta} + \frac{\partial F}{\partial \beta'} + F = 0.$$

Si l'on pose symboliquement

$$D = \frac{\partial}{\partial \beta}, \qquad D' = \frac{\partial}{\partial \beta'},$$

la relation précédente pourra s'écrire

(9) $$D + D' = -1.$$

On a maintenant

(10) $$\begin{cases} \rho = \beta + \log(1 - e \cos \eta) = \beta + \Phi(e, \eta), \\ \rho' = \beta' + \log(1 - e \cos \eta') = \beta' + \Phi(e', \eta'). \end{cases}$$

On a d'ailleurs

(11) $$\begin{cases} v = \varsigma + \dfrac{2e}{1 + \sqrt{1 - e^2}} \sin \eta + \ldots = \varsigma + \Psi(e, \eta), \\[2ex] v' = \varsigma' + \dfrac{2e'}{1 + \sqrt{1 - e'^2}} \sin \eta' + \ldots = \varsigma' + \Psi(e', \eta'). \end{cases}$$

On peut écrire

(12) $$R = f(\beta, \beta', \varsigma, \varsigma', e, e', \eta, \eta', \sigma^2).$$

On aura

$$\frac{\partial R}{\partial \beta} = \frac{\partial R}{\partial \rho} \frac{\partial \rho}{\partial \beta} = \frac{\partial R}{\partial \rho},$$
$$\frac{\partial R}{\partial \varsigma} = \frac{\partial R}{\partial v};$$

il en résulte, en désignant par m, n, m' et n' des nombres entiers positifs quelconques,

(13) $$\frac{\partial^{m+m'+n+n'} R}{\partial v^m \, \partial v'^{m'} \, \partial \rho^n \, \partial \rho'^{n'}} = \frac{\partial^{m+m'+n+n'} R}{\partial \varsigma^m \, \partial \varsigma'^{m'} \, \partial \beta^n \, \partial \beta'^{n'}};$$

cette relation exprime un théorème important.

144. Expression générale des dérivées relatives à l'excentricité. — Posons

$$\varepsilon = \frac{e}{1+\sqrt{1-e^2}}, \tag{14}$$

d'où

$$e = \frac{2\varepsilon}{1+\varepsilon^2},$$

L'expression de f au moyen de η, donnée à la page 314, donnera

$$f = \eta + 2\left(\varepsilon \sin\eta + \frac{1}{2}\varepsilon^2 \sin 2\eta + \frac{1}{3}\varepsilon^3 \sin 3\eta + \ldots\right).$$

On a ensuite

$$1 - e\cos\eta = 1 - \frac{2\varepsilon}{1+\varepsilon^2}\cos\eta = \frac{1}{1+\varepsilon^2}\left(1 - \varepsilon \mathrm{E}^{\eta\sqrt{-1}}\right)\left(1 - \varepsilon \mathrm{E}^{-\eta\sqrt{-1}}\right),$$

$$\begin{aligned} \log r &= \log a - \log(1+\varepsilon^2) + \log\left(1 - \varepsilon \mathrm{E}^{\eta\sqrt{-1}}\right) + \log\left(1 - \varepsilon \mathrm{E}^{-\eta\sqrt{-1}}\right), \\ &= \log a - \left(\varepsilon^2 - \frac{\varepsilon^4}{2} + \frac{\varepsilon^6}{3} + \ldots\right) - 2\left(\varepsilon\cos\eta + \frac{\varepsilon^2}{2}\cos 2\eta + \ldots\right); \end{aligned}$$

il en résulte

$$\left\{\begin{aligned} \rho = \beta &- 2\varepsilon\cos\eta + \varepsilon^2(-1-\cos 2\eta) + \varepsilon^3\left(-\frac{2}{3}\cos 3\eta\right) + \varepsilon^4\left(\frac{1}{2} - \frac{1}{2}\cos 4\eta\right) \\ &+ \varepsilon^5\left(-\frac{2}{5}\cos 5\eta\right) + \varepsilon^6\left(-\frac{1}{3} - \frac{1}{3}\cos 6\eta\right) + \varepsilon^7\left(-\frac{2}{7}\cos 7\eta\right) + \ldots, \end{aligned}\right. \tag{15}$$

$$\left\{\begin{aligned} v = \varsigma &+ 2\varepsilon\sin\eta + \varepsilon^2\sin 2\eta + \frac{2}{3}\varepsilon^3\sin 3\eta \\ &+ \frac{1}{2}\varepsilon^4\sin 4\eta + \frac{2}{5}\varepsilon^5\sin 5\eta + \frac{1}{3}\varepsilon^6\sin 6\eta + \frac{2}{7}\varepsilon^7\sin 7\eta + \ldots. \end{aligned}\right. \tag{16}$$

On a ensuite

$$\frac{\partial \mathrm{R}}{\partial\varepsilon} = \frac{\partial \mathrm{R}}{\partial v}\frac{\partial v}{\partial\varepsilon} + \frac{\partial \mathrm{R}}{\partial\rho}\frac{\partial\rho}{\partial\varepsilon}, \qquad \begin{aligned} &\mathrm{R} = f(v, v', r, r', \sigma^2), \\ &\mathrm{R} = f(\varsigma, \varsigma', \eta, \eta', \varepsilon, \varepsilon', \beta, \beta', \sigma^2), \end{aligned}$$

ou bien, d'après le théorème général,

$$\frac{\partial \mathrm{R}}{\partial\varepsilon} = \frac{\partial \mathrm{R}}{\partial\varsigma}\frac{\partial v}{\partial\varepsilon} + \frac{\partial \mathrm{R}}{\partial\beta}\frac{\partial\rho}{\partial\varepsilon}.$$

Soit posé symboliquement

$$\frac{\partial}{\partial\varsigma} = \mathrm{D}_\varsigma, \qquad \frac{\partial}{\partial\beta} = \mathrm{D}_\beta,$$

il viendra

$$\frac{\partial \mathrm{R}}{\partial\varepsilon} = \mathrm{D}_\varsigma\left(\mathrm{R}\frac{\partial v}{\partial\varepsilon}\right) + \mathrm{D}_\beta\left(\mathrm{R}\frac{\partial\rho}{\partial\varepsilon}\right),$$

on en tire

$$\left\{\begin{aligned} \frac{\partial^{n+1}\mathrm{R}}{\partial\varepsilon^{n+1}} = \mathrm{D}_\varsigma&\left(\frac{\partial v}{\partial\varepsilon}\frac{\partial^n \mathrm{R}}{\partial\varepsilon^n} + \frac{n}{1}\frac{\partial^2 v}{\partial\varepsilon^2}\frac{\partial^{n-1}\mathrm{R}}{\partial\varepsilon^{n-1}} + \ldots + \mathrm{R}\frac{\partial^{n+1}v}{\partial\varepsilon^{n+1}}\right) \\ + \mathrm{D}_\beta&\left(\frac{\partial\rho}{\partial\varepsilon}\frac{\partial^n \mathrm{R}}{\partial\varepsilon^n} + \frac{n}{1}\frac{\partial^2\rho}{\partial\varepsilon^2}\frac{\partial^{n-1}\mathrm{R}}{\partial\varepsilon^{n-1}} + \ldots + \mathrm{R}\frac{\partial^{n+1}\rho}{\partial\varepsilon^{n+1}}\right). \end{aligned}\right. \tag{17}$$

Posons

$$(18)\quad \begin{cases} R = R^{(0)} + \varepsilon R^{(1)} + \varepsilon^2 R^{(2)} + \ldots + \varepsilon^n R^{(n)} + \ldots, \\ \nu = \nu_0 + \varepsilon \nu_1 + \varepsilon^2 \nu_2 + \ldots + \varepsilon^n \nu_n + \ldots, \\ \rho = \rho_0 + \varepsilon \rho_1 + \varepsilon^2 \rho_2 + \ldots + \varepsilon^n \rho_n + \ldots, \end{cases}$$

on aura

$$(19)\quad \begin{cases} n!\, R^{(n)} = \left(\dfrac{\partial^n R}{\partial \varepsilon^n}\right)_{\varepsilon=0}, \\ n!\, \nu_n = \left(\dfrac{\partial^n \nu}{\partial \varepsilon^n}\right)_{\varepsilon=0}, \\ n!\, \rho_n = \left(\dfrac{\partial^n \rho}{\partial \varepsilon^n}\right)_{\varepsilon=0}. \end{cases}$$

En faisant donc $\varepsilon = 0$ dans l'équation (17), il viendra

$$(20)\quad \begin{cases} (n+1) R^{(n+1)} = D_\varsigma [\nu_1 R^{(n)} + 2\nu_2 R^{(n-1)} + 3\nu_3 R^{(n-2)} + \ldots + (n+1)\, \nu_{n+1} R^{(0)}] \\ \qquad + D_\beta [\rho_1 R^{(n)} + 2\rho_2 R^{(n-1)} + 3\rho_3 R^{(n-2)} + \ldots + (n+1)\, \rho_{n+1} R^{(0)}]. \end{cases}$$

Cette équation permettra de calculer de proche en proche $R^{(1)}$ en partant de $R^{(0)}$, puis $R^{(2)}$, ..., $R^{(n)}$, ... Partons de l'expression (8) de $R^{(0)}$, que nous écrirons

$$R^{(0)} = \sum_\nu \sum_\mu A' \cos(\mu\varsigma + \nu\varsigma'),$$

ou, plus simplement,

$$(21)\quad R^{(0)} = A' \cos N, \qquad N = \mu\varsigma + \nu\varsigma'.$$

La formule (20) nous donnera, pour $n = 0$,

$$R^{(1)} = D_\varsigma(\nu_1 A' \cos N) + D(\rho_1 A' \cos N);$$

nous écrivons simplement D au lieu de D_β. On a d'ailleurs

$$\nu_1 = 2 \sin\eta, \qquad \rho_1 = -2\cos\eta;$$

il vient donc

$$\begin{aligned} R^{(1)} &= -2\mu A' \sin\eta \sin N - 2\cos\eta \cos N DA' \\ &= (\mu A' - DA') \cos(N+\eta) - (\mu A' + DA') \cos(N-\eta). \end{aligned}$$

On peut écrire symboliquement

$$(22)\quad R^{(1)} = (\mu - D) A' \cos(N+\eta) - (\mu + D) A' \cos(N-\eta).$$

On trouvera de même, en faisant $n = 1$ dans la formule (20),

$$2R^{(2)} = D_\varsigma(\nu_1 R^{(1)} + 2\nu_2 R^{(0)}) + D(\rho_1 R^{(1)} + 2\rho_2 R^{(0)}),$$

On a

$$\nu_2 = \sin 2\eta, \qquad \rho_2 = -1 - \cos 2\eta.$$

Il vient donc

$$\begin{aligned}2R^{(2)} = {} & D_\varsigma[2(\mu - D)A'\sin\eta\cos(N+\eta) - 2(\mu + D)A'\sin\eta\cos(N-\eta) \\ & + 2A'\sin 2\eta\cos N] \\ & + D[-2(\mu - D)A'\cos\eta\cos(N+\eta) + 2(\mu + D)A'\cos\eta\cos(N-\eta) \\ & - 2A'(1+\cos 2\eta)\cos N];\end{aligned}$$

$$\begin{aligned}2R^{(2)} = {} & -2(\mu^2 - \mu D)A'\sin\eta\sin(N+\eta) + 2(\mu^2 + \mu D)A'\sin\eta\sin(N-\eta) \\ & - 2\mu A'\sin 2\eta\sin N \\ & - 2(\mu D - D^2)A'\cos\eta\cos(N+\eta) + 2(\mu D + D^2)A'\cos\eta\cos(N-\eta) \\ & - 2DA'(1+\cos 2\eta)\cos N;\end{aligned}$$

cela peut s'écrire

$$(23)\quad \begin{cases} 2R^{(2)} = (\mu - D)(\mu - D + 1)A'\cos(N + 2\eta) - 2[(\mu - D)(\mu + D) + D]A'\cos N \\ \qquad + (\mu + D)(\mu + D - 1)A'\cos(N - 2\eta). \end{cases}$$

On continuera ainsi.

145. En généralisant, on voit que $R^{(n)}$ sera de la forme

$$R^{(n)} = \cos(N + n\eta)\Pi_n^n A' + \cos[N + (n-2)\eta]\Pi_{n-2}^n A' + \ldots + \cos(N - n\eta)\Pi_{-n}^n A',$$

où les quantités Π sont des fonctions entières de μ et de D; on peut écrire

$$(24)\qquad R^{(n)} = \sum_{j=-n}^{j=+n} \cos(N + j\eta)\Pi_j^n A';$$

on aura ensuite

$$\begin{aligned}
D_\varsigma R^{(n)} &= -\mu \sum_{j=-n}^{j=+n} \sin(N + j\eta)\Pi_j^n A', & \nu_1 &= 2\sin\eta, \\
D_\varsigma R^{(n-1)} &= -\mu \sum_{j=-n+1}^{j=n-1} \sin(N + j\eta)\Pi_j^{n-1} A', & 2\nu_2 &= 2\sin 2\eta, \\
D_\varsigma R^{(n-2)} &= -\mu \sum_{j=-n+2}^{j=n-2} \sin(N + j\eta)\Pi_j^{n-2} A', & 3\nu_3 &= 2\sin 3\eta, \\
&\ldots\ldots\ldots\ldots, & &\ldots\ldots, \\
D_\varsigma R^{(0)} &= -\mu \sin N\,\Pi_0^0 A'; & (n+1)\nu_{n+1} &= 2\sin(n+1)\eta; \\
DR^{(n)} &= D\sum_{j=-n}^{j=+n} \cos(N + j\eta)\Pi_j^n A', & \rho_1 &= -2\cos\eta, \\
DR^{(n-1)} &= D\sum_{j=-n+1}^{j=n-1} \cos(N + j\eta)\Pi_j^{n-1} A', & 2\rho_2 &= -2 - 2\cos\eta, \\
&\ldots\ldots\ldots\ldots, & &\ldots\ldots, \\
DR^{(0)} &= D\cos N\,\Pi_0^0 A' & (n+1)\rho_{n+1} &= [\pm 2] - 2\cos(n+1)\eta.
\end{aligned}$$

On a conservé pour la symétrie le symbole $\Pi_0^0 = 1$; le terme ± 2 est conservé dans la valeur de $(n+1)\rho_{n+1}$, seulement si $n+1$ est pair; on prend $+2$ si $n+1$ est divisible par 4, et -2 si $n+1$ est divisible par 2, mais non par 4.

Il reste à substituer les expressions précédentes dans l'équation (20), après l'avoir écrite comme il suit, conformément à la relation (24),

$$\begin{aligned}(n+1)R^{(n+1)} = {} & (n+1)\cos[N+(n+1)\eta]\,\Pi_{n+1}^{n+1}A' + (n+1)\cos[N+(n-1)\eta]\,\Pi_{n-1}^{n+1}A' \\ & + (n+1)\cos[N+(n-3)\eta]\,\Pi_{n-3}^{n+1}A' + \ldots + (n+1)\cos[N-(n+1)\eta]\,\Pi_{-(n+1)}^{n+1}A'.\end{aligned}$$

On trouvera, en comparant les coefficients des cosinus des mêmes arguments,

$$(25)\quad \left\{\begin{aligned}(n+1)\Pi_{n+1}^{n+1} = {} & \mu(\Pi + \Pi_{n-1}^{n-1} + \Pi_{n-2}^{n-2} + \ldots + \Pi_0^0) \\ & - D(\Pi_n^n + \Pi_{n-1}^{n-1} + \Pi_{n-2}^{n-2} + \ldots + \Pi_0^0),\end{aligned}\right.$$

$$(25_1)\quad \left\{\begin{aligned}(n+1)\Pi_{n-1}^{n+1} = {} & \mu(\Pi_{n-2}^n + \Pi_{n-3}^{n-1} + \Pi_{n-4}^{n-2} + \ldots + \Pi_{-1}^1) \\ & - D(\Pi_{n-2}^n + \Pi_{n-3}^{n-1} + \Pi_{n-4}^{n-2} + \ldots + \Pi_{-1}^1) \\ & - \mu\,\Pi_n^n - D\Pi_n^n - 2D\Pi_{n-1}^{n-1},\end{aligned}\right.$$

$$(25_2)\quad \left\{\begin{aligned}(n+1)\Pi_{n-3}^{n+1} = {} & \mu(\Pi_{n-4}^n + \Pi_{n-5}^{n-1} + \ldots + \Pi_{-2}^2) \\ & - D(\Pi_{n-4}^n + \Pi_{n-5}^{n-1} + \ldots + \Pi_{-2}^2) \\ & - \mu(\Pi_{n-2}^n + \Pi_{n-1}^{n-1}) - D(\Pi_{n-2}^n + \Pi_{n-1}^{n-1}) - 2D(\Pi_{n-3}^{n-1} - \Pi_{n-3}^{n-3}),\end{aligned}\right.$$

$$(25_3)\quad \left\{\begin{aligned}(n+1)\Pi_{n-5}^{n+1} = {} & \mu(\Pi_{n-6}^n + \Pi_{n-7}^{n-1} + \ldots + \Pi_{-3}^3) \\ & - D(\Pi_{n-6}^n + \Pi_{n-7}^{n-1} + \ldots + \Pi_{-3}^3) \\ & - \mu(\Pi_{n-4}^n + \Pi_{n-3}^{n-1} + \Pi_{n-2}^{n-2}) \\ & - D(\Pi_{n-4}^n + \Pi_{n-3}^{n-1} + \Pi_{n-2}^{n-2}) \\ & - 2D(\Pi_{n-5}^{n-1} - \Pi_{n-5}^{n-3} + \Pi_{n-5}^{n-5}).\end{aligned}\right.$$

La loi de formation est évidente, et il est inutile de prolonger l'écriture de ces relations; on peut aussi se dispenser de calculer les développements pour des valeurs négatives de l'indice inférieur de Π, parce que Π_{-j}^n se déduit de Π_j^n en changeant μ en $-\mu$.

Voici les premières valeurs des quantités Π,

$$\begin{aligned}\Pi_0^0 &= 1, \\ \Pi_1^1 &= \mu - D, \\ 2\Pi_2^2 &= (\mu - D + 1)\Pi_1^1, \\ 2\Pi_0^2 &= \mu(-\Pi_1^1 + \Pi_{-1}^1) - D(\Pi_1^1 + \Pi_{-1}^1 + 2), \\ 3\Pi_3^3 &= (\mu - D + 2)\Pi_2^2, \\ 3\Pi_1^3 &= \mu(\Pi_0^2 + \Pi_{-1}^1 - \Pi_2^2) - D(\Pi_0^2 + \Pi_{-1}^1 + \Pi_2^2 + 2\Pi_1^1). \\ 4\Pi_4^4 &= (\mu - D + 3)\Pi_3^3, \\ 4\Pi_2^4 &= \mu(\Pi_1^3 + \Pi_0^2 + \Pi_{-1}^1 - \Pi_3^3) - D(\Pi_1^3 + \Pi_0^2 + \Pi_{-1}^1 + \Pi_3^3 + 2\Pi_2^2), \\ 4\Pi_0^4 &= \mu(\Pi_{-1}^3 + \Pi_{-2}^2 - \Pi_1^3 - \Pi_2^2) - D(\Pi_{-1}^3 + \Pi_{-2}^2 + \Pi_1^3 + \Pi_2^2 + 2\Pi_0^2 - 2),\end{aligned}$$

146. Développement par rapport aux éléments de la seconde planète. — Nous avons trouvé la formule

$$R^{(n)} = \sum_{j=-n}^{j=+n} \cos(\nu\varsigma' + \mu\varsigma + j\eta)\,\Pi_j^n A'_{\nu,\mu};$$

en faisant

$$a' A'_{\nu,\mu} = A_{\nu,\mu}, \qquad P_j^n = \Pi_j^n A_{\nu,\mu},$$

il viendra

$$a' R^{(n)} = \sum_{j=-n}^{j=+n} P_j^n \cos(\nu\varsigma' + \mu\varsigma + j\eta);$$

il faut maintenant remplacer

$$\varsigma' \text{ par } \varsigma' + \varphi(\varepsilon', \eta'), \qquad \beta' \text{ par } \beta' + \psi(\varepsilon', \eta'),$$

et développer les résultats suivant les puissances de ε'. On pose

$$R^{(n)} = R^{n,0} + \varepsilon' R^{n,1} + \varepsilon'^2 R^{n,2} + \ldots + \varepsilon'^{n'} R^{n,n'} + \ldots.$$

M. Newcomb démontre ce théorème fondamental :

Supposons que l'on ait développé R *suivant les puissances de* ε, *en faisant* $\varepsilon' = 0$, *et que l'on ait trouvé que le terme général soit de la forme*

$$\varepsilon^n \cos(N + j\eta)\,\Pi_j^n A',$$

A' *étant une fonction des distances moyennes,* Π_j^n *un symbole opératoire, et* N *une fonction linéaire de* ς *et* ς' *ne contenant pas* η.

Supposons, d'autre part, que l'on ait développé R *suivant les puissances de* ε', *en faisant* $\varepsilon = 0$, *et que le terme général de ce nouveau développement soit*

$$\varepsilon'^{n'} \cos(N + j'\eta')\,\Pi_{j'}^{n'} A';$$

alors le coefficient de $\cos(N + j\eta + j'\eta')$ *dans le développement complet sera représenté par*

$$\varepsilon^n \varepsilon'^{n'} \Pi_j^n \Pi_{j'}^{n'} A'.$$

On peut d'ailleurs simplifier les résultats en éliminant D' au moyen de la relation

$$D + D' = -1.$$

Nous ne pouvons pas suivre M. Newcomb dans tous les détails de ses calculs; bornons-nous à dire que l'ensemble du développement de R suivant les sinus et cosinus des multiples de l'anomalie excentrique est renfermé dans les pages 90-200 de son Mémoire. M. A. Chessin (*Astronomical Journal*, t. XIV, n°s XIV et XX) a apporté une simplification importante aux calculs de M. Newcomb.

CHAPITRE XX.

MÉTHODE DE HANSEN POUR LES PERTURBATIONS DES PETITES PLANÈTES.

147. **Réflexions générales sur le calcul des perturbations planétaires.** — Si nous envisageons dans leur ensemble les développements des perturbations planétaires donnés dans le Tome I, d'une manière générale et d'une façon explicite, par Le Verrier dans les *Annales de l'Observatoire*, t. I et t. XIV, nous pouvons remarquer que certaines circonstances contribuent à rendre ces développements assez rapidement convergents. Les séries rencontrées sont de la forme

$$(1) \qquad \sum \mathrm{A} \frac{\sin}{\cos} (\alpha l + \alpha' l' + \beta \varpi + \beta' \varpi' + \gamma \theta + \gamma' \theta'),$$

où l, l', ϖ, ϖ', θ et θ' désignent les longitudes moyennes, les longitudes des périhélies et celles des nœuds; α, α' β, β', γ et γ' des nombres entiers positifs ou négatifs dont la somme algébrique est égale à zéro; les coefficients A sont des fonctions de a, a', e, e', i et i'; ces quantités constantes répondent aux demi-grands axes, aux excentricités et aux inclinaisons; A contient en facteur $e^{|\alpha|} e'^{|\alpha'|} i^{|\gamma|} i'^{|\gamma'|}$. Or, pour les grosses planètes, e et e' sont des quantités inférieures à 0,1, sauf le cas de Mercure dont l'excentricité est égale à 0,2 environ; i et i' sont au-dessous de 3° 30′, sauf le cas de Mercure dont l'inclinaison est d'environ 7°. Cette petitesse relative de e, e', i et i' fait que les coefficients A diminuent rapidement quand les entiers β, β', γ et γ' augmentent; c'est une première limitation.

En second lieu, les grands axes des orbites ne sont jamais très voisins les uns des autres; la plus grande valeur de $\frac{a}{a'}$ est 0,723, dans le cas de Vénus et de la Terre. Ces valeurs, relativement modérées, limitent les coefficients α et α'; si le rapport $\frac{a}{a'}$ était plus voisin de 1, il faudrait employer des valeurs beaucoup plus grandes pour les entiers α et α'.

Enfin, dans la première approximation, les coefficients A contiennent en facteur le rapport m' de la masse perturbatrice à la masse du Soleil; la plus grande valeur de m' correspond à Jupiter, et est inférieure à 0,001; cela contribue aussi à la petitesse des perturbations et à la convergence des approximations successives.

Il est toutefois une circonstance qui augmente les coefficients A. Ces coefficients contiennent en effet les diviseurs $\alpha n + \alpha' n'$, ou même leurs carrés. Si les rapports $\frac{n}{n'}$ étaient rigoureusement commensurables, on pourrait trouver des valeurs des entiers α et α', telles que les diviseurs en question fussent nuls, auquel cas la méthode suivie serait complètement en défaut. Heureusement, ce cas ne se présente pas; toutefois, il n'est pas très éloigné d'être réalisé : c'est ainsi que, pour Jupiter et Saturne, on a

$$\frac{n}{n'} = \frac{5}{2} - \frac{1}{60},$$

et pour Uranus et Neptune,

$$\frac{n}{n'} = 2 - \frac{1}{26}.$$

Voyons ce qui arrive pour les petites planètes. Les excentricités sont beaucoup plus prononcées; elles vont jusqu'à 0,35 et même 0,38. L'inclinaison de l'orbite de Pallas sur l'écliptique est presque égale à 35°. La masse perturbatrice est toujours (pour la partie difficile des perturbations) celle de Jupiter; m' est donc voisin de 0,001. Le rapport $\frac{a}{a'}$ des demi grands axes de la petite planète et de Jupiter est compris jusqu'ici entre 0,40 et 0,82. Enfin, il y a des rapports de commensurabilité très approchés; ainsi, pour la planète (332), on a

$$\frac{n}{n'} = 2 + \frac{1}{41};$$

l'inégalité à longue période, dont l'argument est $l - 2l' +$ const., étant du premier ordre, pourra acquérir des valeurs considérables.

On comprend, d'après cela, que la méthode usuelle pour le calcul des perturbations, celle dont Le Verrier s'est servi constamment, présente des difficultés sérieuses. Dans des cas convenablement choisis, son emploi serait matériellement impossible. On peut néanmoins s'en servir pour un grand nombre d'astéroïdes. C'est ainsi que M. Perrotin a fait la théorie de la planète Vesta (*Annales de l'observatoire de Toulouse*, t. I); Damoiseau avait ébauché autrefois la question des perturbations de Cérès et de Junon (Additions à la *Connaissance des Temps pour* 1846).

Des efforts nombreux ont été faits pour aboutir à une méthode efficace pour le calcul des perturbations des petites planètes. Gauss avait travaillé à une théorie de Pallas, et nous voyons dans une de ses lettres à Bessel qu'il avait trouvé plus de 800 inégalités sensibles.

A côté de cette théorie générale, l'illustre géomètre avait conduit parallèlement le calcul par quadratures, de manière à obtenir un contrôle qui est presque indispensable. Gauss n'a jamais publié ce travail; la Société royale des Sciences de Göttingue fait imprimer en ce moment tout ce que l'on a trouvé dans les papiers de Gauss sur ce sujet important.

Nous avons exposé (Chapitre XVII) la méthode de Cauchy, qui permet de calculer rapidement les inégalités à longues périodes, qui seraient insensibles dans la théorie des grosses planètes, vu la grandeur des coefficients α et α' de l et l' dans l'argument, et ont cependant des valeurs notables dans le cas de certains astéroïdes.

Hansen a publié dans les *Mémoires de la Société royale des Sciences de Saxe*, t. V, VI et VII, trois Mémoires importants intitulés : *Auseinandersetzung einer zweckmässigen Methode zur Berechnung der absoluten Störungen der kleinen Planeten*.

Nous allons en présenter une analyse assez étendue. Disons tout de suite que la fonction pertubatrice est développée suivant les sinus et cosinus des multiples des anomalies excentriques; nous savons que la fonction perturbatrice s'exprime beaucoup plus simplement avec ces anomalies qu'avec les anomalies moyennes. Mais Hansen emploie aussi la méthode des quadratures, de façon à tenir ainsi un compte rigoureux de toutes les puissances de l'excentricité de la planète troublée. Les méthodes de Hansen ont été appliquées par Brünnow pour Iris et Flore, par Becker pour Amphitrite, par Lesser pour Pomone et Métis, et par M. Leveau pour Vesta; ces méthodes ont donc fait leurs preuves.

M. Gyldén a donné de son côté une théorie que nous exposerons dans les Chapitres XXIII et XXIV; pour le moment, nous nous bornerons à dire qu'elle repose sur le développement de la fonction perturbatrice suivant les sinus et cosinus des multiples des anomalies vraies. On retrouve donc les *trois sortes d'anomalies* dans les *trois principales méthodes* que l'on a appliquées au calcul des perturbations des astéroïdes.

Après cette exposition, qui nous a semblé nécessaire, nous aborderons la méthode de Hansen; elle repose sur les mêmes principes que celle employée déjà pour la Lune (*voir* notre Tome III, Chap. XVII). Nous pourrions donc abréger beaucoup notre exposition; toutefois, nous pensons qu'il est indispensable de reprendre tout l'ensemble, mais un peu plus rapidement que si nous n'avions pas encore parlé des méthodes de Hansen (¹).

148. Nous considérons une planète P troublée par une autre P'; soient, à l'époque t, r sa distance du Soleil et v sa longitude dans l'orbite mobile, comptée à partir d'un point déterminé X du grand cercle qui représente l'orbite sur la

(¹) On pourra consulter un Mémoire de M. Venturi, *Metodo di Hansen per calcolare le perturbazioni dei piccoli pianeti*, Milan, 1882.

sphère de rayon 1 ayant son centre au centre du Soleil. Nous supposons que la rotation instantanée s'effectue à chaque instant autour du rayon vecteur r; il en résulte que, si l'on se donne la position du point X à l'époque zéro, la position de ce point à l'époque t sera parfaitement déterminée.

Les équations différentielles dont dépendent r et v [formules (b), t. I, p. 463] sont

$$\frac{d^2 r}{dt^2} - r\frac{dv^2}{dt^2} + \frac{k^2(1+m)}{r^2} = k^2 m' \mathrm{S},$$

$$\frac{d}{dt}\left(r^2\frac{dv}{dt}\right) = k^2 m' \mathrm{T} r;$$

m et m' désignent les rapports des masses des deux planètes à la masse du Soleil; k est la constante de Gauss, $k^2 = f\mathrm{M}$, où f représente la constante de l'attraction universelle, et M la masse du Soleil.

On a d'ailleurs (t. III, p. 307 et 308)

$$\frac{m'}{1+m}\mathrm{S} = \frac{\partial\Omega}{\partial r}, \qquad \frac{m'}{1+m}\mathrm{T}r = \frac{\partial\Omega}{\partial v},$$

$$\Omega = \frac{m'}{1+m}\left(\frac{1}{\Delta} - \frac{\mathrm{H}r}{r'^2}\right);$$

Δ est la distance des deux planètes, et H le cosinus de l'angle des rayons r et r'.

Si l'on pose $k^2(1+m) = k'^2$, il vient

$$\frac{d^2 r}{dt^2} - r\frac{dv^2}{dt^2} + \frac{k'^2}{r'^2} = k'^2\frac{\partial\Omega}{\partial r},$$

$$\frac{d}{dt}\left(r^2\frac{dv}{dt}\right) = k'^2\frac{\partial\Omega}{\partial v}.$$

Au lieu de k'^2 et de $\frac{m'}{1+m}$, nous écrivons, pour abréger, k^2 et m'; ce qui nous donnera plus simplement

(1) $$\frac{d^2 r}{dt^2} - r\frac{dv^2}{dt^2} + \frac{k^2}{r^2} = k^2\frac{\partial\Omega}{\partial r},$$

(2) $$\frac{d}{dt}\left(r^2\frac{dv}{dt}\right) = k^2\frac{\partial\Omega}{\partial v},$$

(3) $$\Omega = m'\left(\frac{1}{\Delta} - \frac{\mathrm{H}r}{r'^2}\right).$$

Si, dans les équations (1) et (2), on néglige le second membre, on trouve

(1') $$\frac{d^2 r}{dt^2} - r\frac{dv^2}{dt^2} + \frac{k^2}{r^2} = 0,$$

(2') $$\frac{d}{dt}\left(r^2\frac{dv}{dt}\right) = 0.$$

Ce sont les équations différentielles du mouvement elliptique; on les intègre, comme on sait, par les formules

$$(4)\quad \left\{\begin{array}{ll} \varepsilon - e\sin\varepsilon = nt + c, & \tang\frac{1}{2}f = \sqrt{\frac{1+e}{1-e}}\tang\frac{1}{2}\varepsilon, \\ v = f + \chi, & r = \frac{p}{1+e\cos(v-\chi)} = \frac{p}{1+e\cos f}, \\ n^2a^3 = k^2, & p = a(1-e^2), \end{array}\right.$$

dans lesquelles ε désigne l'anomalie excentrique, f l'anomalie vraie, χ la longitude du périhélie dans l'orbite, comptée à partir du point X; les quatre constantes arbitraires sont a, e, c et χ.

Quand on voudra passer du mouvement elliptique au mouvement troublé, c'est-à-dire de l'intégration des équations (1') et (2') à celle des équations (1) et (2), on emploiera encore, pour r et v, les expressions analytiques qui résultent des formules (4), mais en faisant varier les constantes arbitraires a, e, c et χ.

149. Formules auxiliaires. — Les formules (A) (t. I, p. 433) donneront, avec les changements nécessaires dans les notations,

$$(5)\quad \left\{\begin{array}{l} \frac{da}{dt} = \frac{2m'}{1+m}k\frac{a^{\frac{3}{2}}}{\sqrt{1-e^2}}\left(\mathrm{S}e\sin f + \mathrm{T}\frac{p}{r}\right), \\ \frac{de}{dt} = \frac{m'}{1+m}k\sqrt{p}\,[\mathrm{S}\sin f + \mathrm{T}(\cos\varepsilon + \cos f)], \\ e\frac{d\varpi}{dt} = e(1-\cos i)\frac{d\theta}{dt} + \frac{m'}{1+m}k\sqrt{p}\left[-\mathrm{S}\cos f + \mathrm{T}\left(1+\frac{r}{p}\right)\sin f\right]. \end{array}\right.$$

Or, on a (t. I, p. 462)

$$\varpi = \theta + \chi - \sigma, \qquad d\sigma = \cos i\, d\theta,$$

$$\frac{d\chi}{dt} = \frac{d\varpi}{dt} - (1-\cos i)\frac{d\theta}{dt},$$

$$p = a(1-e^2), \qquad \frac{dp}{dt} = (1-e^2)\frac{da}{dt} - 2ae\frac{de}{dt};$$

on tire ainsi des formules (5)

$$\frac{dp}{dt} = \frac{2m'}{1+m}k\sqrt{p}\,\mathrm{T}r,$$

$$e\frac{d\chi}{dt} = \frac{m'}{1+m}k\sqrt{p}\left[-\mathrm{S}\cos f + \mathrm{T}\left(1+\frac{r}{p}\right)\sin f\right].$$

Remplaçons $\frac{m'}{1+m}$ S et $\frac{m'}{1+m}$ Tr respectivement par $\frac{\partial\Omega}{\partial r}$ et $\frac{\partial\Omega}{\partial v}$, et il viendra

$$(6)\quad \left\{\begin{aligned} \frac{dp}{dt} &= 2k\sqrt{p}\,\frac{\partial\Omega}{\partial v},\\ \frac{de}{dt} &= k\sqrt{p}\left[\frac{\partial\Omega}{\partial r}\sin f + \frac{1}{r}\frac{\partial\Omega}{\partial v}(\cos\varepsilon + \cos f)\right],\\ e\frac{d\chi}{dt} &= k\sqrt{p}\left[-\frac{\partial\Omega}{\partial r}\cos f + \left(\frac{1}{r}+\frac{1}{p}\right)\frac{\partial\Omega}{\partial v}\sin f\right].\end{aligned}\right.$$

Soit posé

$$(7)\qquad h = \frac{k}{\sqrt{p}}.$$

On déduit aisément des rmules (6) et (7)

$$\frac{d.e\sin\chi}{dt} = k\sqrt{p}\left\{-\frac{\partial\Omega}{\partial r}\cos(f+\chi) + \frac{\partial\Omega}{\partial v}\left[\frac{\sin(f+\chi)}{r} + \frac{\sin\chi\cos\varepsilon}{r} + \frac{\cos\chi\sin f}{p}\right]\right\},$$

$$\frac{d.e\cos\chi}{dt} = k\sqrt{p}\left\{\frac{\partial\Omega}{\partial r}\sin(f+\chi) + \frac{\partial\Omega}{\partial v}\left[\frac{\cos(f+\chi)}{r} + \frac{\cos\chi\cos\varepsilon}{r} - \frac{\sin\chi\sin f}{p}\right]\right\},$$

ou bien, à cause de

$$\cos\varepsilon = \frac{\cos f + e}{1 + e\cos f},\qquad f+\chi = v:$$

$$\frac{d.e\sin\chi}{dt} = k\sqrt{p}\left[-\frac{\partial\Omega}{\partial r}\cos v + \frac{1}{p}\frac{\partial\Omega}{\partial v}\left(\frac{p}{r}\sin v + \sin v + e\sin\chi\right)\right],$$

$$\frac{d.e\cos\chi}{dt} = k\sqrt{p}\left[\frac{\partial\Omega}{\partial r}\sin v + \frac{1}{p}\frac{\partial\Omega}{\partial v}\left(\frac{p}{r}\cos v + \cos v + e\cos\chi\right)\right],$$

$$(8)\quad \left\{\begin{aligned} \frac{dh}{dt} &= -h^2\frac{\partial\Omega}{\partial v},\\ \frac{d.he\sin\chi}{dt} &= -k^2\cos v\,\frac{\partial\Omega}{\partial r} + k^2\left(\frac{1}{r}+\frac{1}{p}\right)\sin v\,\frac{\partial\Omega}{\partial v},\\ \frac{d.he\cos\chi}{dt} &= k^2\sin v\,\frac{\partial\Omega}{\partial r} + k^2\left(\frac{1}{r}+\frac{1}{p}\right)\cos v\,\frac{\partial\Omega}{\partial v}.\end{aligned}\right.$$

Ces formules nous seront bientôt utiles.

150. Principe de la méthode de Hansen. — Nous abandonnons ici la méthode de la variation des constantes arbitraires, pour lui substituer celle de Hansen.

Soient a_0, n_0, e_0, p_0, c_0 et ϖ_0 les valeurs, pour $t=0$, des éléments variables

$$a,\quad n,\quad e,\quad p,\quad c\quad \text{et}\quad \chi,$$

Désignons, en outre, par z une fonction convenable de t, et déterminons les quantités h_0, $\bar{r}$ et $\bar{f}$ par les formules

$$(9)\quad \begin{cases} \bar{\varepsilon} - e_0 \sin\bar{\varepsilon} = n_0 z + c_0, \qquad n_0^2 a_0^3 = k^2, \qquad h_0 = \dfrac{k}{\sqrt{p_0}}, \\ \tang \frac{1}{2}\bar{f} = \sqrt{\dfrac{1+e_0}{1-e_0}}\tang\frac{1}{2}\bar{\varepsilon}, \qquad \bar{r} = a_0(1 - e_0\cos\bar{\varepsilon}) = \dfrac{p_0}{1+e_0\cos\bar{f}}. \end{cases}$$

Nous déterminerons la fonction inconnue z de façon que

$$v = \bar{f} + \varpi_0.$$

Nous aurons

$$r^2 \frac{dv}{dt} = k\sqrt{p}, \qquad dv = d\bar{f};$$

$$r^2 \frac{d\bar{f}}{dt} = k\sqrt{p}, \qquad \bar{r}^2 \frac{d\bar{f}}{dz} = k\sqrt{p_0},$$

d'où, par voie de division,

$$\frac{r^2}{\bar{r}^2}\frac{dz}{dt} = \frac{\sqrt{p}}{\sqrt{p_0}} = \frac{h_0}{h}.$$

Faisons en outre

$$(10)\qquad r = \bar{r}(1+\nu),$$

et il viendra

$$(11)\qquad \frac{dz}{dt} = \frac{h_0}{h(1+\nu)^2}.$$

On aura ensuite

$$\frac{1}{1+\nu} = \frac{\bar{r}}{r} = \bar{r}\,\frac{1+e\cos(v-\chi)}{p} = \bar{r}\,\frac{1+e\cos(\bar{f}+\varpi_0-\chi)}{p}.$$

Définissons ξ_1 et η_1 par les formules

$$(12)\quad \begin{cases} e\cos(\chi-\varpi_0) = e_0 + (1-e_0^2)\,\xi_1, \\ e\sin(\chi-\varpi_0) = \phantom{e_0 +{}} (1-e_0^2)\,\eta_1; \end{cases}$$

ξ_1 et η_1 seront de petites quantités de l'ordre de m'; l'expression précédente de $\frac{1}{1+\nu}$ deviendra

$$\frac{1}{1+\nu} = \frac{1}{p}\left[\bar{r}(1+e_0\cos\bar{f}) + (1-e_0^2)\,\xi_1\,\bar{r}\cos\bar{f} + (1-e_0^2)\,\eta_1\,\bar{r}\sin\bar{f}\right],$$

ce qui peut s'écrire

$$(13)\qquad \frac{1}{1+\nu} = \frac{h^2}{h_0^2}\left(1 + \xi_1\frac{\bar{r}}{a_0}\cos\bar{f} + \eta_1\frac{\bar{r}}{a_0}\sin\bar{f}\right).$$

Dans cette équation, h, ξ_1 et η_1 sont des fonctions de t déterminées par les formules (12), tandis que $\bar{r}$ et $\bar{f}$ sont des fonctions de z, qui résultent des relations (9). L'équation (11) peut s'écrire

$$\frac{dz}{dt} = \frac{h_0}{h}\left(\frac{\nu}{1+\nu}\right)^2 + \frac{2h_0}{h}\,\frac{1}{1+\nu} - \frac{h_0}{h},$$

ou bien, en vertu de la formule (13),

(14) $$\frac{dz}{dt} = 1 + \frac{h_0}{h}\left(\frac{\nu}{1+\nu}\right)^2 + \overline{W},$$

où l'on a posé

(15) $$\overline{W} = \frac{2h}{h_0} - \frac{h_0}{h} - 1 + \frac{2h}{h_0}\xi_1\frac{\bar{r}}{a_0}\cos\bar{f} + \frac{2h}{h_0}\eta_1\frac{\bar{r}}{a_0}\sin\bar{f}.$$

Quand on néglige la force perturbatrice, l'équation (14) donne $z = t$; on est conduit ainsi à poser

(16) $$z = t + \delta z,$$

et il en résulte

(17) $$\frac{d\,\delta z}{dt} = \frac{h_0}{h}\left(\frac{\nu}{1+\nu}\right)^2 + \overline{W}.$$

L'équation (13) n'est pas commode pour le calcul de la petite quantité ν. Il vaut mieux calculer $\frac{d\nu}{dt}$; les formules (10) et (11) donnent

$$\frac{d\nu}{dt} = \frac{1}{\bar{r}}\,\frac{dr}{dt} - \frac{r}{\bar{r}^2}\,\frac{d\bar{r}}{dz}\,\frac{h_0}{h(1+\nu)^2},$$

ou bien, d'après la définition (10) de ν,

$$\frac{d\nu}{dt} = \frac{1}{\bar{r}}\,\frac{dr}{dt} - \frac{h_0}{h}\,\frac{1}{r}\,\frac{d\bar{r}}{dz}.$$

Or, les formules du mouvement elliptique donnent

$$\frac{dr}{dt} = \frac{k}{\sqrt{p}}\,e\sin(v-\chi) = he\sin(v-\chi),$$

$$\frac{d\bar{r}}{dz} = h_0 e_0 \sin\bar{f};$$

l'expression de $\frac{d\nu}{dt}$ devient ensuite

$$\frac{d\nu}{dt} = \frac{1}{\bar{r}}\,he\sin(v-\chi) - \frac{1}{r}\,\frac{h_0^2}{h}\,e_0\sin\bar{f},$$

d'où, en remplaçant $\bar{r}$ et r par leurs valeurs,

$$\frac{d\nu}{dt} = \frac{h}{p_0}\{e\sin(\bar{f}+\varpi_0-\chi)(1+e_0\cos\bar{f}) - e_0\sin\bar{f}[1+e\cos(\bar{f}+\varpi_0-\chi)]\},$$

$$= \frac{h}{p_0}[e\sin(\bar{f}+\varpi_0-\chi) - e_0\sin\bar{f} + ee_0\sin(\varpi_0-\chi)].$$

En ayant égard aux formules (12), on trouve aisément

(18) $$\frac{d\nu}{dt} = \frac{h}{a_0}[\xi_1\sin\bar{f} - \eta_1(\cos\bar{f}+e_0)].$$

Posons enfin

(19) $$\Xi = \frac{2h}{h_0} - \frac{h_0}{h} - 1, \qquad \Upsilon = \frac{2h}{h_0}\xi_1, \qquad \Psi = \frac{2h}{h_0}\eta_1;$$

les formules (15) et (18) deviendront

(20) $$\overline{W} = \Xi + \Upsilon\frac{\bar{r}}{a_0}\cos\bar{f} + \Psi\frac{\bar{r}}{a_0}\sin\bar{f},$$

(21) $$\frac{d\nu}{dt} = \frac{n_0}{2\sqrt{1-e_0^2}}[\Upsilon\sin\bar{f} - \Psi(\cos\bar{f}+e_0)].$$

Bornons-nous aux termes du premier ordre par rapport à m'; nous pouvons écrire

(α) $$\overline{W} = \Xi + \Upsilon\frac{r}{a}\cos f + \Psi\frac{r}{a}\sin f,$$

(β) $$\frac{d\,\delta z}{dt} = \overline{W}, \qquad \delta z = \int_0^t \overline{W}\,dt,$$

(γ) $$\frac{d\nu}{dt} = \frac{n}{2\sqrt{1-e^2}}[\Upsilon\sin f - \Psi(\cos f + e)],$$

(δ) $$\left\{\begin{array}{l} r\cos f = a(\cos\varepsilon - e), \qquad r\sin f = a\sqrt{1-e^2}\sin\varepsilon, \\ \varepsilon - e\sin\varepsilon = nt + c. \end{array}\right.$$

Les formules (13) et (19) donnent d'ailleurs, au même degré de précision,

$$1-\nu = \frac{h^2}{h_0^2} + \frac{h}{2h_0}\left(\Upsilon\frac{r}{a}\cos f + \Psi\frac{r}{a}\sin f\right),$$

$$\nu = -2\frac{h-h_0}{h_0} - \frac{1}{2}\left(\Upsilon\frac{r}{a}\cos f + \Psi\frac{r}{a}\sin f\right),$$

$$\Xi = \frac{(h-h_0)(2h+h_0)}{hh_0} = 3\frac{h-h_0}{h_0} + \ldots.$$

Il en résulte

(ε) $$\nu = -\frac{2}{3}\Xi - \frac{1}{2}\left(\Upsilon\frac{r}{a}\cos f + \Psi\frac{r}{a}\sin f\right).$$

151. Détermination de la fonction $\overline{W}$. — On tire de l'expression (19) de Ξ

$$\frac{d\Xi}{dt} = \left(\frac{2}{h_0} + \frac{h_0}{h^2}\right)\frac{dh}{dt},$$

et, en remplaçant $\frac{dh}{dt}$ par sa valeur (8),

$$\frac{d\Xi}{dt} = -h_0\left(1 + \frac{2h^2}{h_0^2}\right)\frac{\partial\Omega}{\partial v}.$$

On a ensuite, par les formules (12) et (19),

$$\Upsilon = \frac{2h}{h_0(1-e_0^2)}[e\cos(\chi - \varpi_0) - e_0],$$
$$\Psi = \frac{2h}{h_0(1-e_0^2)}\; e\sin(\chi - \varpi_0),$$

d'où, en différentiant et tenant compte des relations (8),

$$\frac{d\Upsilon}{dt} = \frac{2k^2}{h_0(1-e_0^2)}\left\{\begin{aligned} &\cos\varpi_0\left[\sin v\frac{\partial\Omega}{\partial r} + \left(\frac{1}{r}+\frac{1}{p}\right)\cos v\frac{\partial\Omega}{\partial v}\right]\\ &+\sin\varpi_0\left[-\cos v\frac{\partial\Omega}{\partial r} + \left(\frac{1}{r}+\frac{1}{p}\right)\sin v\frac{\partial\Omega}{\partial v}\right]\end{aligned}\right\} + \frac{2e_0h^2}{h_0(1-e_0^2)}\frac{\partial\Omega}{\partial v},$$

$$\frac{d\Psi}{dt} = \frac{2k^2}{h_0(1-e_0^2)}\left\{\begin{aligned} &\cos\varpi_0\left[-\cos v\frac{\partial\Omega}{\partial r} + \left(\frac{1}{r}+\frac{1}{p}\right)\sin v\frac{\partial\Omega}{\partial v}\right]\\ &-\sin\varpi_0\left[\sin v\frac{\partial\Omega}{\partial r} + \left(\frac{1}{r}+\frac{1}{p}\right)\cos v\frac{\partial\Omega}{\partial v}\right]\end{aligned}\right\}.$$

On peut remplacer v par $f + \varpi_0$; on trouve finalement

$$(22)\quad \left\{\begin{aligned} \frac{d\Xi}{dt} &= -3h\frac{\partial\Omega}{\partial v},\\ \frac{d\Upsilon}{dt} &= 2h\left[\left(\frac{a}{r} + \frac{1}{1-e^2}\right)\cos f + \frac{e}{1-e^2}\right]\frac{\partial\Omega}{\partial v} + 2ah\sin f\frac{\partial\Omega}{\partial r},\\ \frac{d\Psi}{dt} &= 2h\left(\frac{a}{r} + \frac{1}{1-e^2}\right)\sin f\frac{\partial\Omega}{\partial v} - 2ah\cos f\frac{\partial\Omega}{\partial r}.\end{aligned}\right.$$

Considérons maintenant la fonction

$$(23)\quad W = \Xi + \Upsilon\frac{\rho}{a}\cos\omega + \Psi\frac{\rho}{a}\sin\omega,$$

où l'on a

$$\eta - e\sin\eta = n\tau + c,$$

$$\frac{\rho}{a}\cos\omega = \cos\eta - e,\qquad \frac{\rho}{a}\sin\omega = \sqrt{1-e^2}\sin\eta,$$

Comme les quantités Ξ, Υ et Ψ s'annulent pour $t = 0$, on aura

$$W = 0$$

pour $t = 0$, quel que soit τ.

En changeant, dans la fonction W, τ en t, et η, ω, ρ en ε, f, r, W se changera en $\overline{W}$. Différentions l'expression (23), et remplaçons $\frac{d\Xi}{dt}, \frac{d\Upsilon}{dt}, \frac{d\Psi}{dt}$ par leurs valeurs (22); il viendra

$$\frac{dW}{dt} = 2h\rho\sin(f-\omega)\frac{\partial\Omega}{\partial r} + h\frac{\partial\Omega}{\partial v}\left\{\frac{2\rho}{r}\cos(f-\omega) - 1 + 2\left[\frac{\rho}{p}e\cos\omega - 1 + \frac{\rho}{p}\cos(f-\omega)\right]\right\}.$$

Or on a

$$\rho = \frac{p}{1+e\cos\omega}, \qquad \text{d'où} \qquad \frac{\rho}{p}e\cos\omega - 1 = -\frac{\rho}{p};$$

il en résulte donc

$$(24)\quad \frac{dW}{dt} = 2h\rho\sin(f-\omega)\frac{\partial\Omega}{\partial r} + h\frac{\partial\Omega}{\partial v}\left\{\frac{2\rho}{r}\cos(f-\omega) - 1 + \frac{2\rho}{p}\left[\cos(f-\omega) - 1\right]\right\}.$$

On devra intégrer de manière que W s'annule pour $t = 0$, quel que soit τ ou quel que soit ω.

On peut ramener le calcul de ν à dépendre de la fonction W. On a, en effet,

$$\frac{d\,\frac{r}{a}\cos f}{dt} = -\frac{n}{\sqrt{1-e^2}}\sin f, \qquad \frac{d\,\frac{r}{a}\sin f}{dt} = \frac{n}{\sqrt{1-e^2}}(\cos f + e),$$

de sorte que l'équation (21) peut s'écrire

$$-2\frac{d\nu}{dt} = \Upsilon\frac{d\,\frac{r}{a}\cos f}{dt} + \Psi\frac{d\,\frac{r}{a}\sin f}{dt}.$$

Or on tire de l'équation (23)

$$\frac{\partial W}{\partial\tau} = \Upsilon\frac{d\,\frac{\rho}{a}\cos\omega}{d\tau} + \Psi\frac{d\,\frac{\rho}{a}\sin\omega}{d\tau};$$

si, dans cette expression de $\frac{\partial W}{\partial\tau}$, on change τ en t, on obtient la valeur trouvée ci-dessus pour $-2\frac{d\nu}{dt}$. On peut donc écrire

$$(25)\qquad \frac{d\nu}{dt} = -\frac{1}{2}\left(\overline{\frac{\partial W}{\partial\tau}}\right), \qquad \nu = -\frac{1}{2}\int_0^t\left(\overline{\frac{\partial W}{\partial\tau}}\right)dt,$$

en indiquant par le trait horizontal qu'après la différentiation de W par rapport à τ, on doit faire $\tau = t$. On voit donc que la fonction W des deux variables t et τ joue un rôle important dans le calcul de δz et de ν.

152. **Calcul de la latitude.** — Les formules des pages 472, 473 et 474 du Tome I donnent, en négligeant le carré de la force perturbatrice,

$$\begin{aligned}
\cos b \sin(l - \theta_0) &= \cos i_0 \sin(v - \theta_0) - s \operatorname{tang} i_0,\\
\cos b \cos(l - \theta_0) &= \cos(v - \theta_0),\\
\sin b &= \sin i_0 \sin(v - \theta_0) + s,
\end{aligned}$$

où l et b désignent la longitude et la latitude héliocentriques de la planète. On a d'ailleurs (*loc. cit.*)

$$\begin{aligned}
s &= \mathrm{Q} \sin(v - \theta_0) - \mathrm{P} \cos(v - \theta_0),\\
\frac{d\mathrm{P}}{dt} &= hr \cos i_0 \mathrm{Z} \sin(v - \theta_0),\\
\frac{d\mathrm{Q}}{dt} &= hr \cos i_0 \mathrm{Z} \cos(v - \theta_0);
\end{aligned}$$

Z est la composante de la force perturbatrice, normalement au plan de l'orbite. On peut remplacer v par $f + \varpi_0$ et supprimer les indices zéro devenus inutiles; on a ainsi

$$(26)\qquad \left\{\begin{aligned}
\cos b \sin(l - \theta) &= \cos i \sin(f + \varpi - \theta) - s \operatorname{tang} i,\\
\cos b \cos(l - \theta) &= \cos(f + \varpi - \theta),\\
\sin b &= \sin i \sin(f + \varpi - \theta) + s,
\end{aligned}\right.$$

$$(27)\qquad s = \mathrm{Q} \sin(f + \varpi - \theta) - \mathrm{P} \cos(f + \varpi - \theta),$$

$$(28)\qquad \left\{\begin{aligned}
\mathrm{P} &= \int_0^t hr \cos i \mathrm{Z} \sin(f + \varpi - \theta)\, dt,\\
\mathrm{Q} &= \int_0^t hr \cos i \mathrm{Z} \cos(f + \varpi - \theta)\, dt,
\end{aligned}\right.$$

Posons

$$(29)\qquad \left\{\begin{aligned}
u &= \frac{r}{a} s = \mathrm{Q} \frac{r}{a} \sin(f + \varpi - \theta) - \mathrm{P} \frac{r}{a} \cos(f + \varpi - \theta),\\
\mathrm{R} &= \mathrm{Q} \frac{\rho}{a} \sin(\omega + \varpi - \theta) - \mathrm{P} \frac{\rho}{a} \cos(\omega + \varpi - \theta);
\end{aligned}\right.$$

$$(30)\qquad \left\{\begin{aligned}
\mathrm{R} = {} & \frac{\rho}{a} \sin(\omega + \varpi - \theta) \int_0^t \mathrm{Z}\, hr \cos i \cos(f + \varpi - \theta)\, dt\\
& - \frac{\rho}{a} \cos(\omega + \varpi - \theta) \int_0^t \mathrm{Z}\, hr \cos i \sin(f + \varpi - \theta)\, dt.
\end{aligned}\right.$$

Cette fonction R, qui dépend de t et de τ, s'annulera pour $t=0$, quel que soit τ. On trouve immédiatement

(31) $$\frac{dR}{dt} = Zh \cos i \frac{\rho}{a} r \sin(\omega - f).$$

Cette équation, en tenant compte de la remarque précédente, détermine complètement R.

En désignant par $\overline{R}$ ce que devient R pour $\tau = t$, les formules (29) donnent immédiatement

(32) $$u = \overline{R}.$$

On peut obtenir une autre expression de u, qui sera utile au moins pour la vérification des calculs. On a évidemment, d'après la formule (30),

$$\left(\frac{\partial \overline{R}}{\partial \tau}\right) = \frac{d\frac{r}{a}\sin(f+\varpi-\theta)}{dt} \int_0^t Zhr \cos i \cos(f+\varpi-\theta)\,dt$$
$$- \frac{d\frac{r}{a}\cos(f+\varpi-\theta)}{dt} \int_0^t Zhr \cos i \sin(f+\varpi-\theta)\,dt.$$

En intégrant par parties, après avoir multiplié par dt, il vient, après simplification,

$$\int_0^t \left(\frac{\partial \overline{R}}{\partial \tau}\right) dt = Q\frac{r}{a}\sin(f+\varpi-\theta) - P\frac{r}{a}\cos(f+\varpi-\theta);$$

on a donc l'expression cherchée

(33) $$u = \int_0^t \left(\frac{\partial \overline{R}}{\partial \tau}\right) dt.$$

153. Transformation des formules. — Au lieu de la variable t, nous introduisons ε par la relation

(34) $$\varepsilon - e \sin \varepsilon = nt + c,$$

où e, n et c sont des constantes absolues. Nous aurons

$$dt = \frac{r}{na} d\varepsilon,$$

et si nous posons

(35) $$\frac{dW}{d\varepsilon} = T, \qquad \frac{dR}{d\varepsilon} = U,$$

les équations (24) et (31) nous donneront

$$T = \frac{2h}{na}\rho r \sin(f-\omega)\frac{\partial\Omega}{\partial r} + \frac{h}{na}\left\{2\rho\cos(f-\omega) - r + \frac{2\rho r}{a(1-e^2)}[\cos(f-\omega)-1]\right\}\frac{\partial\Omega}{\partial v},$$

$$U = \frac{h}{na} Z r \cos i \frac{\rho}{a} r \sin(\omega - f).$$

On a

$$h = \frac{k}{\sqrt{p}}, \qquad na = \frac{k}{\sqrt{a}}, \qquad \frac{h}{na} = \frac{1}{\sqrt{1-e^2}},$$

$$\frac{\partial\Omega}{\partial v} = \frac{\partial\Omega}{\partial f},$$

et il en résulte

$$(36)\quad \begin{cases} T\sqrt{1-e^2} = 2\rho r \sin(f-\omega)\dfrac{\partial\Omega}{\partial r} \\ \qquad + \left\{2\rho\cos(f-\omega) - r + \dfrac{2\rho r}{a(1-e^2)}[\cos(f-\omega)-1]\right\}\dfrac{\partial\Omega}{\partial f}, \\ U\sqrt{1-e^2} = Z\cos i\,\dfrac{\rho r^2}{a}\sin(\omega - f). \end{cases}$$

Les formules

$$(37)\quad \begin{cases} r\cos f = a(\cos\varepsilon - e), & r = a(1 - e\cos\varepsilon), \\ r\sin f = a\sqrt{1-e^2}\sin\varepsilon, & \tang\frac{1}{2}f = \sqrt{\dfrac{1+e}{1-e}}\tang\frac{1}{2}\varepsilon \end{cases}$$

donnent

$$\frac{\partial r}{\partial\varepsilon} = ae\sin\varepsilon, \qquad \frac{\partial f}{\partial\varepsilon} = \frac{a\sqrt{1-e^2}}{r};$$

d'où

$$\left(\frac{\partial\Omega}{\partial\varepsilon}\right) = \frac{\partial\Omega}{\partial r}\frac{\partial r}{\partial\varepsilon} + \frac{\partial\Omega}{\partial f}\frac{\partial f}{\partial\varepsilon} = ae\sin\varepsilon\frac{\partial\Omega}{\partial r} + \frac{a\sqrt{1-e^2}}{r}\frac{\partial\Omega}{\partial f},$$

$$(38)\quad \frac{\partial\Omega}{\partial f} = \frac{r}{a\sqrt{1-e^2}}\left(\frac{\partial\Omega}{\partial\varepsilon}\right) - \frac{er\sin\varepsilon}{\sqrt{1-e^2}}\frac{\partial\Omega}{\partial r}.$$

Nous avons mis des parenthèses à la dérivée de Ω par rapport à ε, parce que, quand on introduit ε au lieu de t par la relation (34), ε se trouve introduit de deux façons, d'abord par r et f, ensuite par r' et f'; $\left(\frac{\partial\Omega}{\partial\varepsilon}\right)$ désigne la dérivée de Ω par rapport à ε introduit seulement par r et f. Portons la valeur (38) de $\frac{\partial\Omega}{\partial f}$ dans l'expression (36) de T, et faisons

$$(39)\quad T = Ma\left(\frac{\partial\Omega}{\partial\varepsilon}\right) + Nar\frac{\partial\Omega}{\partial r};$$

nous trouverons

$$M a^2(1-e^2) = 2\rho r \cos(f-\omega) - r^2 + \frac{2\rho r^2}{a(1-e^2)}[\cos(f-\omega)-1],$$

$$N\,a\,\sqrt{1-e^2} = 2\rho\sin(f-\omega)$$

$$-\frac{e\sin\varepsilon}{\sqrt{1-e^2}}\left\{2\rho\cos(f-\omega) - r + \frac{2\rho r}{a(1-e^2)}[\cos(f-\omega)-1]\right\}.$$

Il reste à remplacer r et f par leurs valeurs (37) en fonction de ε, et ρ et ω par les valeurs analogues

$$\rho\cos\omega = a(\cos\eta - e), \qquad \rho\sin\omega = a\sqrt{1-e^2}\sin\eta.$$

Nous trouverons d'abord

$$(1-e^2)M = 2[(\cos\varepsilon - e)(\cos\eta - e) + (1-e^2)\sin\varepsilon\sin\eta] - (1-e\cos\varepsilon)^2$$

$$+ 2\,\frac{1-e\cos\varepsilon}{1-e^2}[(\cos\varepsilon - e)(\cos\eta - e) + (1-e^2)\sin\varepsilon\sin\eta$$

$$- (1-e\cos\varepsilon)(1-e\cos\eta)].$$

$$(1-e^2)M = 2\left[\left(1-\frac{1}{2}e^2\right)\cos(\varepsilon-\eta) + \frac{1}{2}e^2\cos(\varepsilon+\eta) - e\cos\varepsilon - e\cos\eta + e^2\right]$$

$$-1-\frac{1}{2}e^2 + 2e\cos\varepsilon - \frac{1}{2}e^2\cos 2\varepsilon + 2(1-e\cos\varepsilon)[\cos(\varepsilon-\eta)-1],$$

d'où l'on tire aisément

$$(1-e^2)M = -3\left(1-\frac{1}{2}e^2\right) + 2e\cos\varepsilon - \frac{1}{2}e^2\cos 2\varepsilon + e^2\cos(\eta+\varepsilon)$$

$$+ (4-e^2)\cos(\eta-\varepsilon) - e\cos(\eta-2\varepsilon) - 3e\cos\eta.$$

On trouve ensuite, pour le calcul de N,

$$2\rho\sin(f-\omega) - \frac{2e\sin\varepsilon}{\sqrt{1-e^2}}\rho\cos(f-\omega)$$

$$= \frac{2\rho\cos\omega}{1-e\cos\varepsilon}\left[\sqrt{1-e^2}\sin\varepsilon - \frac{e}{\sqrt{1-e^2}}\sin\varepsilon(\cos\varepsilon - e)\right] - \frac{2\rho\sin\omega}{1-e\cos\varepsilon}(\cos\varepsilon - e + e\sin^2\varepsilon)$$

$$= 2\rho\cos\omega\,\frac{\sin\varepsilon}{\sqrt{1-e^2}} - 2\rho\sin\omega\cos\varepsilon$$

$$= \frac{2a}{\sqrt{1-e^2}}[\sin\varepsilon(\cos\eta - e) - (1-e^2)\cos\varepsilon\sin\eta];$$

on voit que le diviseur $1 - e\cos\varepsilon$ a disparu. Il vient ensuite

$$(1-e^2)N = 2\sin\varepsilon\cos\eta - 2(1-e^2)\sin\eta\cos\varepsilon - 2e\sin\varepsilon$$

$$- e\sin\varepsilon[-1 + e\cos\varepsilon + 2(\cos\varepsilon\cos\eta - 1 + \sin\varepsilon\sin\eta)],$$

$$(1-e^2)N = e\sin\varepsilon - e\sin\eta - \frac{1}{2}e^2\sin 2\varepsilon + e^2\sin(\eta+\varepsilon)$$

$$- (2-e^2)\sin(\eta-\varepsilon) + e\sin(\eta-2\varepsilon).$$

Faisons enfin une transformation analogue pour U; en partant de son expression de la page 336, nous trouverons

$$U = a^2 Z \cos i (1 - e\cos\varepsilon)[\sin\eta(\cos\varepsilon - e) - \sin\varepsilon(\cos\eta - e)].$$

Si l'on pose

$$Q = (1 - e\cos\varepsilon)[\sin(\eta - \varepsilon) - e\sin\eta + e\sin\varepsilon],$$

il viendra

$$U = Q a^2 Z \cos i.$$

L'expression précédente de Q peut d'ailleurs s'écrire

$$Q = e\sin\varepsilon - \frac{1}{2}e^2\sin 2\varepsilon - \frac{3}{2}e\sin\eta + \left(1 + \frac{1}{2}e^2\right)\sin(\eta - \varepsilon)$$
$$+ \frac{1}{2}e^2\sin(\eta + \varepsilon) - \frac{1}{2}e\sin(\eta - 2\varepsilon).$$

Il convient de faire un Tableau d'ensemble des formules obtenues. Remarquons d'abord que si l'on détermine les quantités $\bar{r}$ et $\bar{f}$ par les formules

$$\bar{\varepsilon} - e\sin\bar{\varepsilon} = nt + c + n\,\delta z,$$
$$\bar{r}\cos\bar{f} = a(\cos\bar{\varepsilon} - e),$$
$$\bar{r}\sin\bar{f} = a\sqrt{1 - e^2}\sin\bar{\varepsilon},$$

la longitude troublée sera $\bar{f} + \varpi = v$; le rayon vecteur troublé sera

$$r = \bar{r}(1 + \nu),$$

et les formules précédentes, en écrivant E au lieu de $\bar{\varepsilon}$, seront

$$E - e\sin E = nt + c + n\,\delta z,$$
$$\frac{r}{1+\nu}\cos(v - \varpi) = a(\cos E - e),$$
$$\frac{r}{1+\nu}\sin(v - \varpi) = a\sqrt{1 - e^2}\sin E.$$

On aura ainsi cet ensemble de formules :

a, n, e, i, c, ϖ et θ sont des constantes représentant les valeurs des éléments osculateurs de l'époque zéro,

(a) $$\frac{dW}{d\varepsilon} = T, \qquad \frac{dR}{d\varepsilon} = U,$$

(b) $$\begin{cases} T = Ma\left(\dfrac{\partial\Omega}{\partial\varepsilon}\right) + Nar\dfrac{\partial\Omega}{\partial r}, \\ U = Q a^2 Z\cos i, \end{cases}$$

$$
(c)\quad \left\{
\begin{aligned}
&(1-e^2)\mathrm{M} = -3\left(1+\frac{1}{2}e^2\right) + 2e\cos\varepsilon - \frac{1}{2}e^2\cos 2\varepsilon - 3e\cos\eta + e^2\cos(\eta+\varepsilon)\\
&\qquad + (4-e^2)\cos(\eta-\varepsilon) - e\cos(\eta-2\varepsilon),\\
&(1-e^2)\mathrm{N} = e\sin\varepsilon - \frac{1}{2}e^2\sin 2\varepsilon - e\sin\eta + e^2\sin(\eta+\varepsilon)\\
&\qquad - (2-e^2)\sin(\eta-\varepsilon) + e\sin(\eta-2\varepsilon),\\
&\mathrm{Q} = e\sin\varepsilon - \frac{1}{2}e^2\sin 2\varepsilon - \frac{3}{2}e\sin\eta + \left(1+\frac{1}{2}e^2\right)\sin(\eta-\varepsilon)\\
&\qquad + \frac{1}{2}e^2\sin(\eta+\varepsilon) - \frac{1}{2}e\sin(\eta-2\varepsilon),
\end{aligned}
\right.
$$

$$
(d)\qquad \delta z = \int_0^t \overline{\mathrm{W}}\,dt,
$$

$$
(e)\qquad \nu = -\frac{1}{2}\int_0^t \left(\frac{\partial \overline{\mathrm{W}}}{\partial\tau}\right) dt,
$$

$$
(f)\quad \left\{
\begin{aligned}
&\mathrm{E} - e\sin\mathrm{E} = nt + c + n\,\delta z,\\
&\frac{r}{1+\nu}\cos(v-\varpi) = a(\cos\mathrm{E} - e),\\
&\frac{r}{1+\nu}\sin(v-\varpi) = a\sqrt{1-e^2}\sin\mathrm{E},
\end{aligned}
\right.
$$

$$
(g)\quad \left\{
\begin{aligned}
&u = \overline{\mathrm{R}} = \int_0^t \left(\frac{\partial \overline{\mathrm{R}}}{\partial\tau}\right) dt,\\
&s = \frac{a}{r}\,u,
\end{aligned}
\right.
$$

$$
(h)\quad \left\{
\begin{aligned}
&\cos b\sin(l-\theta) = \cos i\sin(v-\theta) - s\tang i,\\
&\cos b\cos(l-\theta) = \cos(v-\theta),\\
&\sin b \qquad\qquad\;\; = \sin i\sin(v-\theta) + s.
\end{aligned}
\right.
$$

On aura ainsi, en négligeant le carré de la force perturbatrice, les valeurs troublées des coordonnées polaires r, l et b.

CHAPITRE XXI.

SUITE DE LA MÉTHODE DE HANSEN. — DÉVELOPPEMENT DE LA FONCTION PERTURBATRICE.

154. Formules préparatoires pour le développement de la fonction perturbatrice. — Il nous suffira d'avoir les développements de Ω, de $r\frac{\partial\Omega}{\partial r}$ et de Z. On a, en désignant par H le cosinus de l'angle formé par les rayons r et r' menés du Soleil à la planète troublée M et à la planète troublante M',

$$\Omega = m'\left(\frac{1}{\Delta} - \frac{r}{r'^2}\mathrm{H}\right), \qquad \Delta^2 = r^2 + r'^2 - 2rr'\mathrm{H};$$

on en conclut

$$r\frac{\partial\Omega}{\partial r} = m'\left(\frac{1}{\Delta^3} - \frac{1}{r'^3}\right)rr'\mathrm{H} - m'\frac{r^2}{\Delta^3}.$$

Considérons maintenant les nœuds ascendants N et N' des deux orbites sur le plan fixe, et l'un des points I d'intersection de ces orbites; nous choisirons le nœud ascendant de l'orbite de M sur celle de M'. La formule générale

$$\mathrm{Z} = m'\left(\frac{z'-z}{\Delta^3} - \frac{z'}{r'^3}\right)$$

donnera, en prenant pour plan des xy le plan NI,

$$\mathrm{Z} = m'z'\left(\frac{1}{\Delta^3} - \frac{1}{r'^3}\right).$$

Soit J l'inclinaison mutuelle des deux orbites

$$\mathrm{IM} = f + \Pi, \qquad \mathrm{IM'} = f' + \Pi';$$

les quantités Π et Π' sont des fonctions des éléments elliptiques qu'il est facile de calculer. On aura ensuite

$$\mathrm{H} = \cos(f+\Pi)\cos(f'+\Pi') + \sin(f+\Pi)\sin(f'+\Pi')\cos\mathrm{J},$$
$$z' = -r'\sin(f'+\Pi')\sin\mathrm{J},$$

et il en résultera ces formules

$$(\alpha)\quad\left\{\begin{aligned}
&\Omega = m'\frac{1}{\Delta} - m'\frac{r}{r'^2}\mathrm{H},\\
&r\frac{\partial\Omega}{\partial r} = \frac{1}{2}m'\frac{r'^2 - r^2}{\Delta^3} - \frac{1}{2}m'\frac{1}{\Delta} - m'\frac{r}{r'^2}\mathrm{H},\\
&\mathrm{Z} = -m'r'\sin(f'+\Pi')\sin\mathrm{J}\,\frac{1}{\Delta^3} + m'\frac{1}{r'^2}\sin(f'+\Pi')\sin\mathrm{J},\\
&\mathrm{H} = \cos(f+\Pi)\cos(f'+\Pi') + \sin(f+\Pi)\sin(f'+\Pi')\cos\mathrm{J},\\
&\mathrm{H} = \mathcal{A}\cos f\cos f' + \mathcal{B}\cos f\sin f' + \mathcal{C}\sin f\cos f' + \mathcal{D}\sin f\sin f'.
\end{aligned}\right.$$

On voit que l'on est conduit à chercher les développements de

$$\frac{1}{\Delta},\quad \frac{1}{\Delta^3},$$

$$r^2,\quad r'^2,\quad r\cos f,\quad r\sin f,\quad r'\sin f',\quad r'\cos f',\quad \frac{\cos f'}{r'^2},\quad \frac{\sin f'}{r'^2}.$$

155. Développements de $\frac{1}{\Delta}$ et de $\frac{1}{\Delta^3}$. — Les formules

$$\Delta^2 = r^2 + r'^2 - 2rr'(\mathcal{A}\cos f\cos f' + \mathcal{B}\cos f\sin f' + \mathcal{C}\sin f\cos f' + \mathcal{D}\sin f\sin f'),$$

$$r'\cos f' = a'(\cos\varepsilon' - e'),\qquad r'\sin f' = a'\sqrt{1-e'^2}\sin\varepsilon',\qquad r' = a'(1 - e'\cos\varepsilon')$$

donnent pour Δ^2 une expression de la forme

$$\frac{\Delta^2}{a^2} = \mathrm{D} - f_1\cos(\varepsilon' - \mathrm{F}_1) + \frac{1}{2}\frac{a'^2}{a^2}e'^2\cos 2\varepsilon',$$

où D, f_1 et F_1 sont des fonctions de ε seul. On aura toujours

$$\frac{1}{2}\frac{a'^2}{a^2}e'^2\cos 2\varepsilon' < \mathrm{D} - f_1\cos(\varepsilon' - \mathrm{F}_1),$$

et les développements

$$\frac{a}{\Delta} = \frac{1}{[\mathrm{D} - f_1\cos(\varepsilon' - \mathrm{F}_1)]^{\frac{1}{2}}} - \frac{1}{4}\frac{a'^2}{a^2}\frac{e'^2\cos 2\varepsilon'}{[\mathrm{D} - f_1\cos(\varepsilon' - \mathrm{F}_1)]^{\frac{3}{2}}} + \ldots,$$

$$\frac{a^3}{\Delta^3} = \frac{1}{[\mathrm{D} - f_1\cos(\varepsilon' - \mathrm{F}_1)]^{\frac{3}{2}}} - \frac{3}{4}\frac{a'^2}{a^2}\frac{e'^2\cos 2\varepsilon'}{[\mathrm{D} - f_1\cos(\varepsilon' - \mathrm{F}_1)]^{\frac{5}{2}}} + \ldots$$

seront très convergents. On est donc ramené au développement de l'expression

$$[\mathrm{D} - f_1\cos(\varepsilon' - \mathrm{F}_1)]^{-n},$$

n recevant les valeurs $\frac{1}{2}, \frac{3}{2}, \frac{5}{2}, \ldots$ On posera

$$[\mathrm{D} - f_1\cos(\varepsilon' - \mathrm{F}_1)]^{n} = \alpha_0^{(n)} + 2\alpha_1^{(n)}\cos(\varepsilon' - \mathrm{F}_1) + 2\alpha_2^{(n)}\cos(2\varepsilon' - 2\mathrm{F}_1) + \ldots,$$

On peut ramener le calcul des coefficients $\alpha_0^{(n)}$, $\alpha_1^{(n)}$, ... à celui des transcendantes de Laplace. Posons en effet

$$D = \mathfrak{M}(1+\theta^2), \qquad f_1 = 2\mathfrak{M}\theta,$$

et nous aurons

$$[D - f_1\cos(\varepsilon' - F_1)]^{-n} = \mathfrak{M}^{-n}[1+\theta^2 - 2\theta\cos(\varepsilon' - F_1)]^{-n}$$
$$= \mathfrak{M}^{-n}\left[\frac{1}{2}b_n^{(0)} + b_n^{(1)}\cos(\varepsilon' - F_1) + b_n^{(2)}\cos(2\varepsilon' - 2F_1) + \ldots\right],$$

$$b_n^{(i)} = 2\frac{n(n+1)\ldots(n+i-1)}{1.2\ldots i}\frac{\theta^i}{(1-\theta^2)^n}\left[1 + \frac{n}{1}\frac{n-1}{i+1}\frac{\theta^2}{1-\theta^2}\right.$$
$$\left. + \frac{n(n+1)}{1.2}\frac{(n-1)(n-2)}{(i+1)(i+2)}\left(\frac{\theta^2}{1-\theta^2}\right)^2 + \ldots\right].$$

Pour le calcul de θ et de $\mathfrak{M}$, on peut faire

$$\frac{f_1}{D} = \sin\chi, \qquad 0 < \chi < 90^\circ;$$

l'angle χ existera toujours, car autrement Δ pourrait devenir très petit, ce que nous ne supposons pas. On aura ensuite

$$\frac{2\theta}{1+\theta^2} = \sin\chi, \qquad \theta = \operatorname{tang}\frac{\chi}{2}, \qquad \theta = \cot\frac{\chi}{2}.$$

Nous prendrons

$$\theta = \operatorname{tang}\frac{\chi}{2}, \qquad 0 < \theta < 1;$$
$$\mathfrak{M} = \frac{D}{1+\theta^2} = D\cos^2\frac{\chi}{2}.$$

Les $\alpha_i^{(n)}$ et F_1 sont des fonctions de ε, qui seraient assez difficiles à développer en séries, mais que l'on peut calculer numériquement pour chaque valeur de ε. Hansen opère ici une transformation utile. Il pose

$$\varepsilon' - F_1 = \varepsilon' - \varepsilon - (F_1 - \varepsilon),$$

et il en résulte

$$[D - f_1\cos(\varepsilon' - F_1)]^{-n} = \beta_0^{(n)} + 2\beta_1^{(n)}\cos(\varepsilon' - \varepsilon) + 2\beta_2^{(n)}\cos(2\varepsilon' - 2\varepsilon) + \ldots$$
$$+ 2\gamma_1^{(n)}\sin(\varepsilon' - \varepsilon) + 2\gamma_2^{(n)}\sin(2\varepsilon' - 2\varepsilon) + \ldots,$$

où l'on a fait

$$\beta_i^{(n)} = \alpha_i^{(n)}\cos i(F_1 - \varepsilon),$$
$$\gamma_i^{(n)} = \alpha_i^{(n)}\sin i(F_1 - \varepsilon).$$

L'avantage de cette transformation consiste en ce que $F_1 - \varepsilon$ reste toujours compris entre deux limites assez voisines, tandis que F_1 parcourt la circonférence entière. Quand ε augmente de 2π, il en est de même de F_1; $F_1 - \varepsilon$ est une fonction périodique de ε, comme $\beta_i^{(n)}$ et $\gamma_i^{(n)}$. Chacun de ces derniers coefficients pourra être développé sous la forme

$$\begin{aligned}\frac{1}{2}c_0 + c_1\cos\varepsilon + c_2\cos 2\varepsilon + \ldots\\ + s_1\sin\varepsilon + s_2\sin 2\varepsilon + \ldots.\end{aligned}$$

Mais on fera le calcul de c_0, c_1, ... numériquement, en attribuant à ε des valeurs équidistantes, 24 par exemple,

$$0°,\quad 15°,\quad 30°,\quad \ldots,\quad 345°.$$

Il faudra ensuite effectuer les produits tels que $2\beta_i^{(n)}\cos(i\varepsilon - i\varepsilon')$; soit

$$\beta_i^{(n)} = \frac{1}{2}c_0 + \sum_1^{\infty} c_j\cos j\varepsilon + \sum_1^{\infty} s_j\sin j\varepsilon;$$

on trouve aisément

$$\begin{aligned}2\beta_i^{(n)}\cos i(\varepsilon - \varepsilon') = c_0\cos(i\varepsilon - i\varepsilon') &+ \sum_{j=1}^{j=\infty} c_j\cos[(i+j)\varepsilon - i\varepsilon'],\\ &+ \sum_{j=1}^{j=\infty} c_j\cos[(i-j)\varepsilon - i\varepsilon'],\\ &+ \sum_{j=1}^{j=\infty} s_j\sin[(i+j)\varepsilon - i\varepsilon'],\\ &+ \sum_{j=1}^{j=\infty} s_j\sin[(i-j)\varepsilon - i\varepsilon'].\end{aligned}$$

En opérant ainsi, on arrivera à un résultat de la forme

$$\frac{a}{\Delta} = \Sigma\Sigma(i, i', c)\cos(i\varepsilon - i'\varepsilon') + \Sigma\Sigma(i, i', s)\sin(i\varepsilon - i'\varepsilon');$$

i et i' sont des nombres entiers; on peut s'astreindre à la condition que i' ne soit jamais négatif, i étant positif, nul ou négatif. Les coefficients (i, i', c) et (i, i', s) sont des *nombres*, déterminés une fois pour toutes; $\left(\frac{a}{\Delta}\right)^3$ sera de la même forme.

Pour donner une idée de ces développements, nous empruntons à la théorie de Vesta de M. Leveau (*Annales de l'Observatoire*, t. XV) les valeurs suivantes de $\frac{a}{\Delta}$, ou plutôt de $\frac{m'}{\sin 1''}\frac{a}{\Delta}$, m' désignant la masse de Jupiter :

$$
\begin{aligned}
\frac{m'}{\sin 1''}\frac{a}{\Delta} = \ & 94'',489 \\
& - 22,837\cos(\varepsilon - \varepsilon') + 37,643\sin(\varepsilon - \varepsilon') \\
& - 6,975\cos(2\varepsilon - 2\varepsilon') - 13,934\sin(2\varepsilon - 2\varepsilon') \\
& - 5,715\cos(3\varepsilon - 3\varepsilon') + 0,374\sin(3\varepsilon - 3\varepsilon') \\
& - 1,306\cos(4\varepsilon - 4\varepsilon') + 1,864\sin(4\varepsilon - 4\varepsilon') \\
& - 0,373\cos(5\varepsilon - 5\varepsilon') - 0,851\sin(5\varepsilon - 5\varepsilon') \\
& + 0,383\cos(6\varepsilon - 6\varepsilon') + 0,051\sin(6\varepsilon - 6\varepsilon') \\
& - 8,102\cos(7\varepsilon - 7\varepsilon') + 0,126\sin(7\varepsilon - 7\varepsilon') \\
& - 0,023\cos(8\varepsilon - 8\varepsilon') - 0,065\sin(8\varepsilon - 8\varepsilon') \\
& + 0,029\cos(9\varepsilon - 9\varepsilon') + 0,006\sin(9\varepsilon - 9\varepsilon') \\
& - 0,009\cos(10\varepsilon - 10\varepsilon') + 0,009\sin(10\varepsilon - 10\varepsilon') \\
& - 0,001\cos(11\varepsilon - 11\varepsilon') - 0,005\sin(11\varepsilon - 11\varepsilon') \\
& + 0,002\cos(12\varepsilon - 12\varepsilon') + 0,001\sin(12\varepsilon - 12\varepsilon') \\
& + \ldots\ldots\ldots\ldots\ldots\ldots\ldots\ldots\ldots\ldots \\
& - 1,714\cos\varepsilon \qquad\qquad + 1,042\sin\varepsilon, \\
& + 0,092\cos 2\varepsilon \qquad\qquad + 0,064\sin 2\varepsilon \\
& + \ldots\ldots\ldots \qquad\qquad \ldots\ldots\ldots \\
& + 7,351\cos(-\varepsilon') \qquad\qquad - 3,726\sin(-\varepsilon') \\
& + \ldots\ldots\ldots \qquad\qquad \ldots\ldots\ldots
\end{aligned}
$$

On voit, comme cela a été indiqué dans le Chapitre XVIII (Méthode de Jacobi), que les termes en $\frac{\cos}{\sin}(\varepsilon - \varepsilon')$ sont les plus sensibles.

156. Introduction de l'anomalie moyenne g' de la planète perturbatrice au lieu de ε'. — Cette introduction est avantageuse pour l'intégration.

Nous avons trouvé, pour $\frac{a}{\Delta}$, $\left(\frac{a}{\Delta}\right)^3$, ..., des expressions de la forme

$$
(1) \quad \left\{
\begin{aligned}
F = & \sum\sum(i, n', c)\cos(i\varepsilon - n'\varepsilon') + \sum\sum(i, n', s)\sin(i\varepsilon - n'\varepsilon') \\
& + c_0 + c_1\cos\varepsilon + c_2\cos 2\varepsilon + \ldots \\
& \quad + s_1\sin\varepsilon + s_2\sin 2\varepsilon + \ldots,
\end{aligned}
\right.
$$

où n' prend les valeurs successives $+1, +2, \ldots$; nous avons mis à part les termes qui répondent à $n' = 0$. Par l'introduction de g' au lieu de ε', il viendra

$$
(2) \quad \left\{
\begin{aligned}
F = & \sum\sum((i, i', c))\cos(i\varepsilon - i'g') + \sum\sum((i, i', s))\sin(i\varepsilon - i'g') \\
& + c'_0 + c'_1\cos\varepsilon + c'_2\cos 2\varepsilon + \ldots \\
& \quad + s'_1\sin\varepsilon + s'_2\sin 2\varepsilon + \ldots.
\end{aligned}
\right.
$$

Il s'agit d'obtenir les coefficients du développement (2), connaissant ceux du développement (1). Pour cela, il faut introduire les fonctions de Bessel. On a [Tome I, p. 220, formules (d) et (d')],

$$(3)\quad \begin{cases} \cos n'\varepsilon' = n' \sum\limits_{i'=1}^{i'=\infty} \dfrac{\cos i'g'}{i'} [J_{i'-n'}(i'e') - J_{i'+n'}(i'e')], \\ \sin n'\varepsilon' = n' \sum\limits_{i'=1}^{i'=\infty} \dfrac{\sin i'g'}{i'} [J_{i'-n'}(i'e') + J_{i'+n'}(i'e')]. \end{cases}$$

On en conclut

$$\cos(i\varepsilon - n'\varepsilon') = n' \sum_{i'=1}^{i'=\infty} \left[\frac{J_{i'-n'}(i'e')}{i'} \cos(i\varepsilon - i'g') - \frac{J_{i'+n'}(i'e')}{i'} \cos(-i\varepsilon - i'g')\right],$$

$$\sin(i\varepsilon - n'\varepsilon') = n' \sum_{i'=1}^{i'=\infty} \left[\frac{J_{i'-n'}(i'e')}{i'} \sin(i\varepsilon - i'g') + \frac{J_{i'+n'}(i'e')}{i'} \sin(-i\varepsilon - i'g')\right].$$

Nous chercherons $((i, i', c))$ et $((i, i', s))$, c'est-à-dire les coefficients de $\cos(i\varepsilon - i'g')$ et de $\sin(i\varepsilon - i'g')$; nous pourrons donc nous borner à

$$\cos(i\varepsilon - n'\varepsilon') = \frac{n'}{i'} J_{i'-n'}(i'e') \cos(i\varepsilon - i'g') + \ldots,$$

$$\sin(i\varepsilon - n'\varepsilon') = \frac{n'}{i'} J_{i'-n'}(i'e') \sin(i\varepsilon - i'g') + \ldots.$$

Dans (1), les deux termes

$$(i, n', c)\cos(i\varepsilon - n'\varepsilon') + (i, n', s)\sin(i\varepsilon - n'\varepsilon')$$

nous donneront

$$(4)\quad \begin{cases} \dfrac{n'}{i'}(i, n', c)\, J_{i'-n'}(i'e') \cos(i\varepsilon - i'g'), \\ \dfrac{n'}{i'}(i, n', s)\, J_{i'-n'}(i'e') \sin(i\varepsilon - i'g'). \end{cases}$$

Il faut maintenant, dans l'expression (1), donner à n' les valeurs $+1$, $+2$, ...; nous obtiendrons des résultats plus symétriques en donnant à n' les valeurs

$$i', \quad i' \pm 1, \quad i' \pm 2, \quad \ldots, \quad i' \pm (i'-1), \quad 2i', \quad 2i'+1.$$

Nous trouverons ainsi que, dans (2), le coefficient de $\cos(i\varepsilon - i'g')$ sera

$$(5)\quad \begin{cases} ((i, i', c)) = \dfrac{i'}{i'}(i, i', c)\, J_0(i'e') \\ \qquad + \dfrac{i'+1}{i'}(i, i'+1, c)\, J_{-1}(i'e') + \dfrac{i'-1}{i'}(i, i'-1, c)\, J_1(i'e') \\ \qquad + \dfrac{i'+2}{i'}(i, i'+2, c)\, J_{-2}(i'e') + \dfrac{i'-2}{i'}(i, i'-2, c)\, J_2(i'e') \\ \qquad + \ldots\ldots\ldots\ldots\ldots\ldots\ldots\ldots\ldots\ldots \end{cases}$$

On aura, en changeant dans les ( ) la lettre c en s,

$$(6)\quad \left\{\begin{aligned} ((i, i', s)) = & \quad \frac{i'}{i'} (i, i', s)\,\mathrm{J}_0(i'e') \\ & + \frac{i'+1}{i'}(i, i'+1, s)\,\mathrm{J}_{-1}(i'e') + \frac{i'-1}{i'}(i, i'-1, s)\,\mathrm{J}_1(i'e') \\ & + \frac{i'+2}{i'}(i, i'+2, s)\,\mathrm{J}_{-2}(i'e') + \frac{i'-2}{i'}(i, i'-2, s)\,\mathrm{J}_2(i'e') \\ & + \ldots\ldots\ldots\ldots\ldots\ldots\ldots\ldots\ldots\ldots \end{aligned}\right.$$

Remarque. — Il y a lieu de considérer à part, dans le développement (1), les termes pour lesquels $n' = 1$, car, dans les formules (3), nous avons supposé que $\cos n'\varepsilon'$ et $\sin n'\varepsilon'$ n'ont pas de partie non périodique. Cela est toujours le cas pour $\sin n'\varepsilon'$; mais, quand $n' = 1$, $\cos\varepsilon'$ contient le terme non périodique $-\frac{e'}{2}$ (t. I, p. 219). Prenons donc, dans (1), les termes

$$\Sigma(i, 1, c)\cos(i\varepsilon - \varepsilon') + \Sigma(i, 1, s)\sin(i\varepsilon - \varepsilon');$$

$\cos(i\varepsilon - \varepsilon')$ contiendra le terme $-\frac{e'}{2}\cos i\varepsilon$, et $\sin(i\varepsilon - \varepsilon')$ le terme $-\frac{e'}{2}\sin i\varepsilon$. Nous aurons donc les termes

$$-\frac{e'}{2}\Sigma(i, 1, c)\cos i\varepsilon - \frac{e'}{2}\Sigma(i, 1, s)\sin i\varepsilon,$$

où nous devrons donner à i les valeurs $0, \pm 1, \pm 2, \ldots$. Nous trouverons ainsi

$$\begin{aligned} & -\frac{e'}{2}(0, 1, c) \\ & -\frac{e'}{2}[(1, 1, c) + (-1, 1, c)]\cos\varepsilon - \frac{e'}{2}[(1, 1, s) - (-1, 1, s)]\sin\varepsilon \\ & -\frac{e'}{2}[(2, 1, c) + (-2, 1, c)]\cos 2\varepsilon - \frac{e'}{2}[(2, 1, s) - (-2, 1, s)]\sin 2\varepsilon \\ & -\ldots\ldots\ldots\ldots\ldots\ldots\ldots\ldots\ldots\ldots \end{aligned}$$

Ces termes devront être réunis aux termes

$$c_0 + c_1\cos\varepsilon + c_2\cos 2\varepsilon + \ldots + s_1\sin\varepsilon + s_2\sin 2\varepsilon + \ldots$$

de l'expression (1). Il viendra donc ainsi

$$(7)\quad \left\{\begin{aligned} & c_0 = c_0 - \frac{e'}{2}(0, 1, c), \\ & c'_1 = c_1 - \frac{e'}{2}[(1, 1, c) + (-1, 1, c)], \qquad s'_1 = s_1 - \frac{e'}{2}[(1, 1, s) - (-1, 1, s)], \\ & c'_2 = c_2 - \frac{e'}{2}[(2, 1, c) + (-2, 1, c)], \qquad s'_2 = s_2 - \frac{e'}{2}[(2, 1, s) - (-2, 1, s)], \\ & \ldots\ldots\ldots\ldots\ldots\ldots\ldots\ldots\ldots\ldots \end{aligned}\right.$$

Il convient de poser

$$(\mathrm{A})\quad \left\{\begin{aligned} \mathrm{F} = \tfrac{1}{2}(0, 0, c) &+ (1, 0, c)\cos\varepsilon + (2, 0, c)\cos 2\varepsilon + \ldots \\ &+ (1, 0, s)\sin\varepsilon + (2, 0, s)\sin 2\varepsilon + \ldots \\ &+ \Sigma\Sigma(i, i', c)\cos(i\varepsilon - i'\varepsilon') + \Sigma\Sigma(i, i', s)\sin(i\varepsilon - i'\varepsilon'), \end{aligned}\right.$$

où i varie de $-\infty$ à $+\infty$, et i' de $+1$ à $+\infty$; de même,

$$(\mathrm{B})\quad \left\{\begin{aligned} \mathrm{F} = \tfrac{1}{2}((0, 0, c)) &+ ((1, 0, c))\cos\varepsilon + ((2, 0, c))\cos 2\varepsilon + \ldots \\ &+ ((1, 0, s))\sin\varepsilon + ((2, 0, s))\sin 2\varepsilon + \ldots \\ &+ \Sigma\Sigma((i, i', c))\cos(i\varepsilon - i'g') + \Sigma\Sigma((i, i', s))\sin(i\varepsilon - i'g'), \end{aligned}\right.$$

où i varie de $-\infty$ à $+\infty$, et i' de $+1$ à $+\infty$.

Les formules (5), (6) et (7) donneront

$$(\mathrm{C})\quad \left\{\begin{aligned} &((0, 0, c)) = (0, 0, c) - 2\lambda'(0, 1, c); \qquad \lambda' = \frac{e'}{2}; \\ &((1, 0, c)) = (1, 0, c) - \lambda'[(1, 1, c) + (-1, 1, c)], \\ &((2, 0, c)) = (2, 0, c) - \lambda'[(2, 1, c) + (-2, 1, c)], \\ &\ldots\ldots\ldots\ldots\ldots\ldots\ldots\ldots\ldots, \end{aligned}\right.$$

$$(\mathrm{D})\quad \left\{\begin{aligned} &((1, 0, s)) = (1, 0, s) - \lambda'[(1, 1, s) - (-1, 1, s)], \\ &((2, 0, s)) = (2, 0, s) - \lambda'[(2, 1, s) - (-2, 1, s)], \\ &\ldots\ldots\ldots\ldots\ldots\ldots\ldots\ldots\ldots, \end{aligned}\right.$$

$$(\mathrm{E})\quad \left\{\begin{aligned} ((i, i', c)) = {} & \frac{i'}{i'}(i, i', c)\,\mathrm{J}_0(i'e') \\ &+ \frac{i'+1}{i'}(i, i'+1, c)\,\mathrm{J}_{-1}(i'e') \\ &+ \frac{i'-1}{i'}(i, i'-1, e)\,\mathrm{J}_1(i'e') \\ &+ \ldots\ldots\ldots\ldots\ldots\ldots, \end{aligned}\right.$$

$$(\mathrm{F})\quad \left\{\begin{aligned} ((i, i', s)) = {} & \frac{i'}{i'}(i, i', s)\,\mathrm{J}_0(i'e') \\ &+ \frac{i'+1}{i'}(i, i'+1, s)\,\mathrm{J}_{-1}(i'e') \\ &+ \frac{i'+1}{i'}(i, i'-1, s)\,\mathrm{J}_1(i'e') \\ &+ \ldots\ldots\ldots\ldots\ldots\ldots, \end{aligned}\right.$$

Ces séries seront très convergentes parce que les fonctions $\mathrm{J}_{\pm h}(i'e')$ diminuent très rapidement quand h augmente en raison de la petitesse de e'.

Il faut maintenant passer aux développements analogues de Ω, $r\frac{\partial\Omega}{\partial r}$ et Z [formules (α) de la page 341].

On a d'abord

$$\frac{r^2}{a^2} = 1 + \frac{1}{2}e^2 - 2e\cos\varepsilon + \frac{1}{2}e^2\cos 2\varepsilon.$$

On a ensuite, d'après la formule (h) (t. I, p. 225),

$$\frac{r'^2}{a'^2} = 1 + \frac{3}{2}e'^2 - 4\sum_1^{\infty} \mathrm{J}_{i'}(i'e')\frac{\cos i'g'}{i'^2}.$$

On peut donc former le développement de $r'^2 - r^2$ et, par ce que Hansen nomme la *multiplication mécanique*, on aura le développement de $\frac{r'^2 - r^2}{\Delta^3}$ suivant la forme (B).

On a ensuite

$$\frac{r}{r'^2}\mathrm{H} = \frac{a}{a'^2}\left[(\cos\varepsilon - e)\left(\mathcal{A}\frac{a'^2}{r'^2}\cos f' + \mathcal{B}\frac{a'^2}{r'^2}\sin f'\right)\right.$$
$$\left. + \sqrt{1-e^2}\sin\varepsilon\left(\mathcal{C}\frac{a'^2}{r'^2}\cos f' + \mathcal{D}\frac{a'^2}{r'^2}\sin f'\right)\right].$$

Les formules (n) (t. I, p. 227) donnent

$$\frac{a'^2}{r'^2}\cos f' = \sum_{-\infty}^{+\infty} i'\mathrm{J}_{i'-1}(i'e')\cos i'g',$$

$$\frac{a'^2}{r'^2}\sin f' = \sqrt{1-e'^2}\sum_{-\infty}^{+\infty} i'\mathrm{J}_{i'-1}(i'e')\sin i'g'.$$

On aura donc aussi le développement de $\frac{r}{r'^2}\mathrm{H}$ suivant la forme (B); on aura soin de remplacer $\mathcal{A}$, $\mathcal{B}$, $\mathcal{C}$, $\mathcal{D}$ et e' par leurs valeurs numériques.

Donc, en se reportant aux formules (α) (page 341), on aura, sous la forme voulue, et avec des coefficients purement numériques, les développements de $a\Omega$ et $ar\frac{\partial\Omega}{\partial r}$.

Reste seulement à obtenir celui de $a^2\mathrm{Z}$; il dépend des développements de $\frac{r'}{a'}\cos f'$ et $\frac{r'}{a'}\sin f'$. Or, on a (t. I, p. 226)

$$\frac{r'}{a'}\cos f' = -\frac{3}{2}e' + \sum_{-\infty}^{+\infty}\mathrm{J}_{i'-1}(i'e')\frac{\cos i'g'}{i'},$$

$$\frac{r'}{a'}\sin f' = \sqrt{1-e'^2}\sum_{-\infty}^{+\infty}\mathrm{J}_{i'-1}(i'e')\frac{\sin i'g'}{i'},$$

où la valeur $i' = 0$ est exceptée.

Donc, finalement, on a, sous la forme (B), les développements numériques des quantités

$$a\Omega, \quad ar\frac{\partial\Omega}{\partial r}, \quad a^2 Z.$$

157. **Nouveau changement de forme, en vue de l'intégration.** — Pour intégrer, il faut avoir une seule variable. Or, on peut exprimer aisément g' en fonction de ε. On a, en effet,

$$\varepsilon - e\sin\varepsilon = Nt + c, \qquad g' = N't + c';$$

On en tire, en éliminant t,

$$g' = c' + \frac{N'}{N}(-c + \varepsilon - e\sin\varepsilon).$$

Soit posé

(8) $$\frac{N'}{N} = \mu.$$

Il vient

$$g' = c' - c\mu + \mu\varepsilon - \mu e\sin\varepsilon,$$

d'où

(9) $$\left\{\begin{aligned} \cos(n\varepsilon - i'g') = {} & \cos[(n - i'\mu)\varepsilon - i'(c' - c\mu)]\cos(i'\mu e\sin\varepsilon) \\ & - \sin[(n - i'\mu)\varepsilon - i'(c' - c\mu)]\sin(i'\mu e\sin\varepsilon), \\ \sin(n\varepsilon - i'g') = {} & \sin[(n - i'\mu)\varepsilon - i'(c' - c\mu)]\cos(i'\mu e\sin\varepsilon) \\ & + \cos[(n - i'\mu)\varepsilon - i'(c' - c\mu)]\sin(i'\mu e\sin\varepsilon). \end{aligned}\right.$$

Or, on a (t. I, p. 208)

$$\begin{aligned} \cos(x\sin\varepsilon) &= J_0(x) + 2J_2(x)\cos 2\varepsilon + 2J_4(x)\cos 4\varepsilon + \ldots, \\ \sin(x\sin\varepsilon) &= 2J_1(x)\sin\varepsilon + 2J_3(x)\sin 3\varepsilon + \ldots. \end{aligned}$$

On en tire

$$\begin{aligned} \cos(i'\mu e\sin\varepsilon) &= J_0(i'\mu e) + 2J_2(i'\mu e)\cos 2\varepsilon + 2J_4(i'\mu e)\cos 4\varepsilon + \ldots, \\ \sin(i'\mu e\sin\varepsilon) &= 2J_1(i'\mu e)\sin\varepsilon + 2J_3(i'\mu e)\sin 3\varepsilon + \ldots. \end{aligned}$$

En portant ces expressions dans les formules (9), faisant

$$i'(c' - c\mu) = \beta,$$

et écrivant simplement $J_0, J_1, \ldots$ au lieu de $J_0(i'\mu e)\ldots$, il viendra

(10) $$\left\{\begin{aligned} \cos(n\varepsilon - i'g') = {} & J_0\cos[(n - i'\mu)\varepsilon - \beta] \\ & + J_2\cos[(n + 2 - i'\mu)\varepsilon - \beta] + J_2\cos[(n - 2 - i'\mu)\varepsilon - \beta] \\ & + J_4\cos[(n + 4 - i'\mu)\varepsilon - \beta] + J_4\cos[(n - 4 - i'\mu)\varepsilon - \beta] \\ & + \ldots\ldots\ldots\ldots\ldots\ldots \\ & + J_1\cos[(n + 1 - i'\mu)\varepsilon - \beta] - J_1\cos[(n - 1 - i'\mu)\varepsilon - \beta] \\ & + J_3\cos[(n + 3 - i'\mu)\varepsilon - \beta] - J_3\cos[(n - 3 - i'\mu)\varepsilon - \beta] \\ & + \ldots\ldots\ldots\ldots\ldots\ldots, \end{aligned}\right.$$

et aussi

$$(11)\quad \left\{\begin{aligned} \sin(n\varepsilon - i'g') = {} & J_0 \sin[(n - i'\mu)\varepsilon - \beta] \\ & + J_2 \sin[(n+2-i'\mu)\varepsilon - \beta] + J_2 \sin[(n-2-i'\mu)\varepsilon - \beta] \\ & + J_4 \sin[(n+4-i'\mu)\varepsilon - \beta] + J_4 \sin[(n-4-i'\mu)\varepsilon - \beta] \\ & + \ldots\ldots\ldots\ldots\ldots\ldots\ldots\ldots\ldots\ldots \\ & + J_1 \sin[(n+1-i'\mu)\varepsilon - \beta] - J_1 \sin[(n-1-i'\mu)\varepsilon - \beta] \\ & + J_3 \sin[(n+3-i'\mu)\varepsilon - \beta] - J_3 \sin[(n-3-i'\mu)\varepsilon - \beta] \\ & + \ldots\ldots\ldots\ldots\ldots\ldots\ldots\ldots\ldots\ldots \end{aligned}\right.$$

Nous aurons à multiplier

$$\cos(n\varepsilon - i'g') \quad \text{par} \quad ((n, i', c))$$

et

$$\sin(n\varepsilon - i'g') \quad \text{par} \quad ((n, i', s)),$$

à faire la somme, et à donner aux entiers n et i' toutes les valeurs indiquées ci-dessus. En désignant par F l'une des quantités $a\Omega$, $ar\dfrac{\partial\Omega}{\partial r}$ et $a^2 Z$, nous avions

$$(12)\qquad F = \Sigma\Sigma((n, i', c))\cos(n\varepsilon - i'g') + \Sigma\Sigma((n, i', s))\sin(n\varepsilon - i'g');$$

il viendra maintenant

$$(B')\quad \left\{\begin{aligned} F = {} & \Sigma\Sigma[i, i', c]\cos[(i - i'\mu)\varepsilon - \beta)] \\ & + \Sigma\Sigma[i, i', s]\sin[(i - i'\mu)\varepsilon - \beta)]. \end{aligned}\right.$$

Dans les formules (10) et (11), donnons à n les valeurs

$$i, \quad i \pm 1, \quad i \pm 2, \quad \ldots,$$

et retenons chaque fois les termes d'argument $(i - i'\mu)\varepsilon - \beta$; nous trouverons aisément

$$(G)\quad \left\{\begin{aligned} [i, i', c] = {} & ((i, i', c))J_0 \\ & + ((i+2, i', c))J_2 + ((i-2, i', c))J_2 \\ & + ((i+4, i', c))J_4 + ((i-4, i', c))J_4 \\ & + \ldots\ldots\ldots\ldots\ldots\ldots \\ & + ((i-1, i', c))J_1 - ((i+1, i', c))J_1 \\ & + ((i-3, i', c))J_3 - ((i+3, i', c))J_3 \\ & + \ldots\ldots\ldots\ldots\ldots\ldots, \end{aligned}\right.$$

$$(H)\quad \left\{\begin{aligned} [i, i', s] = {} & ((i, i', s))J_0 \\ & + ((i+2, i', s))J_2 + ((i-2, i', s))J_2 \\ & + \ldots\ldots\ldots\ldots\ldots\ldots \end{aligned}\right.$$

Rappelons que, dans ces formules, toutes les transcendantes J dépendent de l'argument $i'\mu e$.

158. Précaution à prendre dans le calcul de $\frac{\partial\Omega}{\partial\varepsilon}$. — La dérivée $\left(\frac{\partial\Omega}{\partial\varepsilon}\right)$, qui entre dans la formule (39)

$$T = Ma\left(\frac{\partial\Omega}{\partial\varepsilon}\right) + Nar\frac{\partial\Omega}{\partial r}$$

du n° 153 devait être prise par rapport à ε, en tant que cette variable était introduite par r et f seulement. Quand on avait le développement de Ω suivant les sinus et cosinus des multiples de ε et ε', on devait, en calculant $\left(\frac{\partial\Omega}{\partial\varepsilon}\right)$, considérer ε' comme constant; g' devait donc aussi être supposé constant quand on a remplacé ε' par g'; mais on a fait ensuite

$$g' = c' - c\mu + \mu\varepsilon - \mu e \sin\varepsilon,$$

ce qui a introduit de nouveau ε. Désignons par $\frac{\partial\Omega}{\partial\varepsilon}$ la dérivée complète. On aura

$$(13)\qquad \left\{\begin{aligned} \frac{\partial\Omega}{\partial\varepsilon} &= \left(\frac{\partial\Omega}{\partial\varepsilon}\right) + \frac{\partial\Omega}{\partial c'}(\mu - \mu e\cos\varepsilon);\\ \left(\frac{\partial\Omega}{\partial\varepsilon}\right) &= \frac{\partial\Omega}{\partial\varepsilon} + \frac{\partial\Omega}{\partial c'}(\mu e\cos\varepsilon - \mu).\end{aligned}\right.$$

On a d'ailleurs

$$\begin{aligned}\Omega = {} & \Sigma\Sigma[i, i', c]\cos[(i - i'\mu)\varepsilon - i'(c' - c\mu)]\\ & + \Sigma\Sigma[i, i', s]\sin[(i - i'\mu)\varepsilon - i'(c' - c\mu)];\end{aligned}$$

d'où

$$\begin{aligned}\frac{\partial\Omega}{\partial\varepsilon} = {} & -\Sigma\Sigma(i - i'\mu)[i, i', c]\sin[(i - i'\mu)\varepsilon - i'(c' - c\mu)]\\ & + \Sigma\Sigma(i - i'\mu)[i, i', s]\cos[(i - i'\mu)\varepsilon - i'(c' - c\mu)];\\ \frac{\partial\Omega}{\partial c'} = {} & \Sigma\Sigma i'[i, i', c]\sin[(i - i'\mu)\varepsilon - i'(c' - c\mu)]\\ & - \Sigma\Sigma i'[i, i', s]\cos[(i - i'\mu)\varepsilon - i'(c' - c\mu)].\end{aligned}$$

En portant ces valeurs de $\frac{\partial\Omega}{\partial\varepsilon}$ et $\frac{\partial\Omega}{\partial c'}$ dans (13), on trouve, après réduction,

$$\begin{aligned}\left(\frac{\partial\Omega}{\partial\varepsilon}\right) = {} & \mu e\cos\varepsilon\,\Sigma\Sigma i'[i, i', c]\sin[(i - i'\mu)\varepsilon - i'(c' - c\mu)]\\ & - \mu e\cos\varepsilon\,\Sigma\Sigma i'[i, i', s]\cos[(i - i'\mu)\varepsilon - i'(c' - c\mu)]\\ & - \Sigma\Sigma i\,[i, i', c]\sin[(i - i'\mu)\varepsilon - i'(c' - c\mu)]\\ & + \Sigma\Sigma i\,[i, i', s]\cos[(i - i'\mu)\varepsilon - i'(c' - c\mu)].\end{aligned}$$

En posant

$$\frac{\mu e}{2} = \lambda.$$

il vient

$$\begin{aligned}\left(\frac{\partial\Omega}{\partial\varepsilon}\right) = & \;\lambda\Sigma\Sigma i'[i,i',c]\sin[(i+1-i'\mu)\varepsilon - i'(c'-c\mu)]\\ & + \lambda\Sigma\Sigma i'[i,i',c]\sin[(i-1-i'\mu)\varepsilon - i'(c'-c\mu)]\\ & - \lambda\Sigma\Sigma i'[i,i',s]\cos[(i+1-i'\mu)\varepsilon - i'(c'-c\mu)]\\ & - \lambda\Sigma\Sigma i'[i,i',s]\cos[(i-1-i'\mu)\varepsilon - i'(c'-c\mu)]\\ & - \Sigma\Sigma i\,[i,i',c]\sin[(i-i'\mu)\varepsilon - i'(c'-c\mu)]\\ & + \Sigma\Sigma i\,[i,i',s]\cos[(i-i'\mu)\varepsilon - i'(c'-c\mu)].\end{aligned}$$

i variant de $-\infty$ à $+\infty$, on peut, dans les $\Sigma\Sigma$, remplacer i par $i+1$ ou $i-1$, de manière à avoir partout le même argument; on trouve ainsi

$$(\mathrm{I})\quad\left\{\begin{aligned}\left(\frac{\partial\Omega}{\partial\varepsilon}\right) = & -\Sigma\Sigma\{i[i,i',c] - i'\lambda[i+1,i',c] - i'\lambda[i-1,i',c]\}\sin[(i-i'\mu)\varepsilon - i'(c'-c\mu)]\\ & + \Sigma\Sigma\{i[i,i',s] - i'\lambda[i+1,i',s] - i'\lambda[i-1,i',s]\}\cos[(i-i'\mu)\varepsilon - i'(c'-c\mu)],\\ & \lambda = \frac{\mu e}{2}.\end{aligned}\right.$$

On a trouvé (p. 336)

$$(14)\qquad \mathrm{T} = \frac{d\mathrm{W}}{d\varepsilon} = \mathrm{M}a\left(\frac{\partial\Omega}{\partial\varepsilon}\right) + \mathrm{N}ar\frac{\partial\Omega}{\partial r};$$

les valeurs de M et de N peuvent être mises sous la forme

$$(15)\quad\left\{\begin{aligned}\mathrm{M} = & \;\mathrm{B}_0 + 2\mathrm{B}_1\cos\varepsilon + 2\mathrm{B}_2\cos 2\varepsilon + 2\mathrm{A}_0\cos\eta\\ & + 2\mathrm{A}_1\cos(\eta-\varepsilon) + 2\mathrm{A}_{-1}\cos(\eta+\varepsilon) + 2\mathrm{A}_2\cos(\eta - 2\varepsilon),\\ \mathrm{N} = & -2\mathrm{D}_1\sin\varepsilon - 2\mathrm{D}_2\sin 2\varepsilon + 2\mathrm{C}_0\sin\eta\\ & + 2\mathrm{C}_1\sin(\eta-\varepsilon) + 2\mathrm{C}_{-1}\sin(\eta+\varepsilon) + 2\mathrm{C}_2\sin(\eta-2\varepsilon);\end{aligned}\right.$$

en faisant

$$(16)\quad\left\{\begin{aligned} & \mathrm{A}_0 = -\frac{3}{2}\frac{e}{1-e^2}, && \mathrm{A}_1 = \frac{1}{2}\frac{4-e^2}{1-e^2}, && \mathrm{A}_{-1} = \frac{1}{2}\frac{e^2}{1-e^2}, && \mathrm{A}_2 = -\frac{1}{2}\frac{e}{1-e^2},\\ & \mathrm{B}_0 = -\frac{3}{2}\frac{2-e^2}{1-e^2}, && \mathrm{B}_1 = \frac{e}{1-e^2}, && \mathrm{B}_2 = -\frac{1}{4}\frac{e^2}{1-e^2}, && \\ & \mathrm{C}_0 = -\frac{1}{2}\frac{e}{1-e^2}, && \mathrm{C}_1 = -\frac{1}{2}\frac{2-e^2}{1-e^2}, && \mathrm{C}_{-1} = \frac{1}{2}\frac{e^2}{1-e^2}, && \mathrm{C}_2 = \frac{1}{2}\frac{e}{1-e^2},\\ & && \mathrm{D}_1 = -\frac{1}{2}\frac{e}{1-e^2}, && \mathrm{D}_2 = \frac{1}{4}\frac{e^2}{1-e^2}. && \end{aligned}\right.$$

Il faut maintenant porter les expressions (15) dans la formule (14), dont nous écrivons ainsi la première partie

$$(17)\qquad a\left(\frac{\partial\Omega}{\partial\varepsilon}\right) = \Sigma\Sigma\mathcal{G}(i,i',c)\cos(\theta+\alpha),$$

en faisant

$$(i - i'\mu)\varepsilon - i'(c' - c\mu) = \theta,$$

donnant d'abord à α la valeur 90°, et posant

$$(17') \qquad \mathcal{G}(i, i', c) = i[i, i', c] - i'\lambda[i+1, i', c] - i'\lambda[i-1, i', c];$$

on fera ensuite $\alpha = 0$, et l'on changera la lettre c en s. Il faut faire les produits de $a\left(\frac{\partial\Omega}{\partial\varepsilon}\right)$ par

$$2B_1 \cos\varepsilon, \quad 2B_2 \cos 2\varepsilon \ldots,$$

Faisons complètement l'un des calculs : nous aurons

$$2B_1 \cos\varepsilon\, a\left(\frac{\partial\Omega}{\partial\varepsilon}\right) = B_1 \Sigma\Sigma \mathcal{G}(i, i', c)\,[\cos(\theta + \alpha + \varepsilon) + \cos(\theta + \alpha - \varepsilon)],$$

i variant de $-\infty$ à $+\infty$, on peut, dans le second membre, changer i en $i - 1$ ou en $i + 1$, de manière à ramener les arguments $\theta + \alpha + \varepsilon$ et $\theta + \alpha - \varepsilon$ à $\theta + \alpha$, ce qui donnera

$$2B_1 \cos\varepsilon\, a\left(\frac{\partial\Omega}{\partial\varepsilon}\right) = B_1 \Sigma\Sigma[\mathcal{G}(i+1, i', c) + \mathcal{G}(i-1, i', c)] \cos(\theta + \alpha);$$

il faut maintenant faire $\alpha = 90°$, puis $\alpha = 0$, en changeant c en s, d'où il résultera

$$\begin{aligned} 2B_1 \cos\varepsilon\, a\left(\frac{\partial\Omega}{\partial\varepsilon}\right) = &- B_1 \Sigma\Sigma[\mathcal{G}(i+1, i', c) + \mathcal{G}(i-1, i', c)] \sin\theta,\\ &+ B_1 \Sigma\Sigma[\mathcal{G}(i+1, i', s) + \mathcal{G}(i-1, i', s)] \cos\theta. \end{aligned}$$

On trouvera ainsi

$$(18)\quad \left\{ \begin{aligned} Ma\left(\frac{\partial\Omega}{\partial\varepsilon}\right) = &- \Sigma\Sigma \sin[(i - i'\mu)\varepsilon - i'(c' - c\mu)] \left\{ \begin{aligned} &B_0\mathcal{G}(i, i', c) + B_1\mathcal{G}(i+1, i', c) + B_2\mathcal{G}(i+2, i', c)\\ &\quad + B_1\mathcal{G}(i-1, i', c) + B_2\mathcal{G}(i-2, i', c) \end{aligned} \right\}\\ &- \Sigma\Sigma \sin[(i - i'\mu)\varepsilon - i'(c' - c\mu) + \eta] \left\{ \begin{aligned} &A_{-1}\,\mathcal{G}(i-1, i', c) + A_0\mathcal{G}(i, i', c)\\ &+ A_1\mathcal{G}(i+1, i', c) + A_2\mathcal{G}(i+2, i', c) \end{aligned} \right\}\\ &- \Sigma\Sigma \sin[(i - i'\mu)\varepsilon - i'(c' - c\mu) - \eta] \left\{ \begin{aligned} &A_{-1}\,\mathcal{G}(i+1, i', c) + A_0\mathcal{G}(i, i', c)\\ &+ A_1\mathcal{G}(i-1, i', c) + A_2\mathcal{G}(i-2, i', c) \end{aligned} \right\}\\ &+ \Sigma\Sigma \cos[(i - i'\mu)\varepsilon - i'(c' - c\mu)] \left\{ \begin{aligned} &B_0\mathcal{G}(i, i', s) + B_1\mathcal{G}(i+1, i', s) + B_2\mathcal{G}(i+2, i', s)\\ &\quad B_1\mathcal{G}(i-1, i', s) + B_2\mathcal{G}(i-2, i', s) \end{aligned} \right\}\\ &+ \Sigma\Sigma \cos[(i - i'\mu)\varepsilon - i'(c' - c\mu) + \eta] \left\{ \begin{aligned} &A_{-1}\,\mathcal{G}(i-1, i', s) + A_0\mathcal{G}(i, i', s)\\ &+ A_1\mathcal{G}(i+1, i', s) + A_2\mathcal{G}(i+2, i', s) \end{aligned} \right\}\\ &+ \Sigma\Sigma \cos[(i - i'\mu)\varepsilon - i'(c' - c\mu) - \eta] \left\{ \begin{aligned} &A_{-1}\,\mathcal{G}(i+1, i', s) + A_0\mathcal{G}(i, i', s)\\ &+ A_1\mathcal{G}(i-1, i', s) + A_2\mathcal{G}(i-2, i', s) \end{aligned} \right\}. \end{aligned} \right.$$

Si l'on fait ensuite

$$ar\frac{\partial\Omega}{\partial r} = \Sigma\Sigma\mathcal{S}(i, i', c)\cos[(i - i'\mu)\varepsilon - i'(c' - c\mu)] + \Sigma\Sigma\mathcal{S}(i, i', s)\sin[(i - i'\mu)\varepsilon - i'(c' - c\mu)],$$

on pourra écrire, comme précédemment,

$$ar\frac{\partial\Omega}{\partial r} = \Sigma\Sigma\mathcal{S}(i, i', s)\sin(\theta + \alpha),$$

et l'on trouvera

$$(19)\left\{\begin{aligned}
\mathrm{N}ar\frac{\partial\Omega}{\partial r} = &-\Sigma\Sigma\sin[(i - i'\mu)\varepsilon - i'(c' - c\mu)\phantom{{}+\eta}]\left\{\begin{aligned}&\mathrm{D}_1\,\mathcal{S}(i-1, i', c) + \mathrm{D}_2\,\mathcal{S}(i-2, i', c)\\ -&\mathrm{D}_1\,\mathcal{S}(i+1, i', c) - \mathrm{D}_2\,\mathcal{S}(i+2, i', c)\end{aligned}\right\}\\
&-\Sigma\Sigma\sin[(i - i'\mu)\varepsilon - i'(c' - c\mu) + \eta]\left\{\begin{aligned}-&\mathrm{C}_{-1}\mathcal{S}(i-1, i', c) - \mathrm{C}_0\,\mathcal{S}(i, i', c)\\ -&\mathrm{C}_1\,\mathcal{S}(i+1, i', c) - \mathrm{C}_2\,\mathcal{S}(i+2, i', c)\end{aligned}\right\}\\
&-\Sigma\Sigma\sin[(i - i'\mu)\varepsilon - i'(c' - c\mu) - \eta]\left\{\begin{aligned}&\mathrm{C}_{-1}\mathcal{S}(i+1, i', c) + \mathrm{C}_0\,\mathcal{S}(i, i', c)\\ +&\mathrm{C}_1\,\mathcal{S}(i-1, i'c') + \mathrm{C}_2\,\mathcal{S}(i-2, i', c)\end{aligned}\right\}\\
&+\Sigma\Sigma\cos[(i - i'\mu)\varepsilon - i'(c' - c\mu)\phantom{{}+\eta}]\left\{\begin{aligned}&\mathrm{D}_1\,\mathcal{S}(i-1, i', s) + \mathrm{D}_2\,\mathcal{S}(i-2, i', s)\\ -&\mathrm{D}_1\,\mathcal{S}(i+1, i', s) - \mathrm{D}_2\,\mathcal{S}(i+2, i', s)\end{aligned}\right\}\\
&+\Sigma\Sigma\cos[(i - i'\mu)\varepsilon - i'(c' - c\mu) + \eta]\left\{\begin{aligned}-&\mathrm{C}_{-1}\mathcal{S}(i-1, i', s) - \mathrm{C}_0\,\mathcal{S}(i, i', s)\\ -&\mathrm{C}_1\,\mathcal{S}(i+1, i', s) - \mathrm{C}_2\,\mathcal{S}(i+2, i' s)\end{aligned}\right\}\\
&+\Sigma\Sigma\cos[(i - i'\mu)\varepsilon - i'(c' - c\mu) - \eta]\left\{\begin{aligned}&\mathrm{C}_{-1}\mathcal{S}(i+1, i', s) + \mathrm{C}_0\,\mathcal{S}(i, i', s)\\ +&\mathrm{C}_1\,\mathcal{S}(i-1, i', s) + \mathrm{C}_2\,\mathcal{S}(i-2, i', s)\end{aligned}\right\}.
\end{aligned}\right.$$

Il reste à ajouter les expressions (18) et (19), ce qui donnera

$$\frac{d\mathrm{W}}{d\varepsilon}.$$

On est conduit à poser

$$(a)\left\{\begin{aligned}
\mathrm{F}(i, i', c) = \mathrm{B}_0\mathcal{G}(i, i', c) &+ \mathrm{B}_1\mathcal{G}(i+1, i', c) + \mathrm{B}_1\mathcal{G}(i-1, i', c)\\
&+ \mathrm{B}_2\mathcal{G}(i+2, i', c) + \mathrm{B}_2\mathcal{G}(i-2, i', c)\\
&- \mathrm{D}_1\mathcal{S}(i+1, i', c) + \mathrm{D}_1\mathcal{S}(i-1, i', c)\\
&- \mathrm{D}_2\mathcal{S}(i+2, i', c) + \mathrm{D}_2\mathcal{S}(i-2, i', c),
\end{aligned}\right.$$

$$(b)\left\{\begin{aligned}
\mathrm{G}(i, i', c) = {}&\mathrm{A}_{-1}\mathcal{G}(i+1, i', c) + \mathrm{A}_0\mathcal{G}(i, i', c) + \mathrm{A}_1\mathcal{G}(i-1, i', c) + \mathrm{A}_2\mathcal{G}(i-2, i', c)\\
&+ \mathrm{C}_{-1}\mathcal{S}(i+1, i', c) + \mathrm{C}_0\mathcal{S}(i, i', c) + \mathrm{C}_1\mathcal{S}(i-1, i', c) + \mathrm{C}_2\mathcal{S}(i-2, i', c),
\end{aligned}\right.$$

$$(c)\left\{\begin{aligned}
\mathrm{H}(i, i', c) = {}&\mathrm{A}_{-1}\mathcal{G}(i-1, i', c) + \mathrm{A}_0\mathcal{G}(i, i', c) + \mathrm{A}_1\mathcal{G}(i+1, i', c) + \mathrm{A}_2\mathcal{G}(i+2, i', c)\\
&- \mathrm{C}_{-1}\mathcal{S}(i-1, i', c) - \mathrm{C}_0\mathcal{S}(i, i', c) - \mathrm{C}_1\mathcal{S}(i+1, i', c) - \mathrm{C}_2\mathcal{S}(i+2, i', c).
\end{aligned}\right.$$

On aura des formules toutes semblables pour définir $\mathrm{F}(i, i', s)$, $\mathrm{G}(i, i', s)$

et $H(i, i', s)$; il suffira de changer c en s dans les (   ) des $\mathcal{G}(i, i', c)$ et $\mathfrak{S}(i, i', c)$:

$$(a')\qquad F(i, i', s) = B_0\ \mathcal{G}(i, i', s) + \ldots,$$

$$(b')\qquad G(i, i', s) = A_{-1}\mathcal{G}(i+1, i', s) + \ldots,$$

$$(c')\qquad H(i, i', s) = A_{-1}\mathcal{G}(i-1, i', s) + \ldots.$$

On trouvera ainsi

$$(J)\left\{\begin{aligned}\frac{dW}{d\varepsilon} = \Sigma\Sigma\, & F(i, i', s)\cos[(i-i'\mu)\varepsilon - i'(c'-c\mu)\quad] - F(i, i', c)\sin[(i-i'\mu)\varepsilon - i'(c'-c\mu)\quad]\\ &+ G(i, i', s)\cos[(i-i'\mu)\varepsilon - i'(c'-c\mu) - \eta] - G(i, i', c)\sin[(i-i'\mu)\varepsilon - i'(c'-c\mu) - \eta]\\ &+ H(i, i', s)\cos[(i-i'\mu)\varepsilon - i'(c'-c\mu) + \eta] - H(i, i', c)\sin[(i-i'\mu)\varepsilon - i'(c'-c\mu) + \eta].\end{aligned}\right.$$

Remarque. — On tire des formules (a), (b) et (c),

$$\begin{aligned}F(i, i', c) &+ \frac{1}{2}[G(i+1, i', c) + H(i-1, i', c)]\\ &= (B_0 + A_1)\mathcal{G}(i, i', c) + \left(\frac{1}{2}A_0 + B_1 + \frac{1}{2}A_2\right)[\mathcal{G}(i-1, i', c) + \mathcal{G}(i+1, i', c)]\\ &\quad + \left(B_2 + \frac{1}{2}A_{-1}\right)[\mathcal{G}(i-2, i', c) + \mathcal{G}(i+2, i', c)]\\ &\quad + \left(-\frac{1}{2}C_0 + D_1 + \frac{1}{2}C_2\right)[\mathfrak{S}(i-1, i', c) - \mathfrak{S}(i+1, i', c)]\\ &\quad + \left(D_2 - \frac{1}{2}C_{-1}\right)[\mathfrak{S}(i-2, i', c) - \mathfrak{S}(i+2, i', c)].\end{aligned}$$

Or, les relations (16) donnent

$$B_0 + A_1 = -1,\qquad \frac{1}{2}A_0 + B_1 + \frac{1}{2}A_2 = 0,\qquad B_2 + \frac{1}{2}A_{-1} = 0,$$

$$-\frac{1}{2}C_0 + D_1 + \frac{1}{2}C_2 = 0,\qquad D_2 - \frac{1}{2}C_{-1} = 0.$$

Il en résulte donc

$$(a'')\quad\left\{\begin{aligned}F(i, i', c) &= -\frac{1}{2}[G(i+1, i', c) + H(i-1, i', c)] - \mathcal{G}(i, i', c),\\ F(i, i', s) &= -\frac{1}{2}[G(i+1, i', s) + H(i-1, i', s)] - \mathcal{G}(i, i', s).\end{aligned}\right.$$

Les formules (a'') pourront remplacer (a) et (b) pour le calcul des F, connaissant les G et H.

159. On a trouvé (p. 338) une formule qui peut s'écrire

$$(20)\quad \frac{1}{\cos i}\frac{dR}{d\varepsilon} = a^2Z\left[\begin{aligned}-2M_1\sin\varepsilon - 2M_2\sin 2\varepsilon + 2N_0\sin\eta + 2N_1\sin(\eta-\varepsilon)\\ + 2N_{-1}\sin(\eta+\varepsilon) + 2N_2\sin(\eta-2\varepsilon)\end{aligned}\right],$$

en posant

$$(21)\quad M_1 = -\frac{e}{2},\qquad M_2 = \frac{e^2}{4} = N_{-1},\qquad N_0 = -\frac{3e}{4},\qquad N_1 = \frac{2+e^2}{4},\qquad N_2 = -\frac{e}{4}.$$

On a d'ailleurs, pour le développement de $a^2 Z$, une expression de la forme

$$\begin{aligned} a^2 Z = {} & \Sigma\Sigma\mathfrak{D}(i, i', s)\sin[(i - i'\mu)\varepsilon - i'(c' - c\mu)] \\ & + \Sigma\Sigma\mathfrak{D}(i, i', c)\cos[(i - i'\mu)\varepsilon - i'(c' - c\mu)], \end{aligned}$$

ce qui peut s'écrire

$$a^2 Z = \Sigma\Sigma\mathfrak{D}(i, i', c)\sin(\theta + \alpha),$$

en observant les mêmes conventions que ci-dessus. On trouvera, par des calculs analogues à ceux déjà faits,

$$\begin{aligned} \frac{1}{\cos i}\frac{dR}{d\varepsilon} = {} & -\Sigma\Sigma\sin[(i - i'\mu)\varepsilon - i'(c' - c\mu)\phantom{{}+\eta}] \left\{ \begin{aligned} & -M_1\,\mathfrak{D}(i+1, i', c) - M_2\mathfrak{D}(i+2, i', c) \\ & +M_1\,\mathfrak{D}(i-1, i', c) + M_2\mathfrak{D}(i+2, i', c) \end{aligned} \right\} \\ & -\Sigma\Sigma\sin[(i - i'\mu)\varepsilon - i'(c' - c\mu) + \eta] \left\{ \begin{aligned} & -N_{-1}\mathfrak{D}(i-1, i', c) - N_0\mathfrak{D}(i, i', c) \\ & -N_1\,\mathfrak{D}(i+1, i', c) - N_2\mathfrak{D}(i+2, i', c) \end{aligned} \right\} \\ & -\Sigma\Sigma\sin[(i - i'\mu)\varepsilon - i'(c' - c\mu) - \eta] \left\{ \begin{aligned} & N_{-1}\mathfrak{D}(i+1, i', c) + N_0\mathfrak{D}(i, i', c) \\ & +N_1\,\mathfrak{D}(i-1, i', c) + N_2\mathfrak{D}(i-2, i', c) \end{aligned} \right\} \\ & +\Sigma\Sigma\cos[(i' - i'\mu)\varepsilon - i'(c' - c\mu)\phantom{{}+\eta}] \left\{ \begin{aligned} & -M_1\,\mathfrak{D}(i+1, i', s) - M_2\mathfrak{D}(i+2, i', s) \\ & +M_1\,\mathfrak{D}(i-1, i', s) + M_2\mathfrak{D}(i-2, i', s) \end{aligned} \right\} \\ & +\Sigma\Sigma\cos[(i - i'\mu)\varepsilon - i'(c' - c\mu) + \eta] \left\{ \begin{aligned} & -N_1\,\mathfrak{D}(i+1, i', s) - N_0\mathfrak{D}(i, i', s) \\ & -N_{-1}\mathfrak{D}(i-1, i', s) - N_2\mathfrak{D}(i+2, i', s) \end{aligned} \right\} \\ & +\Sigma\Sigma\cos[(i - i'\mu)\varepsilon - i'(c' - c\mu) - \eta] \left\{ \begin{aligned} & N_{-1}\mathfrak{D}(i+1, i', s) + N_0\mathfrak{D}(i, i', s) \\ & +N_1\,\mathfrak{D}(i-1, i', s) + N_2\mathfrak{D}(i-2, i', s) \end{aligned} \right\}. \end{aligned}$$

On est conduit à poser

$$(\partial)\quad \left\{ \begin{aligned} T(i, i', c) = {} & -M_1\,\mathfrak{D}(i+1, i', c) + M_1\mathfrak{D}(i-1, i', c) \\ & -M_2\,\mathfrak{D}(i+2, i', c) + M_2\mathfrak{D}(i-2, i', c), \\ U(i, i', c) = {} & N_{-1}\mathfrak{D}(i+1, i', c) + N_0\mathfrak{D}(i, i', c) \\ & +N_1\,\mathfrak{D}(i-1, i', c) + N_2\mathfrak{D}(i-2, i', c), \\ V(i, i', c) = {} & -N_{-1}\mathfrak{D}(i-1, i', c) - N_0\mathfrak{D}(i, i', c) \\ & -N_1\,\mathfrak{D}(i+1, i', c) - N_2\mathfrak{D}(i+2, i', c), \end{aligned} \right.$$

$$(\partial')\quad \left\{ \begin{aligned} T(i, i', s) = {} & -M_1\,\mathfrak{D}(i+1, i', s) + \ldots, \\ U(i, i', s) = {} & N_{-1}\mathfrak{D}(i+1, i', s) + \ldots, \\ V(i, i', s) = {} & -N_{-1}\mathfrak{D}(i-1, i', s) - \ldots, \end{aligned} \right.$$

et l'on trouve finalement

$$(K)\quad \left\{\begin{aligned}\frac{1}{\cos i}\frac{dR}{d\varepsilon} = &\ \Sigma\Sigma T(i, i', s)\cos[(i - i'\mu)\varepsilon - i'(c' - c\mu)\quad]\\ &- \Sigma\Sigma T(i, i', c)\sin[(i - i'\mu)\varepsilon - i'(c' - c\mu)\quad],\\ &+ \Sigma\Sigma U(i, i', s)\cos[(i - i'\mu)\varepsilon - i'(c' - c\mu) - \eta]\\ &- \Sigma\Sigma U(i, i', c)\sin[(i - i'\mu)\varepsilon - i'(c' - c\mu) - \eta],\\ &+ \Sigma\Sigma V(i, i', s)\cos[(i - i'\mu)\varepsilon - i'(c' - c\mu) + \eta]\\ &- \Sigma\Sigma V(i, i', c)\sin[(i - i'\mu)\varepsilon - i'(c' - c\mu) + \eta].\end{aligned}\right.$$

Remarque. — On tire des formules (∂), en ayant égard aux relations (21),

$$\begin{aligned}U(i+1, i', c) + V(i-1, i', c) = &\ M_2\mathfrak{D}(i+2, i', c) + M_1\mathfrak{D}(i+1, i', c)\\ &- M_2\mathfrak{D}(i-2, i', c) - M_1\mathfrak{D}(i-1, i', c);\end{aligned}$$

mais le second membre est égal, d'après la première des relations (∂), à $-T(i, i', c)$. On aura donc les formules

$$(e)\quad \left\{\begin{aligned}T(i, i', c) &= -U(i+1, i', c) - V(i-1, i', c),\\ T(i, i', s) &= -U(i+1, i', s) - V(i-1, i', s),\end{aligned}\right.$$

qui permettront de déduire bien simplement les coefficients T des coefficients U et V.

CHAPITRE XXII.

MÉTHODE DE HANSEN. — INTÉGRATION.

160. Intégration donnant δz. — Nous partons de la formule (J), p. 335, que nous multiplions par $d\varepsilon$, et nous intégrons en considérant η comme une constante; l'expression de $\frac{dW}{d\varepsilon}$ étant de la forme

$$K + K_1 \cos\eta + K_2 \sin\eta,$$

la constante d'intégration sera de même forme, et nous trouverons, en désignant par K, K_1 et K_2 des constantes absolues, arbitraires d'ailleurs,

$$(A)\quad \begin{aligned} W = K &+ K_1\cos\eta + K_2\sin\eta \\ &+ \sum\sum \frac{F(i,i',s)}{i-i'\mu}\sin[(i-i'\mu)\varepsilon - i'(c'-c\mu)] \\ &+ \frac{F(i,i',c)}{i-i'\mu}\cos[(i-i'\mu)\varepsilon - i'(c'-c\mu)] \\ &+ \frac{G(i,i',s)}{i-i'\mu}\sin[(i-i'\mu)\varepsilon - i'(c'-c\mu) - \eta] \\ &+ \frac{G(i,i',c)}{i-i'\mu}\cos[(i-i'\mu)\varepsilon - i'(c'-c\mu) - \eta] \\ &+ \frac{H(i,i',s)}{i-i'\mu}\sin[(i-i'\mu)\varepsilon - i'(c'-c\mu) + \eta] \\ &+ \frac{H(i,i',c)}{i-i'\mu}\cos[(i-i'\mu)\varepsilon - i'(c'-c\mu) + \eta]. \end{aligned}$$

On obtient $\overline{W}$ en changeant dans W τ en t, c'est-à-dire η en ε; faisons ce changement et ramenons tout au même argument; nous aurons

$$(B)\quad \left\{ \begin{aligned} \overline{W} = K &+ K_1\cos\varepsilon + K_2\sin\varepsilon \\ &+ \sum\sum\left[\frac{F(i,i',c)}{i-i'\mu} + \frac{G(i+1,i',c)}{i+1-i'\mu} + \frac{H(i-1,i',c)}{i-1-i'\mu}\right]\cos[(i-i'\mu)\varepsilon - i'(c'-c\mu)] \\ &+ \sum\sum\left[\frac{F(i,i',s)}{i-i'\mu} + \frac{G(i+1,i',s)}{i+1-i'\mu} + \frac{H(i-1,i',s)}{i-1-i'\mu}\right]\sin[(i-i'\mu)\varepsilon - i'(c'-c\mu)]. \end{aligned} \right.$$

Il y a lieu de poser

$$(a)\quad \begin{cases} P(i, i', c) = \dfrac{F(i, i', c)}{i - i'\mu} + \dfrac{G(i+1, i', c)}{i+1-i'\mu} + \dfrac{H(i-1, i', c)}{i-1-i'\mu}, \\ P(i, i', s) = \dfrac{F(i, i', s)}{i - i'\mu} + \dfrac{G(i+1, i', s)}{i+1-i'\mu} + \dfrac{H(i-1, i', s)}{i-1-i'\mu}; \end{cases}$$

nous aurons

$$(C)\quad \begin{cases} \overline{W} = K + K_1 \cos\varepsilon + K_2 \sin\varepsilon + \Sigma\Sigma P(i, i', c)\cos[(i - i'\mu)\varepsilon - i'(c' - c\mu) \\ \qquad + \Sigma\Sigma P(i, i', s)\sin[(i - i'\mu)\varepsilon - i'(c' - c\mu)]. \end{cases}$$

On a, par le n° 153,

$$\delta z = \int_0^t \overline{W}\, dt = \int \overline{W}\, dt + \text{const.};$$

d'où

$$(1)\qquad n\,\delta z = \int \overline{W}(1 - e\cos\varepsilon)\, d\varepsilon.$$

Or, on tire de la formule (A)

$$\begin{aligned} \overline{W}(1 - e\cos\varepsilon) = K &- \tfrac{1}{2} eK_1 + (K_1 - eK)\cos\varepsilon + K_2\sin\varepsilon - \tfrac{1}{2} eK_1 \cos 2\varepsilon - \tfrac{1}{2} eK_2 \sin 2\varepsilon \\ &- \frac{e}{2}\Sigma\Sigma P(i, i', c)\{\cos[(i+1-i'\mu)\varepsilon - i'(c' - c\mu)] \\ &\qquad + \cos[(i-1-i'\mu)\varepsilon - i'(c' - c\mu)]\} \\ &- \frac{e}{2}\Sigma\Sigma P(i, i', s)\{\sin[(i+1-i'\mu)\varepsilon - i'(c' - c\mu)] \\ &\qquad + \sin[(i-1-i'\mu)\varepsilon - i'(c' - c\mu)]\} \\ &+ \Sigma\Sigma P(i, i', c)\cos[(i - i'\mu)\varepsilon - i'(c' - c\mu)] \\ &+ \Sigma\Sigma P(i, i', s)\sin[(i - i'\mu)\varepsilon - i'(c' - c\mu)]; \end{aligned}$$

ou bien, en ramenant tout au même argument,

$$\begin{aligned} \overline{W}(1 - e\cos\varepsilon) = K &- \tfrac{1}{2} eK_1 + (K_1 - eK)\cos\varepsilon + K_2\sin\varepsilon - \tfrac{1}{2} eK_1 \cos 2\varepsilon - \tfrac{1}{2} eK_2 \sin 2\varepsilon \\ &+ \Sigma\Sigma \Big[P(i, i', c) - \frac{e}{2} P(i+1, i', c) \\ &\qquad - \frac{e}{2} P(i-1, i', c)\Big]\cos[(i - i'\mu)\varepsilon - i'(c' - c\mu)] \\ &+ \Sigma\Sigma \Big[P(i, i', s) - \frac{e}{2} P(i+1, i', s) \\ &\qquad - \frac{e}{2} P(i-1, i', s)\Big]\sin[(i - i'\mu)\varepsilon - i'(c' - c\mu)]. \end{aligned}$$

Si l'on pose

$$(b)\quad\begin{cases} R(i,i',c) = \dfrac{P(i,i',c) - \frac{e}{2}P(i+1,i',c) - \frac{e}{2}P(i-1,i',c)}{i-i'\mu}, \\[2ex] R(i,i',s) = \dfrac{P(i,i',s) - \frac{e}{2}P(i+1,i',s) - \frac{e}{2}P(i-1,i',s)}{i-i'\mu}, \end{cases}$$

il viendra

$$\begin{aligned} \overline{W}(1-e\cos\varepsilon) = {} & K - \tfrac{1}{2}eK_1 + (K_1 - eK)\cos\varepsilon + K_2\sin\varepsilon - \tfrac{1}{2}eK_1\cos2\varepsilon - \tfrac{1}{2}eK_2\sin2\varepsilon \\ & + \Sigma\Sigma(i-i'\mu)R(i,i',c)\cos[(i-i'\mu)\varepsilon - i'(c'-c\mu)] \\ & + \Sigma\Sigma(i-i'\mu)R(i,i',s)\sin[(i-i'\mu)\varepsilon - i'(c'-c\mu)]. \end{aligned}$$

En multipliant par $d\varepsilon$, intégrant, et portant dans l'équation (1), il vient

$$(D)\quad\begin{cases} n\delta z = \text{const.} + \left(K - \tfrac{1}{2}eK_1\right)\varepsilon + (K_1 - eK)\sin\varepsilon - K_2\cos\varepsilon \\ \qquad - \tfrac{1}{4}eK_1\sin2\varepsilon + \tfrac{1}{4}eK_2\cos2\varepsilon + \Sigma\Sigma R(i,i',c)\sin[(i-i'\mu)\varepsilon - i'(c'-c\mu)] \\ \qquad\qquad - \Sigma\Sigma R(i,i',s)\cos[(i-i'\mu)\varepsilon - i'(c'-c\mu)]. \end{cases}$$

Remarque. — Les expressions (b) de $R(i,i',c)$ et de $R(i,i',s)$ contiennent en dénominateur $i-i'\mu$; si l'on se reporte aux relations (a), on voit que $n\delta z$ contient les diviseurs

$$(i-i'\mu)^2,\quad (i-i'\mu)(i\pm1-i'\mu),\quad \ldots.$$

Si la différence $i-i'\mu$ est petite, les coefficients de $\frac{\sin}{\cos}[(i-i'\mu)\varepsilon - i'(c'-c\mu)]$ dans δz seront très grands. On se rappelle que μ désigne le rapport des moyens mouvements; donc, si les moyens mouvements étaient rigoureusement commensurables, la méthode serait en défaut.

161. Calcul de ν. — On a (page 339),

$$\nu = -\frac{1}{2}\int_0^t\left(\frac{\partial\overline{W}}{\partial\tau}\right)dt = \text{const.} - \frac{1}{2}\int\left(\frac{\partial\overline{W}}{\partial\tau}\right)dt.$$

On a d'ailleurs

$$n\tau + c = \eta - e\sin\eta,$$

d'où

$$\frac{\partial\eta}{\partial\tau} = \frac{n}{1-e\cos\eta},\qquad \frac{\partial W}{\partial\tau} = \frac{\partial W}{\partial\eta}\,\frac{n}{1-e\cos\eta}.$$

Il en résulte

$$\left(\frac{\partial\overline{W}}{\partial\tau}\right) = \frac{n}{1-e\cos\varepsilon}\left(\frac{\partial\overline{W}}{\partial\eta}\right),$$

$$(2)\qquad \nu = \text{const.} - \frac{1}{2}\int\frac{\partial\overline{W}}{\partial\eta}\,d\varepsilon.$$

Or l'équation (A) donne

$$
\begin{aligned}
\frac{\partial \mathrm{W}}{\partial \eta} = & - \mathrm{K}_1 \sin \eta + \mathrm{K}_2 \cos \eta \\
& - \sum\sum \frac{\mathrm{G}(i, i', s)}{i - i'\mu} \cos[(i - i'\mu)\varepsilon - i'(c' - c\mu) - \eta] \\
& + \sum\sum \frac{\mathrm{G}(i, i', c)}{i - i'\mu} \sin[(i - i'\mu)\varepsilon - i'(c' - c\mu) - \eta] \\
& + \sum\sum \frac{\mathrm{H}(i, i', s)}{i - i'\mu} \cos[(i - i'\mu)\varepsilon - i'(c' - c\mu) + \eta] \\
& - \sum\sum \frac{\mathrm{H}(i, i', c)}{i - i'\mu} \sin[(i - i'\mu)\varepsilon - i'(c' - c\mu) + \eta].
\end{aligned}
$$

On en déduit, par le changement de η en ε, et en ramenant tous les arguments à un seul,

$$
\begin{aligned}
\frac{\partial \overline{\mathrm{W}}}{\partial \eta} = & - \mathrm{K}_1 \sin \varepsilon + \mathrm{K}_2 \cos \varepsilon \\
& + \sum\sum \left[\frac{\mathrm{G}(i+1, i', c)}{i+1-i'\mu} - \frac{\mathrm{H}(i-1, i', c)}{i-1-i'\mu}\right] \sin[(i - i'\mu)\varepsilon - i'(c' - c\mu)] \\
& - \sum\sum \left[\frac{\mathrm{G}(i+1, i', s)}{i+1-i'\mu} - \frac{\mathrm{H}(i-1, i', s)}{i-1-i'\mu}\right] \cos[(i - i'\mu)\varepsilon - i'(c' - c\mu)].
\end{aligned}
$$

Si l'on pose

$$
(c) \qquad \left\{
\begin{aligned}
\mathrm{Q}(i, i', c) &= \frac{\mathrm{G}(i+1, i', c)}{i+1-i'\mu} - \frac{\mathrm{H}(i-1, i', c)}{i-1-i'\mu}, \\
\mathrm{Q}(i, i', s) &= \frac{\mathrm{G}(i+1, i', s)}{i+1-i'\mu} - \frac{\mathrm{H}(i-1, i', s)}{i-1-i'\mu},
\end{aligned}
\right.
$$

et que l'on remonte à la formule (2), on trouve

$$
(3) \qquad \left\{
\begin{aligned}
\nu = \text{const.} & - \frac{1}{2}\mathrm{K}_1 \cos \varepsilon - \frac{1}{2}\mathrm{K}_2 \sin \varepsilon \\
& + \frac{1}{2}\sum\sum \frac{\mathrm{Q}(i, i', c)}{i - i'\mu} \cos[(i - i'\mu)\varepsilon - i'(c' - c\mu)] \\
& + \frac{1}{2}\sum\sum \frac{\mathrm{Q}(i, i', s)}{i - i'\mu} \sin[(i - i'\mu)\varepsilon - i'(c' - c\mu)].
\end{aligned}
\right.
$$

Posons encore

$$
(d) \qquad \left\{
\begin{aligned}
\mathrm{S}(i, i', c) &= \frac{\mathrm{Q}(i, i', c)}{i - i'\mu}, \\
\mathrm{S}(i, i', s) &= \frac{\mathrm{Q}(i, i', s)}{i - i'\mu},
\end{aligned}
\right.
$$

et il viendra finalement

$$(\mathrm{E})\quad\begin{cases}\nu = \text{const.} - \frac{1}{2}\mathrm{K}_1\cos\varepsilon - \frac{1}{2}\mathrm{K}_2\sin\varepsilon\\ \qquad + \frac{1}{2}\sum\sum \mathrm{S}(i, i', c)\cos[(i - i'\mu)\varepsilon - i'(c' - c\mu)]\\ \qquad + \frac{1}{2}\sum\sum \mathrm{S}(i, i', s)\sin[(i - i'\mu)\varepsilon - i'(c' - c\mu)].\end{cases}$$

162. Calcul de u. — Partons de la formule (K), page 357; nous devrons multiplier les deux membres par $d\varepsilon$, et intégrer en considérant η comme une constante. On a trouvé au n° 153 les formules

$$\frac{d\mathrm{R}}{d\varepsilon} = \mathrm{U}, \qquad \mathrm{U}\sqrt{1 - e^2} = \mathrm{Z}\cos i\frac{\rho r'^2}{a}\sin(\omega - f);$$

d'où

$$\frac{1}{\cos i}\frac{d\mathrm{R}}{d\varepsilon} = \frac{\rho r'^2}{a^3\sqrt{1 - e^2}}\sin(\omega - f)\,a^2\mathrm{Z}.$$

On en conclut que la constante d'intégration doit être de la forme

$$\text{const.} = \frac{l}{\sqrt{1 - e^2}}\frac{\rho}{a}\sin\omega + l_1\frac{\rho}{a}\cos\omega,$$

où l et l_1 sont deux constantes absolues. On peut écrire aussi (*voir* p. 337)

$$\text{const.} = l\sin\eta + l_1(\cos\eta - e).$$

Il vient ainsi

$$(4)\quad\begin{cases}\frac{1}{\cos i}\mathrm{R} = -el_1 + l\sin\eta + l_1\cos\eta\\ \qquad + \sum\sum\frac{\mathrm{T}(i, i', s)}{i - i'\mu}\sin[(i - i'\mu)\varepsilon - i'(c' - c\mu)]\\ \qquad + \sum\sum\frac{\mathrm{T}(i, i', c)}{i - i'\mu}\cos[(i - i'\mu)\varepsilon - i'(c' - c\mu)]\\ \qquad + \sum\sum\frac{\mathrm{U}(i, i', s)}{i - i'\mu}\sin[(i - i'\mu)\varepsilon - i'(c' - c\mu) - \eta]\\ \qquad + \sum\sum\frac{\mathrm{U}(i, i', c)}{i - i'\mu}\cos[(i - i'\mu)\varepsilon - i'(c' - c\mu) - \eta]\\ \qquad + \sum\sum\frac{\mathrm{V}(i, i', s)}{i - i'\mu}\sin[(i - i'\mu)\varepsilon - i'(c' - c\mu) + \eta]\\ \qquad + \sum\sum\frac{\mathrm{V}(i, i', c)}{i - i'\mu}\cos[(i - i'\mu)\varepsilon - i'(c' - c\mu) + \eta]\end{cases}$$

Mais on a trouvé (page 339) $u = \overline{\mathrm{R}}$. Si donc, dans la formule (4), on fait

$\eta = \varepsilon$, et qu'on ramène tout au même argument, il viendra

$$(5)\quad \left\{\begin{aligned}
\frac{u}{\cos i} &= -el_1 + l\sin\varepsilon + l_1\cos\varepsilon \\
&+ \sum\sum\left[\frac{\mathrm{T}(i,i',s)}{i-i'\mu} + \frac{\mathrm{U}(i+1,i',s)}{i+1-i'\mu} + \frac{\mathrm{V}(i-1,i',s)}{i-1-i'\mu}\right]\sin[(i-i'\mu)\varepsilon - i'(c'-c\mu)] \\
&+ \sum\sum\left[\frac{\mathrm{T}(i,i',c)}{i-i'\mu} + \frac{\mathrm{U}(i+1,i',c)}{i+1-i'\mu} + \frac{\mathrm{V}(i-1,i',c)}{i-1-i'\mu}\right]\cos[(i-i'\mu)\varepsilon - i'(c'-c\mu)],
\end{aligned}\right.$$

Il y a lieu de poser encore

$$(e)\quad \left\{\begin{aligned}
\mathrm{Y}(i,i',c) &= \frac{\mathrm{T}(i,i',c)}{i-i'\mu} + \frac{\mathrm{U}(i+1,i',c)}{i+1-i'\mu} + \frac{\mathrm{V}(i-1,i',c)}{i-1-i'\mu}, \\
\mathrm{Y}(i,i',s) &= \frac{\mathrm{T}(i,i',s)}{i-i'\mu} + \frac{\mathrm{U}(i+1,i',s)}{i+1-i'\mu} + \frac{\mathrm{V}(i-1,i,s)}{i-1-i'\mu},
\end{aligned}\right.$$

ce qui donnera

$$(\mathrm{F})\quad \left\{\begin{aligned}
\frac{u}{\cos i} &= -el_1 + l\sin\varepsilon + l_1\cos\varepsilon \\
&\quad + \Sigma\Sigma\,\mathrm{Y}(i,i',s)\sin[(i-i'\mu)\varepsilon - i'(c'-c\mu)] \\
&\quad + \Sigma\Sigma\,\mathrm{Y}(i,i',c)\cos[(i-i'\mu)\varepsilon - i'(c'-c\mu)], \\
\frac{s}{\cos i} &= \frac{a}{r}\,\frac{u}{\cos i}.
\end{aligned}\right.$$

On peut obtenir une autre expression de u en partant de la formule

$$u = \int_0^t \left(\frac{\partial \mathrm{R}}{\partial \tau}\right) dt = \text{const.} + \int \left(\frac{\partial \mathrm{R}}{\partial \tau}\right) dt$$

du n° 153. On a

$$\frac{\partial \mathrm{R}}{\partial \tau} = \frac{\partial \mathrm{R}}{\partial \eta}\,\frac{n}{1-e\cos\eta},$$

d'où

$$\left(\frac{\partial \mathrm{R}}{\partial \tau}\right) = \left(\frac{\partial \mathrm{R}}{\partial \eta}\right)\frac{n}{1-e\cos\varepsilon},$$

$$(6)\qquad u = \text{const.} + \int \left(\frac{\partial \mathrm{R}}{\partial \eta}\right) d\varepsilon.$$

Or la formule (4) donne

$$\begin{aligned}
\frac{1}{\cos i}\,\frac{\partial \mathrm{R}}{\partial \eta} &= l\cos\eta - l_1\sin\eta \\
&- \sum\sum \frac{\mathrm{U}(i,i',s)}{i-i'\mu}\cos[(i-i'\mu)\varepsilon - i'(c'-c\mu) - \eta] \\
&+ \sum\sum \frac{\mathrm{U}(i,i',c)}{i-i'\mu}\sin[(i-i'\mu)\varepsilon - i'(c'-c\mu) - \eta] \\
&+ \sum\sum \frac{\mathrm{V}(i,i',s)}{i-i'\mu}\cos[(i-i'\mu)\varepsilon - i'(c'-c\mu) + \eta] \\
&- \sum\sum \frac{\mathrm{V}(i,i',c)}{i-i'\mu}\sin[(i-i'\mu)\varepsilon - i'(c'-c\mu) + \eta].
\end{aligned}$$

On en conclut, en faisant $\eta = \varepsilon$, et ramenant tout au même argument,

$$\frac{1}{\cos i}\left(\frac{\partial R}{\partial \eta}\right) = l\cos\varepsilon - l_1\sin\varepsilon$$
$$+\sum\sum\left[\frac{V(i-1,i',s)}{i-1-i'\mu} - \frac{U(i+1,i',s)}{i+1-i'\mu}\right]\cos[(i-i'\mu)\varepsilon - i'(c'-c\mu)]$$
$$-\sum\sum\left[\frac{V(i-1,i',c)}{i-1-i'\mu} - \frac{U(i+1,i',c)}{i+1-i'\mu}\right]\sin[(i-i'\mu)\varepsilon - i'(c'-c\mu)].$$

Il convient encore de poser

$$(f)\quad \begin{cases} W(i,i',c) = \dfrac{V(i-1,i',c)}{i-1-i'\mu} - \dfrac{U(i+1,i',c)}{i+1-i'\mu}, \\ W(i,i',s) = \dfrac{V(i-1,i',s)}{i-1-i'\mu} - \dfrac{U(i+1,i',s)}{i+1-i'\mu}. \end{cases}$$

Il en résultera

$$(F')\quad \begin{cases} \dfrac{u}{\cos i} = \text{const.} + l\sin\varepsilon + l_1\cos\varepsilon \\ \qquad + \sum\sum \dfrac{W(i,i',s)}{i-i'\mu}\sin[(i-i'\mu)\varepsilon - i'(c'-c\mu)] \\ \qquad + \sum\sum \dfrac{W(i,i',c)}{i-i'\mu}\cos[(i-i'\mu)\varepsilon - i'(c'-c\mu)]. \end{cases}$$

En comparant les formules (F) et (F′), on trouve

$$(7)\qquad \text{const.} = -el_1,$$

$$(g)\qquad Y(i,i',c) = \frac{W(i,i',c)}{i-i'\mu}, \qquad Y(i,i',s) = \frac{W(i,i',s)}{i-i'\mu}.$$

On emploiera ces formules comme moyen de vérification ou pour le calcul des Y.

163. **Cas d'exception dans le calcul de δz et de ν.** — La méthode d'intégration qui vient d'être exposée ne s'applique pas lorsque $i' = 0$; on sait en effet que l'on a en dénominateur, dans les diverses formules, les quantités

$$i - i'\mu, \qquad i \pm 1 - i'\mu, \qquad i \pm 2 - i'\mu;$$

ces dénominateurs seront donc nuls pour $i' = 0$ et

$$i = 0, \qquad i = \mp 1, \qquad i = \mp 2.$$

Il faut revenir en arrière, avant l'intégration, supposer $i' = 0$ et intégrer ensuite. La formule (17) du Chapitre précédent donne alors

$$a\left(\frac{\partial\Omega}{\partial\varepsilon}\right) = -\Sigma\mathcal{G}(i,0,c)\sin i\varepsilon + \Sigma\mathcal{G}(i,0,s)\cos i\varepsilon.$$

Il est évident qu'il suffit de donner à i des valeurs positives; on peut même excepter $i=0$, car, d'après la formule (17'), page 353, $\mathcal{G}(i, 0, s)$ s'annule pour $i=0$. On a ensuite, page 354,

$$ar\frac{\partial\Omega}{\partial r} = \Sigma\mathcal{C}(i, 0, c)\cos i\varepsilon + \Sigma\mathcal{C}(i, 0, s)\sin i\varepsilon,$$

ou bien, en développant les Σ,

$$(8)\quad \left\{\begin{aligned} ar\frac{\partial\Omega}{\partial r} &= \mathcal{C}(0, c) + \mathcal{C}(1, c)\cos\varepsilon + \mathcal{C}(2, c)\cos 2\varepsilon + \mathcal{C}(3, c)\cos 3\varepsilon + \ldots \\ &\quad + \mathcal{C}(1, s)\sin\varepsilon + \mathcal{C}(2, s)\sin 2\varepsilon + \mathcal{C}(3, s)\sin 3\varepsilon + \ldots, \end{aligned}\right.$$

$$(9)\quad \left\{\begin{aligned} a\left(\frac{\partial\Omega}{\partial\varepsilon}\right) &= -\mathcal{G}(1, c)\sin\varepsilon - \mathcal{G}(2, c)\sin 2\varepsilon - \mathcal{G}(3, c)\sin 3\varepsilon - \ldots \\ &\quad + \mathcal{G}(1, s)\cos\varepsilon + \mathcal{G}(2, s)\cos 2\varepsilon + \mathcal{G}(3, s)\cos 3\varepsilon + \ldots, \end{aligned}\right.$$

Rappelons encore les formules (page 352)

$$(10)\quad \left\{\begin{aligned} \mathrm{M} &= \mathrm{B}_0 + 2\mathrm{B}_1\cos\varepsilon + 2\mathrm{B}_2\cos 2\varepsilon + 2\mathrm{A}_{-1}\cos(\eta+\varepsilon) + 2\mathrm{A}_0\cos\eta \\ &\quad + 2\mathrm{A}_1\cos(\eta-\varepsilon) + 2\mathrm{A}_2\cos(\eta-2\varepsilon), \end{aligned}\right.$$

$$(11)\quad \left\{\begin{aligned} \mathrm{N} &= -2\mathrm{D}_1\sin\varepsilon - 2\mathrm{D}_2\sin 2\varepsilon + 2\mathrm{C}_{-1}\sin(\eta+\varepsilon) + 2\mathrm{C}_0\sin\eta \\ &\quad + 2\mathrm{C}_1\ \sin(\eta-\varepsilon) + 2\mathrm{C}_2\sin(\eta-2\varepsilon), \end{aligned}\right.$$

$$(12)\quad \frac{d\mathrm{W}}{d\varepsilon} = \mathrm{M}a\left(\frac{\partial\Omega}{\partial\varepsilon}\right) + \mathrm{N}ar\frac{\partial\Omega}{\partial r}.$$

Cette expression de $\frac{d\mathrm{W}}{d\varepsilon}$ sera de la forme suivante, calquée sur la formule (J) de la page 355,

$$(13)\quad \left\{\begin{aligned} \frac{d\mathrm{W}}{d\varepsilon} &= \mathrm{F}(0, s) + \mathrm{F}(1, s)\cos\varepsilon + \mathrm{F}(2, s)\cos 2\varepsilon + \mathrm{F}(3, s)\cos 3\varepsilon + \ldots \\ &\quad - \mathrm{F}(1, c)\sin\varepsilon - \mathrm{F}(2, c)\sin 2\varepsilon - \mathrm{F}(3, c)\sin 3\varepsilon - \ldots \\ &\quad + \mathrm{G}(1, s)\cos(\varepsilon-\eta) + \mathrm{G}(2, s)\cos(2\varepsilon-\eta) + \mathrm{G}(3, s)\cos(3\varepsilon-\eta) + \ldots \\ &\quad - \mathrm{G}(1, c)\sin(\varepsilon-\eta) - \mathrm{G}(2, c)\sin(2\varepsilon-\eta) - \mathrm{G}(3, c)\sin(3\varepsilon-\eta) + \ldots \\ &\quad + \mathrm{H}(0, s)\cos\eta \\ &\quad - \mathrm{H}(0, c)\sin\eta \\ &\quad + \mathrm{H}(1, s)\cos(\varepsilon+\eta) + \mathrm{H}(2, s)\cos(2\varepsilon+\eta) + \mathrm{H}(3, s)\cos(3\varepsilon+\eta) + \ldots \\ &\quad - \mathrm{H}(1, c)\sin(\varepsilon+\eta) - \mathrm{H}(2, c)\sin(2\varepsilon+\eta) - \mathrm{H}(3, c)\sin(3\varepsilon+\eta) - \ldots. \end{aligned}\right.$$

Les coefficients F, G et H se déduiront aisément, par les formules précédentes, des coefficients $\mathcal{C}(j, c)$, $\mathcal{C}(j, s)$, $\mathcal{G}(j, c)$, $\mathcal{G}(j, s)$.

Nous nous bornerons à calculer $\mathrm{F}(0, s)$, $\mathrm{H}(0, s)$ et $\mathrm{G}(1, s)$; nous trouverons sans peine

$$\begin{aligned} \mathrm{F}(0, s) &= \mathrm{B}_1\mathcal{G}(1, s) + \mathrm{B}_2\mathcal{G}(2, s) - \mathrm{D}_1\mathcal{C}(1, s) - \mathrm{D}_2\mathcal{C}(2, s), \\ \mathrm{H}(0, s) &= (\mathrm{A}_1 + \mathrm{A}_{-1})\mathcal{G}(1, s) + \mathrm{A}_2\ \mathcal{G}(2, s) - (\mathrm{C}_1 - \mathrm{C}_{-1})\mathcal{C}(1, s) - \mathrm{C}_2\ \mathcal{C}(2, s), \\ \mathrm{G}(1, s) &= (\mathrm{A}_0 + \mathrm{A}_2\ )\mathcal{G}(1, s) + \mathrm{A}_{-1}\mathcal{G}(2, s) + (\mathrm{C}_0 - \mathrm{C}_2\ )\mathcal{C}(1, s) + \mathrm{C}_{-1}\mathcal{C}(2, s). \end{aligned}$$

En ayant égard aux relations (16) du Chapitre précédent, on en déduit

$$(14)\qquad F(0,s)=\frac{e}{2}H(0,s),\qquad G(1,s)=-eH(0,s).$$

En multipliant l'équation (13) par $d\varepsilon$ et intégrant sans faire varier η, on trouve

$$(15)\quad \left\{\begin{aligned}
W = \frac{e}{2}H(0,s)\varepsilon\quad & + F(1,s)\sin\varepsilon + \frac{1}{2}F(2,s)\sin 2\varepsilon + \frac{1}{3}F(3,s)\sin 3\varepsilon + \ldots\\
& + F(1,c)\cos\varepsilon + \frac{1}{2}F(2,c)\cos 2\varepsilon + \frac{1}{3}F(3,c)\cos 3\varepsilon + \ldots\\
& + G(1,s)\sin(\varepsilon-\eta) + \frac{1}{2}G(2,s)\sin(2\varepsilon-\eta)\\
& \qquad + \frac{1}{3}G(3,s)\sin(3\varepsilon-\eta) + \ldots\\
& + G(1,c)\cos(\varepsilon-\eta) + \frac{1}{2}G(2,c)\cos(2\varepsilon-\eta)\\
& \qquad + \frac{1}{3}G(3,c)\cos(3\varepsilon-\eta) + \ldots\\
-H(0,c)\varepsilon\sin\eta & + H(1,s)\sin(\varepsilon+\eta) + \frac{1}{2}H(2,s)\sin(2\varepsilon+\eta)\\
& \qquad + \frac{1}{3}H(3,s)\sin(3\varepsilon+\eta) + \ldots\\
+H(0,s)\varepsilon\cos\eta & + H(1,c)\cos(\varepsilon+\eta) + \frac{1}{2}H(2,c)\cos(2\varepsilon+\eta)\\
& \qquad + \frac{1}{3}H(3,c)\cos(3\varepsilon+\eta) + \ldots.
\end{aligned}\right.$$

On en conclut

$$\begin{aligned}
\overline{W} = G(1,c) & + \frac{e}{2}H(0,s)\varepsilon + H(0,s)\varepsilon\cos\varepsilon - H(0,c)\varepsilon\sin\varepsilon\\
& + \left[F(1,c) + \frac{1}{2}G(2,c)\right]\cos\varepsilon + \left[F(1,s) + \frac{1}{2}G(2,s)\right]\sin\varepsilon\\
& + \left[H(1,c) + \frac{1}{2}F(2,c) + \frac{1}{3}G(3,c)\right]\cos 2\varepsilon\\
& + \left[H(1,s) + \frac{1}{2}F(2,s) + \frac{1}{3}G(3,s)\right]\sin 2\varepsilon\\
& + \left[\frac{1}{2}H(2,c) + \frac{1}{3}F(3,c) + \frac{1}{4}G(4,c)\right]\cos 3\varepsilon\\
& + \left[\frac{1}{2}H(2,s) + \frac{1}{3}F(3,s) + \frac{1}{4}G(4,s)\right]\sin 3\varepsilon\\
& + \ldots\ldots\ldots\ldots\ldots\ldots\ldots\ldots\ldots\ldots\ldots
\end{aligned}$$

Posons

$$(h)\quad\begin{cases} P(0,c) = G(1,c), & \\ P(1,c) = F(1,c) + \frac{1}{2}G(2,c), & P(1,s) = F(1,s) + \frac{1}{2}G(2,s), \\ P(2,c) = H(1,c) + \frac{1}{2}F(2,c) + \frac{1}{3}G(3,c), & P(2,s) = \ldots, \\ P(3,c) = \frac{1}{2}H(2,c) + \frac{1}{3}F(3,c) + \frac{1}{4}G(4,c), & P(3,s) = \ldots, \\ \ldots\ldots\ldots\ldots, & \ldots\ldots\ldots, \end{cases}$$

et il viendra

$$(16)\quad\begin{cases} \overline{W} = \frac{e}{2}H(0,s)\varepsilon + H(0,s)\varepsilon\cos\varepsilon - H(0,c)\varepsilon\sin\varepsilon \\ \quad + P(0,c) + P(1,c)\cos\varepsilon + P(2,c)\cos 2\varepsilon + P(3,c)\cos 3\varepsilon + \ldots \\ \quad + P(1,s)\sin\varepsilon + P(2,s)\sin 2\varepsilon + P(3,s)\sin 3\varepsilon + \ldots. \end{cases}$$

On tire maintenant de la formule (15), en différentiant par rapport à η et faisant ensuite $\eta = \varepsilon$,

$$\begin{aligned} -\frac{\partial\overline{W}}{\partial\eta} &= H(0,s)\varepsilon\sin\varepsilon + H(0,c)\varepsilon\cos\varepsilon \\ &+ G(1,s) \\ &+ \frac{1}{2}G(2,s)\cos\varepsilon \qquad\qquad - \frac{1}{2}G(2,c)\sin\varepsilon \\ &+ \left[-\ H(1,s) + \frac{1}{3}G(3,s)\right]\cos 2\varepsilon + \left[\ H(1,c) - \frac{1}{3}G(3,c)\right]\sin 2\varepsilon \\ &+ \left[-\frac{1}{2}H(2,s) + \frac{1}{4}G(4,s)\right]\cos 3\varepsilon + \left[\frac{1}{2}H(2,c) - \frac{1}{4}G(4,c)\right]\sin 3\varepsilon \\ &+ \ldots\ldots\ldots\ldots + \ldots\ldots\ldots\ldots\ldots\ldots \end{aligned}$$

On pose

$$(i)\quad\begin{cases} Q(1,c) = \qquad\qquad \frac{1}{2}G(2,c), & Q(1,s) = \frac{1}{2}G(2,s), \\ Q(2,c) = -\ H(1,c) + \frac{1}{3}G(3,c), & Q(2,s) = \ldots, \\ Q(3,c) = -\frac{1}{2}H(2,c) + \frac{1}{4}G(4,c), & Q(3,s) = \ldots, \\ \ldots\ldots\ldots\ldots, & \ldots\ldots\ldots, \end{cases}$$

d'où il résulte

$$(17)\quad\begin{cases} -\frac{\partial\overline{W}}{\partial\eta} = -eH(0,s) + H(0,s)\varepsilon\sin\varepsilon + H(0,c)\varepsilon\cos\varepsilon \\ \quad + Q(1,s)\cos\varepsilon + Q(2,s)\cos 2\varepsilon + \ldots \\ \quad - Q(1,c)\sin\varepsilon - Q(2,c)\sin 2\varepsilon - \ldots. \end{cases}$$

On appliquera maintenant la formule

$$(18) \qquad n\,\delta z = \int \overline{W}(1 - e\cos\varepsilon)\,d\varepsilon.$$

On trouve sans peine

$$\begin{aligned}\overline{W}(1-e\cos\varepsilon) = {} & P(0,c) - \frac{e}{2}P(1,c)\\ & + H(0,s)\left(1-\frac{e^2}{2}\right)\varepsilon\cos\varepsilon - H(0,c)\varepsilon\sin\varepsilon\\ & - \frac{e}{2}H(0,s)\varepsilon\cos2\varepsilon + \frac{e}{2}H(0,c)\varepsilon\sin2\varepsilon\\ & + \left[P(1,c) - eP(0,c) - \frac{e}{2}P(2,c)\right]\cos\varepsilon\\ & + \left[P(2,c) - \frac{e}{2}P(1,c) - \frac{e}{2}P(3,c)\right]\cos2\varepsilon\\ & + \left[P(3,c) - \frac{e}{2}P(2,c) - \frac{e}{2}P(4,c)\right]\cos3\varepsilon\\ & + \ldots\ldots\ldots\ldots\ldots\ldots\ldots\ldots\\ & + \left[P(1,s) - \frac{e}{2}P(2,s)\right]\sin\varepsilon\\ & + \left[P(2,s) - \frac{e}{2}P(1,s) - \frac{e}{2}P(3,s)\right]\sin2\varepsilon\\ & + \ldots\ldots\ldots\ldots\ldots\ldots\ldots\ldots\end{aligned}$$

Si l'on pose

$$(j) \qquad \left\{\begin{aligned} R(0,c) &= P(0,c) - \frac{e}{2}P(1,c),\\ R(1,c) &= P(1,c) - eP(0,c) - \frac{e}{2}P(2,c),\\ 2R(2,c) &= P(2,c) - \frac{e}{2}P(1,c) - \frac{e}{2}P(3,c),\\ 3R(3,c) &= P(3,c) - \frac{e}{2}P(2,c) - \frac{e}{2}P(4,c),\\ &\ldots\ldots\ldots\ldots\ldots\ldots\ldots\ldots, \end{aligned}\right.$$

$$(j') \qquad \left\{\begin{aligned} R(1,s) &= P(1,s) - \frac{e}{2}P(2,s),\\ 2R(2,s) &= P(2,s) - \frac{e}{2}P(1,s) - \frac{e}{2}P(3,s),\\ &\ldots\ldots\ldots\ldots\ldots\ldots\ldots\ldots, \end{aligned}\right.$$

il viendra

$$\begin{aligned}\overline{W}(1-e\cos\varepsilon) = {} & R(0,c) + \left(1-\frac{e^2}{2}\right)H(0,s)\varepsilon\cos\varepsilon - H(0,c)\varepsilon\sin\varepsilon\\ & - \frac{e}{2}H(0,s)\varepsilon\cos2\varepsilon + \frac{e}{2}H(0,c)\varepsilon\sin2\varepsilon\\ & + R(1,c)\cos\varepsilon + 2R(2,c)\cos2\varepsilon + 3R(3,c)\cos3\varepsilon + \ldots\\ & + R(1,s)\sin\varepsilon + 2R(2,s)\sin2\varepsilon + 3R(3,s)\sin3\varepsilon + \ldots.\end{aligned}$$

En portant cette expression dans la formule (18), et tenant compte des relations

$$\int \varepsilon \cos\varepsilon \, d\varepsilon = \varepsilon \sin\varepsilon + \cos\varepsilon, \qquad \int \varepsilon \sin\varepsilon \, d\varepsilon = -\varepsilon\cos\varepsilon + \sin\varepsilon,$$

$$\int \varepsilon \cos 2\varepsilon \, d\varepsilon = \frac{1}{2}\varepsilon \sin 2\varepsilon + \frac{1}{4}\cos 2\varepsilon, \qquad \int \varepsilon \sin 2\varepsilon \, d\varepsilon = -\frac{1}{2}\varepsilon\cos 2\varepsilon + \frac{1}{4}\sin 2\varepsilon,$$

on trouve

$$(\mathrm{D}_1)\quad \begin{cases} n\,\delta z = \mathrm{R}(0,c)\varepsilon + \left(1-\dfrac{e^2}{2}\right)\mathrm{H}(0,s)\varepsilon\sin\varepsilon + \mathrm{H}(0,c)\varepsilon\cos\varepsilon \\ \qquad\qquad - \dfrac{e}{4}\mathrm{H}(0,s)\varepsilon\sin 2\varepsilon - \dfrac{e}{4}\mathrm{H}(0,c)\varepsilon\cos 2\varepsilon \\ \quad + [\mathrm{R}(1,c) - \mathrm{H}(0,c)]\sin\varepsilon - \left[\mathrm{R}(1,s) - \left(1-\dfrac{e^2}{2}\right)\mathrm{H}(0,s)\right]\cos\varepsilon \\ \quad + \left[\mathrm{R}(2,c) + \dfrac{e}{8}\mathrm{H}(0,c)\right]\sin 2\varepsilon - \left[\mathrm{R}(2,s) + \dfrac{e}{8}\mathrm{H}(0,s)\right]\cos 2\varepsilon \\ \quad + \mathrm{R}(3,c)\sin 3\varepsilon \qquad - \mathrm{R}(3,s)\cos 3\varepsilon \\ \quad + \mathrm{R}(4,c)\sin 4\varepsilon \qquad - \mathrm{R}(4,s)\cos 4\varepsilon \\ \quad + \ldots\ldots\ldots \qquad - \ldots\ldots\ldots \end{cases}$$

On calculera ν par la formule (2)

$$2\nu = \text{const} - \int \frac{\overline{\partial \mathrm{W}}}{\partial \eta}\, d\varepsilon,$$

qui, en ayant égard à la formule (17), donnera

$$(\mathrm{E}_1)\quad \begin{cases} 2\nu = \text{const.} - e\mathrm{H}(0,s)\varepsilon - \mathrm{H}(0,s)\varepsilon\cos\varepsilon + \mathrm{H}(0,c)\varepsilon\sin\varepsilon \\ \qquad + [\mathrm{Q}(1,c) + \mathrm{H}(0,c)]\cos\varepsilon + [\mathrm{Q}(1,s) + \mathrm{H}(0,s)]\sin\varepsilon \\ \qquad + \dfrac{1}{2}\mathrm{Q}(2,c)\cos 2\varepsilon + \dfrac{1}{2}\mathrm{Q}(2,s)\sin 2\varepsilon \\ \qquad + \dfrac{1}{3}\mathrm{Q}(3,c)\cos 3\varepsilon + \dfrac{1}{3}\mathrm{Q}(3,s)\sin 3\varepsilon \\ \qquad + \ldots\ldots\ldots + \ldots\ldots\ldots \end{cases}$$

164. **Cas d'exception dans le calcul de** u. — On va faire un calcul semblable pour les termes qui répondent à $i' = 0$. On aura, pour ces termes (p. 338 et 356) :

$$a^2 Z = \mathfrak{D}(0,c) + \mathfrak{D}(1,c)\cos\varepsilon + \mathfrak{D}(2,c)\cos 2\varepsilon + \mathfrak{D}(3,c)\cos 3\varepsilon + \ldots$$
$$\qquad + \mathfrak{D}(1,s)\sin\varepsilon + \mathfrak{D}(2,s)\sin 2\varepsilon + \mathfrak{D}(3,s)\sin 3\varepsilon + \ldots,$$

$$\mathrm{Q} = e\sin\varepsilon - \frac{3}{2}e\sin\eta + \left(1 + \frac{1}{2}e^2\right)\sin(\eta - \varepsilon) + \frac{1}{2}e^2\sin(\eta + \varepsilon)$$
$$\qquad - \frac{1}{2}e^2\sin 2\varepsilon - \frac{1}{2}e\sin(\eta - 2\varepsilon),$$

$$\frac{1}{\cos i}\frac{d\mathrm{R}}{d\varepsilon} = \mathrm{Q}\,a^2 Z.$$

On peut poser

$$(19)\quad \left\{\begin{aligned}\frac{1}{\cos i}\frac{dR}{d\varepsilon} = {} & T(0,s) + T(1,s)\cos\varepsilon + T(2,s)\cos 2\varepsilon + \ldots\\ & - T(1,c)\sin\varepsilon - T(2,c)\sin 2\varepsilon - \ldots\\ & + U(1,s)\cos(\varepsilon-\eta) + U(2,s)\cos(2\varepsilon-\eta) + \ldots\\ & - U(1,c)\sin(\varepsilon-\eta) - U(2,c)\sin(2\varepsilon-\eta) - \ldots\\ & + V(0,s)\cos\eta \qquad - V(0,c)\sin\eta\\ & + V(1,s)\cos(\varepsilon+\eta) + V(2,s)\cos(2\varepsilon+\eta) + \ldots\\ & - V(1,c)\sin(\varepsilon+\eta) - V(2,c)\sin(2\varepsilon+\eta) + \ldots.\end{aligned}\right.$$

On déduira aisément les valeurs des coefficients T, U et V des coefficients $\mathfrak{D}(j, s)$; on trouve, en particulier,

$$T(0,s) = \frac{e}{2}\,\mathfrak{D}(1,s) - \frac{e^2}{4}\,\mathfrak{D}(2,s), \qquad V(0,s) = -\frac{1}{2}\,\mathfrak{D}(1,s) + \frac{e}{4}\,\mathfrak{D}(2,s),$$

d'où résulte la relation

$$(20)\qquad T(0,s) = -eV(0,s).$$

En intégrant l'expression (19), il vient

$$\begin{aligned}\frac{R}{\cos i} = {} & -eV(0,s)\varepsilon\\ & + T(1,s)\sin\varepsilon + \frac{1}{2}T(2,s)\sin 2\varepsilon + \frac{1}{3}T(3,s)\sin 3\varepsilon + \ldots\\ & + T(1,c)\cos\varepsilon + \frac{1}{2}T(2,c)\cos 2\varepsilon + \frac{1}{3}T(3,c)\cos 3\varepsilon + \ldots\\ & + U(1,s)\sin(\varepsilon-\eta) + \frac{1}{2}U(2,s)\sin(2\varepsilon-\eta) + \frac{1}{3}U(3,s)\sin(3\varepsilon-\eta) + \ldots\\ & + U(1,c)\cos(\varepsilon-\eta) + \frac{1}{2}U(2,c)\cos(2\varepsilon-\eta) + \frac{1}{3}U(3,c)\cos(3\varepsilon-\eta) + \ldots\\ & + \varepsilon V(0,s)\cos\eta - \varepsilon V(0,c)\sin\eta\\ & + V(1,s)\sin(\varepsilon+\eta) + \frac{1}{2}V(2,s)\sin(2\varepsilon+\eta) + \frac{1}{3}V(3,s)\sin(3\varepsilon+\eta) + \ldots\\ & + V(1,c)\cos(\varepsilon+\eta) + \frac{1}{2}V(2,c)\cos(2\varepsilon+\eta) + \frac{1}{3}V(3,c)\cos(3\varepsilon+\eta) + \ldots.\end{aligned}$$

On a du reste $u = \overline{R}$, d'où

$$\begin{aligned}\frac{u}{\cos i} = {} & -eV(0,s)\varepsilon + U(1,c) + V(0,s)\varepsilon\cos\varepsilon - V(0,c)\varepsilon\sin\varepsilon\\ & + \left[T(1,s) + \frac{1}{2}U(2,s)\right]\sin\varepsilon + \left[V(1,s) + \frac{1}{2}T(2,s) + \frac{1}{3}U(3,s)\right]\sin 2\varepsilon\\ & + \left[\frac{1}{2}V(2,s) + \frac{1}{3}T(3,s) + \frac{1}{4}U(4,s)\right]\sin 3\varepsilon + \ldots + \left[T(1,c) + \frac{1}{2}U(2,c)\right]\cos\varepsilon\\ & + \ldots\ldots\ldots\ldots\ldots\ldots\ldots\ldots\end{aligned}$$

Si l'on pose

(k)
$$\begin{cases} Y(1,s) = & T(1,s) + \frac{1}{2} U(2,s), \\[2mm] Y(2,s) = V(1,s) + \frac{1}{2} T(2,s) + \frac{1}{3} U(3,s), \\[2mm] Y(3,s) = \frac{1}{2} V(2,s) + \frac{1}{3} T(3,s) + \frac{1}{4} U(4,s), \\[2mm] \dots\dots\dots\dots\dots\dots\dots\dots\dots\dots, \end{cases}$$

(k')
$$\begin{cases} Y(1,c) = & T(1,c) + \frac{1}{2} U(2,c), \\[2mm] Y(2,c) = V(1,c) + \frac{1}{2} T(2,c) + \frac{1}{3} U(3,c), \\[2mm] \dots\dots\dots\dots\dots\dots\dots\dots\dots\dots, \end{cases}$$

il viendra enfin

(F_1)
$$\begin{cases} \dfrac{u}{\cos i} = U(1,c) - e V(0,s)\varepsilon - V(0,c)\varepsilon \sin\varepsilon + V(0,s)\varepsilon \cos\varepsilon \\[2mm] \qquad + Y(1,s)\sin\varepsilon + Y(2,s)\sin 2\varepsilon + Y(3,s)\sin 3\varepsilon + \dots \\[2mm] \qquad + Y(1,c)\cos\varepsilon + Y(2,c)\cos 2\varepsilon + Y(3,c)\cos 3\varepsilon + \dots. \end{cases}$$

165. Ensemble des formules. — Réunissons maintenant les formules (D) et (D_1), (E) et (E_1), (F) et (F_1); nous aurons finalement

(G)
$$\begin{aligned} nz = {}& nt + C + \left[R(0,c) + K - \frac{1}{2} e K_1 \right]\varepsilon \\[2mm] & + \left(1 - \frac{1}{2} e^2\right) H(0,s)\varepsilon\sin\varepsilon + H(0,c)\varepsilon\cos\varepsilon \\[2mm] & - \frac{e}{4} H(0,s)\varepsilon\sin 2\varepsilon - \frac{e}{4} H(0,c)\varepsilon\cos 2\varepsilon \\[2mm] & + [R(1,c) - H(0,c) + K_1 - e K]\sin\varepsilon \\[2mm] & - \left[R(1,s) - \left(1 - \frac{1}{2} e^2\right) H(0,s) + K_2 \right]\cos\varepsilon \\[2mm] & + \left[R(2,c) + \frac{1}{8} e H(0,c) - \frac{1}{4} e K_1 \right]\sin 2\varepsilon \\[2mm] & - \left[R(2,s) + \frac{1}{8} e H(0,s) - \frac{1}{4} e K_2 \right]\cos 2\varepsilon \\[2mm] & + R(3,c)\sin 3\varepsilon - R(3,s)\cos 3\varepsilon \\[2mm] & + R(4,c)\sin 4\varepsilon - R(4,s)\cos 4\varepsilon \\[2mm] & + \dots\dots\dots\dots - \dots\dots\dots\dots \\[2mm] & + \Sigma\Sigma R(i,i',c)\sin[(i - i'\mu)\varepsilon - i'(c' - c\mu)] \\[2mm] & - \Sigma\Sigma R(i,i',s)\cos[(i - i'\mu)\varepsilon - i'(c' - c\mu)]. \end{aligned}$$

$$
(\mathrm{H})\quad\left\{
\begin{aligned}
2\nu = {} & 2C' - eH(0,s)\varepsilon - H(0,s)\varepsilon\cos\varepsilon + H(0,c)\varepsilon\sin\varepsilon \\
& + [Q(1,c) + H(0,c) - K_1]\cos\varepsilon + [Q(1,s) + H(0,s) - K_2]\sin\varepsilon \\
& + \frac{1}{2}Q(2,c)\cos 2\varepsilon \qquad\qquad + \frac{1}{2}Q(2,s)\sin 2\varepsilon \\
& + \frac{1}{3}Q(3,c)\cos 3\varepsilon \qquad\qquad + \frac{1}{2}Q(3,s)\sin 3\varepsilon \\
& + \ldots\ldots\ldots\ldots \qquad\qquad + \ldots\ldots\ldots\ldots \\
& + \Sigma\Sigma S(i,i',c)\cos[(i-i'\mu)\varepsilon - i'(c'-c\mu)] \\
& + \Sigma\Sigma S(i,i',s)\sin[(i-i'\mu)\varepsilon - i'(c'-c\mu)].
\end{aligned}\right.
$$

$$
(\mathrm{K})\quad\left\{
\begin{aligned}
\frac{u}{\cos i} = {} & U(1,c) - el_1 - eV(0,s)\varepsilon + V(0,s)\varepsilon\cos\varepsilon - V(0,c)\varepsilon\sin\varepsilon \\
& + [Y(1,s) + l]\sin\varepsilon \qquad + [Y(1,c) + l_1]\cos\varepsilon \\
& + Y(2,s) \quad \sin 2\varepsilon \qquad + Y(2,c) \quad \cos 2\varepsilon \\
& + \ldots\ldots\ldots\ldots \qquad + \ldots\ldots\ldots\ldots \\
& + \Sigma\Sigma Y(i,i',s)\sin[(i-i'\mu)\varepsilon - i'(c'-c\mu)] \\
& + \Sigma\Sigma Y(i,i',c)\cos[(i-i'\mu)\varepsilon - i'(c'-c\mu)].
\end{aligned}\right.
$$

Dans ces formules, i' prend les valeurs $+1, +2, \ldots$. On a enfin

$$
(\mathrm{L})\qquad s = \frac{a}{r}u, \qquad nt + c = \varepsilon - e\sin\varepsilon.
$$

166. **Détermination des constantes arbitraires.** — Ces constantes sont au nombre de sept, savoir :

$$K,\ K_1,\ K_2,\ C,\ C',\ l \text{ et } l_1.$$

Nous les déterminerons par les conditions $W = 0$, quel que soit τ ou η (*voir* le n° 151), $\delta z = 0$, $\nu = 0$, et enfin $R = 0$, quel que soit η. Soit ε_0 la valeur initiale de ε, déterminée par la relation

$$\varepsilon_0 - e\sin\varepsilon_0 = c.$$

En réunissant les expressions (A) et (15) de W, et exprimant que leur somme est nulle, quel que soit η, on trouverait des relations propres à déterminer les constantes dont il s'agit; mais il vaut mieux procéder comme Hansen le fait, car les calculs sont plus rapides.

Nous supposons que les éléments a, e, ϖ et c sont osculateurs à l'époque $t = 0$.

On a vu (p. 333) qu'en partant de la définition de W, on doit avoir $W = 0$, pour $t = 0$, quel que soit τ. En réunissant les expressions (A) (p. 358) et (15) (p. 366) de W, on a une expression de W, qui est de la forme

$$W = \mathcal{A} + \mathcal{B}\cos\eta + \mathcal{C}\sin\eta,$$

où $\mathcal{A}$, $\mathcal{B}$ et $\mathcal{C}$ sont des fonctions de ε; soient $\mathcal{A}_0$, $\mathcal{B}_0$ et $\mathcal{C}_0$ leurs valeurs pour $t=0$, ou $\varepsilon=\varepsilon_0$, ε_0 étant défini par la relation

$$\varepsilon_0 - e\sin\varepsilon_0 = c,$$

on devra avoir

$$\mathcal{A}_0 + \mathcal{B}_0\cos\eta + \mathcal{C}_0\sin\eta = 0,$$

quel que soit τ, ou quel que soit η. Il en résulte les conditions

(21) $$\mathcal{A}_0 = 0, \qquad \mathcal{B}_0 = 0, \qquad \mathcal{C}_0 = 0.$$

La première de ces conditions donne la relation

$$(\alpha)\quad \left\{\begin{aligned} 0 = \mathrm{K} + \frac{e}{2}\mathrm{H}(0,s)\varepsilon_0 + \mathrm{F}(1,c)\cos\varepsilon_0 + \frac{1}{2}\mathrm{F}(2,c)\cos 2\varepsilon_0 + \ldots \\ + \mathrm{F}(1,s)\sin\varepsilon_0 + \frac{1}{2}\mathrm{F}(2,s)\sin 2\varepsilon_0 + \ldots \\ + \sum\sum \frac{\mathrm{F}(i,i',s)}{i-i'\mu}\sin[(i-i'\mu)\varepsilon_0 - i'(c'-c\mu)] \\ + \sum\sum \frac{\mathrm{F}(i,i',c)}{i-i'\mu}\cos[(i-i'\mu)\varepsilon_0 - i'(c'-c\mu)]; \end{aligned}\right.$$

la seule constante K, qui figure dans cette relation, se trouve donc déterminée.

Les deux autres formules (21) donnent de même

$$(\beta)\quad \left\{\begin{aligned} 0 = \mathrm{K}_1 + \mathrm{H}(0,s)\varepsilon_0 + [\mathrm{G}(1,c)+\mathrm{H}(1,c)]\cos\varepsilon_0 + [\mathrm{G}(1,s)+\mathrm{H}(1,s)]\sin\varepsilon_0 \\ + \frac{1}{2}[\mathrm{G}(2,c)+\mathrm{H}(2,c)]\cos 2\varepsilon_0 + \frac{1}{2}[\mathrm{G}(2,s)+\mathrm{H}(2,s)]\sin 2\varepsilon_0 \\ + \ldots\ldots\ldots\ldots\ldots\ldots + \ldots\ldots\ldots\ldots\ldots\ldots \\ + \sum\sum \frac{\mathrm{G}(i,i',s)+\mathrm{H}(i,i',s)}{i-i'\mu}\sin[(i-i'\mu)\varepsilon_0 - i'(c'-c\mu)] \\ + \sum\sum \frac{\mathrm{G}(i,i',c)+\mathrm{H}(i,i',c)}{i-i'\mu}\cos[(i-i'\mu)\varepsilon_0 - i'(c'-c\mu)]; \end{aligned}\right.$$

$$(\gamma)\quad \left\{\begin{aligned} 0 = \mathrm{K}_2 - \mathrm{H}(0,c)\varepsilon_0 + [\mathrm{G}(1,c)-\mathrm{H}(1,c)]\sin\varepsilon_0 - [\mathrm{G}(1,s)-\mathrm{H}(1,s)]\cos\varepsilon_0 \\ + \frac{1}{2}[\mathrm{G}(2,c)-\mathrm{H}(2,c)]\sin 2\varepsilon_0 - \frac{1}{2}[\mathrm{G}(2,s)-\mathrm{H}(2.s)]\cos 2\varepsilon_0 \\ + \ldots\ldots\ldots\ldots\ldots\ldots + \ldots\ldots\ldots\ldots\ldots\ldots \\ + \sum\sum \frac{\mathrm{G}(i,i',c)-\mathrm{H}(i,i',c)}{i-i'\mu}\sin[(i-i'\mu)\varepsilon_0 - i'(c'-c\mu)] \\ - \sum\sum \frac{\mathrm{G}(i,i's)-\mathrm{H}(i,i',s)}{i-i'\mu}\cos[(i-i'\mu)\varepsilon - i'(c'-c\mu)]. \end{aligned}\right.$$

Les équations (β) et (γ) donneront séparément les constantes K_1 et K_2.

Pour $t=0$, $nz+c$ doit coïncider avec $nt+c$; donc alors, $z=t$, et la formule (G) (p. 371) donnera

$$(\delta) \qquad o = C + \left[R(o, c) + K - \frac{1}{2} e K_1\right] \varepsilon_0 + \ldots,$$

et cette relation détermine la constante C, puisque K, K_1 et K_2 sont maintenant connus.

On doit avoir aussi $\nu = o$, pour $t = o$; l'équation (H) donnera donc

$$(\varepsilon) \qquad o = 2C' - eH(o, s)\varepsilon_0 + \ldots,$$

ce qui déterminera C'.

En réunissant maintenant les expressions de R, données aux pages 362 et 370, on trouve que $\frac{R}{\cos i}$ est de la forme

$$\frac{R}{\cos i} = \mathcal{A}' + \mathcal{B}' \cos\eta + \mathcal{C}' \sin\eta.$$

On a vu d'ailleurs (p. 335) que la fonction R doit s'annuler pour $t = o$, quel que soit τ; si donc, on désigne par $\mathcal{A}'_0$, $\mathcal{B}'_0$ et $\mathcal{C}'_0$ les valeurs de $\mathcal{A}$, $\mathcal{B}$, $\mathcal{C}$ pour $\varepsilon = \varepsilon_0$, on devra avoir

$$\mathcal{A}'_0 + \mathcal{B}'_0 \cos\eta + \mathcal{C}'_0 \sin\eta = o,$$

quel que soit η; il en résulte, en particulier,

$$\mathcal{B}'_0 = o \qquad \text{et} \qquad \mathcal{C}'_0 = o,$$

et ces deux relations donnent

$$(\eta) \quad \left\{ \begin{aligned} o = l_1 + \varepsilon_0 V(o,s) &+ [U(1,s) + V(1,s)] \sin \varepsilon_0 + [U(1,c) + V(1,c)] \cos \varepsilon_0 \\ &+ \frac{1}{2}[U(2,s) + V(2,s)] \sin 2\varepsilon_0 + \frac{1}{2}[U(2,c) + V(2,c)] \cos 2\varepsilon_0 \\ &+ \ldots\ldots\ldots\ldots\ldots\ldots + \ldots\ldots\ldots\ldots\ldots\ldots \\ &+ \sum\sum \frac{U(i,i',s) + V(i,i',s)}{i - i'\mu} \sin[(i - i'\mu)\varepsilon_0 - i'(c' - c\eta)] \\ &+ \sum\sum \frac{U(i,i,c) + V(i,i',c)}{i - i'\mu} \cos[(i - i'\mu)\varepsilon_0 - i'(c' - c\mu)]; \end{aligned} \right.$$

$$(\zeta) \quad \left\{ \begin{aligned} o = l + \varepsilon_0 V(o,c) &+ [U(1,c) - V(1,c)] \sin \varepsilon_0 - [U(1,s) - V(1,s)] \cos \varepsilon_0 \\ &+ \frac{1}{2}[U(2,c) - V(2,c)] \sin 2\varepsilon_0 - \frac{1}{2}[U(2,s) - V(2,s)] \cos 2\varepsilon_0 \\ &+ \ldots\ldots\ldots\ldots\ldots\ldots - \ldots\ldots\ldots\ldots\ldots\ldots \\ &+ \sum\sum \frac{U(i,i',c) - V(i,i',c)}{i - i'\mu} \sin[(i - i'\mu)\varepsilon_3 - i'(c' - c\mu)] \\ &- \sum\sum \frac{U(i,i',s) - V(i,i',s)}{i - i'\mu} \cos[(i - i'\mu)\varepsilon_0 - i'(c' - c\mu)]; \end{aligned} \right.$$

on déterminera ainsi séparément les constantes l et l_1.

Il serait facile de passer des formules (α) ... (ζ) à celles que donne Hansen, et qui ont un aspect différent.

167. Nous aurions à parler d'autres Mémoires de Hansen, mais ce serait sortir du cadre de cet Ouvrage. Bornons-nous à citer :

Le Mémoire sur les perturbations de Jupiter et de Saturne, que nous avons mentionné déjà, page 313; il est très intéressant et présente un caractère d'élégance qui ne se retrouve pas toujours dans les écrits de Hansen.

Le Mémoire intitulé : *Ermittelung der absoluten Störungen in Ellipsen von beliebiger Excentricität und Neigung*, Erster Theil, Gotha, 1843, dont une traduction française par Mauvais a paru en 1845. L'auteur s'est proposé de donner une méthode pour le calcul des perturbations des comètes périodiques. Les arguments des formules sont des multiples de l'anomalie excentrique de la planète troublée et de l'anomalie moyenne de l'autre; les coefficients sont purement numériques. On applique la méthode au calcul des perturbations de la comète d'Encke par Saturne; la convergence obtenue est suffisante parce que le rapport $\frac{r}{r'}$ est assez petit. En somme, c'est la méthode exposée dans les trois derniers Chapitres, qui repose principalement sur la considération des fonctions T et U. Pour les perturbations de la comète par Jupiter, le procédé serait extrêmement laborieux, sinon impossible; du reste, la seconde Partie du Mémoire n'a jamais paru.

Enfin, le lecteur pourra consulter, dans les *Astronomische Nachrichten*, nos 166-168 (1829), le premier Mémoire de Hansen : *Disquisitiones circa theoriam perturbationum quæ motum corporum cœlestium afficiunt*; il y trouvera les premiers rudiments des Méthodes que Hansen a appliquées durant toute sa carrière à la Lune, aux petites planètes et aux comètes; tout y découle d'un même principe.

Le Tome IV des *Astronomical Papers* de Washington est consacré entièrement à la théorie des mouvements de Jupiter et de Saturne; l'auteur, M. Hill, astronome du plus grand mérite, dont nous avons retracé les recherches sur la théorie de la Lune, a appliqué pas à pas au cas actuel la méthode de Hansen pour les perturbations des petites planètes, en ayant égard aux termes du deuxième et du troisième ordre par rapport aux masses; le succès a couronné ses efforts. Pour en parler utilement, il nous aurait donc fallu ajouter à ce que nous avons dit de la méthode de Hansen tout ce qui concerne le calcul des inégalités qui sont du second ou du troisième ordre par rapport aux masses; nous ne l'avons pas fait de peur d'allonger démesurément ce Volume.

CHAPITRE XXIII.

MÉTHODE DE GYLDÉN POUR LES PERTURBATIONS DES PETITES PLANÈTES.

168. M. Gyldén, l'éminent directeur de l'observatoire de Stockholm, a élaboré, depuis quinze ou vingt ans, une méthode nouvelle pour calculer les perturbations des petites planètes. Il a été suivi par de nombreux élèves parmi lesquels nous citerons : MM. Backlund, Harzer, Bohlin, Charlier, Masal, Brendel, Max Wolf, Olsson, etc. Il serait impossible de rendre compte de tous ces travaux dans l'espace, forcément limité, que nous pouvons leur consacrer ici, et nous devons nous borner à donner une idée des choses les plus importantes.

Il convient toutefois de dire dès à présent que les méthodes de M. Gyldén ont pour but d'empêcher le temps de sortir jamais des signes sin et cos, comme cela arrive dans les méthodes de Le Verrier et de Hansen, et elles donnent le moyen d'obtenir ce résultat qui avait été atteint dans un cas spécial, la *Théorie de la Lune*, par Delaunay. On sait maintenant le démontrer par d'autres voies dans le cas des planètes, comme on le verra dans le Chapitre XXVI de ce volume.

En outre, M. Gyldén prend pour variable indépendante non plus le temps, mais la longitude vraie comme l'avaient fait Clairaut et d'Alembert, et plus tard Laplace et Damoiseau, dans la *Théorie de la Lune*.

Dans le cas de la Lune, l'expression du développement de la fonction perturbatrice est assez simple, relativement à la longitude vraie de la Lune, parce que les arguments qui contiennent des multiples élevés de cette longitude sont affectés de coefficients très petits; cela tient à ce que la distance de la Lune à la Terre est petite par rapport à la distance de la Lune à l'astre perturbateur, le Soleil. Quand il s'agit d'une petite planète, la planète perturbatrice principale est Jupiter, et le rapport $\frac{a}{a'}$ qui, dans le cas de la Lune, était voisin de $\frac{1}{400}$, est ici compris entre 0,4 et 0,8. Néanmoins, le développement est plus simple que quand on emploie la longitude moyenne au lieu de la longitude vraie.

M. Gyldén et ses nombreux élèves se sont préoccupés surtout de déterminer les *orbites absolues* des astéroïdes; ce sont des orbites dans lesquelles on a tenu compte des termes séculaires et des termes à longues périodes, de sorte que, si elles sont déterminées avec précision, on pourra s'en servir pendant très longtemps pour calculer les positions de la planète, qui ne s'en écarteraient que de petites quantités périodiques. Ce serait un point d'une grande importance, car le nombre toujours croissant des découvertes d'astéroïdes empêche de consacrer à chacun d'eux une théorie complète.

Remarquons encore que la condition que l'on s'impose, de ne jamais faire sortir le temps des signes sin et cos, implique que les perturbations séculaires des éléments de Jupiter doivent être représentées, non plus par des développements de la forme

$$a_0 + a_1 t + a_2 t^2 + \ldots$$

rapidement convergents pour un assez grand nombre de siècles, mais par un ensemble de termes périodiques tel que

$$\mathcal{A}_0 + \mathcal{A}_1 \frac{\sin}{\cos}(g_1 t + G_1) + \mathcal{A}_2 \frac{\sin}{\cos}(g_2 t + G_2) + \ldots;$$

cet ensemble résulte, comme on l'a vu, Tome I, Chapitre XXVI, de l'intégration rigoureuse des équations différentielles dont dépendent les éléments des grosses planètes, en ne considérant que les termes séculaires du second ordre par rapport aux excentricités et aux inclinaisons; les périodes $\frac{2\pi}{g_1}, \frac{2\pi}{g_2}, \cdots$ des divers termes sont d'ailleurs extrêmement longues, au moins 50 000 ans.

169. Formation des équations différentielles. — Soient

x, y, z les coordonnées rectangulaires héliocentriques de l'astéroïde, rapportées à trois axes fixes;

Ω la fonction perturbatrice;

m' la masse de Jupiter rapportée à celle du Soleil;

k la constante de Gauss.

On a, comme on sait, les équations

$$(1) \quad \begin{cases} \dfrac{d^2x}{dt^2} + k^2 \dfrac{x}{r^3} = k^2 m' \dfrac{\partial\Omega}{\partial x}, \\ \dfrac{d^2y}{dt^2} + k^2 \dfrac{y}{r^3} = k^2 m' \dfrac{\partial\Omega}{\partial y}, \end{cases}$$

$$(2) \quad \frac{d^2z}{dt^2} + k^2 \frac{z}{r^3} = k^2 m' \frac{\partial\Omega}{\partial z}.$$

Soient x_1 et y_1 les coordonnées de la petite planète rapportées à des axes mobiles situés dans le plan variable de l'orbite, à la façon de Hansen.

On a (t. I, p. 465)

$$(3)\qquad \begin{cases} \dfrac{d^2x_1}{dt^2}+k^2\dfrac{x_1}{r^3}=k^2m'\dfrac{\partial\Omega}{\partial x_1}, \\ \dfrac{d^2y_1}{dt^2}+k^2\dfrac{y_1}{r^3}=k^2m'\dfrac{\partial\Omega}{\partial y_1}, \\ x_1=r\cos v, \qquad y_1=r\sin v: \end{cases}$$

v est la longitude de la planète, comptée dans l'orbite mobile, à partir d'un point convenable de cette orbite. On en conclut aisément, en tenant compte de la relation

$$r\frac{\partial\Omega}{\partial r}=x_1\frac{\partial\Omega}{\partial x_1}+y_1\frac{\partial\Omega}{\partial y_1},$$

et de calculs déjà faits (*loc. cit.*),

$$(4)\qquad \frac{d^2r}{dt^2}-r\frac{dv^2}{dt^2}+\frac{k^2}{r^2}=k^2m'\frac{\partial\Omega}{\partial r}.$$

On a ensuite

$$x_1\frac{\partial\Omega}{\partial y_1}-y_1\frac{\partial\Omega}{\partial x_1}=\frac{\partial\Omega}{\partial v},$$

$$(5)\qquad \frac{d\,r^2\dfrac{dv}{dt}}{dt}=k^2m'\frac{\partial\Omega}{\partial v}.$$

Revenons à l'équation (2), et posons

$$(6)\qquad z=r\zeta;$$

ζ sera le sinus de la latitude de la planète au-dessus du plan fixe des x, y. On déduit des équations (2) et (5)

$$r\frac{d^2\zeta}{dt^2}+2\frac{dr}{dt}\frac{d\zeta}{dt}+\zeta\frac{d^2r}{dt^2}+\frac{k^2\zeta}{r^2}=k^2m'\frac{\partial\Omega}{\partial z};$$

d'où, en remplaçant $\dfrac{d^2r}{dt^2}$ par sa valeur (4),

$$(7)\qquad \frac{d^2\zeta}{dt^2}+\zeta\frac{dv^2}{dt^2}+\frac{2}{r}\frac{dr}{dt}\frac{d\zeta}{dt}=\frac{k^2m'}{r}\left(\frac{\partial\Omega}{\partial z}-\zeta\frac{\partial\Omega}{\partial r}\right).$$

Les équations à retenir sont (4), (5) et (7).

170. Transformation des équations différentielles. — On introduit comme variable indépendante v au lieu de t, en posant

$$(8)\qquad r^2\frac{dv}{dt}=\frac{k\sqrt{a(1-\eta^2)}}{1+S};$$

a est une *constante*, η et S sont des fonctions inconnues de v qui se réduisent dans le mouvement elliptique, la première à l'excentricité e, la seconde à zéro; η sera censé contenir les inégalités séculaires de l'excentricité, mais mises sous la forme de termes à très longues périodes. On trouve immédiatement, en tenant compte de l'équation (8),

$$\frac{dr}{dt} = -k\,\frac{\sqrt{a(1-\eta^2)}}{1+S}\,\frac{d\frac{1}{r}}{dv},$$

$$\frac{d\zeta}{dt} = k\,\frac{\sqrt{a(1-\eta^2)}}{1+S}\,\frac{1}{r^2}\,\frac{d\zeta}{dv};$$

puis, en faisant $D_v = \frac{d}{dv}$,

$$\frac{d^2 r}{dt^2} = -\frac{k^2 a}{r^2}\,\frac{\sqrt{1-\eta^2}}{1+S}\,D_v\left(\frac{\sqrt{1-\eta^2}}{1+S}\,\frac{d\frac{1}{r}}{dv}\right),$$

$$\frac{d^2\zeta}{dt^2} = \frac{k^2 a}{r^2}\,\frac{\sqrt{1-\eta^2}}{1+S}\,D_v\left(\frac{1}{r^2}\,\frac{\sqrt{1-\eta^2}}{1+S}\,\frac{d\zeta}{dv}\right).$$

Les équations (4), (8), (2) et (5) deviennent

$$\frac{-\sqrt{1-\eta^2}}{1+S}\,D_v\left(\frac{\sqrt{1-\eta^2}}{1+S}\,\frac{d\frac{1}{r}}{dv}\right) + \frac{1}{a} - \frac{1}{r}\,\frac{1-\eta^2}{(1+S)^2} = \frac{m' r^2}{a}\,\frac{\partial\Omega}{\partial r},$$

$$\frac{dt}{dv} = r^2\,\frac{1+S}{k\sqrt{a(1-\eta^2)}},$$

$$\frac{\sqrt{1-\eta^2}}{1+S}\,D_v\left(\frac{1}{r^2}\,\frac{\sqrt{1-\eta^2}}{1+S}\,\frac{d\zeta}{dv}\right) + \zeta\,\frac{1-\eta^2}{r^2(1+S)^2} - \frac{2}{r}\,\frac{1-\eta^2}{(1+S)^2}\,\frac{d\frac{1}{r}}{dv}\,\frac{d\zeta}{dv} = \frac{m' r}{a}\left(\frac{\partial\Omega}{\partial z} - \zeta\,\frac{\partial\Omega}{\partial r}\right),$$

$$\frac{a\sqrt{1-\eta^2}}{r^2(1+S)}\,D_v\left(\frac{\sqrt{1-\eta^2}}{1+S}\right) = m'\,\frac{\partial\Omega}{\partial v},$$

ou bien, en développant les calculs,

$$(a)\qquad -\frac{1-\eta^2}{(1+S)^2}\left(\frac{d^2\frac{1}{r}}{dv^2} + \frac{1}{r}\right) - \frac{\sqrt{1-\eta^2}}{1+S}\,\frac{d\frac{1}{r}}{dv}\,\frac{d}{dv}\,\frac{\sqrt{1-\eta^2}}{1+S} + \frac{1}{a} = m'\,\frac{r^2}{a}\,\frac{\partial\Omega}{\partial r},$$

$$(b)\qquad \frac{dt}{dv} = \frac{r^2}{k\sqrt{a(1-\eta^2)}}\,(1+S),$$

$$(c)\qquad -\frac{1}{1+S}\,\frac{dS}{dv} = \frac{1}{2(1-\eta^2)}\,\frac{d\eta^2}{dv} + (1+S)^2\,\frac{r^2}{a(1-\eta^2)}\,m'\,\frac{\partial\Omega}{\partial v},$$

$$(d)\qquad \frac{d^2\zeta}{dv^2} - \frac{d\zeta}{dv}\left(\frac{1}{1+S}\,\frac{dS}{dv} + \frac{1}{2}\,\frac{1}{1-\eta^2}\,\frac{d\eta^2}{dv}\right) + \zeta = m'\,\frac{r^3}{a(1-\eta^2)}\,(1+S)^2\left(\frac{\partial\Omega}{\partial z} - \zeta\,\frac{\partial\Omega}{\partial r}\right).$$

On pose encore, en désignant par ρ une nouvelle fonction inconnue de v,

$$r = \frac{a(1-\eta^2)}{1+\rho}, \tag{9}$$

et l'équation (a) devient

$$-\frac{1}{(1+S)^2}\left[\frac{d^2\rho}{dv^2} + \rho + 1 + \frac{2}{1-\eta^2}\frac{d\rho}{dv}\frac{d\eta^2}{dv} + \frac{1+\rho}{1-\eta^2}\frac{d^2\eta^2}{dv^2} + 2\frac{1+\rho}{(1-\eta^2)^2}\left(\frac{d\eta^2}{dv}\right)^2\right]$$
$$+1+\frac{1}{1+S}\left[\frac{1}{1-\eta^2}\frac{d\rho}{dv} + \frac{1+\rho}{(1-\eta^2)^2}\frac{d\eta^2}{dv}\right]\left[\frac{1-\eta^2}{(1+S)^2}\frac{dS}{dv} + \frac{1}{2}\frac{1}{1+S}\frac{d\eta^2}{dv}\right] = m'r^2\frac{\partial\Omega}{\partial r}.$$

En posant

$$P = m'r^2\frac{\partial\Omega}{\partial r}, \qquad Q = m'\frac{r^2}{a(1-\eta^2)}\frac{\partial\Omega}{\partial v}, \tag{10}$$

on trouve sans peine

$$(\text{A})\quad \begin{cases} \dfrac{d^2\rho}{dv^2} + \rho = 2S - P - \dfrac{d\rho}{dv}\left(\dfrac{3}{2}\dfrac{1}{1-\eta^2}\dfrac{d\eta^2}{dv} - \dfrac{1}{1+S}\dfrac{dS}{dv}\right) + S^2 - (2S+S^2)P \\ \qquad -(1+\rho)\left[\dfrac{1}{1-\eta^2}\dfrac{d^2\eta^2}{dv^2} + \dfrac{3}{2}\dfrac{1}{(1-\eta^2)^2}\left(\dfrac{d\eta^2}{dv}\right)^2 - \dfrac{1}{1+S}\dfrac{dS}{dv}\dfrac{1}{1-\eta^2}\dfrac{d\eta^2}{dv}\right]; \end{cases}$$

$$(\text{B})\quad -\frac{1}{1+S}\frac{dS}{dv} = (1+S)^2 Q + \frac{1}{2}\frac{1}{1-\eta^2}\frac{d\eta^2}{dv};$$

$$(\text{C})\quad \frac{k}{a\sqrt{a}}\frac{dt}{dv} = \frac{(1-\eta^2)^{\frac{3}{2}}}{(1+\rho)^2}(1+S);$$

$$(\text{D})\quad \frac{d^2\zeta}{dv^2} + \zeta = -(1+S)^2 Q\frac{d\zeta}{dv} + m'\frac{r^3(1+S)^2}{a(1-\eta^2)}\left(\frac{\partial\Omega}{\partial z} - \zeta\frac{\partial\Omega}{\partial r}\right).$$

On a maintenant

$$\Omega = \frac{1}{\sqrt{(x-x')^2+(y-y')^2+(z-z')^2}} - \frac{xx'+yy'+zz'}{r'^3},$$

d'où

$$\frac{\partial\Omega}{\partial z} = \frac{z'-z}{(r^2+r'^2-2rr'\cos H)^{\frac{3}{2}}} - \frac{z'}{r'^3},$$

en représentant par H l'angle formé par les rayons menés du Soleil à la planète et à Jupiter. On a ensuite

$$z = r\zeta \qquad \text{et de même} \qquad z' = r'\zeta';$$

donc l'équation (D) peut s'écrire

$$(\text{D}_1)\quad \begin{cases} \dfrac{d^2\zeta}{dv^2} + \zeta = m'\dfrac{(1+S)^2}{1+\rho}\zeta'\left[\dfrac{r^2 r'}{(r^2+r'^2-2rr'\cos H)^{\frac{3}{2}}} - \dfrac{r^2}{r'^2}\right] \\ \qquad - m'\dfrac{(1+S)^2}{1+\rho}\dfrac{r^3\zeta}{(r^2+r'^2-2rr'\cos H)^{\frac{3}{2}}} - \dfrac{(1+S)^2}{1+\rho}P\zeta - (1+S)^2 Q\dfrac{d\zeta}{dv}. \end{cases}$$

On peut obtenir aisément une autre forme de cette équation, employée par M. Brendel. On a, en effet,

$$\frac{\partial\Omega}{\partial z} = -\frac{z}{\Delta^3} + z'\left(\frac{1}{\Delta^3} - \frac{1}{r'^3}\right).$$

$$\Omega = \frac{1}{\Delta} - \frac{r\cos H}{r'^2},$$

$$\frac{\partial\Omega}{\partial r} = \frac{r'\cos H - r}{\Delta^3} - \frac{\cos H}{r'^2},$$

$$\frac{\partial\Omega}{\partial \cos H} = rr'\left(\frac{1}{\Delta^3} - \frac{1}{r'^3}\right),$$

d'où

$$\frac{\partial\Omega}{\partial z} - \zeta\frac{\partial\Omega}{\partial r} = r'(\zeta' - \zeta\cos H)\left(\frac{1}{\Delta^3} - \frac{1}{r'^3}\right) = (\zeta' - \zeta\cos H)\frac{1}{r}\frac{\partial\Omega}{\partial\cos H}.$$

On trouve ainsi l'équation

$$(D_2)\quad \begin{cases} \dfrac{d^2\zeta}{dv^2} + \zeta - \dfrac{d\zeta}{dv}\left(\dfrac{1}{1+S}\dfrac{dS}{dv} + \dfrac{1}{2}\dfrac{1}{1-\eta^2}\dfrac{d\eta^2}{dv}\right) = (1+S)^2 Z, \\ Z = m'\dfrac{r^2}{a(1-\eta^2)}(\zeta' - \zeta\cos H)\dfrac{\partial\Omega}{\partial\cos H}. \end{cases}$$

171. Développement de la fonction perturbatrice. — On a

$$\Omega = \frac{1}{\sqrt{r^2 + r'^2 - 2rr'\cos H}} - \frac{r}{r'^2}\cos H,$$

$$a\Omega = \frac{a}{a'}\left(\frac{a'}{r'}\frac{1}{\sqrt{1 - \frac{2r}{r'}\cos H + \frac{r^2}{r'^2}}} - \frac{a'r}{r'^2}\cos H\right), \qquad \alpha = \frac{a}{a'}.$$

Posons

$$(11)\quad \frac{\alpha}{\sqrt{1 - \frac{2r}{r'}\cos H + \frac{r^2}{r'^2}}} = C_0 + 2C_1\frac{a'}{r'}\frac{r}{a}\cos H + 2C_2\left(\frac{a'}{r'}\right)^2\left(\frac{r}{a}\right)^2\cos 2H + \ldots,$$

et nous aurons

$$a\Omega = \frac{a'}{r'}C_0 + 2\left(\frac{a'}{r'}\right)^2\frac{r}{a}\left(C_1 - \frac{1}{2}\alpha^2\right)\cos H + 2C_2\left(\frac{a'}{r'}\right)^3\left(\frac{r}{a}\right)^2\cos 2H + \ldots,$$

ou, plus simplement,

$$(12)\quad a\Omega = \frac{a'}{r'}C_0 + 2\sum_{n=1}^{n=\infty} C_n\left(\frac{a'}{r'}\right)^{n+1}\left(\frac{r}{a}\right)^n\cos nH,$$

en convenant de remplacer C_1 par $C_1 - \frac{1}{2}\alpha^2$. On conclut de la relation (11),

$$\frac{1}{\pi}\int_0^\pi \frac{\cos nH}{\sqrt{1 - \frac{2r}{r'}\cos H + \frac{r^2}{r'^2}}}\,dH = \frac{1}{\alpha^{n+1}}\left(\frac{r}{r'}\right)^n C_n;$$

ou bien se reportant au Tome I, p. 274,

$$\frac{1}{\pi}\int_0^\pi \frac{\sin^{2n} H}{\sqrt{1 - \frac{r^2}{r'^2}\sin^2 H}}\,dH = \frac{1}{\alpha^{n+1}} C_n,$$

$$\pi C_n = \alpha^{n+1}\int_0^\pi \frac{\sin^{2n} H}{\sqrt{1-\alpha^2\sin^2 H}}\left\{1 + \frac{\alpha^2\sin^2 H}{1-\alpha^2\sin^2 H}\left[1 - \left(\frac{r}{a}\right)^2\left(\frac{a'}{r'}\right)^2\right]\right\}^{-\frac{1}{2}} dH.$$

On peut développer le second membre suivant les puissances de la petite quantité $1 - \left(\frac{r}{a}\right)^2\left(\frac{a'}{r'}\right)^2$ qui est de l'ordre des excentricités, et l'on trouve

$$\frac{\pi C_n}{\alpha^{n+1}} = \int_0^\pi \frac{\sin^{2n} H}{(1-\alpha^2\sin^2 H)^{\frac{1}{2}}}\,dH - \frac{1}{2}\alpha^2\left[1 - \left(\frac{r}{a}\right)^2\left(\frac{a'}{r'}\right)^2\right]\int_0^\pi \frac{\sin^{2n+2} H}{(1-\alpha^2\sin^2 H)^{\frac{3}{2}}}\,dH$$
$$+ \frac{1.3}{2.4}\alpha^4\left[1 - \left(\frac{r}{a}\right)^2\left(\frac{a'}{r'}\right)^2\right]^2\int_0^\pi \frac{\sin^{2n+4} H}{(1-\alpha^2\sin^2 H)^{\frac{5}{2}}}\,dH - \ldots.$$

On est conduit à poser

(13) $$\beta_{2s+1}^{(n)} = \frac{1}{\pi}\int_0^\pi \frac{\sin^{2n} H}{(1-\alpha^2\sin^2 H)^{\frac{2s+1}{2}}}\,dH;$$

il en résulte

$$C_n = \alpha^{n+1}\beta_1^{(n)} - \frac{1}{2}\alpha^{n+3}\beta_3^{(n+1)}\left[1 - \left(\frac{r}{a}\right)^2\left(\frac{a'}{r'}\right)^2\right]$$
$$+ \frac{1.3}{2.4}\alpha^{n+5}\beta_5^{(n+2)}\left[1 - \left(\frac{r}{a}\right)^2\left(\frac{a'}{r'}\right)^2\right]^2 - \ldots.$$

Soit posé encore

(14) $$\gamma_s^{(n)} = \frac{1.3.5\ldots(2s-1)}{2.4.6\ldots2s}\alpha^{n+2s+1}\beta_{2s+1}^{(n+s)},$$

et il viendra

(15) $$\left\{\begin{aligned} C_n = \gamma_0^{(n)} - \gamma_1^{(n)}\left[1 - \left(\frac{r}{a}\right)^2\left(\frac{a'}{r'}\right)^2\right] + \gamma_2^{(n)}\left[1 - \left(\frac{r}{a}\right)^2\left(\frac{a'}{r'}\right)^2\right]^2 \\ - \gamma_3^{(n)}\left[1 - \left(\frac{r}{a}\right)^2\left(\frac{a'}{r'}\right)^2\right]^3 + \ldots. \end{aligned}\right.$$

D'après les formules (13) et (14), $\gamma_s^{(n)}$ est une fonction de α dont il est facile d'obtenir le développement en série. La relation (13) donne, en effet,

$$\beta_{2s+1}^{(n)} = \frac{1}{\pi}\int_0^\pi \sin^{2n} H\left[1 + \left(s+\frac{1}{2}\right)\frac{\alpha^2}{1}\sin^2 H + \left(s+\frac{1}{2}\right)\left(s+\frac{3}{2}\right)\frac{\alpha^4}{1.2}\sin^4 H + \ldots\right] dH,$$

et il en résulte (*voir* t. I, p. 274)

$$\beta_{2s+1}^{(n)} = \frac{1.3\ldots(2n-1)}{2.4\ldots 2n}\left[1+\left(s+\frac{1}{2}\right)\frac{2n+1}{2n+2}\frac{\alpha^2}{1}\right.$$
$$\left.+\left(s+\frac{1}{2}\right)\left(s+\frac{3}{2}\right)\frac{(2n+1)(2n+3)}{(2n+2)(2n+4)}\frac{\alpha^4}{1.2}+\ldots\right],$$

$$\gamma_s^{(n)} = \frac{1.3\ldots(2s-1)}{2.4\ldots 2s}\,\frac{1.3\ldots(2n+2s-1)}{2.4\ldots(2n+2s)}\,\alpha^{n+2s+1}$$
$$\times\left[1+\left(s+\frac{1}{2}\right)\frac{2n+2s+1}{2n+2s+2}\frac{\alpha^2}{1}\right.$$
$$\left.+\left(s+\frac{1}{2}\right)\left(s+\frac{3}{2}\right)\frac{(2n+2s+1)(2n+2s+3)}{(2n+2s+2)(2n+2s+4)}\frac{\alpha^4}{1.2}+\ldots\right].$$

On peut écrire aussi, en introduisant la série hypergéométrique,

$$\beta_{2s+1}^{(n)} = \frac{1.3\ldots(2n-1)}{2.4\ldots 2n}\,F\left(s+\frac{1}{2},\ n+\frac{1}{2},\ n+1,\ \alpha^2\right),$$
$$\gamma_s^{(n)} = \frac{1.3\ldots(2s-1)}{2.4\ldots 2s}\,\frac{1.3\ldots(2n+2s-1)}{2.4\ldots(2n+2s)}\,\alpha^{n+2s+1}F\left(s+\frac{1}{2},\ n+s+\frac{1}{2},\ n+s+1,\ \alpha^2\right),$$

et, par suite, en faisant usage du symbole Δ^s (*voir* t. III, p. 382, et *Annales de l'Observatoire*, t. XXI, p. B.23),

$$2\alpha^n\beta_{2s+1}^{(n)} = \Delta^s b_{\frac{2s+1}{2}}^{(n)}, \qquad 2\gamma_s^{(n)} = \frac{1.3\ldots(2s-1)}{2.4\ldots 2s}\,\alpha^{s+1}\Delta^s b_{\frac{2s+1}{2}}^{(n+s)},$$

de sorte que les fonctions $\beta^{(n)}$ et $\gamma^{(n)}$ s'expriment (¹) par les transcendantes de Laplace. On a, par exemple,

$$s=0, \quad 2\alpha^n\beta_1^{(n)} = b^{(n)},$$
$$s=1, \quad 2\alpha^n\beta_3^{(n)} = \Delta c^{(n)} = c^{(n)} - \alpha c^{(n-1)},$$
$$s=2, \quad 2\alpha^n\beta_5^{(n)} = \Delta^2 e^{(n)} = e^{(n)} - 2\alpha e^{(n-1)} + \alpha^2 e^{(n-2)},$$
$$\ldots\ldots \quad \ldots\ldots\ldots\ldots\ldots\ldots\ldots\ldots\ldots\ldots$$

Il s'ensuit qu'on a aussi

$$\int_0^\pi \frac{\Delta^s\cos i\psi\,d\psi}{(1-2\alpha\cos\psi+\alpha^2)^{\frac{2s+1}{2}}} = \alpha^i\int_0^\pi \frac{\sin^{2i}\psi\,d\psi}{\sqrt{(1-\alpha^2\sin^2\psi)^{\frac{2s+1}{2}}}}.$$

Remarquons encore que l'on déduit de la formule (13)

$$\frac{d\beta_1^{(n)}}{d\alpha^2} = \frac{1}{2}\beta_3^{(n+1)}, \qquad \frac{d^2\beta_1^{(n)}}{(d\alpha^2)^2} = \frac{1}{2}\,\frac{1}{3}\,\beta_5^{(n+2)}, \qquad \ldots.$$

(¹) Je dois cette représentation simple à M. Radau.

Il en résulte

$$\gamma_0^{(n)} = \alpha^{n+1}\beta_1^{(n)}, \qquad \gamma_1^{(n)} = \frac{\alpha^{n+3}}{1}\,\frac{d\beta_1^{(n)}}{d\alpha^2}, \qquad \gamma_2^{(n)} = \frac{\alpha^{n+5}}{1.2}\,\frac{d^2\beta_1^{(n)}}{(d\alpha^2)^2}, \qquad \ldots.$$

On a, d'ailleurs,

$$\frac{b^{(n)}}{\alpha^n} = 2\beta_1^{(n)},$$

et, par suite,

$$2\gamma_0^{(n)} = \alpha^{n+1}\,\frac{b^{(n)}}{\alpha^n}, \qquad 2\gamma_1^{(n)} = \frac{\alpha^{n+3}}{1}\,\frac{d\,\dfrac{b^{(n)}}{\alpha^n}}{d\alpha^2}, \qquad 2\gamma_2^{(n)} = \frac{\alpha^{n+5}}{1.2}\,\frac{d^2\,\dfrac{b^{(n)}}{\alpha^n}}{(d\alpha^2)^2}, \qquad \ldots.$$

On trouve aisément

$$2\gamma_0^{(n)} = \alpha\, b^{(n)},$$

$$2\gamma_1^{(n)} = \frac{\alpha}{2}\left[\alpha\,\frac{db^{(n)}}{d\alpha} - n b^{(n)}\right] = \frac{1}{2}\,\alpha^2\,\Delta c^{(n+1)} = \frac{\alpha^2}{2}\,[c^{(n+1)} - \alpha c^{(n)}],$$

$$2\gamma_2^{(n)} = \frac{\alpha}{2.4}\left[\alpha^2\,\frac{d^2 b^{(n)}}{d\alpha^2} - (2n+1)\alpha\,\frac{db^{(n)}}{d\alpha} + n(n+2)\,b^{(n)}\right] = \frac{1.3}{2.4}\,\alpha^3\,\Delta^2 e^{(n+2)},$$

$$2\gamma_3^{(n)} = \frac{\alpha}{2.4.6}\left[\alpha^3\,\frac{d^3 b^{(n)}}{d\alpha^3} - 3(n+1)\alpha^2\,\frac{d^2 b^{(n)}}{d\alpha^2} + 3(n^2+3n+1)\alpha\,\frac{db^{(n)}}{d\alpha}\right.$$
$$\left. - n(n+2)(n+4)\,b^{(n)}\right] = \frac{1.3.5}{2.4.6}\,\alpha^4\,\Delta^3 f^{(n+3)},$$

. . . .

Nous aurons ensuite à appliquer la formule (12), en y supposant

$$(16)\qquad \left\{\begin{aligned} &C_n = \gamma_0^{(n)} - \lambda\gamma_1^{(n)} + \lambda^2\gamma_2^{(n)} - \ldots, \\ &\lambda = 1 - \left(\frac{r}{a}\right)^2\left(\frac{a'}{r'}\right)^2. \end{aligned}\right.$$

Nous poserons

$$r = a\,\frac{1-\eta^2}{1+\rho}, \qquad r' = a'\,\frac{1-\eta'^2}{1+\rho'},$$

d'où

$$\lambda = 1 - \left(\frac{1-\eta^2}{1-\eta'^2}\right)^2\left(\frac{1+\rho'}{1+\rho}\right)^2.$$

Le coefficient de $\cos nH$ dans l'expression (12), savoir

$$2C_n\left(\frac{a'}{r'}\right)^{n+1}\left(\frac{r}{a}\right)^n = 2C_n\left(\frac{1+\rho'}{1-\eta'^2}\right)^{n+1}\left(\frac{1-\eta^2}{1+\rho}\right)^n,$$

pourra être développé facilement en série suivant les puissances de ρ, ρ', η^2 et η'^2. Nous le représenterons par

$$2\Sigma(-1)^\nu\,\Omega(n, s, s')_{\nu,\nu'}\,\rho^s\rho'^{s'}\eta^{2\nu}\eta'^{2\nu'};$$

nous aurons ainsi

$$(17)\qquad a\Omega = 2\Sigma(-1)^{\nu}\Omega(n, s, s')_{\nu,\nu'}\rho^{s}\rho'^{s'}\eta^{2\nu}\eta'^{2\nu'}\cos nH,$$

$$(18)\qquad a\Omega = 2\cos nH \left\{\begin{array}{l} \Omega(n,0,0)_{0,0} + \Omega(n,1,0)_{0,0}\rho + \Omega(n,0,1)_{0,0}\rho' \\ + \Omega(n,2,0)_{0,0}\rho^2 + \Omega(n,1,1)_{0,0}\rho\rho' + \Omega(n,0,2)_{0,0}\rho'^2 \\ - \Omega(n,0,0)_{1,0}\eta^2 + \Omega(n,0,0)_{0,1}\eta'^2 \\ + \Omega(n,3,0)_{0,0}\rho^3 + \Omega(n,2,1)_{0,0}\rho^2\rho' \\ \qquad + \Omega(n,1,2)_{0,0}\rho\rho'^2 + \Omega(n,0,3)_{0,0}\rho'^3 \\ - \Omega(n,1,0)_{1,0}\rho\eta^2 + \Omega(n,1,0)_{0,1}\rho\eta'^2 \\ \qquad - \Omega(n,0,1)_{1,0}\rho'\eta^2 + \Omega(n,0,1)_{0,1}\rho'\eta'^2 \\ \qquad + \ldots\ldots\ldots\ldots \end{array}\right\}.$$

Le coefficient 2 devra être remplacé par 1, pour $n = 0$. Nous nous bornerons à chercher les premières valeurs $\Omega(n, 0, 0)_{0,0}$, $\Omega(n, 1, 0)_{0,0}\,\rho$, …; pour y arriver, nous formerons d'abord l'expression de λ,

$$\lambda = 1 - (1 + 2\eta'^2 - 2\eta^2 + \ldots)(1 + 2\rho' - 2\rho + \ldots),$$

$$\lambda = 2\rho - 2\rho' + 2\eta^2 - 2\eta'^2 + \ldots;$$

à ce degré d'approximation, on devra remplacer λ^2, λ^3, … par 0. La formule (16) donnera

$$C_n = \gamma_0^{(n)} + (2\rho' - 2\rho + 2\eta'^2 - 2\eta^2)\gamma_1^{(n)};$$

on aura ensuite

$$\begin{aligned} C_n&\left(\frac{1+\rho'}{1-\eta'^2}\right)^{n+1}\left(\frac{1-\eta^2}{1+\rho}\right)^{n} \\ &= [\gamma_0^{(n)} + (2\rho' - 2\rho + 2\eta'^2 - 2\eta^2)\gamma_1^{(n)}][1 + (n+1)\rho' - n\rho + (n+1)\eta'^2 - n\eta^2] \\ &= \gamma_0^{(n)}[1 + (n+1)\rho' - n\rho + (n+1)\eta'^2 - n\eta^2] + (2\rho' - 2\rho + 2\eta'^2 - 2\eta^2)\gamma_1^{(n)}. \end{aligned}$$

On en conclut

$$(19)\qquad \left\{\begin{aligned} \Omega(n,0,0)_{0,0} &= \gamma_0^{(n)}, \\ \Omega(n,1,0)_{0,0} &= -\quad n\gamma_0^{(n)} - 2\gamma_1^{(n)}, \\ \Omega(n,0,1)_{0,0} &= (n+1)\gamma_0^{(n)} + 2\gamma_1^{(n)}, \\ \Omega(n,0,0)_{1,0} &= \quad - n\gamma_0^{(n)} + 2\gamma_1^{(n)}, \\ \Omega(n,0,0)_{0,1} &= (n+1)\gamma_0^{(n)} + 2\gamma_1^{(n)}, \\ &\ldots\ldots\ldots\ldots \end{aligned}\right.$$

Cherchons encore, pour bien expliquer la marche des calculs, la valeur de $\Omega(n, 3, 0)_{0,0}$. Nous avons $\nu = \nu' = 0$, $s = 3$, $s' = 0$; nous pourrons prendre

$$\lambda = 1 - \frac{1}{(1+\rho)^2} = 2\rho - 3\rho^2 + 4\rho^3 - \ldots,$$

$$\lambda^2 = 4\rho^2 - 12\rho^3 + \ldots,\qquad \lambda^3 = 8\rho^3 + \ldots$$

et

$$C_n\left(\frac{1+\rho'}{1-\eta'^2}\right)^{n+1}\left(\frac{1-\eta^2}{1+\rho}\right)^n = (1+\rho)^{-n}[\gamma_0^{(n)} - \lambda\gamma_1^{(n)} + \lambda^2\gamma_2^{(n)} - \lambda^3\gamma_3^{(n)} + \ldots]$$

$$= \left[1 - n\rho + \frac{n(n+1)}{1.2}\rho^2 - \frac{n(n+1)(n+2)}{1.2.3}\rho^3\right]$$

$$\times [\gamma_0^{(n)} - (2\rho - 3\rho^2 + 4\rho^3)\gamma_1^{(n)} + (4\rho^2 - 12\rho^3)\gamma_2^{(n)} - 8\rho^3\gamma_3^{(n)}].$$

En cherchant dans ce produit le coefficient de ρ^3, on trouve aisément

$$\Omega(n, 3, 0)_{0,0} = -\frac{1}{6}n(n+1)(n+2)\gamma_0^{(n)} - (n+2)^2\gamma_1^{(n)} - 4(n+3)\gamma_2^{(n)} - 8\gamma_3^{(n)}.$$

(*Voir*, pour le calcul des autres coefficients, la page 29 du Mémoire de M. Harzer.)

172. Développement de P et de Q. — On a

$$P = m'r^2\frac{\partial\Omega}{\partial r}, \qquad r = a\frac{1-\eta^2}{1+\rho},$$

$$\frac{\partial\Omega}{\partial r} = -\frac{(1+\rho)^2}{a(1-\eta^2)}\frac{\partial\Omega}{\partial\rho},$$

d'où

$$P = -m'(1-\eta^2)\frac{\partial a\Omega}{\partial\rho},$$

et, en se reportant à la formule (17),

$$\frac{P}{m'} = -2(1-\eta^2)\Sigma s(-1)^\nu\Omega(n, s, s')_{\nu,\nu'}\rho^{s-1}\rho'^{s'}\eta^{2\nu}\eta'^{2\nu'}\cos n\mathrm{H}.$$

Si donc on pose

$$(20)\qquad \frac{P}{m'} = 2\Sigma(-1)^\nu P(n, s, s')_{\nu,\nu'}\rho^s\rho'^{s'}\eta^{2\nu}\eta'^{2\nu'}\cos n\mathrm{H},$$

on aura, par la comparaison des deux valeurs de P, et en changeant dans la première, d'abord s en $s+1$, puis ν en $\nu-1$,

$$(21)\qquad P(n, s, s')_{\nu,\nu'} = -(s+1)\Omega(n, s+1, s')_{\nu,\nu'} + \Omega(n, s+1, s')_{\nu-1,\nu'}.$$

On a ensuite

$$\frac{Q}{m'} = \frac{r^2}{a(1-\eta^2)}\frac{\partial\Omega}{\partial v} = \frac{1-\eta^2}{(1+\rho)^2}\frac{\partial a\Omega}{\partial v},$$

$$\frac{Q}{m'} = 2\frac{1-\eta^2}{(1+\rho)^2}\Sigma(-1)^\nu\Omega(n, s, s')_{\nu,\nu'}\rho^s\rho'^{s'}\eta^{2\nu}\eta'^{2\nu'}\frac{\partial\cos n\mathrm{H}}{\partial v}.$$

On pose

$$\frac{Q}{m'} = 2\Sigma(-1)^{\nu} Q(n, s, s')_{\nu,\nu'} \rho^s \rho'^{s'} \eta^{2\nu} \eta'^{2\nu'} \frac{\partial \cos n H}{\partial v}. \tag{22}$$

En comparant ces deux expressions de Q, après avoir développé dans la première $(1+\rho)^{-2}$ suivant les puissances de ρ, on trouve

$$(23) \left\{ \begin{aligned} Q(n, s, s')_{\nu,\nu'} = {} & \Omega(n, s, s')_{\nu,\nu'} - 2\Omega(n, s-1, s')_{\nu,\nu'} + 3\Omega(n, s-2, s')_{\nu,\nu'} - \ldots \\ & + \Omega(n, s, s')_{\nu-1,\nu'} - 2\Omega(n, s-1, s')_{\nu-1,\nu'} + 3\Omega(n, s-2, s')_{\nu-1,\nu'} - \ldots . \end{aligned} \right.$$

Il ne faut prendre, dans le second membre, que les termes pour lesquels les indices s et ν sont positifs. Nous supposerons, pour simplifier, les inclinaisons nulles; nous aurons alors

$$H = v - v'; \qquad \frac{\partial \cos n H}{\partial v} = -n \sin n(v - v'),$$

et les formules (20) et (22) deviendront

$$(24) \left\{ \begin{aligned} P &= 2m'\Sigma(-1)^{\nu} \quad P(n, s, s')_{\nu,\nu'} \rho^s \rho'^{s'} \eta^{2\nu} \eta'^{2\nu'} \cos n(v - v'), \\ Q &= 2m'\Sigma(-1)^{\nu+1} n Q(n, s, s')_{\nu,\nu'} \rho^s \rho'^{s'} \eta^{2\nu} \eta'^{2\nu'} \sin n(v - v'). \end{aligned} \right.$$

Les coefficients qui figurent dans ces formules s'expriment simplement, par les formules (21) et (23), à l'aide des coefficients analogues dans le développement de Ω.

Pour voir comment on tient compte des inclinaisons, nous renvoyons le lecteur à un Mémoire étendu de M. Olsson, *Ueber die absolute Bahn des Planeten* (13) *Egerie*, Stockholm, 1893.

173. **Temps réduit.** — Il s'agit de voir comment on exprimera t en fonction de v. Reprenons la formule (b), et posons-y

$$\frac{k}{a\sqrt{a}} = n; \tag{25}$$

n sera une constante absolue, et il viendra

$$\frac{n\,dt}{dv} = \frac{(1-\eta^2)^{\frac{3}{2}}}{(1+\rho)^2}(1+S). \tag{26}$$

Soit (ρ) la partie de ρ qui ne contient pas le facteur m' et est de l'ordre de l'excentricité. On a

$$(\rho) = \eta \cos(v - \varpi);$$

mais, à l'exemple de Clairaut et de Laplace dans le cas de la Lune, M. Gyldén introduit dès maintenant le mouvement moyen du périhélie, lequel est de la forme ςnt, et nous le supposerons représenté par ςv; la longitude du périhélie sera donc égale à $\varpi + \varsigma v$, et nous aurons

$$(\rho) = \eta \cos(v - \varsigma v - \varpi); \tag{27}$$

le coefficient ς est extrêmement petit; (ρ) est ce que M. Gyldén appelle *la partie élémentaire* de ρ; η et ϖ contiendront le reste des inégalités séculaires mises sous la forme de termes à très longues périodes; on pose ensuite

$$\rho = (\rho) + R, \tag{28}$$

et R sera de l'ordre de m'. La formule (26) donnera

$$\frac{n\,dt}{dv} = (1 - \eta^2)^{\frac{3}{2}} \frac{1 + S}{[1 + (\rho) + R]^2}.$$

On pose

$$nt = n\zeta + W, \tag{29}$$

ζ étant déterminé par l'équation

$$\frac{n\,d\zeta}{dv} = \frac{(1 - \eta^2)^{\frac{3}{2}}}{[1 + (\rho)]^2}. \tag{30}$$

On trouve ensuite

$$\frac{dW}{dv} = \frac{(1 - \eta^2)^{\frac{3}{2}}}{[1 + (\rho)]^2} \left\{ \left[1 + \frac{R}{1 + (\rho)} \right]^{-2} (1 + S) - 1 \right\};$$

ou bien, en développant suivant les puissances de R,

$$\frac{dW}{dv} = \frac{(1 - \eta^2)^{\frac{3}{2}}}{[1 + (\rho)]^2} \left[-\frac{2R}{1 + (\rho)} + \frac{3R^2}{[1 + (\rho)]^2} - \ldots + S - \frac{2RS}{1 + (\rho)} + \ldots \right].$$

On peut ensuite développer suivant les puissances de (ρ) et de η^2, ce qui donne

$$\begin{aligned} \frac{dW}{dv} = {} & S - 2R + 3R^2 - 2RS + 3\eta^2 R - \frac{3}{2}\eta^2 S \\ & + (\rho)(6R - 2S + 6RS) + (\rho)^2(3S - 12R) + \ldots. \end{aligned}$$

On peut remplacer (ρ) par sa valeur (27) et $(\rho)^2$ par

$$\frac{1}{2}\eta^2 + \frac{1}{2}\eta^2 \cos(2v - 2\varsigma v - 2\varpi).$$

On trouve finalement

$$(31)\quad \begin{cases} \dfrac{dW}{dv} = S - 2R + 3R^2 - 2RS + (6R - 2S + 6RS)\eta\cos(v - \varsigma v - \varpi) \\ \qquad - 3\eta^2 R + \left(\dfrac{3}{2}S - 6R\right)\eta^2\cos(2v - 2\varsigma v - 2\varpi). \end{cases}$$

Il nous faut revenir maintenant au calcul de ζ par l'équation (30); cette quantité ζ est ce que l'on nomme le *temps réduit*. On comprend le sens de cette dénomination quand on se reporte à la formule (29); ζ est, en effet, la partie principale de t, et $\frac{W}{n}$ en est le complément. Les formules (27) et (30) donnent

$$(32)\qquad d\zeta = \frac{(1-\eta^2)^{\frac{3}{2}}}{[1+\eta\cos(v-\varsigma v-\varpi)]^2}\,dv.$$

Or, on a [t. I, p. 224, formule (D)]

$$\frac{(1-\eta^2)^{\frac{3}{2}}}{[1+\eta\cos(v-\varsigma v-\varpi)]^2} = 1 - 2\eta\cos(v-\varsigma v-\varpi) + 2\eta^2\frac{1+2\sqrt{1-\eta^2}}{(1+\sqrt{1-\eta^2})^2}\cos 2(v-\varsigma v-\varpi)$$
$$- 2\eta^3\frac{1+3\sqrt{1-\eta^2}}{(1+\sqrt{1-\eta^2})^3}\cos 3(v-\varsigma v-\varpi) + \ldots,$$

ou bien

$$(33)\qquad \frac{d\zeta}{dv} = 1 + \sum_{i=1}^{i=\infty} iB_i\cos i(v-\varsigma v-\varpi).$$

On aura, comme on voit,

$$B_1 = -2\eta, \qquad B_2 = \eta^2\frac{1+2\sqrt{1-\eta^2}}{(1+\sqrt{1-\eta^2})^2}, \qquad B_3 = -\frac{2}{3}\eta^3\frac{1+3\sqrt{1-\eta^2}}{(1+\sqrt{1-\eta^2})^3},$$
$$B_4 = +\frac{2}{4}\eta^4\frac{1+4\sqrt{1-\eta^2}}{(1+\sqrt{1-\eta^2})^4}, \qquad \ldots,$$

d'où l'on tire aisément

$$(34)\quad \begin{cases} B_1 = -2\eta, \qquad B_2 = \dfrac{3}{4}\eta^2 + \dfrac{1}{8}\eta^4 + \ldots, \qquad B_3 = -\dfrac{1}{3}\eta^3 - \dfrac{1}{8}\eta^5 - \ldots, \\ B_4 = \dfrac{5}{32}\eta^4 + \ldots, \qquad B_5 = -\dfrac{3}{40}\eta^5 + \ldots. \end{cases}$$

En intégrant l'équation (33), et considérant η et ϖ comme des constantes, il vient

$$\zeta = v + \frac{1}{1-\varsigma}\Sigma B_i\sin i(v-\varsigma v-\varpi) + \text{const.}$$

On aura donc, en désignant par A une constante arbitraire et se reportant à la formule (29),

$$(35)\qquad nt + \mathrm{A} = v + \frac{1}{1-\varsigma}\,\Sigma \mathrm{B}_i \sin i(v - \varsigma v - \varpi) + \mathrm{W},$$

on aurait de même, pour Jupiter,

$$(36)\qquad n't + \mathrm{A}' = v' + \frac{1}{1-\varsigma'}\,\Sigma \mathrm{B}'_i \sin i(v' - \varsigma' v' - \varpi') + \mathrm{W}',$$

où $\varsigma' v'$ désigne le mouvement moyen du périhélie de Jupiter; les coefficients B'_i sont définis par des équations que l'on déduit de (34), en y remplaçant η par η'.

Il y a lieu de compléter dès à présent les formules précédentes; nous avons supposé η et ϖ constants dans l'intégration de l'équation (33); mais M. Gyldén trouve plus avantageux d'affecter η et ϖ de leurs inégalités à très longues périodes, de manière que R se compose autant que possible de termes à courtes périodes. Il nous faut donc tenir compte de la variabilité de η et de ϖ; revenons à l'équation (33), en ne prenant que les deux premiers termes du second membre;

$$\frac{d\zeta}{dv} = 1 - 2\eta\cos(v - \varsigma v - \varpi),$$

d'où

$$\zeta = v - 2\int \eta\cos(v - \varsigma v - \varpi)\,dv.$$

On a la formule suivante, qui se vérifie immédiatement,

$$\begin{aligned}\int \eta\cos(v - \varsigma v - \varpi)\,dv = {} & \frac{1}{1-\varsigma}\,\eta\cos\varpi\sin(v - \varsigma v) \\ & - \frac{1}{1-\varsigma}\int \sin(v - \varsigma v)\,d.\eta\cos\varpi \\ & - \frac{1}{1-\varsigma}\,\eta\sin\varpi\cos(v - \varsigma v) \\ & + \frac{1}{1-\varsigma}\int \cos(v - \varsigma v)\,d.\eta\sin\varpi.\end{aligned}$$

Si donc on pose, en négligeant ς devant 1,

$$(37)\qquad \mathrm{X} = 2\int \cos(v - \varsigma v)\,d.\eta\sin\varpi - 2\int \sin(v - \varsigma v)\,d.\eta\cos\varpi,$$

on trouve que l'équation (35) doit être remplacée par

$$(35')\qquad nt + \mathrm{A} = v + \frac{1}{1-\varsigma}\,\Sigma \mathrm{B}_i \sin i(v - \varsigma v - \varpi) + \mathrm{W} - \mathrm{X};$$

on aura de même

(36′) $$n't + \Lambda' = v' + \frac{1}{1-\varsigma'} \Sigma B'_i \sin i(v' - \varsigma' v' - \varpi') + W' - X',$$

(37′) $$X' = 2\int \cos(v' - \varsigma' v')\, d.\eta' \sin\varpi' - 2\int \sin(v' - \varsigma' v')\, d.\eta' \cos\varpi'.$$

174. **Expression de v' en fonction de v.** — Éliminons t entre les équations (35′) et (36′), et posons pour cela

(38) $$\mu = \frac{n'}{n}, \qquad B = \Lambda' - \mu\Lambda, \qquad U = \mu(W - X) - (W' - X');$$

nous trouverons

(39) $$v' = \mu v + B + U + \frac{\mu}{1-\varsigma} \Sigma B_i \sin i(v - \varsigma v - \varpi) - \frac{1}{1-\varsigma'} \Sigma B'_i \sin i(v' - \varsigma' v' - \varpi').$$

Il s'agit de tirer de là l'expression cherchée de v' en fonction de v. Posons

(40) $$\begin{cases} v - \varsigma v - \varpi = V, & v - \mu\varsigma' v - \varpi' = V', \\ (1-\mu)v - B - U = w, & v - v' = H; \end{cases}$$

nous aurons

$$\varsigma' v' = \varsigma'(\mu v + B + U + \ldots) = \mu v \varsigma' + \ldots,$$
$$v' - \varsigma' v' - \varpi' = V' - H,$$

et l'équation (39) donnera

$$H = w - \frac{\mu}{1-\varsigma} \Sigma B_i \sin iV - \frac{1}{1-\varsigma'} \Sigma B'_i \sin i(H - V');$$

c'est de là que l'on tirera H en fonction de w, v et v'; on pourra employer la méthode des approximations successives; on aura d'abord

$$H = w - \frac{\mu}{1-\varsigma} \Sigma B_i \sin iV - \frac{1}{1-\varsigma'} \Sigma B'_i \sin\left(iw - iV' - \frac{i\mu}{1-\varsigma} \Sigma B_i \sin iV\right),$$

et ainsi de suite. Nous nous bornerons à

(41) $$H = w + \frac{2\mu}{1-\varsigma} \eta \sin V + \frac{2}{1-\varsigma'} \eta' \sin(w - V').$$

On en conclut, au même degré d'approximation,

$$\cos nH = \cos nw - \left[\frac{2\mu n}{1-\varsigma} \eta \sin V + \frac{2n}{1-\varsigma'} \eta' \sin(w - V')\right] \sin nw,$$

$$\sin nH = \sin nw + \left[\frac{2\mu n}{1-\varsigma} \eta \sin V + \frac{2n}{1-\varsigma'} \eta' \sin(w - V')\right] \cos nw,$$

ou bien

$$(42)\quad \begin{cases} \cos n\mathrm{H} = \cos nw - \dfrac{\mu n}{1-\varsigma}\,\eta\cos(nw - \mathrm{V}) + \dfrac{\mu n}{1-\varsigma}\,\eta\cos(nw + \mathrm{V}) \\ \qquad + \dfrac{n}{1-\varsigma'}\,\eta'\cos[(n+1)w - \mathrm{V}'] - \dfrac{n}{1-\varsigma'}\,\eta'\cos[(n-1)w + \mathrm{V}']; \end{cases}$$

$$(43)\quad \begin{cases} \sin n\mathrm{H} = \sin nw - \dfrac{\mu n}{1-\varsigma}\,\eta\sin(nw - \mathrm{V}) + \dfrac{\mu n}{1-\varsigma}\,\eta\sin(nw + \mathrm{V}) \\ \qquad + \dfrac{n}{1-\varsigma'}\,\eta'\sin[(n+1)w - \mathrm{V}'] - \dfrac{n}{1-\varsigma'}\,\eta'\sin[(n-1)w + \mathrm{V}']. \end{cases}$$

Il s'agit d'en déduire les développements de P et de Q. La seconde des formules (24) donnera

$$\mathrm{Q} = -2m'\Sigma n \sin n\mathrm{H}[\mathrm{Q}(n, 0, 0)_{0,0} + \mathrm{Q}(n, 1, 0)_{0,0}\,\rho + \mathrm{Q}(n, 0, 1)_{0,0}\,\rho'];$$

on doit remplacer ρ et ρ' par

$$\rho = \eta\cos\mathrm{V}, \qquad \rho' = \eta'\cos(w - \mathrm{V}'),$$

ce qui donnera, en négligeant ς et ς' dans les diviseurs,

$$\begin{aligned} \frac{\mathrm{Q}}{m'} = &-2n\mathrm{Q}(n, 0, 0)_{0,0}\left[\begin{aligned} &\sin nw - \mu n\eta\sin(nw - \mathrm{V}) + \mu n\eta\sin(nw + \mathrm{V}) \\ &\quad + n\eta'\sin[(n+1)w - \mathrm{V}'] - n\eta'\sin[(n-1)w + \mathrm{V}'] \end{aligned}\right] \\ &-2n\sin nw\,\mathrm{Q}(n, 1, 0)_{0,0}\,\eta\cos\mathrm{V} \\ &-2n\sin nw\,\mathrm{Q}(n, 0, 1)_{0,0}\,\eta'\cos(w - \mathrm{V}'), \end{aligned}$$

si l'on pose

$$(44)\quad \begin{cases} \dfrac{\mathrm{Q}}{m'} = \mathrm{A}_{0,0}(n, -n)\sin nw \\ \quad + \mathrm{A}_{1,0}(n+1, -n)\,\eta\sin(nw + \mathrm{V}) + \mathrm{A}_{1,0}(n-1, -n)\,\eta\sin(nw - \mathrm{V}) \\ \quad + \mathrm{A}_{0,1}(n, -n+1)\,\eta'\sin[(n-1)w + \mathrm{V}'] \\ \quad + \mathrm{A}_{0,1}(n, -n-1)\,\eta'\sin[(n+1)w - \mathrm{V}']. \end{cases}$$

On trouvera sans peine, en comparant à l'expression précédente de $\dfrac{\mathrm{Q}}{m'}$,

$$(45)\quad \begin{cases} \mathrm{A}_{0,0}(n, \quad -n) = -2n\quad \mathrm{Q}(n, 0, 0)_{0,0}, \\ \mathrm{A}_{1,0}(n+1, -n) = -2\mu n^2\mathrm{Q}(n, 0, 0)_{0,0} - n\mathrm{Q}(n, 1, 0)_{0,0}, \\ \mathrm{A}_{1,0}(n-1, -n) = +2\mu n^2\mathrm{Q}(n, 0, 0)_{0,0} - n\mathrm{Q}(n, 1, 0)_{0,0}, \\ \mathrm{A}_{0,1}(n, -n+1) = +2\quad n^2\mathrm{Q}(n, 0, 0)_{0,0} - n\mathrm{Q}(n, 0, 1)_{0,0}, \\ \mathrm{A}_{0,1}(n, -n-1) = -2\quad n^2\mathrm{Q}(n, 0, 0)_{0,0} - n\mathrm{Q}(n, 0, 1)_{0,0}. \end{cases}$$

On a ensuite, d'après la formule (23),

$$\begin{aligned} Q(n, 0, 0)_{0,0} &= \Omega(n, 0, 0)_{0,0}, \\ Q(n, 1, 0)_{0,0} &= \Omega(n, 1, 0)_{0,0} - 2\Omega(n, 0, 0)_{0,0}, \\ Q(n, 0, 1)_{0,0} &= \Omega(n, 0, 1)_{0,0}, \end{aligned}$$

d'où, en ayant égard aux formules (19),

$$\begin{aligned} Q(n, 0, 0)_{0,0} &= \gamma_0^{(n)}, \\ Q(n, 1, 0)_{0,0} &= -(n+2)\gamma_0^{(n)} - 2\gamma_1^{(n)}, \\ Q(n, 0, 1)_{0,0} &= (n+1)\gamma_0^{(n)} + 2\gamma_1^{(n)}. \end{aligned}$$

Il en résulte enfin

$$(46)\quad \begin{cases} A_{0,0}(n, -n) = -2n\gamma_0^{(n)}, \\ A_{1,0}(n+1, -n) = (n^2 + 2n - 2\mu n^2)\gamma_0^{(n)} + 2n\gamma_1^{(n)}, \\ A_{1,0}(n-1, -n) = (n^2 + 2n + 2\mu n^2)\gamma_0^{(n)} + 2n\gamma_1^{(n)}, \\ A_{0,1}(n, -n+1) = (n^2 - n)\gamma_0^{(n)} - 2n\gamma_1^{(n)}, \\ A_{0,1}(n, -n-1) = -(3n^2 + n)\gamma_0^{(n)} - 2n\gamma_1^{(n)}. \end{cases}$$

Au lieu de $\gamma_0^{(1)}$, il faut prendre $\gamma_0^{(1)} - \frac{1}{2}\alpha^2$.

On aura de même

$$(47)\quad \begin{cases} \frac{P}{m'} = B_{0,0}(n, -n)\cos n w \\ \quad + B_{1,0}(n+1, -n)\eta\cos(n w + V) + B_{1,0}(n-1, -n)\eta\cos(n w - V) \\ \quad + B_{0,1}(n, -n+1)\eta'\cos[(n-1) w + V'] \\ \quad + B_{0,1}(n, -n-1)\eta'\cos[(n+1) w - V']; \end{cases}$$

et l'on trouvera assez facilement

$$(48)\quad \begin{cases} B_{0,0}(n, -n) = 2n\gamma_0^{(n)} + 4\gamma_1^{(n)}, \\ B_{1,0}(n+1, -n) = (-n^2 - n + 2\mu n^2)\gamma_0^{(n)} + (-4n - 6 + 4\mu n)\gamma_1^{(n)} - 8\gamma_2^{(n)}, \\ B_{1,0}(n-1, -n) = (-n^2 - n - 2\mu n^2)\gamma_0^{(n)} + (-4n - 6 - 4\mu n)\gamma_1^{(n)} - 8\gamma_2^{(n)}, \\ B_{0,1}(n, -n+1) = -(n^2 - n)\gamma_0^{(n)} + 6\gamma_1^{(n)} + 8\gamma_2^{(n)}, \\ B_{0,1}(n, -n-1) = (3n^2 + n)\gamma_0^{(n)} + (8n + 6)\gamma_1^{(n)} + 8\gamma_2^{(n)}. \end{cases}$$

Il faut remarquer que, pour $n = 0$, les expressions des B doivent être divisées par 2.

Remarque. — Soit ϑ l'argument général du développement de Ω; ϑ sera une combinaison linéaire, avec multiples entiers, des trois arguments partiels w,

V et V′, définis par les formules (40). On pourra donc écrire, en désignant par α', β et β' trois entiers positifs ou négatifs,

$$\vartheta = -\alpha' w - \beta V - \beta' V',$$

d'où

$$\vartheta = v(-\alpha' - \beta - \beta' + \mu\alpha' + \beta\varsigma + \mu\beta'\varsigma') + \alpha'(B + U) + \beta\varpi + \beta'\varpi',$$

ou bien

$$(49) \qquad \vartheta = v(\alpha + \mu\alpha' + \beta\varsigma + \beta'\mu\varsigma') + \alpha'(B + U) + \beta\varpi + \beta'\varpi',$$

en faisant

$$(50) \qquad \alpha + \alpha' + \beta + \beta' = 0.$$

Le cosinus de ϑ sera multiplié par $\eta^s \eta'^{s'}$, et l'on aura

$$s = |\beta| + \text{un nombre pair},$$
$$s' = |\beta'| + \text{un nombre pair}.$$

Nous remarquerons encore que, dans Ω, on aurait dû remplacer ρ par $(\rho) + R$, et non pas seulement par (ρ). De là une nouvelle modification de la fonction perturbatrice, mais sur laquelle nous n'insisterons pas.

M. Masal, dans son Mémoire intitulé *Formeln und Tafeln zur Berechnung der absoluten Störungen der Planeten*, Stockholm, 1889, a développé les expressions des coefficients A et B en fonction des $\gamma_i^{(n)}$, jusqu'aux troisièmes puissances des excentricités, et il a donné des Tables pour plusieurs des coefficients qui figurent dans les formules.

CHAPITRE XXIV.

SUITE DE LA MÉTHODE DE GYLDÉN POUR LES PERTURBATIONS DES PETITES PLANÈTES.

175. **Recherche de la partie élémentaire de** ρ. — Dans une première approximation, les équations (A) et (B) du Chapitre précédent peuvent être réduites à

$$(1) \qquad \frac{d^2\rho}{dv^2} + \rho = 2S - P,$$

$$(2) \qquad \frac{dS}{dv} = -Q.$$

Nous allons chercher dans P et S, par suite dans P et Q, les termes dont les arguments sont V et V′ parce que ces termes peuvent grandir beaucoup dans l'intégration de l'équation (1); nous nous bornerons d'ailleurs aux parties principales des coefficients des termes en question, lesquelles contiennent l'un des facteurs η ou η'. Nous aurons alors

$$\frac{P}{m'} = -\frac{\partial a\Omega}{\partial \rho}, \qquad \frac{Q}{m'} = (1-2\rho)\frac{\partial a\Omega}{\partial v},$$

$$a\Omega = \frac{a'}{r'}C_0 + 2\left(\frac{a'}{r'}\right)^2 \frac{r}{a} C_1 \cos H,$$

$$a\Omega = (1+\rho')C_0 + \frac{2(1+2\rho')}{1+\rho} C_1 \cos H;$$

les termes en cos 2H, cos 3H, ... doivent être laissés de côté, parce que les portions $2w$, $3w$, ... des arguments ne pourraient pas être détruites dans les multiplications par ρ et ρ'.

Nous aurons ensuite

$$C_0 = \gamma_0^{(0)} - \lambda\gamma_1^{(0)} + \lambda^2\gamma_2^{(0)},$$

$$_1 = \gamma_0^{(1)} - \lambda\gamma_1^{(1)} + \lambda^2\gamma_2^{(1)},$$

$$\lambda = 1 - \frac{(1+\rho')^2}{(1+\rho)^2};$$

d'où l'on tire aisément

$$\frac{\partial C_0}{\partial \rho} = -2\gamma_1^{(0)}(1+2\rho'-3\rho)+8\gamma_2^{(0)}(\rho-\rho'),$$

$$\frac{\partial C_1}{\partial \rho} = -2\gamma_1^{(1)}(1+2\rho'-3\rho)+8\gamma_2^{(1)}(\rho-\rho');$$

puis

$$-\frac{\partial a\Omega}{\partial \rho} = 2\gamma_1^{(0)}(1+3\rho'-3\rho)-8\gamma_2^{(0)}(\rho-\rho')$$
$$+2\cos \mathrm{H}[(1+2\rho'-2\rho)\gamma_0^{(1)}+2\gamma_1^{(1)}(1+5\rho'-5\rho)-8\gamma_2^{(1)}(\rho-\rho')].$$

On a d'ailleurs

$$\frac{\partial a\Omega}{\partial v} = -2\frac{1+2\rho'}{1+\rho}C_1\sin \mathrm{H},$$

$$(1-2\rho)\frac{\partial a\Omega}{\partial v} = -2\sin \mathrm{H}[(1+2\rho'-3\rho)\gamma_0^{(1)}-2(\rho-\rho')\gamma_1^{(1)}].$$

Il reste à remplacer ρ, ρ', $\cos \mathrm{H}$ et $\sin \mathrm{H}$ par les valeurs

$$\rho = \eta\cos \mathrm{V}, \qquad \rho' = \eta'\cos(w-\mathrm{V}'),$$

$$\cos \mathrm{H} = \cos w - \mu\eta\cos(w-\mathrm{V})+\mu\eta\cos(w+\mathrm{V})+\eta'\cos(2w-\mathrm{V}')-\eta'\cos \mathrm{V}',$$

$$\sin \mathrm{H} = \sin w - \mu\eta\sin(w-\mathrm{V})+\mu\eta\sin(w+\mathrm{V})+\eta'\sin(2w-\mathrm{V}')-\eta'\sin \mathrm{V}',$$

et à retenir seulement les termes d'arguments V et V'.

On trouvera ainsi

$$-\frac{\partial a\Omega}{\partial \rho} = 2\gamma_1^{(0)}-6\gamma_1^{(0)}\eta\cos \mathrm{V}-8\gamma_2^{(0)}\eta\cos \mathrm{V}+6\gamma_1^{(1)}\eta'\cos \mathrm{V}'+8\gamma_2^{(1)}\eta'\cos \mathrm{V}',$$

$$(1-2\rho)\frac{\partial a\Omega}{\partial v} = -2\gamma_1^{(1)}\eta'\sin \mathrm{V}'.$$

On aura donc

$$(3)\qquad \begin{cases} \mathrm{P} = 2m'\gamma_1^{(0)}-m'[6\gamma_1^{(0)}+8\gamma_2^{(0)}]\eta\cos \mathrm{V}+m'[6\gamma_1^{(1)}+8\gamma_2^{(1)}]\eta'\cos \mathrm{V}',\\ \mathrm{Q} = -2m'\gamma_1^{(1)}\eta'\sin \mathrm{V}'; \end{cases}$$

l'équation (2) donnera

$$\mathrm{S} = 2m'\gamma_1^{(1)}\int \eta'\sin \mathrm{V}'dv = 2m'\gamma_1^{(1)}\int \eta'\sin[(1-\mu\varsigma')v-\varpi']dv.$$

On peut effectuer l'intégration en considérant η' et ϖ' comme des constantes; il vient ainsi

$$(4)\qquad \mathrm{S} = -\frac{2m'\gamma_1^{(1)}}{1-\mu\varsigma'}\eta'\cos \mathrm{V}'.$$

En portant dans (1) les expressions (3) et (4) de P et de S, il vient

$$\frac{d^2\rho}{dv^2} + \rho = -2m'\gamma_1^{(0)} + m'[6\gamma_1^{(0)} + 8\gamma_2^{(0)}]\eta\cos V$$
$$- m'\left[\gamma_1^{(1)}\left(\frac{4}{1-\mu\varsigma'} + 6\right) + 8\gamma_2^{(1)}\right]\eta'\cos V'.$$

On peut supprimer la partie constante, ce qui reviendrait à une modification de la constante a, remplacer $\eta\cos V$ par ρ et poser

(5) $$\beta = m'[6\gamma_1^{(0)} + 8\gamma_2^{(0)}],$$

(6) $$-\gamma = m'\left[\gamma_1^{(1)}\left(\frac{4}{1-\mu\varsigma'} + 6\right) + 8\gamma_2^{(1)}\right].$$

On trouve ainsi, en mettant (ρ) pour la partie élémentaire de ρ,

(7) $$\frac{d^2(\rho)}{dv^2} + (1-\beta)(\rho) = \gamma\eta'\cos[(1-\mu\varsigma')v - \varpi'].$$

Nous aurions pu faire le calcul ci-dessus en nous aidant des résultats obtenus au Chapitre précédent; mais il y avait de l'intérêt à le faire directement.

176. **Intégration de l'équation** (7). — Soient e' et ω' l'excentricité et la longitude du périhélie de Jupiter; on a vu (t. I, Chap. XXVI) que e' et ω', en tenant compte des inégalités séculaires causées par Saturne et Uranus, sont déterminés ([1]) par les formules

(8) $$\begin{cases} e'\sin\omega' = \varkappa'\sin(gt+G) + \varkappa_1'\sin(g_1t+G_1) + \varkappa_2'\sin(g_2t+G_2), \\ e'\cos\omega' = \varkappa'\cos(gt+G) + \varkappa_1'\cos(g_1t+G_1) + \varkappa_2'\cos(g_2t+G_2). \end{cases}$$

Les coefficients g, g_1 et g_2 sont très petits; nous donnons leurs valeurs plus loin. Posons

(9) $$g = n'\varsigma', \qquad g_1 = n'\varsigma_1', \qquad g_2 = n'\varsigma_2';$$

les formules (8) deviendront

(8′) $$\begin{cases} e'\sin\omega' = \varkappa'\sin(\mu\varsigma'v+\Gamma') + \varkappa_1'\sin(\mu\varsigma_1'v+\Gamma_1') + \varkappa_2'\sin(\mu\varsigma_2'v+\Gamma_2'), \\ e'\cos\omega' = \varkappa'\cos(\mu\varsigma'v+\Gamma') + \varkappa_1'\cos(\mu\varsigma_1'v+\Gamma_1') + \varkappa_2'\cos(\mu\varsigma_2'v+\Gamma_2'). \end{cases}$$

Le coefficient $\varkappa'$ est plus grand que la somme des valeurs absolues de $\varkappa_1'$ et

([1]) En laissant de côté les perturbations causées dans le mouvement de Jupiter par Neptune, Mars, la Terre, Vénus et Mercure.

de $\varkappa'_2$; donc (t. I, p. 418) $\mu\varsigma' v + \Gamma'$ est la partie non périodique de ω', de sorte que, si l'on fait

$$\omega' = \mu\varsigma' v + \varpi', \tag{10}$$

ϖ' se composera seulement de termes périodiques, mais de périodes très longues; la quantité ς' définie par la première des formules (9) est donc identique à la quantité ς' introduite antérieurement. Si l'on met η' au lieu de e', on déduit aisément des formules (8')

$$\left\{\begin{aligned} \eta'\cos(\varpi' - \Gamma') &= \varkappa' + \varkappa'_1 \cos[(\mu\varsigma'_1 - \mu\varsigma')v + \Gamma'_1 - \Gamma'] \\ &\quad + \varkappa'_2 \cos[(\mu\varsigma'_2 - \mu\varsigma')v + \Gamma'_2 - \Gamma'], \\ \eta'\sin(\varpi' - \Gamma') &= \quad \varkappa'_1 \sin[(\mu\varsigma'_1 - \mu\varsigma')v + \Gamma'_1 - \Gamma'] \\ &\quad + \varkappa'_2 \sin[(\mu\varsigma'_2 - \mu\varsigma')v + \Gamma'_2 - \Gamma']. \end{aligned}\right. \tag{11}$$

On peut écrire aussi

$$\eta'\cos[(1 - \mu\varsigma')v - \varpi'] = \varkappa'\cos[(1 - \mu\varsigma')v - \Gamma'] + \varkappa'_1\cos[(1 - \mu\varsigma'_1)v - \Gamma'_1] + \ldots$$
$$\eta'\sin[(1 - \mu\varsigma')v - \varpi'] = \varkappa'\sin[(1 - \mu\varsigma')v - \Gamma'] + \varkappa'_1\sin[(1 - \mu\varsigma'_1)v - \Gamma'_1] + \ldots,$$

moyennant quoi l'équation (7) devient

$$\left\{\begin{aligned} \frac{d^2(\rho)}{dv^2} + (1 - \beta)(\rho) &= \gamma\varkappa'\cos[(1 - \mu\varsigma')v - \Gamma'] \\ &\quad + \gamma\varkappa'_1\cos[(1 - \mu\varsigma'_1)v - \Gamma'_1] + \gamma\varkappa'_2\cos[(1 - \mu\varsigma'_2)v - \Gamma'_2]. \end{aligned}\right. \tag{12}$$

C'est une équation linéaire du second ordre, à coefficients constants, et avec second membre. On sait que son intégrale générale sera de la forme

$$\left\{\begin{aligned} (\rho) &= \varkappa_0\cos\left(v\sqrt{1 - \beta} - \Gamma\right) + \mathrm{a}\cos[(1 - \mu\varsigma')v - \Gamma'] \\ &\quad + \mathrm{a}_1\cos[(1 - \mu\varsigma'_1)v - \Gamma'_1] + \mathrm{a}_2\cos[(1 - \mu\varsigma'_2)v - \Gamma'_2], \end{aligned}\right. \tag{13}$$

où $\varkappa_0$ et Γ sont deux constantes arbitraires. D'après ce que l'on a supposé, p. 388, on doit prendre

$$\sqrt{1 - \beta} = 1 - \varsigma, \qquad \beta = 2\varsigma - \varsigma^2. \tag{14}$$

Les coefficients a, a_1 et a_2 s'obtiennent en écrivant que l'expression (13) vérifie identiquement l'équation (12). On trouve ainsi sans peine

$$\mathrm{a}\,[(1 - \varsigma)^2 - (1 - \mu\varsigma')^2] = \gamma\varkappa',$$
$$\mathrm{a}_1[(1 - \varsigma)^2 - (1 - \mu\varsigma'_1)^2] = \gamma\varkappa'_1,$$
$$\mathrm{a}_2[(1 - \varsigma)^2 - (1 - \mu\varsigma'_2)^2] = \gamma\varkappa'_2.$$

Si l'on pose encore

$$(15)\quad \begin{cases} \sigma = \dfrac{n'}{n}\varsigma' = \dfrac{g}{n}, \\ \sigma_1 = \dfrac{n'}{n}\varsigma'_1 = \dfrac{g_1}{n}, \\ \sigma_2 = \dfrac{n'}{n}\varsigma'_2 = \dfrac{g_2}{n}, \end{cases}$$

on trouvera que la formule (13) devient

$$(16)\quad \begin{cases} (\rho) = \varkappa_0 \cos[(1-\varsigma)v - \Gamma] + \dfrac{\gamma\varkappa'}{2\sigma - \sigma^2 - 2\varsigma + \varsigma^2}\cos[(1-\sigma)v - \Gamma'] \\ \qquad + \dfrac{\gamma\varkappa'_1}{2\sigma_1 - \sigma_1^2 - 2\varsigma + \varsigma^2}\cos[(1-\sigma)v_1 - \Gamma'_1] \\ \qquad + \dfrac{\gamma\varkappa'_2}{2\sigma_2 - \sigma_2^2 - 2\varsigma + \varsigma^2}\cos[(1-\sigma)v_2 - \Gamma'_2]. \end{cases}$$

177. Détermination des constantes arbitraires $\varkappa_0$ et Γ. — Reprenons l'équation (16), en l'écrivant ainsi

$$(17)\quad (\rho) = \varkappa_0 \cos[(1-\varsigma)v - \Gamma] + \sum_0^2 \mathrm{a}_i \cos[(1-\sigma_i)v - \Gamma'_i],$$

$$(18)\quad \mathrm{a}_i = \frac{\gamma\varkappa'_i}{(\sigma_i - \varsigma)(2 - \sigma_i - \varsigma)}.$$

On doit avoir aussi

$$(19)\quad (\rho) = e\cos(v - \Pi),$$

en désignant par Π la longitude variable du périhélie. En égalant les coefficients de $\cos v$ et de $\sin v$ dans les deux expressions (17) et (19) de (ρ), on trouve

$$(20)\quad \begin{cases} e\cos\Pi = \varkappa_0\cos(\varsigma v + \Gamma) + \Sigma\mathrm{a}_i\cos(\sigma_i v + \Gamma'_i), \\ e\sin\Pi = \varkappa_0\sin(\varsigma v + \Gamma) + \Sigma\mathrm{a}_i\sin(\sigma_i v + \Gamma'_i). \end{cases}$$

Soient e_0 et ϖ_0 les valeurs initiales de e et de Π à l'époque qui correspond à $v = 0$; on aura

$$e_0\cos\varpi_0 = \varkappa_0\cos\Gamma + \Sigma\mathrm{a}_i\cos\Gamma'_i,$$
$$e_0\sin\varpi_0 = \varkappa_0\sin\Gamma + \Sigma\mathrm{a}_i\sin\Gamma'_i;$$

d'où

$$(21)\quad \begin{cases} \varkappa_0\cos\Gamma = e_0\cos\varpi_0 - \Sigma\mathrm{a}_i\cos\Gamma'_i, \\ \varkappa_0\sin\Gamma = e_0\sin\varpi_0 - \Sigma\mathrm{a}_i\sin\Gamma'_i. \end{cases}$$

En portant ces valeurs dans la formule (17), il vient

$$(22)\quad \begin{cases} (\rho) = e_0 \cos[(1-\varsigma)v - \varpi_0] - \sum_0^2 \mathrm{a}_i \cos[(1-\varsigma)v - \Gamma'_i] \\ \qquad + \sum_0^2 \mathrm{a}_i \cos[(1-\sigma_i)v - \Gamma'_i]; \end{cases}$$

ou bien encore

$$(23)\quad (\rho) = e_0 \cos[(1-\varsigma)v - \varpi_0] + 2\Sigma \mathrm{a}_i \sin\left(\frac{\sigma_i - \varsigma}{2} v\right) \sin\left[\left(1 - \frac{\sigma_i + \varsigma}{2}\right) v - \Gamma'_i\right].$$

Pendant un intervalle de temps pas trop grand, mais qui peut être cependant de plusieurs siècles, on est en droit de se borner à

$$\sin \frac{\sigma_i - \varsigma}{2} v = \frac{\sigma_i - \varsigma}{2} v.$$

La formule (23) devient alors, en remettant pour a_i sa valeur (18),

$$(\rho) = e_0 \cos[(1-\varsigma)v - \varpi_0] + v \sum_0^2 \frac{\gamma \varkappa'_i}{2 - \sigma_i - \varsigma} \sin\left[\left(1 - \frac{\sigma_i + \varsigma}{2}\right) v - \Gamma'_i\right];$$

on pourrait même prendre

$$(24)\quad (\rho) = e_0 \cos[(1-\varsigma)v - \varpi_0] + \frac{1}{2} v \sum_{i=0}^{i=2} \gamma \varkappa'_i \sin\left[\left(1 - \frac{\sigma_i + \varsigma}{2}\right) v - \Gamma'_i\right].$$

Mise en nombre des formules :

$$\beta = m'[6\gamma_1^{(0)} + 8\gamma_2^{(0)}], \qquad \gamma = -m'\left[\gamma_1^{(1)}\left(\frac{4}{1-\sigma} + 6\right) + 8\gamma_2^{(1)}\right],$$

$$\beta = 2\varsigma - \varsigma^2, \qquad \varsigma = \frac{1}{2}\beta + \frac{1}{8}\beta^2.$$

$\varkappa' = +0,042.675$	$g = 3'',780.294$	$\mathcal{G} = 25^\circ.52'.23''$
$\varkappa'_1 = +0,015.509$	$g_1 = 22,500.087$	$\mathcal{G}_1 = 306.37.\ 9$
$\varkappa'_2 = +0,003.057$	$g_2 = 2,842.232$	$\mathcal{G}_2 = 97.50.28$

Ces nombres sont empruntés au Mémoire de M. Max Wolf, *Sur les termes élémentaires dans l'expression du rayon vecteur* (*Annales de l'observatoire de Stockholm*, t. IV); l'auteur applique ses formules à Cérès. On a, page 9 (*loc. cit.*),

$$l.\gamma_1^{(0)} = \bar{2},737.28, \qquad l.\gamma_2^{(0)} = \bar{2},077.91, \qquad m' = \frac{1}{1047,2}.$$
$$l.\gamma_1^{(1)} = \bar{2},355.59, \qquad l.\gamma_2^{(1)} = \bar{3},738.81,$$

On trouve ainsi

$$l.\beta = \bar{4},606.60, \qquad l.\gamma = \bar{4},412.22_n, \qquad l.\varsigma = \bar{4},305.57.$$

On a $n = 770'',411$, en un jour; les valeurs de g, g_1, g_2 sont exprimées en prenant l'année julienne pour unité; donc on doit prendre

$$\sigma = \frac{g}{365.25\,n};$$

on trouve ainsi

$$l.\sigma = \bar{5},128.21, \qquad l.\sigma_1 = \bar{5},902.86, \qquad l.\sigma_2 = \bar{5},004.33;$$

σ, σ_1 et σ_2 sont, comme ς, des nombres abstraits. On a ensuite

$$e_0 = \sin 4^\circ 22' 37'', \qquad l.e_0 = \bar{2},882.62,$$

et il vient

$$(25)\quad \left\{\begin{aligned}(\rho) = {} & (\bar{2},882.62)\cos[(1-\varsigma)v - \varpi_0] \\ & - (\bar{6},741.36)\,v\sin\left[\left(1 - \frac{\sigma+\varsigma}{2}\right)v - \Gamma'\right] \\ & - (\bar{6},301.77)\,v\sin\left[\left(1 - \frac{\sigma_1+\varsigma}{2}\right)v - \Gamma'_1\right] \\ & - (\bar{7},596.49)\,v\sin\left[\left(1 - \frac{\sigma_2+\varsigma}{2}\right)v - \Gamma'_2\right].\end{aligned}\right.$$

On peut remarquer que, dans la formule (17), les coefficients a_i sont relativement considérables, à cause des diviseurs $\sigma_i - \varsigma$ qui sont très petits. On a, en effet,

$$\begin{aligned} \sigma &= 0,000.013.43, & \sigma - \varsigma &= -0,000.188.67, \\ \sigma_1 &= 0,000.079.96, & \sigma_1 - \varsigma &= -0,000.122.14, \\ \sigma_2 &= 0,000.010.10, & \sigma_2 - \varsigma &= -0,000.192.00, \\ \varsigma &= 0,000.202.10, \end{aligned}$$

et il en résulte

$$(26)\quad \left\{\begin{aligned}(\rho) = \varkappa_0\cos[(1-\varsigma)v - \Gamma] & + (\bar{2},465.66)\cos[(1-\sigma)v - \Gamma'] \\ & + (\bar{2},214.91)\cos[(1-\sigma_1)v - \Gamma'_1] \\ & + (\bar{3},313.19)\cos[(1-\sigma_2)v - \Gamma'_2].\end{aligned}\right.$$

C'est après la détermination des constantes arbitraires que, dans la formule (23), a_i se trouve multiplié par le facteur

$$2\sin\frac{\sigma_i - \varsigma}{2}v,$$

qui, même pendant plusieurs siècles, est très petit. Ainsi, pour Cérès, v augmente de $78°,165$ en un an; au bout d'un siècle et de cinq siècles, le facteur $2\sin\frac{\sigma-\varsigma}{2}v$ atteint les valeurs respectives $-0,026$ et $-0,128$. M. Wolf a, dans son expression finale, des coefficients voisins de ceux de la formule (26), et non pas des coefficients réduits comme les nôtres.

La différence, très sensible comme on voit, tient sans doute à la façon de calculer les constantes arbitraires $\varkappa_0$ et Γ. L'auteur emploie, pour cette détermination, les équations

$$(\rho)_0 = e_0\cos(v_0-\varpi_0), \qquad \left(\frac{d\rho}{dv}\right)_0 = -e_0\sin(v_0-\varpi_0),$$

v_0 désignant la valeur de v à un moment donné. Il en résulte, d'après la formule (17),

$$\varkappa_0\cos[(1-\varsigma)v_0-\Gamma]+\Sigma\,\mathfrak{a}_i\cos[(1-\sigma_i)v_0-\Gamma'_i]=e_0\cos(v_0-\varpi_0),$$
$$-\varkappa_0(1-\varsigma)\sin[(1-\varsigma)v_0-\Gamma]-\Sigma(1-\sigma_i)\mathfrak{a}_i\sin[(1-\sigma_i)v_0-\Gamma'_i]=-e_0\sin(v_0-\varpi_0).$$

Ces deux équations donnent, quand on néglige dans la seconde les petits facteurs $1-\varsigma$ et $1-\sigma_i$,

$$\varkappa_0\cos\Gamma = e_0\cos(\varpi_0-\varsigma v_0)-\Sigma\,\mathfrak{a}_i\cos[(\sigma_i-\varsigma)v_0+\Gamma'_i],$$
$$\varkappa_0\sin\Gamma = e_0\cos(\varpi_0-\varsigma v_0)-\Sigma\,\mathfrak{a}_i\sin[(\sigma_i-\varsigma)v_0+\Gamma'_i],$$

et ces valeurs peuvent être considérées comme pratiquement identiques à celles que nous ont fournies les formules (21).

Nous remarquerons au surplus que la formule finale de M. Wolf, pages 49 et 50 (*loc. cit.*), donne pour (ρ) une expression composée de vingt-neuf termes dont les quatre premiers ont les expressions suivantes (après des simplifications insignifiantes) :

$$\begin{aligned}(\rho) = {} & (\bar{2},612\,50)\cos[(1-\varsigma)\,v-\Gamma]\\ & +(\bar{2},471\,73)\cos[(1-\sigma)\,v-\Gamma']\\ & +(\bar{2},225\,98)\cos[(1-\sigma_1)\,v-\Gamma'_1]\\ & +(\bar{3},328\,88)\cos[(1-\sigma_2)\,v-\Gamma'_2]\end{aligned}$$

Les termes suivants, qui n'ont pas été écrits, ne sont pas égaux à la $\frac{1}{100}$ partie de ceux-là. On aura, pendant un temps assez long, une valeur très approchée de (ρ) en négligeant ς, σ, σ_1 et σ_2. On trouve ainsi

$$\begin{aligned}(\rho) = {} & (\bar{2},612\,50)\cos(v-177°35')+(\bar{2},471\,73)\cos(v-25°54')\\ & +(\bar{2},225\,98)\cos(v-306°46')+(\bar{3},328\,88)\cos(v-97°52').\end{aligned}$$

Mais le premier terme est fautif parce que M. Wolf, dans le calcul des constantes $\varkappa_0$ et Γ (page 19), a confondu la longitude v_0 avec l'anomalie vraie

$(v_0 - \varpi_0)$. En rectifiant cette erreur, on trouve $l.x_0 = \bar{1},0347$ et $\Gamma = 157^\circ 24'$ à peu près, et le premier terme de ρ devient

$$(\bar{1},0347)\cos(v - 157^\circ 24').$$

L'expression de (ρ) peut alors se mettre sous une forme voisine de

$$(\rho) = e_0 \cos(v - \varpi_0) = (\bar{2},882\,62)\cos(v - 149^\circ 22').$$

On peut remarquer l'analogie de ce qui précède avec ce que nous avons rencontré (p. 56 de ce Volume) pour les satellites de Jupiter; des coefficients considérables, quand on emploie des expressions rigoureuses avec des termes à longues périodes, se réduisent à de très petites fractions quand on embrasse un intervalle de temps limité, en développant suivant les puissances de t.

Remarquons encore que l'on a

$$2 \sin \frac{\sigma - \varsigma}{2} v = (\sigma - \varsigma) v - \frac{(\sigma - \varsigma)^3 v^3}{24} + \ldots$$

Le rapport du second terme au premier, qui est $\frac{(\sigma - \varsigma)^2 v^2}{24}$ en valeur absolue, reste encore inférieur à $\frac{1}{300}$ au bout de mille ans.

178. Calcul des termes à courtes périodes de ρ. — L'équation (A) du Chapitre précédent sera réduite ici à

$$(27) \qquad \frac{d^2\rho}{dv^2} + \rho = 2S - P + \frac{dS}{dv}\frac{d\rho}{dv},$$

$$S = -\int Q\, dv.$$

On pourra prendre

$$\frac{d\rho}{dv} = \frac{d(\rho)}{dv} = -\eta \sin[(1 - \varsigma)v - \varpi].$$

P est développé en une série de cos, Q en une série de sin; donc le second membre de l'équation (27) se développera en une série de cos, et en appelant, comme précédemment, β le coefficient de $\eta \cos[(1 - \varsigma)v - \varpi]$, on aura une équation de la forme

$$(28) \qquad \frac{d^2\rho}{dv^2} + (1 - \beta)\rho = \Sigma H_{\nu,\nu'}(n, n')_{s,s'} \eta^s \eta'^{s'} \cos\vartheta,$$

$$(29) \qquad \begin{cases} \vartheta = (\nu + \mu\nu' + n\varsigma + \mu n'\varsigma')v + A, \\ A = n\varpi + n'\varpi' + \nu' B, \\ \nu + \nu' + n + n' = 0, \qquad s = |n| + 2\beta, \qquad s' = |n'| + 2\beta'. \end{cases}$$

La signification des diverses quantités est la même qu'à la page 394, sauf que ν et ν' remplacent α et α', n et n' remplaçant aussi β et β'.

En faisant

$$(30)\qquad \rho = (\rho) + R,$$

et défalquant du signe Σ, dans le second membre de l'équation (28), le terme pour lequel $\vartheta = (1 - \mu\varsigma')v - \varpi'$, on trouvera

$$(31)\qquad \frac{d^2R}{dv^2} + (1-\beta)R = \Sigma H_{\nu,\nu'}(n, n')_{s,s'}\eta^s\eta'^{s'}\cos\vartheta.$$

L'expression de R sera de la forme

$$(32)\qquad R = \Sigma R_{\nu,\nu'}(n, n')_{s,s'}\eta^s\eta'^{s'}\cos\vartheta.$$

En substituant dans l'équation (31), on trouvera, pour déterminer les coefficients $R_{\nu,\nu'}(n, n')_{s,s'}$, la relation

$$(33)\qquad \begin{cases} R_{\nu,\nu'}(n, n')_{s,s'} = \dfrac{1}{\lambda_{\nu,\nu'}(n, n')} H_{\nu,\nu'}(n, n')_{s,s'}, \\ \text{où} \\ \lambda_{\nu,\nu'}(n, n') \quad = 1 - \beta - (\nu + \nu'\mu + n\varsigma + n'\mu\varsigma')^2. \end{cases}$$

On pourra prendre le plus souvent

$$(34)\qquad \lambda_{\nu,\nu'}(n, n') = 1 - (\nu + \nu'\mu)^2.$$

Donnons d'abord à n et n' les valeurs zéro; s et s' seront égaux à 0, +2, +4, ..., et, si nous négligeons le carré des excentricités, nous pourrons prendre $s = 0$, $s' = 0$; par suite

$$\vartheta = (\nu + \mu\nu')v + \nu'B.$$

La relation $\nu + \nu' + n + n' = 0$ donnera d'ailleurs

$$\nu' = -\nu, \qquad \text{d'où} \qquad \vartheta = \nu(1-\mu)v - \nu B.$$

Il en résultera

$$(35)\qquad \begin{cases} R = R_{0,0}(0, 0)_{0,0} + R_{1,-1}(0, 0)_{0,0}\cos[(1-\mu)v - B] \\ \qquad + R_{2,-2}(0, 0)_{0,0}\cos[(2-2\mu)v - 2B] \\ \qquad + R_{3,-3}(0, 0)_{0,0}\cos[(3-3\mu)v - 3B] \\ \qquad + \ldots\ldots\ldots\ldots\ldots\ldots \end{cases}$$

Donnons maintenant le détail des termes du premier ordre par rapport aux excentricités; s et s' devront être au plus égaux à 1; donc

$$s = |n|, \qquad s' = |n'|;$$

en outre, l'un des nombres entiers n et n' devra être nul, et l'autre $= \pm 1$. De là les combinaisons suivantes :

$$\begin{array}{lll} \text{I.} & R_{\nu,\nu'}(\ \ 0,\ \ 1)_{0,1}\eta'\cos[(\nu+\mu\nu'+\mu\varsigma')v+\varpi'+\nu'B], & \nu+\nu'=-1, \\ \text{II.} & R_{\nu,\nu'}(\ \ 1,\ \ 0)_{1,0}\eta\cos[(\nu+\mu\nu'+\varsigma)\ v+\varpi+\nu'B], & \nu+\nu'=-1, \\ \text{III.} & R_{\nu,\nu'}(\ \ 0,-1)_{0,1}\eta'\cos[(\nu+\mu\nu'-\mu\varsigma')v-\varpi'+\nu'B], & \nu+\nu'=+1, \\ \text{IV.} & R_{\nu,\nu'}(-1,\ \ 0)_{1,0}\eta\cos[(\nu+\mu\nu'-\varsigma)\ v-\varpi+\nu'B], & \nu+\nu'=+1. \end{array}$$

On peut convenir de prendre toujours $\nu > 0$; la condition $\nu + \nu' = -1$ donne alors

$$\nu=0,\quad \nu'=-1;\qquad \nu=1,\quad \nu'=-2;\qquad \nu=2,\quad \nu'=-3;\qquad \ldots.$$

De même, la condition $\nu + \nu' = +1$ donne

$$\nu=0,\quad \nu'=+1;\qquad \nu=1,\quad \nu'=0;\qquad \nu=2,\quad \nu'=-1;\qquad \ldots.$$

On trouve ainsi, en réduisant en un seul les termes dont les arguments sont égaux et de signes contraires, et omettant les arguments employés dans la formation de (ρ),

$$(36)\quad \left\{\begin{array}{l} R = R_{1,-2}(1,0)_{1,0}\eta\cos[(1-2\mu+\varsigma)v+\varpi-2B] \\ \quad + R_{2,-3}(1,0)_{1,0}\eta\cos[(2-3\mu+\varsigma)v+\varpi-3B] \\ \quad +\ldots\ldots\ldots\ldots\ldots\ldots \\ \quad + R_{2,-1}(-1,0)_{1,0}\eta\cos[(2-\mu-\varsigma)v-\varpi-B] \\ \quad + R_{0,1}\ (-1,0)_{1,0}\eta\cos[(\mu-\varsigma)v-\varpi+B] \\ \quad +\ldots\ldots\ldots\ldots\ldots\ldots \\ \quad + R_{1,-2}(0,1)_{0,1}\eta'\cos[(1-2\mu+\mu\varsigma')v+\varpi'-2B] \\ \quad + R_{2,-3}(0,1)_{0,1}\eta'\cos[(2-3\mu+\mu\varsigma')v+\varpi'-3B] \\ \quad +\ldots\ldots\ldots\ldots\ldots\ldots \\ \quad + R_{2,-1}(0,-1)_{0,1}\eta'\cos[(2-\mu-\mu\varsigma')v-\varpi'-B] \\ \quad + R_{0,1}\ (0,-1)_{0,1}\eta'\cos[(\mu-\mu\varsigma')\ v-\varpi'+B] \\ \quad +\ldots\ldots\ldots\ldots\ldots\ldots \end{array}\right.$$

La valeur de R sera la somme des expressions (35) et (36).

M. Masal a construit (*Annales de l'observatoire de Stockholm*, t. V) des Tables donnant les valeurs de $R_{\nu,-\nu}(0,0)_{0,0}$ pour les valeurs 0, 1, ..., 5 de ν avec l'argument $\log\alpha = \log\frac{a}{a'}$ qui, pour les 250 premières petites planètes, reste compris entre $\bar{1},600$ et $\bar{1},850$; d'autres Tables donnent les autres fonctions $R_{i,j}$ qui figurent dans la formule (36). Quelques-unes de ces Tables ont dû être calculées avec plus de précision que les autres ; par exemple, $R_{2,-2}(0,0)_{0,0}$ accompagne l'argument $(2-2\mu)v - 2B$; pour les planètes, très nombreuses, dont le moyen mouvement diffère peu du double de celui de Jupiter, μ est voisin de $\frac{1}{2}$; l'argument en question diffère peu de $v - 2B$, et son coefficient se trouve fortement agrandi par l'intégration; il en est de même de $R_{2,-3}$, car l'argument $(2 - 3\mu + \mu\varsigma')v + \varpi' - 3B$ diffère peu de $v + \varpi' - 3B$, quand μ est voisin de $\frac{1}{3}$, ce qui correspond aux planètes, nombreuses aussi, dont le moyen mouvement est à peu près le triple de celui de Jupiter.

Enfin, M. Masal a calculé des Tables donnant les quantités fondamentales β et γ des formules (5) et (6), qu'il représente respectivement par

$$C_{1,0}(-1, 0)_{1,0} = R_{1,0}(-1, 0)_{1,0}$$

et

$$C_{1,0}(0, -1)_{0,1} = R_{1,0}(0, -1)_{0,1}.$$

179. **Calcul approché du temps réduit.** — On a, formule (29) du Chapitre précédent,

$$nt = n\zeta + W,$$

et la formule (31) du même Chapitre

$$\frac{dW}{dv} = S - 2R + (6R - 2S)\eta\cos(v - \varsigma v - \varpi) + \ldots$$

donnera une expression de la forme

$$\frac{dW}{dv} = \Sigma T_{\nu,\nu'}(n, n')_{s,s'}\eta^s\eta'^{s'}\cos\vartheta.$$

On en conclut par l'intégration

$$(37) \qquad \begin{cases} W = \Sigma W_{\nu,\nu'}(n, n')_{s,s'}\eta^s\eta'^{s'}\sin\vartheta, \\ W_{\nu,\nu}(n, n') = \dfrac{1}{\nu + \mu\nu' + n\varsigma + n'\mu\varsigma'} T_{\nu,\nu'}(n, n'). \end{cases}$$

On aura ainsi

$$(38) \qquad \begin{cases} W = W_{0,0}(0, 0)_{0,0} + W_{1,-1}(0, 0)_{0,0}\sin[(1-\mu)v - B] \\ \qquad + W_{2,-2}(0, 0)_{0,0}\sin[(2 - 2\mu)v - 2B] \\ \qquad + W_{3,-3}(0, 0)_{0,0}\sin[(3 - 3\mu)v - 3B] \\ \qquad + \ldots\ldots\ldots\ldots\ldots\ldots\ldots\ldots \\ \qquad + W_{1,-2}(1, 0)_{1,0}\eta\sin[(1 - 2\mu + \varsigma)v + \varpi - 2B], \\ \qquad [\text{le reste comme dans la formule (36)}]. \end{cases}$$

Les fonctions $W_{0,0}(0, 0)_{0,0}$, qui figurent dans cette formule, ont été également réduites en Tables par M. Masal.

Nous ne nous occuperons pas des approximations ultérieures qui demanderaient des développements assez longs ; nous nous contenterons de renvoyer le lecteur au Mémoire de M. Masal, *Entwickelung der Reihen der Gyldèn'schen Störungstheorie bis zu Gliedern zweiter Ordnung* (München, 1892), et aussi au Mémoire de M. Olsson, *Ueber die absolute Bahn des Planeten* (13) *Egeria* (Stockholm, 1893).

Nous remarquerons cependant que, dans ce dernier travail, l'expression de

$$\frac{d^2(\rho)}{dv^2} + (1-\beta)(\rho)$$

se compose de plus de cent termes de la forme

$$A\cos(v + \varepsilon v + A')$$

où ε est très petit; il est vrai qu'on a tenu compte aussi des inclinaisons. Vu la petitesse des coefficients ε, il semblerait plus commode de réduire tous les termes en question à deux termes tels que

$$A\cos(v + A') + \varepsilon_1 v \sin(v + A'_1)$$

cela suffirait pour un intervalle de plusieurs siècles.

Nous remarquerons encore que l'on pourrait calculer aisément, dans les méthodes anciennes, des Tables analogues à celles de M. Masal, en se bornant aux premières puissances des excentricités.

180. **Analyse du Mémoire de M. Brendel,** *Om Användningen af den absoluta Störingsteorien... (Annales de l'observatoire de Stockholm,* t. IV). — Ce Mémoire contient un exposé assez simple de l'application des méthodes de M. Gyldèn au cas de la planète (46) Hestia, dont le moyen mouvement est voisin du triple de celui de Jupiter.

Rappelons d'abord que, dans la méthode adoptée, les équations à intégrer présentent l'un des deux types suivants :

$$\text{I.} \qquad \frac{d^2\rho}{dv^2} + (1-\varsigma)^2\rho = \Sigma B_i \cos(\lambda_i v + G_i),$$

$$\text{II.} \qquad \frac{dx}{dv} = \Sigma A_i \sin(\lambda_i v + H_i),$$

où les quantités A_i et B_i sont de l'ordre de m'. Il y a lieu de considérer d'une manière spéciale les termes pour lesquels

$$\lambda_i = 1 - k, \qquad \text{dans I,}$$
$$\lambda_i = k, \qquad \text{dans II,}$$

k étant très petit. Suivant la nature de k, on distingue deux sortes de termes : k est de l'ordre de m'; les termes en question sont dits *termes élémentaires; k* est petit par suite d'une commensurabilité approchée des moyens mouvements, sans contenir cependant m' en facteur; ce sont les *termes caractéristiques* de M. Gyldén. Clairaut avait considéré les termes élémentaires dans sa théorie de la Lune; ce sont en somme les termes séculaires, les termes caractéristiques étant les termes à longues périodes. Les arguments correspondant aux divers termes seront de l'une des formes

$$\left.\begin{array}{ll}(\mathrm{A}) & \varsigma_n v - \mathrm{A}_n \\ (\mathrm{B}) & (1-\varsigma_n) v - \mathrm{B}_n\end{array}\right\} \text{termes élémentaires,}$$
$$\left.\begin{array}{ll}(\mathrm{C}) & d_n v - \mathrm{C}_n \\ (\mathrm{D}) & (1-d_n) v - \mathrm{D}_n\end{array}\right\} \text{termes caractéristiques.}$$

Nous avons vu (p. 394) que, quand on néglige les inclinaisons, les arguments du développement de la fonction perturbatrice sont des combinaisons linéaires des trois suivants

$$(39) \qquad w = (1-\mu) v - \mathrm{B} - \mathrm{U}, \qquad \mathrm{V} = (1-\varsigma) v - \varpi, \qquad \mathrm{V}' = (1-\mu\varsigma') v - \varpi';$$

on a posé d'ailleurs

$$\mathrm{B} = \mathrm{A}' - \mu \mathrm{A}, \qquad \mathrm{U} = \mu \mathrm{W} - \mathrm{W}';$$

A et A′ désignent les longitudes moyennes de l'époque, pour la petite planète et pour Jupiter; W est défini par l'équation (31) de la page 389 et W′ le serait par une équation analogue. L'auteur se borne, pour simplifier, à la formule

$$(40) \qquad \mathrm{U} = \mu \mathrm{W}.$$

Pour les planètes du groupe considéré, les termes d'arguments $3w - \mathrm{V}$ et $3w - \mathrm{V}'$ contiennent $(3 - 3\mu - 1)v$; ils sont caractéristiques de la forme (D), parce que 3μ diffère peu de 1 et qu'il en est de même de $2 - 3\mu$. La méthode d'intégration consiste à développer les formules suivant les puissances de η et η', en prenant d'abord les termes du premier degré, puis ceux du second, etc. Nous nous bornerons ici à la première puissance de m'. On voit aisément, d'après la forme de l'équation différentielle dont dépend ρ, que R doit avoir la forme

$$(41) \qquad \mathrm{R} = \beta_1 \eta \cos(3w - \mathrm{V}) + \beta_2 \eta' \cos(3w - \mathrm{V}'),$$

en considérant seulement les termes caractéristiques du premier ordre; on voit qu'avec (ρ), qui contient les termes élémentaires, on aura pris ainsi les parties les plus importantes de ρ. On aura d'ailleurs à considérer dans les développements des composantes de la force perturbatrice les parties

$$(42)\quad \begin{cases} P = \Sigma B_{0,0}(n, -n)\cos n w + B_1 \eta \cos V + B_2 \eta' \cos V' \\ \quad + B_3 \eta \cos(3w - V) + B_4 \eta' \cos(3w - V'), \end{cases}$$

$$(43)\quad \begin{cases} Q = \Sigma A_{0,0}(n, -n)\sin n w + A_1 \eta \sin V + A_2 \eta' \sin V' \\ \quad + A_3 \eta \sin(3w - V) + A_4 \eta' \sin(3w - V'). \end{cases}$$

On voit qu'on a mis en évidence les termes élémentaires et les termes critiques les plus simples; les termes de degré zéro, en $\cos n w$ ou $\sin n w$, n'appartiennent à aucune de ces catégories; ils peuvent cependant donner naissance à des termes caractéristiques, à cause de la présence de U dans l'argument w. Les équations à intégrer tout d'abord sont

$$(44)\quad \frac{d^2\rho}{dv^2} + \rho = \left(\frac{\partial S}{\partial v}\right)_0 \frac{d(\rho)}{dv} + \left(\frac{\partial S}{\partial v}\right)_0 \frac{\partial R}{\partial v} + 2S - P,$$

$$(45)\quad \frac{\partial S}{\partial v} = -Q;$$

l'indice o, qui accompagne $\frac{\partial S}{\partial v}$ dans la première de ces équations, veut dire que $\left(\frac{\partial S}{\partial v}\right)_0$ doit être calculé en ne conservant que les termes du degré zéro. Cherchons à intégrer l'équation (45); d'après l'expression (43) de Q, on est conduit à poser

$$(46)\quad \begin{cases} S = \Sigma S_{0,0}(n, -n)\cos n w + a_1 \eta \cos V + a_2 \eta' \cos V' \\ \quad + a_3 \eta \cos(3w - V) + a_4 \eta' \cos(3w - V'). \end{cases}$$

On en tire

$$\begin{aligned} -\frac{\partial S}{\partial v} = \frac{\partial w}{\partial v} \Sigma n S_{0,0}(n, -n)\sin n w + a_1(1 - \varsigma)\eta \sin V + a_2(1 - \mu\varsigma')\eta' \sin V' \\ + a_3 \eta\left(3\frac{\partial w}{\partial v} - 1 + \varsigma\right)\sin(3w - V) + a_4 \eta'\left(3\frac{\partial w}{\partial v} - 1 + \mu\varsigma'\right)\sin(3w - V'); \end{aligned}$$

les formules (39) et (40) donnent ensuite

$$\frac{\partial w}{\partial v} = 1 - \mu - \frac{\partial U}{\partial v} = 1 - \mu - \mu\frac{dW}{dv},$$

d'où

$$(47)\quad \begin{cases} 3\frac{\partial w}{\partial v} - 1 = 1 - \delta - 3\mu\frac{dW}{dv}, \\ 3\mu = 1 + \delta. \end{cases}$$

Or on a (p. 388)

$$\frac{dW}{dv} = S - 2R - 2RS + \ldots$$

Si l'on ne prend que les termes les plus sensibles, on peut se borner à

$$\frac{dW}{dv} = -2R = -2\beta_1\eta\cos(3w - V) - 2\beta_2\eta'\cos(3w - V'), \tag{47'}$$

et l'expression de $-\frac{\partial S}{\partial v}$ devient

$$\begin{aligned} -\frac{\partial S}{\partial v} &= \Sigma n(1-\mu)S_{0,0}(n, -n)\sin nw \\ &+ \mu n S_{0,0}(n, -n)[2\beta_1\eta\cos(3w - V) + 2\beta_2\eta'\cos(3w - V')]\sin nw \\ &+ a_1\eta\sin V + a_2\eta'\sin V' + a_3\eta(1-\delta)\sin(3w - V) + a_4\eta'(1-\delta)\sin(3w - V') \\ &+ 3\mu[a_3\eta\sin(3w - V) + a_4\eta'\sin(3w - V')] \\ &\times [2\beta_1\eta\cos(3w - V) + 2\beta_2\eta'\cos(3w - V')]; \end{aligned}$$

la dernière ligne peut être négligée comme étant du second ordre; en même temps, dans la seconde, on donnera à n seulement la valeur 3, pour obtenir des termes en $\sin V$ et $\sin V'$; on trouvera ainsi

$$\begin{aligned} -\frac{\partial S}{\partial v} &= \Sigma n(1-\mu)S_{0,0}(n, -n)\sin nw \\ &+ [a_1 + 3\mu\beta_1 S_{0,0}(3, -3)]\eta\sin V + [a_2 + 3\mu\beta_2 S_{0,0}(3, -3)]\eta'\sin V' \\ &+ (1-\delta)a_3\eta\sin(3w - V) + (1-\delta)a_4\eta'\sin(3w - V'). \end{aligned}$$

En comparant à l'expression équivalente (43) de Q, on trouve

$$(48)\quad \left\{ \begin{aligned} S_{0,0}(n, -n) &= \frac{A_{0,0}(n, -n)}{n(1-\mu)}, \\ a_1 &= A_1 - 3\mu\beta_1 S_{0,0}(3, -3), \\ a_2 &= A_2 - 3\mu\beta_2 S_{0,0}(3, -3), \\ a_3 &= \frac{A_3}{1-\delta}, \qquad a_4 = \frac{A_4}{1-\delta}. \end{aligned} \right.$$

Tous ces coefficients sont de l'ordre de m', et ne contiennent pas de petits diviseurs, ce qui pouvait être prévu, car dans S il n'y a pas de termes élémentaires ou caractéristiques de degré impair. On doit néanmoins conserver les termes précédents parce qu'ils donnent naissance à des termes caractéristiques dans ρ.

Les équations

$$nt = n\zeta + W, \qquad \frac{dW}{dv} = S - 2R + \ldots$$

montrent que, si n est le vrai moyen mouvement, le terme non périodique de $\frac{dW}{dv}$ doit être nul, d'où la condition

$$S_{0,0}(0, 0) = 2R_{0,0}(0, 0), \tag{49}$$

qui déterminera $S_{0,0}(0, 0)$ quand $R_{0,0}(0, 0)$ sera connu.

181. Intégration de l'équation (44). — Nous devrons prendre dans cette équation

$$\left(\frac{\partial S}{\partial v}\right)_0 = -\Sigma A_{0,0}(n, -n)\sin nw,$$

$$\frac{d(\rho)}{dv} = -\eta \sin V,$$

$$\frac{\partial R}{\partial v} = -\beta_1\eta\left(3\frac{\partial w}{\partial v} - \frac{\partial V}{\partial v}\right)\sin(3w - V) - \beta_2\eta'\left(3\frac{\partial w}{\partial v} - \frac{\partial V'}{\partial v}\right)\sin(3w - V'),$$

$$3\frac{\partial w}{\partial v} = 2 - \delta - 3\mu\frac{dW}{dv},$$

d'où

$$\frac{\partial R}{\partial v} = -(1-\delta)\beta_1\eta\sin(3w - V) - (1-\delta)\beta_2\eta'\sin(3w - V').$$

Il vient ensuite

$$\begin{aligned}\frac{d^2\rho}{dv^2} + \rho = {} & 2\Sigma S_{0,0}(n, -n)\cos nw + (2a_1 - B_1)\eta\cos V + (2a_2 - B_2)\eta'\cos V' \\ & + (2a_3 - B_3)\eta\cos(3w - V) + (2a_4 - B_4)\eta'\cos(3w - V') \\ & - \Sigma B_{0,0}(n, -n)\cos nw \\ & + \frac{1}{2}\eta\Sigma A_{0,0}(n, -n)\cos(nw - V) - \frac{1}{2}\eta\Sigma A_{0,0}(n, -n)\cos(nw + V) \\ & + \Sigma A_{0,0}(n, -n)\sin nw\,[(1-\delta)\beta_1\eta\sin(3w - V) + (1-\delta)\beta_2\eta'\sin(3w - V')].\end{aligned}$$

On peut, dans les deux dernières lignes, faire $n = 3$, et il en résulte, en négligeant certains termes qui ne concourent pas au but visé,

$$(50)\qquad \left\{\begin{aligned}\frac{d^2\rho}{dv^2} + \rho = {} & \Sigma[2S_{0,0}(n, -n) - B_{0,0}(n, -n)]\cos nw \\ & + C_1\eta\cos V + C_2\eta'\cos V' \\ & + C_3\eta\cos(3w - V) + C_4\eta'\cos(3w - V'),\end{aligned}\right.$$

$$(51)\qquad \left\{\begin{aligned} C_1 &= 2a_1 - B_1 + \frac{1}{2}(1-\delta)\beta_1 A_{0,0}(3, -3), \\ C_2 &= 2a_2 - B_2 + \frac{1}{2}(1-\delta)\beta_2 A_{0,0}(3, -3), \\ C_3 &= 2a_3 - B_3 + \frac{1}{2}A_{0,0}(3, -3), \\ C_4 &= 2a_4 - B_4.\end{aligned}\right.$$

Nous posons maintenant

$$\rho = (\rho) + R;$$

$$(52)\qquad R = \Sigma R_{n,-n}(0, 0)\cos nw + \beta_1\eta\cos(3w - V) + \beta_2\eta'\cos(3w - V'),$$

où β_1 et β_2 sont les quantités déjà considérées plus haut. On en conclut, en prenant $\frac{\partial V}{\partial v} = \frac{\partial V'}{\partial v} = 1$,

$$(53)\quad \left\{\begin{aligned} \frac{d^2R}{dv^2} = &-\Sigma n^2 R_{n,-n}(0,0)\cos nw\left(\frac{dw}{dv}\right)^2 - \Sigma n R_{n,-n}(0,0)\frac{d^2w}{dv^2}\sin nw \\ &-\left(3\frac{dw}{dv}-1\right)^2\beta_1\eta\cos(3w-V) - 3\beta_1\frac{d^2w}{dv^2}\eta\sin(3w-V) \\ &-\left(3\frac{dw}{dv}-1\right)^2\beta_2\eta'\cos(3w-V') - 3\beta_2\frac{d^2w}{dv^2}\eta'\sin(3w-V'). \end{aligned}\right.$$

On a ensuite, page 409,

$$\frac{dw}{dv} = 1 - \mu - \mu\frac{dW}{dv},$$

et, en ayant égard aux équations (38) et (47′), on peut faire

$$\frac{dW}{dv} = \Sigma W_{n,-n}(0,0)\cos nw - 2\beta_1\eta\cos(3w-V) - 2\beta_2\eta'\cos(3w-V').$$

On en conclut

$$\frac{dw}{dv} = 1 - \mu - \mu\Sigma W_{n,-n}(0,0)\cos nw + 2\mu\beta_1\eta\cos(3w-V) + 2\mu\beta_2\eta'\cos(3w-V').$$

On a posé

$$3\mu = 1 + \delta;$$

on trouve aisément

$$\begin{aligned} \frac{d^2w}{dv^2} &= \mu(1-\mu)\Sigma n W_{n,-n}(0,0)\sin nw - 2\mu(1-\delta)\beta_1\eta\sin(3w-V) \\ &\qquad - 2\mu(1-\delta)\beta_2\eta'\sin(3w-V'), \\ \left(\frac{dw}{dv}\right)^2 &= (1-\mu)^2 - 2\mu(1-\mu)\Sigma W_{n,-n}(0,0)\cos nw \\ &\qquad + 4\mu(1-\mu)\beta_1\eta\cos(3w-V) + 4\mu(1-\mu)\beta_2\eta'\cos(3w-V'), \\ \left(3\frac{dw}{dv}-1\right)^2 &= (1-\delta)^2 - 6(1-\delta)\mu\Sigma W_{n,-n}(0,0)\cos nw \\ &\qquad + 12\mu(1-\delta)\beta_1\eta\cos(3w-V) + 12\mu(1-\delta)\beta_2\eta'\cos(3w-V'). \end{aligned}$$

Il faut substituer dans l'équation (53), et garder seulement les termes de la forme et de l'ordre voulus; on trouve

$$\begin{aligned} -\Sigma n^2 R_{n,-n}(0,0) &= -(1-\mu)^2\Sigma n^2 R_{n,-n}(0,0)\cos nw \\ &\qquad - 9R_{3,-3}(0,0)\cos 3w \times 4\mu(1-\mu)[\beta_1\eta\cos(3w-V) + \beta_2\eta'\cos(3w-V')] \\ &= -(1-\mu)^2\Sigma n^2 R_{n,-n}(0,0)\cos nw \\ &\qquad - 18\mu(1-\mu)R_{3,-3}(0,0)(\beta_1\eta\cos V + \beta_2\eta'\cos V'); \\ -\Sigma n\, R_{n,-n}(0,0) &= 3R_{3,-3}(0,0)\sin 3w \times 2\mu(1-\mu)[\beta_1\eta\sin(3w-V) + \beta_2\eta'\sin(3w-V')] \\ &= 3\mu(1-\delta)R_{3,-3}(0,0)(\beta_1\eta\cos V + \beta_2\eta'\cos V'); \end{aligned}$$

$$-\left(3\frac{dw}{dv}-1\right)^2\beta_1\eta\cos(3w-V) = -\beta_1\eta\cos(3w-V)$$
$$\times[(1-\delta)^2-6\mu(1-\delta)\,W_{3,-3}(0,0)\cos 3w]$$
$$= -(1-\delta)^2\beta_1\eta\cos(3w-V)$$
$$+3\mu(1-\delta)\,W_{3,-3}(0,0)\,\beta_1\eta\cos V;$$

$$-3\beta_1\frac{d^2w}{dv^2}\eta\sin(3w-V) = -3\beta_1\eta\sin(3w-V)\times 3\mu(1-\mu)\,W_{3,-3}(0,0)\sin 3w$$
$$= -\frac{9}{2}\mu(1-\mu)\,W_{3,-3}(0,0)\beta_1\eta\cos V.$$

Il vient ainsi

$$\frac{d^2R}{dv^2} = -(1-\mu)^2\Sigma n^2 R_{n,-n}(0,0)\cos nw$$
$$+[3\mu(1-\delta)-18\mu(1-\mu)]\,\beta_1 R_{3,-3}(0,0)\,\eta\cos V$$
$$+[3\mu(1-\delta)-18\mu(1-\mu)]\,\beta_2 R_{3,-3}(0,0)\,\eta'\cos V'$$
$$-(1-\delta)^2\beta_1\eta\cos(3w-V)+\left[3\mu(1-\delta)-\frac{9}{2}\mu(1-\mu)\right]\beta_1 W_{3,-3}(0,0)\,\eta\cos V$$
$$-(1-\delta)^2\beta_2\eta'\cos(3w-V')+\left[3\mu(1-\delta)-\frac{9}{2}\mu(1-\mu)\right]\beta_2 W_{3,-3}(0,0)\,\eta'\cos V';$$

on a

$$3\mu(1-\delta)-\frac{9}{2}\mu(1-\mu) = -\frac{3}{2}\mu\delta,$$

ce qui est très petit, et l'on peut supprimer les deux dernières lignes de l'expression précédente. On trouve ensuite, en ayant égard à la formule (52),

$$(54)\quad \begin{cases} \dfrac{d^2R}{dv^2}+R = \Sigma[1-n^2(1-\mu)^2]\,R_{n,-n}(0,0)\cos nw \\ \quad +(2\delta-\delta^2)\beta_1\eta\cos(3w-V)+(2\delta-\delta^2)\beta_2\eta'\cos(3w-V') \\ \quad -(1+\delta)(3-\delta)\beta_1 R_{3,-3}(0,0)\eta\cos V \\ \quad -(1+\delta)(3-\delta)\beta_2 R_{3,-3}(0,0)\eta'\cos V'. \end{cases}$$

Dans les deux dernières lignes, on pourra faire $\delta = 0$. La comparaison des équations (50) et (54) donne

$$(55)\qquad [1-n^2(1-\mu)^2]\,R_{n,-n}(0,0) = 2S_{0,0}(n,-n)-B_{0,0}(n,-n),$$
$$(56)\qquad (2\delta-\delta^2)\beta_1 = C_3,\qquad (2\delta-\delta^2)\beta_2 = C_4.$$

C_3 et C_4 sont, comme on le démontre, des fonctions linéaires de β_1 et de β_2; de sorte que les équations (56) sont du premier degré en β_1 et β_2, et déterminent ces quantités. On trouve ainsi

$$\beta_1 = \frac{2(1+\delta)A_{1,0}(2,-3)-B_{1,0}(2,-3)+\frac{1}{2}A_{0,0}(3,-3)}{2\delta-\delta^2+B_{0,0}^{(1)}(0,0)},$$
$$\beta_2 = \frac{2(1+\delta)A_{0,1}(2,-3)-B_{0,1}(2,-3)}{2\delta-\delta^2+B_{0,0}^{(1)}(0,0)}.$$

L'équation (55) donne ensuite, pour $n = 0$,

$$R_{0,0}(0,0) = 2S_{0,0}(0,0) - B_{0,0}(0,0);$$

en combinant cette relation avec la formule (49), il vient

$$R_{0,0}(0,0) = \frac{1}{3} B_{0,0}(0,0); \qquad S_{0,0}(0,0) = \frac{2}{3} B_{0,0}(0,0).$$

Enfin, la soustraction des équations (50) et (54) donne, pour déterminer (ρ), une équation de la forme

$$\frac{d^2(\rho)}{dv^2} + (1 - b_1)(\rho) = b_2 \eta' \cos V';$$

mais nous ne nous arrêterons pas à l'intégration de cette équation, qui a été considérée en détail au commencement de ce Chapitre.

On obtient ainsi les résultats qui concernent la première puissance des excentricités; M. Brendel détermine ensuite les termes du second degré; mais les calculs sont plus compliqués et ne sauraient trouver place ici.

182. Nous ferons cependant une remarque importante: dans les diverses approximations, S est déterminé par des équations de la forme

$$\frac{dS}{dv} = \Sigma A_n \sin(\lambda_n v + H_n),$$

où A_n contient m' en facteur; si λ_n est aussi de l'ordre de m', on voit qu'il en résultera dans S un terme d'ordre zéro.

En calculant W par l'équation

$$\frac{dW}{dv} = S - 2R + \ldots,$$

on trouverait un terme contenant m' en dénominateur. Ces termes ont été nommés par M. Gyldén *hyperélémentaires;* ils seraient très gênants, mais heureusement ils se détruisent. Une circonstance identique s'est présentée à Laplace dans la théorie de la Lune. Pour ce qui concerne les termes hyperélémentaires, nous renverrons le lecteur aux travaux de M. Gyldén et aux Mémoires suivants de M. Backlund :

Ueber das Auftreten von hyperelementären Gliedern in der Störungstheorie (*Bulletin de l'Académie de Saint-Pétersbourg*, t. VI, deux Notes). *Ueber die kleinen Divisoren bei den elementären Gliedern in der Theorie der Planetenbewegungen* (*Astron. Nachr.*, n° 2920).

Parmi les termes dont se compose l'expression de t en fonction de v, notons les suivants, trouvés par M. Brendel,

$$nt = \ldots + 23^\circ,67 \sin \mathcal{A} - 22^\circ,59 \sin \mathcal{A}_1 + 20^\circ,38 \sin \mathcal{A}_2, \tag{56}$$

où les coefficients $\mathcal{A}$, $\mathcal{A}_1$ et $\mathcal{A}_2$ sont de la forme $\alpha v + \alpha'$, α étant extrêmement petit. On ne peut s'empêcher d'être frappé de la grandeur des coefficients; cette grandeur tient à ce que l'on a intégré une expression telle que

$$\mathrm{a} \cos(gt + \mathrm{b}) + \mathrm{a}_1 \cos(g_1 t + \mathrm{b}_1) + \mathrm{a}_2 \cos(g_2 t + \mathrm{b}_2),$$

provenant de la théorie des inégalités séculaires; l'intégration introduit les très petits diviseurs g, g_1 et g_2. Il nous semble que des expressions de cette nature ne devraient pas être intégrées sous cette forme dans l'état actuel de nos connaissances. La période du terme en $\sin \mathcal{A}$ n'est pas inférieure à 27000 ans, et les autres sont encore plus grandes. Dans ces conditions, nous pensons qu'il serait préférable de développer en séries $\sin \mathcal{A}$, $\sin \mathcal{A}_1$ et $\sin \mathcal{A}_2$ suivant les puissances de v ou de t, et de ne conserver que le terme en t et peut-être celui en t^2 [je trouve qu'au bout d'un siècle, le terme en t^2, dans la première partie de l'expression (56), est inférieur à $0'',2$]; tous ces termes à coefficients énormes n'auront pour effet que de modifier la longitude moyenne de l'époque et le moyen mouvement.

M. Charlier avait cru (*Vierteljahrsschrift der astronomischen Gesellschaft*, t. XXV, p. 196) que l'expression de nt devait contenir un quatrième terme ayant un coefficient de $45^\circ,61$. M. Gyldén a montré (même Volume, p. 315) que le coefficient du nouveau terme est seulement de $13^\circ,8$, quand on fait un calcul correct. Quoi qu'il en soit, il nous semble que les termes dont il s'agit doivent être évités; c'est ainsi qu'on n'a pas cherché à exprimer l'accélération séculaire de la Lune avec une série de termes à très longues périodes, ce qui serait facile cependant, car la variation de l'excentricité de l'orbite de la Terre, cause de l'accélération, s'exprime, comme on sait, à l'aide de termes de cette nature. Il resterait enfin à considérer la question de convergence des séries de la forme (56); on sait, en effet, que M. Poincaré a démontré que la convergence absolue n'existe pas.

La méthode de M. Gyldén paraît devoir être importante dans les cas de commensurabilité très approchée; le savant auteur introduit alors les fonctions elliptiques qui sont utiles, sinon nécessaires; cette manière de voir sera confirmée par ce que nous dirons dans le Chapitre XXV. Le Mémoire de M. Harzer sur la planète (108) Hécube (¹), dont le moyen mouvement diffère peu du double de

(¹) *Untersuchungen über einen speciellen Fall des Problems der drei Körper* (*Mémoires de l'Académie de Saint-Pétersbourg*, 7ᵉ série, t. XXXIV; 1886).

celui de Jupiter $\left(\frac{n}{n'} - 2 = \frac{1}{16}\right)$, est ce qui a été fait de plus complet sur ce sujet, et nous regrettons beaucoup de ne pas pouvoir le reproduire, non plus que celui de M. Backlund, *Ueber die Bewegung einer gewissen Gruppe der kleinen Planeten* (*Mémoires de l'Académie de Saint-Pétersbourg*, 7e série, t. XXXVIII, 1892). Dans ce dernier travail, qui se rapporte aussi aux planètes dont le moyen mouvement est à peu près le double de celui de Jupiter, l'auteur a choisi le temps comme variable indépendante, et il a imité la théorie de Laplace pour les satellites de Jupiter.

Remarquons en passant que le cas de $\frac{n'}{n} = \mu$ voisin de $\frac{1}{2}$ est plus difficile que celui où μ est voisin de $\frac{1}{3}$, parce que les planètes sont plus voisines de l'orbite de Jupiter dans le premier cas que dans le second, et que les inégalités à longue période sont du premier ordre relativement aux excentricités; elles sont seulement du second ordre quand μ est voisin de $\frac{1}{3}$.

M. Gyldén a publié récemment le premier Volume d'un grand Ouvrage intitulé *Traité des orbites absolues des huit planètes principales*, dont nous ne pouvons rendre compte ici; nous renverrons le lecteur à l'analyse qui en a été faite par M. Andoyer (*Bulletin astronomique*, t. XII, p. 79).

Nous n'avons abordé directement qu'une portion de l'œuvre considérable de M. Gyldén, et nous n'avons formulé qu'une critique sur la considération des orbites absolues : il nous semble que, dans l'état actuel de la Science, vu le nombre restreint d'années d'observations dont on peut disposer, l'ensemble des termes à très longues périodes, telles que 20000 ans et au-dessus, devrait être remplacé par $a + bt + ct^2$, les termes périodiques pouvant remplacer avantageusement les termes séculaires, seulement dans un avenir éloigné.

CHAPITRE XXV.

RECHERCHES SUR LES CAS DE COMMENSURABILITÉ TRÈS APPROCHÉE ENTRE LES MOYENS MOUVEMENTS DES PETITES PLANÈTES ET CELUI DE JUPITER.

183. Distribution des petites planètes d'après la grandeur de leurs distances moyennes au Soleil. — En nous reportant à l'*Annuaire du Bureau des Longitudes* pour 1895, qui donne les éléments elliptiques des 390 premières planètes, nous avons pu dresser le Tableau suivant, qui donne le nombre des planètes dont les moyens mouvements diurnes sont compris entre 400″ et 430″, entre 430″ et 450″, ..., entre 1170″ et 1190″ :

Tableau I.

	Planètes.		Planètes.
400″-430″	1	Report....	232
430-450	1	810″- 830″	26
450-470	3	830- 850	17
470-490	0	850- 870	15
490-510	0	870- 890	6
510-530	0	890- 910	0
530-550	2	910- 930	10
550-570	7	930- 950	19
570-590	1	950- 970	18
590-610	1	970- 990	13
610-630	15	990-1010	7
630-650	43	1010-1030	6
650-670	18	1030-1050	3
670-690	15	1050-1070	2
690-710	7	1070-1090	9
710-730	20	1090-1110	5
730-750	10	1110-1130	1
750-770	25	1130-1150	0
770-790	46	1150-1170	0
790-810	17	1170-1190	1
A reporter...	232	Total.......	390

On peut remarquer que les moyens mouvements ne sont pas les valeurs moyennes qu'il faudrait adopter, mais les valeurs osculatrices à des époques déterminées; toutefois, les différences n'atteignent, dans chaque cas, qu'un petit nombre de secondes.

Ce qui frappe dans le Tableau précédent, c'est l'existence de deux maximums principaux, vers $n = 640''$ et $n = 780''$, et de deux minimums principaux, vers $n = 600''$ et $n = 900''$. Or, le moyen mouvement diurne de Jupiter étant d'environ $299''$, on voit que les *lacunes* principales, dans l'anneau des astéroïdes, répondent à des régions pour lesquelles le moyen mouvement serait exactement le double ou le triple de celui de Jupiter. La première lacune est moins prononcée que la seconde, soit parce que l'anneau est réellement moins dense à sa limite supérieure, la plus voisine de Jupiter, soit parce que, dans ces parages, les planètes étant plus éloignées de nous sont plus difficiles à observer. On aperçoit d'autres lacunes moins importantes vers $n = 750''\left(\frac{n}{n'} = \frac{5}{2}\right)$, $n = 500''\left(\frac{n}{n'} = \frac{5}{3}\right)$, $n = 1050''\left(\frac{n}{n'} = \frac{7}{2}\right)$.

C'est M. Kirkwood qui a attiré le premier (en 1866) l'attention sur les lacunes de l'anneau des astéroïdes, en les rapprochant des vides de l'anneau de Saturne, qui répondent à des régions où le moyen mouvement d'un satellite serait le double du premier ou du second satellite. Quelques astronomes ont été ainsi conduits à penser que les petites planètes ne pourraient pas subsister si leurs moyens mouvements étaient exactement commensurables avec celui de Jupiter, le rapport étant exprimé par le quotient de deux nombres entiers simples. Ce ne serait, dans tous les cas, qu'une présomption, car il pourrait se faire que les petites planètes n'aient jamais existé dans les régions dont il s'agit, sans qu'il ait été nécessaire de recourir aux perturbations pour les faire sortir de ces régions.

D'autre part, Gauss faisait remarquer à Bessel, en 1812, que le rapport des moyens mouvements de Jupiter et de Pallas diffère peu de la fraction $\frac{7}{18}$, et il ajoutait « que l'attraction de Jupiter doit maintenir exactement ce rapport, comme cela arrive pour l'égalité des durées de rotation et de circulation de la Lune ».

Citons encore l'opinion de M. Newcomb (*Astron. Nachr.*, n° 2617) : « On s'imagine volontiers que, dans ce cas (celui des moyens mouvements exactement commensurables), les perturbations ne manqueraient pas de croître au delà de toute limite, de manière à compromettre la stabilité du système. Or, cette conséquence n'est nullement nécessaire; il n'y aurait probablement que des oscillations plus ou moins irrégulières, et l'équilibre se rétablirait incessamment. »

184. Ces opinions diverses montrent que la question n'est pas tranchée entièrement; avant d'aller plus loin, il convient de donner avec plus de détails le Tableau ci-dessus, dans le voisinage des deux lacunes principales :

TABLEAU II.

Lacune correspondant à $n = 2n'$.

Planètes.	n.	e.	i.
(260)	551",6	0,110	6°,3
121	552,9	0,125	7,6
65	557,6	0,106	3,5
76	562,5	0,170	2,0
229	564,5	0,152	2,2
319	566,9	0,217	10,7
225	567,6	0,264	20,7
168	571,9	0,071	4,5
(332)	605",4	0,377	2°,0
381	613,5	0,106	12,0
122	614,7	0,041	1,6
175	614,9	0,202	3,2
325	615,0	0,149	8,6
108	616,6	0,101	4,4
300	617,4	0,042	0,8
154	620,5	0,079	21,0
286	621,5	0,012	17,9
318	622,5	0,071	10,5
184	623,3	0,073	1,2
92	624,2	0,102	9,9
176	624,5	0,168	22,6
199	626,4	0,169	15,4
316	627,1	0,131	2,3
106	629,6	0,179	4,6

TABLEAU III.

Lacune correspondant à $n = 3n'$.

Planètes.	n.	e.	i.
(170)	868",8	0,064	14°,4
29	869,0	0,074	6,1
262	869,4	0,215	7,8
232	870,2	0,175	6,1
89	870,8	0,181	16,2
355	876,6	0,108	4,3
292	881,9	0,031	14,9
46	883,6	0,164	2,3
132	888,8	0,342	24,0
(335)	910",1	0,175	5°,1
329	911,1	0,026	16,1
17	912,6	0,129	5,6
248	913,2	0,066	3,8
178	919,0	0,044	1,9
198	919,9	0,227	9,3
11	923,6	0,099	4,6
189	925,0	0,036	5,2
138	925,7	0,162	3,2
79	928,9	0,194	4,6
19	930,1	0,159	1,5
42	930,9	0,226	8,6
126	931,0	0,106	2,9
118	931,9	0,161	7,8

On remarquera que le nombre des planètes pour lesquelles n est compris entre $2n' - \sigma$ et $2n'$ est de beaucoup inférieur à celui des planètes pour lesquelles n est compris entre $2n'$ et $2n' + \sigma$. Ainsi, pour $\sigma = 48'',4$, le premier nombre $= 8$, et le second $= 57$ (toutes ces dernières n'ont pas été inscrites au Tableau). Il est vrai que les premières planètes sont plus éloignées, donc plus difficiles à observer que les secondes.

La même chose a lieu, mais d'une manière moins prononcée, pour le groupe voisin de $n = 3n'$.

La planète (46) Hestia a fait l'objet des études de M. Brendel; (108) Hécube a été considérée en détail par M. Harzer.

Les Tableaux précédents seront utiles à considérer pour les jeunes astronomes qui désirent faire la théorie d'une planète. L'une des plus difficiles serait sans doute (332), car l'excentricité est très forte, et $\frac{n}{n'} = 2 + \frac{1}{40}$; mais cette planète est peut-être découverte depuis trop peu de temps pour que son moyen mouvement soit connu avec précision.

Nous avons mis dans les Tableaux l'excentricité e et l'inclinaison i, parce que les trois facteurs importants, pour la difficulté de la théorie, sont les valeurs plus ou moins grandes de $\frac{n}{n'} - 2$, $\frac{n}{n'} - 3$, e et i.

Il semble que la méthode usuelle, celle de Le Verrier, ou plutôt celle de Hansen, pourra être appliquée à toutes les planètes qui ne sont pas comprises dans les Tableaux II et III, et même à un assez grand nombre de ces dernières.

Pour les autres, en assez petit nombre jusqu'ici, on pourra imiter l'application de la méthode de Gyldén au cas de (108) Hécube, par M. Harzer, en la simplifiant peut-être, ou la méthode de M. Bohlin dont nous aurons occasion de dire quelques mots plus loin.

Nous allons examiner analytiquement ce qui arriverait à une petite planète dont le moyen mouvement serait à peu près le double ou le triple de celui de Jupiter.

185. **Première méthode**. — Considérons, dans la fonction perturbatrice provenant de Jupiter, le terme d'argument

$$\theta = \mathcal{L} + \varpi - 2\mathcal{L}'.$$

On a, en ne prenant que la partie principale du coefficient,

$$R = -\frac{\varkappa^2}{2a'} m' \left(4 b^{(2)} + \alpha \frac{db^{(2)}}{d\alpha}\right) e \cos\theta.$$

On peut écrire

$$\theta = \left(\int n\, dt + \varepsilon\right) + \varpi - 2\mathcal{L}'.$$

d'où

$$\frac{d^2\theta}{dt^2} = \frac{dn}{dt} + \frac{d^2\varepsilon}{dt^2} + \frac{d^2\varpi}{dt^2}.$$

On a ensuite

$$\frac{dn}{dt} = -\frac{3}{a^2}\frac{\partial R}{\partial \zeta},$$

et il en résulte

$$\frac{d^2\theta}{dt^2} = -\frac{3}{2}\frac{\varkappa^2 m'}{a^2 a'} e\left(4\, b^{(2)} + \alpha \frac{db^{(2)}}{d\alpha}\right)\sin\theta + \frac{d^2\varepsilon}{dt^2} + \frac{d^2\varpi}{dt^2};$$

$\frac{d^2\varepsilon}{dt^2}$ et $\frac{d^2\varpi}{dt^2}$ contiennent le facteur m'^2; on peut les négliger d'abord, sauf à en tenir compte ultérieurement.

On trouve ainsi

$$\frac{d^2\theta}{dt^2} = -\frac{1}{2} m' h^2 \sin\theta, \tag{1}$$

$$h^2 = \frac{3n'^2}{\alpha^2} e\left(4\, b^{(2)} + \alpha \frac{db^{(2)}}{d\alpha}\right), \qquad \alpha = \frac{a}{a'}. \tag{2}$$

Laplace suppose h constant et discute l'équation (1); c'est l'équation différentielle du mouvement du pendule simple; on en tire, en multipliant par $2\,d\theta$, intégrant et désignant par c une constante arbitraire,

$$\frac{d\theta^2}{dt^2} = m' h^2 (\cos\theta + c), \tag{3}$$

$$h\sqrt{m'}\, dt = \frac{d\theta}{\sqrt{\cos\theta + c}}. \tag{4}$$

Si l'on a $c > 1$, θ varie toujours dans le même sens et croît au delà de toute limite; le mouvement du pendule est révolutif : c'est le cas général de la Mécanique céleste.

Si l'on a $c^2 < 1$, θ reste toujours compris entre deux limites déterminées, sans pouvoir atteindre la valeur π si $c > 0$, ou la valeur 0 si $c < 0$; le mouvement est oscillatoire. En Mécanique céleste, c'est le cas de la *libration*.

Considérons d'abord le premier cas : nous pourrons écrire

$$h\sqrt{m'(1 + c)}\,(t - t_0) = \int_0^\theta \frac{d\theta}{\sqrt{1 - k^2 \sin^2\frac{\theta}{2}}}, \tag{5}$$

$$k^2 = \frac{2}{1 + c} < 1; \tag{6}$$

il en résulte

$$\theta = 2\,am\left[\frac{1}{2} h\sqrt{m'(1 + c)}\,(t - t_0)\right],$$

$$\theta = \frac{\pi}{2K} h\sqrt{m'(1 + c)}\,(t - t_0) + \text{des termes périodiques};$$

on a d'ailleurs

$$K = \int_0^{\frac{\pi}{2}} \frac{d\varphi}{\sqrt{1 - k^2 \sin^2\varphi}}.$$

186. Détermination de la constante c. — On a

$$\frac{d\theta}{dt} = n - 2n' + \frac{d\varepsilon}{dt} + \frac{d\varpi}{dt};$$

en laissant de côté $\frac{d\varepsilon}{dt}$ et $\frac{d\varpi}{dt}$ dont il serait d'ailleurs aisé de tenir compte, on peut prendre

$$\frac{d\theta}{dt} = n_1 - 2n',$$

pour l'époque d'osculation des éléments. Soit θ_1 la valeur correspondante de θ; l'équation (3) donnera

$$(n_1 - 2n')^2 = m'h^2(c + \cos\theta_1). \tag{7}$$

En portant la valeur de c qui en résulte dans l'expression (6) de k^2, il vient

$$k^2 = \frac{1}{\sin^2\frac{\theta_1}{2} + \dfrac{\left(\frac{n_1}{n'} - 2\right)^2\alpha^2}{6m'e\left(4b^{(2)} + \alpha\frac{db^{(2)}}{d\alpha}\right)}}, \tag{8}$$

$$\frac{1 - k^2}{k^2} = \frac{\left(\frac{n_1}{n'} - 2\right)^2\alpha^2}{6m'e\left(4b^{(2)} + \alpha\frac{db^{(2)}}{d\alpha}\right)} - \cos^2\frac{\theta_1}{2}.$$

Il y aura libration dans le cas de $k^2 > 1$, ce qui donne la condition

$$\left(\frac{n_1}{n'} - 2\right)^2 < \frac{6m'e}{\alpha^2}\left(4b^{(2)} + \alpha\frac{db^{(2)}}{d\alpha}\right)\cos^2\frac{\theta_1}{2}. \tag{9}$$

On peut calculer la valeur du second membre par $\alpha = \frac{1}{2^{\frac{2}{3}}}$ qui répond à $n_1 = 2n'$. On trouve ainsi

$$|n_1 - 2n'| < 56''\sqrt{e}\cos\frac{\theta_1}{2}. \tag{10}$$

En posant

$$I = 56''\sqrt{e}\cos\frac{\theta_1}{2},$$

on peut construire une petite Table à double entrée donnant la valeur de I, avec les arguments e et θ_1 ; la voici :

	$\theta_1 \begin{cases} 360° \\ 0° \end{cases}$	$\theta_1 \begin{cases} 330° \\ 30° \end{cases}$	$\theta_1 \begin{cases} 300° \\ 60° \end{cases}$	$\theta_1 \begin{cases} 270° \\ 90° \end{cases}$	$\theta_1 \begin{cases} 240° \\ 120° \end{cases}$	$\theta_1 \begin{cases} 210° \\ 150° \end{cases}$	$\theta_1 \begin{cases} 180° \\ 180° \end{cases}$
$e = 0,05$....	13″,5	12″,1	10″,8	8″,8	6″,3	3″,2	0″,0
$e = 0,10$....	17,7	17,1	15,3	12,5	8,8	4,6	0,0
$e = 0,15$....	21,7	21,0	18,8	15,3	10,8	5,6	0,0
$e = 0,20$....	25,0	24,2	21,7	17,7	12,5	6,5	0,0
$e = 0,25$....	28,0	27,0	24,2	19,8	14,0	7,3	0,0

En se reportant au Tableau II, p. 419, on voit immédiatement que les 8 planètes pour lesquelles $n_1 < 2n'$ remplissent la condition du mouvement révolutif sans qu'il soit besoin de calculer θ_1. Il en est de même des planètes (122), (300), (280), (318), (184), (92), (176), (199), (316) et (106). Il faut calculer θ_1 pour les planètes (332), (381), (325), (175) et (108). Je laisse de côté les trois premières, dont les découvertes sont peut-être encore trop récentes pour que l'on puisse bien compter sur leurs éléments, et je trouve que la libration n'a pas lieu pour (175) et (108) ; cependant, il s'en faut d'assez peu pour cette dernière, qui reste une des plus difficiles. L'attention des astronomes se trouve appelée tout naturellement sur les planètes

(332), (381) et (325).

Il faut remarquer toutefois que ces trois planètes n'ont été suivies que dans une opposition, et que la première était de 15ᵉ grandeur et n'a été observée que sur des clichés photographiques; ses éléments sont très incertains; cependant il n'est pas impossible que l'on découvre des planètes présentant le phénomène de la libration pour l'argument

$$\theta = \mathfrak{L} + \varpi - 2\mathfrak{L}'.$$

On peut remarquer que le coefficient de t, dans le développement de θ, est, pour $k < 1$,

$$\frac{1}{1 + \left(\frac{1}{2}\right)^2 k^2 + \left(\frac{1.3}{2.4}\right)^2 k^4 + \ldots} \sqrt{(n_1 - 2n')^2 + \frac{6m'n'^2 e}{\alpha^2}\left(4b^{(2)} + \alpha \frac{db^{(2)}}{d\alpha}\right)\sin^2\frac{\theta_1}{2}};$$

il tend vers zéro pour $k = 1$, car le dénominateur $1 + \left(\frac{1}{2}\right)^2 k^2 + \left(\frac{1.3}{2.4}\right)^2 k^4 + \ldots$ est alors infini; ainsi se trouve ménagée la transition entre un coefficient fini et un coefficient nul. Je ferai observer encore que, quand il y aura lieu d'appliquer la théorie des fonctions elliptiques à des planètes voisines de la limite de séparation des deux genres de mouvement, comme (108), le module sera loin d'être petit; il pourra même être voisin de 1.

187. Je crois devoir reprendre par la méthode ordinaire des approximations successives l'intégration de l'équation (1) que j'écris ainsi

$$(11) \qquad \frac{d^2\theta}{dt^2} = -p\sin\theta, \qquad p = \frac{1}{2}m'h^2.$$

Je développe θ suivant les puissances entières et positives de p,

$$(12) \qquad \theta = v_0 + pv_1 + p^2 v_2 + p^3 v_3 + p^4 v_4 + \ldots,$$

d'où

$$(13) \qquad \left\{ \begin{aligned} \sin\theta = \sin v_0 &+ \frac{\cos v_0}{1}(pv_1 + p^2 v_2 + p^3 v_3) \\ &- \frac{\sin v_0}{1.2}(p^2 v_1^2 + 2p^3 v_1 v_2) - \frac{\cos v_0}{1.2.3}p^3 v_1^3 \\ &+ \ldots\ldots\ldots\ldots \end{aligned} \right.$$

En substituant les expressions (12) et (13) dans l'équation (11) et égalant à zéro les coefficients des diverses puissances de p, il vient

$$\frac{d^2 v_0}{dt^2} = 0, \qquad \frac{d^2 v_1}{dt^2} = -\sin v_0, \qquad \frac{d^2 v_2}{dt^2} = -v_1\cos v_0,$$

$$\frac{d^2 v_3}{dt^2} = -v_2\cos v_0 + \frac{1}{2}v_1^2\sin v_0,$$

$$\frac{d^2 v_4}{dt^2} = -v_3\cos v_0 + v_1 v_2\sin v_0 + \frac{1}{6}v_1^3\cos v_0,$$

$$\ldots\ldots\ldots\ldots\ldots\ldots$$

On en tire successivement, en désignant par α et σ deux constantes arbitraires,

$$v_0 = \alpha + \sigma t, \qquad v_1 = \frac{\sin v_0}{\sigma^2}, \qquad v_2 = \frac{\sin 2v_0}{8\sigma^4},$$

$$v_3 = \frac{1}{16\sigma^6}\left(\frac{1}{3}\sin 3v_0 - 5\sin v_0\right),$$

$$v_4 = \frac{1}{64\sigma^8}\left(\frac{1}{4}\sin 4v_0 - 4\sin 2v_0\right),$$

$$\ldots\ldots\ldots\ldots\ldots\ldots$$

Il en résulte

$$(14) \qquad \left\{ \begin{aligned} \theta = v_0 &+ \frac{p}{\sigma^2}\sin v_0 + \frac{p^2}{8\sigma^4}\sin 2v_0 + \frac{p^3}{48\sigma^6}(\sin 3v_0 - 15\sin v_0) \\ &+ \frac{p^4}{256\sigma^8}(\sin 4v_0 - 16\sin 2v_0) + \ldots, \end{aligned} \right.$$

$$(15) \qquad v_0 = \alpha + \sigma t, \qquad p = \frac{1}{2}m'h^2.$$

La convergence de cette série (14) n'est pas démontrée; la forme est différente de celle que nous avons obtenue plus haut pour θ, à l'aide de l'expression classique de $\operatorname{am} u$; il pourrait se présenter des cas où l'emploi de la formule (14) laisserait à désirer.

188. Examen correspondant à la seconde lacune, pour n voisin de $3n'$. — On a ici

$$R = \frac{1}{8}\,\frac{x^2 m'}{a'}\,e^2\left(21\,b^{(3)} + 10\alpha\,\frac{db^{(3)}}{d\alpha} + \alpha^2\,\frac{d^2 b^{(3)}}{d\alpha^2}\right)\cos\theta,$$

$$\theta = \mathcal{L} + 2\varpi - 3\mathcal{L}';$$

on en tire

$$\frac{d^2\theta}{dt^2} = +\frac{1}{2}\,m' h'^2 \sin\theta = -\frac{1}{2}\,m' h'^2 \sin(\theta + 180^\circ),$$

$$h'^2 = \frac{3}{4}\,\frac{n'^2}{\alpha^2}\,e^2\left(21\,b^{(3)} + 10\alpha\,\frac{db^{(3)}}{d\alpha} + \alpha^2\,\frac{d^2 b^{(3)}}{d\alpha^2}\right).$$

En opérant comme précédemment, on trouve que la condition pour qu'il y ait libration est

$$(n_1 - 3n')^2 < \frac{3}{2}\,m'\,\frac{n'^2}{\alpha^2}\,e^2 \sin^2\frac{\theta_1}{2}\left(21\,b^{(3)} + 10\alpha\,\frac{db^{(3)}}{d\alpha} + \alpha^2\,\frac{d^2 b^{(3)}}{d\alpha^2}\right),$$

d'où, en réduisant le second membre en nombres pour la valeur $\alpha = \frac{1}{\sqrt[3]{9}}$, qui répond à $n_1 = 3n'$:

$$|\,n_1 - 3n'\,| < 52'' e \sin\frac{\theta_1}{2}.$$

On trouve que, sur les 23 planètes du Tableau III, p. 419, 22 donnent $|\,n_1 - 3n'\,| > 52''e > 52''e \sin\frac{\theta_1}{2}$; donc il n'y a pas de libration, sans qu'il soit besoin de calculer θ_1; il n'y a que la planète (132) pour laquelle le calcul de θ_1 soit nécessaire. Je trouve $\theta_1 = 69^\circ{,}2$, $3n' - n_1 < 10''{,}1$; or $3n' - n_1 = 8''{,}6$; donc la libration existerait pour la planète (132) qui se signale ainsi à l'attention des astronomes; toutefois, on est bien près de la limite, et des calculs plus complets seraient nécessaires pour affirmer l'existence de la libration.

Les considérations précédentes, empruntées en partie à Laplace, ne peuvent être admises qu'avec une certaine réserve, et dans une première approximation. M. Gyldén, en tenant compte des termes que nous avons laissés de côté, arrive à une équation différentielle de la forme

$$\frac{d^2\theta}{dt^2} = -\frac{1}{2}\,m' h^2 \sin(\theta + \lambda) + \nu,$$

dans laquelle λ et ν sont de petites quantités variables; h n'est plus constant,

Il s'est occupé de l'intégration de cette équation dans son beau Mémoire *Untersuchungen über die Convergenz der Reihen, welche zur Darstellung der Coordinaten der Planeten angewendet werden* (*Acta mathematica*, t. IX). On peut consulter sur le même sujet le Mémoire de M. Harzer sur la planète (108) Hécube, dont nous avons déjà parlé (p. 415), et le travail de M. Backlund, également mentionné (p. 416).

Nous allons maintenant confirmer les résultats précédents par une autre voie que nous avons indiquée il y a quelques années (*Comptes rendus de l'Académie des Sciences*, t. CIV, p. 259, et *Bulletin astronomique*, t. IV, p. 183).

189. Deuxième méthode pour les cas de commensurabilité très approchée. — Considérons, pour simplifier, le mouvement d'un astéroïde P de masse nulle, se mouvant dans le plan de l'orbite d'une planète P' (Jupiter) supposée décrire autour du Soleil un cercle de rayon a'. Si nous prenons pour plan fixe le plan de l'orbite de P', les éléments de P seront au nombre de quatre seulement, a, e, ϖ et ε.

Soit R la fonction perturbatrice provenant de l'action de P'. On aura les formules connues

$$(16)\quad \left\{\begin{aligned} \frac{da}{dt} &= \frac{2}{na}\frac{\partial R}{\partial \varepsilon}, & \frac{de}{dt} &= -\frac{\sqrt{1-e^2}}{na^2e}\frac{\partial R}{\partial \varpi} - \sqrt{1-e^2}\,\frac{1-\sqrt{1-e^2}}{na^2e}\frac{\partial R}{\partial \varepsilon}, \\ \frac{d\varpi}{dt} &= \frac{\sqrt{1-e^2}}{na^2e}\frac{\partial R}{\partial e}, & \frac{d\varepsilon}{dt} &= -\frac{2}{na}\frac{\partial R}{\partial a} + \sqrt{1-e^2}\,\frac{1-\sqrt{1-e^2}}{na^2e}\frac{\partial R}{\partial e}; \end{aligned}\right.$$

$$R = \varkappa^2 m'\left[\frac{1}{\sqrt{r^2+a'^2-2a'r\cos(v-\mathcal{L}')}} - \frac{r}{a'^2}\cos(v-\mathcal{L}')\right],$$

$$\varkappa^2 = n^2a^3, \qquad \varkappa^2(1+m') = n'^2a'^3;$$

v et $\mathcal{L}'$ sont les longitudes des deux planètes. L'argument général du développement de R est une combinaison linéaire de $\mathcal{L}$, $\mathcal{L}'$ et ϖ, ou plutôt de $\mathcal{L}-\varpi$ et $\mathcal{L}'-\varpi$, et l'on peut écrire, en désignant par i et i' deux entiers quelconques dont l'un peut être pris positif,

$$R = -\frac{\varkappa^2 m'}{2a'}\sum_i\sum_{i'} C_{i,i'}\cos[i(\mathcal{L}-\varpi)-i'(\mathcal{L}'-\varpi)].$$

Remplaçons a, e, ϖ et ε par les nouvelles variables L, G, l et g, définies comme il suit

$$L = \varkappa\sqrt{a}, \qquad G = \varkappa\sqrt{a(1-e^2)},$$

$$l = \mathcal{L}-\varpi = \int n\,dt+\varepsilon-\varpi, \qquad g = \varpi-\mathcal{L}' = \varpi - n't-\varepsilon'.$$

Nous trouverons aisément les formules

$$R = -\frac{\varkappa^2 m'}{2a'}\sum\sum C_{i,i'}\cos(il + i'g),$$

$$\frac{dL}{dt} = \frac{\partial R}{\partial l}, \qquad \frac{dG}{dt} = \frac{\partial R}{\partial g},$$

$$\frac{dl}{dt} = n - \frac{\partial R}{\partial L}, \qquad \frac{dg}{dt} = -n' - \frac{\partial R}{\partial G}.$$

Si l'on pose

$$\mathcal{R} = R + \frac{\varkappa^2}{2a} + n'\varkappa\sqrt{a(1-e^2)},$$

on obtient sans peine

$$(17)\qquad \left\{\begin{aligned} \frac{dL}{dt} &= \frac{\partial\mathcal{R}}{\partial l}, & \frac{dG}{dt} &= \frac{\partial\mathcal{R}}{\partial g},\\ \frac{dl}{dt} &= -\frac{\partial\mathcal{R}}{\partial L}, & \frac{dg}{dt} &= -\frac{\partial\mathcal{R}}{\partial G},\end{aligned}\right.$$

$$(18)\qquad \mathcal{R} = \frac{\varkappa^2}{2a} + \frac{\varkappa^2\sqrt{a(1-e^2)}}{a'\sqrt{a'}} - \frac{\varkappa^2 m'}{2a'}\sum\sum C_{i,i'}\cos(il + i'g).$$

Les équations différentielles (17) admettent l'intégrale de Jacobi,

$$\mathcal{R} = \text{const.}$$

Considérons le terme non périodique de $\mathcal{R}$, et un terme périodique déterminé; nommons $\mathcal{R}_0$ l'ensemble des deux, de sorte que

$$(19)\qquad \mathcal{R}_0 = \frac{\varkappa^2}{2a} + \frac{\varkappa^2\sqrt{a(1-e^2)}}{a'\sqrt{a'}} - \frac{\varkappa^2 m'}{2a'}C_{0,0} - \frac{\varkappa^2 m'}{2a'}C_{i,i'}\cos(il + i'g).$$

Nous allons montrer que l'on peut intégrer rigoureusement les équations (17), en y remplaçant $\mathcal{R}$ par $\mathcal{R}_0$. Nous choisirons i et i' de manière que l'argument $il + i'g$ corresponde aux inégalités à longue période; c'est en somme la méthode de Delaunay que nous allons appliquer. On sait que le coefficient $C_{i,i'}$ dépend du rapport $\alpha = \frac{a}{a'}$ et qu'il contient le facteur e^h, h désignant la valeur absolue de $i - i'$. On peut écrire

$$C_{i,i'} = e^h\psi(\alpha, e^2), \qquad C_{0,0} = \varphi(\alpha, e^2),$$

φ et ψ désignant des quantités de la forme

$$A_0 + A_1 e^2 + A_2 e^4 + \ldots,$$

où A_0, A_1, ... sont des fonctions de α.

On aura donc

$$(20)\quad \begin{cases} \mathcal{R}_0 = -B - A\cos\theta, & \theta = il + i'g = i\zeta - i'\zeta' + (i'-i)\varpi, \\ A = \dfrac{\varkappa^2 m'}{2a'} e^h \psi(\alpha, e^2), & h = |i - i'|, \\ B = -\dfrac{\varkappa^2}{2a'}\left[\dfrac{1}{\alpha} + 2\sqrt{\alpha(1-e^2)}\right] + \dfrac{\varkappa^2 m'}{2a'}\varphi(\alpha, e^2), \end{cases}$$

$$(21)\quad \begin{cases} \dfrac{dL}{dt} = \dfrac{\partial \mathcal{R}_0}{\partial l}, & \dfrac{dG}{dt} = \dfrac{\partial \mathcal{R}_0}{\partial g}, \\ \dfrac{dl}{dt} = -\dfrac{\partial \mathcal{R}_0}{\partial L}, & \dfrac{dg}{dt} = -\dfrac{\partial \mathcal{R}_0}{\partial G}. \end{cases}$$

Les deux premières équations (21) donnent

$$(22)\qquad \frac{dL}{dt} = iA\sin\theta, \qquad \frac{dG}{dt} = i'A\sin\theta,$$

d'où cette intégrale

$$(23)\qquad G = \frac{i'}{i}L + \text{const.}$$

L'intégrale $R_0 =$ const. des équations (21) donne d'ailleurs

$$(24)\qquad A\cos\theta + B = C,$$

en désignant par C une constante arbitraire. Si l'on élimine θ entre la première des relations (22) et la formule (24), il vient

$$(25)\qquad i\,dt = \frac{dL}{\sqrt{A^2 - (C-B)^2}}.$$

Les équations (23) et (25) déterminent L et G en fonction de t et de trois constantes arbitraires; (24) donnera ensuite θ en fonction des mêmes éléments. L'équation

$$\frac{dl}{dt} = -\frac{\partial \mathcal{R}_0}{\partial L} = \frac{\partial B}{\partial L} + \cos\theta\frac{\partial A}{\partial L}$$

donnera l, et g sera fourni par la relation

$$\theta = il + i'g.$$

190. Transformation des formules. — Désignons par a_1, e_1, θ_1, A_1 et B_1 les valeurs de a, e, θ, A et B pour $t = 0$. Les équations (23) et (24) donneront

$$(26)\qquad \sqrt{a(1-e^2)} = \sqrt{a_1(1-e_1^2)} + \frac{i'}{i}(\sqrt{a} - \sqrt{a_1}),$$

$$(27)\qquad C = A_1\cos\theta_1 + B_1.$$

Nous poserons ensuite

$$(28)\qquad \begin{cases} \dfrac{a_1}{a'} = \alpha_1, & \dfrac{i'}{i} = \lambda, \\ a = a_1(1+x), & \alpha = \alpha_1(1+x). \end{cases}$$

Nous introduisons une petite quantité x, afin de pouvoir procéder à des développements en séries. En combinant les formules (26) et (28), on trouve

$$(29)\qquad \begin{cases} \sqrt{1-e^2} = \dfrac{\sqrt{1-e_1^2}-\lambda}{\sqrt{1+x}} + \lambda, \\ e^2 = e_1^2 + x\sqrt{1-e_1^2}\left(\sqrt{1-e_1^2}-\lambda\right) + \ldots, \\ e = e_1 + x\sqrt{1-e_1^2}\,\dfrac{\sqrt{1-e_1^2}-\lambda)}{2e_1} + \ldots \end{cases}$$

Faisons encore, pour abréger,

$$(30)\qquad \begin{cases} e^h\psi(\alpha, e^2) = \mathcal{A}, & \dfrac{\partial\mathcal{A}}{\partial\alpha} = \mathcal{A}', & \dfrac{\partial\mathcal{A}}{\partial e} = \mathcal{A}'', \\ \varphi(\alpha, e^2) = \mathcal{B}, & \dfrac{\partial\mathcal{B}}{\partial\alpha} = \mathcal{B}', & \dfrac{\partial\mathcal{B}}{\partial e} = \mathcal{B}'', \end{cases}$$

et désignons respectivement par $\mathcal{A}_1$, $\mathcal{A}'_1$, $\mathcal{A}''_1$, $\mathcal{B}_1$, $\mathcal{B}'_1$ et $\mathcal{B}''_1$ ce que deviennent ces quantités quand on y remplace a et e respectivement par a_1 et e_1. Nous trouverons, en utilisant les formules (20), (26), (28), (29) et (30),

$$\mathrm{B} - \mathrm{B}_1 = \frac{\varkappa^2}{2a'}\left[\frac{1}{\alpha_1} - \frac{1}{\alpha} + 2\sqrt{\alpha_1(1-e_1^2)} - 2\sqrt{\alpha(1-e^2)}\right]$$
$$+ \frac{\varkappa^2 m'}{2a'}\left[\varphi(\alpha, e^2) - \varphi(\alpha_1, e_1^2)\right],$$
$$\mathrm{B} = \mathrm{B}_1 + \frac{\varkappa^2}{2a'}\left[x\left(\frac{1}{\alpha_1} - \lambda\sqrt{\alpha_1}\right) + x^2\left(\frac{1}{4}\lambda\sqrt{\alpha_1} - \frac{1}{\alpha_1}\right) + \ldots\right]$$
$$+ \frac{\varkappa^2 m'}{2a'}\,x\left(\alpha_1\mathcal{B}'_1 + \sqrt{1-e_1^2}\,\frac{\sqrt{1-e_1^2}-\lambda}{2e_1}\,\mathcal{B}''_1\right) + \ldots,$$
$$\mathrm{A} = \frac{\varkappa^2 m'}{2a'}\left[\mathcal{A}_1 + x\left(\alpha_1\mathcal{A}'_1 + \sqrt{1-e_1^2}\,\frac{\sqrt{1-e_1^2}-\lambda}{2e_1}\,\mathcal{A}''_1\right) + \ldots\right],$$
$$\mathrm{A}_1 = \frac{\varkappa^2 m'}{2a'}\,\mathcal{A}_1,$$
$$(31)\qquad \mathrm{A}_2 = \frac{\varkappa^4 m'^2}{4a'^2}\left[\mathcal{A}_1^2 + 2\mathcal{A}_1 x\left(\alpha_1\mathcal{A}'_1 + \sqrt{1-e^2}\,\frac{\sqrt{1-e_1^2}-\lambda}{2e_1}\,\mathcal{A}''_1\right) + \ldots\right].$$

On aura ensuite, en ayant égard à la formule (27),

$$\mathrm{C} - \mathrm{B} = \mathrm{A}_1\cos\theta_1 + \mathrm{B}_1 - \mathrm{B}$$

et, en tenant compte des expressions précédentes de B et de A_1,

$$C - B = \frac{\varkappa^2}{2a'}\Big[x\left(\lambda\sqrt{\alpha_1} - \frac{1}{\alpha_1}\right) + x^2\left(\frac{1}{\alpha_1} - \frac{1}{4}\lambda\sqrt{\alpha_1}\right) + \ldots$$

$$+ m'\mathcal{A}_1\cos\theta_1 - m'x\left(\alpha_1\mathcal{B}'_1 + \sqrt{1-e_1^2}\,\frac{\sqrt{1-e_1^2}-\lambda}{2e_1}\,\mathcal{B}''_1\right) + \ldots\Big]$$

ou bien

$$(32)\qquad C - B = \frac{\varkappa^2}{2a'}\Big[D_1x + D_2x^2 + \ldots + m'(\mathcal{A}_1\cos\theta_1 + E_1x + \ldots)\Big],$$

en faisant, pour abréger,

$$(33)\qquad \begin{cases} D_1 = \lambda\sqrt{\alpha_1} - \dfrac{1}{\alpha_1} \qquad = \sqrt{\alpha_1}\left(\dfrac{i'}{i} - \dfrac{n_1}{n'}\right), \\ D_2 = \dfrac{1}{\alpha_1} \qquad - \dfrac{1}{4}\lambda\sqrt{\alpha_1} = \sqrt{\alpha_1}\left(\dfrac{n_1}{n'} - \dfrac{1}{4}\dfrac{i'}{i}\right), \\ \ldots\ldots\ldots\ldots\ldots\ldots\ldots\ldots \\ E_1 = -\alpha_1\mathcal{B}'_1 + \sqrt{1-e_1^2}\,\dfrac{\lambda - \sqrt{1-e_1^2}}{2e_1}\,\mathcal{B}''_1, \\ \ldots\ldots\ldots\ldots\ldots\ldots\ldots\ldots \end{cases}$$

Faisons de même

$$(34)\qquad \begin{cases} F_1 = 2\alpha_1\mathcal{A}'_1 - \sqrt{1-e_1^2}\,\dfrac{\lambda - \sqrt{1-e_1^2}}{e_1}\,\mathcal{A}''_1, \\ \ldots\ldots\ldots\ldots\ldots\ldots\ldots\ldots \end{cases}$$

et la formule (31) nous donnera

$$(35)\qquad A^2 = \frac{\varkappa^4 m'^2}{4a'^2}(\mathcal{A}_1^2 + \mathcal{A}_1F_1x + \ldots).$$

Si l'on porte dans l'équation (25) les valeurs (32) et (35) de C − B et de A^2, et que l'on ait égard à la relation

$$L = \varkappa\sqrt{a} = \varkappa\sqrt{\alpha_1 a'(1+x)},$$

on trouvera aisément la formule

$$(36)\qquad \frac{in'}{\sqrt{\alpha_1}}\,dt = \frac{dx}{\sqrt{(1+x)U}},$$

où l'on a posé

$$(37)\qquad \begin{cases} U = m'^2(\mathcal{A}_1^2 + \mathcal{A}_1F_1x + \ldots) \\ \qquad - [D_1x + D_2x^2 + \ldots + m'(\mathcal{A}_1\cos\theta_1 + E_1x + \ldots)]^2; \end{cases}$$

ce qui peut s'écrire aussi

$$(38)\quad \begin{cases} U = U_1 U_2, \\ U_1 = m'\left[2\mathcal{A}_1 \cos^2\frac{\theta_1}{2} + x\left(\frac{1}{2}F_1 + E_1\right) + \ldots\right] + D_1 x + D_2 x^2 + \ldots, \\ U_2 = m'\left[2\mathcal{A}_1 \sin^2\frac{\theta_1}{2} + x\left(\frac{1}{2}F_1 - E_1\right) + \ldots\right] - D_1 x - D_2 x^2 - \ldots. \end{cases}$$

On a aussi les formules

$$(39)\quad \begin{cases} A + C - B = 2A\cos^2\frac{\theta}{2} = \frac{\varkappa^2}{2a'} U_1, \\ A - C + B = 2A\sin^2\frac{\theta}{2} = \frac{\varkappa^2}{2a'} U_2; \end{cases}$$

$$\cos\theta = \frac{C - B}{A},$$

d'où, en vertu des relations (32) et (35),

$$(40)\quad \cos\theta = \frac{D_1 x + D_2 x^2 + \ldots + m'(\mathcal{A}_1 \cos\theta_1 + E_1 x + \ldots)}{m'\left(\mathcal{A}_1 + \frac{1}{2}F_1 x + \ldots\right)}.$$

191. Discussion de l'équation (36). — On doit avoir constamment

$$(41)\quad U_1 U_2 > 0,$$

car, x étant nécessairement petit, la quantité $(1 + x)U$, qui figure sous le radical de la formule (36), sera positive si l'inégalité (41) est satisfaite, et réciproquement. L'expression (33) de D_1 montre que cette quantité est petite seulement quand $\frac{n_1}{n'}$ diffère peu de $\frac{i'}{i}$; s'il en est ainsi, D_2 est voisin de $\frac{3}{4}\frac{i'}{i}\sqrt{\alpha_1}$. Si D_1 n'est pas très petit, on peut prendre, dans une première approximation,

$$U_1 = 2m'\mathcal{A}_1 \cos^2\frac{\theta_1}{2} + D_1 x,$$

$$U_2 = 2m'\mathcal{A}_1 \sin^2\frac{\theta_1}{2} - D_1 x.$$

La formule (36) donne alors simplement

$$(i'n' - in_1)\,dt = \frac{dx}{\sqrt{\left(x + \frac{2m'\mathcal{A}_1}{D_1}\cos^2\frac{\theta_1}{2}\right)\left(\frac{2m'\mathcal{A}_1}{D_1}\sin^2\frac{\theta_1}{2} - x\right)}}.$$

On en conclut, en intégrant, et déterminant la constante de façon que $x = 0$ pour $t = 0$,

$$x = \frac{m'\mathcal{A}_1}{D_1}\left\{\cos[(i'n' - in_1)t + \theta_1] - \cos\theta_1\right\};$$

x s'exprime donc très simplement à l'aide des fonctions circulaires, et oscille entre deux limites qui sont de l'ordre de m'; il en est de même de a et de n.

Les choses se passent autrement quand D_1 est petit. En supposant petit le rapport $\frac{m'}{D_1}$ et retenant les termes principaux, on voit que les expressions (38) de U_1 et de U_2 deviennent

$$U_1 = 2m'\mathcal{A}_1\cos^2\frac{\theta_1}{2} + D_1 x + D_2 x^2,$$

$$U_2 = 2m'\mathcal{A}_1\sin^2\frac{\theta_1}{2} - D_1 x - D_2 x^2.$$

Les trois termes conservés dans U_1 et U_2 seront de l'ordre de m'; les termes qui n'ont pas été écrits seraient de l'ordre de $m'\sqrt{m'}$, de m'^2, ... La formule (36) doit être remplacée par

$$(42)\qquad \frac{in'}{\sqrt{\alpha_1}}dt = \frac{dx}{\sqrt{\left(2m'\mathcal{A}_1\cos^2\frac{\theta_1}{2} + D_1 x + D_2 x^2\right)\left(2m'\mathcal{A}_1\sin^2\frac{\theta_1}{2} - D_1 x - D_2 x^2\right)}}.$$

x est donc une fonction elliptique de t. Cherchons à obtenir la forme canonique en posant

$$(43)\qquad x = y - \frac{D_1}{2D_2}.$$

Nous trouverons aisément

$$(44)\qquad \frac{in'D_2}{\sqrt{\alpha_1}}dt = \frac{dy}{\sqrt{y^2 + \frac{8D_2 m'\mathcal{A}_1\cos^2\frac{\theta_1}{2} - D_1^2}{4D_2^2}}\sqrt{\frac{D_1^2 + 8D_2 m'\mathcal{A}_1\sin^2\frac{\theta_1}{2}}{4D_2^2} - y^2}}.$$

Il y a trois cas à considérer.

192. Premier cas.

$$(45)\qquad D_1^2 > 8D_2 m'\mathcal{A}_1\cos^2\frac{\theta_1}{2}.$$

On peut poser

$$(46)\qquad p^2 = \frac{D_1^2 - 8D_2 m'\mathcal{A}_1\cos^2\frac{\theta_1}{2}}{4D_2^2},\qquad p'^2 = \frac{D_1^2 + 8D_2 m'\mathcal{A}_1\sin^2\frac{\theta_1}{2}}{4D_2^2},$$

$$p'^2 - p^2 = \frac{2m'\mathcal{A}_1}{D_2} > 0,$$

et, en remplaçant D_2 par sa valeur approchée $\frac{3}{4}\frac{i'}{i}\sqrt{\alpha_1}$, la formule (44) deviendra

$$\frac{3}{4}i'n'dt = \frac{dy}{\sqrt{(y^2-p^2)(p'^2-y^2)}}. \tag{47}$$

On doit avoir

$$p^2 < y^2 < p'^2.$$

En faisant

$$y^2 = p^2\sin^2\varphi + p'^2\cos^2\varphi = p'^2\left(1 - \frac{p'^2-p^2}{p'^2}\sin^2\varphi\right), \tag{48}$$

la formule (47) devient

$$\frac{3}{4}i'n'dt = \frac{d\varphi}{\sqrt{p'^2-(p'^2-p^2)\sin^2\varphi}}.$$

On en conclut, en désignant par c une constante arbitraire,

$$\left\{\begin{aligned} &\varphi = \operatorname{am} u, \qquad u = \frac{3}{4}p'i'n'(t+c), \qquad \text{mod. } k,\\ &k^2 = 1 - \frac{p^2}{p'^2} < 1,\\ &y = p'\Delta\operatorname{am} u. \end{aligned}\right. \tag{49}$$

Les formules (40) et (43) donnent

$$\cos\theta = \frac{1}{m'\mathcal{A}_1}\left(D_2 y^2 + m'\mathcal{A}_1\cos\theta_1 - \frac{D_1^2}{4D_2}\right).$$

Si l'on remplace y^2 par sa valeur (48), puis p'^2 et p^2 par leurs expressions (46), il vient simplement

$$\cos\theta = \cos 2\varphi, \qquad \text{d'où} \qquad \theta = \pm 2\varphi.$$

On trouve ainsi cet ensemble de formules :

$$\left\{\begin{aligned} &k^2 = \frac{8D_2 m'\mathcal{A}_1}{D_1 + 8D_2 m'\mathcal{A}_1\sin^2\frac{\theta_1}{2}},\\ &1 - k^2 = \frac{D_1^2 - 8D_2 m'\mathcal{A}_1\cos^2\frac{\theta_1}{2}}{D_1^2 + 8D_2 m'\mathcal{A}_1\sin^2\frac{\theta_1}{2}} > 0, \end{aligned}\right. \tag{50}$$

$$\left\{\begin{aligned} &\theta = 2\operatorname{am} u, \qquad u = \frac{3}{4}p'i'n'(t+c)\\ &2D_2 x = -D_1 + \sqrt{D_1^2 + 8D_2 m'\mathcal{A}_1\sin^2\frac{\theta_1}{2}}\,\Delta\operatorname{am} u. \end{aligned}\right. \tag{51}$$

On voit que l'angle θ augmente sans cesse, jusqu'à l'infini. Lorsque D_1 n'est pas trop petit, l'expression (50) de k^2 est très petite, de l'ordre de m', et l'on peut prendre les fonctions circulaires comme première approximation, ainsi qu'on l'a fait ci-dessus ; mais, si D_1 est de l'ordre de $\sqrt{m'}$, les deux termes de la fraction qui représente k^2 contiennent le facteur m', et k^2 est fini, ce qui est un point fondamental.

193. Nous allons appliquer la solution précédente en supposant $i' = 2$, $i = 1$, de sorte que

$$\theta = \zeta + \varpi - 2\zeta'.$$

Nous considérerons donc le groupe des astéroïdes dont le moyen mouvement est voisin du double de celui de Jupiter. Nous aurons alors

$$(52) \qquad D_1 = \sqrt{\alpha_1}\left(2 - \frac{n_1}{n'}\right), \qquad D_2 = \frac{3}{2}\sqrt{\alpha_1} \quad \text{approximativement.}$$

On a, d'ailleurs,

$$\mathcal{A}_1 = e_1\left(4\,b^{(2)} + \alpha_1 \frac{db^{(2)}}{d\alpha_1}\right),$$

où $b^{(2)}$ représente la transcendante bien connue. L'expression (50) de k^2 donnera

$$(53) \qquad \left\{ \begin{aligned} k^2 &= \frac{\sigma_1^2}{\left(\frac{n_1}{n'} - 2\right)^2 + \sigma_1^2 \sin^2\frac{\theta_1}{2}}, \\ 1 - k^2 &= \frac{\left(\frac{n_1}{n'} - 2\right)^2 - \sigma_1^2 \cos^2\frac{\theta_1}{2}}{\left(\frac{n_1}{n'} - 2\right)^2 + \sigma_1^2 \sin^2\frac{\theta_1}{2}}, \end{aligned} \right.$$

où l'on a fait, pour abréger,

$$(54) \qquad \sigma_1^2 = \frac{12\,m' e_1}{\sqrt{\alpha_1}}\left(4\,b^{(2)} + \alpha_1\frac{db^{(2)}}{d\alpha_1}\right) = \frac{12\,m'}{\sqrt{\alpha_1}}\,\mathcal{A}_1.$$

On a, par hypothèse,

$$(55) \qquad \left(\frac{n_1}{n'} - 2\right)^2 > \sigma_1^2 \cos^2\frac{\theta_1}{2}.$$

L'expression (46) de p'^2 donnera, en ayant égard aux formules (52),

$$(56) \qquad 3p' = \sqrt{\left(\frac{n_1}{n'} - 2\right)^2 + \sigma_1^2 \sin^2\frac{\theta_1}{2}}.$$

Les formules (51) donneront ensuite, en adoptant les notations des *Funda-*

menta de Jacobi,

$$(57)\quad \begin{cases} u = \frac{3}{2}p'n'(t+c) = \frac{1}{2}\sqrt{(n_1 - 2n')^2 + \sigma_1^2 n'^2 \sin^2\frac{\theta_1}{2}}\,(t+c), \\ \theta = \frac{\pi u}{K} + \frac{4q}{1+q^2}\sin\frac{\pi u}{K} + \frac{4q^2}{2(1+q^4)}\sin\frac{2\pi u}{K} + \ldots, \end{cases}$$

$$2D_2 x = -D_1 \pm \sqrt{D_1^2 + 8D_2 m' \mathcal{A}_1 \sin^2\frac{\theta_1}{2}}$$
$$\times \frac{\pi}{2K}\left(1 + \frac{4q}{1+q^2}\cos\frac{\pi u}{K} + \frac{4q^2}{1+q^4}\cos\frac{2\pi u}{K} + \ldots\right).$$

Il faut savoir avec quel signe on doit prendre le radical. Nous supposerons, pour fixer les idées,

$$n_1 > 2n'; \qquad \text{donc} \qquad D_1 < 0.$$

En supposant $m' = 0$, on trouve aisément

$$\sigma_1 = 0, \qquad k = 0, \qquad q = 0, \qquad K = \frac{\pi}{2};$$

il est clair que l'on doit avoir aussi $x = 0$; donc on doit prendre le signe $-$, et il vient

$$(58)\quad 3x = \frac{n_1}{n'} - 2 - 3p'\frac{\pi}{2K}\left(1 + \frac{4q}{1+q^2}\cos\frac{\pi u}{K} + \frac{4q^2}{1+q^4}\cos\frac{2\pi u}{K} + \ldots\right).$$

On a ensuite

$$n = n_1\left(1 - \frac{3}{2}x + \ldots\right),$$

et il en résulte

$$n = n_1\left(2 - \frac{n_1}{2n'}\right) + \frac{3}{2}p'n_1\Delta \operatorname{am} u,$$

$$(59)\quad n = n_1\left(2 - \frac{n_1}{2n'}\right) + 3p'n_1\frac{\pi}{4K}\left(1 + \frac{4q}{1+q^2}\cos\frac{\pi u}{K} + \frac{4q^2}{1+q^4}\cos\frac{2\pi u}{K} + \ldots\right).$$

Si l'on remplace $\Delta \operatorname{am} u$ par ses deux limites 1 et $\sqrt{1-k^2}$, on trouve que l'on doit avoir constamment

$$4 - \frac{n_1}{n'} + \sqrt{\left(\frac{n_1}{n'} - 2\right)^2 - \sigma_1^2\cos^2\frac{\theta_1}{2}} < \frac{2n}{n_1} < 4 - \frac{n_1}{n'} + \sqrt{\left(\frac{n_1}{n'} - 2\right)^2 + \sigma_1^2\sin^2\frac{\theta_1}{2}}.$$

On obtient ainsi les limites entre lesquelles n varie. Il est intéressant de savoir si la limite inférieure de n est $> 2n'$, de sorte que l'on ne puisse jamais avoir exactement $n = 2n'$. On est ainsi conduit à considérer l'inégalité

$$n_1\left[4 - \frac{n_1}{n'} + \sqrt{\left(\frac{n_1}{n'} - 2\right)^2 - \sigma_1^2\cos^2\frac{\theta_1}{2}}\right] > 4n',$$

ou bien

$$n_1\sqrt{(n_1-2n')^2-\sigma_1^2 n'^2\cos^2\frac{\theta_1}{2}}>(n_1-2n'$$

Posons pour un moment

$$n_1-2n'=\rho n',\qquad h^2=\sigma_1^2\cos^2\frac{\theta_1}{2},$$

et l'inégalité précédente donnera

$$(2+\rho)^2(\rho^2-h^2)>\rho^4,$$

d'où

$$\rho^2>h^2\left(1+\frac{1}{4}\frac{\rho^2}{1+\rho}\right);$$

h est petit, et l'on en déduit

$$\rho^2>h^2+\frac{h^4}{(2+h)^2}.$$

$$\left(\frac{n_1}{n'}-2\right)^2>\sigma_1^2\cos^2\frac{\theta_1}{2}+\frac{1}{4}\sigma_1^4\cos^4\frac{\theta_1}{2}+\ldots.$$

Donc, si cette inégalité est satisfaite, on aura toujours $n>2n'$. On pourrait avoir à un moment donné $n=2n'$, si l'on avait

$$\sigma_1^2\cos^2\frac{\theta_1}{2}<\left(\frac{n_1}{n'}-2\right)^2<\sigma_1^2\cos^2\frac{\theta_1}{2}+\frac{1}{4}\sigma_1^4\cos^4\frac{\theta_1}{2}.$$

Mais, les deux limites de $\left(\frac{n_1}{n'}-2\right)^2$ sont tellement voisines, vu la petitesse de σ_1, que, pratiquement, elles peuvent être confondues, et nous pouvons admettre que, dans notre premier cas, $\frac{n_1}{n'}$ restera toujours au-dessus de 2.

Soit n_0 le terme constant de n; on aura, d'après la formule (59),

$$(60)\qquad n_0=n_1\left(2-\frac{n_1}{2n'}\right)+3p'n_1\frac{\pi}{4K},$$

$$(61)\qquad n=n_0+3p'n_1\frac{\pi}{K}\left(\frac{q}{1+q^2}\cos\frac{\pi u}{K}+\frac{q^2}{1+q^4}\cos\frac{2\pi u}{K}+\ldots\right).$$

On en conclut, en intégrant et tenant compte de l'expression (57) de u,

$$(62)\qquad \int n\,dt=n_0t+\frac{n_1}{2n'}\left[\frac{4q}{1+q^2}\sin\frac{\pi u}{K}+\frac{4q^2}{2(1+q^4)}\sin\frac{2\pi u}{K}+\ldots\right].$$

194. Occupons-nous de déterminer la constante c. Nous pourrons écrire à volonté l'une des conditions

$$\theta=\theta_1,\qquad \text{ou}\qquad x=0,\qquad \text{pour } t=0.$$

En représentant par u_0 la valeur correspondante de u, les équations (57) et (58) donneront

$$(63)\qquad \theta_1 = \frac{\pi u_0}{K} + \frac{4q}{1+q^2}\sin\frac{\pi u_0}{K} + \frac{4q^2}{2(1+q^4)}\sin\frac{2\pi u_0}{K} + \ldots,$$

$$0 = \frac{n_1}{n'} - 2 - 3p'\frac{\pi}{2K}\left(1 + \frac{4q}{1+q^2}\cos\frac{\pi u_0}{K} + \frac{4q^2}{1+q^4}\cos\frac{2\pi u_0}{K} + \ldots\right).$$

Cette dernière formule peut être transformée au moyen de la relation

$$3p' = \sqrt{\left(\frac{n_1}{n'} - 2\right)^2 + \sigma_1^2\sin^2\frac{\theta_1}{2}} = \frac{\frac{n_1}{n'} - 2}{\sqrt{1 - k^2\sin^2\frac{\theta_1}{2}}};$$

On trouve ainsi

$$(64)\qquad \sqrt{1 - k^2\sin^2\frac{\theta_1}{2}} = \frac{\pi}{2K}\left(1 + \frac{4q}{1+q^2}\cos\frac{\pi u_0}{K} + \frac{4q^2}{1+q^4}\cos\frac{2\pi u_0}{K} + \ldots\right).$$

Les équations (63) et (64) donnent la même valeur pour u_0 ; nous emploierons la première, qui se prête mieux aux approximations successives.

Il convient maintenant de procéder à des développements en séries suivant les puissances de k^2 ; nous emploierons pour cela les formules connues

$$q = \frac{k^2}{16} + \frac{k^4}{32} + \frac{21k^6}{1024} + \frac{31k^8}{2048} + \ldots,$$

$$K = \frac{\pi}{2}\left[1 + \left(\frac{1}{2}\right)^2 k^2 + \left(\frac{1.3}{2.4}\right)^2 k^4 + \left(\frac{1.3.5}{2.4.6}\right)^2 k^6 + \ldots\right].$$

La formule (63) sera réduite à

$$\theta_1 = \frac{\pi u_0}{K} + 4q\sin\frac{\pi u_0}{K} + 2q^2\sin\frac{2\pi u_0}{K};$$

on en tire

$$\frac{\pi u_0}{K} = \theta_1 - 4q\sin\theta_1 + 6q^2\sin 2\theta_1,$$

$$(65)\qquad \frac{\pi u_0}{K} = \theta_1 - \frac{k^2}{4}\left(1 + \frac{k^2}{2}\right)\sin\theta_1 + \frac{3k^4}{128}\sin 2\theta_1.$$

Si l'on pose

$$(66)\qquad m = 3p'n'\frac{\pi}{2K} = \frac{\sqrt{(n_1 - 2n')^2 + \sigma_1^2 n'^2\sin^2\frac{\theta_1}{2}}}{1 + \left(\frac{1}{2}\right)^2 k^2 + \left(\frac{1.3}{2.4}\right)^2 k^4},$$

on aura

$$(67)\qquad \frac{\pi u}{K} = \frac{\pi u_0}{K} + mt.$$

Les formules (57), (65) et (67) donneront

$$\theta = \theta_1 + mt + \frac{k^2}{4}[\sin(mt+\theta_1) - \sin\theta_1]$$
$$+ \frac{k^4}{128}[16\sin(mt+\theta_1) - 16\sin\theta_1 + \sin(2mt+2\theta_1) + 3\sin 2\theta_1 - 8\sin\theta_1\cos(mt+\theta_1)]$$
$$+ \ldots\ldots$$

Nous nous bornerons à

$$(68)\qquad \theta = \theta_1 + mt + \frac{1}{4}\frac{\sigma_1^2 n'^2}{(n_1-2n')^2 + \sigma_1^2 n'^2 \sin^2\frac{\theta_1}{2}}[\sin(mt+\theta_1) - \sin\theta_1].$$

On aura ensuite, en partant de (61),

$$(69)\qquad n = n_1 + \frac{1}{8}\frac{\sigma_1^2 n_1 n'}{\sqrt{(n_1-2n')^2 + \sigma_1^2 n'^2 \sin^2\frac{\theta_1}{2}}}[\cos(mt+\theta_1) - \cos\theta_1],$$

$$(70)\qquad n_0 = n_1 - \frac{1}{8}\frac{\sigma_1^2 n_1 n' \cos\theta_1}{\sqrt{(n_1-2n')^2 + \sigma_1^2 n'^2 \sin^2\frac{\theta_1}{2}}}.$$

La formule (62) donne de même

$$(71)\qquad \int n\,dt = n_0 t + \frac{1}{8}\frac{\sigma_1^2 n_1 n'}{(n_1-2n')^2 + \sigma_1^2 n'^2 \sin^2\frac{\theta_1}{2}}\sin(mt+\theta_1).$$

Lorsque $n_1 - 2n'$ n'est pas très petit, les formules (69) et (71) peuvent être réduites à

$$n = n_1 + \frac{1}{8}\frac{\sigma_1^2 n_1 n'}{n_1 - 2n'}[\cos(mt+\theta_1) - \cos\theta_1],$$
$$\int n\,dt = n_0 t + \frac{1}{8}\frac{\sigma_1^2 n_1 n'}{(n_1-2n')^2}\sin(mt+\theta_1).$$

Il est intéressant de voir que les petits diviseurs $n_1 - 2n'$ et $(n_1 - 2n')^2$ sont, dans la théorie actuelle, remplacés respectivement par

$$\sqrt{(n_1-2n')^2 + \sigma_1^2 \sin^2\frac{\theta_1}{2}} \quad \text{et} \quad (n_1-2n')^2 + \sigma_1^2\sin^2\frac{\theta_1}{2}.$$

Il y aurait lieu de présenter ici le calcul de ϖ; mais, pour ce point, je renverrai le lecteur au *Bulletin astronomique* (décembre 1895).

195. Deuxième cas.

(72) $$D_1^2 < 8 D_2 m' \mathcal{A}_1 \cos^2 \frac{\theta_1}{2}.$$

Si l'on pose

(73) $$\begin{cases} p'^2 = \dfrac{8 D_2 m' \mathcal{A}_1 \sin^2 \dfrac{\theta_1}{2} + D_1^2}{4 D_2^2}, \\ p''^2 = \dfrac{8 D_2 m' \mathcal{A}_1 \cos^2 \dfrac{\theta_1}{2} - D_1^2}{4 D_2^2}, \end{cases}$$

la formule (44) devient

$$\frac{3}{4} i' n' dt = \frac{dy}{\sqrt{(y^2 + p''^2)(p'^2 - y^2)}};$$

y variera de $-p'$ à $+p'$. Soit posé

$$y = p' \cos\psi,$$

on aura

$$\frac{3}{4} i' n' dt = \frac{d\psi}{\sqrt{p'^2 + p''^2 - p'^2 \sin^2\psi}},$$

(74) $$\begin{cases} \psi = \operatorname{am} u, \qquad u = \dfrac{3}{4} i' n' \sqrt{p'^2 + p''^2}\,(t + c) \qquad (\text{mod. } k), \\ k^2 = \dfrac{p'^2}{p'^2 + p''^2} < 1, \\ y = p' \cos \operatorname{am} u. \end{cases}$$

On est ainsi ramené à un module < 1.

Les formules (40) et (43) donnent

$$\cos\theta = \frac{D_2 y^2 - \dfrac{D_1^2}{4 D_2} + m' \mathcal{A}_1 \cos\theta_1}{m' \mathcal{A}_1},$$

d'où

$$2 \sin^2 \frac{\theta}{2} = D_2 \frac{p'^2 - y^2}{m' \mathcal{A}_1} = \frac{D_2 p'^2}{m' \mathcal{A}_1} \sin^2\psi,$$

$$\sin \frac{\theta}{2} = \frac{p'}{\sqrt{p'^2 + p''^2}} \sin\psi = \pm k \sin\psi$$

On voit par cette dernière formule que $\sin \frac{\theta}{2}$ ne peut jamais dépasser k en valeur absolue; donc θ ne peut jamais devenir égal à 180°; il oscille autour d'une valeur moyenne égale à zéro : c'est le cas de la *libration ;* le coefficient du temps dans θ est nul. Les formules finales sont, dans le cas de $i' = 2$,

$$(75)\quad \begin{cases} k^2 = \dfrac{D_1^2 + 8D_2 m' \mathcal{A}_1 \sin^2 \dfrac{\theta_1}{2}}{8D_2 m' \mathcal{A}_1}, \\ 1 - k^2 = \dfrac{8D_2 m' \mathcal{A}_1 \cos^2 \dfrac{\theta_1}{2} - D_1^2}{8D_2 m' \mathcal{A}_1}; \end{cases}$$

$$(76)\quad \begin{cases} u = \dfrac{3}{2}\sqrt{\dfrac{2m'\mathcal{A}_1}{D_2}}\, n'(t+c), \\ 2D_2 x = -D_1 + \sqrt{D_1^2 + 8D_2 m' \mathcal{A}_1 \sin^2 \dfrac{\theta_1}{2}}\, \cos\operatorname{am} u, \\ \sin\dfrac{\theta}{2} = \pm k \sin\operatorname{am} u. \end{cases}$$

L'expression précédente de x prend une autre forme quand on remplace D_1 et D_2 par leurs valeurs (52), et que l'on introduit l'expression (54) de σ_1^2; on trouve

$$(77)\quad 3x = \frac{n_1}{n'} - 2 + \sqrt{\left(\frac{n_1}{n'} - 2\right)^2 + \sigma_1^2 \sin^2\frac{\theta_1}{2}}\, \cos\operatorname{am} u.$$

On en conclut

$$(78)\quad n = n_1\left[2 - \frac{n_1}{2n'} - \frac{1}{2}\sqrt{\left(\frac{n_1}{n'} - 2\right)^2 + \sigma_1^2 \sin^2\frac{\theta_1}{2}}\, \cos\operatorname{am} u\right].$$

On a donc les limites de n

$$N' < n < N'',$$

en faisant

$$N' = n_1\left[2 - \frac{n_1}{2n'} - \frac{1}{2}\sqrt{\left(\frac{n_1}{n'} - 2\right)^2 + \sigma_1^2 \sin^2\frac{\theta_1}{2}}\right],$$

$$N'' = n_1\left[2 - \frac{n_1}{2n'} + \frac{1}{2}\sqrt{\left(\frac{n_1}{n'} - 2\right)^2 + \sigma_1^2 \sin^2\frac{\theta_1}{2}}\right].$$

Je dis que l'on a

$$N' < 2n' \quad \text{et} \quad N'' > 2n'.$$

La première de ces inégalités revient, en effet, à

$$(n_1 - 2n')^2 + n_1\sqrt{(n_1 - 2n')^2 + \sigma_1^2 n'^2 \sin^2\frac{\theta_1}{2}} > 0,$$

et la seconde peut s'écrire

$$n_1\sqrt{(n_1 - 2n')^2 + \sigma_1^2 n'^2 \sin^2\frac{\theta_1}{2}} > (n_1 - 2n')^2,$$

d'où, en élevant au carré et réduisant,

$$4(n_1 - 2n')^2 n'(n_1 - n') + \sigma_1^2 n_1^2 n'^2 \sin^2\frac{\theta_1}{2} > 0;$$

ce qui a bien lieu, car n_1 est $> n'$.

Il résulte de là que n, variant périodiquement entre deux limites, l'une inférieure, l'autre supérieure à $2n'$, sera nécessairement égal à $2n'$ à un moment donné. En faisant dans l'équation (78) $n = 2n'$, et désignant par u_1 la valeur correspondante de u, on trouve

$$\cos \operatorname{am} u_1 = -\frac{(n_1 - 2n')^2}{n_1\sqrt{(n_1 - 2n')^2 + \sigma_1^2 n'^2 \sin^2\frac{\theta_1}{2}}};$$

cette quantité est très petite en valeur absolue, car le numérateur est du second ordre, et le dénominateur du premier seulement; ainsi $\operatorname{am} u_1$ est un peu $> \frac{\pi}{2}$; aux deux limites qui correspondent à N' et N'', $\operatorname{am} u = 0$, ou $= \pi$; donc n devient égal à $2n'$ quand $\operatorname{am} u$ est sensiblement égal à la moyenne arithmétique de ses valeurs extrêmes.

On voit ainsi que les moyens mouvements sont exactement commensurables à un moment donné, sans qu'il en résulte aucune instabilité; les oscillations sont régulières de part et d'autre, et la circonstance de la commensurabilité exacte se reproduit périodiquement; cela est conforme à ce qu'avait présumé M. Newcomb.

Remarquons que la condition (72), relative à la libration, peut s'écrire

$$\left(\frac{n_1}{n'} - 2\right)^2 < \frac{12 m' e_1}{\sqrt{\alpha_1}}\left(4 b^{(2)} + \alpha_1 \frac{db^{(2)}}{d\alpha_1}\right)\cos^2\frac{\theta_1}{2}.$$

Elle est identique à la condition (9), que nous avons rencontrée dans la méthode de Laplace, en tenant compte de la relation approchée

$$\alpha_1^{\frac{3}{2}} = \frac{n'}{n_1} = \frac{1}{2}.$$

196. Troisième cas. — Reste enfin à considérer le cas de

$$(79) \quad \begin{cases} D_1^2 = 8 D_2 m' \mathcal{A}_1 \cos^2\frac{\theta_1}{2}, \\ \text{ou bien} \\ \left(\frac{n_1}{n'} - 2\right)^2 = \sigma_1^2 \cos^2\frac{\theta_1}{2}. \end{cases}$$

L'équation (42) donne ici

$$\frac{3}{2}n'dt = \frac{dx}{\left(x+\sqrt{\frac{2m'\mathcal{A}_1}{D_2}}\cos\frac{\theta_1}{2}\right)\sqrt{\frac{2m'\mathcal{A}_1}{D_2}-\left(x+\sqrt{\frac{2m'\mathcal{A}_1}{D_2}}\cos\frac{\theta_1}{2}\right)^2}};$$

on a d'ailleurs

$$\frac{2m'\mathcal{A}_1}{D_2} = \frac{\sigma_1^2}{9},$$

d'où

$$\frac{3}{2}n'dt = \frac{dx}{\left(x+\frac{\sigma_1}{3}\cos\frac{\theta_1}{2}\right)\sqrt{\frac{\sigma_1^2}{9}-\left(x+\frac{\sigma_1}{3}\cos\frac{\theta_1}{2}\right)^2}}.$$

Pour intégrer, on pose

(80) $$x+\frac{\sigma_1}{3}\cos\frac{\theta_1}{2} = \frac{\sigma_1}{3}\sin\chi;$$

il vient alors

$$\frac{1}{2}\sigma_1 n'dt = \frac{d\chi}{\sin\chi},$$

$$\operatorname{tang}\frac{\chi}{2} = \mathfrak{C}E^{\frac{1}{2}\sigma_1 n't}.$$

Pour déterminer la constante $\mathfrak{C}$, nous remarquerons que $x = 0$ pour $t = 0$; a relation (80) donne

$$\sin\chi = \cos\frac{\theta_1}{2},$$

d'où

$$\operatorname{tang}\frac{\chi}{2} = \sqrt{\frac{1-\sin\frac{\theta_1}{2}}{1+\sin\frac{\theta_1}{2}}} = \mathfrak{C}.$$

Il vient donc

(81) $$x = \frac{\sigma_1}{3}\cos\frac{\theta_1}{2}\left[\frac{2E^{\sigma_1 n't}}{1+\sin\frac{\theta_1}{2}+\left(1-\sin\frac{\theta_1}{2}\right)E^{\sigma_1 n't}}-1\right].$$

On a ensuite

(86) $$\frac{n}{n_1} = 1-\frac{\sigma_1}{2}\cos\frac{\theta_1}{2}\left[\frac{2E^{\frac{1}{2}\sigma_1 n't}}{1+\sin\frac{\theta_1}{2}+\left(1-\sin\frac{\theta_1}{2}\right)E^{\sigma_1 n't}}-1\right].$$

Il n'y a plus d'oscillation; t croissant de zéro à l'infini, x varie de o à $-\frac{\sigma_1}{3}\cos\frac{\theta_1}{2}$

et n de n_1 à

$$n_1\left(1+\frac{1}{2}\sigma_1\cos\frac{\theta_1}{2}\right) = n_1\left[1+\frac{1}{2}\left(\frac{n_1}{n'}-2\right)\right] = \frac{n_1^2}{2n'}.$$

Nous avons ici un exemple des solutions appelées *asymptotiques* par M. Gyldén; leur étude approfondie est due à M. Poincaré.

197. Nous avons dit plus haut que le calcul sommaire qui résulte des formules de Laplace conduit pour la libration à la même conclusion que notre calcul plus complexe. Ce dernier présente néanmoins des avantages qui sont à considérer : il permet, en effet, de tenir compte des termes négligés, et peut être ainsi complété facilement. On pourrait en outre avoir égard, par le même procédé, à tous les termes ayant pour arguments θ, 2θ, 3θ, ..., en prenant

$$R_0 = -B - A\cos\theta - A'\cos 2\theta - A''\cos 3\theta - \ldots.$$

On aurait, en effet,

$$(87)\quad \begin{cases} \dfrac{dL}{dt} = i(A\sin\theta + 2A'\sin 2\theta + 3A''\sin 2\theta + \ldots), \\ \dfrac{dG}{dt} = i'(A\sin\theta + 2A'\sin 2\theta + 3A''\sin 2\theta + \ldots); \end{cases}$$

l'intégrale

$$(88)\qquad G = \frac{i'}{i}L + \text{const.}$$

subsiste donc encore; on a d'ailleurs

$$(89)\qquad B + A\cos\theta + A'\cos 2\theta + A''\cos 2\theta + \ldots = \text{const.}$$

Si l'on élimine θ et G entre les équations (87), (88) et (89), on sera ramené à une équation de la forme

$$dt = F(L)\,dL = \Phi(x)\,dx.$$

On aura donc x en fonction de t par une quadrature. Le calcul présentera quelques difficultés, qui pourront être surmontées en tenant compte de ce que les rapports $\frac{A'}{A}$, $\frac{A''}{A'}$, ... sont petits. On pourra enfin appliquer la méthode de Delaunay, de manière à avoir égard aux autres termes périodiques les plus sensibles; il y aura lieu de voir si ces nouveaux termes ne modifient pas la libration.

Les résultats que nous avons donnés ont aussi été obtenus dans leur ensemble par M. Gyldén et par M. Poincaré; mais nous avons donné des développements qui rendront les applications faciles; ce qui nous a paru intéressant, c'était de déduire les conclusions de notre ancien Mémoire du *Bulletin astronomique*, t. IV, et de préparer les applications.

M. Callandreau a étudié de son côté la question des lacunes et de la libration dans un Mémoire auquel nous renvoyons le lecteur (*Annales de l'Observatoire*, t. XXII).

Nous voudrions parler encore d'un important Mémoire de M. Bohlin, *Ueber eine neue Annäherung's Methode in der Störungstheorie;* Stockholm, 1888. L'auteur s'occupe de l'intégration de l'équation

$$\frac{d^2\zeta}{dt^2} = -\Sigma\alpha_{i,j}\sin(i\zeta - jn't + \gamma_{i,j}),$$

dans laquelle les $\alpha_{i,j}$ et $\gamma_{i,j}$ sont des constantes; n' est le moyen mouvement de Jupiter et ζ la longitude moyenne de la planète troublée. Quand on ne prend qu'un terme du second membre, celui pour lequel $in - jn'$ est petit, on retombe sur l'équation de Laplace

$$\frac{d^2\theta}{dt^2} = -\frac{1}{2}m'h^2\sin\theta;$$

les autres termes apportent à la solution des compléments appréciables. M. Bohlin a appliqué sa théorie au calcul des perturbations des planètes dont le moyen mouvement est voisin de $3n'$ (*Astron. Nachr.*, n° 3294); mais il a publié seulement les résultats numériques pour trois planètes, déjà traitées par la méthode de Hansen, se réservant d'exposer la théorie complète dans un Mémoire spécial; aussi devons-nous nous contenter des indications qui précèdent.

CHAPITRE XXVI.

SUR LA FORME GÉNÉRALE DES DÉVELOPPEMENTS DES COORDONNÉES DANS LE MOUVEMENT DE TROIS CORPS QUI S'ATTIRENT MUTUELLEMENT SUIVANT LA LOI DE NEWTON.

---

198. Nous jugeons utile de reproduire ici un Mémoire que nous avons inséré dans les *Annales de l'Observatoire de Paris* (t. XVIII, *Mémoires*).

Considérons, pour fixer les idées, le mouvement des deux planètes, Jupiter et Saturne, soumises à l'attraction du Soleil et à leur attraction mutuelle. Les développements pratiques auxquels s'est arrêté Le Verrier, pour les expressions des éléments elliptiques variables, contiennent le temps en dehors des signes sin et cos, et, par ce fait même, ils ne sauraient convenir pour un intervalle de temps illimité; ils sont cependant appropriés aux besoins de l'Astronomie pour un intervalle de plusieurs siècles. Mais il est bon de se demander si l'on ne pourrait pas obtenir des développements dans lesquels le temps ne sortirait jamais des signes sin et cos, comme cela arrive dans la théorie de la Lune de Delaunay.

Cette question a été résolue par M. Newcomb (*Smithsonian Contributions to Knowledge*, 1874), en employant la méthode de la variation des constantes arbitraires, et plus tard par M. A. Lindstedt (*Annales de l'École Normale*, 3e série, t. I, p. 85), qui est arrivé à un théorème nouveau et important; il a pris pour point de départ le Mémoire célèbre de Lagrange (*voir* t. I de cet Ouvrage, Chapitre VIII). En raison de l'importance du sujet, j'ai pensé qu'une autre démonstration du théorème de M. Lindstedt pourrait présenter quelque intérêt; celle à laquelle je suis arrivé trouve sa base dans le travail bien connu de Jacobi [*Sur l'élimination des nœuds dans le problème des trois corps* (*Journal de Liouville*, t. IX)].

199. Soient

S, M et M′ les trois corps réduits à trois points matériels de masses 1, m et m';
G le centre de gravité de S et M, SM $= r$, GM′ $= r'$;
X, Y, Z, X′, Y′, Z′ les projections de r et r' sur trois axes fixes OX, OY, OZ;

μ et μ' des constantes ayant pour valeurs

$$\mu = \frac{m}{1+m}, \qquad \mu' = m'\,\frac{1+m}{1+m+m'}.$$

On a (t. I, Chap. IV) les équations différentielles suivantes, pour déterminer les six variables X, ..., Z′ en fonction du temps t,

$$(1)\quad \begin{cases} \mu\,\dfrac{d^2X}{dt^2} = \dfrac{\partial U}{\partial X}, & \mu'\,\dfrac{d^2X'}{dt^2} = \dfrac{\partial U}{\partial X'}, \\ \mu\,\dfrac{d^2Y}{dt^2} = \dfrac{\partial U}{\partial Y}, & \mu'\,\dfrac{d^2Y'}{dt^2} = \dfrac{\partial U}{\partial Y'}, \\ \mu\,\dfrac{d^2Z}{dt^2} = \dfrac{\partial U}{\partial Z}, & \mu'\,\dfrac{d^2Z'}{dt^2} = \dfrac{\partial U}{\partial Z'}. \end{cases}$$

Dans ces équations, U est une fonction des six variables X, ..., Z′, définie par les formules suivantes

$$(2)\quad \begin{cases} r^2 = X^2 + Y^2 + Z^2, \\ r'^2 = X'^2 + Y'^2 + Z'^2, \\ R = SM = r, \qquad R' = SM', \qquad \Delta = MM', \\ R'^2 = r'^2 + \dfrac{2m}{1+m}(XX' + YY' + ZZ') + \left(\dfrac{mr}{1+m}\right)^2, \\ \Delta^2 = r'^2 - \dfrac{2}{1+m}(XX' + YY' + ZZ') + \left(\dfrac{r}{1+m}\right)^2, \\ U = \dfrac{m}{R} + \dfrac{m'}{R'} + \dfrac{mm'}{\Delta}. \end{cases}$$

Quand on aura intégré les équations (1), les coordonnées ξ, η, ζ, ξ', η', ζ' des points M et M′, rapportées à des axes parallèles aux axes fixes et se coupant en S, seront

$$(3)\quad \begin{cases} \xi = X, & \eta = Y, & \zeta = Z, \\ \xi' = X' + \dfrac{m}{1+m}X, & \eta' = Y' + \dfrac{m}{1+m}Y, & \zeta' = Z' + \dfrac{m}{1+m}Z. \end{cases}$$

Les équations (1) admettent les intégrales suivantes, qui ne sont autre chose que les intégrales des aires

$$(4)\quad \begin{cases} \mu\left(Y\dfrac{dZ}{dt} - Z\dfrac{dY}{dt}\right) + \mu'\left(Y'\dfrac{dZ'}{dt} - Z'\dfrac{dY'}{dt}\right) = C_1, \\ \mu\left(Z\dfrac{dX}{dt} - X\dfrac{dZ}{dt}\right) + \mu'\left(Z'\dfrac{dX'}{dt} - X'\dfrac{dZ'}{dt}\right) = C'_1, \\ \mu\left(X\dfrac{dY}{dt} - Y\dfrac{dX}{dt}\right) + \mu'\left(X'\dfrac{dY'}{dt} - Y'\dfrac{dX'}{dt}\right) = C''_1, \end{cases}$$

en désignant par C_1, C'_1 et C''_1 trois constantes arbitraires.

200. Nous allons changer d'axes de coordonnées, et, au lieu de OX, OY, OZ, nous introduirons de nouveaux axes rectangulaires Ox, Oy, Oz; l'axe Ox sera situé dans le plan XOY: nous désignerons par N la longitude du nœud ascendant du plan xy par rapport à XY, et par J l'angle de ces deux plans. Nous aurons les formules

$$(5)\quad \begin{cases} X = x\cos N - y\cos J\sin N + z\sin J\sin N, \\ Y = x\sin N + y\cos J\cos N - z\sin J\cos N, \\ Z = \qquad\qquad y\sin J \qquad + z\cos J, \end{cases}$$

et des formules semblables donnant X', Y' et Z'.

Si l'on détermine J et N par les relations

$$(6)\quad \begin{cases} \sin J = \dfrac{\sqrt{C_1^2 + C_1'^2}}{\sqrt{C_1^2 + C_1'^2 + C_1''^2}}, & \cos J = \dfrac{C_1''}{\sqrt{C_1^2 + C_1'^2 + C_1''^2}}, \\ \sin N = \dfrac{C_1}{\sqrt{C_1^2 + C_1'^2}}, & \cos N = -\dfrac{C_1'}{\sqrt{C_1^2 + C_1'^2}}, \end{cases}$$

et, si l'on pose

$$C = \sqrt{C_1^2 + C_1'^2 + C_1''^2},$$

on trouvera que les équations (4) deviennent

$$(7)\quad \begin{cases} \mu\left(x\dfrac{dy}{dt} - y\dfrac{dx}{dt}\right) + \mu'\left(x'\dfrac{dy'}{dt} - y'\dfrac{dx'}{dt}\right) = C, \\ \mu\left(y\dfrac{dz}{dt} - z\dfrac{dy}{dt}\right) + \mu'\left(y'\dfrac{dz'}{dt} - z'\dfrac{dy'}{dt}\right) = 0, \\ \mu\left(z\dfrac{dx}{dt} - x\dfrac{dz}{dt}\right) + \mu'\left(z'\dfrac{dx'}{dt} - x'\dfrac{dz'}{dt}\right) = 0. \end{cases}$$

Les équations (1) et (2) donneront du reste

$$(1')\quad \begin{cases} \mu\dfrac{d^2x}{dt^2} = \dfrac{\partial U}{\partial x}, & \mu'\dfrac{d^2x'}{dt^2} = \dfrac{\partial U}{\partial x'}, \\ \mu\dfrac{d^2y}{dt^2} = \dfrac{\partial U}{\partial y}, & \mu'\dfrac{d^2y'}{dt^2} = \dfrac{\partial U}{\partial y'}, \\ \mu\dfrac{d^2z}{dt^2} = \dfrac{\partial U}{\partial z}, & \mu'\dfrac{d^2z'}{dt^2} = \dfrac{\partial U}{\partial z'}, \end{cases}$$

$$(2')\quad \begin{cases} r^2 = x^2 + y^2 + z^2, \qquad r'^2 = x'^2 + y'^2 + z'^2, \qquad R = r, \\ R'^2 = r'^2 + \dfrac{2m}{1+m}(xx' + yy' + zz') + \left(\dfrac{mr}{1+m}\right)^2, \\ \Delta^2 = r'^2 - \dfrac{2}{1+m}(xx' + yy' + zz') + \left(\dfrac{r}{1+m}\right)^2, \\ U = \dfrac{m}{R} + \dfrac{m'}{R'} + \dfrac{mm'}{\Delta}; \end{cases}$$

les constantes arbitraires C_1, C_1' et C_1'' seront remplacées par C, J et N.

Les équations (4) et (6) montrent que le nouveau plan fixe des xy est le plan invariable du système composé des deux points M et M', ayant pour coordonnées x, y, z, x', y', z' et pour masse μ et μ'.

201. Nous appellerons, suivant l'usage, *plan* de l'orbite du point M à l'époque t le plan qui passe par l'origine, la position et la vitesse du point M au même instant, et de même pour M'. Soient

i et i' les angles formés à l'époque t par les plans des deux orbites avec le plan des xy;
h et h' les longitudes de leurs nœuds ascendants sur le plan des xy, comptées à partir de Ox;
f et f' les doubles des vitesses aréolaires des rayons r et r'.

Les équations (7) pourront s'écrire

$$\mu f \cos i \qquad + \mu' f' \cos i' \qquad = C,$$
$$\mu f \sin i \, \sin h + \mu' f' \, \sin i' \, \sin h' = 0,$$
$$\mu f \, \sin i \cos h + \mu' f' \, \sin i' \cos h' = 0.$$

On en conclut

$$h' = h + 180^\circ, \qquad \mu f \sin i = \mu' f' \sin i';$$

c'est le résultat bien connu de Jacobi : les deux orbites coupent le plan invariable suivant la même droite.

Soit I l'inclinaison mutuelle des deux orbites; on aura également les formules connues

$$(8) \quad \begin{cases} I = i + i', & \cos I = \dfrac{C^2 - \mu^2 f^2 - \mu'^2 f'^2}{2\mu\mu' f f'}, \\ \cos i = \dfrac{\mu f + \mu' f' \cos I}{C}, & \cos i' = \dfrac{\mu' f' + \mu f \cos I}{C}, \\ \sin i = \dfrac{\mu' f'}{C} \sin I, & \sin i' = \dfrac{\mu f}{C} \sin I, \end{cases}$$

de sorte que les inclinaisons i et i' seront connues quand on aura déterminé f et f' en fonction de t. Soient v et v' les distances angulaires des deux points M et M' aux nœuds ascendants de leurs orbites sur le plan invariable, V l'angle MOM' des deux rayons vecteurs r et r' ; on aura

$$(9) \qquad xx' + yy' + zz' = rr' \cos V.$$

Le triangle sphérique ayant pour sommets M, M' et le point J, nœud ascendant de l'orbite de M sur le plan invariable, donne, en remarquant que le nœud ascendant de M coïncide avec le nœud descendant de M',

$$(10) \qquad \cos V = - \cos v \cos v' - \sin v \sin v' \cos I,$$

En ayant égard aux formules (2′), (8), (9) et (10), on voit que la fonction U dépend actuellement de r, r', v, v', f et f'; les quantités i, i', h et h' ne figurent plus dans U; nous allons profiter de cette circonstance pour simplifier les équations différentielles du mouvement.

202. Nous aurons à recourir ici à un Mémoire important de M. Radau, *Sur une transformation des équations différentielles de la Dynamique* (*Annales de l'École Normale*, 1re série, t. V), ou mieux encore à un article du même auteur inséré dans le *Bulletin des Sciences mathématiques*, 2e série, t. V; 1881), ayant pour titre : *Travaux concernant le problème des trois corps et la théorie des perturbations.*

M. Radau s'est proposé de déduire des équations (1′) les équations différentielles relatives aux variables r, r', v, v', f, f'. En posant

$$(11)\quad \begin{cases} \rho_1 = \mu\dfrac{dr}{dt}, & \rho_1' = \mu'\dfrac{dr'}{dt}, \\ f_1 = \mu f, & f_1' = \mu' f', \\ U_1 = -U + \dfrac{\rho_1^2}{2\mu} + \dfrac{\rho_1'^2}{2\mu'} + \dfrac{f_1^2}{2\mu r^2} + \dfrac{f_1'^2}{2\mu' r'^2}, \end{cases}$$

il est arrivé à ce résultat simple et élégant

$$(12)\quad \begin{cases} \dfrac{dr}{dt} = +\dfrac{\partial U_1}{\partial \rho_1}, & \dfrac{dr'}{dt} = +\dfrac{\partial U_1}{\partial \rho_1'}, \\ \dfrac{dv}{dt} = +\dfrac{\partial U_1}{\partial f_1}, & \dfrac{dv'}{dt} = +\dfrac{\partial U_1}{\partial f_1'}, \\ \dfrac{d\rho_1}{dt} = -\dfrac{\partial U_1}{\partial r}, & \dfrac{d\rho_1'}{dt} = -\dfrac{\partial U_1}{\partial r'}, \\ \dfrac{df_1}{dt} = -\dfrac{\partial U_1}{\partial v}, & \dfrac{df_1'}{dt} = -\dfrac{\partial U_1}{\partial v'}. \end{cases}$$

On a donc ainsi un système canonique de huit équations différentielles du premier ordre; U_1 est une fonction des huit variables $r, r', \rho_1, \rho_1', v, v', f_1, f_1'$; cette fonction ne renferme pas le temps explicitement, de sorte qu'on déduit des équations (12) l'intégrale

$$U_1 = \text{const.}$$

Nous allons nous placer maintenant plus spécialement au point de vue de l'Astronomie; S désignera le Soleil; M et M′ seront deux planètes, Jupiter et Saturne, par exemple. Les nombres m et m' seront petits, au-dessous de $\frac{1}{1000}$; en nous reportant aux formules (2′), nous verrons que l'on peut écrire

$$(13)\quad \begin{cases} U = \dfrac{m}{r} + \dfrac{m'}{r'} + W, \\ W = m'\left(\dfrac{1}{R'} - \dfrac{1}{r'}\right) + \dfrac{mm'}{\Delta}. \end{cases}$$

R' ne différant de r' que de quantités de l'ordre de m, on voit que W sera du second ordre par rapport aux masses; U se compose donc d'une partie $\frac{m}{r} + \frac{m'}{r'}$, du premier ordre, et d'une autre, W, du second.

Nous allons faire une première approximation et intégrer les équations (12) en remplaçant U_1 par

$$(14) \qquad U_1^0 = -\frac{m}{r} - \frac{m'}{r'} + \frac{\rho_1^2}{2\mu} + \frac{\rho_1'^2}{2\mu'} + \frac{f_1^2}{2\mu r^2} + \frac{f_1'^2}{2\mu' r'^2}.$$

Il y a lieu de remarquer que, d'après les équations (11), les termes $\frac{\rho_1^2}{2\mu}, \ldots, \frac{f_1'^2}{2\mu' r'^2}$ sont du premier ordre. On aura ensuite

$$(15) \qquad U_1 = U_1^0 + W.$$

Il s'agit donc d'intégrer le système suivant

$$(16) \qquad \frac{dr}{dt} = +\frac{\partial U_1^0}{\partial \rho_1}, \qquad \frac{dr'}{dt} = +\frac{\partial U_1^0}{\partial \rho_1'}, \qquad \ldots,$$

Nous connaissons d'avance le résultat de l'intégration. Reportons-nous, en effet, aux équations (1'), et remplaçons-y U par $\frac{m}{r} + \frac{m'}{r'}$; il viendra

$$\frac{d^2x}{dt^2} + \frac{\mu x}{r^3} = 0, \qquad \frac{d^2x'}{dt^2} + \frac{\mu' x'}{r'^3} = 0, \qquad \ldots;$$

nous aurons donc deux mouvements képlériens. Nous allons néanmoins procéder à l'intégration des équations (16), et cela en suivant la méthode de Jacobi; on verra plus loin que les résultats ainsi obtenus nous seront utiles. Nous aurons à trouver une intégrale complète de l'équation suivante aux dérivées partielles :

$$(17) \quad 0 = \frac{\partial S}{\partial t} - \frac{m}{r} - \frac{m'}{r'} + \frac{1}{2\mu}\left(\frac{\partial S}{\partial r}\right)^2 + \frac{1}{2\mu'}\left(\frac{\partial S}{\partial r'}\right)^2 + \frac{1}{2\mu r^2}\left(\frac{\partial S}{\partial v}\right)^2 + \frac{1}{2\mu' r'^2}\left(\frac{\partial S}{\partial v'}\right)^2,$$

c'est-à-dire une solution S, fonction de t, r, r', v et v', et de quatre constantes arbitraires α_1, α_1', α_2 et α_2'. En désignant par β_1, β_1', β_2 et β_2' quatre nouvelles constantes arbitraires, on sait que les intégrales générales des équations (16) seront

$$(18) \qquad \begin{cases} \rho_1 = \dfrac{\partial S}{\partial r}, & \rho_1' = \dfrac{\partial S}{\partial r'}, \\ f_1 = \dfrac{\partial S}{\partial v}, & f_1' = \dfrac{\partial S}{\partial v'}; \end{cases}$$

$$(19) \qquad \begin{cases} \beta_1 = \dfrac{\partial S}{\partial \alpha_1}, & \beta_1' = \dfrac{\partial S}{\partial \alpha_1'}, \\ \beta_2 = \dfrac{\partial S}{\partial \alpha_2}, & \beta_2' = \dfrac{\partial S}{\partial \alpha_2'}. \end{cases}$$

L'équation (17) ne renfermant pas explicitement les variables t, v et v', nous poserons, en désignant par S' une fonction de r et de r',

$$S = -(\alpha_2 + \alpha'_2)t + \alpha_1 v + \alpha'_1 v' + S',$$

et nous aurons, pour déterminer S', l'équation

$$\frac{1}{2\mu}\left(\frac{\partial S'}{\partial r}\right)^2 + \frac{\alpha_1^2}{2\mu r^2} - \frac{m}{r} - \alpha_2 + \frac{1}{2\mu'}\left(\frac{\partial S'}{\partial r'}\right)^2 + \frac{\alpha_1'^2}{2\mu' r'^2} - \frac{m'}{r'} - \alpha'_2 = 0.$$

Nous poserons séparément

$$\frac{1}{2\mu}\left(\frac{\partial S'}{\partial r}\right)^2 + \frac{\alpha_1^2}{2\mu r^2} - \frac{m}{r} - \alpha_2 = 0,$$

$$\frac{1}{2\mu'}\left(\frac{\partial S'}{\partial r'}\right)^2 + \frac{\alpha_1'^2}{2\mu' r'^2} - \frac{m'}{r'} - \alpha'_2 = 0,$$

d'où

$$S' = \sqrt{2\mu}\int\sqrt{\alpha_2 + \frac{m}{r} - \frac{\alpha_1^2}{2\mu r^2}}\,dr + \sqrt{2\mu'}\int\sqrt{\alpha'_2 + \frac{m'}{r'} - \frac{\alpha_1'^2}{2\mu' r'^2}}\,dr',$$

(20) $$\begin{aligned} S = &-(\alpha_2 + \alpha'_2)t + \alpha_1 v + \alpha'_1 v' \\ &+ \sqrt{2\mu}\int\sqrt{\alpha_2 + \frac{m}{r} - \frac{\alpha_1^2}{2\mu r^2}}\,dr + \sqrt{2\mu'}\int\sqrt{\alpha'_2 + \frac{m'}{r'} - \frac{\alpha_1'^2}{2\mu' r'^2}}\,dr'. \end{aligned}$$

Telle est la solution cherchée, et il n'y a plus qu'à la porter dans les équations (18) et (19); on trouvera d'abord

$$\rho_1 = \sqrt{2\mu}\sqrt{\alpha_2 + \frac{m}{r} - \frac{\alpha_1^2}{2\mu r^2}}.$$

Soient a et e le demi grand axe et l'excentricité de la première ellipse; a' et e' les quantités analogues pour la seconde; $a(1-e)$ et $a(1+e)$ seront les racines de l'équation

$$\alpha_2 r^2 + mr - \frac{\alpha_1^2}{2\mu} = 0.$$

On en conclut

$$\alpha_2 = -\frac{m}{2a}, \qquad \alpha_1 = \sqrt{\mu m a(1-e^2)} = \sqrt{\mu m p}.$$

Nous poserons

$$k^2 = \frac{m}{\mu} = 1 + m,$$

$$k'^2 = \frac{m'}{\mu'} = \frac{1 + m + m'}{1 + m},$$

et nous aurons

$$\alpha_2 = -\frac{\mu k^2}{2a}, \qquad \alpha'_2 = -\frac{\mu' k'^2}{2a'},$$
$$\alpha_1 = \mu k \sqrt{p}, \qquad \alpha'_1 = \mu' k' \sqrt{p'}.$$

Reste à trouver la signification des autres constantes. On peut, dans la formule (20), faire commencer les intégrales relatives à r et r' à partir des limites $a(1-e)$ et $a'(1-e')$; l'équation

$$\beta_1 = \frac{\partial S}{\partial \alpha_1}$$

donnera ainsi

$$v - \beta_1 = \alpha_1 \sqrt{\frac{2}{\mu}} \int_{a(1-e)}^{r} \frac{dr}{r^2 \sqrt{\alpha_2 + \frac{m}{r} - \frac{\alpha_1^2}{2\mu r^2}}};$$

on en conclut

$$v = \beta_1 \qquad \text{pour} \qquad r = a(1-e);$$

donc β_1 et β'_1 sont les distances angulaires des périhélies au nœud commun J des deux orbites. L'équation

$$\beta_2 = \frac{\partial S}{\partial \alpha_2}$$

donnera

$$t + \beta_2 = \sqrt{\frac{\mu}{2}} \int_{a(1-e)}^{r} \sqrt{\alpha_2 + \frac{m}{r} - \frac{\alpha_1^2}{2\mu r^2}}\, dr;$$

donc $-\beta_2$ est égal au temps du passage au périhélie; de même pour β'_2. L'équation $f_1 = \frac{\partial S}{\partial v}$ donnera

$$f_1 = \alpha_1 = \mu k \sqrt{p} = \text{const.}$$

Au lieu de développer les équations (18), nous prenons tout de suite les formules du mouvement elliptique; ce qui nous donne

$$(21)\quad \left\{\begin{array}{ll}
n = \dfrac{k}{a^{\frac{3}{2}}}, & n' = \dfrac{k'}{a'^{\frac{3}{2}}}, \\
u - e\sin u = n(t + c), & u' - e'\sin u' = n'(t + c'), \\
r = a(1 - e\cos u), & r' = a'(1 - e'\cos u'), \\
\operatorname{tang}\dfrac{v - g}{2} = \sqrt{\dfrac{1+e}{1-e}}\operatorname{tang}\dfrac{u}{2}, & \operatorname{tang}\dfrac{v' - g'}{2} = \sqrt{\dfrac{1+e'}{1-e'}}\operatorname{tang}\dfrac{u'}{2}, \\
\alpha_2 = -\dfrac{\mu k^2}{2a}, & \alpha'_2 = -\dfrac{\mu' k'^2}{2a'}, \\
\alpha_1 = \mu k\sqrt{a(1 - e^2)}, & \alpha'_1 = \mu' k'\sqrt{a'(1 - e'^2)}, \\
\beta_1 = g, & \beta'_1 = g', \\
\beta_2 = c, & \beta'_2 = c'.
\end{array}\right.$$

Nous aurions pu nous dispenser des calculs précédents en renvoyant le lecteur au Chapitre VII du Tome I; cependant, il y a quelques différences de notation, tenant à la présence des facteurs μ et μ', et nous avons mieux aimé ne rien sacrifier à la clarté.

203. Il s'agit maintenant de passer de l'intégration des équations (16) à celles des équations (12), qui en diffèrent par le changement de U_1^0 en $U_1^0 + W$. Nous emploierons pour cela la méthode de la variation des constantes arbitraires, en gardant les formules (21) et (18) pour exprimer r, v, r' et v' et leurs dérivées par rapport au temps. La méthode de Jacobi nous apprend que nos huit nouvelles variables dépendront des équations

$$(22)\qquad \left\{\begin{aligned} \frac{d\alpha_1}{dt} &= +\frac{\partial W}{\partial \beta_1}, & \frac{d\alpha'_1}{dt} &= +\frac{\partial W}{\partial \beta'_1}, \\ \frac{d\alpha_2}{dt} &= +\frac{\partial W}{\partial \beta_2}, & \frac{d\alpha'_2}{dt} &= +\frac{\partial W}{\partial \beta'_2}, \\ \frac{d\beta_1}{dt} &= -\frac{\partial W}{\partial \alpha_1}, & \frac{d\beta'_1}{dt} &= -\frac{\partial W}{\partial \alpha'_1}, \\ \frac{d\beta_2}{dt} &= -\frac{\partial W}{\partial \alpha_2}, & \frac{d\beta'_2}{dt} &= -\frac{\partial W}{\partial \alpha'_2}. \end{aligned}\right.$$

W est une fonction de r, r' et de $xx' + yy' + zz'$, définie par les équations (2') et (13); on a, du reste,

$$xx' + yy' + zz' = -rr'(\cos v \cos v' + \sin v \sin v' \cos I),$$

et, en remarquant que α_1 désigne $f_1 = \mu f$,

$$\cos I = \frac{C^2 - \alpha_1^2 - \alpha_1'^2}{2\alpha_1\alpha'_1}.$$

Enfin, en ayant égard aux formules (21), on voit que W sera une fonction connue de t et des huit nouvelles variables α_1, β_1, α_2, β_2, α'_1, β'_1, α'_2, β'_2.

On est conduit, comme on l'a vu (t. III, p. 188), à faire un changement de variables, pour éviter de faire sortir le temps des signes sinus et cosinus. Au lieu de

$$\alpha_2 = -\frac{\mu k^2}{2a}, \qquad \alpha'_2 = -\frac{\mu' k'^2}{2a'},$$

nous introduirons

$$L = \mu k\sqrt{a}, \qquad L' = \mu' k'\sqrt{a'};$$

au lieu de β_2 et β'_2, les anomalies moyennes

$$l = n(t + c), \qquad l' = n'(t + c'),$$

et enfin, à la place de W, la fonction

$$\mathcal{R} = W + \frac{\mu k^2}{2a} + \frac{\mu' k'^2}{2a'}.$$

On trouvera aisément les formules suivantes :

$$(a)\quad \begin{cases} L = \mu k\sqrt{a} & L' = \mu' k'\sqrt{a'}, \\ G = \mu k\sqrt{a(1-e^2)}, & G' = \mu' k'\sqrt{a'(1-e'^2)}, \\ l \text{ et } l', \text{ anomalies moyennes,} & \\ g \text{ et } g', \text{ distances angulaires des périhélies au nœud commun J ;} & \end{cases}$$

$$(b)\quad \begin{cases} \dfrac{dL}{dt} = +\dfrac{\partial\mathcal{R}}{\partial l}, & \dfrac{dL'}{dt} = +\dfrac{\partial\mathcal{R}}{\partial l'}, \\ \dfrac{dG}{dt} = +\dfrac{\partial\mathcal{R}}{\partial g}, & \dfrac{dG'}{dt} = +\dfrac{\partial\mathcal{R}}{\partial g'}, \\ \dfrac{dl}{dt} = -\dfrac{\partial\mathcal{R}}{\partial L}, & \dfrac{dl'}{dt} = -\dfrac{\partial\mathcal{R}}{\partial L'}, \\ \dfrac{dg}{dt} = -\dfrac{\partial\mathcal{R}}{\partial G}, & \dfrac{dg'}{dt} = -\dfrac{\partial\mathcal{R}}{\partial G'}; \end{cases}$$

$$(c)\quad \begin{cases} \mathcal{R} = \dfrac{1}{2}\left(\dfrac{\mu^3 k^4}{L^2} + \dfrac{\mu'^3 k'^4}{L'^2}\right) + W, \\ W = m'\left(\dfrac{1}{R'} - \dfrac{1}{r'}\right) + \dfrac{mm'}{\Delta}, \\ R'^2 = r'^2 + \dfrac{2m}{1+m} rr'\cos V + \left(\dfrac{mr}{1+m}\right)^2, \\ \Delta^2 = r'^2 + \dfrac{2}{1+m} rr'\cos V + \left(\dfrac{r}{1+m}\right)^2, \\ \cos V = -\cos v\cos v' - \sin v\sin v'\cos I, \\ \cos I = \dfrac{C^2 - G^2 - G'^2}{2GG'}, \\ u - e\sin u = l, \qquad u' - e'\sin u' = l', \\ r = a(1 - e\cos u), \qquad r' = a'(1 - e'\cos u'), \\ \operatorname{tang}\dfrac{v-g}{2} = \sqrt{\dfrac{1+e}{1-e}}\operatorname{tang}\dfrac{u}{2}, \\ \operatorname{tang}\dfrac{v'-g'}{2} = \sqrt{\dfrac{1+e'}{1-e'}}\operatorname{tang}\dfrac{u'}{2}. \end{cases}$$

On voit que la fonction $\mathcal{R}$ est maintenant une fonction des huit variables l, g, l', g', L, G, L', G' et qu'elle ne contient pas le temps explicitement; de sorte que les équations (b) admettent l'intégrale

$$\mathcal{R} = \text{constante}.$$

204. Quand on aura intégré les équations (b), on connaîtra R', Δ, $r = R$, v, v' et I en fonction de t et de huit constantes arbitraires, ou plutôt de neuf, en comptant C. On connaîtra donc en particulier les distances mutuelles des trois corps; pour achever la solution du problème, il faut obtenir h, i et i'.

J'emprunte au premier des Mémoires de M. Radau, cités plus haut, la formule

$$(d)\qquad \frac{dh}{dt} = \frac{C}{GG'}\frac{mm'}{1+m}\left(\frac{1}{\Delta^3} - \frac{1}{R'^3}\right) rr' \sin v \sin v'.$$

En tenant compte des expressions (c) de W, R', Δ, $\cos V$ et $\cos I$, on peut encore écrire

$$(d')\qquad \frac{dh}{dt} = -\frac{\partial W}{\partial C} = -\frac{\partial \mathfrak{R}}{\partial C};$$

en intégrant, on introduira une autre constante arbitraire. On aura ensuite

$$(e)\qquad \begin{cases} \sin i = \dfrac{G'}{C} \sin I, \\ \sin i' = \dfrac{G}{C} \sin I, \\ \cos i = \dfrac{G + G' \cos I}{C}, \\ \cos i' = \dfrac{G' + G \cos I}{C}, \\ h' = h + 180^\circ; \end{cases}$$

$$(f)\qquad \begin{cases} x = r(\cos v \cos h - \sin v \sin h \cos i), \\ y = r(\cos v \sin h + \sin v \cos h \cos i), \\ z = r \sin v \sin i, \\ x' = -r'(\cos v' \cos h - \sin v' \sin h \cos i'), \\ y' = -r'(\cos v' \sin h + \sin v' \cos h \cos i'), \\ z' = r' \sin v' \sin i'. \end{cases}$$

Donc x, y, z, x', y', z' se trouveront exprimées en fonction de t et de dix constantes arbitraires.

Les formules (5) introduisent deux nouvelles arbitraires, J et N; de sorte que l'on aura finalement x, y, z, x', y', z' et, par suite, en vertu des formules (3), ξ, η, ζ, ξ', η', ζ' en fonction de t et de douze constantes arbitraires.

Si l'on n'avait pas eu égard aux trois intégrales des aires, on aurait été conduit à introduire les variables

$$H_1 = G \cos i, \qquad H'_1 = G' \cos i',$$

et l'on aurait obtenu les douze équations différentielles

(23)
$$\left\{\begin{aligned}
\frac{dL}{dt} &= +\frac{\partial \mathfrak{R}}{\partial l}, & \frac{dL'}{dt} &= +\frac{\partial \mathfrak{R}}{\partial l'},\\
\frac{dG}{dt} &= +\frac{\partial \mathfrak{R}}{\partial g}, & \frac{dG'}{dt} &= +\frac{\partial \mathfrak{R}}{\partial g'},\\
\frac{dH_1}{dt} &= +\frac{\partial \mathfrak{R}}{\partial h}, & \frac{dH'_1}{dt} &= +\frac{\partial \mathfrak{R}}{\partial h'},\\
\frac{dl}{dt} &= -\frac{\partial \mathfrak{R}}{\partial L}, & \frac{dl'}{dt} &= -\frac{\partial \mathfrak{R}}{\partial L'},\\
\frac{dg}{dt} &= -\frac{\partial \mathfrak{R}}{\partial G}, & \frac{dg'}{dt} &= -\frac{\partial \mathfrak{R}}{\partial G'},\\
\frac{dh}{dt} &= -\frac{\partial \mathfrak{R}}{\partial H_1}, & \frac{dh'}{dt} &= -\frac{\partial \mathfrak{R}}{\partial H'_1}.
\end{aligned}\right.$$

L'emploi qu'on a fait des intégrales des aires a permis de conserver sous la même forme huit des équations (23), et de remplacer les quatre autres par la seule équation (d').

205. Nous allons nous occuper de l'intégration des équations (b), par une série d'approximations. La fonction $\mathfrak{R}$ dépend, comme nous l'avons dit, des variables l, g, l', g' d'une part, L, G, L', G' de l'autre. Elle conserve la même valeur quand on augmente de 2π chacune des quantités l, g, l' et g'. Si nous admettons qu'elle reste toujours finie pendant toute la durée du mouvement, nous pourrons la développer comme il suit :

(24)
$$\mathfrak{R} = \Sigma A_{\alpha',\beta'}^{\alpha,\beta} \cos(\alpha l + \beta g + \alpha' l' + \beta' g'),$$

en désignant par α, β, α', β' des nombres entiers variant de $-\infty$ à $+\infty$.

Le coefficient $A_{\alpha',\beta'}^{\alpha,\beta}$ dépend seulement des variables L, G, L' et G'; il contient en facteur $e^{|\alpha|} e'^{|\alpha'|}$, ce qui limite dans la pratique les valeurs absolues de α et de α'; les valeurs de β et de β' sont limitées par le fait de la petitesse de l'inclinaison mutuelle I, et surtout parce que le rapport $\frac{a}{a'}$ est, en général, notablement inférieur à l'unité. Enfin, a, a', e et e' sont des fonctions de L, L', G et G', définies par les relations (a).

Nous allons montrer que la méthode suivie par Delaunay dans sa théorie de la Lune peut être appliquée ici, en la généralisant. Nous renverrons pour les détails à un Mémoire que nous avons publié autrefois dans le *Journal de Liouville*, 2e série, t. XIII, et nous ne donnerons qu'un résumé permettant de comprendre la marche générale des opérations.

Considérant à part, dans le développement (24), le terme non périodique tout entier et l'un des termes périodiques, nous poserons

$$(25)\qquad \mathcal{R} = -B - A\cos(\alpha l + \beta g + \alpha' l' + \beta' g') + \mathcal{R}_1.$$

Nous intégrerons d'abord rigoureusement les équations (b) en négligeant $\mathcal{R}_1$, c'est-à-dire en posant seulement

$$(26)\qquad \mathcal{R} = -B - A\cos(\alpha l + \beta g + \alpha' l' + \beta' g'),$$

où A et B sont des fonctions connues de L, G, L′ et G′. On voit que les huit variables sont séparées en deux groupes : celles, L, G, L′, G′ du premier, entrent seulement dans A et dans B; les variables associées l, g, h, l', g', h' du second groupe entrent linéairement sous le signe cos, et ne figurent que là. Voici les résultats de l'intégration : soient (C), (G), (L′), (G′), (c), (g), (l') et (g') huit constantes arbitraires. On a d'abord

$$(27)\qquad G = \frac{\beta}{\alpha} L + (G), \qquad L' = \frac{\alpha'}{\alpha} L + (L'), \qquad G' = \frac{\beta'}{\alpha} L + (G');$$

ces équations expriment donc G, L′ et G′ en fonction de L et de trois constantes arbitraires. On pose ensuite

$$(28)\qquad K = \int \arccos \frac{(C) - B}{A} \frac{dL}{\alpha};$$

on voit qu'en tenant compte des relations (27), K sera une fonction de L et de quatre constantes arbitraires. On aura ensuite

$$(29)\qquad \left\{\begin{aligned} -[t + (c)] &= \frac{\partial K}{\partial (C)},\\ g &= (g) + \frac{\partial K}{\partial (G)},\\ l' &= (l') + \frac{\partial K}{\partial (L')},\\ g' &= (g') + \frac{\partial K}{\partial (G')},\\ \theta &= \alpha l + \beta g + \alpha' l' + \beta' g' = \arccos \frac{(C) - B}{A}. \end{aligned}\right.$$

La première de ces formules donne L en fonction de t et des constantes (C), (c), (G), (L′), (G′); la seconde donne g en fonction des mêmes quantités et d'une nouvelle constante (g)...; la dernière, enfin, donne l en fonction de t et des huit constantes arbitraires mentionnées ci-dessus.

206. Il y a lieu de développer en séries les expressions précédentes.

La première des formules (29), combinée avec l'expression (28) de K, donne

$$t+(c)=\frac{1}{\alpha}\int\frac{dL}{\sqrt{A^2-[(C)-B]^2}}. \tag{29'}$$

Dans le cas général, quand les moyens mouvements des deux planètes ne sont pas très voisins de la valeur absolue du rapport commensurable $\pm\frac{\alpha}{\alpha'}$, on démontre que la formule (29') donne pour L une expression développable en série de cosinus des multiples de l'argument $\theta_0(t+c)$, où θ_0 désigne une certaine fonction des constantes (C), (G), (L'), (G'). On a cherché, dans le Chapitre XXV, à donner une idée de ce qui se passe dans le cas d'exception visé ci-dessus. Les formules (27) et (29') donneront ainsi, pour L, G, L' et G' des développements de la forme

$$\left\{\begin{aligned}
L &= L_0+L_1\cos\theta_0[t+(c)]+L_2\cos2\theta_0[t+(c)]+\ldots,\\
G &= G_0+G_1\cos\theta_0[t+(c)]+G_2\cos2\theta_0[t+(c)]+\ldots,\\
L' &= L'_0+L'_1\cos\theta_0[t+(c)]+L'_2\cos2\theta_0[t+(c)]+\ldots,\\
G' &= G'_0+G'_1\cos\theta_0[t+(c)]+G'_2\cos2\theta_0[t+(c)]+\ldots.
\end{aligned}\right. \tag{30}$$

Dans ces formules $L_0, L_1, \ldots, G_0, G_1, \ldots, L'_0, L'_1, \ldots, G'_0, G'_1, \ldots$ sont des fonctions des quatre constantes (C), (G), (L') et (G'). On a ensuite

$$\left\{\begin{aligned}
l &= (l)+l_0[t+(c)]+l_1\sin\theta_0[t+(c)]+l_2\sin2\theta_0[t+(c)]+\ldots,\\
g &= (g)+g_0[t+(c)]+g_1\sin\theta_0[t+(c)]+g_2\sin2\theta_0[t+(c)]+\ldots,\\
l' &= (l')+l'_0[t+(c)]+l'_1\sin\theta_0[t+(c)]+l'_2\sin2\theta_0[t+(c)]+\ldots,\\
g' &= (g')+g'_0[t+(c)]+g'_1\sin\theta_0[t+(c)]+g'_2\sin2\theta_0[t+(c)]+\ldots,
\end{aligned}\right. \tag{31}$$

avec les relations suivantes

$$\left\{\begin{aligned}
&\theta=\theta_0[t+(c)]+\theta_1\sin\theta_0[t+(c)]+\theta_2\sin2\theta_0[t+(c)]+\ldots,\\
&\alpha(l)+\beta(g)+\alpha'(l')+\beta'(g')=0,\\
&\alpha l_0+\beta g_0+\alpha' l'_0+\beta' g'_0=\theta_0,\\
&\alpha l_1+\beta g_1+\alpha' l'_1+\beta' g'_1=\theta_1,
\end{aligned}\right. \tag{32}$$

Les coefficients $\theta_0, \theta_1, \ldots, l_0, l_1, \ldots, g_0, g_1, \ldots, l'_0, l'_1, \ldots, g'_0, g'_1, \ldots$ sont aussi des fonctions des quatre constantes (C), (G), (L') et (G'). On voit que ces constantes entrent d'une manière compliquée dans les expressions (30) et (31) de nos huit variables. Il en est tout autrement des constantes (c), (g), (l') et (g'); la première (c) accompagne partout le temps t; chacune des trois autres n'entre qu'au premier degré dans les expressions de l, g, l' et g', et ne figure pas ailleurs. Nous n'aborderons pas la question de la convergence des développements (30) et (31).

207. Il faut prendre maintenant les résultats précédents comme point de départ pour intégrer les équations (b), en y remplaçant $\mathfrak{R}$ par sa valeur complète (25), et non plus par l'expression (26). On y arrivera par la méthode de la variation des constantes arbitraires.

Nous conserverons pour nos huit variables L, G, L′, G′, l, g, l' et g' les expressions analytiques (30) et (31); seulement, les huit quantités (C), (G), (L′), (G′), (c), (g), (l') et (g'), au lieu d'être constantes, seront des variables. On pourrait former les équations différentielles dont elles dépendent; mais il y a lieu de leur en substituer d'autres, sans quoi le temps sortirait des signes sin et cos.

Nous désignerons ces nouvelles variables par

$$\Lambda,\quad \Gamma,\quad \Lambda',\quad \Gamma',$$
$$\lambda,\quad \varkappa,\quad \lambda',\quad \varkappa'.$$

Voici les équations qui lient les nouvelles variables aux anciennes :

On a d'abord

$$(33)\qquad \begin{cases} \Lambda = L_0 + \frac{1}{2}(\theta_1 L_1 + 2\theta_2 L_2 + 3\theta_3 L_3 + \ldots), \\ \Gamma = G_0 + \frac{1}{2}(\theta_1 G_1 + 2\theta_2 G_2 + 3\theta_3 G_3 + \ldots), \\ \Lambda' = L'_0 + \frac{1}{2}(\theta_1 L'_1 + 2\theta_2 L'_2 + 3\theta_3 L'_3 + \ldots), \\ \Gamma' = G'_0 + \frac{1}{2}(\theta_1 G'_1 + 2\theta_2 G'_2 + 3\theta_3 G'_3 + \ldots). \end{cases}$$

Ces équations, dont les seconds membres sont des fonctions connues de (C), (G), (L′) et (G′), déterminent ces quantités en fonction de Λ, Γ, Λ′ et Γ′. On a ensuite

$$(34)\qquad \begin{cases} \lambda = (l) + l_0\,[t + (c)], \\ \varkappa = (g) + g_0\,[t + (c)], \\ \lambda' = (l') + l'_0\,[t + (c)], \\ \varkappa' = (g') + g'_0\,[t + (c)]; \end{cases}$$

de sorte que les nouvelles variables λ, $\varkappa$, λ' et $\varkappa'$ sont les parties non périodiques des expressions (31) de l, g, l' et g'. On déduit des équations (32) et (34)

$$\theta_0[t + (c)] = \alpha\lambda + \beta\varkappa + \alpha'\lambda' + \beta'\varkappa',$$

de sorte que les formules (30) et (31) pourront s'écrire

$$(35)\quad \begin{cases} L = L_0 + L_1 \cos(\alpha\lambda + \beta\varkappa + \alpha'\lambda' + \beta'\varkappa') + \ldots, \\ G = G_0 + G_1 \cos(\alpha\lambda + \beta\varkappa + \alpha'\lambda' + \beta'\varkappa') + \ldots, \\ L' = L'_0 + L'_1 \cos(\alpha\lambda + \beta\varkappa + \alpha'\lambda' + \beta'\varkappa') + \ldots, \\ G' = G'_0 + G'_1 \cos(\alpha\lambda + \beta\varkappa + \alpha'\lambda' + \beta'\varkappa') + \ldots, \\ l = \lambda \quad + l_1 \sin(\alpha\lambda + \beta\varkappa + \alpha'\lambda' + \beta'\varkappa') + \ldots, \\ g = \varkappa \quad + g_1 \sin(\alpha\lambda + \beta\varkappa + \alpha'\lambda' + \beta'\varkappa') + \ldots, \\ l' = \lambda' \quad + l'_1 \sin(\alpha\lambda + \beta\varkappa + \alpha'\lambda' + \beta'\varkappa') + \ldots, \\ g' = \varkappa' \quad + g'_1 \sin(\alpha\lambda + \beta\varkappa + \alpha'\lambda' + \beta'\varkappa') + \ldots, \end{cases}$$

où les $L_0, \ldots, l_1, \ldots, g'_1, \ldots$ sont maintenant des fonctions connues de Λ, Γ, Λ' et Γ'.

Si l'on pose enfin

$$(36)\qquad \mathfrak{R}' = \mathfrak{R}_1 - (C),$$

on aura ce nouveau système canonique

$$(37)\quad \begin{cases} \dfrac{d\Lambda}{dt} = +\dfrac{\partial\mathfrak{R}'}{\partial\lambda}, & \dfrac{d\Lambda'}{dt} = +\dfrac{\partial\mathfrak{R}'}{\partial\lambda'}, \\ \dfrac{d\Gamma}{dt} = +\dfrac{\partial\mathfrak{R}'}{\partial\varkappa}, & \dfrac{d\Gamma'}{dt} = +\dfrac{\partial\mathfrak{R}'}{\partial\varkappa'}, \\ \dfrac{d\lambda}{dt} = -\dfrac{\partial\mathfrak{R}'}{\partial\Lambda}, & \dfrac{d\lambda'}{dt} = -\dfrac{\partial\mathfrak{R}'}{\partial\Lambda'}, \\ \dfrac{d\varkappa}{dt} = -\dfrac{\partial\mathfrak{R}'}{\partial\Gamma}, & \dfrac{d\varkappa'}{dt} = -\dfrac{\partial\mathfrak{R}'}{\partial\Gamma'}. \end{cases}$$

Le terme (C) qui figure dans (36) est une fonction de Λ, Γ, Λ', Γ'; dans $\mathfrak{R}'$ on devra remplacer $L, \ldots, g'$ par leurs valeurs (35).

On voit qu'on est ramené à une question toute semblable à celle qu'on avait résolu d'abord; seulement le terme $A\cos(\alpha l + \beta g + \alpha' l' + \beta' g')$ a disparu.

Considérant un autre terme périodique de $\mathfrak{R}'$, on pourra le faire disparaître à son tour. Les quantités $\Lambda, \ldots, \varkappa'$ seront remplacées par de nouvelles, $\Lambda_1, \ldots, \varkappa'_1$, qui dépendent d'équations semblables aux équations (37), $\mathfrak{R}'$ étant remplacé par $\mathfrak{R}'_1$. On continuera ainsi jusqu'à ce que l'on ait enlevé tous les termes périodiques sensibles.

Soient $\Lambda_j, \ldots, \varkappa'_j$ les dernières variables employées; les termes périodiques de $\mathfrak{R}'_j$ étant supposés insensibles, on aura

$$\frac{d\Lambda_j}{dt} = \frac{\partial\mathfrak{R}'_j}{\partial\lambda_j} = 0.$$

Donc Λ_j est constant; il en sera de même de Γ_j, Λ'_j et Γ'. On aura ensuite

$$\frac{d\lambda_j}{dt} = -\frac{\partial \mathcal{R}'_j}{\partial \Lambda_j},$$

ce qui se réduit à une simple fonction de Λ_j, Γ_j, Λ'_j et Γ'_j, c'est-à-dire à une constante. Donc $\frac{d\lambda_j}{dt}$, $\frac{d\varkappa_j}{dt}$, $\frac{d\lambda'_j}{dt}$ et $\frac{d\varkappa'_j}{dt}$ seront constants.

On aura donc finalement

$$(38)\quad \left\{\begin{array}{ll} \Lambda_j = \mathcal{A}, & \lambda_j = \mathrm{a} + \mathrm{a}_1 t = \sigma, \\ \Gamma_j = \mathcal{B}, & \varkappa_j = \mathrm{b} + \mathrm{b}_1 t = \tau, \\ \Lambda'_j = \mathcal{A}', & \lambda'_j = \mathrm{a}' + \mathrm{a}'_1 t = \sigma', \\ \Gamma'_j = \mathcal{B}', & \varkappa'_j = \mathrm{b}' + \mathrm{b}'_1 t = \tau', \end{array}\right.$$

$\mathcal{A}$, $\mathcal{B}$, $\mathcal{A}'$, $\mathcal{B}'$, a, b, a′, b′ désignant huit constantes absolues, d'ailleurs arbitraires; a_1, b_1, a'_1 et b'_1 seront des fonctions connues de $\mathcal{A}$, $\mathcal{B}$, $\mathcal{A}'$ et $\mathcal{B}'$.

En remontant, on exprimera Λ_{j-1}, ..., $\varkappa'_{j-1}$ en fonction de $\mathcal{A}$, ..., $\mathcal{B}'$ et de σ, τ, σ', τ'; L, G, L′, G′, l, g, l' et g' se trouveront ainsi exprimés à l'aide des quatre arguments σ, τ, σ' et τ', lesquels varient proportionnellement au temps. Les formules (c) montrent qu'il en sera de même de $\mathrm{R} = r$, de R′ et de Δ. On a donc ainsi ce théorème important, découvert par M. Lindstedt, et démontré par lui en suivant une voie différente :

Dans le problème des trois corps, les distances mutuelles de ces corps s'expriment en général sous la forme de séries périodiques; sous les signes sin *et* cos, *il n'entre que des multiples entiers, positifs ou négatifs, de quatre arguments qui varient chacun proportionnellement au temps.*

Il reste maintenant, pour compléter la solution du problème, à déterminer la quantité h en fonction du temps. Il faut recourir pour cela à l'équation (d); en y remplaçant G, G′, Δ, R′, $r \sin v$ et $r' \sin v'$ par leurs valeurs obtenues précédemment, on voit que $\frac{dh}{dt}$ se composera d'une partie constante h_1, et d'une série de termes périodiques dépendant des quatre arguments σ, τ, σ' et τ'. On aura donc, en désignant par h_0 une constante arbitraire, et par Q une fonction périodique des quatre arguments,

$$(39)\quad h = h_0 + h_1 t + \mathrm{Q} = \upsilon + \mathrm{Q},$$

ce qui introduit un nouvel argument de même forme que les quatre premiers,

$$\upsilon = h_0 + h_1 t.$$

Les formules (c) donnent d'ailleurs $\cos i$, $\cos i'$, $\sin i$ et $\sin i'$ exprimés à l'aide des quatre premiers arguments. En remplaçant dans les équations (f), h par sa valeur (39), on en tire aisément

$$(40)\quad \begin{cases} x\cos\upsilon + y\sin\upsilon = r\cos v\cos Q - r\sin v\sin Q\cos i, \\ -x\sin\upsilon + y\cos\upsilon = r\cos v\sin Q + r\sin v\cos Q\cos i, \\ z = r\sin v\sin i; \end{cases}$$

$$(41)\quad \begin{cases} x'\cos\upsilon + y'\sin\upsilon = -r'\cos v'\cos Q + r'\sin v'\sin Q\cos i', \\ -x'\sin\upsilon + y'\cos\upsilon = -r'\cos v'\sin Q - r'\sin v'\cos Q\cos i', \\ z' = r'\sin v'\sin i'. \end{cases}$$

Les seconds membres de ces équations (40) et (41) sont des fonctions périodiques des quatre premiers arguments. On a donc le théorème suivant :

Par rapport à deux axes rectangulaires mobiles, situés dans le plan invariable et animés d'un mouvement de rotation uniforme, de vitesse angulaire $\frac{d\upsilon}{dt} = h_1$, *et par rapport à l'axe du plan invariable, les coordonnées des points* M *et* M' *sont des fonctions périodiques des quatre arguments* σ, τ, σ' et τ'.

La méthode que nous avons suivie nous a servi à établir la forme des expressions analytiques des coordonnées. Dans la pratique, elle conduirait à des calculs extrêmement laborieux; si nous la comparons, en effet, à la méthode de Delaunay pour la Lune, qui, dans ce cas relativement simple, a exigé des développements considérables, nous voyons qu'au lieu d'avoir partout six équations différentielles canoniques, nous en aurions huit. En second lieu, le rapport $\frac{a}{a'}$, qui est très petit dans le cas de la Lune, environ $\frac{1}{400}$, ne l'est plus dans le cas de deux planètes, de Jupiter et de Saturne, par exemple. Nous allons du reste parler des travaux remarquables de M. Poincaré, qui a démontré que les séries périodiques employées ci-dessus ne sont pas absolument convergentes.

CHAPITRE XXVII.

INDICATION DES TRAVAUX DE M. POINCARÉ SUR LE PROBLÈME DES TROIS CORPS.

208. La solution rigoureuse du problème des trois corps n'est pas plus avancée aujourd'hui qu'à l'époque de Lagrange (*voir* le Chapitre VIII de notre Tome I), et l'on peut dire qu'elle est manifestement impossible. On ne l'a obtenue jusqu'ici que dans le cas particulier où les distances mutuelles conservent des rapports constants pendant toute la durée du mouvement, les trois corps restant toujours en ligne droite, ou formant les sommets d'un triangle équilatéral. Dans le cas général, on connaît quatre intégrales, celles des aires et des forces vives; il en reste huit à trouver; Lagrange a montré que, si l'on était arrivé à en obtenir sept, on achèverait la solution par une simple quadrature. M. Bruns a cependant découvert un théorème important, en prouvant (*Société Royale des Sciences de Saxe*, 1887) que le problème des trois corps n'admet pas d'intégrales algébriques en dehors des intégrales déjà connues.

On doit à M. H. Poincaré des travaux importants qui ont renouvelé la face de la question :

En premier lieu, la connaissance des solutions périodiques, dont nous avons déjà dit quelques mots (t. I, p. 158);

Et en second lieu, la démonstration rigoureuse de ce fait capital, que les séries auxquelles conduisent les méthodes d'approximation les plus perfectionnées [1] pour les coordonnées des trois corps ne jouissent pas de la convergence absolue, ce qui n'empêche pas ces séries d'être utilisées par les astronomes, mais s'oppose dans une certaine mesure aux prédictions à longue échéance auxquelles on s'était habitué.

Ces découvertes, accompagnées d'autres résultats importants, ont été présentées par M. Poincaré dans un Mémoire *Sur le Problème des trois corps et les équations de la Dynamique*, qui a été couronné par le roi de Suède le 21 janvier 1889,

[1] Par exemple, la méthode exposée dans le Chapitre précédent.

et a paru depuis dans le Tome XIII des *Acta mathematica*. L'auteur a développé et étendu ses conclusions dans son Ouvrage intitulé : *Les Méthodes nouvelles de la Mécanique céleste*, dont deux Volumes ont paru en 1892 et 1893 ; le Tome troisième et dernier est attendu prochainement. J'avais conçu un moment l'espoir de donner ici un résumé substantiel de ces publications ; mais j'ai dû comprendre bientôt que je ne pourrais pas le faire dans un espace restreint, et j'ai préféré reproduire d'abord une analyse du Mémoire de Stockholm, faite par l'auteur lui-même, et insérée dans le *Bulletin astronomique*, janvier 1891 ; voici cette analyse textuelle.

209. « J'ai publié dans le Tome XIII des *Acta mathematica* un Mémoire où j'obtiens quelques résultats relatifs à un cas particulier du problème des trois corps et à divers problèmes de Dynamique ; je crois qu'il ne sera pas inutile de reproduire ici, sans démonstration, quelques-uns de ces résultats pour les lecteurs qui n'auraient pas le temps de lire *in extenso* le Mémoire original qui est assez volumineux.

» Je ne parlerai ici que de ce cas particulier du problème des trois corps que je viens de mentionner et qui est le suivant :

» Supposons trois masses A, B, C *se mouvant dans un même plan*. Je suppose que la masse A soit très grande, la masse B très petite, la masse C *infiniment* petite et incapable, par conséquent, de troubler les deux autres. Alors A et B se mouvront suivant les lois de Képler. Je suppose de plus que *les excentricités de* A *et de* B *sont nulles*, de telle sorte que ces deux masses A et B décrivent des circonférences concentriques ([1]), et je me propose d'étudier le mouvement de A et de B dans le plan de ces deux circonférences. Tel serait le cas du Soleil, de Jupiter et d'une petite planète, si l'on négligeait l'excentricité de Jupiter et l'inclinaison des orbites.

» Tous les résultats que je vais énoncer se rapportent à ce cas particulier. Depuis, j'ai cherché à les étendre au cas général du problème des trois corps ; tel a été le principal objet des Leçons que j'ai professées à la Sorbonne, de novembre 1889 à mars 1890, et qui seront publiées prochainement chez MM. Gauthier-Villars et fils ([2]) ; mais je ne m'occuperai pas pour le moment de cette extension.

» Voici d'abord les notations que je compte employer : je définirai la position du point C par ses éléments osculateurs. Je désignerai par $2a$, e et n le grand axe, l'excentricité et le moyen mouvement, par y_2 l'anomalie moyenne et par g la longitude du périhélie. Je désignerai par 1 la masse de A et par μ celle de B ;

([1]) Autour du centre de gravité du système.

([2]) Cette publication a été faite dans l'Ouvrage sur les *Méthodes nouvelles de la Mécanique céleste*, dont il a été question plus haut.

μ sera donc une quantité très petite. Je choisirai les unités et l'origine du temps de façon que la constante de Gauss soit égale à 1; que le moyen mouvement de B soit égal à 1, et la longitude de B égale à t. Je poserai

$$x_1 = \sqrt{a(1-e^2)}, \qquad x_2 = \sqrt{a}, \qquad y_1 = g - t.$$

F sera la fonction perturbatrice augmentée de $x_1 + \frac{1}{2x_2^2}$; les équations différentielles du mouvement prendront alors la forme symétrique ([1])

$$(1) \qquad \begin{cases} \dfrac{dx_1}{dt} = \dfrac{\partial F}{\partial y_1}, & \dfrac{dx_2}{dt} = \dfrac{\partial F}{\partial y_2}, \\ \dfrac{dy_1}{dt} = -\dfrac{\partial F}{\partial x_1}, & \dfrac{dy_2}{dt} = -\dfrac{\partial F}{\partial x_2}. \end{cases}$$

» La fonction F sera susceptible d'être développée suivant les puissances entières de μ, et nous écrirons

$$F = F_0 + \mu F_1 + \mu^2 F_2 + \ldots;$$

on aura d'ailleurs

$$F_0 = x_1 + \frac{1}{2x_2^2}.$$

» Enfin, F sera fonction de x_1, x_2, y_1 et y_2 seulement, et sera périodique de période 2π par rapport à y_1 et y_2. Les équations (1) admettent comme intégrale

$$F = C;$$

cette intégrale, connue sous le nom d'*intégrale de Jacobi*, peut être obtenue en combinant celle des forces vives avec celle des aires. On peut aussi la regarder comme l'intégrale des forces vives dans le mouvement relatif du point C par rapport à deux axes mobiles tournant d'un mouvement uniforme : à savoir la droite AB et une perpendiculaire à AB menée par le centre de gravité du système, supposé fixe. C'est pourquoi je conserverai à la constante C le nom de *constante des forces vives*. »

210. « **Solutions périodiques**. — Les premiers résultats su lesquells je veux appeler l'attention sont relatifs à certaines solutions particulières des équations (1). Je citerai d'abord les solutions de la forme suivante, que j'appellerai *solutions périodiques*,

$$x_1 = \varphi_1(t), \qquad x_2 = \varphi_2(t), \qquad y_1 = n_1 t + \varphi_3(t), \qquad y_2 = n_2 t + \varphi_4(t).$$

([1]) On reconnait aisément l'identité de ces équations avec les équations (17) de notre Chapitre XXV.

» Les fonctions φ_1, φ_2, φ_3 et φ_4 sont des fonctions périodiques, de période T, et sont, par conséquent, développables suivant les sinus et cosinus des multiples de $\frac{2\pi t}{T}$; de plus, $n_1 T$ et $n_2 T$ sont des multiples de 2π.

» Je distingue les solutions périodiques du premier genre, pour lesquelles les fonctions φ_1, φ_2, φ_3 et φ_4 sont développables suivant les puissances de μ. A chaque système de valeurs de n_1 et de n_2 commensurables entre eux correspondent au moins deux solutions périodiques du premier genre. J'enseigne à former les coefficients des séries φ qui sont absolument convergentes.

» *Solutions périodiques du deuxième genre.* — Il existe également des solutions périodiques pour lesquelles les séries φ ne sont pas développables suivant les puissances de μ, et que j'appellerai *solutions du deuxième genre*. Voici sous quelle forme elles se présentent d'ordinaire :

» Soit

$$x_1 = \varphi_1(t), \qquad x_2 = \varphi_2(t), \qquad y_1 = n_1 t + \varphi_3(t), \qquad y_2 = n_2 t + \varphi_4(t)$$

une solution périodique du premier genre, c'est-à-dire développable suivant les puissances de μ; soit T la période. Soit

$$x_1 = \psi_1^0(t), \qquad x_2 = \psi_2^0(t), \qquad y_1 = n_1 t + \psi_3^0(t), \qquad y_2 = n_2 t + \psi_4^0(t)$$

ce que devient cette solution quand on y donne à μ une certaine valeur μ_0; alors les fonctions ψ_i^0 sont développables suivant les sinus et cosinus des multiples de $\frac{2\pi t}{T}$. Il existera, dans certains cas, une solution périodique de la forme suivante :

$$\begin{aligned}
x_1 &= \psi_1^0(t) + (\mu-\mu_0)^{\frac{1}{2}}\psi_1^{(1)}(t) + (\mu-\mu_0)\psi_1^{(2)}(t) + (\mu-\mu_0)^{\frac{3}{2}}\psi_1^{(3)}(t) + \ldots,\\
x_2 &= \psi_2^0(t) + (\mu-\mu_0)^{\frac{1}{2}}\psi_2^{(1)}(t) + (\mu-\mu_0)\psi_2^{(2)}(t) + (\mu-\mu_0)^{\frac{3}{2}}\psi_2^{(3)}(t) + \ldots,\\
y_1 &= n_1 t + \psi_3^0(t) + (\mu-\mu_0)^{\frac{1}{2}}\psi_3^{(1)}(t) + (\mu-\mu_0)\psi_3^{(2)}(t) + (\mu-\mu_0)^{\frac{3}{2}}\psi_3^{(3)}(t) + \ldots,\\
y_2 &= n_2 t + \psi_4^0(t) + (\mu-\mu_0)^{\frac{1}{2}}\psi_4^{(1)}(t) + (\mu-\mu_0)\psi_4^{(2)}(t) + (\mu-\mu_0)^{\frac{3}{2}}\psi_4^{(3)}(t) + \ldots.
\end{aligned}$$

» Les fonctions $\psi_i^{(1)}(t)$, $\psi_i^{(2)}(t)$, $\psi_i^{(3)}(t)$, ... sont périodiques par rapport à t; mais la période n'est pas égale à T, comme pour les fonctions $\psi_i^0(t)$, mais à kT, k étant un nombre entier. Par conséquent, x_1, x_2, $y_1 - n_1 t$ et $y_2 - n_2 t$ sont développables suivant les puissances de $\sqrt{\mu-\mu_0}$ et suivant les sinus et cosinus des multiples de $\frac{2\pi t}{kT}$.

» Pour $\mu > \mu_0$, on a deux solutions périodiques du deuxième genre (¹).

(¹) Suivant le signe de $(\mu-\mu_0)^{\frac{1}{2}}$.

réelles et distinctes; pour $\mu = \mu_0$ elles se confondent entre elles et avec la solution du premier genre,

$$x_i = \psi_i^0(t), \qquad y_i = n_i t + \psi_{i+2}^0(t);$$

pour $\mu < \mu_0$, elles deviennent imaginaires.

» Dans certains cas, le contraire peut avoir lieu, et il peut arriver que les deux solutions soient réelles pour $\mu < \mu_0$ et imaginaires pour $\mu > \mu_0$. »

211. « **Exposants caractéristiques.** — Les solutions périodiques semblent d'abord sans aucun intérêt pour la pratique. La probabilité pour que les circonstances initiales du mouvement soient précisément celles qui correspondent à une pareille solution est évidemment nulle. Mais il peut très bien arriver qu'elles en diffèrent fort peu; la solution périodique pourra jouer alors le rôle de première approximation, d'*orbite intermédiaire* (1). Il peut donc y avoir intérêt à étudier les solutions qui diffèrent peu d'une solution périodique. Voici comment on opérera :

» Considérons une solution peu différente et posons

$$x_i = \varphi_i(t) + \xi_i, \qquad y_i = n_i t + \varphi_{i+2}(t) + \eta_i.$$

» Si les ξ_i et η_i sont des quantités assez petites pour qu'on puisse en négliger les carrés, les équations différentielles (1) deviendront

$$(2) \quad \left\{ \begin{aligned} \frac{d\xi_i}{dt} &= \sum_k \frac{\partial^2 F}{\partial y_i \partial x_k} \xi_k + \sum_k \frac{\partial^2 F}{\partial y_i \partial y_k} \eta_k, \\ \frac{d\eta_i}{dt} &= -\sum_k \frac{\partial^2 F}{\partial x_i \partial x_k} \xi_k - \sum_k \frac{\partial^2 F}{\partial x_i \partial y_k} \eta_k \end{aligned} \right\} \quad (i, k = 1, 2).$$

» Dans les dérivées secondes de F qui figurent dans les équations (2), on doit remplacer x_i par $\varphi_i(t)$ et y_i par $n_i t + \varphi_{i+2}(t)$; les coefficients de ξ_k et de η_k dans les seconds membres de ces équations (2) sont donc des fonctions périodiques données de t.

» L'intégrale générale des équations (2) s'écrit (2)

$$\left. \begin{aligned} \xi_i &= AE^{\alpha t} S_i + BE^{-\alpha t} S'_i + (C + tD) S''_i + DS'''_i, \\ \eta_i &= AE^{\alpha t} T_i + BE^{-\alpha t} T'_i + (C + tD) T''_i + DT'''_i \end{aligned} \right\} \quad (i = 1, 2);$$

A, B, C, D sont quatre constantes d'intégration; α est une constante non arbi-

(1) Pour employer le langage de M. Gyldén.

(2) En vertu des théories connues concernant l'intégration d'un système d'équations différentielles linéaires sans seconds membres, à coefficients périodiques.

traire. S_i, S'_i, S''_i, S'''_i, T_i, T'_i, T''_i et T'''_i sont des fonctions périodiques de t, développables suivant les sinus et les cosinus des multiples de $\frac{2\pi t}{T}$.

» La constante α et les coefficients de S_i, S'_i, T_i et T'_i sont développables suivant les puissances de $\sqrt{\mu}$; ceux de S''_i, S'''_i, T''_i et T'''_i suivant les puissances de μ. J'enseigne à former toutes ces séries qui sont absolument convergentes.

» L'exposant α s'appelle exposant *caractéristique*. Il est réel ou purement imaginaire. Dans le premier cas, la solution périodique sera dite *instable*, et *stable* dans le second cas. Cette dénomination se justifie aisément, bien qu'elle ne doive pas être prise dans un sens absolu, puisque nous avons négligé les carrés des ξ et des η.

» Nous avons vu qu'il y aura au moins deux solutions périodiques du premier genre, correspondant à chaque système de valeurs de n_1 et de n_2, commensurables entre elles. J'ajouterai qu'il y en aura toujours un nombre pair et précisément autant de stables que d'instables. »

212. « **Solutions asymptotiques.** — Soit

$$x_i = \varphi_i(t), \qquad y_i = n_i t + \varphi_{i+2}(t) \qquad (i = 1, 2),$$

une solution périodique quelconque *instable*. Il existe deux séries de solutions particulières remarquables, que j'appellerai *solutions asymptotiques*. Les solutions asymptotiques de la première série seront de la forme suivante :

$$(3)\quad \begin{cases} x_i = \varphi_i(t) + AE^{-\alpha t}\theta_i^{(1)}(t) + A^2E^{-2\alpha t}\theta_i^{(2)}(t) + A^3E^{-3\alpha t}\theta_i^{(3)}(t) + \ldots, \\ y_i = n_i t + \varphi_{i+2}(t) + AE^{-\alpha t}\theta_{i+2}^{(1)}(t) + A^2E^{-2\alpha t}\theta_{i+2}^{(2)}(t) + A^3E^{-3\alpha t}\theta_{i+2}^{(3)}(t) + \ldots \\ \qquad (i = 1, 2). \end{cases}$$

A est une constante arbitraire d'intégration, α est l'exposant caractéristique (que je suppose positif); les fonctions $\theta_i^{(1)}(t)$, $\theta_i^{(2)}(t)$, . ., $(i = 1, 2, 3, 4)$ sont périodiques, de période T, et développables, par conséquent, comme les $\varphi_i(t)$ par rapport aux sinus et cosinus des multiples de $\frac{2\pi t}{T}$. Les coefficients du développement sont eux-mêmes des séries dont les termes sont rationnels en $\sqrt{\mu}$.

» Inutile de faire remarquer que, si l'on reprend les notations du paragraphe précédent, on a

$$\theta_i^{(1)}(t) = S'_i, \qquad \theta_{i+2}^{(1)}(t) = T'_i.$$

» Les séries (3) sont convergentes pour les valeurs de t suffisamment grandes. On voit que, quand t croît indéfiniment, les solutions représentées par les équations (3) se rapprochent indéfiniment de la solution périodique.

» Les solutions asymptotiques de la seconde sorte seront de la forme suivante

$$(3\ bis)\quad \begin{cases} x_i = \varphi_i(t) + BE^{\alpha t}\omega_i^{(1)}(t) + B^2E^{2\alpha t}\omega_i^{(2)}(t) + \ldots, \\ y_i = n_i t + \varphi_{i+2}(t) + BE^{\alpha t}\omega_{i+2}^{(1)}(t) + B^2E^{2\alpha t}\omega_{i+2}^{(2)}(t) + \ldots; \end{cases}$$

B est une nouvelle constante d'intégration, α est encore l'exposant caractéristique; les fonctions ω sont de même forme que les fonctions θ qui entrent dans les équations (3). On obtient d'ailleurs les fonctions ω si, dans les fonctions θ, on change $\sqrt{\mu}$ en $-\sqrt{\mu}$. Les séries (3 *bis*) convergent pour les valeurs de t *négatives* et suffisamment grandes; quand t tend vers $-\infty$, les solutions qu'elles représentent se rapprochent asymptotiquement de la solution périodique.

» *Solutions doublement asymptotiques.* — Il existe une infinité de solutions qui appartiennent à la fois aux deux séries, et qui sont, par conséquent, représentées par les équations (3) pour les valeurs de t positives et très grandes, et par les équations (3 *bis*) pour les valeurs de t négatives et très grandes.

» L'orbite, d'abord très peu différente de celle qui correspond à une solution périodique, s'en éloigne peu à peu, et, après s'en être écartée beaucoup, finit par s'en rapprocher asymptotiquement.

» L'existence des solutions doublement asymptotiques est un point d'une démonstration très délicate et qui m'a donné beaucoup de peine. En effet, les séries (3) ne convergent que pour des valeurs de t positives et très grandes, les séries (3 *bis*) pour des valeurs de t négatives et très grandes. Il y a, généralement, un intervalle où aucune des deux séries ne converge. »

213. « **Divergence des séries.** — Les considérations qui précèdent peuvent permettre d'établir que les séries habituelles de la Mécanique céleste sont divergentes : ce n'est pas qu'elles ne puissent néanmoins être utilement employées; en effet, il peut arriver que les termes d'une série décroissent d'abord très rapidement pour croître ensuite indéfiniment, et, par conséquent, que cette série, quoique divergente, puisse servir à représenter une fonction avec une approximation très grande, mais non indéfinie. Tel est le cas de la série célèbre de Stirling et de quelques développements usités en Physique mathématique. Tel est aussi celui des séries de la Mécanique céleste, et l'approximation qu'elles fournissent est très suffisante pour les besoins de la pratique. Ce que je veux dire de leur divergence n'est donc pas une raison pour en proscrire l'usage.

» Les séries de M. Lindstedt ne peuvent pas converger uniformément pour toutes les valeurs de la constante d'intégration qui y entre; on démontre, en effet, que, s'il en était ainsi, il n'y aurait pas de solutions asymptotiques.

» Je prendrai comme second exemple certaines séries dérivées des séries (3) et (3 *bis*). La série (3) converge; mais nous avons vu que ses coefficients peuvent eux-mêmes se développer en séries convergentes dont les termes sont rationnels en $\sqrt{\mu}$; quand on a fait ce développement, la série (3) reste encore convergente.

» Supposons maintenant que l'on développe ces fonctions rationnelles de $\sqrt{\mu}$

suivant les puissances de $\sqrt{\mu}$; ce développement sera possible pour chacune d'elles. Mais, si l'on ordonne ensuite la série (3) suivant les puissances croissantes de $\sqrt{\mu}$, la série ainsi obtenue devient divergente; on démontre, en effet, que, si elle convergeait, toute solution asymptotique deviendrait doublement asymptotique, ce qui n'a pas lieu.

» Le développement auquel on parvient de la sorte et qui, bien que divergent, peut rendre des services au même titre que ceux de M. Lindstedt, se met sous forme élégante, si l'on élimine t et A entre les quatre équations (3) par les règles ordinaires du calcul. On trouve, en effet, que x_1 et x_2 s'expriment en séries ordonnées suivant les puissances de $\sqrt{\mu}$ et suivant les sinus et cosinus des multiples de $\frac{y_1}{2}$ et de $\frac{y_2}{2}$.

» *Non-existence des intégrales uniformes.* — Les équations (1) admettent une intégrale qui s'écrit

$$F(x_1, x_2, y_1, y_2) = C.$$

C'est l'intégrale des forces vives : le premier membre est uniforme par rapport à x_1, x_2, y_1 et y_2, périodique et de période 2π par rapport à y_1 et y_2, développable suivant les puissances de μ.

» Je dis qu'il n'y a pas d'autre intégrale de même forme, c'est-à-dire que les équations (1) ne peuvent admettre une intégrale

$$\Phi(x_1, x_2, y_1, y_2) = C$$

distincte de la première, et où Φ soit périodique en y_1 et y_2, développable suivant les puissances de μ, et uniforme pour toutes les valeurs réelles de y_1 et y_2, pour les valeurs suffisamment petites de μ et pour les valeurs de x_1 et de x_2 comprises dans un certain domaine.

» On démontre en effet que, s'il en était ainsi, les séries de M. Lindstedt convergeraient. Ce résultat est d'ailleurs susceptible d'être généralisé de plusieurs manières. »

214. « **Forme des orbites.** — On peut se proposer de dessiner les courbes correspondant aux diverses solutions particulières dont je viens de parler, et j'ai l'intention de revenir sur ce point dans un autre article. Pour cela, le mieux est de considérer deux axes mobiles, à savoir : la droite AB et une perpendiculaire à AB, menée par le centre de gravité du système, et de chercher à dessiner la trajectoire relative du corps C par rapport à des axes mobiles.

» Dans le cas des solutions périodiques, cette orbite relative est une courbe fermée; dans le cas des solutions asymptotiques, c'est une courbe en spirale se rapprochant asymptotiquement d'une courbe fermée. Il convient d'ajouter que les diverses spires se recoupent mutuellement.

» Considérons une orbite fermée correspondant à une solution périodique et les deux séries d'orbites asymptotiques afférentes à cette même solution. Par un point M du plan passeront, en général, une ou plusieurs orbites asymptotiques de la première série, ainsi qu'une ou plusieurs orbites de la deuxième série. Soit T_1 une orbite de la première série, passant par M; soit β l'angle sous lequel elle coupe une orbite T_2 de la deuxième série, passant par M. Si β est nul, les deux orbites se confondent en une seule et deviennent ainsi doublement asymptotiques; il y a une infinité de points pour lesquels il en est ainsi. Mais, en général, β n'est pas nul; cependant, si la masse μ est regardée comme un infiniment petit du premier ordre, on démontre que, parmi les angles β (sous lesquels T_1 coupe les diverses orbites asymptotiques de la deuxième série qui passent par M), il y en a un qui est infiniment petit d'ordre infini; je veux dire qu'il est du même ordre de grandeur que l'exponentielle $E^{-\frac{a}{\sqrt{\mu}}}$, a étant une constante positive.

» Il est encore un point sur lequel je désire attirer l'attention.

» Les séries (3) ne changent pas si l'on y change A en $AE^{\alpha T}$ et t en $t+T$; si donc l'on change A en $AE^{\alpha T}$, l'orbite asymptotique correspondante ne change pas; la seule différence est que le mobile C passe en un même point de cette orbite à des époques différentes. Ainsi les valeurs suivantes

$$A,\quad AE^{\pm\alpha T},\quad AE^{\pm 2\alpha T},\quad \ldots$$

de la constante d'intégration correspondent à une seule et même orbite asymptotique. Il est donc toujours permis, s'il ne s'agit que de définir cette orbite, de choisir la constante A entre 1 et $E^{\alpha T}$.

» Cela posé, considérons n orbites doublement asymptotiques quelconques; pour des valeurs de t suffisamment grandes, les équations de ces orbites peuvent se mettre sous la forme (3). A ces n orbites correspondront n valeurs de la constante A, que j'appelle

$$A_1,\ A_2,\ \ldots,\ A_n,$$

et que je puis toujours supposer comprises entre 1 et $E^{\alpha T}$. Pour les valeurs de t négatives et très grandes, les équations de ces mêmes orbites (en changeant au besoin l'origine du temps) pourront se mettre sous la forme (3 *bis*). A ces n orbites correspondront alors n valeurs de la constante B, que j'appellerai

$$B_1,\ B_2,\ \ldots,\ B_n,$$

et que je pourrai toujours supposer comprises entre 1 et $E^{\alpha T}$.

» Eh bien, ce qu'il importe de remarquer et ce qui met bien en évidence la complication du problème des trois corps, c'est que, si $A_1, A_2, \ldots, A_n$ sont rangés par ordre de grandeur croissante, les constantes B_1, B_2, ..., B_n seront, en général, rangées dans un ordre tout différent. »

215. « **Invariants intégraux.** — Une notion nouvelle, celle des invariants intégraux, m'a été très utile pour démontrer les résultats qui précèdent. Je me bornerai ici à énoncer quelques propositions saillantes relatives à cette théorie.

» Considérons le problème des trois corps; pour définir la situation du système, nous nous donnerons dix-huit variables : ce seront d'abord les trois coordonnées x_1, x_2, x_3 du premier corps, les projections y_1, y_2, y_3 de la quantité de mouvement de ce corps sur les trois axes. Ensuite x_4, x_5, x_6, y_4, y_5 et y_6 seront les quantités analogues pour le deuxième corps; x_7, x_8, x_9, y_7, y_8 et y_9 les quantités analogues pour le troisième corps.

» Nous envisagerons alors, dans un plan, neuf points que j'appellerai M_1, M_2, ..., M_9, et dont les coordonnées seront respectivement

$$(x_1, y_1), \quad (x_2, y_2), \quad \ldots, \quad (x_9, y_9).$$

Cela posé, considérons une solution des équations différentielles du mouvement, dépendant de deux constantes arbitraires α et β. Alors les x_i et les y_i seront des fonctions du temps t, de α et de β. Soit N le point dont les coordonnées sont α et β; si le point N reste intérieur à une certaine aire σ, les points M_1, M_2, ..., M_9 resteront intérieurs à certaines aires S_1, S_2, ..., S_9. Ces neuf aires se déformeront et se déplaceront, puisque les coordonnées du point M_i dépendent non seulement de α et de β, mais encore du temps t; mais *la somme algébrique de ces neuf aires demeurera constante*. Il est à peine utile de faire observer que certaines de ces aires pourront avoir des parties positives et des parties négatives; c'est ainsi que, au point de vue analytique, l'aire totale de la lemniscate est nulle, parce qu'une des boucles doit être considérée comme positive et l'autre comme négative.

» Supposons maintenant que l'on envisage une solution ne contenant plus qu'une seule constante arbitraire α. Si cette constante varie de α_0 jusqu'à α_1, les neuf points M_1, M_2, ..., M_9 vont décrire certains arcs λ_1, λ_2, ..., λ_9, qui se déplaceront et se déformeront avec le temps, puisque les coordonnées de M_i dépendent non seulement de α, mais encore de t. Soit U_i l'intégrale

$$\int (2 x_i dy_i + y_i dx_i)$$

prise le long de l'arc λ_i; U_i sera une fonction du temps, puisque l'arc λ_i se déplace. Soit C_0 la valeur de la constante des forces vives correspondant à $\alpha = \alpha_0$, et C_1 la valeur correspondant à α_1; on aura

$$U_1 + U_2 + \ldots + U_9 + 3(C_1 - C_0)t = K,$$

K étant une constante indépendante du temps.

» *Stabilité.* — Revenons au cas particulier dont nous nous sommes occupé presque exclusivement dans ce travail. Dans ce cas, MM. Hill et Bohlin ont démontré que le rayon vecteur AC ne peut croître au delà de toute limite; mais il reste, pour établir complètement la stabilité, un dernier point à démontrer. Il faut faire voir que les trois corps se retrouveront une infinité de fois aussi près qu'on voudra de leurs positions initiales.

» L'existence même des solutions asymptotiques montre suffisamment qu'il existe une infinité de solutions particulières qui ne satisfont pas à cette condition. Mais, d'autre part, j'ai démontré, par la méthode des invariants intégraux, qu'il y en a aussi une infinité qui y satisfont. On peut donc dire, à ce point de vue, qu'il y a une infinité de solutions particulières instables, et une infinité de solutions particulières stables.

» Mais il y a plus : on peut dire que les premières sont l'exception, et que les secondes sont la règle, au même titre que les nombres rationnels sont l'exception et que les nombres incommensurables sont la règle. Je démontre, en effet, que la probabilité pour que les circonstances initiales du mouvement soient celles qui correspondent à une solution instable, que cette probabilité, dis-je, est nulle. Ce mot n'a par lui-même aucun sens; j'en donne dans mon Mémoire une définition précise, que je ne crois pas utile de reproduire ici; mais je dois ajouter que le même résultat subsisterait, quelle que soit la définition adoptée, pourvu qu'il n'entre dans cette définition que des fonctions continues. »

216. L'analyse précédente donne une idée de la profondeur et de l'originalité des recherches de M. Poincaré, contenues dans son Mémoire de Stockholm. Parlant de ce beau travail, l'auteur dit (Préface du t. I des *Méthodes nouvelles de la Mécanique céleste*) : « Je m'y suis surtout efforcé de mettre en évidence les rares résultats relatifs au problème des trois corps, qui peuvent être établis avec la rigueur absolue qu'exigent les Mathématiques. C'est cette rigueur qui seule donne quelque prix à mes théorèmes sur les solutions périodiques asymptotiques et doublement asymptotiques. On pourra y trouver, en effet, un terrain solide sur lequel on pourra s'appuyer avec confiance, et ce sera là un avantage précieux dans toutes les recherches, même dans celles où l'on ne sera pas astreint à la même rigueur. Il m'a semblé, d'autre part, que mes résultats me permettaient de réunir dans une sorte de synthèse la plupart des méthodes nouvelles proposées récemment, et c'est ce qui m'a déterminé à entreprendre le présent Ouvrage. »

Ces dernières lignes montrent nettement le but que s'est proposé M. Poincaré dans l'Ouvrage en question. On a déjà dit d'ailleurs, page 464, qu'il s'agissait aussi d'étendre au problème des trois corps, envisagé dans toute sa généralité, les résultats qui avaient été obtenus dans le Mémoire de Stockholm, seulement pour un cas particulier. Citons de suite, sans nous astreindre à suivre l'ordre des matières dans les deux volumes du nouvel Ouvrage, ce beau théorème démontré par l'auteur :

Le problème des trois corps n'admet pas d'autres intégrales uniformes que celles des aires et des forces vives.

Ce théorème, démontré cette fois sans restriction, est plus général que celui de M. Bruns, énoncé à la page 463, puisqu'on prouve non seulement qu'il n'y a pas d'intégrale nouvelle algébrique, mais qu'il n'existe pas d'intégrale transcendante uniforme, lors même que les variables se meuvent dans un domaine restreint.

M. Poincaré a consacré le Chapitre VI de son Ouvrage au développement approché de la fonction perturbatrice, c'est-à-dire au calcul approché d'un terme qui contient des multiples élevés des anomalies moyennes de la planète troublée et de la planète perturbatrice. M. Flamme, dans une thèse remarquée dont nous avons déjà parlé (I, p. 269), avait obtenu déjà d'importants résultats en prenant pour point de départ un beau Mémoire de M. Darboux, concernant la valeur approchée des fonctions de très grands nombres (*Journal de Mathématiques pures et appliquées*, 1878). Cette méthode de M. Darboux s'est montrée très féconde. Grâce à un artifice ingénieux, M. Poincaré a montré qu'on peut l'appliquer directement à la recherche des coefficients de termes éloignés dans le développement des fonctions de deux variables, et il en a déduit la solution du problème lorsque l'inclinaison mutuelle des orbites est nulle, ainsi que l'une des excentricités, l'autre étant supposée très petite. M. Hamy a examiné (*Bulletin astronomique*, t. X) le cas où, l'inclinaison étant quelconque, les excentricités sont nulles, et (*Journal de Mathématiques*, 1894) celui où, l'inclinaison étant petite, l'une des excentricités est nulle et l'autre quelconque. Enfin, M. Coculesco a traité récemment (*Journal de Mathématiques*, 1895) le cas où, l'inclinaison mutuelle étant nulle, les excentricités sont très petites, les longitudes des périhélies étant en outre les mêmes.

M. Hamy a appliqué ses formules à l'inégalité lunaire produite par l'action de Vénus, et ayant pour argument

$$18l'' - 16l' - l - 16\varpi' + 18\varpi'' + 2h'',$$

dont nous nous sommes occupé nous-mêmes (III, p. 396), et il a trouvé, par des calculs très simples, en partant de ses formules approchées, à $\frac{1}{15}$ près la valeur du coefficient de cette inégalité, qui a été regardée pendant longtemps comme très difficile à déterminer.

M. Poincaré, dans les premiers Chapitres du Tome II de son Ouvrage, s'occupe de la forme des expressions qui donnent les coordonnées de deux planètes en fonction explicite du temps. Il y parvient en partant des méthodes de M. Lindstedt, qu'il modifie avantageusement. M. Newcomb était arrivé au même but par la méthode de la variation des constantes arbitraires, et l'on a vu, dans le Chapitre précédent, que je m'étais servi, de mon côté, de la méthode de Delaunay; mais mes résultats étaient loin de présenter la rigueur de ceux de M. Poincaré. Vient ensuite l'étude des séries finales considérées en elles-mêmes, et la démonstration de leur divergence. Mais, malgré mon désir, je renonce à donner en quelques pages une idée de ces belles théories, et je vais me borner à présenter des indications assez complètes sur les solutions périodiques. Il est bon de commencer par des considérations préliminaires sur la forme des équations différentielles du problème des trois corps.

217. **Considérations préliminaires.** — Occupons-nous encore une fois des équations différentielles du mouvement de deux planètes autour du Soleil. Rapportons la première, M, directement au Soleil, et soient x, y, z ses coordonnées, $m_0 m$ sa masse; la seconde, M', sera rapportée au centre de gravité G du Soleil et de M; soient $x', y', z', m_0 m'$ ses coordonnées et sa masse; m_0 désigne la masse du Soleil. On peut conclure des formules du Chapitre précédent, ou de celles de notre Tome I, page 84, les équations suivantes :

$$\frac{m}{1+m}\frac{d^2x}{dt^2} = \frac{\partial U}{\partial x}, \qquad m'\frac{1+m}{1+m+m'}\frac{d^2x'}{dt^2} = \frac{\partial U}{\partial x'},$$

où l'on a posé

$$U = fm_0\left(\frac{m}{r} + \frac{m'}{r'}\right) + W,$$

$$W = fm_0 m'\left[\frac{1}{\sqrt{r'^2 + \frac{2m}{1+m}(xx'+yy'+zz') + \left(\frac{mr}{1+m}\right)^2}} - \frac{1}{r'}\right]$$

$$+ fm_0 mm'\frac{1}{\sqrt{r'^2 - \frac{2}{1+m}(xx'+yy'+zz') + \left(\frac{r}{1+m}\right)^2}}.$$

Si l'on néglige W, et que l'on fasse

$$k^2 = fm_0(1+m), \qquad k'^2 = fm_0\frac{1+m+m'}{1+m},$$

on aura les équations

$$\frac{d^2x}{dt^2} + \frac{k^2x}{r^3} = 0, \qquad \frac{d^2x'}{dt^2} + \frac{k'^2x'}{r'^3} = 0.$$

En introduisant les fonctions suivantes des éléments elliptiques

$$(4)\qquad \left\{\begin{array}{lll} L = k\sqrt{a}, & G = k\sqrt{a(1-e^2)}, & \Theta = k\sqrt{a(1-e^2)}\cos i, \\ l = \lambda - \varpi, & g = \varpi - \Omega, & \theta = \Omega, \\ L' = k'\sqrt{a'}, & G' = k'\sqrt{a'(1-e'^2)}, & \Theta' = k'\sqrt{a'(1-e'^2)}\cos i', \\ l' = \lambda' - \varpi', & g' = \varpi' - \Omega', & \theta' = \Omega', \end{array}\right.$$

où λ et λ' désignent les longitudes moyennes, on aura, en faisant varier les éléments elliptiques pour tenir compte de W, et invoquant les principes de la méthode de la variation des constantes arbitraires, on aura, disons-nous, ce système de douze équations canoniques :

$$\frac{dL}{dt} = \frac{1+m}{m}\frac{\partial W_1}{\partial l}, \qquad \frac{dl}{dt} = -\frac{1+m}{m}\frac{\partial W_1}{\partial L},$$

$$\dots\dots\dots\dots \qquad \dots\dots\dots\dots$$

$$\frac{dL'}{dt} = \frac{1+m+m'}{m'(1+m)}\frac{\partial W_1}{\partial l'}, \qquad \frac{dl'}{dt} = -\frac{1+m+m'}{m'(1+m)}\frac{\partial W_1}{\partial L'},$$

$$\dots\dots\dots\dots \qquad \dots\dots\dots\dots,$$

où l'on a posé

$$W_1 = W + \frac{m}{1+m}\frac{k^4}{2L^2} + m'\frac{1+m}{1+m+m'}\frac{k'^4}{2L'^2}.$$

Faisons maintenant

$$m = \alpha\mu, \qquad m' = \alpha'\mu,$$

μ étant petit, α et α' finis, et posons en outre

$$\frac{m}{1+m} = \beta\mu, \qquad m'\frac{1+m}{1+m+m'} = \beta'\mu; \qquad W_1 = \mu F.$$

Nous aurons les équations

$$(5)\quad \left\{\begin{aligned}
&\beta\frac{dL}{dt} = \frac{\partial F}{\partial l}, && \beta\frac{dG}{dt} = \frac{\partial F}{\partial g}, && \beta\frac{d\Theta}{dt} = \frac{\partial F}{\partial \theta},\\
&\beta'\frac{dL'}{dt} = \frac{\partial F}{\partial l'}, && \beta'\frac{dG'}{dt} = \frac{\partial F}{\partial g'}, && \beta'\frac{d\Theta'}{dt} = \frac{\partial F}{\partial \theta'};\\
&\frac{dl}{dt} = -\frac{\partial F}{\beta\,\partial L}, && \frac{dg}{dt} = -\frac{\partial F}{\beta\,\partial G}, && \frac{d\theta}{dt} = -\frac{\partial F}{\beta\,\partial \Theta},\\
&\frac{dl'}{dt} = -\frac{\partial F}{\beta'\,\partial L'}, && \frac{dg'}{dt} = -\frac{\partial F}{\beta'\,\partial G'}, && \frac{d\theta'}{dt} = -\frac{\partial F}{\beta'\,\partial \Theta'};
\end{aligned}\right.$$

$$(6)\qquad \beta = \frac{\alpha}{1+\alpha\mu}, \qquad \beta' = \alpha'\frac{1+\alpha\mu}{1+\alpha(\mu+\mu')}, \qquad \frac{k'^2}{k^2} = \frac{1+(\alpha+\alpha')\mu}{(1+\alpha\mu)^2};$$

$$(7)\quad \left\{\begin{aligned}
F = {} & \frac{\alpha}{1+\alpha\mu}\frac{k^4}{2L^2} + \alpha'\frac{1+\alpha\mu}{1+(\alpha+\alpha')\mu}\frac{k'^4}{2L'^2}\\
& + \frac{k^2\alpha}{1+\alpha\mu}\left[\frac{1}{\sqrt{r'^2 + \frac{2\alpha\mu}{1+\alpha\mu}(xx'+yy'+zz') + \left(\frac{\alpha\mu}{1+\alpha\mu}r\right)^2}} - \frac{1}{r'}\right]\\
& + \frac{k^2\alpha\alpha'}{1+\alpha\mu}\frac{\mu}{\sqrt{r'^2 + \frac{2}{1+\alpha\mu}(xx'+yy'+zz') + \left(\frac{r}{1+\alpha\mu}\right)^2}};
\end{aligned}\right.$$

β et β' sont finis, ainsi que la première ligne de F; les deux dernières lignes contiennent au contraire le petit facteur μ.

On a vu, dans notre Tome III, page 238, qu'au lieu des variables canoniques

$$\begin{array}{llllll} L, & G, & \Theta, & L', & G' & \text{et } \Theta', \\ l, & g, & \theta, & l', & g' & \text{et } \theta', \end{array}$$

on peut prendre, avec M. Poincaré, les suivantes :

$$\begin{array}{llllll} L, & \sqrt{2(L-G)}\sin\varpi, & \sqrt{2(G-\Theta)}\sin\theta, & L', & \sqrt{2(L'-G')}\sin\varpi', & \sqrt{2(G'-\Theta')}\sin\theta', \\ \lambda, & \sqrt{2(L-G)}\cos\varpi, & \sqrt{2(G-\Theta)}\cos\theta, & \lambda', & \sqrt{2(L'-G')}\cos\varpi', & \sqrt{2(G'-\Theta')}\cos\theta', \end{array}$$

où λ et λ' désignent les longitudes moyennes des deux planètes.

On en conclut aisément, par des changements réciproques de variables d'un des groupes dans l'autre, des changements de signes, et en comprenant les facteurs β et β' dans de nouvelles variables, que, si l'on pose

$$(8)\quad \left\{\begin{array}{ll} \Lambda = \beta L, & \lambda = \lambda, \\ \xi = \sqrt{2\beta(L-G)}\cos\varpi, & \eta = -\sqrt{2\beta(L-G)}\sin\varpi, \\ p = \sqrt{2\beta(G-\Theta)}\cos\theta, & q = -\sqrt{2\beta(G-\Theta)}\sin\theta, \\ \Lambda' = \beta' L', & \lambda' = \lambda', \\ \xi' = \sqrt{2\beta'(L'-G')}\cos\varpi', & \eta' = -\sqrt{2\beta'(L'-G')}\sin\varpi', \\ p' = \sqrt{2\beta'(G'-\Theta')}\cos\theta', & q' = -\sqrt{2\beta'(G'-\Theta')}\sin\theta', \end{array}\right.$$

on aura ce système canonique

$$(9)\quad \left\{\begin{array}{lll} \dfrac{d\Lambda}{dt} = \dfrac{\partial F}{\partial\lambda}, & \dfrac{d\xi}{dt} = \dfrac{\partial F}{\partial\eta}, & \dfrac{dp}{dt} = \dfrac{\partial F}{\partial q}, \\ \dfrac{d\lambda}{dt} = -\dfrac{\partial F}{\partial\Lambda}, & \dfrac{d\eta}{dt} = -\dfrac{\partial F}{\partial\xi}, & \dfrac{dq}{dt} = -\dfrac{\partial F}{\partial p}, \\ \dfrac{d\Lambda'}{dt} = \dfrac{\partial F}{\partial\lambda'}, & \dfrac{d\xi'}{dt} = \dfrac{\partial F}{\partial\eta'}, & \dfrac{dp'}{dt} = \dfrac{\partial F}{\partial q'}, \\ \dfrac{d\lambda'}{dt} = -\dfrac{\partial F}{\partial\Lambda'}, & \dfrac{d\eta'}{dt} = -\dfrac{\partial F}{\partial\xi'}, & \dfrac{dq'}{dt} = -\dfrac{\partial F}{\partial p'}. \end{array}\right.$$

218. Revenons au système (5), et montrons, en suivant M. Poincaré, comment on peut réduire le nombre de ces équations en tenant compte des intégrales des aires, et prenant pour plan des xy le plan invariable. On a alors, comme on l'a vu dans le Chapitre précédent, et comme on peut le voir d'ailleurs directement,

$$(10)\quad \left\{\begin{array}{l} \beta\Theta + \beta'\Theta' = C, \qquad \theta = \theta', \\ \beta^2(G^2-\Theta^2) = \beta'^2(G'^2-\Theta'^2). \end{array}\right.$$

La fonction F dépend d'ailleurs des variables

$$\begin{matrix} L, & G, & \Theta, & L', & G', & \Theta', \\ l, & g, & \theta, & l', & g', & \theta'; \end{matrix}$$

on sait qu'elle doit être indépendante de la position de l'axe des x dans le plan invariable; elle ne doit donc contenir θ et θ' que par la différence $\theta - \theta'$; puisque $\theta = \theta'$, la fonction F sera donc indépendante de θ et de θ'. L'équation

$$\frac{d\theta}{dt} = \frac{d\theta'}{dt}$$

donne d'ailleurs

$$\frac{1}{\beta}\frac{\partial F}{\partial \Theta} = \frac{1}{\beta'}\frac{\partial F}{\partial \Theta'}. \tag{11}$$

Faisons maintenant

$$G = \Gamma, \qquad G' = \Gamma';$$

les relations (10) nous donneront

$$\left\{\begin{aligned} \beta\Theta &= \frac{C}{2} + \frac{\beta^2\Gamma^2 - \beta'^2\Gamma'^2}{2C}, \\ \beta'\Theta' &= \frac{C}{2} + \frac{\beta'^2\Gamma'^2 - \beta^2\Gamma^2}{2C}. \end{aligned}\right. \tag{12}$$

Nous en tirerons

$$\frac{\partial F}{\partial \Gamma} = \frac{\partial F}{\partial G} + \frac{\partial F}{\partial \Theta}\frac{\beta\Gamma}{C} - \frac{\partial F}{\partial \Theta'}\frac{\beta^2\Gamma}{\beta' C},$$

ou bien, en ayant égard à la formule (11),

$$\frac{\partial F}{\partial \Gamma} = \frac{\partial F}{\partial G},$$

et de même

$$\frac{\partial F}{\partial \Gamma'} = \frac{\partial F}{\partial G'}.$$

Les équations (5) deviendront ainsi

$$\left\{\begin{aligned} &\frac{dL}{dt} = \frac{\partial F}{\beta\,\partial l}, && \frac{d\Gamma}{dt} = \frac{\partial F}{\beta\,\partial g}, && \frac{dL'}{dt} = \frac{\partial F}{\beta'\,\partial l'}, && \frac{d\Gamma'}{dt} = \frac{\partial F}{\beta'\,\partial g'}, \\ &\frac{dl}{dt} = -\frac{\partial F}{\beta\,\partial L}, && \frac{dg}{dt} = -\frac{\partial F}{\beta\,\partial \Gamma}, && \frac{dl'}{dt} = -\frac{\partial F}{\beta'\,\partial L'}, && \frac{dg'}{dt} = -\frac{\partial F}{\beta'\,\partial \Gamma'}. \end{aligned}\right. \tag{13}$$

On a donc opéré ainsi la réduction à huit équations canoniques, d'une façon plus simple que dans le Chapitre précédent; la quantité C est une constante absolue et doit être regardée comme une donnée de la question. Il convient de compléter ces formules par les suivantes, auxquelles il faudrait encore joindre l'expression (7) de F,

$$L = k\sqrt{a}, \qquad \Gamma = k\sqrt{a(1-e^2)}, \qquad L' = k'\sqrt{a'}, \qquad \Gamma' = k'\sqrt{a'(1-e'^2)},$$

$$\beta\Gamma\cos i = \frac{C}{2} + \frac{\beta^2\Gamma^2 - \beta'^2\Gamma'^2}{2C}, \qquad \beta'\Gamma'\cos i' = \frac{C}{2} + \frac{\beta'^2\Gamma'^2 - \beta^2\Gamma^2}{2C},$$

$$u - e\sin u = l, \qquad u' - e'\sin u' = l',$$

$$r = a(1 - e\cos u), \qquad r' = a'(1 - e'\cos u'),$$

$$\operatorname{tang}\frac{w}{2} = \sqrt{\frac{1+e}{1-e}}\operatorname{tang}\frac{u}{2}, \qquad \operatorname{tang}\frac{w'}{2} = \sqrt{\frac{1+e'}{1-e'}}\operatorname{tang}\frac{u'}{2},$$

$$\frac{xx' + yy' + zz'}{rr'} = \cos(g+w)\cos(g'+w') + \sin(g+w)\sin(g'+w')\cos(i-i');$$

on voit bien, par cet ensemble de formules, comment la fonction F dépend des huit variables

$$L, \quad L', \quad \Gamma, \quad \Gamma', \quad l, \quad l', \quad g \quad \text{et} \quad g'.$$

219. Considérons encore le cas où le mouvement a lieu dans un plan, et prenons ce plan pour plan des xy. Nous aurons $i = i' = 0$, et par suite, $\Theta = G$ et $\Theta' = G'$. Voyons ce que deviennent alors les équations (5). Un argument quelconque de F sera de la forme

$$\gamma l + \gamma' l' + \gamma_1\varpi + \gamma_1'\varpi',$$

et un théorème bien connu nous donnera

$$\gamma_1 + \gamma_1' = 0;$$

donc les arguments de F seront de la forme

$$\gamma l + \gamma' l' + \gamma_1 h,$$

où l'on a posé

$$\varpi - \varpi' = h.$$

On a ensuite

$$\varpi = \theta + g, \qquad \varpi' = \theta' + g',$$

et, puisque F est indépendant de i et de i',

$$\frac{\partial F}{\partial \Theta} = \frac{\partial F}{\partial \Theta'} = 0;$$

puis

$$\frac{\partial F}{\partial g} = \frac{\partial F}{\partial \varpi} = \frac{\partial F}{\partial h}; \qquad \frac{\partial F}{\partial g'} = \frac{\partial F}{\partial \varpi'} = -\frac{\partial F}{\partial h};$$

$$\frac{dh}{dt} = \frac{d\varpi}{dt} - \frac{d\varpi'}{dt} = \frac{d\theta}{dt} + \frac{dg}{dt} - \frac{d\theta'}{dt} - \frac{dg'}{dt} = -\frac{\partial F}{\beta\,\partial G} + \frac{\partial F}{\beta'\partial G'}.$$

Les équations (5) deviendront donc

$$\beta \frac{dL}{dt} = \frac{\partial F}{\partial l}, \qquad \beta' \frac{dL'}{dt} = \frac{\partial F}{\partial l'},$$

$$\beta \frac{dG}{dt} = \frac{\partial F}{\partial h}, \qquad \beta' \frac{dG'}{dt} = -\frac{\partial F}{\partial h},$$

$$\frac{dl}{dt} = -\frac{\partial F}{\beta\,\partial L}, \qquad \frac{dl'}{dt} = -\frac{\partial F}{\beta'\,\partial L'},$$

$$\frac{dh}{dt} = -\frac{\partial F}{\beta\,\partial G} + \frac{\partial F}{\beta'\,\partial G'}.$$

On en conclut

$$\beta \frac{dG}{dt} + \beta' \frac{dG'}{dt} = 0, \qquad \beta G + \beta' G' = C;$$

c'est l'intégrale des aires. Si l'on pose

$$\beta G = H, \qquad \beta' G' = C - H,$$

F deviendra une fonction de L, L', H et des arguments l, l' et h; on aura ainsi ces équations différentielles, qui correspondent au problème actuel,

$$(14) \qquad \left\{ \begin{aligned} &\frac{d(\beta L)}{dt} = \frac{\partial F}{\partial l}, & &\frac{dl}{dt} = -\frac{\partial F}{\partial(\beta L)}, \\ &\frac{d(\beta' L')}{dt} = \frac{\partial F}{\partial l'}, & &\frac{dl'}{dt} = -\frac{\partial F}{\partial(\beta' L')}, \\ &\frac{dH}{dt} = \frac{\partial F}{\partial h}, & &\frac{dh}{dt} = -\frac{\partial F}{\partial H}. \end{aligned} \right.$$

Nous avons à présenter une remarque importante au sujet de développements qui se rapportent au problème des trois corps. Reprenons les douze variables qui figurent dans les équations (5), et posons

$$x_1 = \beta L, \quad x_2 = \beta' L', \quad x_3 = \beta G, \quad x_4 = \beta' G', \quad x_5 = \beta \Theta, \quad x_6 = \beta' \Theta',$$

$$y_1 = l, \quad y_2 = l', \quad y_3 = g, \quad y_4 = g', \quad y_5 = \theta, \quad y_6 = \theta'.$$

Les équations (5) pourront être représentées par

$$(15) \qquad \frac{dx_i}{dt} = \frac{\partial F}{\partial y_i}, \qquad \frac{dy_i}{dt} = -\frac{\partial F}{\partial x_i}, \qquad (i = 1, 2, \ldots, 6).$$

La fonction F est d'ailleurs représentée par la formule (7), et l'on a, en série convergente,

$$F = F_0 + \mu F_1 + \mu^2 F_2 + \ldots,$$

$$F_0 = \alpha \frac{k^4}{2L^2} + \alpha' \frac{k'^4}{2L'^2};$$

la fonction F_0 ne dépend donc que des variables x_1 et x_2.

Lorsque $\mu = 0$, les équations (15) donnent

$$x_i = x_i^0, \quad y_1 = n_1 t + y_1^0, \quad y_2 = n_2 t + y_2^0, \quad y_{i+2} = y_{i+2}^0,$$
$$n_1 = -\frac{\partial F_0}{\partial x_2}, \quad n_2 = -\frac{\partial F_0}{\partial x_2},$$

en désignant par x_i^0 et y_i^0 douze constantes arbitraires; les trajectoires des deux planètes sont alors des ellipses képlériennes.

Supposons maintenant $\mu \gtrless 0$, et supposons que, pour $t = 0$, on ait

$$x_i = x_i^0 + \xi_i, \quad y_i = y_i^0 + \eta_i,$$

et demandons-nous quelles seront les valeurs de ces quantités x_i et y_i pour $t = \tau$. M. Poincaré a montré (t. I, p. 63) que ces valeurs sont développables en séries convergentes suivant les puissances des ξ_i, η_i, de τ et de μ, pourvu que les modules des quantités ξ_i, η_i et μ soient assez petits.

Nous pouvons maintenant aborder la recherche des solutions périodiques du problème des trois corps, en nous limitant à celles du premier genre (*voir* p. 466).

220. **Recherche des solutions périodiques du problème des trois corps.** — M. Poincaré avait démontré (*Bulletin astron.*, t. I, p. 65) qu'il existe trois sortes de ces solutions périodiques de premier genre : pour celles de la première sorte, les inclinaisons sont nulles, et les excentricités très petites (de l'ordre des rapports des masses des deux planètes à la masse du troisième corps qui est le Soleil); pour celles de la seconde sorte, les inclinaisons sont encore nulles, mais les excentricités finies; enfin, pour celles de la troisième sorte, les inclinaisons ne sont plus nulles. L'auteur est revenu avec plus de détail sur ce sujet dans son Ouvrage sur les *Méthodes nouvelles de la Mécanique céleste*: nous allons chercher à donner une idée de ces nouvelles recherches, et nous reproduirons souvent, presque textuellement, l'exposé de M. Poincaré.

Pour les unes comme pour les autres de ces solutions périodiques, les distances mutuelles des trois corps sont des fonctions périodiques du temps; au bout d'une période, les trois corps se retrouvent donc dans la même position relative, tout le système ayant seulement tourné d'un certain angle. Il faut donc, pour que les coordonnées des trois corps soient des fonctions périodiques du temps, qu'on les rapporte à un système d'axes mobiles, animés d'un mouvement de rotation uniforme.

Occupons-nous d'abord des solutions de première sorte. Soient S le Soleil (m_0 sa masse), M et M' les deux planètes ($\alpha\mu m_0$ et $\alpha'\mu m_0$ leurs masses); nous rapportons comme ci-dessus la planète M à des axes se coupant en S, et la planète M' à des axes parallèles se coupant au centre de gravité G de S et de M. Le mouvement est supposé avoir lieu dans un plan que nous prendrons comme plan de référence.

Si l'on suppose $\mu = 0$, les masses des deux planètes sont nulles, le Soleil est fixe, et les deux planètes décrivent autour de lui des ellipses képlériennes. Admettons que ces orbites soient circulaires; soient n et n' les moyens mouvements, et $n > n'$.

Plaçons l'origine du temps au moment d'une conjonction; à ce moment les longitudes de M et de M' pourront être supposées nulles, en choisissant l'origine des longitudes. Au bout du temps $\frac{2\pi}{n-n'}$, ces longitudes seront devenues respectivement $\frac{2\pi n}{n-n'}$ et $\frac{2\pi n'}{n-n'}$; leur différence sera égale à 2π. Les deux petites masses se retrouveront en conjonction; les trois corps seront de nouveau dans la même position relative, tout le système ayant seulement tourné de l'angle $\frac{2\pi n}{n-n'}$. Si donc on rapporte le système à des axes mobiles tournant d'un mouvement uniforme, avec la vitesse angulaire n, les coordonnées des trois corps, par rapport à ces axes mobiles, seront des fonctions périodiques du temps, et la durée de la période sera $T = \frac{2\pi}{n-n'}$.

Ainsi, dans le cas limite de $\mu = 0$, le problème admet des solutions périodiques, quand on choisit convenablement les circonstances initiales du mouvement. Avons-nous le droit d'en conclure qu'il en sera de même pour de petites valeurs de μ?

Nous prendrons les variables (8) que nous pouvons réduire à huit, puisque, le mouvement ayant lieu dans un plan, il est permis de faire $p = q = p' = q' = 0$,

$$\Lambda = \beta L = k\beta\sqrt{a}, \quad \lambda,$$

$$\Lambda' = \beta' L' = k\beta'\sqrt{a'}, \quad \lambda',$$

$$\xi = \sqrt{\Lambda}\sqrt{2\left(1-\sqrt{1-e^2}\right)}\cos\varpi,$$

$$\xi' = \sqrt{\Lambda'}\sqrt{2\left(1-\sqrt{1-e'^2}\right)}\cos\varpi',$$

$$\eta = -\sqrt{\Lambda}\sqrt{2\left(1-\sqrt{1-e^2}\right)}\sin\varpi,$$

$$\eta' = -\sqrt{\Lambda'}\sqrt{2\left(1-\sqrt{1-e'^2}\right)}\sin\varpi'.$$

Les distances mutuelles des trois corps et les dérivées de ces distances par rapport au temps dépendent seulement des sept quantités suivantes

$$(16)\qquad \begin{cases} \Lambda, & \xi\cos\lambda - \eta\sin\lambda, & \xi\sin\lambda + \eta\cos\lambda, \\ \Lambda', & \xi'\cos\lambda' - \eta'\sin\lambda', & \xi'\sin\lambda' + \eta'\cos\lambda', \end{cases} \quad \lambda - \lambda';$$

on a, en effet, en désignant par l et l' les anomalies moyennes,

$$r = a\left(1 - e\cos l + \frac{1}{2}e^2 - \frac{1}{2}e^2\cos 2l + \ldots\right),$$

$$v = \lambda + 2e\sin l + \frac{5}{4}e^2\sin 2l + \ldots;$$

$$r' = a'\left(1 - e'\cos l' + \frac{1}{2}e'^2 - \frac{1}{2}e'^2\cos 2l' + \ldots\right),$$

$$v' = \lambda' + 2e'\sin l' + \frac{5}{4}e'^2\sin 2l' + \ldots.$$

$$xx' + yy' = rr'\cos(v - v')$$
$$= rr'\cos\left(\lambda - \lambda' + 2e\sin l - 2e'\sin l' + \frac{5}{4}e^2\sin 2l - \frac{5}{4}e'^2\sin 2l' + \ldots\right);$$

$$\xi\cos\lambda - \eta\sin\lambda = \sqrt{\Lambda}\sqrt{2(1-\sqrt{1-e^2})}\cos l,$$

$$\xi\sin\lambda + \eta\cos\lambda = \sqrt{\Lambda}\sqrt{2(1-\sqrt{1-e^2})}\sin l,$$

On en conclut

$$a = \frac{\Lambda^2}{k^2\beta^2}.$$

$$e^2 = \frac{(\xi\cos\lambda - \eta\sin\lambda)^2 + (\xi\sin\lambda + \eta\cos\lambda)^2}{\Lambda}$$
$$- \frac{1}{4}\left[\frac{(\xi\cos\lambda - \eta\sin\lambda)^2 + (\xi\sin\lambda + \eta\cos\lambda)^2}{\Lambda}\right]^2,$$

$$\operatorname{tang} l = \frac{\xi\sin\lambda - \eta\cos\lambda}{\xi\cos\lambda + \eta\sin\lambda},$$

et des formules analogues pour a', e' et l'. On voit ainsi que r et r' dépendent de

$$\Lambda,\quad \xi\cos\lambda - \eta\sin\lambda,\quad \xi\sin\lambda + \eta\cos\lambda,\quad \Lambda',\quad \xi'\cos\lambda' - \eta'\sin\lambda',\quad \xi'\sin\lambda' + \eta'\cos\lambda';$$

$xx' + yy'$ introduit l'angle $\lambda - \lambda'$.

Pour que la solution soit périodique, il faut donc qu'au bout d'une période les variables (16) reprennent leurs valeurs primitives, et que $\lambda - \lambda'$ augmente de 2π.

Si l'on fait $\mu = 0$, le mouvement est képlérien ; supposons de plus que, pour $t = 0$, on ait

$$\lambda = \lambda' = \xi = \eta = \xi' = \eta' = 0,$$

$$\Lambda = \Lambda_0 = \frac{\beta k^{\frac{2}{3}}}{n^{\frac{1}{3}}}, \qquad \Lambda' = \Lambda'_0 = \frac{\beta' k'^{\frac{2}{3}}}{n'^{\frac{1}{3}}}.$$

Les mouvements des deux planètes seront circulaires et uniformes, avec les moyens mouvements n et n' ; la solution sera périodique, et de période $\frac{2\pi}{n - n'}$.

Ne supposons plus maintenant $\mu = 0$, et considérons une solution quelconque; nous pourrons choisir l'origine du temps au moment d'une conjonction moyenne, et prendre pour origine des longitudes la longitude de cette conjonction.

Les valeurs initiales de λ et de λ' seront nulles; soient $\Lambda_0 + \beta_1$ et $\Lambda'_0 + \beta_2$ les valeurs initiales de Λ et de Λ'. Soient encore ξ_0, η_0, ξ'_0, η'_0 les valeurs initiales de ξ, η, ξ' et η'; ce seront aussi les valeurs initiales des quatre quantités

$$\xi\cos\lambda - \eta\sin\lambda, \quad \xi\sin\lambda + \eta\cos\lambda, \quad \xi'\cos\lambda' - \eta'\sin\lambda', \quad \xi'\sin\lambda' + \eta'\cos\lambda'$$

qui figurent au nombre des variables (16).

Soit maintenant $2\pi + \psi_0$ la valeur de $\lambda - \lambda'$ au bout de la période $\frac{2\pi}{n - n'}$ (que nous supposons la même que dans le cas de $\mu = 0$). Soient, au bout de cette période,

$$\Lambda_0 + \beta_1 + \psi_1, \quad \Lambda'_0 + \beta_2 + \psi_2,$$

les valeurs de Λ et Λ', et

$$\xi_0 + \psi_3, \quad \eta_0 + \psi_4, \quad \xi'_0 + \psi_5, \quad \eta'_0 + \psi_6$$

les valeurs des quatre dernières variables (16).

Pour que la solution soit périodique, il faut que l'on ait

$$\psi_0 = \psi_1 = \psi_2 = \psi_3 = \psi_4 = \psi_5 = \psi_6 = 0.$$

S'il en est ainsi, les valeurs de a, e, ϖ, a', e', ϖ' et $\lambda - \lambda'$ seront les mêmes, en effet, au commencement et à la fin de la période; il en sera de même des distances mutuelles des trois corps et de leurs dérivées par rapport au temps.

Ces équations ne sont pas toutes distinctes; les équations différentielles du mouvement admettent, en effet, deux intégrales, celle des aires et celle des forces vives.

En écrivant que les premiers membres de ces intégrales prennent les mêmes valeurs au commencement et à la fin de la période, et supposant que les conditions

$$\psi_0 = \psi_3 = \psi_4 = \psi_5 = \psi_6 = 0 \tag{17}$$

soient vérifiées, ce qui entraîne l'égalité de e, ϖ, e', ϖ' et de $\lambda - \lambda'$, on trouvera que a et a' doivent reprendre aussi les mêmes valeurs : donc on doit avoir $\psi_1 = \psi_2 = 0$. Nous aurons donc seulement à résoudre les cinq équations (17), auxquelles nous adjoindrons l'équation des forces vives $F = C$, où nous regarderons la constante C comme une donnée de la question; ces six équations contiennent les six inconnues

$$\beta_1, \quad \beta_2, \quad \xi_0, \quad \eta_0, \quad \xi'_0 \quad \text{et} \quad \eta'_0. \tag{18}$$

Les ψ_i sont des fonctions holomorphes de μ, et des six variables (18), que nous ne chercherons pas à former; elles s'annulent avec ces sept variables. D'après un théorème démontré par M. Poincaré (t. I, n° 30), on pourra résoudre les équations (17) et $F = C$ par rapport aux inconnues (18), pourvu que le déterminant fonctionnel des quantités F et ψ_i par rapport aux inconnues ne soit pas nul pour

$$\mu = \beta_1 = \beta_2 = \xi_0 = \eta_0 = \xi'_0 = \eta'_0 = 0.$$

Rappelons que le déterminant fonctionnel, ou *jacobien*, de fonctions $y_1, y_2, \ldots, y_i$ par rapport aux variables $x_1, x_2, \ldots, x_i$ est le déterminant

$$\begin{vmatrix} \frac{\partial y_1}{\partial x_1} & \frac{\partial y_1}{\partial x_2} & \cdots & \frac{\partial y_1}{\partial x_i} \\ \frac{\partial y_2}{\partial x_1} & \frac{\partial y_2}{\partial x_2} & \cdots & \frac{\partial y_2}{\partial x_i} \\ \cdots & \cdots & \cdots & \cdots \\ \frac{\partial y_i}{\partial x_1} & \frac{\partial y_i}{\partial x_2} & \cdots & \frac{\partial y_i}{\partial x_i} \end{vmatrix}.$$

Or, pour $\mu = 0$, on a

$$(19) \qquad F = F_0 = \frac{\alpha k^4}{2L^2} + \frac{\alpha' k'^4}{2L'^2} = \frac{\alpha\beta^2 k^4}{2(\Lambda_0 + \beta_1)^2} + \frac{\alpha'\beta'^2 k'^4}{2(\Lambda'_0 + \beta_2)^2};$$

donc F_0 ne dépend que des deux variables β_1 et β_2.

Soient ensuite λ_0 et λ'_0 les valeurs de λ et λ' à la fin de la période; pour $\mu = 0$, λ_0 et λ'_0 seront égaux aux produits du temps écoulé $\frac{2\pi}{n - n'}$ par les moyens mouvements N et N' qui sont

$$N = \frac{\beta^3 k^4}{\Lambda^3}, \qquad N' = \frac{\beta'^3 k'^4}{\Lambda'^3},$$

ou bien

$$N = \frac{\beta^3 k^4}{(\Lambda_0 + \beta_1)^3}, \qquad N' = \frac{\beta'^3 k^4}{(\Lambda'_0 + \beta_2)^3}.$$

On a donc

$$(20) \qquad \lambda_0 = \frac{2\pi}{n - n'} \frac{\beta^3 k^4}{(\Lambda_0 + \beta_1)^3}, \qquad \lambda'_0 = \frac{2\pi}{n - n'} \frac{\beta'^3 k'^4}{(\Lambda'_0 + \beta_2)^3},$$

ou encore

$$(21) \qquad \lambda_0 = \frac{2n\pi}{n - n'}\left(1 + \frac{\beta_1}{\Lambda_0}\right)^{-3}, \qquad \lambda'_0 = \frac{2n'\pi}{n - n'}\left(1 + \frac{\beta_2}{\Lambda'_0}\right)^{-3}.$$

La relation

$$2\pi + \psi_0 = \lambda_0 - \lambda'_0$$

donnera donc

$$(22) \qquad \psi_0 = 2\pi\left[\frac{n}{n - n'}\left(1 + \frac{\beta_1}{\Lambda_0}\right)^{-3} - \frac{n'}{n - n'}\left(1 + \frac{\beta_2}{\Lambda'_0}\right)^{-3} - 1\right];$$

donc, comme F_0, ψ_0 ne dépend que de β_1 et de β_2.

En écrivant d'ailleurs que les quantités

$$\xi\cos\lambda - \eta\sin\lambda, \qquad \xi\sin\lambda + \eta\cos\lambda,$$
$$\xi'\cos\lambda' - \eta'\sin\lambda', \qquad \xi'\sin\lambda' + \eta'\cos\lambda'$$

prennent les mêmes valeurs au commencement et à la fin de la période, on trouve les relations

$$\xi_0 = (\xi_0 + \psi_3)\cos\lambda_0 - (\eta_0 + \psi_4)\sin\lambda_0,$$
$$\eta_0 = (\xi_0 + \psi_3)\sin\lambda_0 + (\eta_0 + \psi_4)\cos\lambda_0,$$
$$\xi'_0 = (\xi'_0 + \psi_5)\cos\lambda'_0 - (\eta'_0 + \psi_6)\sin\lambda'_0,$$
$$\eta'_0 = (\xi'_0 + \psi_5)\sin\lambda'_0 + (\eta'_0 + \psi_6)\cos\lambda'_0.$$

On en tire sans peine

$$(23)\qquad \begin{cases} \psi_3 = \quad \xi_0(\cos\lambda_0 - 1) + \eta_0\sin\lambda_0, \\ \psi_4 = -\xi_0\sin\lambda_0 \qquad\quad + \eta_0(\cos\lambda_0 - 1), \\ \psi_5 = \quad \xi'_0(\cos\lambda'_0 - 1) + \eta'_0\sin\lambda'_0, \\ \psi_6 = -\xi'_0\sin\lambda'_0 \qquad\quad + \eta'_0(\cos\lambda'_0 - 1). \end{cases}$$

En se reportant aux expressions (20) de λ_0 et de λ'_0, on voit que ψ_3 et ψ_4 ne dépendent que de ξ_0, η_0 et β_1; ψ_5 et ψ_6 ne dépendent que de ξ'_0, η'_0 et β_2. Notre déterminant fonctionnel est donc

$$\begin{vmatrix} \frac{\partial F_0}{\partial\beta_1} & \frac{\partial\psi_0}{\partial\beta_1} & \frac{\partial\psi_3}{\partial\beta_1} & \frac{\partial\psi_4}{\partial\beta_1} & 0 & 0 \\ \frac{\partial F_0}{\partial\beta_2} & \frac{\partial\psi_0}{\partial\beta_2} & 0 & 0 & \frac{\partial\psi_5}{\partial\beta_2} & \frac{\partial\psi_6}{\partial\beta_2} \\ 0 & 0 & \frac{\partial\psi_3}{\partial\xi_0} & \frac{\partial\psi_4}{\partial\xi_0} & 0 & 0 \\ 0 & 0 & \frac{\partial\psi_3}{\partial\eta_0} & \frac{\partial\psi_4}{\partial\eta_0} & 0 & 0 \\ 0 & 0 & 0 & 0 & \frac{\partial\psi_5}{\partial\xi'_0} & \frac{\partial\psi_6}{\partial\xi'_0} \\ 0 & 0 & 0 & 0 & \frac{\partial\psi_5}{\partial\eta'_0} & \frac{\partial\psi_6}{\partial\eta'_0} \end{vmatrix}$$

Il est égal au produit des trois déterminants

$$(\mathrm{I}) = \begin{vmatrix} \frac{\partial F_0}{\partial\beta_1} & \frac{\partial\psi_0}{\partial\beta_1} \\ \frac{\partial F_0}{\partial\beta_2} & \frac{\partial\psi_0}{\partial\beta_2} \end{vmatrix}, \qquad (\mathrm{II}) = \begin{vmatrix} \frac{\partial\psi_3}{\partial\xi_0} & \frac{\partial\psi_4}{\partial\xi_0} \\ \frac{\partial\psi_3}{\partial\eta_0} & \frac{\partial\psi_4}{\partial\eta_0} \end{vmatrix}, \qquad (\mathrm{III}) = \begin{vmatrix} \frac{\partial\psi_5}{\partial\xi'_0} & \frac{\partial\psi_6}{\partial\xi'_0} \\ \frac{\partial\psi_5}{\partial\eta'_0} & \frac{\partial\psi_6}{\partial\eta'_0} \end{vmatrix}.$$

Il faudra donc calculer ces déterminants, y faire ensuite

$$\beta_1 = \beta_2 = \xi_0 = \eta_0 = \xi'_0 = \eta'_0 = 0,$$

et voir si aucun d'eux n'est nul. Or, en se reportant aux formules (19), (22) et (23), on trouve aisément

$$(\mathrm{I})_0 = -\frac{6\pi}{n-n'}\left(\frac{\alpha\beta^2 k^4}{\Lambda_0^3 \Lambda'_0} n' + \frac{\alpha'\beta'^2 k'^4}{\Lambda_0'^3 \Lambda_0} n\right),$$

quantité négative essentiellement différente de zéro;

$$(\mathrm{II})_0 = (1 - \cos\lambda_0)^2 + \sin^2\lambda_0,$$
$$(\mathrm{III})_0 = (1 - \cos\lambda'_0)^2 + \sin^2\lambda'_0.$$

Ces quantités ne peuvent s'annuler que si l'on a

$$\lambda_0 = 2\nu\pi, \qquad \lambda'_0 = 2\nu'\pi,$$

ν et ν' désignant deux nombres entiers. En remplaçant λ_0 et λ'_0 par leurs valeurs (21), après y avoir fait $\beta_1 = \beta_2 = 0$, il vient

$$\frac{n}{n-n'} = \nu, \qquad \frac{n'}{n-n'} = \nu',$$

d'où

$$\frac{n}{n'} = \frac{\nu}{\nu-1}, \quad \text{ou} \quad = \frac{\nu'+1}{\nu'}.$$

La solution périodique dont on vient de démontrer l'existence ne peut donc cesser d'exister que si le rapport des deux moyens mouvements est exactement commensurable, et si, en outre, le numérateur et le dénominateur de la fraction qui représente alors ce rapport diffèrent d'une unité.

Remarque. — La solution dont il s'agit est la suite d'un développement de Laplace (*voir* notre T. I, Chap. XXII); en supposant $e = e' = 0$, les formules citées peuvent s'écrire

$$(24)\quad \left\{\begin{aligned} r &= a + \sum_1^\infty A_i \cos i(\lambda - \lambda'),\\ v &= \lambda + \sum_1^\infty B_i \sin i(\lambda - \lambda'),\\ r' &= a' + \sum_1^\infty A'_i \cos i(\lambda - \lambda'),\\ v' &= \lambda' + \sum_1^\infty B'_i \sin i(\lambda - \lambda'); \end{aligned}\right.$$

A_i, B_i, A'_i et B'_i sont des fonctions connues de a et a', qui contiennent m' ou m en facteur; λ et λ' désignent les longitudes moyennes. La démonstration de M. Poincaré montre que les formules conservent la même forme dans les approximations successives où l'on tient compte des carrés, des cubes, ..., des masses; les quantités A_i, ... sont alors développées suivant les puissances de μ. Les équations (24) représentent alors une solution du problème des trois corps, quand les conditions initiales sont convenablement choisies et que le mouvement a lieu dans un plan. On a

$$v - \lambda = \Sigma B_i \sin i(\lambda - \lambda'),$$
$$v' - \lambda = \lambda' - \lambda + \Sigma B'_i \sin i(\lambda - \lambda');$$

ce qui montre que, par rapport à un système d'axes mobiles tournant uniformément avec la vitesse $\frac{d\lambda}{dt} = n$, les coordonnées des deux planètes sont des fonctions périodiques du temps; la période est $T = \frac{2\pi}{n - n'}$. Nous allons donner maintenant quelques indications sur les solutions de la seconde sorte, trouvées par M. Poincaré.

221. **Solutions périodiques de la seconde sorte.** — Supposons que les corps se meuvent dans le même plan. Les variables canoniques sont

$$\begin{array}{ccc} \Lambda = \beta L, & \Lambda' = \beta' L', & H, \\ l, & l', & h. \end{array}$$

Une solution sera périodique si, au bout d'une période, Λ, Λ' et H ont repris leurs valeurs primitives, et si l, l' et h ont augmenté de 2π. On a d'ailleurs

$$F = F_0 + \mu F_1 + \mu^2 F_2 + \ldots,$$
$$F_0 = \frac{k^4 \alpha}{2 L^2} + \frac{k'^4 \alpha'}{2 L'^2};$$

on voit que F_0 ne dépend que de Λ et de Λ'. On a les équations

$$(25) \quad \left\{ \begin{array}{lll} \frac{d\Lambda}{dt} = \frac{\partial F}{\partial l}, & \frac{dH}{dt} = \frac{\partial F}{\partial h}, & \frac{d\Lambda'}{dt} = \frac{\partial F}{\partial l'}, \\ \frac{dl}{dt} = -\frac{\partial F}{\partial \Lambda}, & \frac{dh}{dt} = -\frac{\partial F}{\partial H}, & \frac{dl'}{dt} = -\frac{\partial F}{\partial \Lambda'}. \end{array} \right.$$

Si l'on suppose $\mu = 0$, ces équations donnent

$$\frac{d\Lambda}{dt} = \frac{d\Lambda'}{dt} = \frac{dH}{dt} = 0,$$
$$\frac{dh}{dt} = 0, \qquad \frac{dl}{dt} = -\frac{\partial F_0}{\partial \Lambda} = n, \qquad \frac{dl'}{dt} = -\frac{\partial F_0}{\partial \Lambda'} = n';$$

d'où, en désignant par Λ_0, Λ'_0, H_0, h_0, l_0 et l'_0 des constantes,

$$\Lambda = \Lambda_0, \quad \Lambda' = \Lambda'_0, \quad H = H_0, \quad h = h_0,$$
$$l = nt + l_0, \quad l' = n't + l'_0.$$

Donc, pour $\mu = 0$, si Λ_0 et Λ'_0 ont été choisis de manière que

$$nT = 2\nu\pi, \quad n'T = 2\nu'\pi;$$

d'où

$$\frac{n}{n'} = \frac{\nu}{\nu'},$$

où ν et ν' sont des entiers, les équations du mouvement admettront une solution périodique, de période T, quelles que soient d'ailleurs les constantes H_0, l_0, l'_0 et h_0.

Voici la question que nous posons :

Est-il possible de choisir les constantes H_0, l_0, l'_0 et h_0 de façon que, pour les petites valeurs de μ, les équations du mouvement admettent une solution périodique de période T, et qui soit telle que les valeurs initiales des six variables soient respectivement

$$\Lambda_0 + \beta_1, \quad \Lambda'_0 + \beta_2, \quad H_0 + \beta_3,$$
$$l_0 + \beta_4, \quad l'_0 + \beta_5, \quad h_0 + \beta_6,$$

les β_i étant des fonctions de μ s'annulant avec μ?

Remarquons pour cela que, la fonction F_1 étant périodique en l, l' et h, on peut écrire

$$F_1 = \Sigma A \cos(m_1 l + m_2 l' + m_3 h + \varkappa),$$

m_1, m_2 et m_3 étant des nombres entiers, et les quantités A et $\varkappa$ des fonctions de Λ, Λ' et de H. Remplaçons dans F_1 les six variables

$$\Lambda, \quad \Lambda', \quad H, \quad l, \quad l' \quad \text{et} \quad h$$

par

$$\Lambda_0, \quad \Lambda'_0, \quad H_0, \quad l_0 + nt, \quad l'_0 + n't, \quad h_0.$$

Il viendra

$$F_1 = \Sigma A \cos(Gt + G'),$$

en faisant

$$G = m_1 n + m_2 n', \qquad G' = m_1 l_0 + m_2 l'_0 + m_3 h_0 + \varkappa.$$

F_1 est une fonction périodique de t; soit R sa valeur moyenne, on aura

$$R = \Sigma A \cos G',$$

la sommation étant étendue à tous les termes tels que

$$(26) \qquad G = 0 \quad \text{ou bien} \quad m_1 n + m_2 n' = 0.$$

D'après les principes exposés précédemment par M. Poincaré (t. I, n° 46), on trouvera les valeurs cherchées de H_0, l_0, l'_0 et h_0, en les déterminant par la condition que la fonction R de ces quantités soit un maximum ou un minimum, c'est-à-dire, en résolvant le système

$$\frac{\partial R}{\partial H_0} = \frac{\partial R}{\partial l_0} = \frac{\partial R}{\partial l'_0} = \frac{\partial R}{\partial h_0} = 0.$$

On a d'ailleurs

$$\frac{\partial R}{\partial l_0} = -\Sigma A \sin G' \frac{\partial G'}{\partial l_0} = -\Sigma m_1 A \sin G',$$

$$\frac{\partial R}{\partial l'_0} = -\Sigma A \sin G' \frac{\partial G'}{\partial l'_0} = -\Sigma m_2 A \sin G',$$

d'où, en ayant égard à la condition (26),

$$n \frac{\partial R}{\partial l_0} + n' \frac{\partial R}{\partial l'_0} = -\Sigma G A \sin G' = 0.$$

On peut d'ailleurs choisir l'origine du temps de façon que $l_0 = 0$; donc $\frac{\partial R}{\partial l_0} = 0$; il reste ainsi seulement les trois équations

$$(27) \qquad \frac{\partial R}{\partial H_0} = \frac{\partial R}{\partial l'_0} = \frac{\partial R}{\partial h_0} = 0.$$

M. Poincaré établit ensuite que la fonction R a un maximum. Il trouve que l'on a

$$l'_0 = h_0 = 0,$$

et qu'il existe toujours au moins deux solutions de cette sorte. Ici, on arrive à des excentricités finies.

M. Poincaré cherche ensuite les solutions périodiques de la troisième sorte, dans lesquelles les inclinaisons ne sont pas nulles; on doit avoir encore $\frac{n}{n'} = \frac{\nu}{\nu'}$; il montre qu'il existe de telles solutions, et c'est encore par la considération du maximum ou du minimum de R qu'il y arrive; mais nous ne pouvons pas entrer dans les détails de la démonstration.

222. Application des solutions périodiques. — M. Poincaré fait remarquer, à ce point de vue, qu'il est infiniment peu probable que, dans aucune application pratique, les conditions initiales du mouvement se trouvent être précisément celles qui correspondent à une solution périodique. Cependant, il montre comment on peut prendre une solution périodique comme point de départ d'une série d'approximations successives, et étudier ainsi les solutions qui en diffèrent fort peu. Si l'on suppose que, dans le mouvement d'une planète, il se présente une inégalité considérable, il pourra se faire que le mouvement véritable de cette planète diffère fort peu de celui d'un astre idéal, dont l'orbite correspondrait à une solution périodique. Il arrivera alors souvent que l'inégalité dont on vient de parler aura sensiblement le même coefficient pour les deux astres; mais ce coefficient pourra se calculer beaucoup plus facilement pour l'astre idéal, dont le mouvement est plus simple, et l'orbite périodique.

La plus belle application qui ait été faite est celle de M. Hill pour le cas de la Lune; en supposant nulles les excentricités de la Lune et du Soleil, ainsi que les inclinaisons, on a une Lune idéale dont la longitude est affectée de l'inégalité connue sous le nom de *variation*. On a alors une orbite périodique de la première sorte.

On peut calculer ainsi avec une grande précision le coefficient de la variation et le mouvement du périgée, comme nous l'avons montré dans le Tome III, Chapitre XIV; on obtient ainsi, pour la Lune réelle, et avec une approximation presque indéfinie, les parties du coefficient de la variation et du mouvement du périgée, qui sont indépendantes des excentricités, de l'inclinaison de l'orbite de la Lune, et de sa parallaxe; et ces parties sont de beaucoup les plus considérables.

Voici un autre cas important : on a vu plus haut que les solutions périodiques de la première sorte cessent d'exister quand le rapport des moyens mouvements $\frac{n}{n'} = \frac{j+1}{j}$, j étant entier. Mais, si le rapport $\frac{n'}{n-n'}$, au lieu d'être égal à un entier j, en est très voisin, la solution périodique existe et présente alors une inégalité considérable. On conçoit donc que, si les conditions initiales véritables du mouvement diffèrent peu de celles qui correspondent à une telle solution périodique, cette grande inégalité existera encore, et que le coefficient en sera sensiblement le même. Or, tel paraît être le cas des satellites Titan et Hypérion, et, dans le Chapitre VII de ce Volume, j'ai calculé la solution périodique au lieu de la vraie. Toutefois, on conçoit que, comme on est voisin d'un point critique, il sera nécessaire de pousser assez loin le calcul de la solution périodique, en tenant compte des puissances successives de la masse de Titan.

Indiquons encore une dernière application :

L'Académie des Sciences de Copenhague avait mis au concours, pour 1892, une question concernant la recherche des solutions périodiques du problème des trois corps, dans le cas d'une masse infiniment petite C attirée par deux masses égales A et B; ces deux dernières sont supposées décrire un même cercle autour de leur centre de gravité O, situé au milieu de AB et regardé comme fixe; la petite masse C est supposée se mouvoir dans le plan de ce cercle. M. Carl Burrau, par des calculs numériques habilement conduits (*Astron. Nachr.*, n°s 3230, 3251), a trouvé une classe de solutions périodiques, quand le point C est placé d'abord près du point de Lagrange, sur le prolongement de AB, et qu'il est animé d'une vitesse convenable; s'il était placé au point de Lagrange lui-même, dans des conditions déterminées, il n'en bougerait pas, et la trajectoire relative, par rapport à deux axes rectangulaires $O\zeta$ et $O\eta$, dont le premier coïncide avec AB, serait un point; pour des conditions voisines des précédentes, cette trajectoire relative sera une petite courbe fermée. MM. Perchot et Mascart (*Bull. astron.*, t. XII, août 1895) ont étudié analytiquement ces solutions périodiques, d'après les méthodes de M. Poincaré, et leurs résultats viennent à l'appui des calculs de M. Burrau. Ce dernier astronome avait aussi considéré le cas où la position initiale de C forme un triangle équilatéral avec A et B, ce qui correspond au second cas de Lagrange, et il avait trouvé, par ses calculs, qu'il n'y a pas de solution périodique dans le voisinage; MM. Perchot et Mascart ont démontré qu'il en devait bien être ainsi. Il arrive, en effet, que les expressions des composantes du déplacement relatif du point C, ou de sa vitesse, contiennent toujours en facteur une exponentielle réelle, parce que les exposants caractéristiques sont de la forme $\alpha + \beta\sqrt{-1}$; tandis que, dans l'autre cas, il en est bien de même pour deux des exposants, mais les deux autres sont de la forme $\beta\sqrt{-1}$; ξ, η, $\frac{d\zeta}{dt}$ et $\frac{d\eta}{dt}$ ont des expressions telles que

$$A_1 E^{\alpha_1 t} + A_2 E^{-\alpha_1 t} + A_3 \sin(\alpha_3 t + c);$$

si l'on s'arrange de manière à avoir $A_1 = A_2 = 0$, l'orbite est périodique. Nous avons déjà dit un mot de ce sujet (t. I, p. 157), à propos d'un Mémoire de Liouville.

Nous croyons devoir terminer ce Chapitre par la citation du passage suivant de l'Ouvrage de M. Poincaré (t. I, p. 156) :

« Les solutions périodiques dont il a été question jusqu'ici ne sont pas les seules dont il soit possible de démontrer l'existence. Ainsi le problème des trois corps comporte des solutions périodiques de la nature suivante : les deux petits corps décrivent autour du grand des orbites très peu différentes de deux ellipses képlériennes E et E'; à un certain moment, ces deux petits corps passent très près l'un de l'autre et exercent l'un sur l'autre des perturbations considérables; puis ils s'éloignent de nouveau et décrivent alors des orbites qui se rapprochent beaucoup de deux nouvelles ellipses képlériennes E_1 et E'_1, très différentes de E et E'. Les deux petits corps s'écartent très peu des ellipses E_1

et E'_1 jusqu'à ce qu'ils se retrouvent encore une fois très près l'un de l'autre. Ainsi le mouvement est presque képlérien, sauf à certains moments où la distance des deux corps devient très petite et où il se produit des perturbations considérables, mais de très courte durée. Il peut arriver que ces sortes de collisions se reproduisent périodiquement et de telle sorte qu'au bout d'un certain temps les deux corps se retrouvent sur les ellipses E et E'. La solution est alors périodique. Je reviendrai plus tard sur cette sorte de solutions périodiques, qui diffèrent complètement de celles que nous avons étudiées dans ce Chapitre. »

Il est bien à désirer que M. Poincaré développe cette nouvelle espèce de solutions périodiques, qui trouverait peut-être son application dans l'étude des transformations que fait subir Jupiter aux orbites des comètes périodiques. Dans ce cas, la masse de l'un des corps (de la comète) devrait être supposée nulle.

Nous bornerons là ce que nous voulions dire de l'Ouvrage si remarquable de M. Poincaré; il abonde en résultats féconds, et, dans les conditions, quelquefois plus simples que celles de la pratique, où s'est placé l'auteur, la rigueur des démonstrations ne laisse rien à désirer.

CHAPITRE XXVIII.

VITESSE DE PROPAGATION DE L'ATTRACTION.

223. **Sur la propagation de l'attraction.** — On ne sait rien à ce sujet, et force est de recourir aux hypothèses. Laplace considère le mouvement relatif d'une planète P par rapport au Soleil S; il dit que, si l'attraction est produite par l'impulsion d'un fluide sur le centre du corps attiré, et si V désigne la vitesse de propagation de cette impulsion, on peut appliquer à l'ensemble du fluide et de la planète une vitesse v égale et contraire à celle de la planète; cette dernière se trouvera ainsi réduite au repos. Si donc on porte sur la direction PS une longueur $PA = V$, et sur la tangente à l'orbite en P, mais en sens contraire du mouvement, une longueur $PB = v$, la diagonale PC du parallélogramme construit sur PA et PB représentera la direction apparente de l'attraction.

Soit σ l'angle CPA, et η l'angle BPA, on aura

$$\frac{\sin\sigma}{\sin(\eta-\sigma)} = \frac{v}{V},$$

ou plus simplement

$$\sin\sigma = \frac{v}{V}\sin\eta.$$

Ce qui précède est analogue à ce que l'on fait pour l'aberration de la lumière. Laplace considère ensuite l'attraction PC' dirigée suivant PC, et la décompose en deux autres PA' et PB' dirigées suivant PS et PB. On peut prendre

$$PA' = PC' = \frac{fm(m_0+m)}{r^2},$$

à cause de la petitesse de l'angle σ; on aura ensuite

$$PB' = \frac{fm(m+m_0)}{r^2}\frac{v}{V}.$$

On voit donc que les choses se passeront comme si la planète éprouvait une résistance proportionnelle à la simple vitesse, de la part d'un milieu dont la densité serait inversement proportionnelle au carré de la distance au Soleil. Cette question a été examinée dans le Chapitre XIII de ce Volume; mais il convient de la reprendre directement. Soient R et S les composantes de la force perturbatrice, suivant le rayon vecteur et la perpendiculaire au rayon vecteur; on trouve

$$R = 0, \qquad S = -\frac{k^2}{r^2}\frac{v}{V}\sin\eta.$$

La formule

$$\frac{da}{dt} = \frac{2a^2}{k\sqrt{p}}\left(Re\sin w + S\frac{p}{r}\right)$$

donnera, en négligeant l'excentricité, et faisant $r = p = a$, $\eta = 90°$,

$$\frac{da}{dt} = -\frac{2k}{\sqrt{a}}\frac{v}{V}.$$

On en conclut

$$\frac{dn}{dt} = \frac{3kn}{a^{\frac{3}{2}}}\frac{v}{V} = 3n^2\frac{v}{V},$$

$$\delta n = 3\frac{v}{V}n^2 t, \quad \delta l = \int \delta n\, dt = \frac{3}{2}\frac{v}{V}(nt)^2;$$

la longitude contiendrait donc un terme proportionnel au carré du temps. Supposons V égal à la vitesse de la lumière, v_1, et calculons δl dans le cas de la Terre; nous aurons $v_1 = 10000\, v$; au bout de i années,

$$\delta l = \frac{6\pi^2 i^2}{10000}\frac{1}{\sin 1''} = 1220'' \times i^2.$$

Ainsi, au bout d'un an, la longitude aurait une inégalité dépassant 20′; c'est impossible. On pourrait écrire qu'au bout d'un siècle l'inégalité de la longitude doit être inférieure à 2″, ce qui est peut-être ce que l'on peut conclure des observations. En faisant $i = 100$, il viendra

$$1220'' \times 100^2 \times \frac{v_1}{V} < 2'', \qquad V > 6100000\, v_1.$$

Ainsi, la vitesse de propagation de l'attraction devrait être au moins égale à six millions de fois celle de la lumière.

Dans le cas de la Lune et de la Terre, l'inégalité δl aurait pour valeur, au bout d'un siècle,

$$\frac{v_1}{V} \times 68000000'';$$

en écrivant que cette quantité est inférieure à 2″, on trouve que la vitesse V devrait être au moins égale à trente millions de fois la vitesse de la lumière.

Mais il faut reconnaître que cette conclusion relative à la vitesse énorme, et pour ainsi dire infinie, de la vitesse de l'attraction, n'est pas démontrée rigoureusement. La manière dont Laplace introduit la force perturbatrice considérée plus haut laisse à désirer. Il y a une double considération de vitesses et de forces, qui est beaucoup moins satisfaisante que quand il s'agit d'obtenir l'angle d'aberration.

224. M. Lehmann-Filhès (*Astron. Nachr.*, n° 2630; 1884) a cherché à tenir compte autrement de la vitesse de propagation de l'attraction. Nous allons présenter rapidement ses calculs. Soient, à l'époque t, ξ_0, η_0, ζ_0 les coordonnées rectangulaires du Soleil O, rapportées à des axes fixes; ξ, η, ζ les coordonnées d'une planète P; x, y, z ses coordonnées relatives par rapport au Soleil. On aura

$$\xi - \xi_0 = x, \qquad \eta - \eta_0 = y, \qquad \zeta - \zeta_0 = z,$$

$$\frac{d^2\xi}{dt^2} = -k^2\frac{\xi - \xi_0}{r^3}, \qquad \frac{d^2\xi_0}{dt^2} = k^2 m\frac{\xi - \xi_0}{r^3}.$$

L'auteur suppose que l'action que subit la planète à l'époque t est partie de la position S_0 qu'occupait le Soleil à l'époque $t - \frac{r}{V} = t - \lambda r$, en faisant $\lambda = \frac{1}{V}$. On aura donc, en désignant par $\xi_0^{(1)}$, $\eta_0^{(1)}$ et $\zeta_0^{(1)}$ les coordonnées de S_0,

$$\frac{d^2\xi}{dt^2} = -k^2\frac{\xi - \xi_0^{(1)}}{\left[(\xi - \xi_0^{(1)})^2 + (\eta - \eta_0^{(1)})^2 + (\zeta - \zeta_0^{(1)})^2\right]^{\frac{3}{2}}};$$

or,

$$\xi_0^{(1)} = \xi_0 - \frac{r}{V}\frac{d\xi_0}{dt} = \xi_0 - \lambda r\frac{d\xi_0}{dt}.$$

On aura donc

$$\frac{d^2\xi}{dt^2} = -k^2\frac{x + \lambda r\frac{d\xi_0}{dt}}{\left[\left(x + \lambda r\frac{d\xi_0}{dt}\right)^2 + \left(y + \lambda r\frac{d\eta_0}{dt}\right)^2 + \left(z + \lambda r\frac{d\zeta_0}{dt}\right)^2\right]^{\frac{3}{2}}};$$

d'où, en négligeant λ^2,

$$(1) \qquad \frac{d^2\xi}{dt^2} = -\frac{k^2 x}{r^3} - \frac{\lambda k^2}{r^2}\frac{d\xi_0}{dt} + \frac{3\lambda k^2 x}{r^4}\left(x\frac{d\xi_0}{dt} + y\frac{d\eta_0}{dt} + z\frac{d\zeta_0}{dt}\right).$$

Admettons de même que l'action que subit le Soleil soit partie de la planète à l'époque $t - \lambda r$. On aura

$$\frac{d^2\xi_0}{dt^2} = k^2 m\frac{\xi^{(1)} - \xi_0}{\left[(\xi^{(1)} - \xi_0)^2 + (\eta^{(1)} - \eta_0)^2 + (\zeta^{(1)} - \zeta_0)^2\right]^{\frac{3}{2}}};$$

or,

$$\xi^{(1)} = \xi - \frac{r}{V}\frac{d\xi}{dt};$$

si l'on néglige λm, on peut prendre

$$(2) \qquad \frac{d^2\xi_0}{dt^2} = k^2 m \frac{x}{r^3}.$$

On conclut des équations (1) et (2)

$$(3) \qquad \begin{cases} \dfrac{d^2x}{dt^2} + k^2(1+m)\dfrac{x}{r^3} = X, \\ \dfrac{d^2y}{dt^2} + k^2(1+m)\dfrac{y}{r^3} = Y, \\ \dfrac{d^2z}{dt^2} + k^2(1+m)\dfrac{z}{r^3} = Z, \end{cases}$$

où l'on a posé

$$(4) \qquad \begin{cases} X = -\dfrac{\lambda k^2}{r^2}\alpha + \dfrac{3\lambda k^2 x}{r^4}(\alpha x + \beta y + \gamma z), \\ Y = -\dfrac{\lambda k^2}{r^2}\beta + \dfrac{3\lambda k^2 y}{r^4}(\alpha x + \beta y + \gamma z), \\ Z = -\dfrac{\lambda k^2}{r^2}\gamma + \dfrac{3\lambda k^2 z}{r^4}(\alpha x + \beta y + \gamma z), \\ \alpha = \dfrac{d\xi_0}{dt}, \qquad \beta = \dfrac{d\eta_0}{dt}, \qquad \gamma = \dfrac{d\zeta_0}{dt}. \end{cases}$$

Ces composantes X, Y, Z n'admettent pas de potentiel, comme on s'en assure aisément. Il faut calculer les composantes R, S et W de la force perturbatrice suivant les axes mobiles. On a, en désignant par L la longitude dans l'orbite,

$$\frac{x}{r} = \cos\theta\cos(L-\theta) - \sin\theta\sin(L-\theta)\cos\varphi,$$

$$\frac{y}{r} = \sin\theta\cos(L-\theta) + \cos\theta\sin(L-\theta)\cos\varphi,$$

$$\frac{z}{r} = \sin(L-\theta)\sin\varphi,$$

$$R = X\frac{x}{r} + Y\frac{y}{r} + Z\frac{z}{r},$$

$$S = X\frac{\partial\frac{x}{r}}{\partial L} + Y\frac{\partial\frac{y}{r}}{\partial L} + Z\frac{\partial\frac{z}{r}}{\partial L},$$

$$W = X\sin\theta\sin\varphi - Y\cos\theta\sin\varphi + Z\cos\varphi.$$

On en déduit aisément

$$(5)\quad \begin{cases} R = \dfrac{2\lambda k^2}{r^3}(\alpha x + \beta y + \gamma z), \\ S = -\dfrac{\lambda k^2}{r^2}\dfrac{\partial}{\partial L}\left(\alpha\dfrac{x}{r} + \beta\dfrac{y}{r} + \gamma\dfrac{z}{r}\right), \\ W = -\dfrac{\lambda k^2}{r^2}(\alpha\sin\theta\sin\varphi - \beta\cos\theta\sin\varphi + \gamma\cos\varphi). \end{cases}$$

M. Lehmann-Filhès, dans l'ignorance où l'on se trouve du mouvement *absolu* du Soleil, prend pour α, β et γ les composantes (d'ailleurs encore assez mal connues) de la vitesse de translation du Soleil par rapport aux étoiles.

On ne peut s'empêcher de remarquer que, tandis que Laplace tient compte seulement du mouvement relatif de la planète par rapport au Soleil, M. Lehmann-Filhès fait intervenir seulement le mouvement de translation du Soleil, à tel point que, si l'on suppose $\alpha = \beta = \gamma = 0$, les équations (3) sont les équations différentielles du mouvement elliptique.

Calculons δa et δn, en supposant $\varphi = 0$; nous aurons

$$\frac{x}{r} = \cos L, \qquad \frac{y}{r} = \sin L, \qquad \frac{z}{r} = 0, \qquad L = w + \varpi.$$

Négligeons e^2, il viendra

$$\frac{da}{dt} = \frac{2}{n}[R e \sin w + S(1 + e\cos w)],$$

$$R = \frac{2\lambda k^2}{r^2}(\alpha\cos L + \beta\sin L),$$

$$S = \frac{\lambda k^2}{r^2}(\alpha\sin L - \beta\cos L);$$

$$\frac{da}{dt} = \frac{2}{n}\frac{\lambda k^2}{r^2}(\alpha\sin L - \beta\cos L)$$
$$+ \frac{2e}{n}\frac{\lambda k^2}{a^2}[2\sin w(\alpha\cos L + \beta\sin L) + \cos w(\alpha\sin L - \beta\cos L)];$$

$$\frac{da}{dt} = \frac{2\lambda k^2}{na^2}(1 + 2e\cos w)(\alpha\sin L - \beta\cos L)$$
$$+ \frac{2e}{na^2}\lambda k^2[2\sin w(\alpha\cos L + \beta\sin L) + \cos w(\alpha\sin L - \beta\cos L)].$$

Cherchons seulement la partie séculaire, et tenons compte de la relation

$$L = w + \varpi;$$

nous trouverons

$$\frac{da}{dt} = \frac{\lambda k^2}{na^2} e(\alpha \sin\varpi - \beta \cos\varpi).$$

Soit

$$\alpha \sin\varpi - \beta \cos\varpi = v_0 \sin H;$$

v_0 sera la projection de la vitesse du Soleil sur le plan de l'orbite de la planète, H l'angle que fait cette projection avec la direction du périhélie de la planète :

$$\frac{da}{dt} = \quad nae \frac{v_0}{V} \sin H,$$

$$\frac{dn}{dt} = -\frac{3}{2} n^2 e \frac{v_0}{V} \sin H,$$

$$\delta n = -\frac{3}{2} n^2 e t \frac{v_0}{V} \sin H,$$

$$\delta l = \int \delta n\, dt = -\frac{3}{4} e n^2 t^2 \frac{v_0}{V} \sin H.$$

L'inégalité est de l'ordre de celle à laquelle conduit la méthode de Laplace, cette dernière étant multipliée par e, car v_0 est de l'ordre de v, dans le cas de la Terre. On serait donc encore conduit à une vitesse de l'attraction beaucoup plus grande que celle de la lumière, bien que moins forte, à cause du facteur e.

Nous citerons encore un Mémoire de M. v. Hepperger (*Sitzungsberichte* de Vienne, 1888), fondé sur les mêmes principes que celui de M. Lehmann-Filhès, mais dans lequel l'auteur a tenu compte d'un certain nombre de termes complémentaires.

225. **Loi d'attraction conforme à la loi électrodynamique de Weber.** — Nous passons maintenant à un ordre d'idées entièrement différent, concernant les phénomènes électrodynamiques. Gauss avait cherché une formule faisant connaître l'attraction mutuelle de deux éléments de courants, quand on suppose que ces éléments, au lieu d'être en repos, sont animés d'un mouvement relatif connu. Il avait obtenu, dans ce but, une formule qui n'a été publiée qu'après sa mort, et sur laquelle nous donnons plus loin quelques indications. Weber, de son côté, en a proposé une autre qui est bien connue ; l'action mutuelle de deux éléments serait dirigée suivant la droite qui les joint, et son intensité serait représentée, à un facteur constant près, par l'expression

$$(6) \qquad \mathfrak{R} = \frac{1}{r^2}\left(1 - \frac{1}{c^2}\frac{dr^2}{dt^2} + \frac{2}{c^2} r \frac{d^2 r}{dt^2}\right) = \frac{1}{r^2} + \frac{4}{c^2}\frac{1}{\sqrt{r}}\frac{d^2\sqrt{r}}{dt^2};$$

le terme $\frac{1}{r^2}$ de cette formule représente l'effet statique, et les autres tiennent compte de l'effet dynamique; c est une vitesse qu'il faudra déterminer par les observations. Si l'on suppose que les deux éléments de courant soient animés d'un mouvement relatif uniforme, suivant la direction de la droite qui les joint, et si cette vitesse $\frac{dr}{dt}$ est égale à c, l'effet dynamique détruira l'effet statique, et la formule précédente donnera $\mathfrak{R} = 0$; cela peut être considéré comme une définition de c. La formule (6) embrasse à la fois les phénomènes d'électricité statique qui sont régis par la loi de Coulomb et les phénomènes électrodynamiques qui sont compris dans la loi d'Ampère. Il ne semble pas que la formule (6) ait été démontrée; on s'est borné à vérifier quelques-unes de ses conséquences.

Zöllner a été conduit à penser que la loi de Weber pouvait être employée, non seulement en Électrodynamique, mais encore en Astronomie; ses idées sur ce sujet ont été exposées ensuite dans l'Ouvrage intitulé : *Principien einer electrodynamischen Theorie der Materie*, Leipzig, 1876. S'il en était ainsi, deux éléments de masses m et m', séparés par la distance r, exerceraient l'un sur l'autre une attraction qui, au lieu d'être représentée par la loi de Newton $\frac{fmm'}{r^2}$, serait donnée par la formule de Weber,

$$(7) \qquad \mathfrak{R} = \frac{fmm'}{r^2}\left(1 - \frac{1}{c^2}\frac{dr^2}{dt^2} + \frac{2}{c^2}r\frac{d^2r}{dt^2}\right).$$

La question se posait, dès lors, de savoir quelles perturbations apporterait dans les mouvements des planètes l'introduction de la loi de Weber. On peut se borner à considérer une planète et le Soleil; les équations différentielles du mouvement sont alors

$$(8) \qquad \left\{\begin{aligned} \frac{d^2x}{dt^2} &= -\frac{k^2x}{r^3}\left(1 - \frac{1}{c^2}\frac{dr^2}{dt^2} + \frac{2}{c^2}r\frac{d^2r}{dt^2}\right),\\ \frac{d^2y}{dt^2} &= -\frac{k^2y}{r^3}\left(1 - \frac{1}{c^2}\frac{dr^2}{dt^2} + \frac{2}{c^2}r\frac{d^2r}{dt^2}\right),\\ \frac{d^2z}{dt^2} &= -\frac{k^2z}{r^3}\left(1 - \frac{1}{c^2}\frac{dr^2}{dt^2} + \frac{2}{c^2}r\frac{d^2r}{dt^2}\right).\end{aligned}\right.$$

Dans une thèse soutenue à Göttingue, en 1864, M. Seegers a montré que l'on pouvait intégrer rigoureusement les équations (8) à l'aide des fonctions elliptiques, mais son travail est purement analytique et l'on ne voit pas bien les modifications cherchées. M. J. Bertrand ayant bien voulu attirer mon attention sur ce sujet, j'ai considéré les équations (8) comme étant celles d'un mouvement elliptique troublé par une force dont les composantes seraient

$$\frac{k^2x}{c^2r^3}\left(\frac{dr^2}{dt^2} - 2r\frac{d^2r}{dt^2}\right), \qquad \frac{k^2y}{c^2r^3}\left(\frac{dr^2}{dt^2} - 2r\frac{d^2r}{dt^2}\right), \qquad \frac{k^2z}{c^2r^3}\left(\frac{dr^2}{dt^2} - 2r\frac{d^2r}{dt^2}\right).$$

J'ai employé la méthode de la variation des constantes arbitraires; les résultats de mes calculs ont été présentés à l'Académie des Sciences (*Comptes rendus*, 30 septembre 1872). Mais il me semble préférable ici de les conclure de l'intégration rigoureuse des équations (8).

226. **Intégration rigoureuse des équations** (8). — Ces équations admettent les intégrales des aires; donc l'orbite est plane. Prenons son plan pour plan des xy; nous pourrons nous borner aux deux premières équations (8). Nous en déduirons sans peine

(9) $$x\frac{dy}{dt} - y\frac{dx}{dt} = k\sqrt{p},$$

$$\frac{d}{dt}\frac{dx^2+dy^2}{dt^2} = -\frac{2k^2}{r^2}\frac{dr}{dt}\left(1 - \frac{1}{c^2}\frac{dr^2}{dt^2} + \frac{2}{c^2}r\frac{d^2r}{dt^2}\right) = 2k^2\frac{d}{dt}\left(\frac{1}{r} - \frac{1}{c^2r}\frac{dr^2}{dt^2}\right),$$

(10) $$\frac{dx^2+dy^2}{dt^2} = k^2\left(\frac{2}{r} - \frac{2}{c^2r}\frac{dr^2}{dt^2} - \frac{1}{a}\right),$$

a et p désignant des constantes arbitraires. Nous mettrons p sous la forme

$$p = a(1-e^2).$$

En introduisant les coordonnées polaires r et θ, les équations (9) et (10) deviennent

$$r^2\frac{d\theta}{dt} = k\sqrt{p},$$

$$\frac{dr^2+r^2\,d\theta^2}{dt^2} = k^2\left(\frac{2}{r} - \frac{1}{a} - \frac{2}{c^2r}\frac{dr^2}{dt^2}\right).$$

On en conclut

(11) $$k\,dt = \frac{\sqrt{1+\dfrac{2k^2}{c^2r}}}{\sqrt{\dfrac{2}{r} - \dfrac{1}{a} - \dfrac{a(1-e^2)}{r^2}}}\,dr,$$

$$d\theta = \frac{\sqrt{p}\sqrt{1+\dfrac{2k^2}{c^2r}}}{\sqrt{\dfrac{2}{r} - \dfrac{1}{a} - \dfrac{a(1-e^2)}{r^2}}}\,d\frac{1}{r}.$$

Soit posé

$$r' = a(1-e), \qquad r'' = a(1+e);$$

on aura

(12) $$d\theta = \frac{\sqrt{1+\dfrac{2k^2}{c^2}\dfrac{1}{r}}}{\sqrt{\left(\dfrac{1}{r} - \dfrac{1}{r''}\right)\left(\dfrac{1}{r'} - \dfrac{1}{r}\right)}}\,d\frac{1}{r}.$$

On voit que les limites $a(1-e)$ et $a(1+e)$, entre lesquelles varie r, restent les mêmes que dans le mouvement elliptique. Mais le périhélie ne reste plus immobile. Soit, en effet, Θ l'angle décrit par le rayon vecteur quand il passe de la valeur r' à la valeur maxima r'' qui la suit immédiatement.

Nous aurons

$$\Theta = \int_{r'}^{r''} \frac{\sqrt{1+\frac{2k^2}{c^2 r}}}{\sqrt{\left(\frac{1}{r'}-\frac{1}{r}\right)\left(\frac{1}{r}-\frac{1}{r''}\right)}} \frac{dr}{r^2}.$$

Posons

$$\frac{1}{r} = \frac{1}{r'}\cos^2\varphi + \frac{1}{r''}\sin^2\varphi,$$

et nous trouverons

$$\Theta = 2\int_0^{\frac{\pi}{2}} \sqrt{1+\frac{2k^2}{c^2}\left(\frac{1}{r'}\cos^2\varphi + \frac{1}{r''}\sin^2\varphi\right)}\, d\varphi.$$

La quantité $\frac{k^2}{c^2 a}$ est très petite vis-à-vis de l'unité; on peut négliger son carré, et il vient

$$\Theta = 2\int_0^{\frac{\pi}{2}} \left[1+\frac{k^2}{c^2}\left(\frac{1}{r'}\cos^2\varphi + \frac{1}{r''}\sin^2\varphi\right)\right] d\varphi,$$

$$\Theta = \pi\left[1+\frac{k^2}{2c^2}\left(\frac{1}{r'}+\frac{1}{r''}\right)\right];$$

$$\Theta = \pi\left[1+\frac{k^2}{c^2 a(1-e^2)}\right].$$

Donc, quand la planète a fait un tour, le périhélie s'est déplacé dans le sens direct de $\frac{2\pi k^2}{c^2 a(1-e^2)}$. En général, au bout du temps t, on a

$$\delta\varpi = \frac{k^2}{c^2 a(1-e^2)}\, nt. \tag{13}$$

Il est aisé de voir, en se reportant aux formules (11) et (12), que la longitude moyenne de l'époque contiendra aussi un terme en nt; mais on sait qu'il n'y a pas à se préoccuper de ce terme; enfin il y aura des inégalités périodiques, mais elles sont insensibles. L'inégalité séculaire (13) n'arrivera à produire un effet sensible qu'en raison du facteur t qui croît sans cesse.

Mercure est la planète pour laquelle, en un temps donné, $\delta\varpi$ sera le plus sensible, et cela en raison du facteur

$$\frac{n}{a} = \frac{k}{a^2\sqrt{a}},$$

qui sera d'autant plus grand que la planète sera supposée plus voisine du Soleil. Soit v_0 la vitesse de la Terre dans son orbite, en négligeant son excentricité; on aura $v_0^2 = \frac{k^2}{a_0}$, et la formule (13) pourra s'écrire

$$\delta\varpi = \left(\frac{v_0}{c}\right)^2 \frac{a_0}{a(1-e^2)} nt. \tag{14}$$

Proposons-nous de calculer $\delta\varpi$ pour Mercure, au bout d'un siècle. Dans cet intervalle de temps, le moyen mouvement de la planète est

$$nt = 538\,107\,000'';$$

d'ailleurs

$$\frac{a}{a_0} = 0,387; \qquad e = 0,206;$$

d'où

$$\log\left[\frac{a_0}{a(1-e^2)} nt\right] = 9,16199.$$

On peut prendre $v_0 = 30^{\text{km}},0$. D'autre part, Weber a trouvé par ses expériences électrodynamiques (*voir* Zöllner, *loc. cit.*, p. 112), $c = 439\,450^{\text{km}}$. En admettant que c ait la même valeur dans le cas de l'attraction du Soleil, on trouve

$$\log\left(\frac{v_0}{c}\right)^2 = \bar{9},668\,42.$$

Il en résulte

$$\delta\varpi = 6'',77.$$

Ainsi, en un siècle, en vertu de la loi de Weber, le périhélie de Mercure tournerait dans le sens direct de 6",77; cette quantité est appréciable à cause de la grande excentricité de l'orbite de Mercure. En un siècle, le périhélie de Vénus se déplacerait seulement de 1",36, ce qui produirait un effet presque insensible, en vertu de la très petite excentricité de Vénus.

Concluons donc que la substitution de la loi de Weber à celle de Newton ne produirait aucun changement sensible dans les mouvements des planètes, si ce n'est un petit déplacement proportionnel au temps dans le périhélie de Mercure, à raison de 6",77, par siècle.

Si l'on supposait c égal à la vitesse de la lumière, $300\,000^{\text{km}}$, on trouverait, pour Mercure, et en un siècle, $\delta\varpi = 14'',52$. Si l'on demandait enfin quelle devrait être la valeur de c pour que, en un siècle, le périhélie de Mercure tourne de 38", on trouverait $c = 180\,000^{\text{km}}$, soit les $\frac{3}{5}$ de la vitesse de la lumière. Ces données numériques trouveront leur application dans le Chapitre suivant.

227. Loi de Riemann. — Riemann a proposé une autre loi électrodynamique (*voir* les Leçons de Riemann, *Schwere, Elektricität und Magnetismus*, publiées par Hattendorff). Mais, avant d'arriver à cette loi, il convient d'indiquer une extension de la notion du potentiel. Supposons que, dans les phénomènes électrodynamiques, le potentiel ait pour expression, non plus $\frac{k^2}{r}$, mais

$$k^2\left(\frac{1}{r}-\frac{D}{c^2}\right), \tag{15}$$

où D est une fonction de x, y, z et de $x' = \frac{dx}{dt}, y' = \frac{dy}{dt}, z' = \frac{dz}{dt}$; nous supposons D homogène et du second degré en x', y', z'. Soient X, Y, Z les composantes de la force; si l'on veut avoir encore l'équation du travail ou des forces vives,

$$\int (X\,dx + Y\,dy + Z\,dz) = \int (Xx' + Yy' + Zz')\,dt = k^2\left(\frac{1}{r}-\frac{D}{c^2}\right),$$

il faudra prendre (¹)

$$\left\{\begin{aligned} X &= -\frac{k^2 x}{r^3} + \frac{k^2}{c^2}\left[\frac{\partial D}{\partial x} - \frac{d}{dt}\left(\frac{\partial D}{\partial x'}\right)\right],\\ Y &= -\frac{k^2 y}{r^3} + \frac{k^2}{c^2}\left[\frac{\partial D}{\partial y} - \frac{d}{dt}\left(\frac{\partial D}{\partial y'}\right)\right],\\ Z &= -\frac{k^2 z}{r^3} + \frac{k^2}{c^2}\left[\frac{\partial D}{\partial z} - \frac{d}{dt}\left(\frac{\partial D}{\partial z'}\right)\right]. \end{aligned}\right. \tag{16}$$

Nous pouvons vérifier aisément ce théorème. On tire, en effet, des formules (16), en supposant $z = 0$, $Z = 0$, pour simplifier l'écriture,

$$\begin{aligned} Xx' + Yy' &= -k^2\frac{xx'+yy'}{r^3} + \frac{k^2}{c^2}\left[x'\frac{\partial D}{\partial x} + y'\frac{\partial D}{\partial y} - x'\frac{d}{dt}\left(\frac{\partial D}{\partial x'}\right) - y'\frac{d}{dt}\left(\frac{\partial D}{\partial y'}\right)\right]\\ &= k^2\frac{d\frac{1}{r}}{dt} + \frac{k^2}{c^2}\left[x'\frac{\partial D}{\partial x} + y'\frac{\partial D}{\partial y} + x''\frac{\partial D}{\partial x'} + y''\frac{\partial D}{\partial y'}\right.\\ &\qquad\left. - \frac{d}{dt}\left(x'\frac{\partial D}{\partial x'} + y'\frac{\partial D}{\partial y'}\right)\right]. \end{aligned}$$

Or on a

$$x'\frac{\partial D}{\partial x'} + y'\frac{\partial D}{\partial y'} = 2D,$$

$$x'\frac{\partial D}{\partial x} + y'\frac{\partial D}{\partial y} + x''\frac{\partial D}{\partial x'} + y''\frac{\partial D}{\partial y'} = \frac{dD}{dt};$$

(¹) *Voir* E. MATHIEU, *Réflexions sur les principes mathématiques de l'Électrodynamique* (*Annales de l'École Normale*, 2ᵉ série, t. IX).

il en résulte donc

$$Xx' + Yy' = k^2 \frac{d\frac{1}{r}}{dt} - \frac{k^2}{c^2}\frac{dD}{dt},$$

$$(17) \qquad \int (X\,dx + Y\,dy) = k^2\left(\frac{1}{r} - \frac{D}{c^2}\right) + \text{const.} \qquad \text{C. Q. F. D.}$$

On voit que, dans ce cas, on peut calculer le travail total entre deux époques quelconques, connaissant seulement les valeurs des coordonnées et des composantes de la vitesse à ces deux époques, sans qu'il soit nécessaire de connaître les valeurs intermédiaires. L'intégrale des forces vives s'appliquera encore.

Supposons, par exemple,

$$(18) \qquad D = \frac{r'^2}{r} = \frac{(xx' + yy')^2}{r^3}.$$

Il viendra, en appliquant les formules (16),

$$X = -\frac{k^2 x}{r^3} + \frac{k^2}{c^2}\left[\frac{3x}{r^3}r'^2 - \frac{2x}{r^3}(rr'' + r'^2)\right],$$

$$X = -\frac{k^2 x}{r^3}\left(1 - \frac{1}{c^2}r'^2 + \frac{2}{c^2}rr''\right);$$

c'est le second membre de la première des équations (8); on retrouve donc ainsi la loi de Weber.

Supposons, en second lieu,

$$(19) \qquad D = \frac{x'^2 + y'^2}{r}.$$

L'application des formules (16) donnera

$$(20) \qquad \begin{cases} X = -\dfrac{k^2 x}{r^3} - \dfrac{k^2}{c^2}\left[x\,\dfrac{x'^2 + y'^2}{r^3} + 2\,\dfrac{d}{dt}\left(\dfrac{x'}{r}\right)\right], \\ Y = -\dfrac{k^2 y}{r^3} - \dfrac{k^2}{c^2}\left[y\,\dfrac{x'^2 + y'^2}{r^3} + 2\,\dfrac{d}{dt}\left(\dfrac{y'}{r}\right)\right]. \end{cases}$$

Les formules (19) et (20) expriment la loi proposée par Riemann en Électrodynamique; l'attraction n'est pas dirigée suivant le rayon r. Supposons que la loi s'applique aussi aux attractions des corps célestes; les équations différentielles du mouvement d'une planète seront donc

$$\frac{d^2x}{dt^2} = -\frac{k^2 x}{r^3} - \frac{k^2}{c^2}\left[x\,\frac{x'^2 + y'^2}{r^3} + 2\,\frac{d}{dt}\left(\frac{x'}{r}\right)\right],$$

$$\frac{d^2y}{dt^2} = -\frac{k^2 y}{r^3} - \frac{k^2}{c^2}\left[y\,\frac{x'^2 + y'^2}{r^3} + 2\,\frac{d}{dt}\left(\frac{y'}{r}\right)\right].$$

Nous allons montrer que l'on peut intégrer rigoureusement ces équations. En effet, on en tire d'abord

$$x\frac{d^2y}{dt^2}-y\frac{d^2x}{dt^2}=-\frac{2k^2}{c^2}\left[\frac{1}{r}\left(x\frac{d^2y}{dt^2}-y\frac{d^2x}{dt^2}\right)+\left(x\frac{dy}{dt}-y\frac{dx}{dt}\right)\frac{d\frac{1}{r}}{dt}\right].$$

On peut intégrer et, en désignant par P une constante arbitraire, il vient

$$x\frac{dy}{dt}-y\frac{dx}{dt}=k\sqrt{\mathrm{P}}-\frac{2k^2}{c^2r}\left(x\frac{dy}{dt}-y\frac{dx}{dt}\right).$$

$$x\frac{dy}{dt}-y\frac{dx}{dt}=\frac{k\sqrt{\mathrm{P}}}{1+\frac{2k^2}{c^2r}}. \tag{21}$$

Les formules (17) et (19) donnent ensuite, en désignant par A une nouvelle constante arbitraire,

$$\frac{dx^2+dy^2}{dt^2}=\frac{2k^2}{r}-\frac{k^2}{\mathrm{A}}-\frac{2k^2}{c^2}\frac{x'^2+y'^2}{r},$$

$$\frac{dx^2+dy^2}{dt^2}\left(1+\frac{2k^2}{c^2r}\right)=k^2\left(\frac{2}{r}-\frac{1}{\mathrm{A}}\right). \tag{22}$$

Introduisons les coordonnées polaires dans les équations (21) et (22); nous trouverons

$$r^2\frac{d\theta}{dt}\left(1+\frac{2k^2}{c^2r}\right)=k\sqrt{\mathrm{P}},$$

$$\frac{dr^2+r^2\,d\theta^2}{dt^2}\left(1+\frac{2k^2}{c^2r}\right)=k^2\left(\frac{2}{r}-\frac{1}{\mathrm{A}}\right).$$

On en déduit

$$k\,dt=\left(1+\frac{2k^2}{c^2r}\right)\frac{dr}{\sqrt{\left(\frac{2}{r}-\frac{1}{\mathrm{A}}\right)\left(1+\frac{2k^2}{c^2r}\right)-\frac{\mathrm{P}}{r^2}}}, \tag{23}$$

$$d\theta=\frac{\sqrt{\mathrm{P}}}{r^2}\frac{dr}{\sqrt{\left(\frac{2}{r}-\frac{1}{\mathrm{A}}\right)\left(1+\frac{2k^2}{c^2r}\right)-\frac{\mathrm{P}}{r^2}}}; \tag{24}$$

on est ainsi ramené aux quadratures. Égalons à zéro la quantité placée sous le radical; nous aurons

$$\left(\mathrm{P}-\frac{4k^2}{c^2}\right)\left(\frac{1}{r}\right)^2-\frac{2}{r}\left(1-\frac{k^2}{c^2\mathrm{A}}\right)+\frac{1}{\mathrm{A}}=0.$$

Cette équation a ses racines réelles lorsque $c=\infty$; elle les aura encore si nous supposons c très grand. Représentons les deux racines par

$$\rho'=\frac{1}{a(1+e)},\qquad \rho''=\frac{1}{a(1-e)};$$

nous aurons

$$2\,\frac{1-\dfrac{k^2}{c^2 A}}{P-\dfrac{4k^2}{c^2}} = \frac{2}{a(1-e^2)},$$

$$\frac{1}{A\left(P-\dfrac{4k^2}{c^2}\right)} = \frac{1}{a^2(1-e^2)}.$$

On en tire

(25) $$A = a + \frac{k^2}{c^2}, \qquad P = \frac{a(1-e^2)}{1+\dfrac{k^2}{c^2 a}} + \frac{4k^2}{c^2};$$

r variera entre les limites $a(1-e)$ et $a(1+e)$. Si l'on pose $\frac{1}{r} = \rho$, l'équation (24) donne

$$\frac{d\theta}{\sqrt{1+\dfrac{4k^2}{c^2 a(1-e^2)}\left(1+\dfrac{k^2}{c^2 a}\right)}} = \frac{d\rho}{\sqrt{(\rho-\rho')(\rho''-\rho)}}.$$

On fait

$$\rho = \rho' \sin^2\varphi + \rho'' \cos^2\varphi, \qquad \sigma = \frac{4k^2}{c^2 a(1-e^2)}\left(1+\frac{k^2}{c^2 a}\right),$$

et il vient

$$\frac{d\theta}{\sqrt{1+\sigma}} = 2\,d\varphi, \qquad 2\varphi = \frac{\theta-\theta_0}{\sqrt{1+\sigma}},$$

θ_0 désignant une constante arbitraire. On a ensuite

$$2\rho = \rho'' + \rho' + (\rho''-\rho')\cos 2\varphi,$$

(26) $$r = \frac{a(1-e^2)}{1+e\cos\dfrac{\theta-\theta_0}{\sqrt{1+\sigma}}}.$$

Au bout d'une révolution, φ augmente de π, et θ de $2\pi\sqrt{1+\sigma}$.

On a

$$\delta\varpi = 2\pi\left(\sqrt{1+\sigma}-1\right) = 2\pi\left(\frac{\sigma}{2}+\ldots\right).$$

On peut donc prendre, au bout du temps t,

$$\delta\varpi = \frac{\sigma}{2}\,nt,$$

ou bien

(27) $$\delta\varpi = \frac{2k^2}{c^2 a(1-e^2)}\,nt.$$

On voit, par comparaison avec la formule (13), que, *si c a la même valeur* que dans la loi de Weber, la loi de Riemann a pour effet de faire tourner le périhélie deux fois plus vite. Le périhélie de Mercure tournerait de 13″,30 en un siècle, avec la valeur de c trouvée par Weber, et de 28″,44 en supposant c égal à la vitesse de la lumière. Il suffirait de prendre $c = 250000^{\text{km}}$, pour avoir, au bout d'un siècle, $\delta\varpi = 38''$.

C'est M. Maurice Lévy qui a considéré d'abord (*Comptes rendus*, t. CX, p. 545) la loi de Riemann, et a calculé le $\delta\varpi$ correspondant par la méthode de la variation des constantes arbitraires. Il a fait remarquer aussi que l'on peut faire une combinaison linéaire des valeurs de D qui correspondent aux lois de Weber et de Riemann, et prendre, en désignant par $\varkappa$ une constante,

$$D = \varkappa \frac{(xx' + yy')^2}{r^3} + (1 - \varkappa) \frac{x'^2 + y'^2}{r}.$$

Pour $\varkappa = 1$, on a la loi de Weber, et celle de Riemann pour $\varkappa = 0$. La valeur de $\delta\varpi$ sera la somme de celles qui correspondent aux deux parties de D; on aura donc

$$\delta\varpi = \left[\varkappa \frac{k^2}{c^2 a(1 - e^2)} + (1 - \varkappa) \frac{2k^2}{c^2 a(1 - e^2)}\right] nt,$$

(28) $$\delta\varpi = (2 - \varkappa) \frac{k^2}{c^2 a(1 - e^2)} nt.$$

La valeur $\varkappa = -\frac{2}{3}$ donnerait $\delta\varpi = 38''$ au bout d'un siècle.

228. **Loi de Gauss** (¹). — Cette loi, à laquelle nous avons fait allusion plus haut, donne pour la force qui s'exerce entre deux particules en mouvement, et suivant leur distance,

$$\frac{k^2}{r^2}\left[1 + \frac{1}{c^2}\left(2u^2 - 3\frac{dr^2}{dt^2}\right)\right],$$

u désignant la vitesse relative. J'ai montré (*Comptes rendus*, t. CX, p. 313) que, si on l'applique à l'Astronomie, il en résulte

$$\delta\varpi = \frac{2k^2}{c^2 a(1 - e^2)} nt;$$

c'est la même valeur qu'avec la loi de Riemann. Mais la loi de Gauss ne correspond pas à un potentiel, et l'on a fait des objections contre son introduction dans la Physique mathématique.

(¹) *Voir* les *Leçons sur la Théorie mathématique de l'électricité*, par M. J. Bertrand, p. 183.

Dans ma dernière Communication, citée quelques lignes plus haut, j'avais rappelé mon travail de 1872 et donné la formule

$$\delta\varpi = \frac{k^2}{c^2 a}\left(1 + \frac{3}{2}e^2 + \ldots\right) nt,$$

relative à la loi de Weber. M. Harzer, directeur de l'observatoire de Gotha, qui avait intégré rigoureusement les équations du mouvement et avait obtenu

$$\delta\varpi = \frac{k^2}{c^2 a(1-e^2)}\, nt,$$

a fait remarquer que j'avais dû commettre une petite erreur en écrivant $1 + \frac{3}{2}e^2$; j'aurais dû trouver $1 + e^2 + \ldots$. Il avait raison, et l'erreur provenait de ce que j'avais remplacé la formule

$$\frac{d\varpi}{dt} = \frac{\sqrt{1-e^2}}{na^2 e}\frac{\partial R}{\partial e}$$

par la suivante, qui est incorrecte quand on veut conserver les termes en e^2,

$$\frac{d\varpi}{dt} = \frac{1}{na^2 e}\frac{\partial R}{\partial e};$$

il en résulte que j'aurais dû trouver

$$1 + \frac{3}{2}e^2 - \frac{1}{2}e^2 = 1 + e^2.$$

229. **Loi de Clausius.** — Clausius a proposé une loi qui assigne à la force appliquée à un élément M et provenant de l'action d'un élément M' les composantes suivantes [1] :

$$X = k^2 \frac{\partial \frac{1}{r}}{\partial \xi}\left[1 - \sigma\left(\frac{d\xi}{dt}\frac{d\xi'}{dt} + \frac{d\eta}{dt}\frac{d\eta'}{dt} + \frac{d\zeta}{dt}\frac{d\zeta'}{dt}\right)\right] + k^2\sigma\frac{d}{dt}\left(\frac{1}{r}\frac{d\xi'}{dt}\right),$$

$$Y = k^2 \frac{\partial \frac{1}{r}}{\partial \eta}\left[1 - \sigma\left(\frac{d\xi}{dt}\frac{d\xi'}{dt} + \frac{d\eta}{dt}\frac{d\eta'}{dt} + \frac{d\zeta}{dt}\frac{d\zeta'}{dt}\right)\right] + k^2\sigma\frac{d}{dt}\left(\frac{1}{r}\frac{d\eta'}{dt}\right),$$

$$Z = k^2 \frac{\partial \frac{1}{r}}{\partial \zeta}\left[1 - \sigma\left(\frac{d\xi}{dt}\frac{d\xi'}{dt} + \frac{d\eta}{dt}\frac{d\eta'}{dt} + \frac{d\zeta}{dt}\frac{d\zeta'}{dt}\right)\right] + k^2\sigma\frac{d}{dt}\left(\frac{1}{r}\frac{d\zeta'}{dt}\right);$$

[1] *Voir* un Mémoire de Clausius, *Sur la déduction d'un nouveau principe d'Électrodynamique* [*Journal de Mathématiques pures et appliquées*, 3e série, t. IV, p. 116, formule (82)].

$\xi, \eta, \zeta, \xi', \eta', \zeta'$ désignent les coordonnées des deux éléments, rapportées à des axes fixes, r leur distance,

$$r^2 = (\xi - \xi')^2 + (\eta - \eta')^2 + (\zeta - \zeta')^2.$$

Appliquons cette loi à la détermination du mouvement d'une planète autour du Soleil; soient x, y, z les coordonnées relatives de la planète par rapport au Soleil, ξ', η', ζ' les coordonnées *absolues* du Soleil. On aura

$$\xi = \xi' + x, \qquad \eta = \eta' + y, \qquad \zeta = \zeta' + z;$$

nous supposerons que le mouvement du Soleil est rectiligne et uniforme, et nous poserons

$$\frac{dx'}{dt} = \alpha, \qquad \frac{dy'}{dt} = \beta, \qquad \frac{dz'}{dt} = \gamma.$$

Il viendra

$$X = -\frac{k^2 x}{r^3}\left\{1 - \sigma\left[\alpha\left(\frac{dx}{dt} + \alpha\right) + \beta\left(\frac{dy}{dt} + \beta\right) + \gamma\left(\frac{dz}{dt} + \gamma\right)\right]\right\} - \sigma k^2 \frac{\alpha}{r^2}\frac{dr}{dt},$$

$$X = -\frac{k^2 x}{r^3}[1 - \sigma(\alpha^2 + \beta^2 + \gamma^2)]$$
$$+ \frac{\sigma k^2 x}{r^3}\left(\alpha\frac{dx}{dt} + \beta\frac{dy}{dt} + \gamma\frac{dz}{dt}\right) - \frac{\sigma k^2 \alpha}{r^3}\left(x\frac{dx}{dt} + y\frac{dy}{dt} + z\frac{dz}{dt}\right).$$

En modifiant k^2 et négligeant σ^2, on peut écrire ainsi les équations différentielles du mouvement de la planète,

$$\frac{d^2x}{dt^2} + \frac{k^2 x}{r^3} = \frac{\sigma k^2 x}{r^3}\left(\alpha\frac{dx}{dt} + \beta\frac{dy}{dt} + \gamma\frac{dz}{dt}\right) - \frac{\sigma k^2 \alpha}{r^3}\left(x\frac{dx}{dt} + y\frac{dy}{dt} + z\frac{dz}{dt}\right),$$

$$\frac{d^2y}{dt^2} + \frac{k^2 y}{r^3} = \frac{\sigma k^2 y}{r^3}\left(\alpha\frac{dx}{dt} + \beta\frac{dy}{dt} + \gamma\frac{dz}{dt}\right) - \frac{\sigma k^2 \beta}{r^3}\left(x\frac{dx}{dt} + y\frac{dy}{dt} + z\frac{dz}{dt}\right),$$

$$\frac{d^2z}{dt^2} + \frac{k^2 z}{r^3} = \frac{\sigma k^2 z}{r^3}\left(\alpha\frac{dx}{dt} + \beta\frac{dy}{dt} + \gamma\frac{dz}{dt}\right) - \frac{\sigma k^2 \gamma}{r^3}\left(x\frac{dx}{dt} + y\frac{dy}{dt} + z\frac{dz}{dt}\right).$$

Multiplions ces équations respectivement par $2dx$, $2dy$, $2dz$, et ajoutons; il viendra

$$d.\frac{dx^2 + dy^2 + dz^2}{dt^2} + \frac{2k^2}{r^2}dr = \frac{2\sigma k^2}{r^3}(x\,dx + y\,dy + z\,dz)\left(\alpha\frac{dx}{dt} + \beta\frac{dy}{dt} + \gamma\frac{dz}{dt}\right)$$
$$- \frac{2\sigma k^2}{r^3}(\alpha\,dx + \beta\,dy + \gamma\,dz)\left(x\frac{dx}{dt} + y\frac{dy}{dt} + z\frac{dz}{dt}\right) = 0.$$

La force perturbatrice est normale à l'orbite; on a ainsi l'intégrale des forces vives

$$\frac{dx^2 + dy^2 + dz^2}{dt^2} = k^2\left(\frac{2}{r} - \frac{1}{a}\right);$$

on voit que la quantité a est une constante absolue, qui n'est modifiée en rien par les termes additionnels de Clausius. Tous les autres éléments, même le nœud et l'inclinaison, ont des inégalités séculaires. Nous renverrons, pour leur calcul, à une brochure de M. Oppenheim : *Zur Frage nach der Fortpflanzungsgeschwindigkeit der Gravitation*, Vienne, 1895, qui contient de nombreux renseignements et documents bibliographiques sur les matières traitées dans ce Chapitre.

On pourra consulter avec fruit les Ouvrages suivants :

ISENKRAHE, *Das Räthsel von der Schwerkraft*. Braunschweig, 1879;

BOCK, *Die Theorie der Gravitation von Isenkrahe in ihrer Anwendung auf die Anziehung und Bewegung der Himmelskörper*. Munich, 1891;

TAIT, *Conférences sur quelques-uns des progrès récents de la Physique* (Traduction de M. Krouchkoll). Paris, Gauthier-Villars, 1887;

M. BRILLOUIN, *Essai sur les lois d'élasticité d'un milieu capable de transmettre des actions en raison inverse du carré de la distance*. (*Annales de l'École Normale*, 1887.)

SEELIGER, *Ueber das Newton'sche Gravitationsgesetz* (*Astron. Nachr.*, N° 3273).

L'auteur examine la loi d'attraction représentée par $\frac{k^2}{r^2}E^{-\lambda r}$, loi déjà considérée par Laplace (*Mécanique céleste*, Livre XVI), et qui tient compte de l'influence qu'une diminution de l'attraction par l'interposition des corps ou par l'absorption d'un milieu aurait sur les phénomènes célestes. On peut déterminer la très petite quantité λ de manière à obtenir pour Mercure, et en un siècle, un déplacement du périhélie de 38″, dans le sens direct; mais alors on aurait, pour Vénus, la Terre, Mars, Jupiter et Saturne, des déplacements correspondants de 28″, 19″, 10″ et 8″. Ici la fonction perturbatrice $\frac{k^2}{r^2}(1 - E^{-\lambda r}) = \frac{k^2\lambda}{r}$ est dirigée vers le Soleil, et l'on a

$$e\frac{d\varpi}{dt} = \frac{k}{\sqrt{p}}\lambda\cos w(1 + e\cos w);$$

si l'on ne s'occupe que des inégalités séculaires, on peut prendre

$$\frac{d\varpi}{dt} = \frac{k}{2\sqrt{p}}\lambda, \qquad \delta\varpi = \frac{1}{2}\frac{a\lambda}{\sqrt{1-e^2}}nt.$$

CHAPITRE XXIX.

CONFRONTATION DE LA LOI DE NEWTON AVEC LES OBSERVATIONS. LE VERRIER ET NEWCOMB.

229. **Confrontation de la loi de Newton avec les observations.** — Quand il s'agit de la Lune, les observations des éclipses anciennes, rapportées par l'Almageste, et celles des Arabes sont précieuses pour la détermination de l'accélération séculaire. Mais, pour les planètes, les observations anciennes qui nous ont été transmises par Ptolémée ne sont d'aucun secours; elles ne sont pas assez précises, et tout ce que l'on peut faire, c'est de montrer que la théorie, fondée exclusivement sur les observations modernes, représente les observations anciennes dans les limites, très larges d'ailleurs, de leur précision.

On ne dispose donc que des observations méridiennes, c'est-à-dire d'environ un siècle et demi d'observations, en commençant à Bradley (on n'a pas intérêt à employer les observations antérieures, faites depuis la découverte des lunettes astronomiques; le recul que l'on gagnerait ainsi dans le temps ne serait pas suffisant pour compenser l'infériorité de la précision).

Le Verrier a entrepris ([1]) et mené à bonne fin la construction des Tables des grosses planètes, Mercure, Vénus, la Terre, Mars, Jupiter, Saturne, Uranus et Neptune. Pour Neptune, la découverte est encore trop récente pour que l'accord entre les Tables et les observations puisse conduire à des conclusions positives sur la façon dont la loi de Newton représente les observations. Il en est presque de même d'Uranus; d'ailleurs, les perturbations de cette planète comprennent certains éléments de Neptune, qui ne sont peut-être pas encore assez bien connus.

Les petites planètes sont aussi dans le même cas; il n'en est d'ailleurs qu'un nombre très restreint dont la théorie complète ait été élaborée et confrontée avec

([1]) Avant Le Verrier, des Tables avaient été construites, pour les diverses planètes, par Delambre, Bouvard, Lindenau, Bessel, etc., en partant des formules de la *Mécanique céleste*.

les observations. Nous citerons cependant Vesta; les Tables construites par M. Leveau (*Annales de l'Observatoire*, Mémoires, t. XXI) représentent fidèlement les observations faites durant quatre-vingt-sept années.

La loi de Newton a été vérifiée par le calcul des perturbations des comètes; elle a suffi à l'explication des mouvements observés; toutefois, les observations de ces astres ne présentent pas la même précision que celles des planètes, et ce n'est peut-être pas de ce côté que l'on peut obtenir les preuves les plus fines de l'exactitude rigoureuse de la loi de la gravitation.

Nous avons donc à montrer comment les Tables de Le Verrier représentent les positions observées des planètes Mercure, Vénus, la Terre, Mars, Jupiter et Saturne.

Il convient de donner quelques indications sur les inconnues qui figurent dans cet ensemble de théories. Il y a d'abord, pour chaque planète, six constantes correspondant aux six éléments du mouvement elliptique, puis la masse de cette planète. Quelques-unes des masses peuvent être déterminées directement par les observations de leurs satellites; tel est le cas de Mars, de Jupiter, de Saturne, d'Uranus et de Neptune. Mais les masses de Mercure et de Vénus, qui n'ont pas de satellites, doivent être considérées comme des inconnues distinctes; il en est de même de la masse de la Terre, si l'on ne veut pas avoir recours à la valeur de la parallaxe du Soleil, qui peut être déterminée par d'autres procédés. Pour toutes les planètes, Le Verrier part des valeurs des masses qu'il pouvait supposer les plus précises. Soient m_0, m'_0, m''_0, ... ces masses (rapportées à celle du Soleil prise pour unité), en commençant par Mercure et suivant par Vénus, la Terre, etc. Il pose

$$m = m_0(1+\nu), \qquad m' = m'_0(1+\nu'), \qquad \dots$$

Les calculs de perturbation sont faits avec les valeurs m_0, m'_0, ...; les coefficients des diverses inégalités sont des fonctions de ν, ν', ..., que l'on pourra réduire au premier degré.

Il s'agit donc, en somme, de déterminer sept inconnues pour chaque planète. Cette détermination résultera d'un nombre considérable d'équations qui contiendront les diverses inconnues, toutes au premier degré.

Dans la théorie de Mercure figureront les inconnues ν', ν'', ν''', ...; dans celle de Vénus, ν, ν'', ν''', ...; dans celle de la Terre, ν, ν', ν''', ... Il faudra que la discussion des observations de chaque planète conduise aux mêmes valeurs pour les inconnues ν, ν', ν'', ... Ainsi, en particulier, ν', ou la correction relative de la masse de Vénus, devra avoir la même valeur, qu'on la déduise des observations de Mercure ou de celles de la Terre. De même, les observations de Vénus et de Mars devront conduire à des valeurs égales pour la masse de la Terre. Enfin, si l'on détermine ainsi les masses des planètes à satellites, on devra retrouver, dans la limite des erreurs des observations, les nombres auxquels conduit la détermination des mêmes masses à l'aide des mouvements observés pour les satellites.

Il importait tout d'abord d'établir sur des bases solides la théorie du mouvement de la Terre, car les coordonnées des autres planètes ne peuvent être déterminées que quand on connaît les positions occupées par la Terre aux moments où sont faites les observations des diverses planètes.

230. **Théorie du mouvement de la Terre** (1). — On dit aussi : *Théorie du mouvement du Soleil*, parce que ce sont les observations du Soleil qui permettent de déterminer les positions de la Terre. Il ne sera peut-être pas inutile de donner ici les principales inégalités du mouvement de la Terre, afin que l'on puisse se faire une idée du montant des perturbations. Reproduisons d'abord les inégalités séculaires de l'excentricité et du périhélie, ou plutôt les variations annuelles de ces éléments :

$$\delta e'' = -0'',0895 - 0'',0029\,\nu + 0'',0136\,\nu' - 0'',0182\,\nu''' - 0'',0816\,\nu^{\text{iv}},$$
$$e''\delta\varpi'' = +0'',1930 - 0'',0046\,\nu + 0'',0589\,\nu' + 0'',0189\,\nu''' + 0'',1165\,\nu^{\text{iv}}.$$

Il faut multiplier ces expressions par le temps écoulé depuis 1850,0, et exprimé en années juliennes et fractions d'année. On a ainsi, pour une époque quelconque $1850 + t$, les petites quantités qu'il faudra ajouter aux constantes e'' et ϖ'' convenablement déterminées (cette valeur e'' est supposée exprimée en secondes; elle sera employée ainsi dans le calcul de l'équation du centre, tandis qu'on devra employer $e''\sin 1''$ dans le calcul du rayon vecteur). Les formules du mouvement elliptique auront ensuite des coefficients de la forme $\alpha + \alpha' t$, où α' sera très petit. On a deux formules analogues pour calculer les variations séculaires du nœud et de l'inclinaison de l'orbite. Nous ne les reproduirons pas; nous nous contenterons d'écrire l'expression de l'obliquité moyenne ω de l'écliptique à l'époque $1850 + t$:

$$(1)\qquad \omega_1 = \omega_0 - (0'',4757 + 0'',005\,\nu + 0'',289\,\nu' + 0'',008\,\nu''' + 0'',160\,\nu^{\text{iv}} + 0'',013\,\nu^{\text{v}})\,t.$$

On aura l'obliquité vraie en ajoutant au second membre la nutation Ω.

Voici maintenant les principales inégalités périodiques de la longitude v'' de la Terre :

Action de Vénus.

$$\begin{aligned}\delta v'' = & -4'',9\sin(l''-l') + 5'',6\sin(2l''-2l') + 0'',7\sin(3l''-3l')\\ & + 1'',1\sin(3l''-2l'-\varpi') + 0'',7\sin(4l''-3l'-\varpi') - 3'',4\sin(3l''-2l'-\varpi'')\\ & - 2'',1\sin(4l''-3l'-\varpi'') - 0'',7\sin(5l''-3l'-2\varpi')\\ & - 1'',3\sin(13l''-8l') + 1'',4\cos(13l''-8l');\end{aligned}$$

(1) *Annales de l'Observatoire*, t. IV.

Action de Mars.

$$\begin{aligned}\delta v'' = &+ 2'',4 \sin(2l''' - 2l'') - 0'',7 \sin(2l''' - l'' - \varpi'') \\ &+ 1'',5 \sin(2l''' - l'' - \varpi''') + 0'',5 \sin(4l''' - 3l'' - \varpi''') \\ &+ 0'',6 \sin(4l''' - 2l'' - 2\varpi''');\end{aligned}$$

Action de Jupiter.

$$\begin{aligned}\delta v'' = &+ 7'',2 \sin(l^{\text{iv}} - l'') - 2'',7 \sin(2l^{\text{iv}} - 2l'') - 1'',5 \sin(2l^{\text{iv}} - l'' - \varpi'') \\ &- 2'',6 \sin(l^{\text{iv}} - \varpi^{\text{iv}}) + 0'',6 \sin(2l^{\text{iv}} - l'' - \varpi^{\text{iv}}) - 0'',6 \sin(3l^{\text{iv}} - 2l'' - \varpi^{\text{iv}}).\end{aligned}$$

l', l'', l''' et l^{iv} sont les longitudes moyennes de Vénus, la Terre, Mars et Jupiter; nous n'avons relevé que les inégalités dont le coefficient est supérieur à 0'',5; dans ces conditions, les perturbations causées par Mercure, Saturne et Uranus devaient être laissées de côté.

Le Verrier n'a pas discuté moins de 8911 observations du Soleil, faites de 1750 à 1846 dans les Observatoires de Greenwich, Königsberg et Paris. Cette discussion a présenté des difficultés sérieuses, provenant surtout de l'équation personnelle, variable d'un astronome à l'autre, dans les observations des bords du Soleil. La conclusion de cette discussion a montré que les observations étaient bien représentées par la théorie, à la condition d'astreindre les inconnues ν, ν', ... à vérifier certaines relations. Nous nous arrêterons seulement à l'une de ces relations, la plus importante, et qui résulte des déterminations de l'obliquité de l'écliptique. Ces valeurs, quand on en défalque la nutation, sont reproduites dans la troisième colonne du Tableau suivant :

Années.	N.	Obliquité moyenne observée.	Obliquité moyenne calculée.	Résidus.
1755........	15	23°.28'.15'',22	15,30	— 0'',08
1795........	20	» 27.57,66	57,00	+ 0,66
1798........	19	» 27.55,05	55,63	— 0,58
1815........	24	» 27.47,48	47,85	— 0,37
1825........	24	» 27.43,78	43,27	+ 0,51
1841........	12	» 27.35,56	35,95	— 0,39
1846........	26	» 27.33,88	33,66	+ 0,22

N désigne le nombre de solstices employés. On peut relier les valeurs observées par la formule

(2) $$\omega = 23°27'31'',83 - 0'',4576t,$$

où t désigne le nombre d'années, après 1850,0. Les nombres de la quatrième colonne du Tableau ci-dessus désignent les valeurs de ω, calculées par la formule (2), pour chacune des époques considérées. On voit que les résidus sont assez faibles, et que leur allure ne présente rien de systématique.

Mais alors, en remplaçant dans la formule (1) ω par sa valeur (2), et multipliant le résultat par 100, il vient, en laissant de côté ν^{IV} et ν^{V}, qui peuvent être supposés bien connus,

$$(3) \qquad 28'',9\nu' + 0'',8\nu''' + 0'',5\nu + 1'',81 = 0;$$

cette équation de condition est importante à cause de la grandeur du coefficient de ν'; il paraît impossible que le terme tout connu soit en erreur de $1''$.

231. Théorie de Mercure (1). — Le Verrier a trouvé, pour les inégalités séculaires des éléments e et ϖ, les formules suivantes :

$$(4) \qquad \begin{cases} \delta e = +0'',0419\,t + 0'',0282\,\nu' t + 0'',0106\,\nu'' t + \ldots, \\ \delta\varpi = +5'',2714\,t + 2'',8064\,\nu' t + 0'',8361\,\nu'' t + \ldots. \end{cases}$$

Nous ne reproduirons pas ici les inégalités séculaires du nœud et de l'inclinaison, non plus que les inégalités périodiques de la longitude héliocentrique de Mercure.

Les observations anciennes rapportées dans l'*Almageste* ne peuvent pas être employées utilement. Heureusement on possède des observations des passages de Mercure sur le disque du Soleil, et l'observation de chacun de ces phénomènes permet d'en déduire, avec une grande précision, la position de la planète.

Le premier qui ait été observé est celui du 7 novembre 1631. Les passages ont lieu, soit quand la planète passe par son nœud ascendant, au mois de novembre, ou au mois de mai, près du nœud descendant. Après discussion et rejet des observations défectueuses, Le Verrier a conservé neuf passages de novembre, s'étendant de 1677 à 1848, et cinq passages de mai, de 1753 à 1845. Il a joint à ce matériel 397 observations méridiennes faites à Paris de 1801 à 1842.

Donnons quelques indications sur la manière d'utiliser les observations des contacts dans les passages. Au moment d'un contact, la distance angulaire des centres du Soleil et de Mercure est égale à la somme ou à la différence des demi-diamètres apparents des deux astres, le tout étant vu du point où se trouve l'observateur. Soient $\mathcal{L}'$ et λ' la longitude et la latitude du centre de Mercure, Θ' et Λ' les mêmes coordonnées pour le centre du Soleil, les deux astres étant vus du lieu d'observation ; soit enfin D la distance apparente de leurs centres. On aura la formule

$$\cos D = \sin\lambda' \sin\Lambda' + \cos\lambda' \cos\Lambda' \cos(\mathcal{L}' - \Theta'),$$

(1) *Annales de l'Observatoire*, t. V.

d'où

$$\cos D = \cos(\lambda' - \Lambda') - 2\cos\lambda'\cos\Lambda'\sin^2\frac{\mathfrak{L}' - \Theta'}{2};$$

la latitude Λ' du Soleil est extrêmement petite; λ' est seulement petit. On peut écrire

$$1 - \frac{D^2}{2} + \ldots = 1 - \frac{(\lambda' - \Lambda')^2}{2} + \ldots - \frac{(\mathfrak{L}' - \Theta')^2}{2} + \ldots,$$

et se borner à

$$D^2 = (\mathfrak{L}' - \Theta')^2 + (\lambda' - \Lambda')^2.$$

Cette formule simple permettra de calculer la distance apparente des centres pendant toute la durée du phénomène. Soit t_0 le moment de l'observation (supposée exacte) d'un contact; soient $\mathfrak{L}$, λ, Θ et Λ les valeurs des coordonnées tirées des Tables pour l'époque t_0, et transportées du centre de la Terre au lieu d'observation.

Ces valeurs ne sont pas exactes, mais elles ont besoin de corrections $\delta\mathfrak{L}$, $\delta\lambda$, $\delta\Theta$ et $\delta\Lambda$; de même, si c désigne, par exemple, la différence des demi-diamètres apparents, la quantité c aura besoin de la correction δc.

Donc, à l'instant t_0, on doit avoir

$$D^2 = (\mathfrak{L} - \Theta + \delta\mathfrak{L} - \delta\Theta)^2 + (\lambda - \Lambda + \delta\lambda - \delta\Lambda)^2 = (c + \delta c)^2.$$

Soit maintenant t_c le temps du contact, calculé avec les valeurs tabulaires inexactes; la valeur de $\mathfrak{L}$ à l'instant t_c sera égale à

$$\mathfrak{L} + \frac{d\mathfrak{L}}{dt}(t_c - t_0).$$

On aura donc

$$\left[\mathfrak{L} - \Theta + \frac{d(\mathfrak{L} - \Theta)}{dt}(t_c - t_0)\right]^2 + \left[\lambda - \Lambda + \frac{d(\lambda - \Lambda)}{dt}(t_c - t_0)\right]^2 = c^2.$$

En retranchant cette équation de la précédente, et négligeant de très petites quantités, il vient

$$(5)\qquad \left\{\begin{aligned} c\,\delta c &= (\mathfrak{L} - \Theta)(\delta\mathfrak{L} - \delta\Theta) + (\lambda - \Lambda)(\delta\lambda - \delta\Lambda) \\ &\quad - (t_c - t_0)\left[(\mathfrak{L} - \Theta)\frac{d(\mathfrak{L} - \Theta)}{dt} + (\lambda - \Lambda)\frac{d(\lambda - \Lambda)}{dt}\right]. \end{aligned}\right.$$

Soient maintenant r, v et s les coordonnées héliocentriques de Mercure, Δ sa distance au centre de la Terre, R la distance de la Terre au Soleil. On a les formules

$$(6)\qquad \left\{\begin{aligned} \Delta\cos\lambda\cos\mathfrak{L} &= r\cos s\cos v + R\cos\Theta, \\ \Delta\cos\lambda\sin\mathfrak{L} &= r\cos s\sin v + R\sin\Theta, \\ \Delta\sin\lambda &= r\sin s \quad\;\; + R\sin\Lambda. \end{aligned}\right.$$

Supposons que les quantités tabulaires r, v, s, R et Θ aient besoin des corrections δr, δv, δs, δR et $\delta\Theta$, on pourra admettre que δv est la correction de la longitude dans l'orbite. En différentiant la dernière des équations (6) et négligeant les quantités très petites, on a d'abord

$$\Delta\delta\lambda = r\delta s, \qquad \delta\lambda = \frac{r}{\Delta}\delta s.$$

Les deux premières équations donnent ensuite

$$\begin{aligned} -\Delta\cos\lambda\sin\mathcal{L}\delta\mathcal{L} + \cos\mathcal{L}\delta(\Delta\cos\lambda) = &-r\cos s\sin v\delta v \\ &+\cos v\delta(r\cos s) - R\sin\Theta\delta\Theta + \cos\Theta\delta R, \\ +\Delta\cos\lambda\cos\mathcal{L}\delta\mathcal{L} + \sin\mathcal{L}\delta(\Delta\cos\lambda) = &+r\cos s\cos v\delta v \\ &+\sin v\delta(r\cos s) + R\cos\Theta\delta\Theta + \sin\Theta\delta R; \end{aligned}$$

d'où, par l'élimination de $\delta(\Delta\cos\lambda)$,

$$\begin{aligned} \Delta\cos\lambda\delta\mathcal{L} = &\, r\cos s\cos(v-\mathcal{L})\delta v \\ &+\sin(v-\mathcal{L})\delta(r\cos s) + R\cos(\Theta-\mathcal{L})\delta\Theta + \sin(\Theta-\mathcal{L})\delta R. \end{aligned}$$

Or, les différences $\mathcal{L}-\Theta$ et $v-\mathcal{L}$ sont voisines, la première de zéro, la seconde de 180°; on peut écrire simplement

$$\Delta\delta\mathcal{L} = -r\delta v + R\delta\Theta;$$

d'où

$$\delta\mathcal{L} - \delta\Theta = -\frac{r}{\Delta}\delta v + \frac{R-\Delta}{\Delta}\delta\Theta = \frac{r}{\Delta}(\delta\Theta - \delta v).$$

En portant dans l'équation (5) les valeurs que l'on vient de trouver pour $\delta\lambda$ et $\delta\mathcal{L} - \delta\Theta$, et regardant comme exacte la latitude Λ du Soleil, il viendra

$$c\delta c = -(\mathcal{L}-\Theta)\frac{r}{\Delta}(\delta v - \delta\Theta) + (\lambda - \Lambda)\frac{r}{\Delta}\delta s + (t_c - t_0)A,$$

où l'on a posé

$$A = -(\mathcal{L}-\Theta)\frac{d(\mathcal{L}-\Theta)}{dt} - (\lambda-\Lambda)\frac{d(\lambda-\Lambda)}{dt}. \tag{7}$$

L'avant-dernière équation sera mise sous la forme

$$\frac{r}{\Delta}\frac{\mathcal{L}-\Theta}{c}(\delta v - \delta\Theta) - \frac{r}{\Delta}\frac{\lambda-\Lambda}{c}\delta s + \delta c - (t_c - t_0)\frac{A}{c} = 0. \tag{8}$$

Il y aurait aussi à tenir compte, dans $\delta\mathcal{L} - \delta\Theta$ et $\delta\lambda$, de la correction à apporter à la valeur attribuée à la parallaxe du Soleil; mais cet effet est moins important et peut être laissé de côté.

Cela étant, nous allons reproduire l'équation (8) pour chacun des passages observés, avec les valeurs numériques correspondantes des coefficients; nous ne nous attacherons qu'aux coefficients de δv.

(9) Passages de novembre.

Époques.	Entrée.	Sortie.
1697, 84.......		$0,39\,\delta v + 0'',45 = 0$,
1723, 85.......	$0,45\,\delta v - 0'',86 = 0$	
1736, 86.......	$0,28\,\delta v + 0,75 = 0$	$0,16\,\delta v + 0,13 = 0$,
1743, 84.......	$0,34\,\delta v - 0,01 = 0$	$0,42\,\delta v + 0,92 = 0$,
1769, 85.......	$0,44\,\delta v + 0,99 = 0$	
1782, 86.......	$0,17\,\delta v - 0,92 = 0$	$0,03\,\delta v + 0,23 = 0$,
1789, 84.......	$0,38\,\delta v + 1,81 = 0$	$0,44\,\delta v + 0,97 = 0$,
1802, 85.......		$0,46\,\delta v + 1,47 = 0$;
1848, 86.......	$+0,46\,\delta v + 2,27 = 0$	

(10) Passages de mai.

Époques.	Entrée.	Sortie.
1753, 34.......		$0,77\,\delta v + 12'',05 = 0$,
1786, 34.......	$0,45\,\delta v + 4'',84 = 0$	$0,65\,\delta v + 5,11 = 0$,
1799, 34.......	$0,80\,\delta v + 5,65 = 0$	$0,69\,\delta v + 3,83 = 0$,
1832, 34.......	$0,61\,\delta v + 0,17 = 0$	$0,77\,\delta v - 0,58 = 0$.
1845, 35.......	$0,74\,\delta v - 1,03 = 0$	

L'inspection de ces équations est très instructive :

« On remarquera, dès l'abord, que les observations des passages par le nœud ascendant ne donnent lieu qu'à de faibles erreurs; tandis que les passages par le nœud descendant donnent lieu à une erreur de $12'',05$ en 1753, et qui, diminuant à peu près régulièrement à mesure que le temps augmente, se réduit à $-1'',03$ en 1845. Ces *treize* secondes de variation, en quatre-vingt-douze années, demandent à être prises en sérieuse considération, en raison de l'exactitude du mode d'observation dont elles résultent. Elles ne sauraient, en effet, être attribuées aux incertitudes des observations des passages, puisqu'il faudrait supposer que tous les astronomes auraient commis des inexactitudes considérables dans la mesure des temps des contacts; ces inexactitudes devraient en outre varier d'une manière progressive avec le temps, et différer de plusieurs minutes au bout de la période de quatre-vingt-douze ans. Circonstances tout à fait inadmissibles!

» Cela étant, on aperçoit qu'on ne parviendra à détruire les erreurs signalées dans les passages de mai, sans en introduire dans les passages de novembre, qu'en modifiant les valeurs attribuées aux parties proportionnelles au temps de deux des éléments de l'orbite. Les deux corrections devront se détruire à peu près dans les passages de novembre, tandis qu'en s'ajoutant, elles rendront raison des écarts observés dans les passages du mois de mai. La considération du mouvement du nœud ne peut dès lors servir à résoudre la question ; l'erreur de la longitude du nœud influe sur le calcul du temps des passages d'une manière toute différente, suivant la latitude de la planète (1). »

On a les formules

$$v = l + 2e\sin(l-\varpi) + \frac{5}{4}e^2\sin(2l-2\varpi) + \ldots,$$

$$l = nt + \varepsilon.$$

Supposons que nous fassions varier les éléments n, ε, e et ϖ et, en outre, les parties proportionnelles au temps, ou les inégalités séculaires de e et ϖ ; les variations complètes de ces deux éléments seront donc représentées par

$$\delta\varpi + \varpi' t, \quad \delta e + e' t,$$

t désignant un nombre d'années écoulées à partir de 1850. Nous aurons

$$\begin{aligned}\delta v = {} & (\delta\varepsilon + t\,\delta n)\left[1 + 2e\cos(l-\varpi) + \frac{5}{2}e^2\cos(2l-2\varpi)\right]\\ & + (\delta e + te')\left[2\sin(l-\varpi) + \frac{5}{2}e\sin(2l-2\varpi)\right]\\ & - (\delta\varpi + t\varpi')\left[2e\cos(l-\varpi) + \frac{5}{2}e^2\cos(2l-2\varpi)\right]\end{aligned}$$

ou bien

(11) $$\delta v = \alpha + \beta t,$$

en faisant

(12) $$\left\{\begin{aligned}\alpha = {} & \left[1 + 2e\cos(l-\varpi) + \frac{5}{2}e^2\cos(2l-2\varpi)\right]\delta\varepsilon\\ & + \left[2\sin(l-\varpi) + \frac{5}{2}e\sin(2l-2\varpi)\right]\delta e - \left[2e\cos(l-\varpi) + \frac{5}{2}e^2\cos(2l-2\varpi)\right]\delta\varpi,\end{aligned}\right.$$

(13) $$\left\{\begin{aligned}\beta = {} & \left[1 + 2e\cos(l-\varpi) + \frac{5}{2}e^2\cos(2l-2\varpi)\right]\delta n\\ & + \left[2\sin(l-\varpi) + \frac{5}{2}e\sin(2l-2\varpi)\right]e' - \left[2e\cos(l-\varpi) + \frac{5}{2}e^2\cos(2l-2\varpi)\right]\varpi'.\end{aligned}\right.$$

---

(1) Cette citation est empruntée à Le Verrier, *Annales*, t. V, p. 76.

On peut remplacer $l-\varpi$ par sa valeur moyenne, dans les passages de novembre; ce qui donne

$$(14)\quad \begin{cases} \alpha = 1{,}492\,\delta\varepsilon - 1{,}044\,\delta e - 0{,}492\,\delta\varpi, \\ \beta = 1{,}492\,\delta n - 1{,}044\,e' - 0{,}492\,\varpi'. \end{cases}$$

On peut substituer dans les équations (9) l'expression (11), en y remplaçant successivement t par $-152{,}16, \ldots, -1{,}14$; on obtiendra ainsi treize équations contenant au premier degré les inconnues α et β. Le Verrier en a tiré

$$\alpha = -4'',43, \qquad \beta = -0'',0310.$$

Ces valeurs laissent dans les treize équations les résidus suivants :

$+0'',56$	$-0'',44$	$-1'',20$	$-0'',10$
$-1,08$	$+0,47$	$+0,02$	$+0,09$
$-0,54$	$+0,18$	$+0,77$	$+0,25$
$-0,06$			

Pour les passages de mai, on fera de même

$$(15)\quad \delta v = \alpha' + \beta' t,$$

et l'on trouvera α' et β' en remplaçant, dans les expressions (12) et (13) de α et de β, $l-\varpi$ par sa valeur moyenne,

$$(16)\quad \begin{cases} \alpha' = 0{,}712\,\delta\varepsilon + 0{,}916\,\delta e + 0{,}284\,\delta\varpi, \\ \beta' = 0{,}712\,\delta n + 0{,}916\,e' + 0{,}284\,\varpi'. \end{cases}$$

On substitue maintenant l'expression (15) de δv dans les équations (10), ce qui donne huit équations aux deux inconnues α' et β'. Leur résolution donne

$$\alpha' = 3'',22, \qquad \beta' = 0'',1884;$$

les résidus des équations correspondantes deviennent alors

$+0'',07$	$-0'',06$	$-0'',82$	$-0'',67$
$+0,11$	$+0,71$	$+0,08$	$+0,60$

On voit que les forts résidus du Tableau (10) ont disparu complètement. En tenant compte des valeurs numériques de α, β, α' et β', les équations (14) et (16) deviennent

$$(17)\quad \begin{cases} 1{,}492\,\delta\varepsilon - 1{,}044\,\delta e - 0{,}492\,\delta\varpi = -4'',43, \\ 0{,}712\,\delta\varepsilon + 0{,}916\,\delta e + 0{,}284\,\delta\varpi = +3'',22; \end{cases}$$

$$(18)\quad \begin{cases} 1{,}492\,\delta n - 1{,}044\,e' - 0{,}492\,\varpi' = -0'',0310, \\ 0{,}712\,\delta n + 0{,}916\,e' + 0{,}284\,\varpi' = +0'',1884. \end{cases}$$

On ne peut pas, avec ces quatre équations, déterminer les six inconnues $\delta\varepsilon$, δn, δe, $\delta\varpi$, e' et ϖ'; entre les équations (17) éliminons $\delta\varepsilon$, puis δn entre les équations (18), et il viendra

$$\delta\varpi + 2,72\,\delta e = 10'',37,$$
$$\varpi' + 2,72\,e' = 0'',392.$$

Le Verrier entreprend ensuite un calcul plus précis en tenant compte de δs; on a

$$s = \operatorname{tang}\varphi \sin(v - \theta),$$

et, dans le voisinage des nœuds, $\sin(v - \theta)$ étant petit, on peut prendre

$$\delta s = \pm \operatorname{tang}\varphi(\delta v - \delta\theta).$$

La forme des équations de condition, qui était

$$A\,\delta v + B\,\delta s \pm \delta c - A\,\delta\Theta + K = 0,$$

devient

$$(A \pm 0,122\,B)\,\delta v \mp 0,122\,B\,\delta\theta \pm \delta c - A\,\delta\Theta + K = 0.$$

Les passages observés (novembre et mai) donnent vingt et une équations de condition, d'où l'on déduit δn et $\delta\varepsilon$; quand on veut former l'équation finale dont dépend $\delta\varpi$, on trouve que δe disparaît presque entièrement des équations, et ce qui se trouve bien déterminé, c'est la combinaison $\delta\varpi + 2,72\,\delta e$; de même, quand on détermine ϖ', e' s'élimine presque complètement; on trouve ainsi

(19) $$\varpi' + 2,72\,e' = 0'',383.$$

On voit que ces résultats confirment ceux de la première approximation.

Ces valeurs des inconnues vérifient les équations de condition des passages avec une précision remarquable, et Le Verrier a fait une découverte importante en mettant en évidence la correction considérable $\varpi' + 2,72\,e'$ qui atteint $38'',7$ en un siècle, sans laquelle les observations présentent des désaccords inadmissibles, et grâce à laquelle ces désaccords disparaissent comme par enchantement.

Pour chercher à déterminer e', il fallait s'adresser aux observations méridiennes. C'est ce qu'a fait Le Verrier; mais le résultat d'une discussion complète a montré qu'il n'était pas possible de déterminer ainsi e' avec précision; cependant e' devait être négatif. En ayant égard aux valeurs (4) de e' et ϖ', savoir

$$e' = 0'',0282\,\nu' + 0'',0106\,\nu'',$$
$$\varpi' = 2'',8064\,\nu' + 0'',8361\,\nu'',$$

Le Verrier trouve que l'équation (19), multipliée par 100, devient

(A) $$288''\,\nu' + 87''\,\nu'' = 38'',3;$$

Rapprochons-en la condition (3), que nous récrirons,

$$28'',9\nu' + 0,5\nu + 0,8\nu''' = -1'',81. \tag{B}$$

Toute la discussion va rouler sur les deux équations (A) et (B).

En faisant à l'incertitude de ν'' la part la plus forte possible dans l'équation (A) (supposant, par exemple, $\nu'' = 0,1$), on voit que ν' doit être égal au moins à 0,1. Ainsi, les observations des passages de Mercure indiquent nettement que, si l'on veut faire cadrer le mouvement du périhélie de cette planète, d'après le calcul et l'observation, il faut augmenter la masse de Vénus d'au moins sa dixième partie. Mais alors on est conduit à des résultats inconciliables avec les déterminations de l'obliquité de l'écliptique. Reportons-nous, en effet, à l'équation (1), et faisons-y $\nu' = +0,1$; nous trouverons, en exprimant le temps en siècles,

$$\omega_1 = \omega_0 - 50'',46t - 0'',5\nu t - 0'',8\nu'' t.$$

La diminution séculaire de l'obliquité serait donc certainement supérieure à 50''; voyons comment cette diminution de 50'' seulement s'accorde avec les valeurs observées (*voir* p. 515).

Ces équations deviennent

		Résidus.
$23°.28'.15'',2 =$	$\omega_0 + 50'' \times 0,95$	$-2'',5$
$27.57,7 =$	$+ 50 \times 0,55$	$0,0$
$27.55,0 =$	$+ 50 \times 0,52$	$-1,2$
$27.47,5 =$	$+ 50 \times 0,35$	$-0,2$
$27.43,8 =$	$+ 50 \times 0,25$	$+1,1$
$27.35,6 =$	$+ 50 \times 0,09$	$+0,9$
$27.33,9 =$	$+ 50 \times 0,04$	$+1,7$

On en conclut

$$\omega_0 = 23°27'30'',2,$$

et cette valeur, étant substituée dans les équations précédentes, y laisse subsister les résidus mis en regard. Or, ces résidus sont inadmissibles, tant pour le signe que pour la grandeur absolue.

Concluons donc qu'il est impossible de déterminer une valeur de la masse de Vénus qui rende compte, en même temps, et des observations des passages de Mercure, et des observations de l'obliquité de l'écliptique. Si l'on détermine ν' de manière à faire disparaître le désaccord dans la théorie de Mercure, il reparaît dans celle de la Terre, et inversement. D'ailleurs, la valeur $\nu' = +0,1$ introduit des dérangements notables dans d'autres équations de condition que nous n'avons pas indiquées ici, et qui proviennent des théories de Mercure et de la Terre. La valeur $\nu' = 0$ satisfait bien à ces diverses conditions : on est conduit à l'admettre, et alors, les théories de Mercure et de la Terre sont d'accord avec les observations, pourvu qu'en un siècle le périhélie de Mercure ne tourne pas seulement de 527″, comme cela arriverait en vertu des actions combinées des autres planètes, mais de 527″ + 38″; il y a donc dans le périhélie de Mercure un excès de déplacement qui s'élève à 38″ en un siècle, et qui n'est pas expliqué.

On ne saurait nier ce déplacement supplémentaire de 38″ sans admettre chez d'habiles observateurs des erreurs de plusieurs minutes dans l'estime des temps des contacts des passages de Mercure sur le Soleil. Il faudrait, en outre, que ces erreurs grossières se soient reproduites à diverses époques, et d'une manière progressive et régulière. L'importance du sujet nous fera pardonner d'avoir reproduit en détail l'argumentation puissante de Le Verrier. Reste à trouver la cause de cette anomalie bien caractérisée du mouvement dn périhélie de Mercure.

232. **Hypothèse des planètes intra-mercurielles.** — On pourrait supposer d'abord qu'il y a quelques inexactitudes dans le calcul du mouvement séculaire de 527″. Or, Le Verrier a vérifié ce nombre de plusieurs façons, notamment par une méthode d'interpolation; on l'a recalculé depuis par la méthode de Gauss (t. I, Chap. XXVII); il n'y a rien à espérer dans cette direction. Mais a-t-on tenu compte de toutes les masses attirantes situées en dehors du Soleil?

Le Verrier se demande si une planète, ou un groupe de petites planètes, circulant dans les parages de l'orbite de Mercure, serait capable de produire l'effet observé. Pour que cet effet ne se répercute pas aussi sur Vénus, il faut supposer les planètes placées entre Mercure et le Soleil. Considérons l'une d'entre elles.

On a (t. I, p. 406) cette expression de la fonction perturbatrice de Mercure, en considérant seulement les termes séculaires les plus importants,

$$\mathcal{R} = n^2 a^3 m_0 \left[\frac{1}{8}\,\mathrm{B}^{(1)}(e^2 + e_0^2) - \frac{1}{4}\,\mathrm{B}^{(2)} e e_0 \cos(\varpi - \varpi_0)\right],$$

m_0, e_0 et ϖ_0 désignant la masse, l'excentricité et la longitude du périhélie du petit astre perturbateur. On a ensuite

$$\frac{d\varpi}{dt} = \frac{\sqrt{1-e^2}}{na^2e}\,\frac{\partial\mathcal{R}}{\partial e}, \qquad \frac{de}{dt} = -\frac{\sqrt{1-e^2}}{na^2e}\,\frac{\partial\mathcal{R}}{\partial\varpi},$$

d'où

$$\frac{d\varpi}{dt} = \frac{1}{4}\,m_0 na\left[\mathrm{B}^{(1)} - \mathrm{B}^{(2)}\frac{e_0}{e}\cos(\varpi - \varpi_0)\right],$$

$$\frac{de}{dt} = -\frac{1}{4}\,m_0 na\,\mathrm{B}^{(2)} e_0 \sin(\varpi - \varpi_0).$$

On peut supposer nuls les produits $e_0\cos(\varpi - \varpi_0)$ et $e_0\sin(\varpi - \varpi_0)$, soit parce que les excentricités des petites planètes perturbatrices seront vraisemblablement petites, soit parce que, s'il y en a un assez grand nombre, il s'établira des compensations dans les sommes

$$\Sigma e_0 \cos\varpi_0 \qquad \text{et} \qquad \Sigma e_0 \sin\varpi_0.$$

On pourra donc admettre que

$$\frac{de}{dt} = e' = 0, \qquad \text{et} \qquad \frac{d\varpi}{dt} = \varpi' = \frac{1}{4} m_0 n a B^{(1)}.$$

Dès lors, l'équation (19) devient

$$\frac{1}{4} m_0 n a B^{(1)} = 0'', 383.$$

Mais on a (t. I, p. 272)

$$a B^{(1)} = \alpha b_{\frac{3}{2}}^{(1)}; \qquad \alpha = \frac{a_0}{a}.$$

On trouvera donc l'équation

$$\frac{3}{4} m_0 n \left(\alpha^2 + \frac{3}{2}\frac{5}{4}\alpha^4 + \frac{3.5}{2.4}\frac{5.7}{4.6}\alpha^6 + \ldots\right) = 0'', 383.$$

Or, en un an, $n = 5\,380\,000''$; posons en outre

$$m_0 = \frac{x}{10\,000\,000},$$

$$A = \alpha^2 + \frac{3}{2}\frac{5}{4}\alpha^4 + \frac{3.5}{2.4}\frac{5.7}{4.6}\alpha^6 + \ldots;$$

il viendra

$$Ax = 0,95;$$

de sorte que, quand on supposera a_0 connu, donc α, x en résultera, et, par suite, m. Le Verrier donne à α les valeurs 0,8; 0,7; 0,6; 0,5; 0,4; 0,3. Le calcul de

$$A = \alpha^2 + 1,8750\alpha^4 + 2,7344\alpha^6 + 3,5889\alpha^8 + 4,4412\alpha^{10} + \ldots$$

présente des longueurs pour $\alpha = 0,8$ et $\alpha = 0,7$. Mais, en employant la formule (32) (t. I, p. 290), on peut écrire

$$\beta^2 = \frac{\alpha^2}{1-\alpha^2},$$

$$A = \beta^2 + 0,8750\beta^4 - 0,0156\beta^6 + 0,0107\beta^8 - \ldots.$$

On peut former ainsi le Tableau suivant :

α.	a_0.	A.	x.	$\frac{m_0}{m}$.	$\frac{m_0}{(m)}$.	Plus grande élongation au Soleil.
0,8	0,31	4,6	0,21	0,06	0,15	18°
0,7	0,27	1,8	0,53	0,16	0,37	16
0,6	0,23	0,84	1,1	0,33	0,77	13
0,5	0,19	0,43	2,2	0,66	1,5	11
0,4	0,15	0,22	4,3	1,3	3,0	9
0,3	0,12	0,11	8,6	2,6	6,0	7

m désigne la masse de Mercure adoptée d'abord par Le Verrier, savoir $\frac{1}{3\,000\,000}$, et (m) la valeur, sans doute plus exacte, de la même masse, $\frac{1}{7\,000\,000}$.

On voit que la masse de la planète supposée augmente quand on admet qu'elle est plus voisine du Soleil; elle serait égale à la masse de Mercure à la distance 0,21, et, dans ses grandes digressions, elle s'écarterait du Soleil d'environ 13°. On l'aurait certainement aperçue depuis longtemps, même à l'œil nu, dans des conditions favorables. Plus loin du Soleil, la masse troublante est plus faible; mais ne l'aurait-on pas aperçue pendant les éclipses totales de Soleil, ou même, n'aurait-on pas dû la voir de temps à autre passer sur le disque du Soleil?

« Telles sont, dit Le Verrier, les objections qu'on peut faire à l'hypothèse de l'existence d'une planète unique, comparable à Mercure pour ses dimensions, et circulant en dedans de l'orbite de cette dernière planète. Ceux à qui ces objections paraîtront trop graves seront conduits à remplacer cette planète unique par une série d'astéroïdes dont les actions produiront en somme le même effet total sur le périhélie de Mercure. Outre que ces astéroïdes ne seront pas visibles dans les circonstances ordinaires, leur répartition autour du Soleil sera cause qu'ils n'introduiront dans le mouvement de Mercure aucune inégalité périodique de quelque importance.

» L'hypothèse à laquelle nous nous trouvons ainsi amenés n'a plus rien d'excessif. Un groupe d'astéroïdes se trouve entre Jupiter et Mars, et sans doute on n'a pu en signaler que les principaux individus. Il y a lieu de croire même que l'espace planétaire contient de très petits corps, en nombre illimité, circulant autour du Soleil. Pour la région qui avoisine la Terre, cela est certain.

» La suite des observations de Mercure montrera s'il faut définitivement admettre que de tels groupes d'astéroïdes existent aussi plus près du Soleil... Dans tous les cas, comme il se pourrait qu'au milieu de ces astéroïdes il en existât quelques-uns de plus gros que les autres et qu'on n'aurait d'autres moyens d'en constater l'existence que par l'observation de leurs passages devant le disque solaire, la discussion présente devra confirmer les astronomes dans le zèle qu'ils mettent à étudier chaque jour la surface du Soleil. Il est fort important que toute tache régulière, si minime qu'elle soit, et qui viendrait à paraître sur le disque du Soleil, soit suivie pendant quelques instants avec la plus grande attention, afin de s'assurer de sa nature par la connaissance de son mouvement. »

Or, un amateur d'Astronomie, le Dr Lescarbault, observa, le 26 mars 1859, à Orgères (Eure-et-Loir), le passage sur le Soleil d'un petit disque noir, bien circulaire, dont le diamètre apparent lui sembla inférieur au quart du diamètre qu'il avait trouvé à Mercure dans son passage sur le Soleil le 8 mai 1845. Il fit connaître les points du disque solaire où avaient eu lieu l'entrée et la sortie, ainsi que les instants de ces phénomènes : la durée du passage avait été de $1^h 17^m$.

Le Verrier, en discutant l'observation du Dr Lescarbault, arriva à déterminer la position du plan de l'orbite de *Vulcain* (c'est le nom qui fut donné au nouvel astre); il trouva que ce corps circulait autour du Soleil en $19^j,7$; en lui supposant la même densité qu'à Mercure, et adoptant le diamètre apparent de $3''$ au moment de l'observation, il en conclut que sa masse n'était que le $\frac{1}{17}$ de celle de Mercure; sa plus grande élongation au Soleil étant d'environ 8°, et la lumière totale qu'il nous envoie étant beaucoup plus faible que celle de Mercure, on comprendra, ajoute Le Verrier, qu'on n'ait pas aperçu cette planète jusqu'ici. Ce corps serait du reste beaucoup trop petit pour produire, à lui seul, l'irrégularité signalée dans le mouvement de Mercure. En se rapportant au Tableau de la page 526, on voit qu'il faudrait au moins 25 masses égales à celle-là, et situées dans la même région, pour produire l'effet voulu (il en faudrait même plus de 60, en admettant la masse la plus probable de Mercure).

A diverses reprises, des observateurs avaient noté le passage sur le disque du Soleil de petits corps obscurs qui ne pouvaient être confondus avec des taches solaires, soit à cause de leur mouvement rapide, soit en raison de leur apparence même. M. R. Wolf, de Zurich, avait dressé une liste de 20 observations de ce genre, dans son *Handbuch der Astronomie*. Une observation analogue, faite par M. Weber en 1876 et signalée à Le Verrier, le conduisit à discuter ces phénomènes. Il en rejeta plusieurs comme douteux, et parmi ceux qui pouvaient être conservés, il en reconnut quatre qui pouvaient appartenir au petit corps observé par M. Lescarbault. Il calcula une orbite, et annonça un nouveau passage, douteux d'ailleurs, pour le 22 mars 1877, et un autre, beaucoup plus certain, pour le 15 octobre 1882 Les astronomes ont surveillé à ces dates la surface du Soleil et n'ont rien vu d'anormal.

Lors de l'éclipse totale de Soleil du 29 juillet 1878, les astronomes américains avaient inscrit dans leur programme la recherche des planètes intra-mercurielles, durant la totalité. M. Watson crut en avoir découvert deux; malheureusement, il leur assignait à fort peu près les positions que devaient occuper au même instant deux étoiles θ et ζ de la constellation de l'Écrevisse; l'opinion des astronomes compétents a été que M. Watson avait observé ces deux étoiles, et non pas deux planètes. Pour plus de détails sur les planètes intra-mercurielles, je renverrai le lecteur à une Notice que j'ai publiée sur ce sujet dans l'*Annuaire du Bureau des Longitudes* pour 1882.

Les recherches systématiques de Carrington, de Spörer et d'autres astronomes sur les taches solaires, les photographies innombrables du Soleil qui ont été prises dans ces dernières années, et l'insuccès des recherches faites pendant plusieurs éclipses totales, semblent indiquer que l'explication de l'anomalie du périhélie de Mercure, donnée par Le Verrier, ne peut guère être maintenue; dans tous les cas, il faudrait supposer qu'il s'agisse d'une nuée de corpuscules, dont chacun échappe aux observations par sa petitesse, leur ensemble formant cependant une masse notable, comparable à celle de Mercure. Nous aurons à discuter plus loin d'autres hypothèses mises en avant pour expliquer l'anomalie en question. Mais auparavant nous voulons donner encore quelques indications sur les résultats de la confrontation, faite par Le Verrier, de la loi de Newton avec les observations de Vénus et de Mars.

233. **Théories de Vénus et de Mars** (¹). — Le Verrier a établi la théorie de Vénus sur les deux passages de la planète sur le Soleil, observés en 1761 et 1769, et sur les observations méridiennes faites de 1751 à 1857. Le passage de 1639 a été observé par Horroxius qui n'a pu noter aucun des contacts, mais a mesuré à plusieurs reprises la distance des centres des deux astres, sur une image solaire de six pouces de diamètre. On ne peut malheureusement tirer aucun parti de cette observation dont la précision laisse trop à désirer.

Le résultat de la discussion a été que les observations de Vénus sont bien représentées si l'on diminue d'environ moitié la masse de Mercure, mais surtout si l'on augmente de 0,09 la masse de la Terre; mais l'accord serait détruit si l'on augmentait de $\frac{1}{10}$ la masse de Vénus; Le Verrier trouve même qu'il faudrait la diminuer d'environ $\frac{1}{20}$. On voit ainsi confirmée l'impossibilité d'expliquer l'anomalie du périhélie de Mercure en corrigeant les masses des planètes perturbatrices : on porterait ainsi le trouble dans la théorie de la Terre et dans celle de Vénus. En discutant les observations du Soleil et déterminant le coefficient de l'équation lunaire, Le Verrier avait déjà été conduit à admettre que la masse de la Terre devait être augmentée de plus de $\frac{1}{10}$ de sa valeur.

Pour la théorie de Mars, Le Verrier disposait d'observations méridiennes nombreuses, de 1751 à 1858, et d'une conjonction de Mars avec les étoiles ψ_1, ψ_2 et ψ_3 du Verseau, observée en 1672 en France, par Picard, et à Cayenne,

(¹) *Annales de l'Observatoire*, t. VI.

par Richer, en vue de déterminer la parallaxe de Mars, et par suite celle du Soleil; mais les Tables ont été fondées uniquement sur les observations méridiennes.

« Nous mentionnerons, dit Le Verrier, le fait capital auquel conduit la discussion, savoir : l'impossibilité *absolue* de représenter les observations sans un mouvement du périhélie de Mars plus fort que celui qui résulte du calcul basé sur les valeurs habituellement reçues pour les masses planétaires. Et de plus il est remarquable que, si l'on veut obtenir cet accroissement du mouvement du périhélie de Mars en augmentant les masses perturbatrices, on n'y puisse parvenir qu'en supposant pour la Terre une masse plus forte d'*un dixième* (au moins) que celle qu'il est d'usage de lui attribuer. C'est un résultat pareil à celui que nous avons conclu des latitudes de Vénus et du mouvement du nœud de cette planète.

» Mais, s'il est ainsi nécessaire d'accroître la quantité de matière admise dans la partie inférieure de notre système planétaire, s'ensuit-il que cette addition doive réellement porter sur la masse de la Terre? ou bien la nouvelle matière occupe-t-elle une place spéciale, telle que les petites planètes situées entre Mars et Jupiter, ou telle que les astéroïdes dont l'observation a constaté la présence dans les environs de la zone où la Terre circule autour du Soleil? Une grave objection semble s'opposer à ce que l'on ajoute à la masse de la Terre : on ne pourrait l'accroître du *dixième* de sa valeur sans augmenter d'*un trentième* la quantité admise pour la parallaxe solaire, et cette conséquence est contraire à toutes les idées reçues touchant l'exactitude de ce dernier élément du système solaire. L'action d'un anneau de corpuscules, circulant autour du Soleil, paraît au contraire rendre compte des phénomènes observés, sans soulever de difficultés nouvelles. »

Disons maintenant que la détermination, par l'ensemble des observations, de l'excès de mouvement du périhélie de Mars, représente très bien toutes ces observations. C'est une chose bien remarquable que la crainte de Le Verrier à la pensée de toucher à la masse de la Terre; nous indiquerons dans un moment quelle était la raison de cette crainte. Mais nous voulons faire observer immédiatement que l'observation n'a pas indiqué, comme semble le croire Le Verrier, l'existence d'une sorte d'anneau enveloppant l'orbite de la Terre; si cet anneau existait réellement, sa masse s'ajouterait tout entière à celle de la Terre dans le calcul des perturbations séculaires causées par la Terre sur les planètes les plus voisines, Vénus et Mars. Or l'observation nous révèle seulement l'existence des étoiles filantes et des bolides dont les orbites rencontrent certainement l'orbite terrestre. Mais M. Schiaparelli a démontré que la vitesse absolue des étoiles filantes est comparable à celle de la Terre multipliée par $\sqrt{2}$; ces corpuscules cheminent donc, non pas sur des orbites semblables à celles de la Terre, mais sur des orbites paraboliques. Quant aux bolides, leurs vitesses sont parfois plus grandes encore, et quelques-unes des trajectoires sont hyperboliques. L'ensemble de ces astéroïdes ne peut donc pas être considéré comme formant un anneau enveloppant l'orbite de la Terre.

Voyons maintenant comment avait été déterminée la masse de la Terre, employée au début des calculs de Le Verrier. Quand on compare la chute des graves à la surface de la Terre à la chute de la Terre sur le Soleil, pendant une seconde, on obtient, par la méthode proposée par Newton, la relation suivante entre la parallaxe du Soleil et la masse de la Terre :

$$m'' = 4,4320\left(\frac{\pi}{1000}\right)^3; \tag{20}$$

d'où l'on déduit

$$\pi = 608'',79\sqrt[3]{m''}\ (^1).$$

Cette formule montre que, si la masse de la Terre est donnée, la parallaxe s'en déduit, et inversement. Or Encke avait conclu de la discussion des observations des passages de Vénus de 1761 et 1769 :

$$\pi = 8'',5776 \pm 0'',0370;$$

cette valeur a été acceptée pendant longtemps par les astronomes avec une entière confiance. On en déduit, par la formule (20),

$$m'' = 0,000002797;$$

c'est, à fort peu près, la valeur adoptée par Le Verrier. C'est donc la confiance générale dans le nombre d'Encke qui l'empêchait de songer à corriger m''; les *quatre* décimales données par Encke dans la valeur de π en imposaient à tout le monde; or on sait aujourd'hui que la première décimale était fausse! Si, à l'époque où Le Verrier publiait ses Tables de Mars, il avait adopté la correction $\frac{\delta m''}{m''} = \frac{1}{10}$, il en serait résulté $\frac{\delta\pi}{\pi} = \frac{1}{30}$, $\pi = 8'',86$, valeur à très peu près exacte. Le Verrier pouvait donc, à l'opposé de ce qui s'était passé pour Mercure, faire disparaître presque tout l'excès de mouvement du périhélie de Mars (24″ par siècle), en corrigeant la valeur fautive de m''. M. Newcomb, en employant une

---

(1) *Voir*, pour la démonstration de cette formule, notre Mémoire *Sur le résumé des tentatives faites jusqu'ici pour déterminer la parallaxe du Soleil* (*Annales de l'Observatoire*, t. XVI). En partant des données les plus récentes, nous avons trouvé

$$\pi = 609'',49\sqrt[3]{m''}.$$

parallaxe beaucoup plus exacte, a pu, comme on le verra plus loin, réduire beaucoup l'excès de mouvement du périhélie de Mars.

234. Les théories de Jupiter et de Saturne (¹) présentent de grosses difficultés tenant principalement à la grandeur de l'action perturbatrice exercée par chacune de ces planètes sur l'autre. Pour nous en rendre compte, désignons pour un moment par m et m' les masses de Jupiter et de Saturne, par r, r' et Δ leurs distances au Soleil et leur distance mutuelle. Le rapport de la force perturbatrice du mouvement de Saturne à l'attraction exercée sur cette planète par le Soleil est

$$\frac{m}{\Delta^2} : \frac{1}{r'^2} = \frac{1}{1047}\left(\frac{r'}{\Delta}\right)^2;$$

or, à certaines époques, $\frac{r'}{\Delta}$ peut être voisin de 2, de sorte que la force perturbatrice est le $\frac{1}{250}$ de la force principale; c'est une fraction très notable. Une autre cause de difficulté provient de la commensurabilité très approchée des moyens mouvements des deux planètes, qui sont à peu près dans le rapport de 5 à 2. Il en résulte une inégalité dont la période très longue est voisine de neuf cents ans, et qui, dans son maximum, atteint 1200″ pour la longitude moyenne de Jupiter, et environ 3000″ pour celle de Saturne.

Le Verrier a voulu surmonter toutes les difficultés, et il a calculé ses Tables pour des époques très éloignées, jusqu'à *deux mille ans*, à partir de l'époque actuelle. Le succès a répondu à ses espérances pour Jupiter; les observations méridiennes de cette planète, faites de 1750 à 1869, sont en effet représentées avec une précision qui ne laisse rien à désirer; les erreurs de la longitude dépassent rarement 1″.

Le Verrier a été moins heureux pour Saturne : les résidus atteignent $\pm 5''$ pour les observations comprises entre 1837 et 1869, et même $-9''$ pour la période plus ancienne de 1750 à 1826; en outre, la marche des résidus présente un caractère systématique prononcé. Nous avons dit (p. 170) que M. Gaillot a découvert dans les calculs de Le Verrier de petites inexactitudes; en les corrigeant, il est arrivé à représenter les observations de Saturne, faites de 1750 à 1890, de façon que l'erreur de la longitude ne dépasse jamais $\pm 3''$. Néanmoins, ces petits résidus présentent encore une allure systématique bien nette, qui disparaît complètement quand on attribue à la valeur calculée du mouvement séculaire du périhélie de Saturne un accroissement de 40″ par siècle; mais il resterait à trouver la cause de cet excès de mouvement, analogue à celui qui s'est présenté pour Mercure.

(¹) *Annales de l'Observatoire*, t. X, XI et XII.

Les Tables de Saturne, publiées tout récemment (1895) par M. Hill, et dont nous avons parlé (p. 375), du moins au point de vue de la théorie qui leur sert de base, représentent bien les observations de 1750 à 1888 : les résidus $\delta\lambda \cos\varphi$ dépassent rarement 3″ pour les observations de la première période (1750 à 1826), et 1″ pour les observations postérieures. Cependant, la marche de ces résidus est encore nettement systématique. Les calculs théoriques de M. Hill sont sensiblement plus simples que ceux de Le Verrier; c'est un avantage de la méthode de Hansen. Il semble toutefois que cette méthode ne donne pas le mouvement séculaire du périhélie avec la même précision que les calculs de Le Verrier.

235. M. Newcomb a entrepris, depuis quelques années, un travail considérable : la réfection des Tables des quatre planètes les plus rapprochées du Soleil, ce qui a nécessité la réduction de *soixante-deux mille* observations méridiennes, soit au moins quatre fois plus que n'en avait utilisé Le Verrier ; il a pu employer, en outre, les données résultant de quatre nouveaux passages de Mercure, et des passages de Vénus de 1874 et de 1882. L'augmentation du matériel d'observations est l'une des raisons de l'entreprise de M. Newcomb; il y en a une autre : les diverses Tables planétaires de Le Verrier ne sont pas calculées avec les mêmes masses des planètes; quand une correction avait été bien établie par une théorie, on en tenait compte dans la théorie suivante.

M. Newcomb, partant des travaux déjà si complets de son prédécesseur, a pu introduire dans ses Tables un système de données homogènes.

L'ensemble des résultats de ce grand travail est exposé dans un petit volume fort intéressant, *The Elements of the four inner Planets, and the fundamental constants of Astronomy* (Washington, 1895). Nous allons en présenter une analyse succincte.

Disons d'abord comment on a déterminé les masses. Celle de Mars résulte de l'observation de ses satellites. Pour la Terre, on a calculé sa masse en partant de la parallaxe du Soleil [*voir* la formule (20)]; cette parallaxe elle-même,

$$\pi = 8'',802 \pm 0'',005,$$

a été conclue de sept valeurs assez concordantes; on a attribué un poids assez considérable à la détermination qui résulte de la constante de l'aberration et de la vitesse de la lumière. Ayant obtenu la masse de la Terre, on y ajoute la masse de la Lune, et c'est l'ensemble qui figurera dans les calculs de perturbation, sous le nom de *masse de la Terre*.

La masse de Jupiter résulte de six valeurs obtenues par l'ensemble des observations des satellites, et par les perturbations causées par Jupiter dans les mouvements de Saturne, ou des comètes Faye et Winnecke, ou des petites planètes Thémis et Polymnie; c'est la détermination fondée sur les observations de Polymnie, qui a reçu un poids considérable, et joue presque un rôle exclusif.

La masse de Vénus a été déduite des inégalités périodiques que produit cette planète dans la longitude de la Terre; l'ensemble de ces inégalités ne dépasse guère 8″ dans des conditions favorables; mais le nombre des observations du Soleil que l'on peut utiliser est considérable, et l'on ne voit pas d'erreurs systématiques à redouter. Cependant, le Tableau suivant donnant les valeurs de la correction relative ν' à apporter à la masse de Le Verrier, d'après les moyennes de onze séries chacune de six années d'observations faites à Paris, montre que la détermination est délicate :

1801-07...	$\nu' = -0,025$	1837-44...	$\nu' = -0,034$	1866-70...	$\nu' = +0,000$
1808-15...	$+0,015$	1845-52...	$+0,009$	1871-79...	$+0,048$
1816-22...	$-0,050$	1853-59...	$+0,014$	1880-89...	$+0,002$
1823-29...	$-0,050$	1860-65...	$+0,003$		

Finalement, comme moyenne générale des observations faites pendant un siècle, dans dix observatoires, M. Newcomb a adopté

$$\nu' = -0,0118 \pm 0,0034.$$

On n'a pas pu déterminer ν' par les observations de Mars, parce que, dans la théorie de cette planète, existe un petit défaut dont l'explication n'a pas encore été trouvée.

La masse de Mercure a été conclue des inégalités périodiques que produit cette planète dans la longitude de Vénus. Si l'on adopte la masse choisie comme point de départ par Le Verrier, $\frac{1}{3\,000\,000}$, l'ensemble des inégalités en question ne dépasse guère 1″ dans des conditions favorables. Si, en même temps, Vénus est dans le voisinage de sa conjonction inférieure, l'écart correspondant sera d'environ 2″ dans la longitude géocentrique. Cet écart n'atteint sans doute que 1″, parce que la masse prise pour point de départ semble deux fois trop forte. On voit donc que la détermination de la masse de Mercure, par cette voie, n'est pas chose facile. M. Newcomb trouve $\frac{1 \pm 0,35}{7\,900\,000}$.

L'influence de la masse de Mercure sur le mouvement de la comète d'Encke est plus sensible, parce que ces deux astres peuvent se rapprocher beaucoup à certaines époques. Il est vrai que cette comète est soumise à l'action d'un milieu résistant et que cette action paraît discontinue. Cependant, elle semble avoir été constante de 1871 à 1891, et, dans cet intervalle, l'influence de Mercure se traduit par une perturbation de 5″ sur l'anomalie moyenne de la comète.

M. Backlund a trouvé ainsi (*Bulletin astronomique*, t. XI, p. 473) $\frac{1}{9\,700\,000}$ pour la masse de Mercure; cette valeur, qui mérite une sérieuse considération, est comprise entre les deux limites indiquées par M. Newcomb.

M. Newcomb introduit donc les masses de Mercure et de Vénus, par les facteurs ν et ν', dans les inégalités périodiques, mais pas dans les inégalités séculaires. Il fait figurer comme *inconnues indépendantes*, pour chaque planète, les variations séculaires des cinq éléments e, ϖ, i, Ω et ε. Cette augmentation notable du nombre des inconnues doit sans doute diminuer, dans une mesure appréciable, la précision des résultats obtenus; mais M. Newcomb y trouve un avantage sérieux : ce qui s'est passé pour le périhélie de Mercure montre qu'il n'y a pas de valeurs admissibles des masses, pouvant faire cadrer les valeurs, observée et calculée, de $\frac{d\varpi}{dt}$. Dès lors, le contrôle efficace de la loi de Newton consistera dans l'accord des valeurs inconnues $\frac{de}{dt}$, $e\frac{d\varpi}{dt}$, $\frac{di}{dt}$, $\sin i\frac{d\Omega}{dt}$ et $\frac{d\varepsilon}{dt}$, déduites pour les quatre planètes des équations de condition, et des mêmes valeurs calculées par les principes connus, avec les masses admises pour Mercure, Vénus, la Terre, Mars et Jupiter, et corrigées en raison des valeurs trouvées en même temps pour ν et ν'. Nous donnerons bientôt ce double Tableau des valeurs des variations séculaires déduites des observations et du calcul; mais auparavant il convient de donner quelques indications sur des points importants du travail de M. Newcomb.

Le savant astronome a cherché à déterminer les corrections des éléments de l'orbite terrestre, non seulement par les observations directes du Soleil, mais encore par les observations géocentriques des trois planètes Mercure, Vénus et Mars. Il trouve que le succès n'a pas été aussi grand qu'il pouvait l'espérer d'abord; cependant, il y a des avantages à procéder ainsi, pour la longitude moyenne ε de l'époque, à cause de la grandeur des équations personnelles qui affectent les observations du Soleil. Quoi qu'il en soit, les corrections trouvées pour les éléments de l'orbite terrestre et leurs variations séculaires sont très faibles, et montrent l'excellence des Tables du Soleil de Le Verrier.

Pour les planètes Mercure et Vénus, une difficulté se présente : les passages de ces planètes sur le Soleil donnent entre les inconnues des équations de condition plus précises que les observations méridiennes, parce que ces dernières observations sont impossibles quand les planètes sont voisines de leur conjonction inférieure, et que, dans cette situation, l'influence d'une petite variation de la longitude héliocentrique de Vénus est à peu près doublée dans la longitude géocentrique. D'autre part, les observations des passages ne donnent pas quelques éléments directement, mais seulement des relations entre les corrections des inconnues. On peut se demander alors quels poids il faut donner à ces relations, et c'est là une question difficile à résoudre. M. Newcomb a été amené à donner deux solutions; dans la première, il a employé exclusivement les observations méridiennes, et dans la seconde il a combiné les équations normales provenant des passages avec celles tirées des observations méridiennes. Il est arrivé à ce résultat : si l'on n'avait pas les observations des passages de Mercure, les erreurs des éléments et de leurs variations séculaires, calculées avec tout l'ensemble des observations méridiennes, auraient causé une erreur de 5″ par siècle sur la longitude héliocentrique de la planète, au moment des passages de mai, et une erreur de 3″ au moment des passages de novembre. C'est un fait important qui montre, comme Le Verrier l'avait dit, que les observations méridiennes déterminent mal les variations séculaires des éléments, et ce point mérite peut-être encore d'attirer l'attention des astronomes.

Voici, d'après M. Newcomb, pour les quatre planètes considérées, les valeurs finales des variations séculaires déduites des observations; les valeurs des mêmes quantités déduites de la théorie, et enfin les différences, observation moins théorie, avec les erreurs moyennes de ces différences :

Mercure.

	Observation.	Théorie.	Différences.	
$\frac{de}{dt}$	+ 3″,36	+ 4″,24	− 0″,88	± 0″,50
$e\frac{d\varpi}{dt}$	+118,24	+109,76	+ 8,48	± 0,43
$\frac{di}{dt}$	+ 7,14	+ 6,76	+ 0,38	± 0,80
$\sin i\frac{d\Omega}{dt}$	− 91,89	− 92,50	+ 0,61	± 0,52

Vénus.

$\frac{de}{dt}$	− 9″,46	− 9″,67	+ 0″,21	± 0″,31
$e\frac{d\varpi}{dt}$	+ 0,29	+ 0,34	− 0,05	± 0,25
$\frac{di}{dt}$	+ 3,87	+ 3,49	+ 0,38	± 0,33
$\sin i\frac{d\Omega}{dt}$	−105,40	−106,00	+ 0,60	± 0,17

La Terre.

$\frac{de}{dt}$	− 8″,55	− 8″,57	+ 0″,02	± 0″,10
$e\frac{d\varpi}{dt}$	+ 19,48	+ 19,38	+ 0,10	± 0,13

Mars.

$\frac{de}{dt}$	+ 19″,00	+ 18″,71	+ 0″,29	± 0″,27
$e\frac{d\varpi}{dt}$	+149,55	+148,80	+ 0,75	± 0,35
$\frac{di}{dt}$	− 2,26	− 2,25	− 0,01	± 0,20
$\sin i\frac{d\Omega}{dt}$	− 72,60	− 72,63	+ 0,03	± 0,22

On devra multiplier les erreurs moyennes précédentes par 0,67 pour en déduire les erreurs probables.

On voit que l'accord complet entre la théorie et l'observation, dans les limites des erreurs de cette dernière, existe

pour les variations séculaires de		i et ☊	dans le cas de	Mercure,
»	»	e, ϖ et i	»	Vénus,
»	»	e et ϖ	»	la Terre,
»	»	e, i et ☊	»	Mars.

Il y a un désaccord manifeste, celui qui avait été si bien mis en lumière par Le Verrier, pour le périhélie de Mercure; l'excès de mouvement en un siècle est même porté de 38″ à 41″.

Il y a d'autres désaccords, beaucoup plus faibles :

Pour le mouvement du nœud de Vénus, le désaccord dépasse cinq fois l'erreur probable;

Pour le périhélie de Mars, le désaccord est trois fois l'erreur probable;

Pour l'excentricité de Mercure, le désaccord dépasse deux fois l'erreur probable; mais cette erreur probable est très difficile à fixer et peut très bien avoir été estimée au-dessous de sa valeur réelle.

Il ne reste donc, outre le périhélie de Mercure, que le périhélie de Mars et le nœud de Vénus.

236. M. Newcomb examine les diverses hypothèses que l'on peut faire pour expliquer ces désaccords.

Hypothèse de la non-sphéricité du Soleil. — Il suffirait de très petits aplatissements dans les surfaces de niveau, pour expliquer l'anomalie du mouvement du périhélie de Mercure. Si l'équilibre existe à la surface du Soleil, on aura, pour le potentiel relatif à l'attraction du Soleil sur Mercure, l'expression suivante (t. II, p. 210)

$$V = f\mathrm{M}\left[\frac{1}{r} + \frac{a_1^2}{3r^3}\left(e_1 - \frac{1}{2}\varphi\right)(1 - 3\sin^2\delta)\right] = \frac{f\mathrm{M}}{r} + \delta V,$$

où M désigne la masse du Soleil, a_1 son rayon équatorial, e_1 son aplatissement superficiel, φ le rapport de la force centrifuge équatoriale à l'attraction, r la distance de Mercure au centre du Soleil et δ sa déclinaison rapportée à l'équateur solaire. On aura, pour déterminer le mouvement du périhélie de Mercure, produit par l'aplatissement du Soleil, l'équation

$$\frac{d\varpi}{dt} = \frac{\sqrt{1-e^2}}{na^2 e}\,\frac{\partial\,\delta V}{\partial e} = \frac{f\mathrm{M}\,a_1^2}{3na^2 e}\left(e_1 - \frac{1}{2}\varphi\right)(1 - 3\sin^2\delta)\,\frac{\partial\frac{1}{r^3}}{\partial e},$$

d'où, en ne prenant que la partie principale,

$$\frac{d\varpi}{dt} = \frac{naa_1^2}{3e}\left(e_1 - \frac{1}{2}\varphi\right)\frac{\partial \frac{1}{r^3}}{\partial e}.$$

Or, si l'on ne cherche que les inégalités séculaires, on peut prendre

$$\frac{1}{r^3} = \frac{1}{a^3}\left(1 + \frac{3}{2}e^2\right),$$

et il en résulte

$$\frac{d\varpi}{dt} = n\left(\frac{a_1}{a}\right)^2\left(e_1 - \frac{1}{2}\varphi\right),$$

$$\delta\varpi = \left(\frac{a_1}{a}\right)^2\left(e_1 - \frac{1}{2}\varphi\right)nt.$$

Or, d'après la théorie de Clairaut, on a

$$e_1 < \frac{5}{4}\varphi;$$

donc

$$\delta\varpi < \frac{3}{4}\varphi\left(\frac{a_1}{a}\right)^2 nt.$$

En remplaçant $\frac{1}{2}\varphi$ par sa valeur $\frac{1}{93\,800}$ (t. II, p. 205), $\frac{a_1}{a}$ par $\frac{1}{83}$ et nt par le moyen mouvement de Mercure en un siècle, on trouve

$$\delta\varpi < 1'',2;$$

c'est beaucoup plus petit que 38″.

Sans recourir à la loi de Clairaut, on peut chercher quelle valeur il faudrait donner à e_1, l'aplatissement superficiel du Soleil, pour que la valeur (21) de $\delta\varpi$ atteigne 41″ au bout d'un siècle. On trouve ainsi

$$e_1 - \frac{1}{2}\varphi = \frac{1}{1900} = e_1 \text{ sensiblement.}$$

Or le diamètre du Soleil étant d'environ 1920″, on voit qu'entre le diamètre polaire du Soleil et le diamètre équatorial du Soleil, il devrait y avoir une différence d'environ 1″; mais, les recherches minutieuses de M. Auwers sur les mesures de ces deux diamètres montrent qu'il n'existe entre eux aucune différence appréciable.

L'hypothèse examinée n'est donc pas admissible; nous ne pensons pas qu'il puisse rester de doute, malgré la singulière rotation du Soleil et les fréquentes éruptions de protubérances qui montrent que l'équilibre n'existe pas parfaitement dans l'intérieur.

Le lecteur pourra consulter, sur le même sujet, un Mémoire de M. Harzer, *Astron. Nachr.*, n° 3030.

Hypothèse d'un anneau ou d'un groupe d'astéroïdes intra-mercuriels. — Nous avons déjà examiné cette hypothèse (p. 524); nous allons y revenir avec M. Newcomb, en tenant compte des perturbations qu'elle causerait dans les inclinaisons et les nœuds de Mercure et de Vénus. Concevons une planète ayant une orbite circulaire, et dont les éléments seront affectés de l'indice zéro. L'expression de la fonction perturbatrice provenant de l'action de cette planète sur Mercure sera (t. I, p. 406)

$$\mathcal{R} = \frac{1}{8} m_0 n^2 a^3 B^{(1)} [e^2 - \varphi^2 - \varphi_0^2 + 2\varphi\varphi_0 \cos(\theta - \theta_0)];$$

soit posé

$$\varphi \sin\theta = p, \qquad \varphi \cos\theta = q,$$
$$\varphi_0 \sin\theta_0 = p_0, \qquad \varphi_0 \cos\theta_0 = q_0;$$

il viendra

$$\mathcal{R} = \frac{1}{8} m_0 n^2 a^3 B^{(1)} (e^2 - p^2 - q^2 - p_0^2 - q_0^2 + 2pp_0 + 2qq_0).$$

On aura ensuite (t. I, p. 172)

$$\frac{dp}{dt} = \frac{1}{na^2}\frac{\partial\mathcal{R}}{\partial q}, \qquad \frac{dq}{dt} = -\frac{1}{na^2}\frac{\partial\mathcal{R}}{\partial p},$$

d'où

$$\frac{dp}{dt} = \frac{1}{4} m_0 n a B^{(1)} (q_0 - q),$$
$$\frac{dq}{dt} = -\frac{1}{4} m_0 n a B^{(1)} (p_0 - p);$$
$$\delta p = \frac{1}{4} m_0 a B^{(1)} (q_0 - q)\, nt,$$
$$\delta q = -\frac{1}{4} m_0 a B^{(1)} (p_0 - p)\, nt;$$

or on a trouvé, page 525,

$$\delta\varpi = \frac{1}{4} m_0 a B^{(1)} nt;$$

il viendra donc, en remplaçant $\delta\varpi$ par $41''$ pour Mercure,

$$\delta p = 41''(q_0 - q), \qquad \delta q = -41''(p_0 - p);$$

on aura des équations analogues pour Vénus, avec une autre valeur que $41''$, et p'

et q' au lieu de p et de q. On aura aussi une équation pour faire cadrer la valeur de ϖ' avec celle observée (*voir* le Tableau de la page 535); on remplacera de même δp, δq, $\delta p'$ et $\delta q'$ par leurs valeurs déduites de ce Tableau.

On aura donc finalement cinq équations contenant au premier degré les inconnues p_0 et q_0; on en conclura p_0 et q_0; puis on aura θ_0 et φ_0. M. Newcomb a trouvé ainsi

$$\theta_0 = 48^\circ, \qquad \varphi_0 = 9^\circ.$$

Nous ne reviendrons pas sur l'impossibilité physique d'une seule planète perturbatrice.

M. Newcomb n'admet pas davantage l'hypothèse de l'anneau qui, étant donnée la grandeur de sa masse, réfléchirait beaucoup de lumière.

Il semble bien que cette hypothèse ne soit guère admissible. On peut se demander alors à quoi se rapportent les observations telles que celles de M. Lescarbault. Il ne serait pas absolument impossible que ce soient des passages de comètes sur le disque du Soleil.

M. Newcomb écarte aussi l'hypothèse d'une masse étendue de matière diffuse analogue à celle de la lumière zodiacale; la partie qui agirait le plus pour faire tourner le périhélie de Mercure dans le sens direct serait la partie voisine du Soleil, et l'on rentrerait ainsi dans les difficultés de l'hypothèse précédente.

Il trouve encore que l'on pourrait rendre compte des variations anormales des éléments de Mercure et de Vénus, en supposant un anneau d'astéroïdes situé entre ces deux planètes; l'inclinaison devrait être de $7^\circ,5$. On peut se demander comment il se fait que l'anneau peut être supposé, soit en dedans de Mercure, soit entre Mercure et Vénus; cela tient à ce que, l'excentricité e' de Vénus étant très petite, le produit $e'\,\delta\varpi'$ sera encore assez petit, dans le second cas. Mais un tel anneau n'aurait pas pu échapper jusqu'ici aux investigations des astronomes.

Hypothèse de M. A. Hall. — On sait par le théorème de Newton (t. I, p. 49), que, si l'exposant de la loi d'attraction, au lieu d'être exactement égal à 2, en différait très peu, il en résulterait des déplacements très sensibles pour les périhélies des planètes: on peut voir (*loc. cit.*) que, si l'on prenait 2,001 pour la valeur de cet exposant, le périhélie de chaque planète se déplacerait de $10'48''$, dans le sens direct, au bout d'une révolution. On se trouvait ainsi naturellement conduit à voir quelle modification il faudrait apporter à l'exposant pour obtenir le déplacement de $41''$, en un siècle, pour le périhélie de Mercure.

C'est ce qu'a fait M. A. Hall (*Astronomical Journal*, t. XIV, p. 49); la formule (34) (t. I, p. 49) donne, en désignant par N l'exposant, très voisin de 2,

$$\delta\varpi = \frac{nt}{\sqrt{3-N}}\left[1 + \frac{(N+1)(N-2)}{24}e^2 + \ldots\right] - nt.$$

En faisant $N = 2 + \sigma$, et remplaçant nt par 538 000 000″, le mouvement de Mercure en un siècle, e par $\frac{1}{5}$ et $\delta\varpi$ par 41″, on trouve l'équation

$$41 = \frac{538\,000\,000}{\sqrt{1-\sigma}}\left(1 - \sqrt{1-\sigma} + \frac{\sigma}{200} + \ldots\right).$$

On en conclut, avec une précision suffisante,

$$\sigma\left(1 + \frac{1}{100}\right) = \frac{82}{538\,000\,000},$$

$$\sigma = 0{,}000\,000\,151, \qquad N = 2{,}000\,000\,151.$$

Les valeurs de $\delta\varpi$, pour Vénus, la Terre et Mars, s'obtiendront en multipliant 41″ par les rapports des durées de révolution de Mercure aux durées de révolution des planètes considérées. On trouvera ainsi les nombres suivants :

	$\delta\varpi$.	$e\,\delta\varpi$.		$\delta\varpi$.	$e\,\delta\varpi$.
Mercure..........	41″	8″,4	La Terre.........	10″	0″,2
Vénus...........	16″	0″,1	Mars............	5″	0″,5

de telle sorte que l'on représenterait bien ainsi l'anomalie du périhélie de Mercure, sans toucher aux périhélies de Vénus et de la Terre qui vont bien; la correction du périhélie de Mars serait même presque celle qui convient, puisque, d'après le Tableau de la page 535, $e\,\delta\varpi$ est égal à $+$ 0″,75 pour Mars, en un siècle.

Pour la Lune, la même loi donnerait pour le mouvement séculaire du périgée $+$ 140″; la différence à expliquer est de $+$ 156″; l'accord va donc très bien encore, mais il reste dans le nœud un désaccord de $-$ 286″ qui n'est pas expliqué par l'hypothèse de M. Hall; enfin, l'anomalie du nœud de Vénus reste entière.

M. Newcomb cherche à annuler les corrections des variations séculaires des éléments autres que les périhélies, notamment celle du nœud de Vénus, par des corrections ν, ν', ν'' et ν''' convenables; les valeurs ainsi trouvées pour ν, ν' et ν''' sont assez d'accord avec celles employées précédemment; malheureusement, il n'en est pas de même de ν''. La valeur trouvée pour cette dernière quantité conduit à $\pi = 8'',759$, valeur assez différente de celle à laquelle avaient conduit les meilleures déterminations de la parallaxe solaire.

Finalement, pour construire les Tables, il fallait prendre un parti et distribuer, en quelque sorte, également les erreurs. M. Newcomb ajoute aux périhélies des diverses planètes les mouvements séculaires suivants :

Mercure..........	43″,37	La Terre..........	10″,45
Vénus............	16″,98	Mars............	5″,55

le premier de ces nombres étant supposé donné, les autres s'en déduisent en le multipliant par $\frac{T}{T'}$, $\frac{T}{T''}$, $\frac{T}{T'''}$ et $\frac{T}{T^{IV}}$; comme si la loi de l'attraction avait pour exposant 2 000 000 1612 au lieu de 2. Les masses de Mercure, Vénus et Mars sont légèrement modifiées; celle de la Terre répond à la parallaxe 8″,790; l'excès de la valeur de $\sin i \frac{d\Omega}{dt}$, pour Vénus, est réduit à $+0''{,}25$; mais, en supposant bien connue la vitesse de la lumière, la constante de l'aberration se trouve portée à 20″,511.

La supposition d'un exposant de la loi de Newton, égal à deux entiers plus seize unités du huitième ordre, est-elle vraisemblable? Les astronomes et les géomètres l'admettraient avec une certaine répugnance. Au reste, M. Newcomb ne paraît pas être convaincu de la réalité de cette augmentation; il semble l'avoir adoptée, en l'absence de toute hypothèse vraisemblable, comme un procédé d'interpolation, en attendant mieux.

Les théories les plus récentes de la Physique donnent lieu de croire que les attractions des corps célestes ne peuvent se transmettre à distance que par l'intermédiaire d'un milieu, sans doute l'éther. Mais on ne connaît rien encore sur ce mode de transmission. Il paraît probable que le même milieu sert de véhicule à des actions électriques ou électromagnétiques. Pour les comètes, l'influence d'une action électrique du Soleil a été admise par plusieurs astronomes, notamment Olbers et Bessel. La relation entre les phénomènes magnétiques à la surface de la Terre et les taches solaires tend à nous confirmer dans cette voie. C'est ainsi qu'on se trouve amené à considérer, au lieu de la loi de Newton, des lois d'Électrodynamique, telles que celles de Weber; nous avons examiné quelques-unes de ces lois dans le Chapitre précédent, et nous avons cherché à faire disparaître l'excès de mouvement du périhélie de Mercure (38″ ou 41″), en déterminant convenablement la constante qui figure dans les termes correctifs que ces formules apportent à la loi de Newton. Mais nous sommes loin de prétendre à l'existence de ces lois, d'autant plus qu'elles n'expliqueraient pas tous les petits désaccords.

La loi de Newton représente, en somme, avec une très grande précision, les mouvements de translation de tous les corps célestes. Si l'on se reporte à ce que nous avons dit à la fin du Tome III, on peut être émerveillé de voir que les inégalités, si nombreuses, si compliquées, et quelques-unes si considérables, du mouvement de la Lune, soient représentées comme elles le sont par la théorie. Sans doute, il reste quelque chose : dans un intervalle de deux siècles et demi environ, la Lune s'écarte peu à peu de la position calculée, jusqu'à un maximum de 15″, de manière que, durant ce long intervalle, le bord éclairé de la Lune passera un peu plus tôt ou un peu plus tard devant les fils d'araignée de la lunette méridienne, sans que l'avance ou le retard dépasse une seconde de temps.

De même, les positions des planètes, pendant un siècle et demi d'observations précises, sont représentées à moins de 2″ près. Il y a une exception : Mercure peut être en avance ou en retard d'une quantité qui, pour certaines régions de l'orbite, s'élève à 8″ environ, soit une demi-seconde de temps au bout d'un siècle. Les désaccords pour le nœud de Vénus et le périhélie de Mars sont bien moins importants.

On éprouve, en fin de compte, un sentiment d'admiration profonde pour le génie de Newton et de ses successeurs, et pour les immenses travaux de Le Verrier, poursuivant pendant plus de trente ans son enquête méthodique dans toute l'étendue du système planétaire, travaux si habilement continués et développés par M. Newcomb.

FIN DU TOME IV ET DERNIER.

ERRATA.

TOME II.

Pages.	Lignes.	Au lieu de :	Lisez :
2	8	$\int \frac{a-x}{u^3}\,da\,db\,dc$	$\iiint \frac{a-x}{u^3}\,da\,db\,dc$
26	1 en remontant	$-4\pi M$	$-4\pi f M$
32	5	$F_3 - F_2$	$F_4 - F_3$
46	8	$X =$	$\frac{X}{f\mu\rho} =$
51	7	(B_1)	(B')
75	6 en remontant	$\frac{3-\sqrt{\alpha}(5-2\alpha)}{\sqrt[3]{\alpha(3-2\alpha)^5}}$	$\frac{3-\sqrt{\alpha}(5-2\alpha)}{\sqrt[3]{\alpha^2(3-2\alpha)^4}}$
99	5 en remontant	$\int_0$	$\int_0^\infty$
106	3	(14)	(16)
113	9	$\int_0$	$\int_0^\infty$
137	8 en remontant	centre de S	centre S
186	(*fig.* 19)	S_n (lettre suivant S_1)	S_2
207	3 en remontant	$\eta_1 = \rho$	$\eta_1 = \rho_1$
236	1 en remontant	$\int^1$	$\int_0^1$
238	5 en remontant	$-\left(\frac{5}{\lambda}+1+2\mu\right)$	$-x\left(\frac{5}{\lambda}+1+2\mu\right)$
251	13	$\frac{15}{4}\sin^2\theta\cos^2\theta\sin^2\theta'\cos^2\theta'$	$\frac{15}{4}\sin^2\theta\cos\theta\sin^2\theta'\cos\theta'$
299	8	Y_2	Y_1
308	3	$\int^a$	$\int_0^a$
311	6 en remontant	$(p_1+1)\,a^{p_1-2}Q^{(n)}$	$(p_1+1)\,a^{p_1-2}Q_1^{(n)}$
325	12	$\int W\Delta^2 W\,dv$	$\int W\Delta_2 W\,dv$

Pages.	Lignes.	Au lieu de :	Lisez :
377	4	$\frac{dr}{\partial t}$	$\frac{dr}{dt}$
386	7 en remontant	(8) $\frac{d\psi_0}{dt} =$	$\frac{d\psi_0}{dt} =$
388	11 en remontant	Oz	OZ
399	5 en remontant	(11)	(γ)
400	11	formule (20)	formule (19)
420	9 en remontant	λ	λ_1
434	6	Q'Z	ZQ'
439	17	$\alpha = -$	$\alpha = +$
452	12	l'équation (12)	l'équation (10)
465	4 en remontant	$(1+\mu^2)(2\mu+\mu)^2$	$(1+\mu)^2(2\mu+\mu^2)$
471	9	$-19,9\cos☾$ $+\frac{0,0146\gamma}{0,00186,5-\gamma}\cos\odot$	$-0,3320\gamma\cos☾$ $+\frac{0,0002426\gamma}{0,001865-\gamma}\cos\odot$ [1]
501	20	$\ldots+b''y$	$\ldots+b''z$
511	11	$L_1 = M\sin\alpha$	$L_1 = -M\sin\alpha$
511	12	$M_1 = -M\cos\alpha$	$M_1 = +M\cos\alpha$
513	12	$A_0\frac{dp_0}{dt}$	$A_0\frac{dp_0}{dt_0}$
516	11	t	$\bar{t}$
518	4	$(p\sin\varphi_n+q\cos\varphi_n)\sin\theta_0$	$-(p\sin\varphi_n+q\cos\varphi_n)\sin\theta_0$
520	12	$\varepsilon\frac{n-n_1}{n}(\sin n_1t+\sin\nu nt)$	$\varepsilon\left(\frac{n-n_1}{n}\sin n_1t+\sin\nu nt\right)$
520	13	$\varepsilon\frac{n-n_1}{n}(\cos n_1t-\cos\nu nt)$	$\varepsilon\left(\frac{n-n_1}{n}\cos n_1t-\cos\nu nt\right)$
521	16	$\Delta_x + \frac{\pi}{2}$	$\Delta_x = \frac{\pi}{2}$
523	7 en remontant	formules (f)	formules (b)
542	5	Lune	Terre
550	16	$i(\theta_0+\lambda m't)+j'(\theta'_0+\lambda'mt)$	$j(\theta_0+\lambda m't)+j'(\theta'_0+\lambda'mt)$

TOME III.

Pages.	Lignes.	Au lieu de :	Lisez :
4	13	$x = \pi$	$t = \pi$
10	3	$\ldots(1-q^3)\ldots$	$\ldots(1-q)^3\ldots$
11	10	les relations	la relation

(1) Un diviseur 60 avait été oublié.

Pages.	Lignes.	Au lieu de :	Lisez :
16	11	x	t
19	13	$-q_3 b_{-1}$	$-q_3 b_{-2}$
19	18	équations (5)	équations (3)
21	4	$\left[1-\frac{4\mu^2}{(4n+1)^2}\right]$	$\left[1-\frac{4\mu^2}{(2n+1)^2}\right]$
21	15	$(2n)^2 - q_2$	$(2n)^2 - q^2$
21	9 en remontant	$b_0\zeta^2$	$b_0\zeta^q$
22	1	$n^2 - q^2$	$(2n)^2 - q^2$
22	2	$(n-2)^2 - q^2$	$(2n-2)^2 - q^2$
23	7	permutations des	permutations de
23	4 en remontant	$\sum_{i_0=+\infty}^{i_0=+\infty}$	$\sum_{i_0=-\infty}^{i_0=+\infty}$
31	12	plus courbe	moins courbe
31	2 en remontant	l'excentricité croît... elle décroît	l'excentricité décroît... elle croît
35	14	SP	TP
48	4	$\int_0 \Omega \cos v \, dv$	$\int_0^v \Omega \cos v \, dv$
66	6	$\frac{d^2 v}{d\omega^2}$	$\frac{dv^2}{d\omega^2}$
72	6 en remontant	$\mathfrak{M}$, $\mathfrak{N}$ et p	$\mathfrak{M}$ et p
73	9	$=\frac{45}{4}\xi\sin(2\tau_i-\varpi')$	$=\frac{45}{4}\xi e'\sin(2\tau_i-\varpi')$
74	2 en remontant	cosinus	sinus
77	10 en remontant	$-\frac{\nu y^0}{r^3}$	$-\frac{\nu y_0}{r^3}$
103	10 en remontant	$\frac{5+4m}{1-2m}c$	$\frac{5+4m}{1-2m}c$
105	3	$2v-2mv$	$v-mv$
107	7 en remontant	$\frac{m'^2 a^3}{a'^3}$	$\frac{m' a^3}{a'^3}$
111	16 en remontant	s_0	u_0
126	4 en remontant	$-8\left(1-\frac{5}{4}m-\frac{2}{3}m^2+\ldots\right)$	$-8m\left(1-\frac{5}{4}m-\frac{3}{2}m^2+\ldots\right)$
133	1 en remontant	(II) + (III)	(I) + (III)
134	5	(II) + (III)	(I) + (III)
151	11 en remontant	$\frac{2\pi}{n'\sqrt{1+\frac{3}{2}m-1)}}$	$\frac{2\pi}{n'(\sqrt{1+\frac{3}{2}m}-1)}$
167	7	$\frac{dR}{\partial z}$	$\frac{\partial R}{\partial z}$
188	1 en remontant	= anomalie	l = anomalie
190	2	équations (a)	équations (A)
192	3	équations (a)	équations (A)

Pages.	Lignes.	Au lieu de :	Lisez :
207	4 en remontant	L	L'
209	2 en remontant	$A \cos l$	$A \cos l'$
226	1	e	$e \cos l$
245	3 en remontant	$2 e'_0 n_0 \alpha t^2$	$e'_0 n_0 \alpha t^2$
258	1 en remontant	n	n'
265	4 en remontant	$\sum_i \sum$	$\sum_i \sum_j$
266	13 et 15	$\sum$	$\sum_i$
270	14	$1 + 0,01021\ldots$	$0,01021\ldots$
279	3	valeurs (B_0)	valeurs (A_0)
280	2 et 3	$\{ \quad \{$	(12) $\{ \quad \}$
283	10	$v - v_0$	$s - s_0$
287	5	Chapitre IV	Chapitre II
292	10 et 13	$A + Be^2$	$A + Be^2$
295	10	$rr_1 \left(\frac{1}{r_1} - \frac{1}{r}\right)^2$	$rr_1 \left(\frac{1}{r_1} - \frac{1}{r}\right)^3$
295	1 en remontant	$E(e_1^2 + e^2) - \frac{2FH}{K} e_1^2$	$\left[E(e_1^2 + e^2) - \frac{2FH}{K} e_1^2\right](e_1^2 - e^2)$
297	14	formule (8)	formule (4)
297	11 en remontant	$\cos \alpha_3$	$\cos \alpha_2$
297	7 en remontant	$(\gamma^2 - \gamma_1^2)$	$(\gamma^2 - \gamma_1^2)^2$
297	2 en remontant	$(\gamma^2 - \gamma_1^2)$	$(\gamma^2 - \gamma_1^2)^2$
298	10	$(\gamma^2 - \gamma_1^2)(\gamma - \gamma_1) c$	$(\gamma^2 - \gamma_1^2)(\gamma - \gamma_1)$
301	11	$\sin i \frac{d\theta}{di}$	$\sin i \frac{d\theta}{dt}$
302	11 en remontant	$\sin \varepsilon$	$\sin \bar{\varepsilon}$
308	9 en remontant	formule (12)	formule (13)
310	2	$\frac{r}{a_0^2}$	$\frac{\bar{r}}{a_0^2}$
321	8 en remontant	i en $-i$	i en $-i$ et i' en $-i'$
323	4 en remontant	$\frac{45}{16} \mu^2 u^2 e' \cos g'$	$\frac{45}{64} \mu^2 u^2 e' \cos g'$
327	9	$B^{(i)} D^{(i')}$	$i B^{(i)} D^{(i')}$
329	10	$\sum^{\infty}$	$\sum_1^{\infty}$
329	5 en remontant	$-\frac{1}{2} G \sum_{-}^{+\infty}$	$-\frac{1}{2} G \sum_{-\infty}^{+\infty}$
335	9 en remontant	$r(1 + \nu)$	$\bar{r}(1 + \nu)$
335	8 en remontant	$\frac{\partial a \Omega}{\partial r}$	$\frac{\partial a \Omega}{\partial \bar{r}}$

Pages.	Lignes.	Au lieu de :	Lisez :
336	2	$U^{(1)}$ et $\Sigma^{(1)}$	$\overline{U}^{(1)}$ et $\overline{\Sigma}^{(1)}$
336	2	$1 - \nu$	$1 + \nu$
336	3	$U^{(2)}$ et $\Sigma^{(2)}$	$\overline{U}^{(2)}$ et $\overline{\Sigma}^{(2)}$
337	7 et 8 en remont.	$\frac{r^2}{a_0^2}$	$\frac{r^2}{a^2}$
338	6	$\frac{\partial^3 T_0}{\partial g^2}$	$\frac{\partial^3 T_0}{\partial g^3}$
338	3 en remontant	$R = \frac{\partial T_0}{\partial Q}$	$Y = \frac{\partial T_0}{\partial Q}$
343	4	$C^{(i)}$, $D^{(i)}$	$C^{(i')}$, $D^{(i')}$
345	5 en remontant	e_2^0	e_0^2
356	1 en remontant	$v - \vartheta_0 = \overline{f} = \omega$	$v - \vartheta_0 = \overline{f} + \omega$
358	3 en remontant	$+ \log$	$- \log$
367	13 en remontant	Lune	Terre
368	5 en remontant	8",10	8",0
371	8 en remontant	$- \frac{1}{\sigma\sqrt{\quad}}$	$+ \frac{1}{\sigma\sqrt{\quad}}$
371	6 en remontant	$- \frac{1}{\sigma\sqrt{\quad}}$	$+ \frac{1}{\sigma\sqrt{\quad}}$
372	2	$- \frac{1}{\sigma r'\sqrt{\quad}}$	$+ \frac{1}{\sigma r'\sqrt{\quad}}$
372	3	$- \frac{1}{\sigma D\sqrt{\quad}}$	$+ \frac{1}{\sigma D\sqrt{\quad}}$
372	4	$\frac{D}{r'}$	$\frac{r}{D}$
373	10	l'anomalie	l'anomalie vraie
374	3 en remontant	$V' = v'$	$V' = v' + h'$
395	1 en remontant	$\cos(iL - iL')$	$\cos(iL' - iL'')$
397	12 en remontant	$(i \pm 1)V' - (i \mp 1)V''$	$(i \pm 1)V' - (i \mp 1)V'' \mp 2h''$
397	7 en remontant	$\cos(2V'' - h'')$	$\cos(2V'' - 2h'')$
398	4	$C = \left(\frac{a'}{r'}\right)^3 \left(\frac{1}{2}\alpha b_{\frac{5}{2}}^{(9)} + \ldots\right)$	$C = \frac{1}{2}\alpha b_{\frac{5}{2}}^{(9)} + \ldots$
399	10	$\cos\theta$	$\sin\theta$
399	8 en remontant	$R'' = 3\,\frac{x^2 - y^2}{4}\ldots$	$\frac{1}{m''} R'' = 3\,\frac{x^2 - y^2}{4}\ldots$
401	6 en remontant	0",026	0",0026
411	7 en remontant	après 1750	après 1850
419	11	$-31'$ et $+1',6$	$-29''$ et $+1'',6$
419	12	$-2'$ et $-0',8$	$-2''$ et $-0'',8$
419	13	$-3'$ et $+3',4$	$-3''$ et $+3'',4$
426	1 en remontant	ligne à supprimer	

Les fautes ci-dessus nous ont été signalées principalement par M. L. de Ball, et quelques autres par M. G. Leveau et M. E. Brown.

TOME IV.

Pages.	Lignes.	Au lieu de :	Lisez :
5	6 en remontant	$2l_1 - l - 2\varpi$	$2l_1 - l - \varpi$
10	3 en remontant	$-\frac{4a}{a'^2}$	$-\frac{a'}{a^2}$
25	5 en remontant	$\frac{1}{2\sqrt{2b^2}}$	$\frac{\pi}{2\sqrt{2b^2}}$
45	17	q^{IV}	p^{IV}
45	18	p^{IV}	q^{IV}
403	2	ρ	(ρ)

FIN DE L'ERRATA DES TOMES II, III ET IV.

21493 Paris. — Imprimerie GAUTHIER-VILLARS ET FILS, quai des Grands-Augustins, 55.

EXTRAIT DU CATALOGUE

DE LA

Librairie GAUTHIER-VILLARS et FILS

Imprimeurs-Libraires-Editeurs du Bureau des Longitudes ; de l'École Polytechnique ; de l'École Centrale des Arts et Manufactures ; du Conservatoire national des Arts et Métiers ; de l'Observatoire de Paris ; des Observatoires de Montsouris, Bordeaux, Toulouse, Marseille et Nice ; du Bureau central météorologique ; de la Société française de Physique ; du Bureau international des Poids et Mesures. — Editeurs des *Comptes rendus hebdomadaires des séances de l'Académie des Sciences* ; du *Journal de Mathématiques*, par M. Camille JORDAN ; du *Journal de l'Ecole Polytechnique* ; des *Annales scientifiques de l'Ecole Normale supérieure*, par MM. les Maîtres de Conférences ; des *Nouvelles Annales de Mathématiques*, par MM. LAISANT et ANTOMARI ; des *Annales de la Faculté des Sciences de Toulouse* ; des *Annales du Conservatoire des Arts et Métiers* ; du *Bulletin des Sciences mathématiques*, par MM. G. DARBOUX et J. TANNERY ; du *Bulletin astronomique*, par M. F. TISSERAND ; du *Bulletin de la Société française de Photographie* ; du *Bulletin de la Société internationale des Electriciens* ; des *Annales de l'Observatoire de Paris* ; des *Œuvres de* CAUCHY, FERMAT, FOURIER, LAGRANGE, LAPLACE, etc.

QUAI DES GRANDS-AUGUSTINS, 55, A PARIS.

Envoi *franco*, contre mandat de poste ou valeur sur Paris, dans les *pays faisant partie de l'Union postale*

ANNUAIRE DE L'OBSERVATOIRE MUNICIPAL DE MONTSOURIS pour 1896 ; Météorologie, Chimie, Micrographie, Application à l'hygiène (contenant le résumé des travaux de l'Observatoire durant l'année 1894). 24ᵉ année. In-18 avec diagrammes et 48 fig.

Broché . . . . 2 fr. | Cartonné . . . . 2 fr. 50

Les années 1872, 1876, 1879, 1881, 1883 ne se vendent plus séparément.

ANNUAIRE pour l'an 1896, publié par le Bureau des Longitudes, contenant les Notices suivantes : *Les forces à distance et les ondulations*, par M. A. CORNU. — *Notice sur les Travaux de Fresnel en optique*, par M. A. CORNU. — *Sur la construction des nouvelles cartes magnétiques du globe*, entreprises sous la direction du Bureau des Longitudes, par M. DE BERNARDIÈRES. — *Sur une troisième ascension à l'observatoire du sommet du mont Blanc et les travaux exécutés pendant l'été de 1895 dans le massif de cette montagne*, par M. J. JANSSEN. — *Notice sur la vie et les travaux du contre-amiral Fleuriais*, par M. DE BERNARDIÈRES. — *Allocution prononcée aux funérailles de M. E. Brunner*, par M. J. JANSSEN. — *Allocution prononcée aux funérailles de M. E. Brunner*, par M. F. TISSERAND. In-18 de IV-894 pages, avec figures et 2 cartes magnétiques.

Broché . . . . 1 fr. 50 | Cartonné. . . . . 2 fr.

Pour recevoir l'Annuaire *franco* par la poste, dans tous les pays faisant partie de l'Union postale, ajouter 35 centimes.

APPELL (Paul), Membre de l'Institut. — **Traité de Mécanique rationnelle** (Cours de Mécanique de la Faculté des Sciences). 3 volumes grand in-8, se vendant séparément :

TOME I. — *Statique. Dynamique du point.* Grand in-8, avec 178 figures ; 1893. . . . 16 fr.

TOME II. — *Dynamique des systèmes. Mécanique analytique* avec figures ; 1895. Prix pour les souscripteurs. . . . . 14 fr.

Un premier fascicule (192 pages) a paru.

TOME III. — *Hydrostatique. Hydrodynamique.* . . . . (*En préparation.*)

Ce Traité est le résumé des leçons que l'auteur fait depuis plusieurs années à la Faculté des Sciences de Paris sur le programme de la licence. Comme la Mécanique était, jusqu'à présent, à peine enseignée dans les lycées, on ne suppose chez le lecteur aucune connaissance de cette science et on commence par l'exposition des notions préliminaires indispensables, théorie des vecteurs, cinématique du point et du corps solide, principes de la Mécanique, travail des forces. Vient ensuite la Mécanique proprement dite, divisée en Statique et Dynamique.

Ce qui fait le caractère distinctif de cet Ouvrage et ce qui justifiera la publication d'une nouvelle Mécanique rationnelle après tant d'autres excellents Traités, c'est l'introduction de la Mécanique analytique dans les commencements mêmes du cours. Au lieu de reléguer les méthodes de Lagrange à la fin et d'en faire une exposition entièrement séparée, l'auteur a essayé de les introduire dans le courant de l'Ouvrage.

tions proposées pour l'admission à l'École Centrale, très bien choisies et relativement faciles, fournissent de très bons exercices. Mais il est impossible de donner en conférences la solution de ces exercices, à cause de la présence des élèves de première année qui n'ont pas encore fait de Géométrie analytique. L'Auteur a alors rédigé, *avec tous les détails que l'on donne au tableau*, les solutions de ces exercices, pour les faire circuler parmi ses élèves au moment où il leur rendait leurs copies corrigées, mais sans intention de les rendre publiques. Ce sont ces solutions qui, sur la demande des éditeurs, ont été réunies en volume, de sorte que l'Ouvrage offert aujourd'hui aux élèves est un Recueil de problèmes, dont les solutions abondent en détails inusités.

BRISSE (Ch.), Professeur à l'École Centrale et au Lycée Condorcet, Répétiteur à l'École Polytechnique. — **Cours de Mécanique**, *à l'usage de la classe de Mathématiques spéciales*, entièrement conforme au dernier programme d'admission à l'École Polytechnique. Grand in-8, avec 44 figures ; 1892. . . . . 3 fr. 25

Le *Cours de Mécanique* que nous publions aujourd'hui est le simple développement du nouveau programme d'admission à l'École Polytechnique. L'Auteur s'est attaché à le suivre pas à pas et sans lui donner aucune extension qui ne résulte du texte d'une manière formelle. Le nouvel enseignement a pour but non pas d'aligner des calculs, ni de servir de prétexte à des problèmes d'Analyse intéressants, mais de donner aux élèves des idées justes qu'ils n'aient pas à modifier après leur entrée à l'École. Ce n'est que bien pénétrés de ces idées qu'ils pourront plus tard aborder avec lucidité les nouvelles théories physiques, qui leur fourniront alors des exercices et des applications véritablement dignes d'intérêt, au lieu de ces problèmes à énoncés laborieusement échafaudés, fort jolis au point de vue des Mathématiques pures, mais auxquels la Mécanique ne fait que prêter son nom.

BRUNHES (Bernard), Maître de Conférences à la Faculté des Sciences de Lille.— **Cours élémentaire d'Electricité.** *Lois expérimentales et principes généraux. Introduction à l'Electrotechnique.* LEÇONS PROFESSÉES A L'INSTITUT INDUSTRIEL DU NORD DE LA FRANCE. In-8, avec 137 figures ; 1895. . . . . 5 fr.

Dans ce Livre, qui est la reproduction de son *Cours d'Electricité théorique* à l'Institut industriel du nord de la France, l'Auteur a introduit d'une façon rigoureusement scientifique, mais aussi élémentaire que possible, toutes les notions indispensables pour l'Étude de l'Electrotechnique. Cette préoccupation de donner une base scientifique solide aux connaissances de ses Elèves distingue cet Ouvrage des Cours destinés à un public dont l'éducation première ne peut être reprise. Par les différences mêmes qu'il présente avec les Traités classiques, nombreux maintenant, ce Cours sera utile aux Elèves de l'Enseignement secondaire, aux Elèves des Ecoles industrielles et surtout aux personnes qui, désireuses de compléter les éléments, déjà acquis, de l'Electricité, voudront aborder aujourd'hui des études sérieuses d'Electrotechnique.

CAUCHY (A.). — Œuvres complètes d'Augustin Cauchy. In-4.

Chaque volume se vend séparément. . . . . 25 fr.

Prix pour les souscripteurs. . . . . 20 fr.

Les Tomes I, IV, V, VI, VII, VIII de la 1re Série, et VI, VII, VIII, IX et X de la 2e Série, ont été publiés précédemment. Le Tome IX de la 1re Série vient de paraître.

1re Série. TOME IX. *Extraits des comptes rendus de l'Académie des Sciences.* In-4 ; 1896. 25 fr.

En souscription : **1re Série.** TOME III. *Cours d'analyse de l'École royale polytechnique.* In-4 ; 1896. . . . . 25 fr.

Prix pour les souscripteurs . . . . 20 fr.

CHAPPUIS (J.), Agrégé, Docteur ès sciences, Professeur de Physique générale à l'École Centrale, et **BERGET (A.)**, Docteur ès sciences, attaché au laboratoire des Recherches physiques de la Sorbonne. **Leçons de Physique générale.** *Cours professé à l'École Centrale des Arts et Manufactures et complété suivant le programme de la Licence ès sciences physiques.* 3 volumes grand in-8, se vendant séparément :

TOME I. — *Instruments de mesure. Chaleur.* Avec 175 figures ; 1891. . . . . 13 fr.

TOME II. — *Electricité et Magnétisme.* Avec 305 figures ; 1891. . . . . 13 fr.

TOME III. — *Acoustique. Optique. Electro-optique.* Avec 193 figures ; 1892. . . . . 10 fr.

Les jeunes gens qui se livrent aux études d'enseignement supérieur en suivant les cours des Facultés ou ceux des grandes écoles du Gouvernement n'ont plus rien à apprendre dans les traités élémentaires écrits pour l'enseignement secondaire. D'autre part, il n'est pas donné à tous de pouvoir consulter avec fruit tous les ouvrages considérables où l'exposé de la science a reçu les plus complets développements. Entre ces deux ordres de publications : les unes trop élémentaires, les autres trop élevées, ils cherchent en vain un livre qui réponde à leur programme et soit au niveau de leurs études. C'est ce livre que nous présentons au public.

COMBEROUSSE (Charles de), Ingénieur civil, Professeur au Conservatoire national des Arts et Métiers et à l'École Centrale des Arts et Manufactures, ancien Président du Jury d'admission à la même École, ancien Professeur de Mathématiques spéciales au Collège Chaptal. — **Cours de Mathématiques**, à l'usage des Candidats à l'École Polytechnique, à l'École Normale supérieure et à l'École Centrale des Arts et Manufactures. 4 volumes in-8, avec figures et planches.

Chaque volume se vend séparément :

TOME Ier. — *Arithmétique* et *Algèbre élémentaire*, avec 38 figures. 3e édition ; 1884. 10 fr.

On vend séparément :

Arithmétique. 4 fr.
Algèbre élémentaire. . . . . 6 fr.

TOME II. — *Géométrie élémentaire, plane et dans l'espace. — Trigonométrie rectiligne et sphérique*, avec 543 figures, 3e édition, revue et augmentée ; 1893. . . . . 13 fr.

On vend séparément :

Géométrie élémentaire plane et dans l'espace . . . . . 8 fr.
Trigonométrie rectiligne et sphérique, suivie de Tables des valeurs des lignes trigonométriques naturelles. 5 fr.

TOME III. — *Algèbre supérieure*. Ire Partie : *Compléments d'Algèbre élémentaire* (*Déterminants, fractions continues, etc.*). — *Combinaisons. — Séries. — Etude des Fonctions. — Dérivées et différentielles. — Premières notions sur les Intégrales*. 2e édition ; 1887. 15 fr.

TOME IV. — *Algèbre supérieure*. IIe Partie : *Etude des Imaginaires. — Théorie générale de Equations*. 2e édition ; 1890 . . . . 15 frs

CONNAISSANCE DES TEMPS ou des mouvements célestes, à l'usage des Astronomes et des Navigateurs, pour l'an 1898, publiée par le *Bureau des Longitudes*. Grand in-8 de VI-873 pages, avec 2 cartes en couleur ; 1895.

Broché. . . . . 4 fr. | Cartonné. . . . . 4 fr. 75

Pour recevoir l'ouvrage *franco* dans les pays de l'Union postale, ajouter 1 franc.
Le volume pour l'année 1899 paraîtra en 1896.

DEMARÇAY (Eug.), Ancien Répétiteur à l'Ecole Polytechnique. — **Spectres électriques**. In-4, avec atlas grand in-4 cartonné de 10 planches contenant 20 photographies de spectres ; 1895 . . . . 25 fr.

FAYE (H.). — **Sur l'origine du Monde**. *Théories cosmogoniques des Anciens et des Modernes*. 3e édition, revue et augmentée. Un beau volume in-8, avec fig. ; 1896 . . . . 6 fr.

FERMAT. — **Œuvres de Fermat**, publiées par les soins de MM. *Paul Tannery* et *Charles Henry*, sous les auspices du MINISTÈRE DE L'INSTRUCTION PUBLIQUE. In-4.

TOME I : *Œuvres mathématiques diverses. — Observations sur Diophante*. Avec 3 planches en Photoglyptographie (Portrait de Fermat, fac-similé du titre de l'édition de 1679, et fac-similé d'une page de son écriture) ; 1891. . . . . 22 fr.

TOME II : *Correspondance de Fermat* ; 1894. . . . . 22 fr.

TOME III : *Traductions des écrits latins de Fermat, du* « Commercium Epistolicum » *de Wallis, de l'* « Inventum novum » *de Jacques de Billy. — Suppléments à la Correspondance* ; 1896. . . . . (*Sous presse*.)

FREYCINET (Charles de), de l'Institut. — **Essais sur la Philosophie des sciences**. *Analyse. Mécanique*. In-8 ; 1896. . . . . 6 fr.

GAUTIER (Henri) et CHARPY (Georges), Docteurs ès sciences, anciens Elèves de l'Ecole Polytechnique. — **Leçons de Chimie**, *à l'usage des élèves de Mathématiques spéciales*. 2e édition entièrement refondue. (Notation atomique). Grand in-8, avec 92 fig. ; 1894. . . . . . . 9 fr.

Ces **Leçons de Chimie** présentent ceci de particulier qu'elles ne sont pas la reproduction des Ouvrages similaires parus dans ces dernières années. Les théories générales de la Chimie sont beaucoup plus développées que dans la plupart des Livres employés dans l'enseignement ; elles sont mises au courant des idées actuelles, notamment en ce qui concerne la théorie des équilibres chimiques. Toutes ces théories qui montrent la continuité qui existe entre les phénomènes chimiques, physiques et même mécaniques, sont exposées sous une forme facilement accessible. La question des nombres proportionnels, qui est trop souvent négligée dans les Ouvrages destinés aux candidats aux Ecoles du Gouvernement, est traitée avec tous les développements désirables. Dans tout le cours du Volume, on remarque aussi une grande préoccupation de l'exactitude ; les faits cités sont tirés des mémoires originaux où ont été soumis à une nouvelle vérification. Les procédés de l'industrie chimique sont décrits sous la forme qu'ils possèdent actuellement. L'Ouvrage ne comprend que l'étude des métalloïdes, c'est-à-dire les matières exigées pour l'admission aux Ecoles Polytechnique et Centrale. En résumé, le Livre de MM. Gautier et Charpy est destiné, croyons-nous, à devenir rapidement classique.

GÉRARD (Eric), Directeur de l'Institut électrotechnique Montefiore. — **Leçons sur l'Electricité**, professées à l'Institut électrotechnique. 4e édition, refondue et complétée. 2 volumes grand in-8, se vendant séparément.

TOME I : *Théorie de l'Electricité et du Magnétisme. Electrométrie. Théorie et construction des Générateurs et des Transformateurs électriques*. Grand in-8, avec 269 figures ; 1895. 12 fr.

Tome II : *Canalisation et distribution de l'énergie électrique. Application de l'électricité à la production et à la transmission de la puissance motrice, à la traction, à la télégraphie et à la téléphonie, à l'éclairage et à la métallurgie*. Grand in-8, avec 263 figures; 1895. . 12 fr.

GÉRARD (Éric), Directeur de l'Institut électrotechnique Montefiore, Ingénieur principal des Télégraphes, Professeur à l'Université de Liège. — **Mesures électriques.** Leçons professées à l'Institut électrotechnique Montefiore, annexé à l'Université de Liège. Gr. in-8 de 450 pages. avec 198 figures. Cartonné, toile anglaise; 1896. 12 fr.

GRÉVY (A.), Agrégé des Sciences mathématiques, Professeur au Lycée de Bar-le-Duc. — **Compositions données depuis 1872 aux examens de Saint-Cyr.** *Algèbre et Géométrie* (Énoncés et Solutions). 2ᵉ édition. In-8, avec 30 figures; 1894 . . . . 2 fr. 50

Les questions traitées dans ce recueil ont toutes été proposées aux différents concours de l'École spéciale militaire; on a choisi les solutions les plus simples, et la méthode qui se présente naturellement à l'esprit a été adoptée de préférence à certains procédés parfois plus élégants, mais auxquels des élèves peu exercés ne sauraient avoir recours sans inconvénient.

Ce recueil, destiné aux candidats à Saint-Cyr, pourra également être utile à consulter par les candidats à l'École Navale et au baccalauréat ès Sciences.

JAMIN (J.), Secrétaire perpétuel de l'Académie des Sciences, Professeur de Physique à l'École Polytechnique, et **BOUTY (E.)**, Professeur à la Faculté des Sciences. — **Cours de Physique de l'École Polytechnique.** 4ᵉ édition, augmentée et entièrement refondue, par E. Bouty. 4 forts volumes in-8 de plus de 4000 pages, avec 1587 figures et 14 planches sur acier, dont 2 en couleur; 1885-1891. (*Autorisé par décision ministérielle.*). . . . . 72 fr.

On vend séparément (voir le *Catalogue*) :

Tome I : *Instruments de mesure. Hydrostatique. Physique moléculaire.* 243 figures et une planche. . . . . 9 fr.
(1ᵉʳ fascicule, 5 fr. — 2ᵉ fascicule, 4 fr.)

Tome II : *Chaleur.* 193 figures et 2 planches . . . . 15 fr.
(1ᵉʳ fascicule, 5 fr. — 2ᵉ fascicule, 5 fr. — 3ᵉ fascicule, 5 fr.

Tome III : *Acoustique. Optique.* 511 figures et 8 planches . . . . 22 fr.
(1ᵉʳ fascicule, 4 fr. — 2ᵉ fascicule, 4 fr. — 3ᵉ fascicule, 14 fr.)

Tome IV (1ʳᵉ Partie) : *Electricité statique et dynamique.* 316 figures et 2 planches. 13 fr.
(1ᵉʳ fascicule. 7 fr. — 2ᵉ fascicule, 6 fr.)

Tome IV (2ᵉ Partie) : *Magnétisme. Applications.* 324 figures et 1 planche. . . . . 13 fr.
(3ᵉ fascicule, 8 fr. — 4ᵉ fascicule, 5 fr.)

Des suppléments, destinés à exposer les progrès accomplis, viendront successivement compléter ce grand Traité et le maintenir au courant des derniers travaux.

1ᵉʳ Supplément. — **Chaleur, Acoustique et Optique.** par E. Bouty, Professeur à la Faculté des Sciences. In-8, avec 41 figures; 1896. 3 fr. 50
(Un prospectus très détaillé est envoyé sur demande.)

JANET (Paul). Chargé de Cours à la Faculté des sciences de Paris, Directeur du Laboraoire central d'Electricité. — **Premiers principes d'Electricité industrielle.** *Piles. Accumulateurs. Dynamos. Transformateurs.* 2ᵉ édition. In-8, avec 173 figures; 1896. . . . . 6 fr.

Ce Livre s'adresse à toute personne désireuse d'acquérir quelques idées fondamentales, précises, dans cette Science appliquée, aujourd'hui de si vaste étendue, l'Electricité; de changer en idées modernes, actuelles, le bagage suranné du vieil enseignement qui a disparu il y a si peu de temps, enfin de se mettre au courant des principes essentiels pour pénétrer plus avant dans l'étude des phénomènes électriques et de leurs applications. Il s'adresse aussi aux Étudiants de nos Facultés et Écoles, qui y trouveront peut-être quelque secours pour s'habituer à voir le sens physique des choses et le côté pratique d'une Science dont ils connaissent la théorie.

JORDAN (Camille), Membre de l'Institut, Professeur à l'École Polytechnique. — **Cours d'Analyse de l'École Polytechnique.** 2ᵉ édition, entièrement refondue. Trois volumes in-8, avec figures, se vendant séparément :

Tome I. — Calcul différentiel. 1893. . . . . 17 fr.
Tome II. — Calcul intégral (*Intégrales définies et indéfinies*). 1894. . . . . . 17 fr.
Tome III. — Calcul intégral (*Equations différentielles*); 1896. . . . . 15 fr.

LAISANT (C.-A.), Docteur ès Sciences. — **Recueil de problèmes de Mathématiques** *classés par divisions scientifiques*, contenant les énoncés avec renvoi aux solutions de tous les problèmes posés, depuis l'origine, dans divers journaux : *Nouvelles Annales de Mathématiques, Journal de Mathématiques élémentaires et de Mathématiques spéciales, Nouvelle Correspondance mathématique, Mathésis*. 7 volumes in-8, se vendant séparément.

*

CLASSES DE MATHÉMATIQUES ÉLÉMENTAIRES.

I : *Arithmétique. Algèbre élémentaire. Trigonométrie;* 1893 . . . . 2 fr. 50

II : *Géométrie à deux dimensions. Géométrie à trois dimensions. Géométrie descriptive;* 1893 . . . . 5 fr.

CLASSES DE MATHÉMATIQUES SPÉCIALES.

III : *Algèbre. Théorie des nombres. Probabilités. Géométrie de situation;* 1895. . 6 fr. »

IV : *Géométrie analytique à deux dimensions (et Géométrie supérieure);* 1893. . 6 fr. 50

V : *Géométrie analytique à trois dimensions (et Géométrie supérieure);* 1893 . . 2 fr. 50

VI : *Géométrie du triangle.* 1896. . . . . (*Sous presse*).

LICENCE ÈS SCIENCES MATHÉMATIQUES.

VII : *Calcul infinitésimal et Calcul des fonctions. Mécanique. Astronomie.* (*En préparation.*)

Ces problèmes représentent en quelque sorte le résumé des travaux mathématiques d'un demi-siècle. Presque tous intéressants, quelques-uns sont dus à des géomètres illustres. Et cependant, épars dans des collections dont quelques-unes sont rares aujourd'hui, ils étaient devenus presque introuvables pour les élèves. M. Laisant aura rendu un réel service à l'Enseignement et à l'histoire de la Science, en faisant une classification de tous ces problèmes. Il a eu soin du reste d'indiquer les solutions publiées par un système de renvois abréviatifs, afin de permettre, en cherchant dans les collections des bibliothèques, de retrouver une solution qu'on désirerait étudier.

Grâce à la classification adoptée, une question quelconque peut être retrouvée presque immédiatement dans l'Ouvrage si elle y figure. Chaque Volume contient du reste sur la classification et les notations tous les renseignements nécessaires pour se suffire à lui-même.

LAISANT (C.-A.) et LEMOINE (E.), Directeur de l'*Intermédiaire des Matématiciens.* — **Traité d'Aritmétique** suivi de *Notes sur l'Ortografie simplifiée*, par P. MALVEZIN, Directeur de la Société filologique française. Petit in-8, en caractères elzéviriens et titre en deux couleurs; 1895. . . . . 5 fr.

(Ouvrage imprimé avec l'ortografe adoptée par la Société filologique française.)

LAURENT (H.), Examinateur d'admission à l'École Polytechnique. — **Traité d'Analyse.** 7 volumes in-8, avec figures . . . . 73 fr.

TOME I. — **Calcul différentiel.** — *Applications analytiques;* 1885 . . . . 10 fr.

TOME II. — *Applications géométriques;* 1887. . . . . 12 fr.

TOME III. — **Calcul intégral.** — *Intégrales définies et indéfinies.* In-8, avec figures; 1888 . . . . 12 fr.

TOME IV. — *Théorie des fonctions algébriques et leurs intégrales.* In-8, avec figures; 1890 . . . . 12 fr.

TOME V. — *Équations différentielles ordinaires;* 1890 . . . . 10 fr.

TOME VI. — *Équations aux dérivées partielles;* 1890. . . . . 8 fr. 50

TOME VII et dernier. — *Applications géométriques de la théorie des équations différentielles;* 1891. . . . . 8 fr. 50

Ce Traité est le plus étendu qui soit publié sur l'Analyse. Il est destiné aux personnes qui, n'ayant pas le moyen de consulter un grand nombre d'ouvrages, ont le désir d'acquérir des connaissances étendues en Mathématiques. Il contient donc, outre le développement des matières exigées des candidats à la Licence, le résumé des principaux résultats acquis à la Science. (Des astérisques indiquent les matières non exigées des candidats à la Licence.) Enfin, pour faire comprendre dans quel esprit est rédigé ce Traité d'Analyse, il suffira de dire que l'Auteur est un ardent disciple de Cauchy.

LAURENT (H.), Répétiteur d'Analyse à l'École Polytechnique et ancien Élève de cette École. — — **Traité d'Algèbre**, à l'usage des candidats aux Écoles du Gouvernement. Revu et mis en harmonie avec les derniers programmes, par MARCHAND, ancien Élève de l'École Polytechnique. 4 volumes in-8.

Ire PARTIE. — *Algèbre élémentaire*, à l'usage des Classes de Mathématiques élémentaires. 4e édition; 1887 . . . . 4 fr.

IIe PARTIE. — *Analyse algébrique*, à l'usage des Classes de Mathématiques spéciales. 5e édition; 1894. . . . . 4 fr.

IIIe PARTIE. — *Théorie des Équations*, à l'usage des Classes de Mathématiques spéciales. 5e édition; 1894. . . . . 4 fr.

IVe PARTIE. — *Théorie des polynomes à plusieurs variables;* 1894 . . . . 1 fr. 50

LENOBLE, Professeur de chimie à l'Université libre de Lille.—**La Théorie atomique et la théorie dualistique.** *Transformation des formules. Différences essentielles entre les deux théories.* In-18 jésus; 1896. . . . . 2 fr.

LUCAS (Édouard). — **L'Arithmétique amusante.** (Introduction aux RÉCRÉATIONS MATHÉMATIQUES). *Amusements scientifiques pour l'enseignement et la pratique du calcul.* Petit in-8 en caractères elzévirs et titre en deux couleurs.; 1895. . . . . 7 fr. 50

LUCAS (Édouard). — **Récréations mathématiques.** 4 volumes petit in-8, caractères elzévirs, titres en deux couleurs, se vendant séparément :

TOME I. — *Les Traversées.* — *Les Ponts.* — *Les Labyrinthes.* — *Les Reines.* — *Le Solitaire.* — *La Numération.* — *Le Baguenaudier.* — *Le Taquin.* 2e édition ; 1891. Prix : Papier Hollande, 12 fr. ; vélin. . . . . 7 fr. 50

TOME II. — *Qui perd gagne.* — *Les Dominos.* — *Les Marelles.* — *Le Parquet.* — *Le Casse-Tête.* — *Les Jeux de demoiselles.* — *Le Jeu icosien d'Hamilton* ; 1883. Prix : Papier Hollande, 12 fr. ; vélin. . . . . 7 fr. 50

TOME III. — *Le Calcul digital.* — *Machines arithmétiques.* — *Le caméléon.* — *Les jonctions de points.* — *Le Jeu militaire.* — *La prise de la Bastille.* — *La patte d'oie.* — *Le fer à cheval.* — *Le Jeu américain.* — *Amusements par les jetons.* — *L'Étoile nationale.* — *Rouge et Noire* ; 1893. Prix : Papier Hollande, 9 fr. 50; vélin . . . . 6 fr. 50

TOME IV. — *Le Calendrier perpétuel.* — *L'Arithmétique en boules.* — *L'Arithmétique en bâtons.* — *Les Mérelles au treizième siècle.* — *Les carrés magiques de Fermat.* — *Les Réseaux et les Dominos.* — *Les Régions et les quatre couleurs.* — *La machine à marcher* ; 1894. Prix : papier Hollande, 12 fr.; vélin. . . . . 7 fr. 50

MANNHEIM (le Colonel A.), Professeur à l'École Polytechnique. — **Principes et développements de Géométrie cinématique.** *Ouvrage contenant de nombreuses applications à la Théorie des surfaces.* In-4, avec 186 figures; 1894. . . . . 25 fr.

Cet Ouvrage considérable débute par les premiers principes de la Géométrie cinématique. Puis il contient l'exposé méthodique des nombreux travaux de l'Auteur relatifs aux propriétés des déplacements des figures. Les déplacements non complètement définis font l'objet d'une étude spéciale. Cette étude, du domaine exclusif de la Géométrie cinématique, donne lieu à un grand nombre de résultats intéressants qu'on ne saurait trouver ailleurs.

Ce Livre contient aussi des applications très diverses qui se rapportent à l'Optique et surtout à la Théorie des surfaces.

MASCART (E.), Membre de l'Institut, Professeur au Collège de France, Directeur du Bureau central météorologique. — **Traité d'Optique.** Trois beaux volumes grand in-8°, avec figures et planches.

On vend séparément :

TOME I : *Systèmes optiques. Interférences. Vibrations. Diffraction. Polarisation. Double réfraction*, avec 199 figures et 2 planches; 1889 . . . . 20 fr.

TOME II ET ATLAS : *Propriétés des cristaux. Polarisation rotatoire. Réflexion vitrée. Réflexion métallique. Réflexion cristalline. Polarisation chromatique*, avec 113 figures et Atlas contenant 2 planches sur cuivre dont une en couleur (Propriétés des cristaux. Colorations des cristaux par les interférences); 1891. . . . . 25 fr.

TOME III : *Polarisation par diffraction. Propagation de la lumière. Photométrie. Réfractions astronomiques.* Avec 83 figures; 1893. . . . . 20 fr.

L'auteur a traité, dans cet Ouvrage, sous la forme qui convient à une publication, les questions d'Optique qui ont fait, à différentes reprises, l'objet de son enseignement au Collège de France.

Ce Traité s'adresse aux élèves des Facultés et des Écoles d'enseignement supérieur. L'Auteur espère que les physiciens et les professeurs trouveront aussi quelque intérêt dans le mode d'exposition, le groupement des phénomènes, la discussion des expériences et dans certaines questions que les publications analogues n'ont pas l'habitude de traiter.

MÉRAY, Professeur à la Faculté des Sciences de Dijon. — **Leçons nouvelles sur l'Analyse infinitésimale et ses applications géométriques.** (*Ouvrage honoré d'une souscription du Ministère de l'Instruction publique.*) 3 volumes grand in-8, se vendant séparément :

Ire PARTIE : *Principes généraux* ; 1894. . . . . 13 fr.

IIe PARTIE : *Étude monographique des principales fonctions d'une seule variable* ; 1895. 14 fr.

IIIe et IVe PARTIE : *Questions analytiques classiques.* — *Applications géométriques* (Actuellement rédigées pour paraître successivement).

L'Auteur expose sur un plan inédit, et avec les développements nécessaires, ses méthodes personnelles, éprouvées par vingt-cinq années d'emploi exclusif dans son enseignement. Elles se distinguent de celles dont l'habitude maintient encore le crédit, par des procédés naturels et uniformes qui confèrent aux démonstrations, pour la première fois, la rigueur et la clarté des considérations algébriques les plus faciles. Dans leur essence, ces procédés consistent à analyser les principaux modes de génération des fonctions analytiques pour en déduire *directement* la possibilité générale de leur représentation par des séries entières, puis à substituer *partout* cette notion si simple et si féconde aux intuitions, sans précision ni portée, dans lesquelles les raisonnements fondamentaux de la théorie des fonctions se sont toujours embarrassés.

Ce point de vue, que Lagrange avait pourtant indiqué en lui donnant toute sa prédilection, a été bien longtemps dédaigné; maintenant, au contraire, il gagne chaque jour du terrain, et peut-être tardera-t-il peu à devenir dominant. Les géomètres pour lesquels il aurait des côtés séduisants liront cet Ouvrage avec un grand intérêt; nous le recommanderons avec la même confiance à tous ceux qu'ont choqués l'insuffisance et les obscurités des aperçus traditionnels.

MICHAUT, Commis principal à la Direction technique des Télégraphes de Paris; et **GILLET**, Commis principal au poste central des Télégraphes de Paris. — **Leçons élémentaires de Télégraphie électrique.** *Système Morse. Manipulation. Notions de Physique et de Chimie. Piles. Appareils et accessoires. Installation des Postes.* 2e édition. In-18 jésus, avec 86 figures; 1895. . . . . 3 fr. 75

Cet ouvrage a été rédigé non seulement au point de vue général des connaissances nécessaires à tous les télégraphistes, mais aussi et spécialement pour servir aux candidats qui veulent se présenter à l'examen d'aptitude à l'emploi d'auxiliaire militaire *manipulant*.

Il a été établi conformément au programme des Cours faits à Paris pendant les vingt-huit jours, et c'est le seul livre adopté pour l'instruction des *réservistes auxiliaires*.

MONOD (Édouard-Gabriel). **Stéréochimie.** *Exposé des théories de* Le Bel et Van t'Hoff, complétées par les travaux de MM. Fischer, Bæyer, Guye et Friedel, avec une préface de M. C. Friedel. In-8, avec nombreuses figures; 1895. . . . . 5 fr.

NIEWENGLOWSKI (B.), Inspecteur d'Académie. — **Cours de Géométrie analytique**, à l'usage des Élèves de la classe de Mathématiques spéciales et des Candidats aux Écoles du Gouvernement. 3 volumes grand in-8, avec nombreuses figures, se vendant séparément.

Tome I : Sections coniques; 1894. . . . . 10 fr.

Tome II : Construction des courbes planes. — Compléments relatifs aux coniques. 1895; Prix. . . . . 8 fr.

Tome III : Géométrie dans l'espace, avec une *Note sur les Transformations en Géométrie*, par E. Borel, Maître de Conférences à la Faculté des Sciences de Lille; 1896. Prix, pour les souscripteurs. . . . . 12 fr.

Un premier fascicule (336 pages) a paru.

Avant-propos

Ce *Cours* comprend tout ce qui est exigé des candidats à l'École Polytechnique ou à l'École Normale relativement à la Géométrie analytique : il contient davantage. Les élèves qui se préparent à subir les épreuves d'un concours difficile sont obligés d'apprendre plus que le *programme*, en vertu de cet adage : *Qui peut le plus, peut le moins.* Aussi ne me suis-je pas limité aux seules théories qui figurent explicitement dans les programmes officiels. Ni les coordonnées trilinéaires, ni les coordonnées tangentielles n'y sont mentionnées; leur connaissance est pourtant précieuse : c'est pourquoi je leur ai fait une place importante. Néanmoins j'ai réservé la prédominance aux coordonnées cartésiennes qui constituent l'instrument fondamental.

L'emploi des coordonnées tangentielles exige quelque expérience : on ne peut le nier. On ne doit donc, à mon avis, les introduire dans l'enseignement qu'avec beaucoup de prudence et de ménagement. J'ai cru possible et avantageux d'exposer la théorie des coordonnées homogènes et des coordonnées trilinéaires aussitôt après la *ligne droite;* mais c'est surtout la transformation par polaires réciproques qui permet de comprendre l'usage des coordonnées tangentielles en éclairant d'un jour plus vif les raisonnements directs qui semblent parfois quelque peu détournés. Pour cette raison, j'ai placé les principales applications des coordonnées tangentielles après les polaires réciproques.

A la suite de chaque Chapitre, j'ai indiqué quelques exercices dont j'aurais pu facilement étendre le nombre, en faisant des emprunts aux journaux ou aux recueils de problèmes. J'ai préféré n'indiquer que des applications immédiates ou des compléments utiles.

Le premier Volume contient la ligne droite, le cercle et une partie de la théorie des coniques ainsi que la théorie des tangentes. Le deuxième renferme les théories générales relatives aux courbes planes et des compléments concernant les coniques. Un troisième Volume sera consacré à la Géométrie dite *à trois dimensions*. J'ai toujours donné la préférence aux méthodes symétriques; pour passer de la Géométrie plane à la Géométrie dans l'espace, il suffira souvent de reprendre exactement des calculs déjà faits, en introduisant une variable de plus.

L'ordre que j'ai suivi a été déterminé par le choix des matières qu'il m'a paru utile de grouper pour constituer mon enseignement; cet ordre n'est pas indispensable et il sera bien facile de le modifier. Les élèves de seconde année pourront, par exemple, étudier les théories générales relatives aux courbes planes aussitôt après la théorie des tangentes et terminer par les coniques. J'ai pensé qu'il y aurait plus de profit pour les élèves de première année à commencer par les théories les plus faciles.

J'ai adopté, suivant en cela un usage de plus en plus répandu, deux sortes de caractères pour le texte, les plus petits étant réservés aux questions les plus difficiles et ne faisant pas partie des programmes, et parfois aussi à de simples applications.

Le dernier Volume renfermera une Note importante relative à la transformation des figures, que M. E. Borel a bien voulu rédiger.

En terminant, qu'il me soit permis d'offrir à MM. Gauthier-Villars mes bien sincères remerciements pour les soins qu'ils ont apportés à l'impression de cet Ouvrage. B. Niewenglowski.

— Diverses questions relatives au mouvement d'un corps sur un autre, eu égard au frottement. — Théorie complète des dilatations et des glissements dans un corps élastique. — Méthode rapide pour réduire à deux le nombre des coefficients qui entrent dans les équations générales de l'élasticité.

L'Hydrostatique, l'Hydrodynamique et l'Hydraulique ont été l'objet d'améliorations et d'adjonctions importantes.

ROUCHÉ (E.), Professeur au Conservatoire des Arts et Métiers, Examinateur de sortie à l'École polytechnique, et **DE COMBEROUSSE (Ch.)**, Professeur à l'École centrale et au Conservatoire des Arts et Métiers. — **Leçons de Géométrie**, rédigées selon les derniers programmes, *à l'usage des Élèves de l'Enseignement secondaire moderne*. 4 volumes petit in-8, se vendant séparément :

Ire PARTIE : *La ligne droite et la circonférence de cercle*, à l'usage des Élèves de la classe de quatrième (moderne), avec 137 figures; 1896. Broché : 2 fr. 75. Cartonné. . . 3 fr. 25

IIe, IIIe et IVe PARTIE. . . . . (*Sous presse.*)

— **Solutions des exercices et problèmes proposés dans les Leçons de Géométrie.** 4 volumes petit in-8, se vendant séparément :

Ire PARTIE; 1 volume petit in-8, avec 115 figures; 1896. Broché : 2 fr. 75. Cartonné. 3 fr. 25

IIe, IIIe et IVe PARTIE. . . . . (*Sous presse.*)

ROUCHÉ (Eugène), Professeur à l'École Centrale, Examinateur à l'École Polytechnique, etc., et **COMBEROUSSE (Charles de)**, Professeur à l'École Centrale et au Conservatoire national des Arts et Métiers, etc. — **Traité de Géométrie** conforme aux Programmes officiels, renfermant un très grand nombre d'Exercices et plusieurs Appendices consacrés à l'exposition des PRINCIPALES MÉTHODES DE LA GÉOMÉTRIE MODERNE. 6e édit., revue et notablement augmentée. In-8, avec plus de 600 figures et 1095 questions proposées; 1891 . . . . 17 fr.

Prix de chaque Partie.

Ire PARTIE. — *Géométrie plane*. . . . . 7 fr. 50

IIe PARTIE. — *Géométrie de l'espace; Courbes et Surfaces usuelles* . . . . 9 fr. 50

Cet ouvrage, si complet, dont le succès croissant n'a été, pour MM. Rouché et de Comberousse, qu'un encouragement à mieux faire, est conforme aux derniers Programmes officiels. Il renferme un très grand nombre d'Exercices et de Questions proposées, classés par paragraphes. Mais le caractère distinctif qui lui donne toute sa valeur consiste dans les APPENDICES consacrés à l'exposition, à la fois concise et approfondie, des principales Méthodes de la *Géométrie moderne*. C'est là un véritable service rendu à la vulgarisation de ces Méthodes. Comme l'a dit M. Chasles, en présentant la première édition de ce Traité à l'Académie des Sciences, « il paraît satisfaire aux besoins réels de l'enseignement en France ». Depuis, les Auteurs n'ont rien négligé pour mériter de plus en plus cet éloge. De nombreuses traductions ont prouvé qu'on en jugeait ainsi à l'étranger.

ROUCHÉ (Eugène) et COMBEROUSSE (Charles de). — **Éléments de Géométrie**, entièrement conformes aux derniers programmes d'enseignement des classes de troisième, de seconde, de rhétorique et de philosophie, suivis d'un **Complément à l'usage des Élèves de Mathématiques élémentaires et de Mathématiques spéciales**, et de *Notions sur le Lever des plans, l'Arpentage et le Nivellement*. 5e édition, revue et corrigée. In-8 de XL-604 p., avec 482 fig. et 543 questions proposées et exercices; 1891. . . . . 6 fr.

Ces nouveaux **Éléments de Géométrie** (qu'il ne faut pas confondre avec le **Traité de Géométrie** des mêmes auteurs) sont entièrement conformes aux derniers programmes officiels. Ils renferment toutes les parties de la Géométrie enseignées successivement dans les établissements d'instruction publique, depuis la classe de troisième jusqu'à celle de Mathématiques spéciales inclusivement, et sont destinés aux élèves appelés à suivre ces différents Cours.

SALISBURY (marquis de), premier ministre d'Angleterre. — **Les Limites actuelles de notre Science.** Discours présidentiel prononcé, le 8 août 1894, devant la *British Association*, dans sa session d'Oxford. Traduit par M. W. DE FONVIELLE, avec autorisation de l'auteur. In-18 jésus; 1895. . . . . 1 fr. 50

SAUVAGE (L.), Professeur à la Faculté des Sciences de Marseille. — **Théorie générale des systèmes d'équations différentielles linéaires et homogènes.** In-4; 1895. . . . . 6 fr.

SAUVAGE (P.), Professeur au Lycée de Montpellier. — **Les lieux géométriques en Géométrie élémentaire.** In-8, avec 47 fig.; 1893. . . . . 3 fr.

Cet Ouvrage a pour objet de donner aux élèves des idées générales sur les lieux géométriques, et en même temps de résumer en un petit nombre de méthodes simples, facilement assimilables, les procédés auxquels la plupart n'arrivent qu'après un temps assez long, par tâtonnements, un peu au hasard. Des exemples sont développés à l'appui de chaque méthode. Un dernier chapitre est consacré à l'emploi des lieux géométriques dans les problèmes graphiques. Tel qu'il est, ce livre rendra de notables services aux élèves se préparant aux baccalauréats et aux Écoles du Gouvernement.

SERRET (J.-A.), Membre de l'Institut. — **Cours de Calcul différentiel et intégral.** 4e édition, augmentée d'une *Note sur les fonctions elliptiques* par M. CH. HERMITE. 2 forts volumes in-8, avec figures; 1894. . . . . 25 fr.

STOFFAES (l'abbé), Professeur à la Faculté catholique des Sciences de Lille. — **Cours de Mathématiques supérieures**, à l'usage des candidats à la Licence ès sciences physiques. In-8, avec nombreuses figures; 1891. . . . . 8 fr. 50

STURM, Membre de l'Institut. — **Cours d'Analyse de l'École Polytechnique**, revu et corrigé par E. Prouhet, Répétiteur d'Analyse à l'École Polytechnique, et augmenté de la **Théorie élémentaire des fonctions elliptiques**, par H. Laurent. 10ᵉ édition, mise au courant du nouveau programme de la Licence, par A. de Saint-Germain, Professeur à la Faculté des Sciences de Caen. 2 volumes in-8, avec figures; 1895.

Broché. . . . . 15 fr. | Cartonné. . . . . . . 16 fr. 50

TANNERY (Jules), Sous-Directeur des Etudes scientifiques à l'École Normale supérieure et **MOLK (Jules)**, Professeur à la Faculté des Sciences de Nancy. **Eléments de la Théorie des Fonctions elliptiques.** 4 volumes in-8 se vendant séparément :

Tome I : *Introduction.* — *Calcul différentiel* (Iʳᵉ Partie); 1893. . . . . 7 fr. 50
Tome II : *Calcul différentiel* (IIᵉ Partie) ; 1896. . . . . 9 fr.
Tome III : *Calcul intégral* . . . . (*Sous presse.*)
Tome IV : *Applications*. . . . . (*En préparation.*)

THOMSON (Sir William) [**Lord Kelvin**], L. L. D., F. R. S., F. R. S. E., etc., Professeur de Philosophie naturelle à l'Université de Glasgow, Membre du Collège Saint-Pierre à Cambridge. — **Conférences scientifiques et allocutions.** *Constitution de la matière.* Traduites et annotées sur la 2ᵉ édition, par M. P. Lugol, agrégé des Sciences physiques, Professeur au Lycée de Pau; avec des *Extraits de Mémoires récents* de Sir W. Thomson *et quelques Notes*, par M. Brillouin, Maître de Conférences à l'Ecole Normale. In-8, avec 76 figures; 1893. 7 fr. 50

TISSERAND (F.), Membre de l'Institut et du Bureau des Longitudes. — **Traité de Mécanique céleste.** 4 volumes in-4 avec figures.

Tome I : *Perturbations des planètes d'après la méthode de la variation des constantes arbitraires*; 1889. . . . . 25 fr.
Tome II : *Théorie de la figure des corps célestes et de leur mouvement de rotation*; 1891. 28 fr.
Tome III : *Exposé de l'ensemble des théories relatives au mouvement de la Lune*; 1894. 22 fr.
Tome IV et dernier : *Perturbations des petites planètes d'après les méthodes de Cauchy, Hansen et Gylden. Théorie des mouvements des satellites. Sujets détachés.* (*Sous presse.*)

L'immortel Ouvrage de Laplace est resté depuis près d'un siècle le seul Livre où les astronomes peuvent s'initier aux Méthodes de la Mécanique céleste. Cependant la Science s'est développée dans cette période et le moment était venu de résumer, de coordonner ces conquêtes et d'établir en quelque sorte le bilan de la Mécanique céleste. M. Tisserand, après vingt années d'études et de recherches, après plusieurs années d'enseignement, a entrepris cet immense labeur pour lequel il était particulièrement désigné. Nous nous faisons un devoir de signaler ce grand Ouvrage aux astronomes comme une source d'informations pour connaître exactement l'état de la Science, et comme un livre de lecture qui ouvre de grands horizons et suggère des méditations fécondes. (*Bulletin astronomique.*)

TZAUT et MORF, Professeurs à l'École industrielle cantonale, à Lausanne. — **Exercices et Problèmes d'Algèbre** (*Première Série*); Recueil gradué renfermant plus de 3880 exercices sur l'Algèbre élémentaire jusqu'aux équations du premier degré inclusivement. 2ᵉ édition. In-12; 1892. . . . . 3 fr.

Réponses aux Exercices et Problèmes de la *première Série*. 2ᵉ édit. In-12. . . . . . . 2 fr.

WITZ (Aimé), Docteur ès Sciences, Professeur à la Faculté catholique des Sciences de Lille. — **Problèmes et Calculs pratiques d'Electricité.** (L'École pratique de Physique.) In-8, avec 51 fig.; 1893. . . . . 7 fr. 50

L'Auteur a réuni en un certain nombre de groupes près de 350 problèmes; il espère être arrivé ainsi à reproduire la plupart des cas de la pratique et à fournir au lecteur le moyen de résoudre tous les autres. En résumé, ce Livre constitue pour ainsi dire un Dictionnaire de solutions dans lequel on trouve sans peine ce que l'on cherche, si toutefois l'arrangement systématique des questions est bien fait.

WITZ (Aimé). — **Cours élémentaire de manipulations de Physique**, à l'usage des Candidats aux *Ecoles et au Certificat des études physiques et naturelles* (École pratique de physique). 2ᵉ édition, revue et augmentée. In-8, avec 77 figures; 1895. . . . . 5 fr.

Suite des Publications de la Librairie **GAUTHIER-VILLARS et FILS.**

EXTRAIT DU CATALOGUE

DE LA

BIBLIOTHÈQUE PHOTOGRAPHIQUE

La Bibliothèque photographique se compose de plus de 200 volumes et embrasse l'ensemble de la Photographie considérée comme Science ou comme Art. Le Catalogue détaillé est envoyé franco sur demande.

Quelques Ouvrages pour l'enseignement et la pratique de la Photographie.

AIDE-MÉMOIRE DE PHOTOGRAPHIE, publié depuis 1876, sous les auspices de la Société photographique de Toulouse, par *C. Fabre*. In-18, avec spécimens et figures.
Broché. . . . . . 1 fr. 75 Cartonné. . . . . . 2 fr. 25

Les volumes des années précédentes, sauf 1877, 1878, 1879, 1880, 1883, 1884, 1885 et 1886 se vendent aux mêmes prix.

CHÉRI-ROUSSEAU. — **Méthode pratique pour le tirage des épreuves de petit format par le procédé au charbon.** In-18 jésus; 1894. . . . . 75 c.

BERTHIER (A.). — **Manuel de Photochromie interférentielle.** *Procédés de reproduction directe des couleurs.* In-18 jésus, avec figures; 1895. . . . . 2 fr. 50

CAVILLY (Georges de), — **Le Curé du Bénizou**; un volume in-4, avec illustrations photographiques dans le texte et une planche en héliogravure d'après nature par Magron; 1895. 5 fr.

COURRÈGES (A.), Praticien. — **Ce qu'il faut savoir pour réussir en Photographie.** 2e édition, revue et augmentée. Petit in-8, avec une planche photocollographique; 1896. . 2 fr. 50

DAVANNE. — **La Photographie. Traité théorique et pratique.** 2 beaux volumes grand in-8, avec 234 figures et 4 planches spécimens. Chaque volume se vend séparément. . . . . 16 fr.

Un Supplément, mettant cet important ouvrage au courant des derniers travaux, paraîtra en 1896.

DONNADIEU (A.-L.), Docteur ès Sciences. — **Traité de Photographie stéréoscopique. Théorie et pratique.** Grand in-8, avec figures et atlas de 20 planches stéréoscopiques en photocollographie; 1892. . . . . 9 fr.

Ce Livre n'est pas un Traité *complet* de Photographie stéréoscopique, exposant au long les théories scientifiques. L'Auteur n'a emprunté à celles-ci que ce qui est strictement nécessaire aux applications. *C'est la pratique qu'il a eue surtout en vue* et c'est par elle qu'il a pu mettre à la disposition de l'opérateur tous les moyens propres à réaliser une bonne épreuve stéréoscopique.

FABRE (C.), Docteur ès Sciences. — **Traité encyclopédique de Photographie.** 4 beaux volumes grand in-8, avec plus de 700 figures et 2 planches; 1889-1891. Chaque volume se vend séparément . . . . 14 fr.

Des Suppléments, destinés à exposer les progrès accomplis, viendront compléter ce Traité et le maintenir au courant des dernières découvertes.

— **Premier supplément (A).** Un beau volume grand in-8 de 400 pages, avec 176 figures; 1892 . . . . 14 fr.
— Les 5 volumes se vendent ensemble. 60 fr.

FOURTIER (H.). — **Dictionnaire pratique de Chimie photographique**, contenant une *Étude méthodique des divers corps usités en Photographie*, précédé de *Notions usuelles de Chimie* et suivi d'une *Description détaillée des manipulations photographiques*. Grand in-8 avec figures; 1892. . . . . 8 fr.

L'Auteur, écartant avec soin toute théorie scientifique, s'est attaché exclusivement au côté pratique, de manière à faire de ce Dictionnaire un véritable *outil de travail*, donnant la valeur, le mode d'emploi rationnel et les propriétés spéciales des corps employés. Présentée sous une forme brève, concise et surtout avec une méthode rigoureuse, l'étude des divers corps est beaucoup facilitée et la recherche des renseignements utiles rapidement faite.

Des indications précises sur l'analyse pratique et les manipulations de laboratoire, ainsi que des tables de réaction, complètent le Dictionnaire et résument les notions de Chimie indispensables à l'amateur et au professionnel.

FOURTIER (H.) — **Les Positifs sur verre.** Théorie et pratique. *Les positifs pour projections. Stéréoscopes et vitraux. Méthodes opératoires. Coloriage et montage.* Grand in-8, avec figures; 1892. . . . . 4 fr. 50

Le livre de M. Fourtier enseigne comment on peut obtenir les épreuves sur verre; abondant en tours de main usuels, en renseignements précis, il indique les écueils à éviter, les remèdes aux accidents survenus; en un mot, tout en exposant la théorie de chaque procédé, c'est surtout le côté pratique qu'il fait prédominer.

FOURTIER (H.). — **La Pratique des Projections.** *Étude méthodique des appareils. Les accessoires, usages et applications diverses des projections. Conduite des séances.* 2 vol. in-18 jésus; 1892-1893.

I. *Les appareils*, avec 66 figures. . . . . 2 fr. 75
II. *Les accessoires. La séance de projections*, avec 67 figures . . . . 2 fr. 75

— **Les Tableaux de Projections mouvementés.** *Etudes des tableaux mouvementés; leur confection par les méthodes photographiques. Montages des mécanismes.* In-18 jésus, avec figures; 1893. . . . . 2 fr. 25

— **Les Lumières artificielles en Photographie.** *Etude méthodique et pratique des différentes sources artificielles de lumière*, suivie de *recherches inédites sur la puissance des photopoudres et des lampes au magnésium.* Grand in-8, avec 19 figures et 8 planches; 1895. . . 4 fr. 50

FOURTIER (H.), BOURGEOIS et BUCQUET. — **Le formulaire classeur du Photo-club de Paris.** Collection de formules sur fiches, renfermées dans un élégant cartonnage et classées en trois parties : *Phototypes, Photocopies et Photocalques. Notes et renseignements divers*, divisées chacune en plusieurs Sections.

Première série; 1892 . . . . 4 fr.
Deuxième série; 1894. . . . . 3 fr. 50

Cet Ouvrage, d'une forme absolument nouvelle, consiste en fiches mobiles, contenues dans un cartonnage joli et résistant, sur lesquelles les auteurs ont réparti de très nombreuses formules photographiques suivant ce classement logique : *Négatifs. Positifs. Renseignements divers.* Beaucoup de fiches portent plusieurs formules à la fois, quand celles-ci ont un caractère commun ; elles sont prêtes à recevoir des additions du lecteur. De plus, ce travail devant être complété chaque année, l'amateur photographe n'aura qu'à intercaler les nouvelles fiches à leurs places respectives, pour avoir un recueil de formules toujours au courant des progrès de la science.

FOURTIER (H.) et MOLTENI (A.). — **Les projections scientifiques.** *Étude des appareils, accessoires et manipulations diverses pour l'enseignement scientifique par les projections.* In-18 jésus de 300 pages, avec 113 figures; 1894.

Broché. . . . . 3 fr. 50 | Cartonné. . . . . 4 fr. 50

Les projections scientifiques, qui facilitent à si haut point les explications du conférencier ou du professeur, en montrant à tout un auditoire les phénomènes étudiés, présentent dans la pratique certaines difficultés et exigent des tours de main spéciaux qu'il est nécessaire de connaître pour assurer la réussite des expériences.

Les deux auteurs de ce livre étaient naturellement désignés pour l'écrire ; depuis de longues années, M. Molteni exécute presque journellement toutes les expériences dans les grands centres d'enseignement ; M. Fourtier, de son côté, a fait depuis longtemps une étude spéciale de la lanterne de projections et de ses multiples applications. Ils ont résumé, dans cet Ouvrage, les indications utiles pour ces sortes de projections, et ils ont décrit, avec méthode, sous une forme claire et concise, la façon d'opérer pour présenter les diverses expériences de Physique, de Chimie, etc.

GEYMET. — **Traité pratique de Photographie.** *Éléments complets. Méthodes nouvelles. Perfectionnements.* 4ᵉ édition, revue et augmentée par EUGÈNE DUMOULIN. In-18 jésus; 1894. . 4 fr.

GUERRONNAN (Anthonny). — **Dictionnaire synonymique français, allemand, anglais, italien et latin des mots techniques et scientifiques employés en Photographie.** In-8 jésus; 1895. 5 fr.

HORSLEY-HINTON. — **L'Art photographique dans le paysage.** *Étude et pratique.* Traduit de l'anglais par H. COLARD. Grand in-8, avec 11 planches; 1894. . . . . 3 fr.

KARL (Van). — **La miniature photographique.** Procédé supprimant le ponçage, le collage, le transparent, les verres bombés et tout le matériel ordinaire de la Photominiature, donnant sans aucune connaissance de la peinture les miniatures les plus artistiques. In-18 jésus; 1894. . . . . 75 c.

LONDE (Albert), Officier de l'Instruction publique, membre de la Société française de Photographie, Directeur du service photographique à la Salpêtrière. — **La Photographie médicale. Application aux sciences médicales et physiologiques.** Grand in-8, avec 80 figures et 19 planches; 1893. . . . . 9 fr.

LONDE. — **La Photographie moderne.** *Traité pratique de la Photographie et de ses applications à l'Industrie et à la Science.* 2ᵉ édition complètement refondue et considérablement augmentée. Grand in-8, avec 346 figures et 5 planches; 1896. Cartonné toile anglaise. . . . . . 15 fr.

LONDE. — **Traité pratique du développement. Étude raisonnée des divers révélateurs et de leur mode d'emploi.** 2ᵉ édition. In-18 jésus, avec figures et 4 planches doubles en phototypie ; 1892 . . . . 2 fr. 75

MULLIN (A.). — Professeur de Physique au Lycée de Grenoble. — **Instructions pratiques pour produire des épreuves irréprochables au point de vue technique et artistique.** In-18 jésus avec figures; 1895. . . . . 2 fr. 75

TRUTAT (E.), Directeur du Musée d'Histoire naturelle de Toulouse, Président de la Section des Pyrénées centrales du Club alpin français, Président de la Société photographique de Toulouse. — **La Photographie en montagne.** In-18 jésus, avec figures et 1 planche; 1894. . . . . 2 fr. 75

VERFASSER (Julius). — **La Phototypogravure à demi-teintes.** *Manuel pratique des procédés de demi-teintes, sur zinc et sur cuivre.* Traduit de l'anglais par M. E. Cousin, Secrétaire agent de la Société française de Photographie. In-18 jésus, avec 56 figures et 3 planches; 1895. 3 fr.

VIDAL (Léon), Officier de l'Instruction publique, Professeur à l'Ecole nationale des Arts décoratifs. **Traité de Photolithographie.** *Photolithographie directe et par voie de transfert. Photozincographie. Photocollographie. Autographie. Photographie sur bois et sur métal à graver. Tours de main et formules diverses.* In-18 jésus, avec 25 figures, 2 planches et spécimens de papiers autographiques; 1893. . . . . 6 fr. 50

VIEUILLE (G.). — **Nouveau Guide pratique du Photographe amateur.** 3e édition, refondue et beaucoup augmentée. In-18 jésus; 1892. 2 fr. 75

Ce *Nouveau Guide pratique du photographe amateur* pourrait être plus long; il ne pourrait être plus complet. Il ne contient que ce qu'il faut, mais il contient tout ce qu'il faut.

Deux éditions enlevées en peu de temps prouvent que cet ouvrage était nécessaire; nous pouvons affirmer qu'en dépit de sa concision, il est suffisant.

WALLON (E.), Ancien élève de l'Ecole Normale supérieure, Professeur de Physique au Lycée Janson de Sailly. — **Traité élémentaire de l'objectif photographique.** Un beau volume grand in-8, avec 135 figures; 1891. . . . . 7 fr. 50

Ce Traité s'adresse à ceux qui veulent choisir, en connaissance de cause, l'appareil dont ils ont besoin et apprendre les procédés opératoires permettant de l'étudier dans ses diverses parties; à tous ceux qui désirent savoir comment les rayons lumineux sont guidés dans leur marche par l'art de l'opticien. En un mot, cet Ouvrage, comme « l'Optique photographique » de Monckhoven, depuis longtemps épuisée, intéresse les amateurs et les praticiens.

ENCYCLOPÉDIE SCIENTIFIQUE
DES AIDE-MÉMOIRE

PUBLIÉE SOUS LA DIRECTION DE

M. H. LÉAUTÉ, Membre de l'Institut.

250 VOLUMES ENVIRON, PETIT IN-8, PARAISSANT DE MOIS EN MOIS

30 à 40 volumes seront publiés par an.

Chaque volume est vendu séparément : Broché, 2 fr. 50; Cartonné, toile anglaise, 3 fr.

Le prospectus détaillé de l'Encyclopédie est envoyé franco sur demande.

Cette publication, qui se distingue par son caractère pratique, reste cependant une œuvre hautement scientifique.

Embrassant le domaine entier des Sciences appliquées, depuis la Mécanique, l'Électricité, l'Art de l'Ingénieur, la Physique et la Chimie industrielles, etc., jusqu'à l'Agronomie, la Biologie, la Médecine, la Chirurgie et l'Hygiène, elle se compose d'environ 250 volumes petit in-8.

Chacun d'eux, signé d'un nom autorisé, donne, *sous une forme condensée*, l'état précis de la Science sur la question traitée et toutes les indications pratiques qui s'y rapportent.

La publication est divisée en deux sections : **Section de l'Ingénieur, Section du Biologiste,** qui paraissent simultanément depuis février 1892 et se continuent avec régularité de mois en mois.

Les Ouvrages qui constitueront ces deux Séries permettront à l'Ingénieur, au Constructeur, à l'Industriel, d'établir un projet sans reprendre la théorie; au Chimiste, au Médecin, à l'Hygiéniste, d'appliquer la technique d'une préparation, d'un mode d'examen ou d'un procédé sans avoir à lire tout ce qui a été écrit sur le sujet. Chaque volume se termine par une Bibliographie méthodique permettant au lecteur de pousser plus loin et d'aller aux sources.

ENCYCLOPÉDIE
DES TRAVAUX PUBLICS
ET ENCYCLOPÉDIE INDUSTRIELLE

FONDÉES PAR

M. M.-C. LECHALAS

Inspecteur général des Ponts et Chaussées en retraite.

ALHEILIG, Ingénieur de la Marine, Ex-Professeur à l'École d'application du Génie maritime, et **ROCHE (Camille)**, Industriel, ancien Ingénieur de la Marine. — **Traité des machines à vapeur**, rédigé conformément au programme du *Cours de machines à vapeur de l'École Centrale*. Deux volumes grand in-8, se vendant séparément. (E. I.)

Tome I : *Thermodynamique théorique et applications. La machine à vapeur et les métaux qui y sont employés. Puissance des machines. Diagrammes indicateurs. Freins. Dynamomètres. Calcul et dispositions des organes d'une machine à vapeur. Régulation, épures de détente et de régulation. Théorie des mécanismes de distribution, détente et changement de marche. Condensation, alimentation. Pompes de service.* Volume de XI-604 pages, avec 412 figures; 1895 . . . . 20 fr.

Tome II : *Forces d'inertie. Moments moteurs. Volants. Régulateurs. Description et classification des machines. Machines marines. Moteurs à gaz, à pétrole et à air chaud. Graissage, joints et presse-étoupes. Montage des machines et essais des moteurs. Passation des marchés. Prix de revient d'exploitation et de construction. Note sur les servo-moteurs. Tables numériques.* Volume de IV-360 pages, avec 281 figures; 1895. . . . . 18 fr.

APPERT (Léon) et **HENRIVAUX (Jules)**, ingénieurs. — **Verre et Verrerie.** *Historique. Classification. Composition. Action des agents physiques et chimiques. Produits réfractaires. Fours de verrerie. Combustibles. Verres ordinaires. Glaces et produits spéciaux. Verres de Bohême. Cristal. Verres d'optique. Phares. Strass. Émail. Verres colorés. Mosaïque. Vitraux. Verres durs. Verres malléables. Verres durcis par la trempe. Étude théorique et pratique des défauts du verre.* Grand in-8 de 460 p. avec 130 fig. et un atlas de 14 planches in-4; 1894. (E. I.) 20 fr.

BRICKA (C.), Ingénieur en chef des Ponts et Chaussées, Ingénieur en chef de la voie et des bâtiments aux Chemins de fer de l'État. — **Cours de Chemins de fer** *professé à l'École nationale des Ponts et Chaussées.* 2 beaux volumes grand in-8 se vendant séparément. (E. T. P.)

Tome I : *Études. — Construction. — Voie et appareils de voie.* Volume de VIII-634 p., avec 326 figures; 1894. . . . . 20 fr.

Tome II : *Matériel roulant et Traction. — Exploitation technique. — Tarifs. — Dépenses de construction et d'exploitation. — Régime des concessions. — Chemins de fer de systèmes divers.* Volume de 709 p., avec 177 figures ; 1894. . . . . 20 fr.

CRONEAU (A.), Ingénieur de la Marine, Professeur à l'École d'application du Génie maritime. — **Architecture navale. — Construction pratique des navires de guerre.** 2 volumes grand in-8 se vendant séparément. (E. I.)

Tome I : *Plans et devis. — Matériaux. — Assemblages. — Différents types de navires. — Charpente. — Revêtement de la coque et des ponts.* Grand in-8 de 379 p., avec 305 figures et un Atlas de 11 planches in-4 doubles dans 2 à 3 couleurs; 1894. . . . . . . 18 fr.

Tome II : *Compartimentage. — Cuirassement. — Pavois et garde-corps. — Ouvertures pratiquées dans la coque, les ponts et les cloisons. — Pièces rapportées sur la coque. — Ventilation. — Service d'eau. — Gouvernails. — Corrosion et salissure. — Poids et résistance des coques.* Grand in-8 de 616 p., avec 359 figures; 1894 . . . . 15 fr.

DEHARME (E), Ingénieur principal du Service central de la Compagnie du Midi, Professeur du Cours de Chemins de fer à l'École Centrale des Arts et Manufactures, et **PULIN (A.)**, Ingénieur des Arts et Manufactures, Ingénieur-Inspecteur principal de l'Atelier central du Chemin de fer du Nord. **Chemins de fer. Matériel roulant. Résistance des trains. Traction.** Un volume grand in-8 de XXII-441 pages, avec 95 figures et 1 planche; 1895. (E. I.) 15 fr.

Suite des Publications de la Librairie **GAUTHIER-VILLARS et FILS.**

DENFER (J.), Architecte, Professeur à l'Ecole Centrale. — **Architecture et Constructions civiles. — Couverture des Edifices.** *Ardoises. Tuiles. Métaux. Matières diverses. Chêneaux et descentes.* Grand in-8 de 469 pages, avec 423 figures; 1893 (E. T. P.). . . . . 20 fr.

DENFER (J.), Architecte, Professeur à l'Ecole Centrale. — **Charpenterie métallique.** *Menuiserie en fer et serrurerie.* Deux beaux volumes grand in-8, se vendant séparément. (E. T. P.)

Tome I : *Généralités sur la fonte, le fer et l'acier. — Résistance de ces matériaux. — Assemblages des éléments métalliques. — Chaînages, linteaux et poitrails. — Planchers en fer. — Supports verticaux. — Colonnes en fonte. — Poteaux et piliers en fer.* Grand in-8 de 584 pages et 479 figures; 1894. . . . . 20 fr.

Tome II : *Pans métalliques. — Combles. — Passerelles et petits ponts. — Escaliers en fer. — Serrurerie : Ferrements des charpentes et menuiserie. — Paratonnerres. — Clôtures métalliques. — Menuiserie en fer. — Serres et vérandas.* Grand in-8 de 626 pages, avec 571 figures; 1895 . . . . 20 fr.

GOUILLY (Alexandre), Ingénieur des Arts et Manufactures, Répétiteur de Mécanique appliquée à l'Ecole Centrale. — **Eléments et organes des Machines.** Un volume grand in-8 de 406 pages, avec 710 figures; 1894. (E. I.) . . . . 12 fr.

Généralités. La fonte et les principes du moulage. L'acier et le fer fondu. Le fer, cuivre, zinc, étain, nickel, plomb, bronzes, laitons. Le bois, cuirs, caoutchouc, lubrifiants, etc. Rivure, boulons, écrous et vis. Vis à bois et à métaux, tirefonds, clavettes. Assemblages des bois et ferrures, assemblages des tuyaux. Robinets. Valves, clapets, soupapes, ventouses. Appareils de graissage. Généralités sur les machines à vapeur. Cylindres et presse-étoupe. Pistons et tiges de pistons, bielles. Balancier et parallélogramme de Watt. Manivelles, excentriques, arbres, engrenages, poulies, volants. Mécanismes de modifications de mouvement, paliers, chaises. Travail des forces, rendement des machines, formulaire pour le calcul des organes de machines.

GUIGNET (Ch.-Er.), Ingénieur (Ecole Polytechnique), Directeur des Teintures aux Manufactures nationales des Gobelins et de Beauvais, **DOMMER (F.)**, Ingénieur des Arts et Manufactures, Professeur à l'Ecole de Physique et de Chimie industrielles de la ville de Paris, **GRAND-MOUGIN (E.)**, Chimiste, Ancien préparateur à l'Ecole de Chimie de Mulhouse. — **Industries textiles. Blanchiment et apprêts. Teinture et impression. Matières colorantes.** Grand in-8 de 674 pages, avec 345 figures et échantillons de tissus imprimés; 1895. (E. I.) . . . . 30 fr.

HENRY (Ernest), Inspecteur général des Ponts et Chaussées, Directeur du personnel au Ministère des Travaux publics. — **Ponts sous rails et ponts-routes à travées métalliques indépendantes. — Formules, Barèmes et Tableaux.** *Calculs rapides des moments fléchissants et efforts tranchants pour les ponts supportant des voies ferrées de largeur normale, des voies de 1 mètre, des routes et chemins vicinaux.* Grand in-8 de VIII-632 pages, avec 267 figures; 1894. (E. T. P.). . . . . 20 fr.

Calculs rapides pour l'établissement des projets de ponts métalliques et pour le contrôle de ces projets, sans emploi des méthodes analytiques ni de la statique graphique (économie de temps et certitude de ne pas commettre d'erreurs).

JOANNIS (A.), Professeur à la Faculté des Sciences de Bordeaux, Chargé de Cours à la Faculté des Sciences de Paris. — **Traité de Chimie organique appliquée.** 2 volumes grand in-8, se vendant séparément (E. I.) :

Tome I : *Généralités. Carbures. Alcools. Phénols. Aldéhydes. Cétones. Quinones. Sucres.* Volume de 688 pages, avec figures; 1896. . . . . 20 fr.

Tome II : *Hydrates de carbone. Acides. Alcalis organiques. Amides. Nitriles. Composés azoïques. Radicaux organo-métalliques. Matières albuminoïdes. Fermentations. Matières alimentaires.* (Paraîtra en 1896.) . . . . 15 fr.

LAPPARENT (Henri de), Inspecteur général de l'Agriculture. — **Le Vin et l'Eau-de-Vie de vin.** *Introduction. Influence des cépages, des climats, des sols, etc., sur la qualité du vin. Le raisin, les vendanges. Vinification. Cuverie et Chais. Le vin après le décuvage. Eau-de-vie. Economie et législation.* Grand in-8 de XII-533 pages, avec 111 figures et 28 cartes dans le texte; 1895. (E. I.). . . . . 12 fr.

LECHALAS (Georges), Ingénieur en chef des Ponts et Chaussées. — **Manuel de Droit administratif.** *Service des Ponts et Chaussées et des Chemins vicinaux.* 2 volumes grand in-8, se vendant séparément. (E. T. P.).

Tome I : *Notions sur les trois pouvoirs. Personnel des Ponts et Chaussées. Principes d'ordre financier. Travaux intéressant plusieurs services. Expropriations. Dommages et occupations temporaires.* Volume de CXLVII-536 pages; 1889. . . . . 20 fr.

Tome II (Ire Partie) : *Participation des tiers aux dépenses des travaux publics. Adjudications. Fournitures. Régie. Entreprises. Concessions.* Volume de VIII-399 p.; 1893. 10 fr.

Imp. D. Dumoulin et Cie, rue des Grands-Augustins, 5, à Paris.

21493 Paris. — Imprimerie de GAUTHIER-VILLARS ET FILS, quai des Grands-Augustins, 55.

www.ingramcontent.com/pod-product-compliance
Lightning Source LLC
Chambersburg PA
CBHW031737210326
41599CB00018B/2609
* 9 7 8 2 0 1 4 4 8 0 3 1 3 *